普通高等学校规划教材

材料热加工工艺基础

Fundamentals of Materials Hot Working Technology

邢亚哲 主 编

张 勇 陈永楠 副主编

郝建民 主 审

人民交通出版社股份有限公司

China Communications Press Co.,Ltd.

内 容 提 要

本书为普通高等学校规划教材。其主要内容包括:金属液态成形(铸造)工艺、固态金属塑性成形(锻压)工艺、固态金属连接成形(焊接)工艺和热处理工艺四篇内容。第一篇系统地讲述液态金属铸造成形过程中涉及的造型材料、铸造工艺设计、浇注系统及冒口、冷铁及补贴等;第二篇在简要介绍毛坯下料、加热和锻件冷却的基础上,着重介绍固态金属塑性成形中的自由锻、模锻和板料冲压等工艺;第三篇系统地讲述金属联结成形原理、主要工艺方法、构件的焊接工艺设计、焊接新技术和焊接成形件的缺陷分析及相应的检测技术;第四篇在简要介绍金属加热方法及表面质量控制的基础上,着重讲述钢的常规热处理工艺、表面热处理工艺、热处理应力与工件的变形开裂、先进热处理工艺等内容。

本书可作为高等院校土建、机械类、材料成形及控制工程专业教材,也可供高职、成人教育等工科相关专业教学使用,亦可供有关工程技术人员参考。

图书在版编目(CIP)数据

材料热加工工艺基础 / 邢亚哲主编. — 北京 : 人民交通出版社股份有限公司, 2019.8

ISBN 978-7-114-15464-5

Ⅰ. ①材… Ⅱ. ①邢… Ⅲ. ①金属材料—热加工 Ⅳ. ①TG15

中国版本图书馆 CIP 数据核字(2019)第 068328 号

普通高等学校规划教材

书　　名: 材料热加工工艺基础
著 作 者: 邢亚哲
责任编辑: 卢俊丽　袁　方
责任校对: 张　贺
责任印制: 张　凯
出版发行: 人民交通出版社股份有限公司
地　　址: (100011)北京市朝阳区安定门外外馆斜街 3 号
网　　址: http://www.ccpress.com.cn
销售电话: (010)59757973
总 经 销: 人民交通出版社股份有限公司发行部
经　　销: 各地新华书店
印　　刷: 北京鑫正大印刷有限公司
开　　本: 787 × 1092　1/16
印　　张: 28.25
字　　数: 663 千
版　　次: 2019 年 8 月　第 1 版
印　　次: 2019 年 8 月　第 1 次印刷
书　　号: ISBN 978-7-114-15464-5
定　　价: 68.00 元

前言

为了适应国家高等教育改革形势的发展,根据教育部最新专业目录,全国大部分理工科院校已将原来单独的铸造、锻压、焊接及热处理专业合并成为材料成形及控制工程专业,采用宽口径的人才培养模式,旨在培养综合素质高、专业口径宽、知识结构合理的国家发展迫切需要的工程技术人才。该培养模式的顺利实践,在很大程度上离不开相应教材的建设。

本书就是为顺应当前高等教育教学改革的发展趋势,结合高等学校机械工程及材料科学与工程学科专业的培养要求,并吸取各高校材料成形及控制工程专业的课程教学的优点,以科学性、先进性、系统性和实用性为目标进行编写的。本书的编写思路及特点为:以工艺为主线,兼顾设计;以传统工艺为基础,兼顾成形新工艺的导向;着重工艺基础和关键技术的论述;对于不同类型的成形工艺,做到精选内容,写透一种,举一反三;重视培养学生从多方面观察与分析实际工艺和技术问题的能力。

全书包括金属液态成形(铸造)工艺、固态金属塑性成形(锻压)工艺、固态金属连接成形(焊接)工艺和热处理工艺四篇内容。第一篇系统地讲述液态金属铸造成形过程中涉及的造型材料、铸造工艺设计、浇注系统及冒口、冷铁及补贴等;第二篇在简要介绍毛坯下料、加热和锻件冷却的基础上,着重介绍固态金属塑性成形中的自由锻、模锻和板料冲压等工艺;第三篇系统地讲述金属联结成形原理、主要工艺方法、构件的焊接工艺设计、焊接新技术和焊接成形件的缺陷分析及相应的检测技术;第四篇在简要介绍金属加热方法及表面质量控制的基础上,着重讲述钢的常规热处理工艺、表面热处理工艺、热处理应力与工件的变形开裂、先进热处理工艺等内容。

本书由长安大学邢亚哲主编,长安大学张勇、陈永楠副主编。具体分工如下:邢亚哲(第一~第四章、第十~第十二章、第十五~第十八章),张勇(第五~第九章、第十四章),陈永楠(第十三章),姜超平(绪论)。本书由长安大学郝建民教授主审。

在本书编写过程中,研究生刘章、王慧婷、史娜、宁潘等也参与了本书部分图表的制作与修改、课后思考题的编写等工作,在此表示感谢。

鉴于作者水平所限,书中不当之处在所难免,敬请读者批评指正。

编　者

2019 年 1 月

目录

第二篇　锻压工艺

第三篇　焊 接 工 艺

第四篇　热处理工艺

绪　　论

材料热加工工艺主要包括金属的液态成形(铸造)工艺、固态金属的塑性成形(锻压)工艺、固态金属材料的连接成形(焊接)工艺以及成形件的热处理工艺等,均是机械制造生产的重要组成部分,是现代化工业生产技术的基础。铸造、锻压、焊接、热处理生产能力及其工艺水平,对一个国家的工业、农业、国防和科学技术的发展影响巨大。

一、我国材料热加工工艺的现状

我国是世界上应用材料热加工工艺最早的国家之一。目前发现的青铜器有:1975 年在甘肃省东乡林家村古遗址中出土的一把铜刀,距今已有 5 000 多年历史;河南安阳武宜村出土的青铜祭器司母戊大方鼎,重达 800kg,是殷商时代大型铜铸件之一,长度和高度均超过 1m,四周饰有精致的蟠龙图案,形体宏伟,花纹优美;1978 年在湖北省随州出土距今 2 400 年前战国初期的曾侯乙墓青铜器总质量达 10t 左右,其中有 64 件的一套编钟,分 8 组,包括辅件在内用铜达 5t 之多,钟面铸有变体龙纹和花艺纹饰,有的细如发丝,钟上铸有镀金铭文 2 800 多字,标记音名与音律;整套编钟音域宽达五个半八度,可演奏各类名曲,音律准确和谐,音色优美动听,铸造工艺水平极高。公元前 6 ~7 世纪的春秋时代,我国就发明了冶铸生铁的技术,比欧洲早 1 700 年。1927 年在河北藁城县商代遗址出土的兵器,经考证距今已有 3 300 余年,经现代技术检验,其刃口采用合金嵌锻而成,这是我国迄今发现的最早生产的锻件。陕西秦始皇陵墓兵马俑坑中发现的合金钢锻制的宝剑,其中一把至今仍然光亮夺目、锋利如昔。早在远古的铜、铁器时代,当人类刚开始掌握金属冶炼并用来制作简单的生产和生活器具时,火烙铁钎焊、锻焊方法就已为古人所发现并得到应用。明代科学家宋应星所著的《天工开物》一书中对于退火、淬火、固体渗碳以及形变强化等均有详细叙述;同时,还对采用锻焊和钎焊来连接铁类金属的技术作了生动的描述,如"凡铁性逐节粘合,涂黄泥于接口之上,入火挥锤,泥渣成枵而去,取其神气为革合,胶结之后,非灼红斧斩,永不可断也"。我国的铸、锻生产虽然历史悠久,但长期处于手工和作坊的落后状态,直到新中国成立之后,我国的铸、锻、焊、热处理技术才随着机械制造业的发展同步发展起来。

改革开放以来,随着我国国民经济的持续快速发展,铸、锻、焊等生产的发展也突飞猛进。据统计,我国铸造厂遍布全国,铸件产量已居世界前列;目前我国拥有重点锻造企业超过 350 家,其中合资与外资锻造企业数十家,主要锻造设备已达 32 000 台,锻件年产量居世界第一位。1996 年以来,我国以焊接管为主的钢管产量约 1 000 万 t,我国现已建有各类焊管厂 600 多家,焊管机组多达 2 000 余套。铸件、锻件、焊接件出口也逐年增长。

尽管我国是铸、锻、焊件生产大国,但不是强国。与工业发达国家相比,我国的铸、锻、焊生产的差距不是表现在规模和产量上,而是集中表现在质量和效率上。锻件和焊接件生产情况与铸造生产情况类似。概括起来,我国铸、锻、焊工业存在的主要问题是:企业数量多,但规模小,尤其是专业化生产的企业少,商品的铸、锻、焊接件少;一般设备数量多,高精高效专用设备少,一般铸、锻、焊生产能力过剩,而高精和特种铸、锻、焊生产能力不足;计算机 CAD/CAM/CAE 技术应用不广;专业人才力量薄弱等。

尽管存在这些问题,但发展前景非常广阔。一是汽车工业大发展,飞机和船舶制造业空前发展,家用电器更新换代和与制造业息息相关的各行各业大发展,为我国铸、锻、焊及热处理技术的发展提供了强大的动力;二是我国加入 WTO 后,一些工业发达国家纷纷将制造业尤其是铸、锻、焊等工业向我国转移,同时,出口迅速增长,为我国铸、锻、焊等工业的发展和技术进步提供了极好的机遇。

二、材料热加工工艺的作用及地位

材料热加工技术在汽车、拖拉机与农用机械、工程机械、动力机械、起重机械、石油化工机械、桥梁、冶金、机床、航空航天、兵器、仪器仪表、轻工和家用电器等制造业中,起着极为重要的作用。它是实现这些行业中的铸件、锻件、钣金件、焊接件、塑料件和橡胶件等生产的主要方式和方法。

材料热加工技术在现代化工业生产中占有极为重要的地位,在汽车、工程机械、桥梁、机床、拖拉机与农用机械、动力机械、矿山机械、重型机械、造船、航空航天、原子能、兵器、仪器仪表、轻工和家用电器制造等各个工业部门所用的机械设备中,各类零件无不是通过铸造、锻压、焊接与热处理等各种工艺加工制成。如果没有现代化工业生产技术的基础和支柱之一的材料热加工技术密切配合,则现代化生产的发展将成奢想。可以认为,材料热加工生产能力和工艺水平的高低是衡量一个国家的工农业生产和科学技术能否达到现代世界技术高度的重要标志之一。

采用铸造方法可以生产铸钢件、铸铁件,各种铝、铜、镁、钛及锌等有色合金铸件。铸件的比例在机床、内燃机、重型机器中占70% ~90%;在风机、压缩机中占60% ~80%;在农用机械中占40% ~70%;在汽车中占20% ~30%。综合起来,铸件在一般机器生产中占总质量的40% ~80%。

采用锻压方法既可生产钢锻件、钢板冲压件、各种有色金属及其合金的锻件和板料冲压件,还可生产塑料件与橡胶制品。锻压加工的零件与制品,其比例在汽车与摩托车中占70% ~80%;在拖拉机及农用机械中约占50%;在航空航天飞行器中占50% ~60%;在仪表中约占90%;在家用电器中占90% ~95%;在工程与动力机械中占20% ~40%。

虽然采用焊接方法生产独立的制件或产品不如铸、锻方法的多,但据国外权威机构统计,目前在各种门类的工业制品中,半数以上都采用一种或多种焊接技术才能制成。在钢铁、汽车和铁路车辆、舰船、航空航天飞行器,原子能反应堆及电站、石油化工设备,机床和工程机械、电器与电子产品以及家电等众多现代工业产品领域,与桥梁,高层建筑,城市高架或地铁、油和气远距离输送管道、高能粒子加速器等许多重大工程中,焊接技术都占据十分重要的地位,其应用尤为广泛。

总之,材料热加工工艺是整个制造技术的一个重要领域,金属材料有70%以上需经过铸、锻、焊成形加工及热处理才能获得所需制作,非金属材料也主要依靠热加工方法才能加工成半成品或最终产品。

随着近代科学技术的不断进步,机械工业正朝着高速度、自动化、高精度的方向迅速发展。在机械产品的设计和制造过程中所遇到的材料热加工工艺方面的问题也日益增多。实践表明,如何采用合理的材料热加工工艺方案和先进的工艺技术,这对充分发挥材料性能的潜力,保证不断提高产品质量,以及节能省料、降低成本和对环境的污染等方面起着关键的作用。

三、材料热加工工艺的特点

材料热加工工艺的主要方法有铸造、锻造、冲压、焊接与热处理等。铸造是将液态合金注入铸型中使之冷却凝固而获得铸件;锻造与冲压是将固态金属(体积金属或板料金属)加热,或在室温下在锻压机器的外力作用下通过模具成形,获得所需锻件或冲压件;焊接则是将若干个坯件或零件通过焊接方法连接成为一个整体构件而获得焊接制品;热处理是将铸件、锻压件或焊接件通过加热、保温、冷却三个阶段,从而在不改变工件外形和尺寸的条件下改变其组织并改善其性能的一种工艺,以获得能够实际使用的零部件产品。

与机械切削加工工艺相比较,材料热加工工艺的特点可归纳如下:

(1)材料一般在热态下模压成形　在热态下(液态或固态)通过模型或模具,在材料自重或机器外力作用下成形为所需制件,制件形状与最终零件产品相似或完全相同,留有一定的机械(切削)加工余量或机械加工余量为零。

(2)材料利用率高　对于相同的零件产品,当采用棒料或块状金属为毛坯时,要通过车、钻、刨、铣、磨等方法将多余金属切削掉,从而得到所需零件产品;当采用铸、锻件为毛坯进行切削加工时,则仅将其机械加工余量切削掉即可。零件形状越复杂,采用热加工工艺时的材料利用率越高。

(3)产品性能好　首先,热加工工艺生产时,材料尤其是金属材料沿零件的轮廓形状分布,金属纤维连续,而切削加工时则将金属纤维割断;其次,材料在外力或自重作用下成形,处于三向压应力或以压应力为主的应力状态下成形,有利于提高材料的成形性能,其综合效果是有利于提高零件产品的内在质量,主要是力学性能,如强度、疲劳寿命等。

(4)产品尺寸规格一致　特别是对大批量生产的机电与家电产品更能获得价廉物美的效果。

(5)生产率高　对于热加工工艺,普遍可采用机械化、自动化流水作业来实现大批量甚至大规模生产。

(6)尺寸精度低、表面粗糙度高　在室温下成形,因模具或模型的磨损、弹性变形等因素,将影响制件尺寸精度和表面粗糙度;而当在热态下成形时,因金属毛坯的氧化和热胀冷缩等因素,其制件尺寸精度和表面粗糙度更受影响。

因此,对于金属零件的生产,一般采用材料热加工工艺获得具有一定机械加工余量和尺寸公差的毛坯,然后再通过机械切削加工和热处理获得最终产品。

四、材料热加工工艺的发展趋势

1.精密成形工艺

20 世纪 90 年代中期,国际生产技术协会及有关专家预测:到 21 世纪初,零件粗加工的

75%、精加工的50%将采用成形工艺来实现。其总的发展趋势是,由近形(Near Net Shape of Productions)向净形(Net Shape of Productions)发展,即通常所说的向精密成形发展。以轿车为例,其铸、锻件生产工艺的发展趋势为以轻代重,以薄代厚,少无切削精密化,成线成套,高效自动化。

2.复合成形工艺

复合成形工艺包括铸锻复合、锻焊复合、铸焊复合等。如铸锻复合成形工艺,是将一定量的液态金属注入金属模膛,然后施以机械静压力,使熔融或半熔融状的金属在压力下结晶凝固,并产生少量塑性变形,从而获得所需制件。其综合了铸、锻两种工艺的优点,尤其适合于锰、锌、铜、镁等有色金属合金零件的成形加工。

铸焊、锻焊复合工艺则主要用于一些大型机架或构件,其采用铸造或锻造方法加工成铸钢或锻钢件,然后通过焊接方法将这些铸钢或锻钢件相互连接获得所需的制件产品。板料冲压与焊接复合工艺是先采用冲压方法获得单个钣金制件,再通过焊接方法获得所需整体构件,其在载货汽车的车身和轿车覆盖件的生产中已经大量应用。

3.材料热加工过程的计算机数值模拟

材料热加工过程模拟有液态金属凝固过程模拟、固态金属塑性成形过程模拟、金属材料焊接过程模拟等。目前,数值模拟方法主要采用有限元法(Finite Element Method)通过计算机实现。通过热加工过程的模拟分析,可以获得工件的内部金属材料质点流向分布、温度场、应力与应变场、成形力-变形行程曲线和瞬间轮廓形状,还可预测形成缺陷的可能性及缺陷产生的部位,为制订合理的工艺参数、优化原始毛坯和中间毛坯、获得优质制件提供更为科学的依据。

五、本课程的任务及要求

《材料热加工工艺基础》课程是研究如何利用各种热加工方法及控制材料内部组织有效地生产出高质量、高效能零件的一门技术科学,因此,本课程与生产实践的联系十分密切,是直接为生产服务的一门专业课。本课程研究的主要内容包括以下几方面:

(1)熟悉各种主要的铸造、锻压、焊接和热处理工艺的原理及其方法;

(2)研究各类热加工工艺对钢铁材料的组织与性能的影响规律;

(3)了解热加工技术的发展方向和最新成就。

这门学科的基本任务就在于通过控制金属材料的成分及各种热加工及热处理工艺过程,完成材料的成形和改性,保证产品的外形尺寸和技术性能要求,因此,本课程搭建起了金属液固态相变原理与解决具体热加工工艺技术之间的桥梁,为综合分析、制定热加工工艺和探索发展新技术奠定基础。学生在学完本课程后具体要求为:

(1)掌握钢铁材料热加工工艺的基本原理。

(2)了解材料热加工及强化的基本途径和规律,为保证提高产品零件质量和使用寿命所应采取的各种热加工方法及其工艺控制要点。

(3)熟悉材料经热加工及热处理后的各种主要组织形态和性能;了解各类热加工工艺的新技术及其发展趋势。

(4)本课程以《金属热加工原理》课程的学习为基础,将实际知识和基本原理相结合,并加深融会贯通,以进一步深化教学效果。

其次,本课程是一门实践性强的学科,除了课堂教学外,还需配合实验课、课堂讨论、专业生产实习和课程设计等其他教学环节才能更有效地完成预期的教学任务并提升教学效果。

PART 1 第一篇 铸造工艺

铸造是将液态金属或其合金注入铸型中使之冷却、凝固,制备出铸件的工艺方法。利用这种金属成型方法,可以生产出各种外形的零件毛坯,它几乎不受零件尺寸和质量的限制。工业上常用的金属材料,如各种碳钢、合金钢、铸铁及有色金属等都可用于铸造生产。铸造工艺还具有原材料来源广、生产成本低等一系列特点。

随着近代科学技术的发展,对铸件质量要求越来越高,不仅要求铸件具有高的机械性能、高的尺寸精度和表面粗糙度,而且还要求它能满足某些特殊性能,如耐高温、耐疲劳、耐各种条件下化学腐蚀,以及耐磨、耐高压等。另外还要求产量大、成本低。

根据铸造工艺过程特征,铸造生产可分为普通铸造和特种铸造两大类。普通铸造包括砂型、金属型、半永久型等铸造方法;特种铸造包括熔模铸造、低压铸造、挤压铸造、压力铸造、离心铸造、消失模铸造以及半连续铸造等。目前仍以普通砂型铸造应用最为普遍。

砂型铸造的一般工艺过程包括:

(1)制作模样及芯盒的工作;

(2)以砂体为主体的操作,包括配砂、造型、制芯、合箱等;

(3)以金属为主体的操作,包括熔炼、浇注、热处理等;

(4)以铸件为主体的操作,包括落砂、清理、精整等。可见,铸造生产是由多道工序组成,并且还涉及各种不同的材料(木材、砂子、金属等),该生产特点决定了铸造生产中技术管理的难度和复杂性。因为各道工序的完成好坏,不仅受操作人员的技术素质和责任感制约,而且还与原材料质量、设备状态甚至气候条件有关。

将众多生产人员按不同工序组织起来,实现科学管理制作,并统一到低耗、优质铸造生产活动中,这不仅要求技术人员高度熟悉本门业务,还需要掌握商品经营、成本核算、全面质量管理以及安全生产方面的必要知识。只有这样,才能针对各种情况和因素制定出相应的操作规则,并做出合理的设计,为组织生产提供必需的基本文件。

本篇主要介绍与普通砂型铸造有关的一般内容,以便为作出合理的工艺设计提供必要的基础知识。主要包括:审查零件工艺性,铸造方案和铸造参数选择,浇冒口设计以及工装设计等基础内容。

第一章 造型材料

目前,我国大部分铸件用砂型铸造生产。制造砂型的材料叫型砂。型砂是由砂子、黏土(或其他黏合剂)、附加物等造型材料按照一定比例和工艺配制而成。

造型材料的好坏,不仅影响铸件质量,而且影响铸件成本、生产效率和劳动条件。

第一节 铸造用砂及黏土

常用原砂的成分主要有石英(颗粒直径应大于0.022mm)、黏土(无固定的化学成分,通常不是单种矿物,颗粒直径多数小于0.022mm)。

一、铸造用砂

河沙、海砂、湖砂、山砂、风积砂等天然砂及人工破碎筛选制成的人造砂等,由于形成条件和矿物成分不同而各有特点。并非所有的砂子都适合铸造生产使用,铸造用砂在化学成分、颗粒特性、耐火度和烧结点、体积热变化等方面均有一定要求。下面主要以常用的硅砂进行讨论。

1. 原砂的矿物组成及化学成分

砂子的矿物组成主要是石英,其次是夹杂长石、云母和少量铁的氧化物及碳酸盐等。石英的化学成分主要是 SiO_2,熔点 1 713℃,是透明或半透明的无色固体,性质坚硬耐磨,耐高温。石英是砂子的主要组成物,其含量是评定砂子质量的重要指标。

长石、云母熔点较低,硬度较低,容易破碎,使砂子耐火度、耐用性受到影响。

砂内石英、长石、云母的成分及特性见表 1-1。

石英、长石、云母等矿物的特性 表 1-1

名称	化学成分	熔点(℃)	莫氏硬度	相对密度
石英	SiO_2	1 713	7	2.65
钾长石	$K_2O \cdot Al_2O_3 \cdot 6SiO_2$	1 170 ~ 1 200	6	2.5 ~ 2.6
钠长石	$Na_2O \cdot Al_2O_3 \cdot 6SiO_2$	1 100	6 ~ 6.5	2.62 ~ 2.65
钙长石	$CaO \cdot Al_2O_3 \cdot 2SiO_2$	1 160 ~ 1 250	2 ~ 6.5	2.74 ~ 2.76
白云母	$K_2O \cdot 3Al_2O_3 \cdot 6SiO_2 \cdot 2H_2O$	1 270 ~ 1 275	2 ~ 2.5	2.75 ~ 3.0
黑云母	$K_2O \cdot 6(Mg \cdot Fe) \cdot Al_2O_3 \cdot 6SiO_2 \cdot 2H_2O$	1 145 ~ 1 150	2.5 ~ 3.0	2.7 ~ 3.1

Na_2O、K_2O 存在于长石和云母中,这类氧化物能与石英形成易熔化合物,造成化学黏砂,故应限制其含量。

铁的氧化物主要有 $Fe_2O_3 \cdot 3H_2O$(褐铁矿)、Fe_2O_3(赤铁矿)、Fe_3O_4(磁铁矿)。氧化物可能与其他氧化物形成易熔化合物,例如形成 $2Fe_2O_3 \cdot Al_2O_3 \cdot 2SiO_2$,降低砂型耐火度,使铸件黏砂。

碳酸盐在砂中以 $CaCO_3$（石灰石）、$CaCO_3 \cdot MgCO_3$（白云砂）形式存在。浇注时，碳酸盐受热分解产生气体，使铸件形成气孔，故也应限制其含量。

造型用砂根据 SiO_2 含量，有害物质含量及泥量分类如表 1-2 所列。

造型用砂分类 表 1-2

原砂名称	等级符号	SiO_2 含量（%）	有害杂质			含泥量（%）	使用范围
			$K_2O + Na_2O$	$CaO + MgO$	Fe_2O_3		
石英砂	1S	≥97	0.5	1.0	0.75	≤2	铸钢件型、砂芯
	2S	≥96	1.5		1.0	≤2	
	3S	≥94			1.5	≤2	
	4S	≥90				≤2	各种铸铁件及部分铸钢件型、芯砂
石英－长石砂	1SC	≥85				≤2	铸铁和有色铸件型芯砂
	2SC	<85				≤2	
黏土砂	1N					>2～10	铸铁及有色中小件芯砂
	2N					>10～20	铸铁及有色型芯砂的附加物，提高湿强度，改善造型性能
	3N					>20～30	
	4N					>30～50	

除了上述石英砂外，生产上还常用镁砂、铬铁矿砂、锆石英砂及橄榄砂等原砂。

2. 颗粒特性

砂子的颗粒特性包括颗粒大小、形状、粒度分布和表面状态等，它们会影响型砂的透气性和强度。细小颗粒配成的型砂，透气性较低，反之亦然。颗粒分布越集中，配成的型砂透气性越高。圆形或接近圆形的颗粒配成的型砂，复用性和透气性较好。

砂子的颗粒度常用筛分法测定。我国用的标准筛的规格，如表 1-3 所列。

我国标准筛规格 表 1-3

筛号	6	12	24	28	45	55	75	100	150	200	260
筛孔尺寸（mm）	3.2	1.6	0.8	0.63	0.4	0.315	0.2	0.154	0.1	0.071	0.056

标准筛从最粗的 6 号到最细的 260 号共有 11 个筛子，另有一个底盘。将测过含泥量并烘干至恒重的砂子，放入最粗的筛网（6 号筛）中进行筛分。以残留量最多的三个相邻筛子上的砂子作为原砂颗粒的代表，并以头尾两个筛子的筛号表示。假设其原砂颗粒度如表 1-4 所示，其颗粒组成则用符号 55/100 – 77.12% 表示。77.12% 表示 55、75、100 三个筛号上砂子残留量百分数之和。

某原砂颗粒度 表 1-4

筛号	6	2	24	28	45	55	75	100	150	200	260	底盘	含泥量	总量
残留量（%）	1	1	2.14	6.26	9.96	24.7	40.84	11.58	2.8	0.26	0.06	0.06	1.22	99.88

铸造用砂的颗粒形状分为圆形(○)、多角形(□)、尖角形(△)三种。如图1-1所示。如果一种形状的原砂混杂有其他形状的颗粒,则只要不超过1/3,就仍用主要颗粒的粒形符号表示;否则就用两种符号表示,并将数量较多的粒形符号排在前面,例如,□-△、□-○等。铸造用砂的颗粒形状与其矿物组成和形成过程有关。天然硅砂,如河砂、湖砂等由于在水力搬运的过程中相互摩擦,一般成圆形或近圆形;山砂、硅砂岩多呈多角形;而破碎的人造硅砂为尖角形。

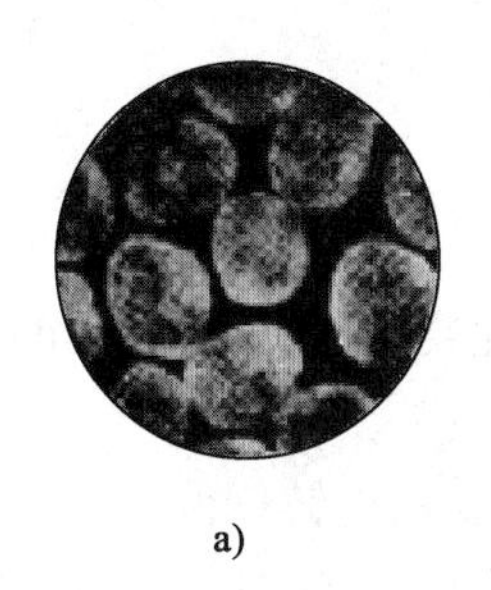

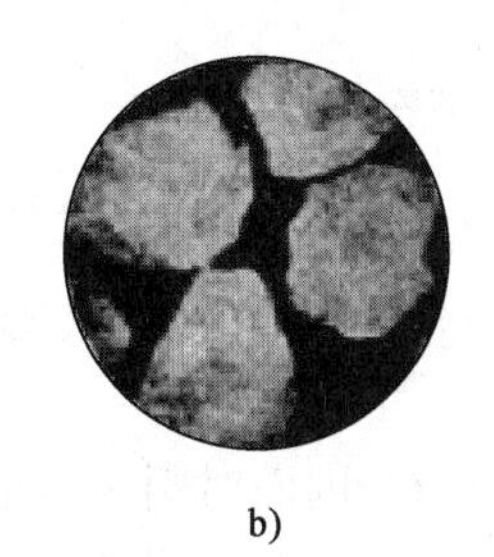

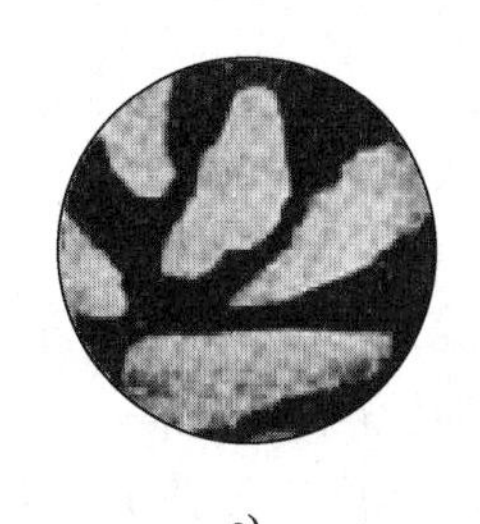

a)　　b)　　c)

图1-1　铸造用原砂粒形
a)圆形;b)多角形;c)尖角形

3.耐火度和烧结度

砂子耐火度是指其抵抗高温作用而不熔化的能力。耐火度对铸件的表面质量、清砂的难易程度、砂子复用性的影响很大。耐火度的高低主要决定于砂子的化学成分。对硅砂而言,石英含量越高、杂质含量越少,其耐火度越高。

砂粒表面或砂粒间的混合物开始熔化而烧结的温度叫烧结点。烧结点对铸件表面质量、清砂难易程度的影响比耐火度更直接。因此,原砂的烧结度需要常测。

铸造用砂的耐火度是将被测材料制成三角锥试样,与已知耐火度的标准试样在同一环境中加热对比而测得的。从理论上讲,大多数铸造用砂的耐火度都要求高于合金的浇注温度,但由于耐火材料及其所含的杂质与金属液或黏合剂中的有关物质发生相互作用,生成低熔点的化合物或共熔物,它们通常在远低于耐火材料本身耐火度的温度下就开始形成液相,因而导致壳形软化,高温性能急剧下降。因此,对铸件用砂来说,要求材料本身具有高的耐火度固然重要,但更有意义的是要关注造型混合料中各种材料在高温的相互作用,要考察其中液相开始出现的温度,即最低共熔点。比较简单、实用的方法是测试原砂及其混合材料的烧结点。

4.砂子随加热产生的体积变化

砂子在加热过程中发生膨胀现象,一是由于温度升高砂粒产生物理膨胀,二是由于温度升高石英发生同素异晶转变引起相变膨胀。膨胀值前者较小,后者较大。石英的同素异晶转变如图1-2所示。

反复使用过的砂子,经过多次膨胀和收缩,使其破碎细化、粉尘增加,导致型砂透气性下降。

5.原砂的选用

原砂的选用原则是,不仅要满足型砂性能要求,保证铸件质量,还应来源广、价格低、就地取材。

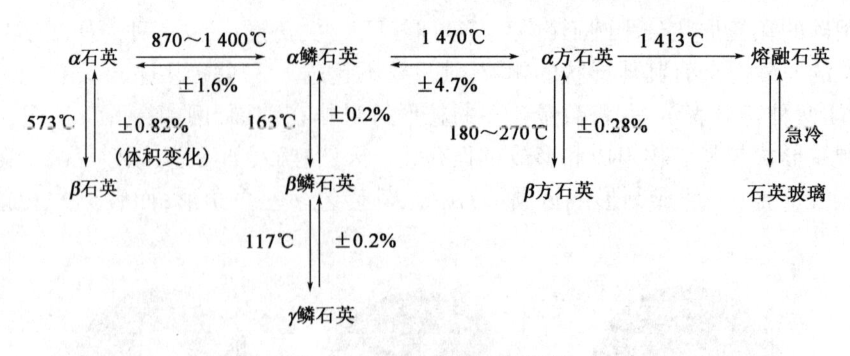

图 1-2　石英同素异晶转变简图

铸钢件浇注温度在 1 500℃左右，对型砂耐火度、透气性要求较高，原砂中的 SiO_2 含量应≥94%。有害杂质应严格控制。

铸铁件浇注温度一般在 1 400℃左右，因而对耐火度的要求比铸钢低。

铸铜件浇注温度约为 1 200℃，对原砂成分要求不高，但需用较细的原砂，粒度要求均匀，因为铜合金流动性好，容易钻入砂粒空隙，造成机械黏砂。

铸铝件浇注温度为 700～800℃，对原砂成分无特殊要求。为使铸件表面光洁，常用细粒和特细的原砂。

干型铸造和表面干型铸造由于刷有涂料，多用较粗的原砂，湿型铸造宜用较细的原砂。

使用有机黏合剂时，原砂宜选用含泥量较少的圆形砂，以减少黏合剂用量从而降低成本。

各种合金铸件常用原砂牌号见表 1-5。

各种合金铸件常用原砂牌号　　表 1-5

合金种类	用　　途	原砂类别
铸钢件	湿型铸造 200kg 以下的铸钢件	S50/100，S100/50，S70/140
	湿型铸造 300kg 以上的铸钢件	S40/70，S70/40，S50/100
	干型铸造 500kg 以上的铸钢件	S20/40～S50/100，S70/40，S70/140
铸铁件	湿型铸造 20kg 以下的可锻铸铁件	1N70/140，2N100/200，SC70/140
	湿型铸造 360kg 以下的灰铁件	2N70/140，1N50/100，SC50/100，SC70/140
	表面干型铸铁中、小件	SC12/30～30/50，S12/30～30/50
	干型铸造 500kg 以上的铸钢件	SC20/40～50/100，S20/40～50/100
	干砂芯	SC20/40～40/70，S20/40～40/70
	表面要求特别光洁的小型铸铁件	2N200/270
有色合金铸件	湿型及干型铸铜件	2N70/140～100/200，SC70/140～100/200
	湿型及干型铸铝件	2N100/200，2N140/270，2N70/140
	干砂芯	SC50/100～70/140
	小型有色件	2N200/270

二、铸造用黏土

黏土是型砂的一种常用黏合剂。黏土与砂子、水混合具有良好的黏结性和可塑性，烘干后具有干强度，浇注高温液体金属时具有耐火性，并有较好的复用性。在自然界中黏土储量丰富,成本低廉,故应用广泛。

黏土分为普通黏土和膨润土两大类。

1. 黏土的组成

(1)普通黏土

普通黏土俗称白泥,呈白色或灰白色。普通黏土主要由高岭石类矿物组成。高岭石是一种白色物质,熔点1 750 ~1 780℃,化学式为$2Al_2O_3 \cdot 4SiO_2 \cdot 4H_2O$,相对密度为2.58 ~2.6。

高岭石晶体在电镜下呈规则的鳞片状结构,由硅 – 氧四面体和铝 – 氧、氢 – 氧八面体组成。高岭石与水混合,水分子不能进入晶层之间,只在结晶格子上产生膨胀现象,水仅仅被吸附在晶体边缘上。

(2)膨润土

膨润土又名酸性陶土,性质柔软,用手触摸有滑腻感。

膨润土主要由蒙脱石(又名微晶高岭石)类矿物组成,化学式为$2Al_2O_3 \cdot 8SiO_2 \cdot 2H_2O \cdot nH_2O$。其中$nH_2O$表示存在于晶层之间的水。

蒙脱石晶体在电镜下呈不规则的薄片状或绒毛状,在两层硅氧四面体中间夹一层铝 – 氧、氢 – 氧八面体。水分子容易进入晶层之间,引起晶格沿c轴方向膨胀,c轴方向晶格常数在0.6 ~21.4Å之间变化,而含水量由6%增加到30%,干燥时水分蒸发,产生较大的收缩。

黏土矿物均程度不等地带有负电,因此,必然从周围介质中吸附一些阳离子来平衡电荷。这些吸附的阳离子成分和总量对黏土性能影响很大。膨润土按吸附的阳离子不同又分两类:

①钙膨润土——吸附的阳离子以Ca^{2+}、Mg^{2+}为主;

②钠膨润土——吸附的阳离子以Na^+、K^+为主。

2. 黏土的黏结性

黏土的黏结性形成过程如下:带负电荷的黏土质点,把极性水分子吸引在自己周围形成公共水化膜。水化膜为3 ~10个水分子层厚,即8 ~20Å。相邻的黏土质点表面都带负电荷应相互排斥,但由于公共水化膜中阳离子的吸引,反而使他们结合起来。公共水化膜越薄,吸引力越强。如果水分含量过低,则不能形成完整的水化膜。如果水分含量太高,则会出现自由水。从吸附水到自由水可以是突然的,也可以是逐渐的。因此,只有黏土与水分比例适宜,才能获得最佳黏结力。见图1-3。

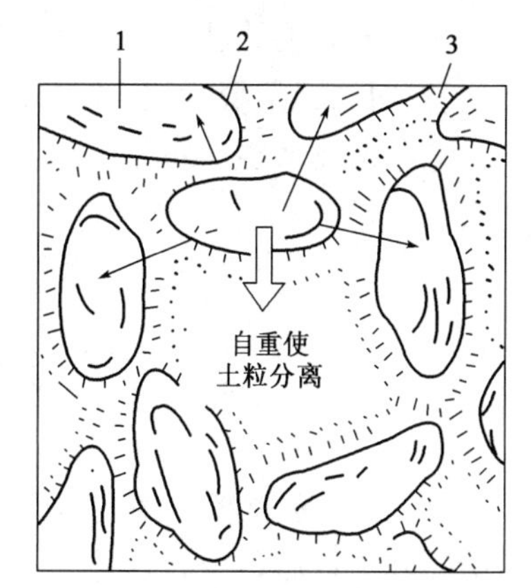

图1-3　黏土粒间黏结力使土粒胶黏
1-土粒;2-水化膜;3-公共水化膜

一般来说,黏土质点所带负电荷越多,质点越细小,比表面积越大,其黏结力越强。

3. 膨润土的活化处理

作为铸造型砂黏结剂,钠膨润土比钙膨润土的性能更好些。我国目前开采的膨润土以钙膨润土为多。为了改善钙膨润土的性能,可向其中加入一定数量的钠盐,利用Na^+离子置换Ca^{2+}离子,使其变为钠膨润土,这种处理方法叫活化处理,加入的物质称为活化剂。活化剂有苏打(Na_2CO_3)、小苏打($NaHCO_3$)、食盐(NaCl)、火碱(NaOH)

等。其中 Na_2CO_3 最经济、有效，所以最常用。其活化反应如下：

$$Ca\text{膨润土} + Na_2CO_3 \rightarrow Na\text{膨润土} + CaCO_3 \downarrow$$

膨润土的活化处理是在水介质中进行的。活化剂的加入量为膨润土量的4% ~6%。

钙膨润土经活化处理后，完全具有天然钠膨润土的性质，吸水能力强、膨胀大、黏结力高、对水的敏感性小，这有助于消除湿型铸造的夹砂缺陷。

4. 黏土的热变化

湿黏土在空气中放置，由于风干使自由水蒸发，加热到 105 ~ 110℃时自由水将完全去除。随着水分的蒸发，黏土质点相互靠近出现体积收缩，干强度相应提高。

再加热将失去结晶水，蒙脱石在 600 ~ 730℃时失去结晶水。失去结晶水意味着原矿物结构破坏，即不再具有黏土的胶黏性，变成失效的死黏土，这是型砂反复使用后性能变坏的一个原因。因此，旧砂必须经过处理才能回收使用。高岭石吸附水少，又无层间水，受热过程中体积收缩较小，故适用于干型。高岭石在 400 ~ 600℃时失去结晶水。

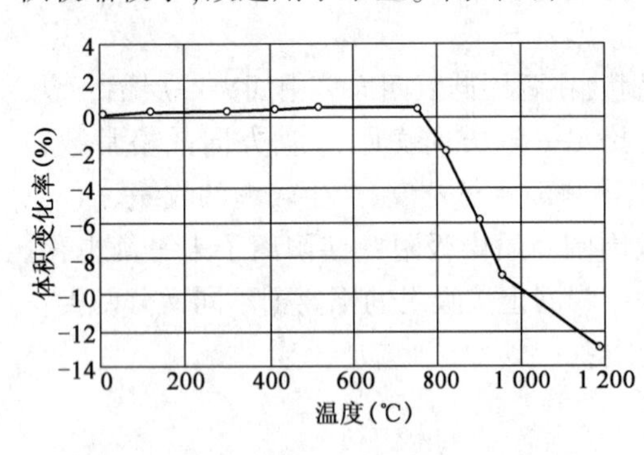

图 1-4　黏土在加热过程中的体积变化

温度继续升高时，失去结晶水的黏土开始分解成质点更为细小的 Al_2O_3 及 SiO_2，质点更靠近，接触点增多，体积又缩小。

当温度大于 1 000℃时，由于黏土矿物软化熔化，强度很快降低。

黏土在加热过程中，初期产生热膨胀，膨胀值为0.5% ~1.2%。当加热到 800℃时便开始收缩，在 900 ~ 1 000℃时产生剧烈收缩。其体积变化如图 1-4 所示。

5. 黏土的选用

膨润土的湿态黏结力比普通黏土高一倍左右，因此可减少其用量，提高透气性，降低含水率，这对保证铸件质量有利。膨润土常用于铸钢、铸铁的湿型和表面干型。

在干型铸造和表面干型铸造中，将膨润土与普通黏土混合使用，可改善型砂性能。

膨润土失去结晶水的温度比普通黏土高，故耐用性比普通黏土好，反复使用型砂性能不易恶化，弃旧加新量少，可节省型砂费用。

除考虑技术要求外，经济上还要合理。就地就近取材，避免远途运输，也是黏土选用的原则之一。

第二节　黏　土　砂

黏土型(芯)砂是由铸造用砂及黏土、水及附加物按一定比例混制而成。其结构如图 1-5 所示。其中粒砂是型砂的骨干，黏土和水形成胶体薄膜，将砂粒覆盖并把它们联结起来。附加物(如煤粉、木屑等)用来改善型砂的某些性能，砂粒间的空隙使型砂具有透气能力。因此，黏土型(芯)砂是具有一定性能(可塑性、强度、透气性、耐火度)的混合料。

黏土砂在铸造生产上应用最广、最普通。这是因为砂子和黏土来源广，储量丰富，价格便宜，材料费用低，制备方法简便。

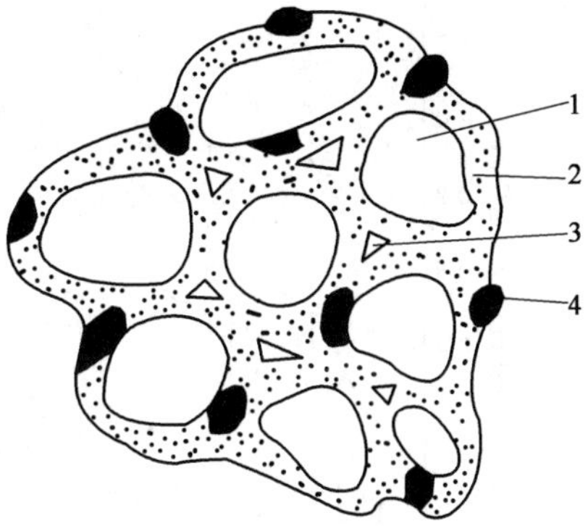

一、黏土砂的性能及控制

在造型制芯时，黏土砂应具有可塑性、流动性、湿强度和不粘模性；在浇注和凝固时，要有合适的强度、高的耐火度、好的透气性、低的发气性；在冷却过程中，要有良好的退让性；清理铸件时，应有良好的出砂性。

显然，一种型砂很难同时满足上述要求，只能根据铸件特点和生产条件，尽量满足主要性能。

图 1-5　黏土型砂结构

1-砂粒；2-黏土胶体；3-孔隙；4-附加物

1. 强度及其影响因素

型砂强度是指在造型、起模、翻箱、搬运、合箱等操作中及在浇注时液体金属的冲击作用下，型砂抵抗破坏作用的能力。它们可通过对试样的抗压、抗拉以及表面强度等指标来进行检测。

强度指标以型砂试样破坏时的应力表示，单位是 N/cm^2。按生产过程可把强度分为：

①湿强度——型砂未经烘干湿态下的强度。

②干强度——型砂烘干后的强度。

③高温强度——型砂在高温作用下的强度。

④残留强度——型砂经高温作用后冷至常温的强度。

⑤表面强度——型砂表面层的强度。

(1)型砂强度的形成

型砂中的黏合剂，经混砂机碾制，以黏膜形式包覆砂粒，又通过紧实，使分散砂粒胶合成整体而具有强度。

型砂强度取决于黏膜的黏结力、黏膜与砂粒表面附着力、单位面积内砂粒间黏膜的面积，增加黏合剂的用量、提高型砂紧实度、使用粒度分散的原砂均能增加砂粒与黏膜的接触面积进而使强度提高。

(2)型砂湿强度的影响因素

砂粒越细小分散，它们之间的接触面积越大，一般情况下，湿强度会较大。

随着黏土或膨润土加入量的提高，湿强度也随之提高(含水率需合适)。但到一定程度后，湿强度增加很慢，见图 1-6。

由于黏土加入量过大会使型砂其他性能变坏，故在保证需要的湿强度前提下，应尽量减少黏土加入量。

当黏土量不变时，随着水分含量的增加，型砂湿强度增加，达到最大值后逐渐下降，见图 1-7。这是因为水分少时，黏土不能充分发挥黏结作用；水分过多时，黏土薄膜被破坏的缘故。

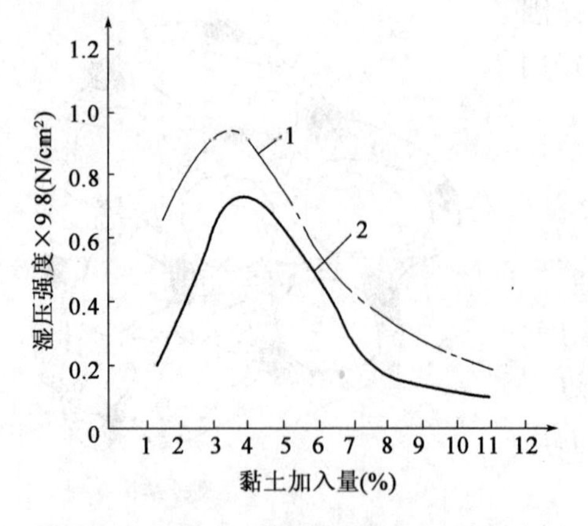

图 1-6　黏土加入量对型砂湿强度的影响

1-钙膨润土;2-普通黏土

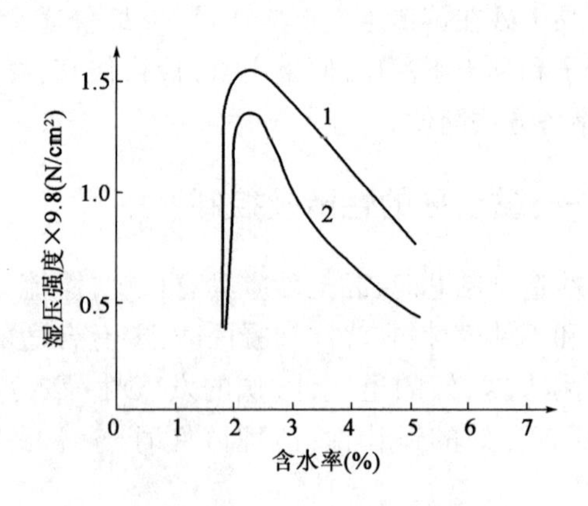

图 1-7　含水率对型砂湿强度的影响

1-膨润土+苏打;2-膨润土

由于煤粉的加入,使质点接触面积增加,因而黏土砂的湿强度随煤粉量的增加而增加。

型砂紧实度(以单位体积内型砂的质量来表示,g/cm^3)越高,质点间距离越近,其湿强度越高。但紧实度过高,会使透气性下降、退让性变差并使落砂困难。

适当增加混砂时间可以提高型砂湿强度,并增加型砂韧性、流动性,见图 1-8。

(3)型砂干强度的影响因素

黏土砂的干强度不是靠黏土表面吸附水的作用,而是由于烘干时黏土失去水分互相靠近,依靠质点紧密接触时的附着作用。

在一定范围内增加型砂的水分,能使黏土分布均匀并充分发挥作用,从而提高干强度,如图 1-9 所示。故一般干型水分含量比湿型高些。

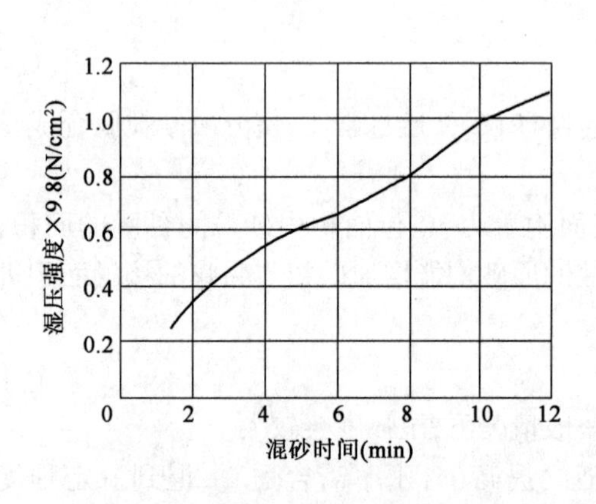

图 1-8　混砂时间对型砂湿强度的影响

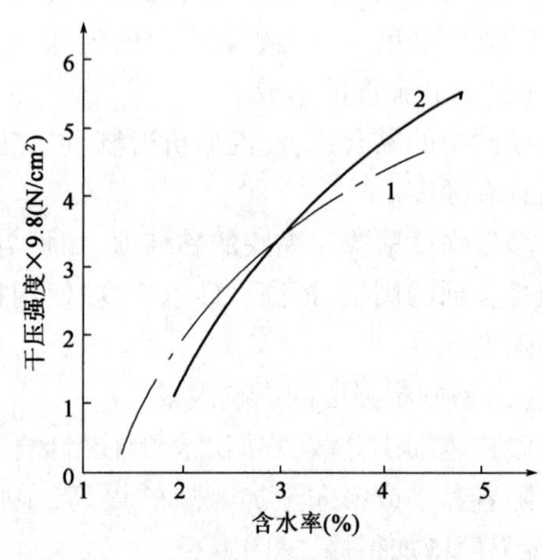

图 1-9　含水率对型砂干强度的影响

1-膨润土;2-膨润土+苏打

增加黏土含量,可提高型砂的干强度。但黏土含量过高,型砂在烘干时易裂,浇注后退让性及溃散性变差。在满足干强度前提下,黏土含量应尽量低。

两种不同黏土混合使用时,由于颗粒大小不一,质点接触更加紧密,干强度则更高些。

(4)高温强度与退让性

型砂的高温强度以适中为好。高温强度太低,铸件容易发生冲砂、变形;高温强度过高,会阻碍收缩,铸件容易开裂。

一般来说,黏土含量越高,型砂紧实度越高,型砂的高温强度则越高。增加水分含量,也可提高高温强度。加入锯末等附加物,使高温强度降低。

随着铸件收缩型砂减小其体积的能力,称为退让性。退让性不好,使铸件收缩受阻,易产生应力、变形甚至裂纹。在黏土砂中加入木屑等,可提高型砂退让性。

(5)残留强度与溃散性

逐渐冷凝后,铸型和砂芯落砂的难易程度,叫溃散性或出砂性。溃散性好坏直接影响生产率和劳动条件。

溃散性与残留强度有关,残留强度越低,溃散性越好。

(6)表面强度

前文提到的湿强度、干强度和高温强度指的都是总体强度,表面强度是指砂型、砂芯表面层的强度。

型、芯表面层直接和液体金属接触,受金属的热作用和机械作用更强烈。如果表面强度不够,则会造成砂眼等铸造缺陷。

在砂型、砂芯表面刷涂料,可有效提高其表面强度。

2. 透气性及其影响因素

紧实的型砂能让气体通过而逸出的能力称为透气性。透气性大小直接影响铸件质量。

原砂颗粒越粗,则型砂透气性越好,见图1-10中曲线1所示。砂子粒度越集中,透气性也越好。型砂的紧实度对透气性也有影响,紧实度(冲击次数)提高,使透气性下降,见图1-10中曲线2所示。

型砂中黏土含量越高,堵塞了砂粒间空隙,减少了气体通道,最大透气性值越低,见图1-11中曲线1所示。型砂中煤粉加入量提高也使透气性降低,见图1-11中曲线2所示。

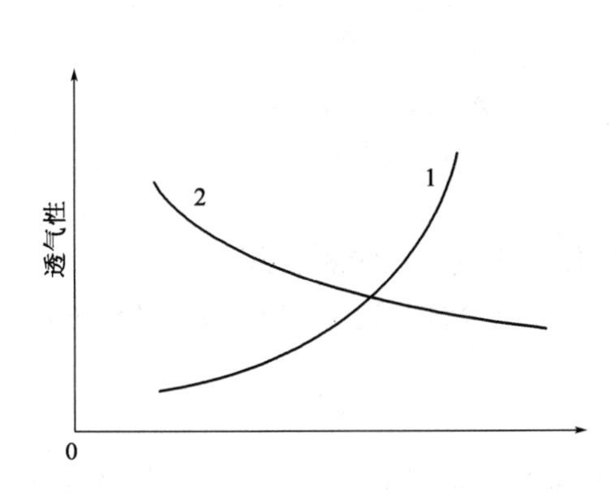

图1-10　透气性与颗粒大小及型砂冲击次数的关系

1-颗粒大小;2-冲击次数

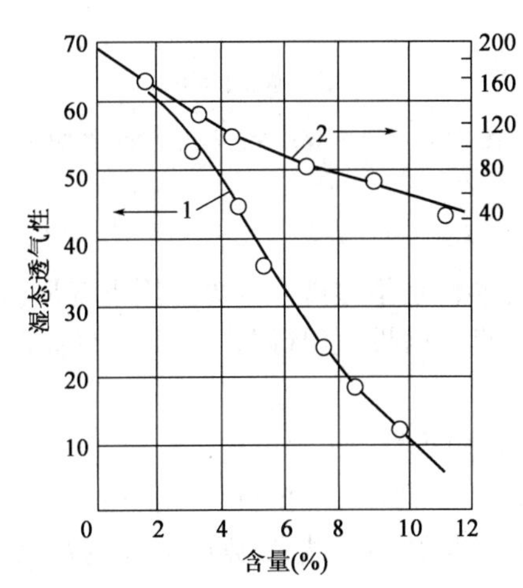

图1-11　黏土、粉煤含量对透气性的影响

1-膨润土;2-煤粉

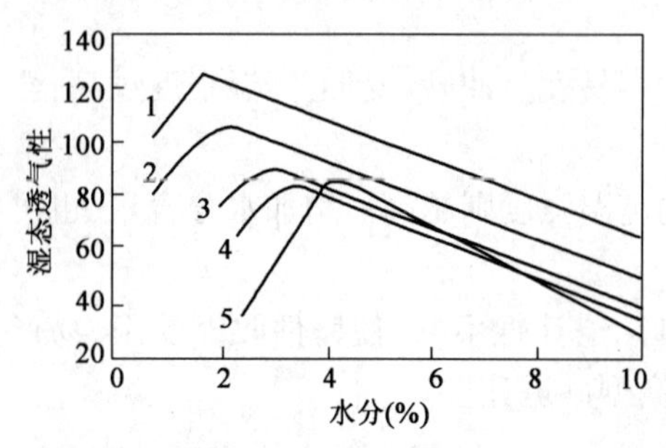

图 1-12 水分对透气性的影响

1-膨润土 2%；2-膨润土 4%；3-膨润土 6%；4-膨润土 8%；5-膨润土 10%

不同膨润土含量的黏土其水分对透气性的影响如图 1-12 所示。当黏土含量一定时，型砂透气性随着水分含量的增加而上升，达到最大值后又下降。

3. 其他性能

(1)发气性

浇注时型砂在高温金属液的作用下，其中水分蒸发汽化，有机物燃烧或升华，碳酸盐分解，因而产生大量气体，造成铸件气孔、浇筑不足等缺陷。故要求型砂在浇注时产生的气体越少越好，即发气性要低。

发气性大小主要取决于型砂含水率、黏合剂和附加物的性质、加入量以及浇注温度。

(2)流动性

型砂在外力和本身重力作用下质点间相互移动的能力，叫流动性。流动性好的型砂，能得到轮廓清晰的型腔，且容易紧实，劳动强度低，生产效率高。

凡增加型砂湿强度的因素都降低流动性。圆形砂流动性比多角形砂要好。图 1-13 表明黏土含量越高，型砂流动性越差；在黏土砂中加入煤粉，使质点间接触面积增大，摩擦力提高，流动性下降。图 1-14 为水分和流动性的关系。

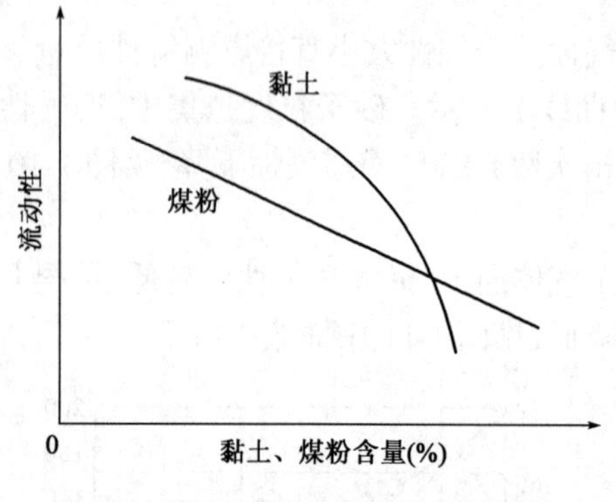

图 1-13 黏土和煤粉含量对流动性的影响

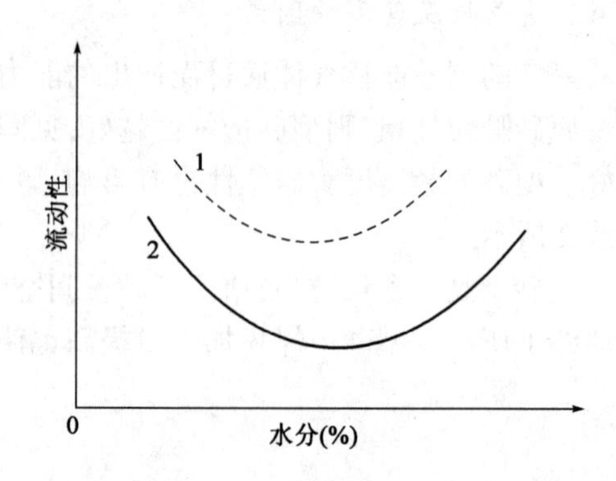

图 1-14 水分和流动性的关系

1-低黏土量；2-高黏土量

(3)可塑性

可塑性是指型砂在外力作用下变形，外力去除后保持所赋予形状的能力。

细砂可塑性比粗砂好，黏土含量高时可塑性好。黏土含量一定，适当增加水分，可塑性提高。

(4)耐火性

耐火性是指型砂抵抗高温作用的能力，通常用软化点或烧结点来表征。软化温度越高，局部熔化的烧结温度越高，则耐火性越好。

二、黏土砂的应用

尽管新型黏结剂不断出现，但黏土仍为铸造生产中的主要黏结材料，黏土砂仍然是主要型砂,占整个铸造砂量的70% ~80%。

1. 湿型砂

湿型铸造的优点是型砂无须烘干,直接浇入高温金属液体,节省了烘干设备、燃料和电力及车间生产面积;生产灵活性大,生产率高,生产周期短,便于组织流水作业;容易落砂和清理;粉尘少,劳动条件比干型好。缺点是铸件可能产生砂眼、气孔、夹砂、粘砂等缺陷。

1)湿型砂用原材料

湿型砂常采用粒度为55/100目、70/150目、100/200目的圆形或多角的天然石英砂为原砂。颗粒要尽可能均匀。

湿型砂普遍使用黏结性能较好的膨润土为黏合剂,也可以膨润土与普通黏土混合使用。

铸铁件的湿型砂常加入煤粉,重要件的面砂还加入重油,以提高型砂抵抗粘砂、夹砂的能力,得到表面光洁的铸件。

2)全新湿型砂的配比

车间刚投产时需要全新湿型砂,一些重要铸件的面砂有时也用全新砂配制。全新砂的配比较简单,主要是考虑黏土、煤粉加入量和合适的含水率。

(1)黏土加入量

黏土加入量可根据经验确定。例如湿型铸造铸铁小件,可加入膨润土5% ~6%,或普通黏土6% ~8%;较大件和易出现夹砂、粘砂缺陷时,可加入膨润土6% ~8%,或普通黏土9% ~10%。

在一定范围内增加黏土加入量,可提高型砂的强度、硬度,但会降低透气性、退让性、溃散性。黏土过多还会使型砂形成团块,流动性下降。

(2)煤粉加入量

煤粉加入量一般为3% ~10%,薄壁小件为3% ~4%;气缸体等较大件为8%左右。如果铸件表面不光洁仍有粘砂现象,说明煤粉加入量不够;如果表面不仅不光洁且出现发蓝色,说明煤粉量过高。

当单独加入煤粉仍不能消除粘砂时,再加1% ~2%的重油,会得到较好的效果。需要注意,掺有煤粉的型砂不宜用于铸钢生产。

(3)适宜含水率

型砂适宜含水率通常在4% ~6%之间,具体数据需由试验得出。型砂从出碾到造型使用要经过运输储存等过程,会有部分水分蒸发,故实际含水率应为适宜含水率加上蒸发损失的水分。

3)回用旧砂的配比

生产1t铸件需要使用4 ~5t型砂,如果每次配砂都用全新砂,会消耗大量的新砂和黏土,将使铸件成本大大提高。因此,在实际生产中应尽量回用旧砂,即重复使用已经用过的型砂,这样经济上才合理。

但旧砂中的黏土,经高温作用丧失了黏结能力,成为失效的死黏土;砂粒因急剧受热产生内应力而破碎;煤粉、重油等有机物不再起作用。这一切均使型砂性能变坏,铸件质量下降。因此在回用旧砂时,必须补加一定数量的新砂、黏土、煤粉,以保证型砂性能良好。

一般来说,在大量生产中,铸铁小件湿型砂每次补加新砂 5% ~7%,大件补加新砂 15% ~30%。黏土补加量为新砂所需黏土量加上旧砂中失效黏土的补偿量。煤粉在每次浇注后均有一部分失效,失效后的百分数可由实验获得。

4)湿型砂的制备

湿型砂根据使用场合不同,分为面砂、背砂、单一砂。

面砂是指覆盖在模样上构成型腔表面层的型砂。浇注时面砂直接和高温金属液接触,工作条件苛刻,对铸件质量影响重大。

背砂位于面砂背后,主要起填充加固作用,强度可比面砂低,透气性应比面砂高。

机器造型往往就用一种型砂,不分面砂、背砂,称为单一砂。

配砂前,新砂要进行烘干、过筛;黏土可直接用粉状也可用黏土浆;旧砂要经过破碎、筛选,旧砂温度过高时需采取措施(如吹风机等)使其冷却。

混砂的任务是按比例将各种原材料混合均匀,使黏结剂在砂粒表面形成均匀薄膜。配制黏土砂的加料顺序为:回用砂→新砂→黏土→煤粉→水→重油。重油应在加水混合均匀后加入。

混好的型砂,应保存一定时间之后再使用,这个过程叫调匀。调匀能使黏土质点有充分时间吸水膨胀,使型砂湿强度、透气性进一步提高。湿型砂的调匀时间一般为 2 ~3h,注意在调匀中不能丧失水分。

调匀后的型砂应进行松砂或过筛,以提高其透气性和流动性。

2. 干型砂

在合型和浇注前将整个砂型送入烘干窑中烘干。一些质量要求高的中型件、大型件、重型件,为保证铸件质量,往往需用干型砂生产。干型砂的优点是强度高,发气量小,透气性好,铸件质量易保证;缺点是生产周期长,需要有烘干设备并消耗燃料,劳动条件较差,落砂清理较困难,劳动生产率较低。

干型砂的黏土及水分含量都较高,为避免烘干中砂型开裂,一般用普通黏土作为黏结剂,加入量为10%左右,含水率一般为7% ~9%。为提高干型砂的耐火度和透气性,可采用 SiO_2 含量较高的中粒砂或粗粒砂。

干型型腔(或砂芯表面)均涂刷石墨涂料,目的是提高其表面强度和粗糙度。

砂型烘干是一个脱水过程。砂型烘干分为升温、保温和冷却三个阶段。

升温阶段不应加热太快,以免砂型开裂。

保温阶段需停火,利用砂型蓄热使水分继续蒸发,半闭烟道闸门,让砂型在炉内冷却。

烘干温度与砂型、砂芯大小有关:小的砂型、砂芯,一般为 250 ~300℃;大的砂型、砂芯,为缩短烘干时间,可将温度提高到 400 ~450℃。

砂型、砂芯烘干后,为避免吸水返潮,从出窑到浇注间隔时间不能过长。

3. 表面烘干型砂

表面烘干型是在浇注前对型腔表层用适当方法烘干一定深度。与湿型相比,表面强度提高,湿度减小,不易产生铸件缺陷;与干型相比,节约燃料,缩短时间,改善了劳动条件。

表面干型一般都用粒度为 12/30 目、20/40 目、30/50 目的粗粒砂,采用膨润土或活化膨润土为黏合剂,且膨润土加入量较高(8% ~10%)。还常加入木屑(加入量为0.5% ~1.0%),以提高型砂的抗夹砂能力、退让性、溃散性。

表面干型砂的含水率应严格控制。由于新砂及黏土加入量较多,混砂时间也就较长。

表面干型的烘干大都用喷灯烘烤,烘干层为5 ~10mm厚。

4. 铸钢、铸铜、铸铝用黏土砂

铸钢件浇注温度较高,1 500℃左右,易氧化,收缩大,型砂工作条件更恶劣,对性能要求更高些。

铸钢件应选用耐火度高的石英砂,原砂中 SiO_2 含量最好大于95%,其金属氧化物含量越低越好,含泥量要小于2%,耐火度不低于1 580℃,以防产生热粘砂和化学粘砂。特殊件可选用镁砂或锆砂。

铸铜、铸铝、铸镁等有色金属,浇注温度较低,极易氧化,收缩较大,要求型砂有良好可塑性(以保证铸件表面光洁、轮廓清晰)、退让性,而对耐火性、强度、透气性要求不高。故一般选用颗粒较细的天然黏土砂(100/200目)配成。铸铜、铸铝用黏土砂的配方见表1-6。

铸铜、铸铝用黏土砂的配方　　表1-6

应用	配比(质量%)			性能			
	原砂粒度	新砂	旧砂	膨润土	水分(%)	湿压强度(kg/cm^2)	湿透气性
铸铜、铸铝件	营城砂 1N140/270	100	—	—	4.5 ~5.5	>0.35	>35
有色湿型面砂	营城砂 1N140/270	20	80	1.0 ~1.5	5 ~6	0.18 ~0.28	>50
铸铜、铸铝件	吴淞砂 100/270	20 ~30	70 ~80	—	4 ~5	0.53	—

第三节　植物油砂、合脂砂及树脂砂

用来形成铸件内腔的砂芯,在浇注之后大部分被高温金属液包围,其与型砂相比,受到的热力、浮力和压力作用更大,工作条件更恶劣,因此,对制芯材料(原砂及黏结剂)的要求更高。

以往形状复杂、断面很薄的型砂都是用植物油、面粉、糊精、糖稀等粮食制品作为黏合剂。目前广泛采用合脂、沥青(有毒物质)树脂等黏合剂,发展有机高分子黏结剂是铸造生产的一个重要课题。

一、植物油砂

以桐油、亚麻油、豆油、米糠油等为黏合剂配成的芯砂叫植物油砂。

植物油黏合剂可以不经任何处理直接使用,使用量少(1% ~3%),能使芯砂具有很高的干强度,且流动性好,不易粘芯盒,便于制芯操作。同时,植物油在高温金属液的作用下会燃烧分解,生成碳,放出CO、H_2等还原性气体,有助于提高铸件内腔表面粗糙度。油砂芯具有良好的退让性和溃散性,烘干后不易返潮,可以保存较长时间。植物油砂的缺点是湿强度低,烘干前和烘干中砂芯易变形。

1. 植物油的化学组成及硬化原理

植物油是脂肪酸和丙三醇[$C_3H_5(OH)_3$]所形成的脂。脂肪酸可分为饱和及不饱和两种。它们的分子式为:饱和脂肪酸——$C_nH_{2n+1}COOH$,不饱和脂肪酸——$C_nH_{2n-1}COOH$、$C_nH_{2n-3}COOH$、$C_nH_{2n-5}COOH$等。在不饱和脂肪酸的结构中含有双键,不饱和程度越大,双键越多。

根据脂肪酸的不饱和程度,植物油可分为三类:

(1)干性油

硬化反应迅速,黏结能力强。如桐油、亚麻油等,是优良的黏合剂。

(2)半干性油

硬化慢,黏结能力差。如豆油、改性米糠油等。

(3)不干性油

几乎不能干燥硬化,不能做黏合剂用,如菜籽油、蓖麻油等。

植物油作芯砂黏合剂在加热过程中的硬化机理,目前尚不十分清楚。一般认为两个碳原子之间的双缝结合不牢固,加热中双键被破坏,氧原子进入原来双键处与碳原子结合,与此同时,伴随有聚合反应,使油的分子量增大,黏度增加。

氧化聚合的结果,使油分子由链状结构变成网状结构的凝胶,在砂粒表面形成坚韧的薄膜,然后变硬,从而使砂芯具有干强度。

植物油的硬化过程不可逆。如温度继续升高,油膜烧失分解,砂芯变酥失去强度。

油分子中双键含量越多,烘干时氧气供给充足,烘干温度适中,则油芯砂硬化速度快,干强度也高。

2. 植物油砂的性能

(1)植物油的加入量太小,油膜太薄,干燥中有可能缩裂,连续性被破坏,使砂芯强度降低;加入量过大,油膜太厚,在既定烘干温度下得不到充分硬化,也使砂芯干强度降低。

在满足强度要求的前提下,植物油加入量以1%~3%为宜。

(2)原砂通常采用中等粒度(55/100目)或稍细的粒度(75/150目)。粒度太细时,表面积增多,在油量不变的情况下,油膜厚度减薄,干强度则降低。

圆形砂不仅流动性好,且比多角形砂表面积小,油膜稍厚,干强度较高。

(3)附加物加入量。

油砂湿强度低,仅有0.294~0.49N/cm^2,制芯操作不方便,烘干前易变形,影响铸件尺寸精度。为克服这一缺点,可在油砂中加入适量的水、黏土、糊精等附加物。

在有水的油膜中,砂粒首先被水润湿,油在水的表面形成油膜,可改善油的分布状况。但烘干时水分蒸发,可能破坏油膜连续性,使干强度降低。故水的加入量应控制在3%以下。

加入黏土可提高油砂湿强度,但使干强度降低。加入量应控制在2%~3%以下。

在油砂中加入1.5%的糊精、淀粉等能显著提高其湿强度,对干强度影响很小。

由于纸浆废液来源广、价格低,加入油砂中既能提高湿强度,而且对于干强度影响不大,故生产中广泛应用。其加入量为1% ~3%。但纸浆废液使油砂吸湿性增加,砂芯容易返潮,因此,在其烘干后不能长期存放。

3. 植物油砂的配制及应用

植物油砂的混制工艺是:原砂 + 黏土(混碾2 ~3min)→加水、加其他液体黏合剂(混碾2 ~3min)→加油(混碾5min)→出碾。

植物油砂的烘干温度太低,氧化聚合反应太慢,因此,烘干时间长,且油膜达不到最大强度;烘干温度过高,砂芯发酥,强度也降低;烘干速度太快,砂芯易裂。烘干时间对油砂干强度的影响如图1-15所示。实际生产中,采用的烘干温度为200 ~250℃,烘干时间与砂芯大小厚薄有关,一般为1 ~2h。

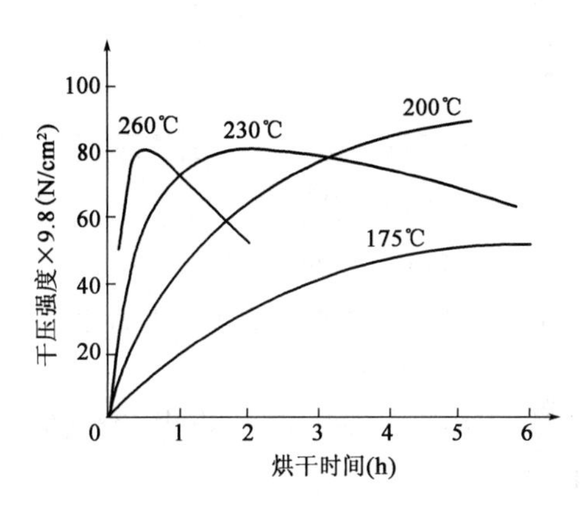

图1-15 烘干温度、烘干时间对油砂干强度的影响

植物油砂长期用来制作汽车、拖拉机、柴油机等复杂零部件的砂芯,但在经济上不够合理。寻找其他材料代替植物油作黏合剂,具有实际意义。合脂便是一种较好的植物油的代用品。

二、合脂砂

合脂砂是合成脂肪酸蒸馏残渣的简称,是制皂工业的副产品。其由复杂的有机化合物组成,各组成物的含量与所用原料(石蜡)有很大的关系。铸造用合脂应选用低熔点石蜡的合脂,此种合脂含羟基酸较多,配置的芯砂具有较高的干强度。

合脂在常温下是膏状物,呈黑褐色,温度低时会结成固体,常用溶剂稀释的方法降低合脂黏度,以便于配砂。稀释剂一般都用煤油,因其成本低,且对人体皮肤无刺激。

1. 合脂的质量指标

(1)酸值

合脂的硬化作用,主要依靠羟基酸,羟基酸含量越多,由低分子转变成高分子的过程越快。目前尚无测定羟基酸的简便方法,常以酸值间接表示。芯砂黏合剂用合脂,酸值不易过高。

(2)黏度

将合脂加热到(30 ±0.5)℃,用标准锥形漏斗(漏嘴内径6mm)盛满合脂,其容量为(100 ±3)mL,测量合脂流出时间(s),即为合脂黏度。

合脂黏度大小对合脂砂的性能影响很大。当黏度超过规定时,可以用煤油稀释。如稀释比10:4,表示10g合脂加入4g煤油。

2. 合脂砂的工艺性能

合脂砂的工艺性能与植物油砂相近。

(1)湿强度

由于合脂表面张力小(40～50dyn/cm,1dyn/cm = 10^{-3}N/m,下同),所以合脂砂湿强度较低,为0.025～0.04kg/cm^2。合脂加入量越多,湿强度越低。

(2)干强度

合脂砂干强度较高,在合适烘干温度下(200℃左右),其干强度与桐油砂接近。两者干强度比较见图1-16。

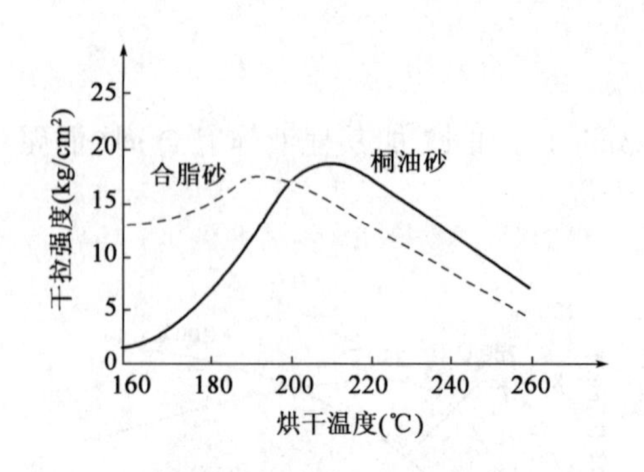

图1-16　桐油砂和合脂砂的干强度

(3)吸湿性

合脂是憎水材料,合脂砂吸湿性很小,但当加入糊精、纸浆水溶性材料后,吸湿性将明显增加。

(4)发气性

合脂砂发气量与烘干温度有关。烘干温度低,发气量则大。当烘干温度超过200℃,在强度接近的情况下,合脂砂发气量比桐油还低。

(5)退让性和出砂性

合脂黏结剂在300℃以上分解,500℃开始燃烧,600℃开始丧失强度,退让性、出砂性良好。

合脂砂与油砂相比,流动性较差,形状复杂的砂型不易紧实,容易粘芯盒,湿强度较低,砂芯易变形,有时甚至倒塌。

3.合脂砂性能的影响因素

(1)合脂黏度及加入量

合脂黏度大,不易分布均匀,使芯砂干强度降低。适宜的稀释比为(10∶6～10∶8)。

随着合脂加入量的增多,芯砂湿强度降低,干强度提高,见图1-17。因而在满足干强度要求的前提下,应尽量少加合脂,一般控制在2%～4.5%范围内。

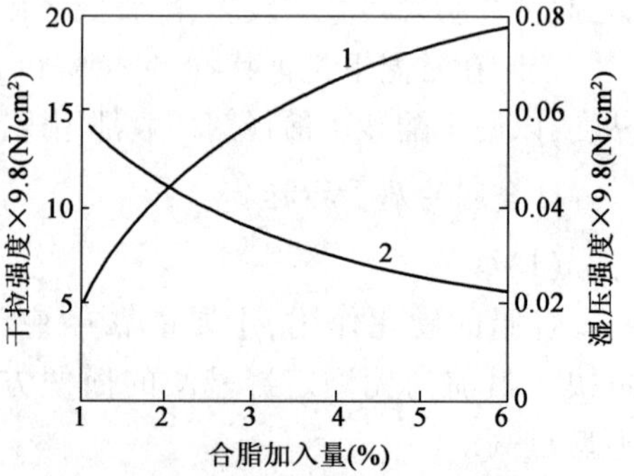

图1-17　合脂加入量对芯砂强度的影响
1-干拉强度;2-湿压强度

(2)黏土

合脂砂强度低,蠕变大,通常加入黏土来改善湿强度。黏土的黏结力越强,湿强度提高越显著。但每加入1%黏土,会使干强度降低10%～15%。

(3)附加物

为改善合脂砂的湿强度,又不降低干强度,可加入一些附加黏合剂(纸浆废液、糊精等)与黏土配合使用,其效果如图1-18所示。

(4)水

水对合脂砂性能的影响,与油砂加水情况类似。当没有附加材料时,在合脂砂中单加水,会使干强度降低,每加1%的水,干强度降低约15%,但对湿强度影响不大。当合脂砂中有黏土和糊精时,加入适量的水能提高干强度,加水过多又会降低干强度。

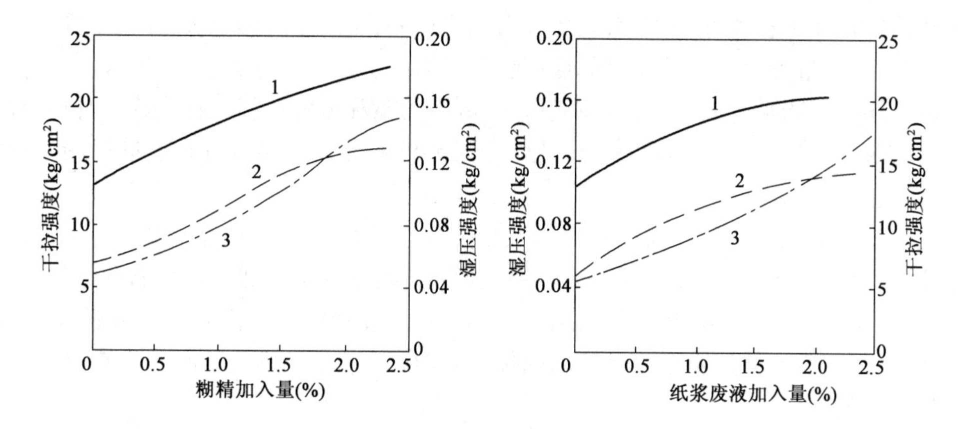

图 1-18　附加黏合剂对合脂砂性能的影响

1-干拉强度;2-干拉强度(加 2% 黏土);3-湿压强度(加 2% 黏土)

(配比:宁波砂 96% + 合脂 4%;试样经 220℃烘干保温 30min)

4. 合脂砂的配置与应用

合脂砂在国内工厂已普遍应用。在制作一级芯砂时,可加入 0.3% ~0.5% 的植物油,以提高合脂砂的流动性、干强度,降低粘模性。

合脂砂的混制工艺是:首先加入原砂、黏土、糊精等粉状物,干混 2 ~3min,最后加合脂,混合 10min 左右。

合脂砂的烘干温度为 200 ~220℃,以 210℃烘干效果最佳。温度太低,烘干时间要延长,烘干时间控制在 2 ~3h;温度太高,易小烧。烘干工艺对合脂砂干强度的影响,如图 1-19、图 1-20所示。

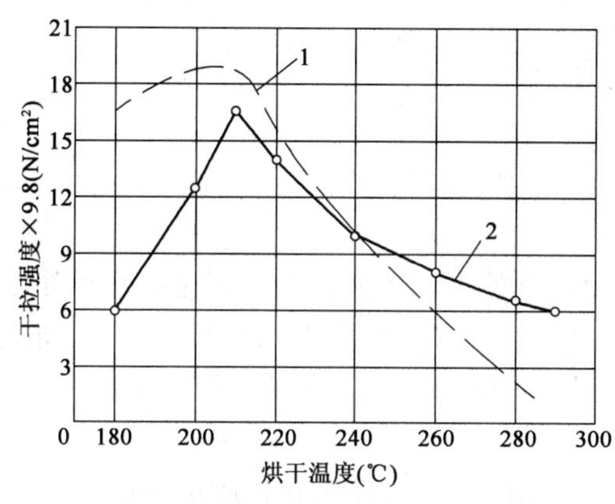

图 1-19　烘干温度对合脂砂干拉强度的影响

(烘干时间 60min)

1-桐油 2%;2-合脂 4%

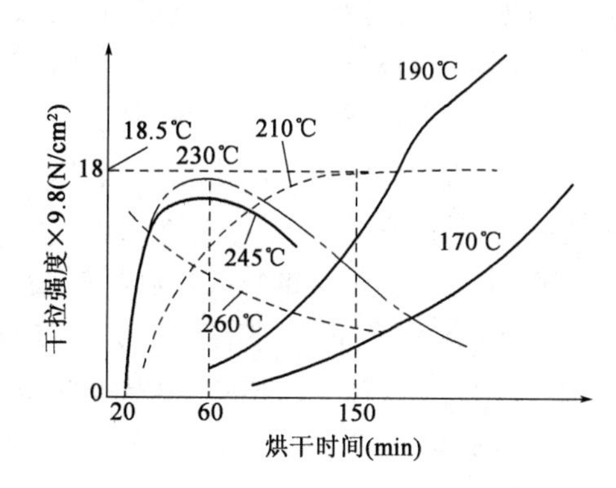

图 1-20　不同烘干温度下烘干时间对合脂砂干拉强度的影响

三、树脂砂

以合成树脂为黏合剂的树脂砂,可在芯盒中直接硬化(加热或不加热),无须烘干,硬化反应只要几分钟或几十秒即可完成，大大提高劳动生产率，且砂芯变形小，尺寸精度高，可减小加工余量，并使工艺过程简化，易于实现机械化和自动化。

国内应用的树脂黏合剂，主要有酚醛树脂、脲醛树脂和糠醇树脂三种。这三种树脂的性能均有一定局限性，可将它们按需要组合（化学合成或机械混合），制成各种改性树脂，以适应需要，扩大应用范围。

合成树脂分为热塑性和热固性两种。凡是受热后软化、熔化（树脂无固定熔点），冷却后凝固硬化，此过程可重复多次的树脂，叫热塑性树脂。凡是在常温或受热后起化学反应固化成型，在加热时不可逆的树脂叫热固性树脂。热塑性树脂在加热及固化剂的作用下，其链状结构即可转变为体型结构，使树脂变为坚硬的固体；热固性树脂在受热或长时间保存过程中，就能转变为体型结构。

1. 热芯盒树脂砂

热芯盒制芯是用射芯机以 5 ~7 个大气压（1 大气压≈101.325kPa）的压缩空气，将散状树脂砂射入加热到一定温度（180 ~260℃）的芯盒内，经过几十秒或几分钟便可从热芯盒中取出表面光滑、尺寸精确并具有足够强度的砂芯。

这种制芯方法的优点是：工艺过程简单，硬化周期短，砂芯从芯盒中取出后利用自身余热能继续硬化，生产效率较高。

热芯盒树脂砂具有低的湿强度，高的干强度，混制工艺简单，硬化迅速，流动性、透气性、退让性、溃散性较好，发气量低等优点。

作为热芯盒树脂砂黏合剂的树脂，要求其具备以下性能：

①本身黏度小，便于与砂混合和包覆砂粒表面，并使树脂砂流动性好，有利于射芯。

②硬化温度低，硬化迅速，硬化反应最好是放热反应，以便于利用余热继续硬化。

③干强度高，冷却到常温其抗拉强度大于 $20kg/cm^2$。

④不刷涂料也能抵抗金属渗透，与液态金属无反应。

⑤挥发物少，发气量小，发气速度慢。

热芯盒树脂砂常用呋喃Ⅰ型树脂、呋喃Ⅱ型树脂、液体酚醛树脂等制备。下面以呋喃Ⅰ型树脂砂为例来说明。

呋喃Ⅰ型树脂也叫糠醇改性脲醛树脂，是由糠醇、尿素、甲醛及乌洛托品催化下缩合而成，属热固性树脂，棕色液体，黏度为 3 000 ~5 000cp（$1cp = 10^{-3}Pa·s$，下同），pH 值 7 ~7.5，相对密度 1.28 ~1.30，含水率 15% ~18%，常温下抗弯强度≥$70kg/cm^2$，有效期半年以上。

（1）原砂料

呋喃Ⅰ型树脂砂所用原砂 SiO_2 含量要高，碱性氧化物要少，含泥量和杂质量要低，最好经水洗烘干。原砂形状最好呈圆形。树脂加入量为原砂的 2% ~3%。固化剂采用 NH_4Cl 尿素的水溶液，配比为氯化铵：尿素：水 =1:3:3。

氯化铵在水中离解后呈弱酸性，加热时酸性增强，促使树脂迅速固化，是一种理想的“潜伏”固化剂。尿素能稳定氯化铵水溶液，防止其在长期存放中析出氯化铵结晶。

固化剂的加入量，一般为树脂质量的 20% 左右。固化剂加入量对树脂砂强度的影响见图 1-21。为防止铸件产生针孔、皮下气孔等缺陷，在呋喃Ⅰ型树脂砂中还加入氧化铁粉或硼酸等附加物，其加入量为原砂质量的 0.25% ~ 0.30%。

(2)混制工艺

呋喃Ⅰ型树脂砂混制工艺比较简单，混砂时间不宜过长。通常为：干砂加氧化铁粉 $\xrightarrow{\text{混碾 1min}}$ 加固化剂 $\xrightarrow{\text{混碾 1min}}$ 加树脂黏合剂 $\xrightarrow{\text{混碾 1min}}$ 出砂。

(3)工艺性能及应用

呋喃Ⅰ型树脂砂流动性好，在存放过程中流动性逐渐下降，故存放时间不宜超过 4h。

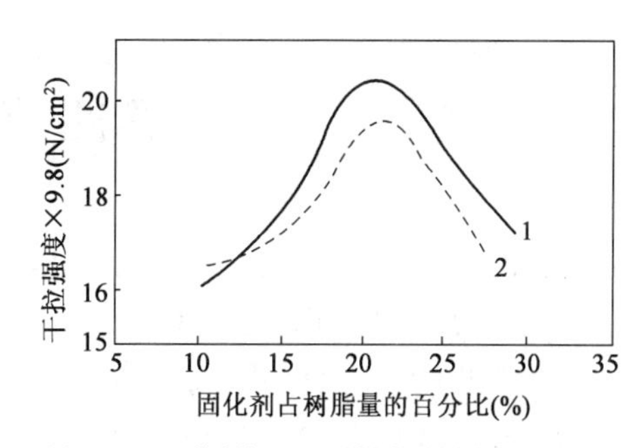

图 1-21 固化剂加入量对树脂砂强度的影响
1-硬化时间 60s；2-硬化时间 45s

该砂固化温度低，在 140℃即可固化。固化温度范围大，可从 140℃到 250℃。固化相当快，几十秒即可取芯。该砂发气性比油砂稍大，发气量随树脂含量的提高而增大。溃散性好，加热到 300℃时，其残余强度很低。

呋喃Ⅰ型树脂砂已成功地应用于灰口铸铁件、可锻铸铁件、有色合金铸件的热芯盒制芯，甚至在不加附加物的情况下，也能保证铸件质量。

2. 冷芯盒树脂砂

冷芯盒制芯是将树脂砂射入冷芯盒，再通入气体催化剂，使砂芯在室温下硬化，无须加热。改善了劳动条件，缩短了生产周期，生产效率大大提高。特别适合于中小批量、多品种的生产条件。

冷芯盒制芯目前有扩散气体冷盒法和自硬冷盒法两种。

扩散气体冷盒法是以雾化状的三乙胺($(C_2H_5)_3N$)为催化剂，使液态酚醛树脂的羟基(-OH)与液态聚异氰酸酯中的异氰酸根(-NCO)结合成分子量巨大的聚氨酯树脂。这种树脂砂出水性好，存放性也好，存放长达 6 个月性能也不发生变化，可用于浇注铸钢、铸铁、铸铜件。

自硬冷盒法是利用液态树脂(7501 型树脂)和液态催化剂分别与砂子混合，然后两种砂在吹砂筒中混合并吹入芯盒，在室温瞬时硬化。所用催化剂有硫酸乙酯、磷酸、甲苯磺酸等，变更催化剂的种类、浓度和加入量，便可调整自硬砂的固化速度。

3. 壳芯树脂砂

壳芯法制芯是将含有酚醛树脂粉的芯砂吹入加热到 200 ~ 280℃的金属芯盒中，保持 20 ~ 60s，接近盒壁的一层树脂熔化将砂粒黏结成壳，然后倒出松散的砂子，并使形成的空壳继续受热硬化，取出砂芯，即可得到 5 ~ 12mm 厚的薄壳砂芯，即壳芯。

壳芯法可以制造形状复杂、尺寸精确、表面光洁的优质砂芯，生产效率高，树脂消耗小，广泛用来生产铸铁、铸钢和有色合金铸件。

壳芯树脂砂，其中酚醛树脂加入量为 3% ~ 6%，采用乌洛托品($(CH_2)_6N_6$)做固化剂，固化剂为树脂量的 10% ~ 15%。

第四节　水 玻 璃 砂

水玻璃砂广泛用于铸钢件生产，其以水玻璃为黏合剂，取消了砂型烘干工序，减少了烘干时间，缩短了生产周期，提高了劳动生产率，并使铸件加工余量减少，质量提高。用 CO_2 气体使水玻璃硬化的叫 CO_2 硬化砂；在水玻璃砂中加入硬化剂使其硬化的砂叫自硬砂；在水玻璃砂中加入硬化剂和少量发泡剂使其流动和自硬的砂叫流态砂。

一、水玻璃的特性

水玻璃是一种碱性黏稠液体，成分为硅酸钠和水。硅酸钠是 Na_2O 和 SiO_2 以不同比例组成的多种化合物的混合体，其中有偏硅酸钠（$Na_2O \cdot SiO_2$）、二偏硅酸钠（$Na_2O \cdot 2SiO_2$）、三偏硅酸钠（$Na_2O \cdot 3SiO_2$）、四偏硅酸钠（$Na_2O \cdot 4SiO_2$）。通常写作：$Na_2O \cdot nSiO_2$。

1. 水玻璃模数及其调整

SiO_2 与 Na_2O 的克分子数比值，称为水玻璃模数，用 M 表示如下：

$$M = \frac{SiO_2\text{ 克分子数}}{Na_2O\text{ 克分子数}}$$

或者

$$M = \frac{SiO_2\%}{Na_2O\%} \times 1.033$$

M 标志水玻璃中 SiO_2 与 Na_2O 相对含量的多少。M 越大，保存性越差，不利于造型。铸造生产中多采用 $M = 2 \sim 3$ 的水玻璃为黏合剂。

现有水玻璃其模数未必符合铸造要求，如果 M 偏高，可加入适量苛性钠（NaOH），使其碱度增加，中和水玻璃中一部分游离 SiO_2，使 SiO_2 与 Na_2O 比值降低。其反应为：

$$mSiO_2 + 2NaOH \rightarrow Na_2O \cdot mSiO_2 + H_2O$$

如果 M 偏低，可加入适量氯化氨（NH_4Cl）、盐酸（HCl），与水玻璃中的 Na_2O 作用，使碱度降低，模数提高。其反应为：

$$Na_2O \cdot mSiO_2 + 2NH_4Cl = mSiO_2 + 2NaCl + 2NH_3 + H_2O$$

2. 水玻璃的相对密度

水玻璃的相对密度由密度计测定。M 只表示 SiO_2 与 Na_2O 的相对量，不能表示硅酸钠含量的多少，相对密度却能表示 SiO_2 与 Na_2O 含量的多少。

当 M 一定时，水玻璃的相对密度取决于溶解在其中硅酸钠的含量。硅酸钠含量越高，水玻璃相对密度越大，硬化速度越快，达到最高强度的时间越短。工厂常用的水玻璃溶液，其相对密度应为 1.45～1.6。

3. 水玻璃的胶体性质

水玻璃是由弱酸强碱组成的盐。$Na_2O \cdot nSiO_2$ 可写成 Na_2SiO_3，其水解反应如下：

$$Na_2SiO_3 \rightleftharpoons 2Na^+ + SiO_3^{2-}$$

水玻璃水解后呈碱性。

事实上,由于水玻璃是多种硅酸钠的混合物,如 $SiO_2 \cdot H_2O$(偏硅酸)、$SiO_2 \cdot 2H_2O$(正硅酸)、$2SiO_2 \cdot 3H_2O$(二硅酸)等。

当水玻璃水解程度很小时,生成的硅酸分子是可溶的,可以看作是低分子溶解。当水玻璃模数增高、浓度较大时,其水解程度将增大,生成的硅酸分子越来越多,这些硅酸分子在溶液中能脱水聚合,形成双分子、三分子或多分子聚合的大分子。

这些聚合大分子表面吸附了一层 SiO_3^{2-},带有负电,叫胶核。由于静电作用,胶核表面可吸附一层 H^+,构成吸附层。

胶核 + 吸附层组成胶粒。由于 H^+ 没有全部中和掉胶核的负电,故胶粒也带负电。在胶粒外还可吸附一些 H^+,形成扩散层。胶粒 + 扩散层组成胶团。

各胶团带同种电荷,阻止了粒子相互接近,因而不能聚集下沉,胶粒和带相反电荷的离子都将发生水化而形成水化膜,也能阻止胶粒和负离子的结合,避免发生聚集。因此形成的硅酸溶胶比较稳定。

破坏硅胶溶液的稳定性,使胶粒聚集下沉,才会显示黏结作用。所以,要使水玻璃具有黏结作用,须使胶粒聚沉。

要使胶粒聚沉,可在溶液中加入少量电介质,例如加入某种酸溶液,使 H^+ 浓度增大,胶粒吸附的 H^+ 中和了胶粒所带的负电,则离子互相碰撞发生聚沉。加热也能使胶粒聚沉,因为温度升高使胶粒运动速度加大,增加了碰撞机会。

硅酸溶胶聚沉时,不一定发生沉淀,而是整个体系失去流动性,形成了相当黏稠的物质——硅酸凝胶。硅酸凝胶是固态和液态之间的凝结状态,在其网状结构中呈液体。

水玻璃黏合剂的硬化过程实质就是由硅酸溶胶聚沉为凝胶的过程。

二、CO_2 硬化砂

在水玻璃砂中吹入 CO_2 气体,可促进硅酸钠的水解,并使水解产物中 NaOH 不断从平衡体系中移去,从而破坏水解平衡,加速硅酸钠水解反应,促使硅酸凝胶形成。

自然干燥或加热也可使水玻璃硬化。硬化过程表现为水玻璃脱水变稠,逐渐凝胶化,并形成薄膜将砂粒黏结而建立强度。

吹入的 CO_2 气体一般为 1.5 ~ 2.5 个大气压,$1m^2$ 的砂型面积吹气时间为 1 ~ 2min。吹气方法常用插管法和盖罩法。

CO_2 硬化砂中,水玻璃加入量一般为 5% ~ 8%(质量百分数)。为了提高水玻璃砂的干强度及型砂保存性,可加入 0.5 ~ 1.0 的苛性钠;为了提高湿强度,可加入少量黏土(3% ~ 5%);为了防止黏膜,提高型砂流动性,改善溃散性,可加入 0.5% ~ 1.0% 的重油、柴油。水玻璃砂的含水率一般为 4% ~ 5%。

CO_2 硬化砂的混制工艺是:

$$砂子 + 粉状物 \xrightarrow{干混2\sim3min} + 重油 + NaOH溶液 \xrightarrow{湿混1\sim2min} + 水玻璃 \xrightarrow{湿混3min} 出砂$$

三、发热自硬砂

在水玻璃砂中加入少量硅铁粉,型砂即能发热自行硬化。原理是水玻璃水解生成硅酸胶体和氢氧化钠，硅粉与氢氧化钠反应生成硅酸钠和氢气。其硬化过程的化学反应如下：

$$Na_2O \cdot mSiO_2 + H_2O \rightleftharpoons 2NaOH + mSiO_2$$

$$nSi + 2NaOH + (2n-1)H_2O \Rightarrow Na_2O \cdot nSiO_2 + 2nH_2 \uparrow + Q$$

四、流态砂

水玻璃流态自硬砂是由砂子、水玻璃、硬化剂、发泡剂和一定量的水经搅拌混合而成，它具有流动和自硬的特点。

发泡剂又叫表面活性剂，能显著降低水的表面张力，使砂粒容易被润湿，在搅拌时易产生大量气泡，使砂粒间隙增大，摩擦系数降低，从而使型砂易流动。常用发泡剂有烷基磺酸钠、烷基苯磺酸钠、脂肪醇硫酸钠等。

第五节　涂　　料

涂料涂刷在铸型和型芯表面上，其功能是提高其表面粗糙度、耐火度、强度以及抵抗金属液的冲刷及高温破坏作用，以便得到质量良好、表面光洁的铸件。

一、涂料的组成

涂料通常配成悬浮状液体，由防粘砂材料、分散介质、稳定剂、黏合剂等组成。

铸铁件防粘砂材料常用石墨。石墨有鳞片状、粉状两种。前者固定碳含量高，耐火度高，质量好。石墨化学性质稳定，与铸铁不润湿，且耐火度高，故能得到光洁的铸件表面。铸钢件常用石英粉作防粘砂材料，大件及合金钢件常用镁砂粉、锆砂粉。有色金属件用滑石粉。

分散介质最常用的是水，有时也用酒精或有机溶剂配成快干涂料。

稳定剂是为了防止沉淀，保证涂料始终为均匀的悬浮液。黏土或膨润土是常用的稳定剂。

为提高涂料层自身强度及涂料与砂型表面的结合强度，涂料中需有黏合剂。常用的黏合剂有黏土、膨润土、纸浆废液、糖浆、糊精等。常用涂料配方见表1-7。

常用涂料配方　　表1-7

用　途	涂料成分	相对密度	备　注
铸铁大件	鳞片石墨70，粉状石墨30，黏土	1.3～1.5	碾成膏状，用时加水稀释
铸铁小件	粉装石墨82～85，白泥粉15～18	—	—
铸铁小芯	粉状石墨90，膨润土10	1.3～1.4	—
碳碳铸件	石英粉98，膨润土2，水适量	—	—
合金钢铸件	铬砂100，膨润土2～3，糖浆3～4，水	—	—
不锈钢铸件	铬砂100，膨润土3，糖浆7	—	—
铜铝铸件	润石粉86，黏土9，纸浆废液5	—	—

二、涂料的性能

（1）悬浮稳定性。涂料应在一定时间内不沉淀，保证涂刷均匀。提高黏土加入量，可提高其稳定性,但涂料其他性能变坏。为保证涂料有足够稳定性而加入量又少,最好用活化膨润土做稳定剂。

(2)涂刷性。涂料应在型芯表面形成均匀的薄层,不流淌、不聚堆。涂刷性主要取决于黏度、相对密度及其流变性能等。

(3)抗裂性。涂料层在烘干和浇注中应不发生裂纹,膨润土加入量越多,越易开裂。防粘砂材料越细,粒度集中,涂料层也易开裂。

(4)涂料层的强度。主要取决于黏合剂的性质、加入量及烘干规范。黏合剂越多,强度越高。用糊精、糖浆、纸浆废液作黏合剂时,烘干温度超过200℃时,强度很快下降。

(5)抗粘砂性。取决于防粘砂材料的化学及物理性能和涂料层的厚度。涂料层厚度一般为0.5~2mm。

三、涂料的制备

先将各种组成物干混10min,然后加水长时间碾压,制成均匀的涂料膏,使用前再加水稀释到合适相对密度。为了防止糊精、糖浆涂料在存放中发酵,可加入福尔马林做防腐剂,每100kg涂料加福尔马林40mL。膏状涂料最后置于叶片式搅拌机中加水稀释,这样使涂料成分均匀性能较好。

复习思考题

1. 型砂、芯砂的主要组成是什么?它们各起何种作用?
2. 干型砂、半干型砂以及湿型砂各用在何种场合?在配制上有何区别?
3. 油砂、合脂砂以及树脂砂的主要特点是什么?主要用在哪些场合?
4. 水玻璃砂有何特性?这种砂有哪些固化特点?

第二章　铸造工艺设计基础

铸造生产周期较长，工艺复杂繁多。为了保证铸件质量，通常要把好三关，即合金熔炼关、造型材料关和铸造工艺关。铸造工作者应根据铸件特点、技术条件和生产批量等制订正确的工艺方案，编制合理的铸造工艺规程，在确保铸造质量的前提下，尽可能降低生产成本和改善生产条件。

本章主要介绍铸造工艺设计的基础知识，使读者初步掌握设计方案，学会查阅资料，培养分析问题和解决问题的能力。

第一节　零件结构的铸造工艺性分析

零件结构的铸造工艺性，是指零件结构既有利于铸造工艺过程的顺利进行，又有利于保证铸件质量。铸造工艺性差，不仅给铸造生产带来麻烦，不便于操作，还会造成铸件缺陷。因此，为了简化铸造工艺，确保铸造质量，要求铸件必须具有合理的结构。

一、为防止缺陷对铸件结构的要求

某些铸件缺陷的产生，往往是由于铸件结构设计不合理而造成的。采用合理的铸件结构，可以防止这些缺陷。

1. 铸件应有合理的壁厚

每一种铸造合金，都有一个合适的壁厚范围。选择得当，既可满足铸件性能（机械性能）要求，又便于铸造生产。对于用铸钢制造的轴类零件来说，增大直径便可提高承载性能。但对铸件来说，随着壁厚的增加，中心部分晶粒粗大，承载能力并不随壁厚增加成比例增加，见表2-1。因此，在设计较厚铸件时，不能把增加壁厚作为提高承载能力的唯一办法。为了节约金属材料，减轻铸件质量，可以选择合理的截面形状。例如承受弯曲载荷的铸件，可以选用T字形或I字形截面。采用加强筋可以减小铸件壁厚，如图2-1所示。常用灰口铸铁件的壁厚可按表2-2选取。由表2-2可知：筋厚＜内壁厚度＜外壁厚度，原因是内壁散热条件较差。因此，一般来说，不宜采用厚壁，而是尽量改变截面形状。但铸件壁厚也并非是越小越好，为了防止浇注不足、冷隔等缺陷，铸件壁厚也不能太薄。铸件的最小壁厚（允许的）与合金种类、浇注温度、铸件大小（外形尺寸）、结构复杂程度、铸型种类等因素有关。铸件在砂型铸造时，允许的最小壁厚见表2-3。

铸件壁厚改变时 HT 强度的相对变化　　表 2-1

铸件壁厚(mm)	相 对 强 度	铸件壁厚(mm)	相 对 强 度
15 ~ 20	1.0	30 ~ 50	0.8
20 ~ 30	0.9	50 ~ 70	0.7

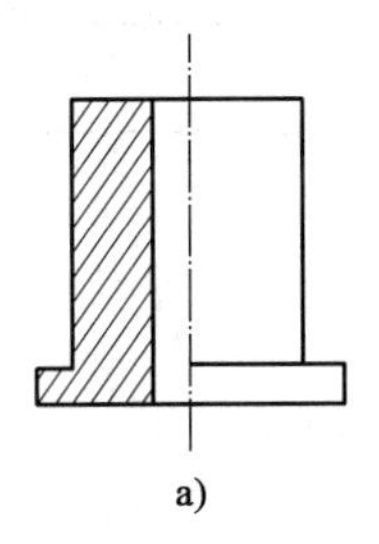

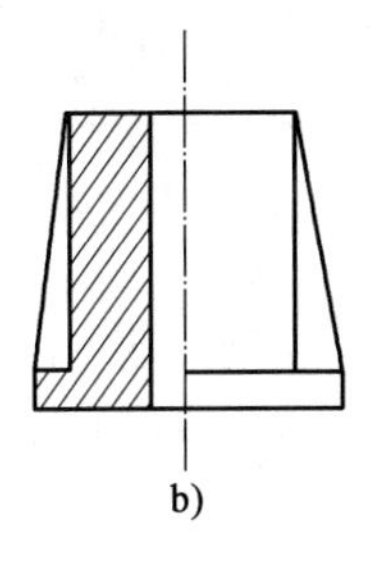

图 2-1　采用加强筋减小铸件壁厚
a)不合理;b)合理

灰口铸铁件外壁、内壁与筋的厚度　　表 2-2

零件质量(kg)	零件最大外形尺寸(mm)	外壁厚度(mm)	内壁厚度(mm)	筋的厚度(mm)
≤5	300	7	6	5
6 ~ 10	500	8	7	5
11 ~ 60	750	10	8	6
61 ~ 100	1 250	12	10	8
101 ~ 500	1 700	14	12	8
501 ~ 800	2 500	16	14	10
801 ~ 1 200	3 000	18	16	12

砂型铸造时铸件的最小允许壁厚(单位:mm)　　表 2-3

铸件尺寸	ZG	HT	QT	KT	ZL	Cu 合金	YG 合金
< 200 × 200	6 ~ 8	5 ~ 6	6	4 ~ 5	3	3 ~ 5	—
200 × 200 ~ 500 × 500	10 ~ 12	6 ~ 10	12	5 ~ 8	4	6 ~ 8	3
> 500 × 500	18 ~ 25	15 ~ 20	—	—	5 ~ 7	—	—

最小允许壁厚与某一铸造合金的流动性大小有关。同一个外形尺寸和合金成分的铸件，其数据上、下限的选择，应根据结构复杂程度来定。结构越复杂，数据应取上限，反之，应取下限。

2. 铸件壁应合理连接

铸件壁厚不均匀，薄厚相差悬殊，会造成热量集中，冷却不均，不仅易产生缩孔、缩松，而且易产生应力、变形和裂纹，所以要求铸件壁厚应尽量均匀。如图 2-2a)中结构，壁厚不均，在厚的部分易形成缩孔，在厚薄连接处易形成裂纹。改为图 2-2b)结构后，由于壁厚均匀，可防止上述缺陷产生。改进办法可用薄壁 + 加强筋来实现。加强筋(筋条)的布置应尽量避免或减少交叉,防止形成热节,例如钳工画线平台,其筋条布置如图 2-3 所示。

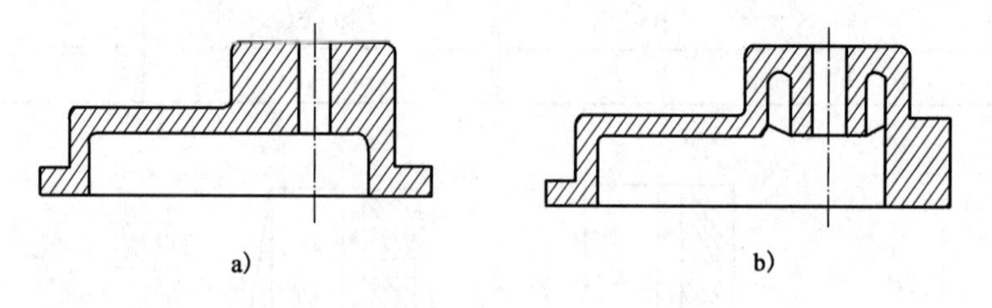

图 2-2　铸件壁厚不均匀的改进

a)不均匀壁厚;b)均匀壁厚

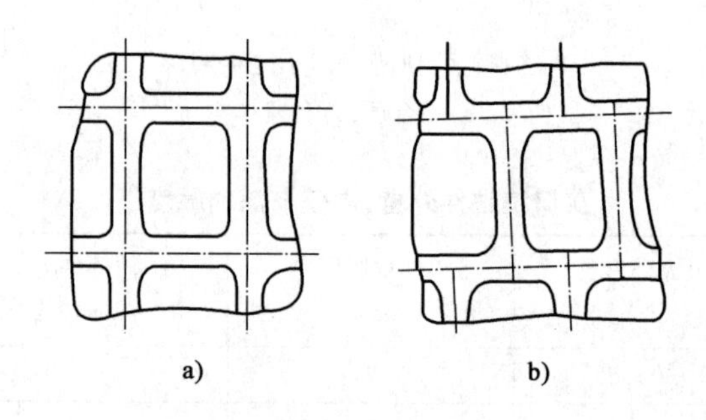

图 2-3　筋条布置形式

a)不合理;b)合理

铸件各部分壁厚不均现象有时不可避免,此时应采用逐渐过渡的方式,避免截面突然变化。交接和转弯处亦应呈圆角,以减少应力、变形和裂纹。

逐渐过渡的形式与尺寸如表 2-4 所列。由表 2-4 知,壁厚差别不是很大时,采用 R(圆弧)过渡;壁厚差别很大时,采用 L(斜坡)过渡。在同等条件下,铸钢件的过渡尺寸比铸铁要大。两壁相交,其相交处和拐弯处也要做成圆角,如表 2-5 所列。

铸件壁厚的过渡形式与尺寸　　　　表 2-4

<table>
<tr><th>示　意　图</th><th colspan="9">过渡尺寸(mm)</th></tr>
<tr><td rowspan="3">R　R
b　a
$b \leqslant 2a$</td><td>铸铁</td><td colspan="8">$R \geqslant \left(\frac{1}{6} \sim \frac{1}{3}\right)\left(\frac{a+b}{2}\right)$</td></tr>
<tr><td rowspan="2">铸钢
可锻铸铁
有色金属</td><td>$\frac{a+b}{2}$</td><td>≤12</td><td>12 ~ 16</td><td>16 ~ 20</td><td>20 ~ 27</td><td>27 ~ 35</td><td>35 ~ 46</td><td>45 ~ 60</td></tr>
<tr><td>R</td><td>6</td><td>8</td><td>10</td><td>12</td><td>15</td><td>20</td><td>25</td></tr>
<tr><td rowspan="2">L
b　a
$b > 2a$</td><td>铸铁</td><td colspan="8">$L \geqslant 4(b-a)$</td></tr>
<tr><td>铸钢</td><td colspan="8">$L \geqslant 5(b-a)$</td></tr>
</table>

铸件壁的连接形式　　　　表 2-5

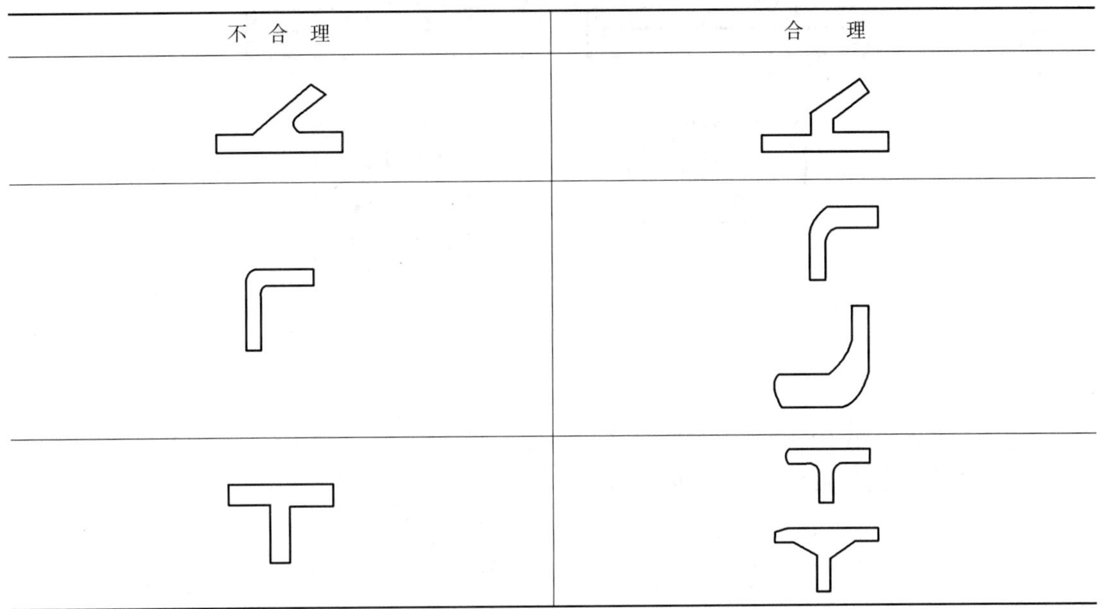

铸造内外圆角亦有相应规定,可从有关手册中查到。

3. 结构斜度

进行铸件设计时,应考虑凡顺着拔模方向的不加工表面尽可能带有一定斜度,以便于起模,便于操作,简化工艺(这里讲的是结构斜度,不是拔模斜度)。结构斜度的设计可参考表 2-6。铸件垂直高度越小,斜度越大。

铸件壁的连接方式　　　　表 2-6

图　例	斜度 $c:h$	角度 β	使 用 范 围
c 斜度 h β	1:5	11°19′	$h<52$mm 的铸钢和铸铁件
	1:10 1:20	5°43′ 2°52′	$h=25\sim500$mm 的钢和铁铸件
	1:50	1°9′	$h<500$mm 的钢和铁铸件
	1:100	34′	有色合金铸件

当设不同壁厚铸件时,在转折处斜度最大可增大到 30° ~45°,参见图 2-4。

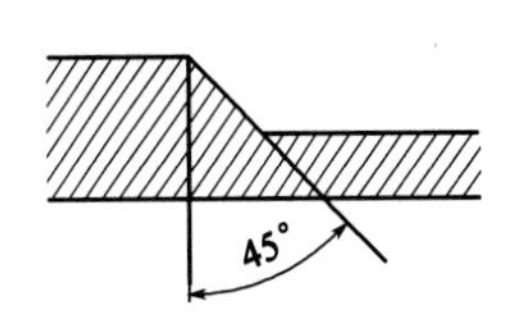

图 2-4　最大结构斜度

4. 保证铸件质量的合理结构

(1)壁厚力求均匀,减小厚大断面,防止形成热节。办法是挖去一部分,如图 2-5 所示。

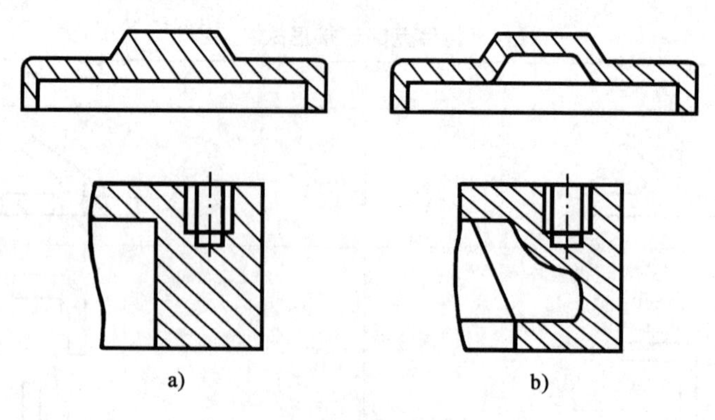

图 2-5　壁厚力求均匀的实例

a) 不合理；b) 合理

(2) 内壁厚度应小于外壁。因为内壁散热条件不好，冷速慢，所以应适当减薄，以使铸件冷却均匀。办法就是把 A 减小为 B，如图 2-6 所示。

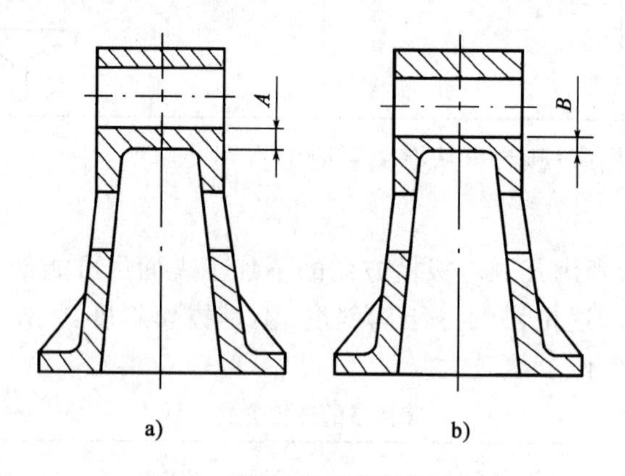

图 2-6　铸件内壁相对减薄的实例

a) 不合理；b) 合理

(3) 应有利于补缩和实现顺序凝固。有些铸件注定厚度较大或厚薄不均，如果该件所用合金的体积收缩较大，则很容易形成缩孔、缩松。此时应仔细审查零件结构，尽可能采取顺序凝固方式（图 2-7），让薄壁处先凝固，厚壁处后凝固，使厚壁处易于安放冒口补缩，以防止缩孔、缩松。

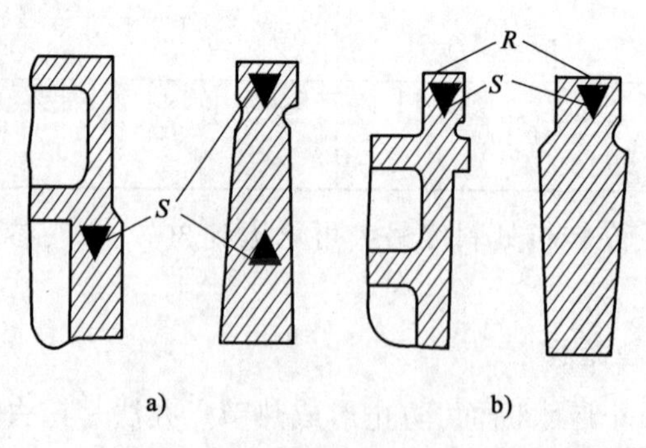

图 2-7　按顺序凝固原则设计铸件结构（R 为冒口，S 为缩孔）

a) 不合理；b) 合理

(4)注意防止铸件发生翘曲变形。生产实践证明,细长杆状铸件、大平板状铸件,由于刚度差,小的应力也会引起弯曲变形。可以改进结构,办法是设加强筋及改变截面形状,如图2-8所示。

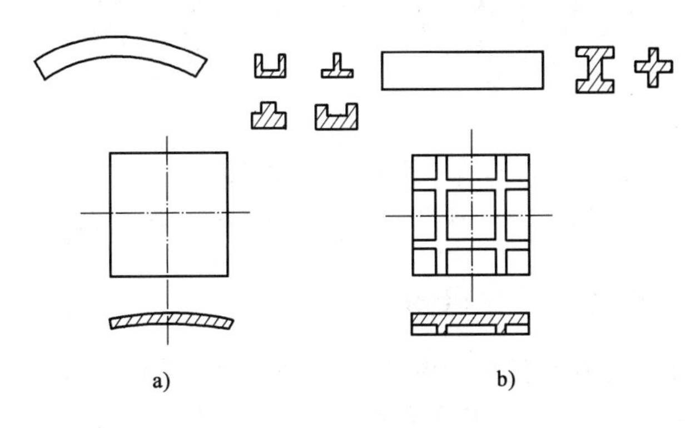

图2-8　防变形的铸件结构
a)不合理;b)合理

床身一类的铸件,其截面形状不允许改变,为防止其变形,可采用反挠度,即在模样上采取反变形量。如果既不能设加强筋,又不能改变截面形状,只有采用人工时效方法消除应力减小变形。

(5)应避免水平方向出现较大平面。大平面铸件的上部型砂长时间受金属液体烘烤,容易造成夹砂。解决办法是倾斜浇注或设计成倾斜壁,如图2-9所示。

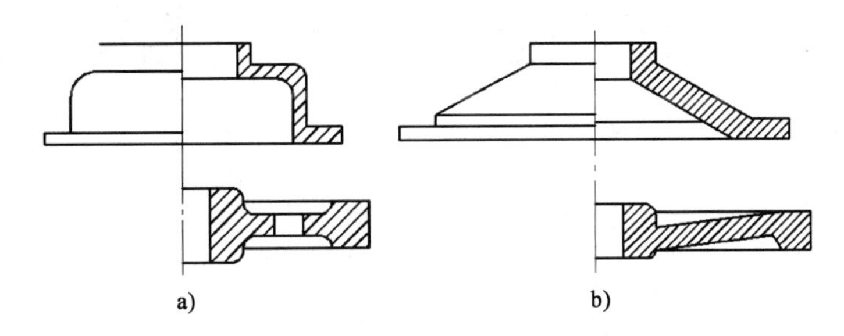

图2-9　避免大水平面的铸件结构
a)不合理;b)合理

(6)应避免铸件收缩时受到阻碍,否则,会造成裂纹。对于收缩大的合金铸件,尤需注意。图2-10所示铸件可取消中间隔墙。图2-11铸件轮辐可设计成S形(波浪形)、单数辐条等,这样可以减少径向压力。

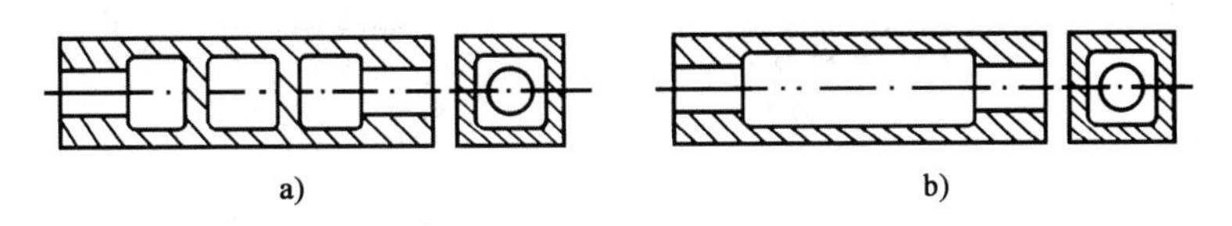

图2-10　避免收缩受阻的铸件结构
a)不合理;b)合理

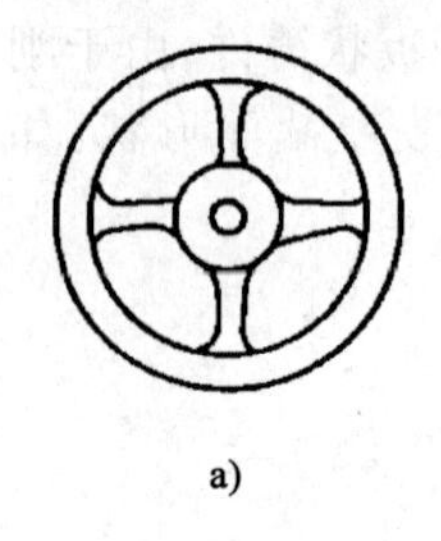
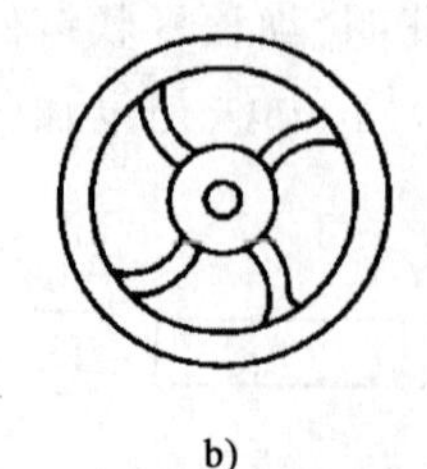
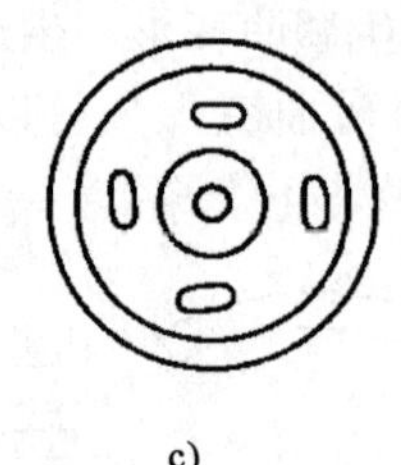
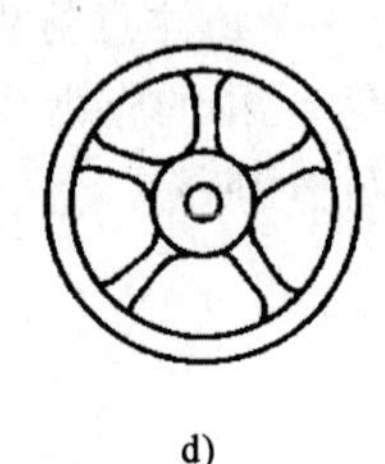

a) b) c) d)

图 2-11　避免收缩受阻的铸件结构

a)不合理;b)弯曲辐条以松弛应力;c)带孔辅板防止断裂;d)单数辐条生产的应力比对称辐条的小

二、为简化工艺对铸件结构的要求

铸件结构不仅应有利于保证铸件的质量,防止和减少铸件缺陷,而且应保证造型、制芯、清理等操作的方便,以利于提高生产率和降低成本。对其基本要求如下。

(1)便于起模。改进妨碍起模的凸台、凸缘、筋板和外侧内凹。这些在零件结构设计上稍加改进就可避免,见图 2-12、图 2-13。

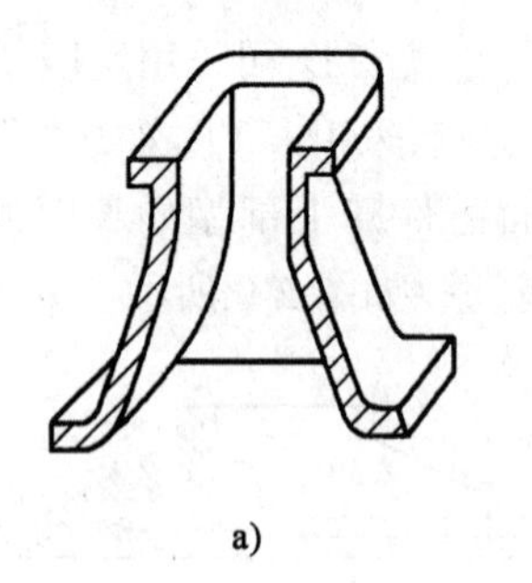
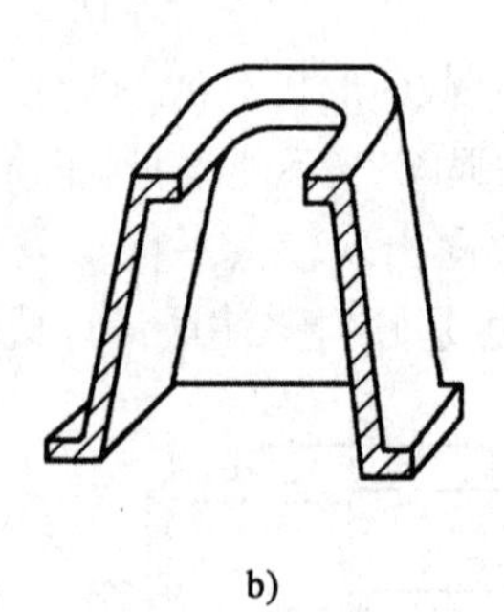

a) b)

图 2-12　外壁内凹的框形件

a)不合理(两个分型面,或者中箱部分下芯);b)合理(一个分型面)

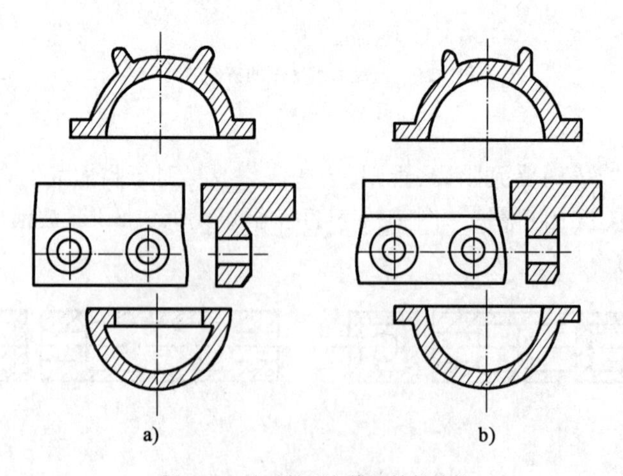

a) b)

图 2-13　改进妨碍起模的铸件结构

a)不合理;b)合理

(2)减少和简化分型面。减少型面数目,既可减少砂箱数目(一个分型面,两箱;两个分型面,三箱),又能提高铸件尺寸精度。曲面分型,工艺复杂,操作不便(制造模型和造型不方便),应尽量做成平直分型面,见图 2-14、图 2-15。

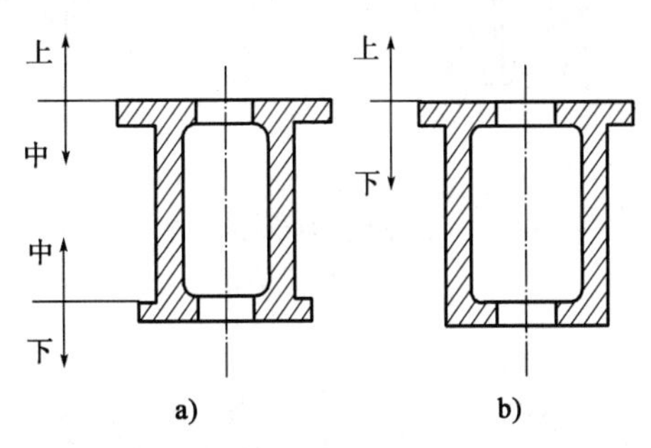

图 2-14　减少分型面的实例

a)不合理;b)合理

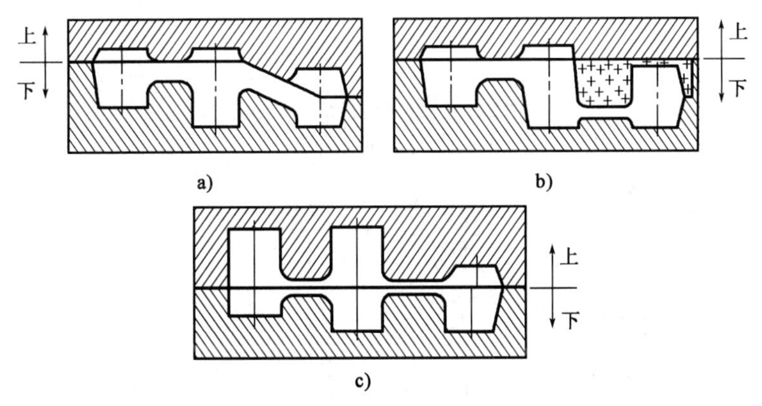

图 2-15　摇臂铸件的分型面

a)不平的分型面;b)平分型面,但需用砂芯;c)改进后的平面分型

(3)改进铸件内腔结构,尽量减少砂芯数量。在铸造生产中,砂芯数量多的铸型成本高,生产率也可能低些,相关尺寸公差也不容易保证。因此,应尽可能地简化铸件内腔结构或其中的筋、凸块的布置,使铸件少用或不用砂芯,或改由台砂(也称砂胎、砂垛或自带砂芯)代替砂芯,如图 2-16 所示。

(4)有利于砂芯的固定和排气。铸件结构应有利于砂芯的固定和排气,尽量避免使用悬臂砂芯、吊芯及芯撑,见图 2-17。图 2-18a)为轴承架铸件的原结构,需要两个砂芯,2 号砂芯悬臂,需要芯撑固定。改为图 2-18b)所示的结构后,悬臂砂芯 2 和轴孔砂芯 1 连成一体,变为一个砂芯,既减少了砂芯数量、省去了芯撑,又有利于砂芯的固定,方便合型、便于排气。

(5)简化清理操作步骤,见图 2-19。

(6)拔模斜度。铸件最好具有结构斜度。这样不仅起模方便,还能减少砂芯数量,如图 2-20 所示。

对那些不允许有结构斜度的铸件,在制造模样时,应做出角度很小的拔模斜度。

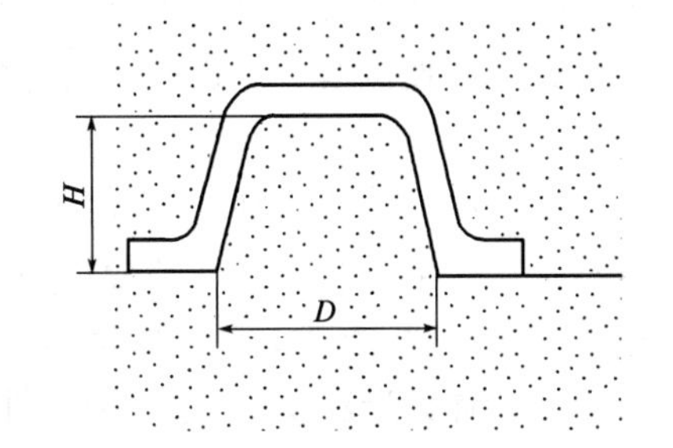

图 2-16　台砂代替砂芯

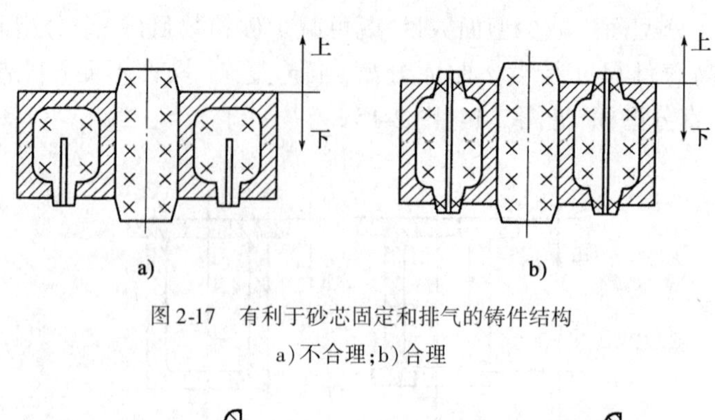

图 2-17　有利于砂芯固定和排气的铸件结构

a）不合理；b）合理

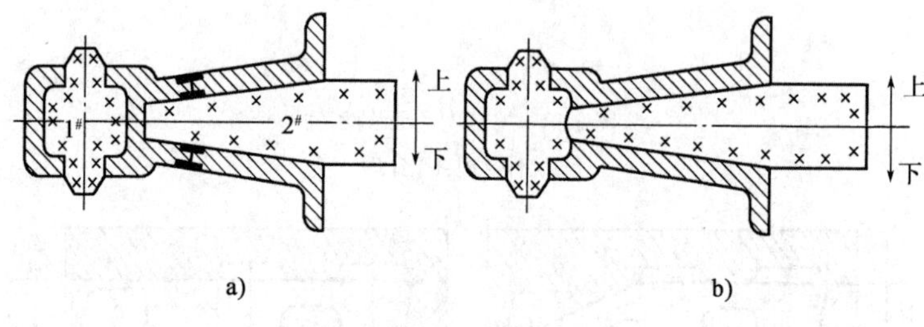

图 2-18　轴承架铸件结构的改进

a）改进前；b）改进后

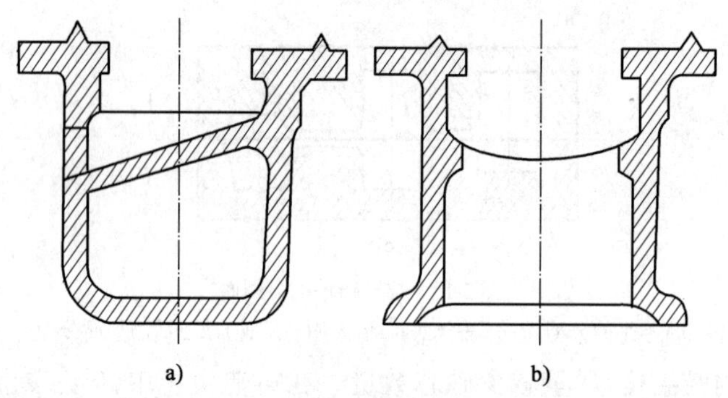

图 2-19　简化清理操作的结构改进

a）改进前；b）改进后

三、组合铸件

有些大而复杂的铸件，受工厂条件限制，无法生产或虽能生产但质量难以保证，可以考虑“一分为二”或“化整为零”的方法，即分成两个或两个以上的简单铸件，铸造完成后再用螺栓或焊接方法连接起来。这样不仅简化铸造过程，加工和运输也方便，并使原来无法生产的铸件得以生产。

如大型柴油机曲轴，属于球墨铸铁材料，将其曲拐、前轴和凸缘部分分别铸造，加工后再用螺栓连接装配，此种方法叫“分体铸造”。大型铸钢底座，分成两半铸造，再用焊接方法将两半连接起来，此种方法又名“铸焊结构”，如图 2-21 所示。

与分体铸造相反，一些小型零件，如轴套等，可以把许多小铸件连在一起铸造，这种方法叫“联合铸造”。

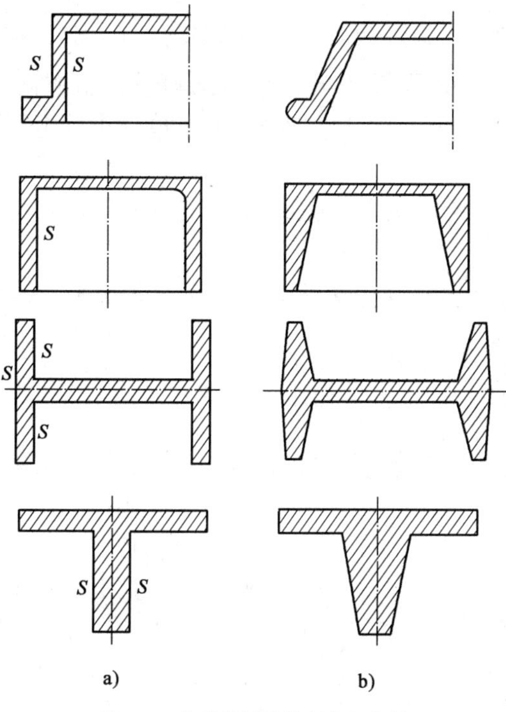

图 2-20　铸件增添结构斜度的实例

a)无结构斜度;b)有结构斜度

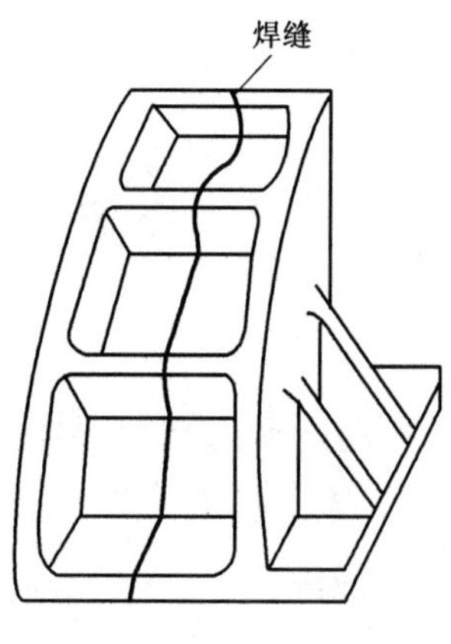

图 2-21　铸焊结构

第二节　铸造工艺方案的确定

铸造工艺方案包括造型制芯方法、铸型种类、浇注位置和分型面的确定等内容。铸造工艺方案是否先进合理,对获得优质铸件,简化工艺过程,提高生产率,降低成本和改善劳动条件等起着决定性作用。

一、铸型种类的选择

(1)湿型:铸件不经烘干,成本低,生产效率高,易于实现机械化,应用比较广泛。

(2)干型:铸件需经烘干,强度高,透气性好,适于单件小批生产和结构复杂、质量要求高的大型铸件。

(3)表面干型:只将铸型表层烘干,减少燃料消耗,降低成本,提高了生产率,适用于质量要求较高的大中型铸件。

(4)自硬型:铸型靠型砂自身的化学反应而硬化,无须烘干。铸型强度高,粉尘少,造型效率高,铸钢件应用较多。

二、浇注位置的确定

浇注位置是指浇注时铸件在型内所处的位置。从保证铸件质量出发,浇注位置的确定,有以下几条原则。

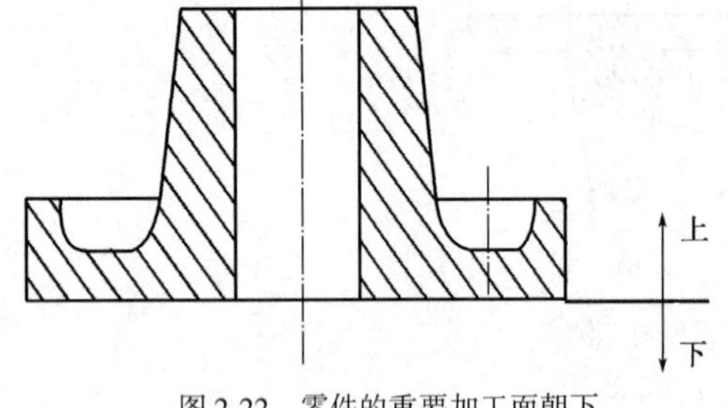

图 2-22 零件的重要加工面朝下

(1)把重要的加工面朝下,或放在侧面。重要的加工面、质量要求高、受力较大的部位,均应置于下部。因为同一铸件,下边质量较好,上边质量较差:气孔、夹渣等铸造缺陷上边多,下边少,且下边补缩良好,组织细密,如图 2-22 所示。齿轮部分也应朝下,见图 2-23。

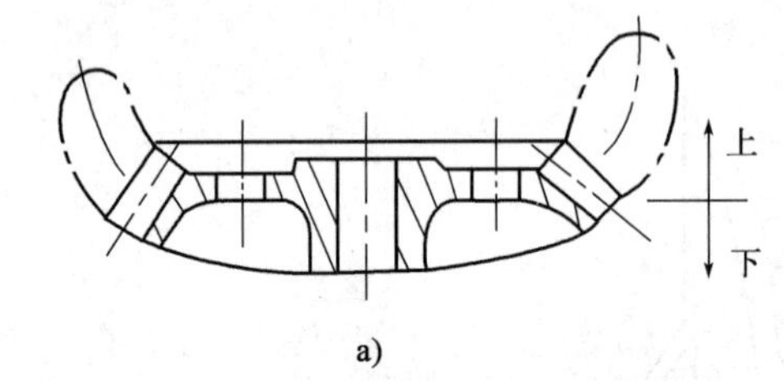

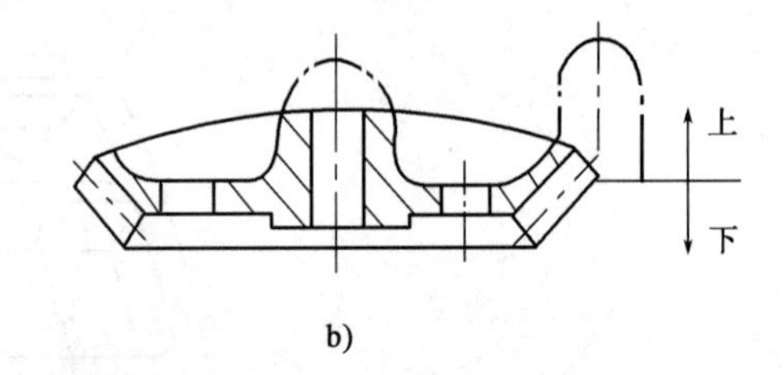

图 2-23 圆锥齿轮浇注位置

a)不合理;b)合理

机床床身(HT)上的导轨面是关键部位,不允许有任何缺陷,所以浇注时导轨面应朝下,见图 2-24。

起重机缸筒和卷筒等圆筒形铸件,关键部位是内外表面,但不可能都朝下。所以应采取立浇,即重要加工面都在侧面,如图 2-25 所示。

有时加工面很多,无法都照顾到,势必会使得某一加工面朝上。此时,要将重要加工面和大的加工面朝下,朝上的加工面应加大加工余量。例如牛头刨床横船,上下均有导轨,由于结构复杂不能平放做立浇,只好将导轨较长,面积较大部分放在下边。上边导轨可加大加工余量或采取其他措施,见图 2-26。

重要加工面朝下,还可以浇注双金属。如导轨面朝下可以先浇合金铸铁,后浇普通铸铁,这样就提高了机床导轨的硬度和耐磨性。

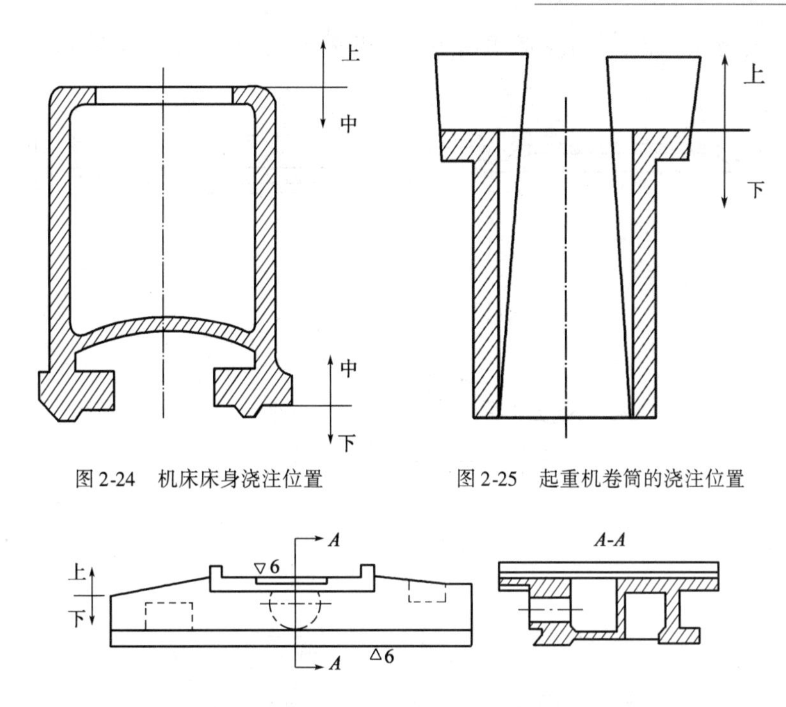

图 2-24　机床床身浇注位置

图 2-25　起重机卷筒的浇注位置

图 2-26　牛头刨床横船的浇注位置

(2)尽量使大平面朝下,并采取倾斜浇注,以避免夹砂、夹杂缺陷。倾斜浇注及适当快浇,使金属液上升较快,辐射热不会长期地作用于砂型整个上表面,而是不断地作用在“新的”表面上,使各处受热时间均小于夹砂形成的临界时间,见图 2-27。当倾斜浇注时,根据砂箱大小,H 值一般在 200 ~400mm 范围内。

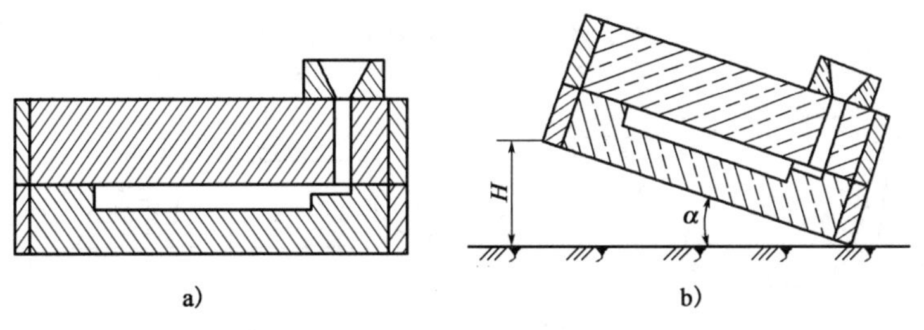

图 2-27　大平面铸件的浇注位置

a)不合理;b)合理

(3)应保证铸件充满。铸件的薄壁部分应放在下边,以免发生浇不足、冷隔。图 2-28a)方案不合理,图 2-28b)方案合理,图 2-28c)方案为最佳,能提高充型压头,增加充型速度。

(4)应让有利于顺序凝固薄壁部分在下,厚大部分在上,以便安放冒口和发挥冒口的补缩效果。如果不能完全做到,也应把热节部分放在侧面(便于放侧冒口)。由于可锻铸铁易收缩,习惯上均采用顺序凝固,铸钢也如此,见图 2-29。

(5)尽量减少砂芯数目,尽可能避免出现吊砂、吊芯或悬臂芯。吊砂在合箱、浇注时易造成塌箱;吊芯无支撑,不安全;悬臂芯定位不好,在金属液的冲击和浮力作用下,易发生偏斜。较大的砂芯尽量使芯头朝下,挑担芯定位可靠。机床床腿铸件的两种浇注位置见图 2-30,

图 2-30b)所示的浇注位置,铸件空腔可由下砂型凸砂形成,省去了一个砂芯,减少了制芯工作量,工艺简便。

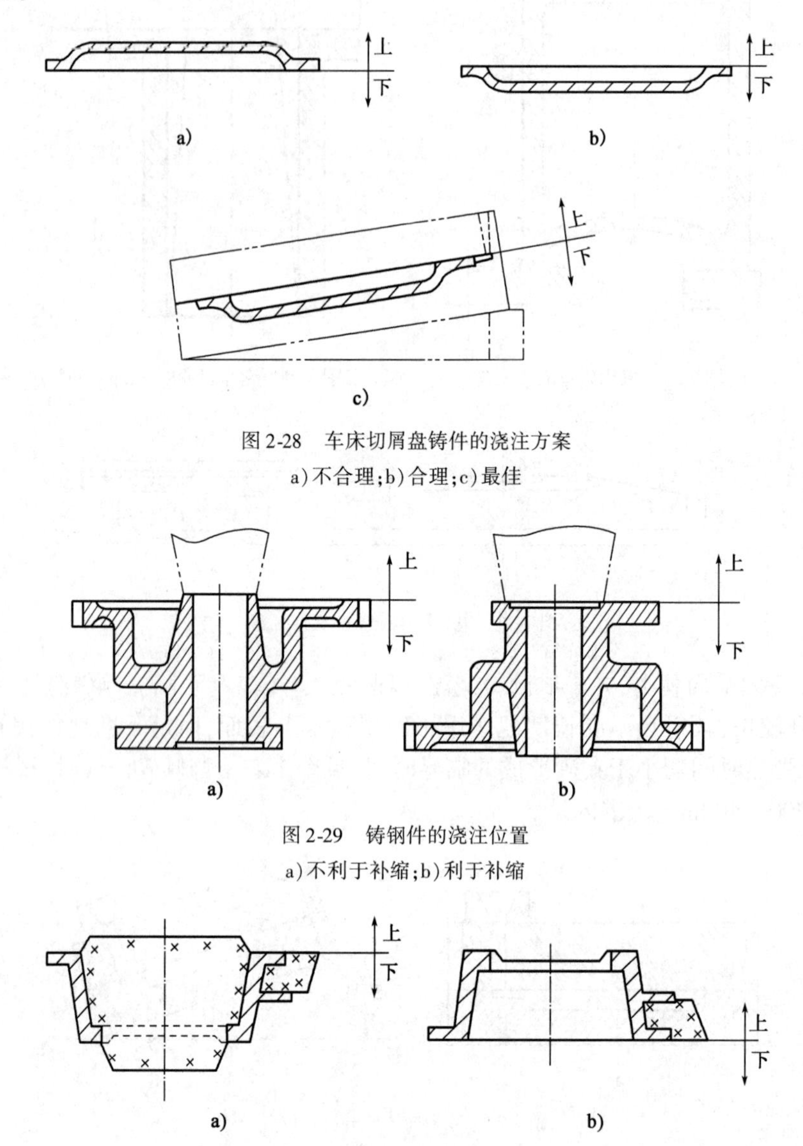

图 2-28　车床切屑盘铸件的浇注方案

a)不合理;b)合理;c)最佳

图 2-29　铸钢件的浇注位置

a)不利于补缩;b)利于补缩

图 2-30　机床床腿铸件的两种浇注位置

a)不合理;b)合理

箱体铸件浇注位置如图 2-31 所示。其中图 2-31a)所示的浇注位置砂芯为吊芯,图 2-31b)所示的浇注位置砂芯为悬臂芯,两者均不稳定。图 2-31c)所示的浇注位置砂芯坐落在下型,下芯、定位、固定、排气均方便,且易于直接测量型腔尺寸,是箱体类铸件应用最多的浇注位置。

(6)应使合箱位置、浇注位置和铸件的冷却位置相一致,避免翻转铸型。翻转铸型不仅劳动量大,且易引起吊砂和芯子移动等。

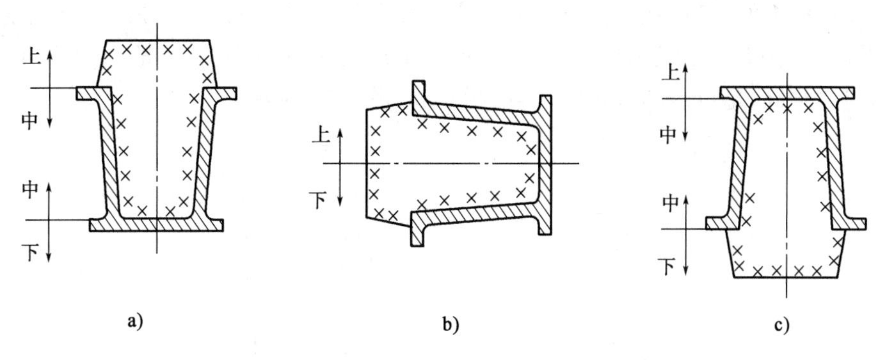

图 2-31 箱体铸件的浇注位置

a)、b)不合理;c)合理

三、分型面的确定

分型面是指两半铸型相互接触的表面。一般来说,要先确定浇注位置,而后选择分型面。但是,在分析了各种分型面的利弊之后,有可能再次调整浇注位置。

从工艺操作方便的角度出发,分型面的确定有以下几条原则。

(1)为了起模方便,分型面一般选在铸件最大截面上,且勿使模样在一箱内的高度过高。图 2-32 为起模方便的分型面。图 2-33 所示铸件有两个最大截面,均可作为分型面,但方案 2 可降低下箱中铸件的高度,因此优于方案 1。

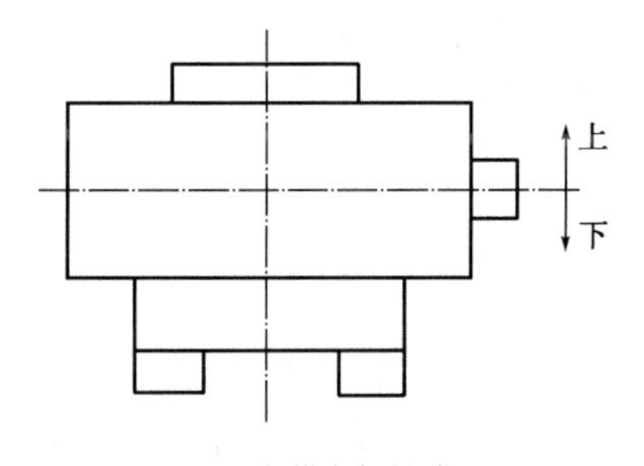

图 2-32 起模方便的分型面

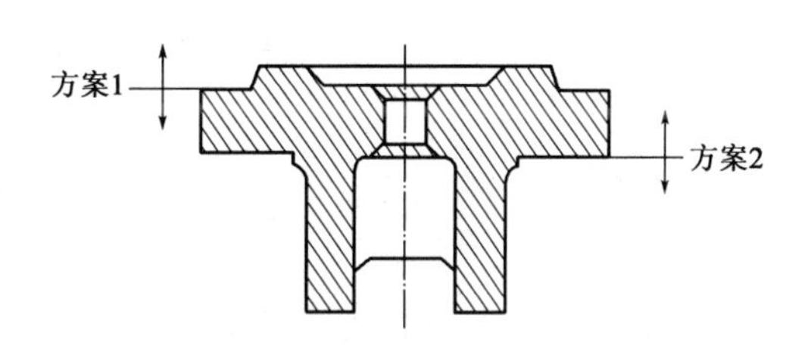

图 2-33 托架铸件分型方案的选择

(2)尽量把铸件的加工面和加工基准面放在同一半型内(同一砂箱中),目的是保证铸件尺寸的精度。图 2-34a)所示的两个方案,两个带锥度的部分分别在两个型内成形,合型时稍有错型就会影响铸件质量。而按图 2-34b)所示方案,则全部铸件在下型内成形。为起模方便,在铸件顶部使用一个砂芯。制芯、下芯工序所增加的费用将从提高机器加工的生产率和减少废品中得到补偿。显然前一个方案适于单件生产或生产尺寸公差上要求不高的铸件,而后一个方案适用于大批量生产或生产尺寸公差小的铸件。

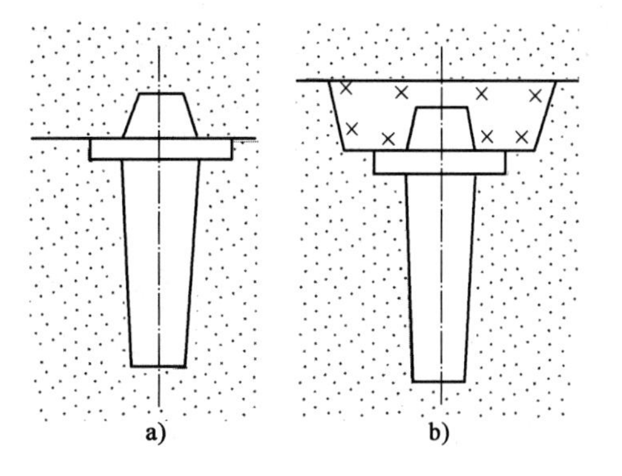

图 2-34 导阀体分型面

(3)尽量减少分型面和活块的数目。多一个分型面,不仅操作不便,且增加一个分型面造成尺寸误差的因素,不利于提高铸件精度;多一个活块,也增加了造成尺寸误差的因素。当流水线生产用机器造型时,一般只允许有一个分型面,尽量不用活块,而是以砂芯代替活块,如图 2-35、图 2-36 所示。

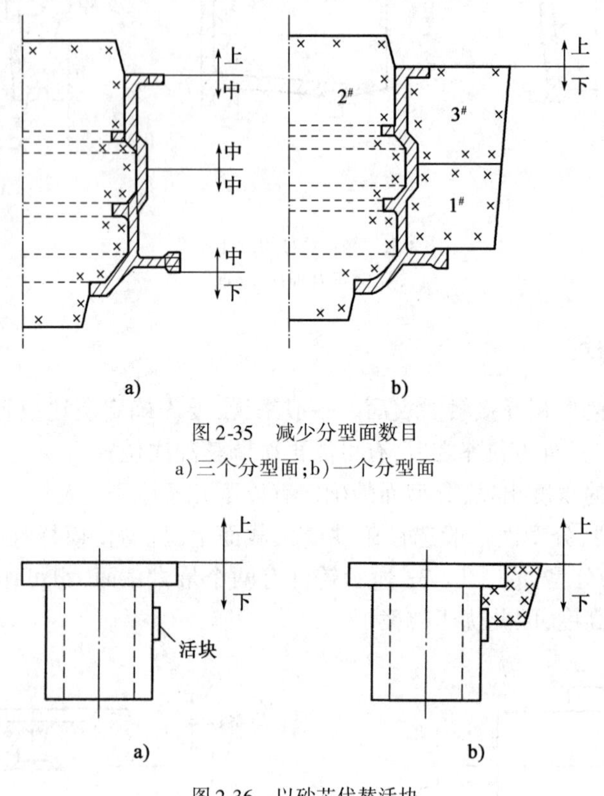

图 2-35　减少分型面数目

a)三个分型面;b)一个分型面

图 2-36　以砂芯代替活块

a)采用活块;b)采用砂芯

(4)分型面尽量选择平直面。平直分型面可简化造型过程、减轻模型制造工作量,易于保证铸件尺寸精度,见图 2-37。在实际生产中,如有必要也可选用曲面分型,但应尽量选用圆柱面、折面等规则曲面,见图 2-38。

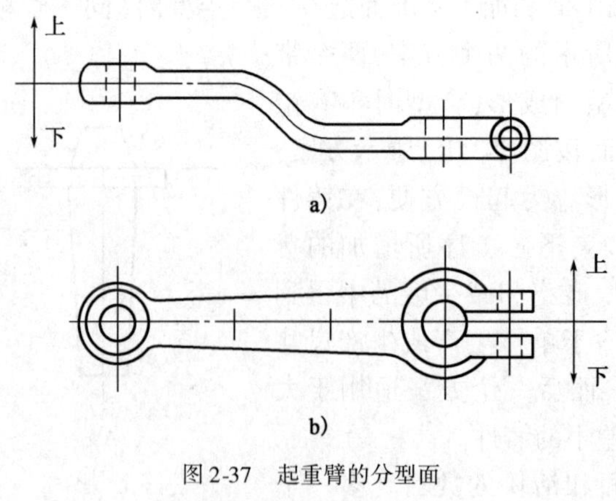

图 2-37　起重臂的分型面

a)曲面分型;b)平面分型

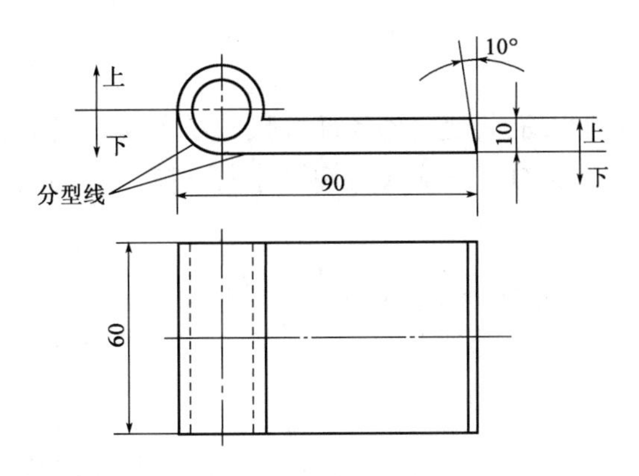

图 2-38　曲面分型实例(单位:mm)

(5)尽量减少砂芯数目或以自带砂芯代替砂芯。芯子多,操作麻烦,铸件精度降低,且披缝多,不易清理。

(6)便于下芯、合箱及检查型腔尺寸。为此,尽量把主要砂芯放在下半箱中,见图 2-39。中心距大于 700mm 的减速箱盖,采用如图 2-40 所示的两个分型面,其目的是便于合箱时检查尺寸,以保证铸件壁厚均匀。

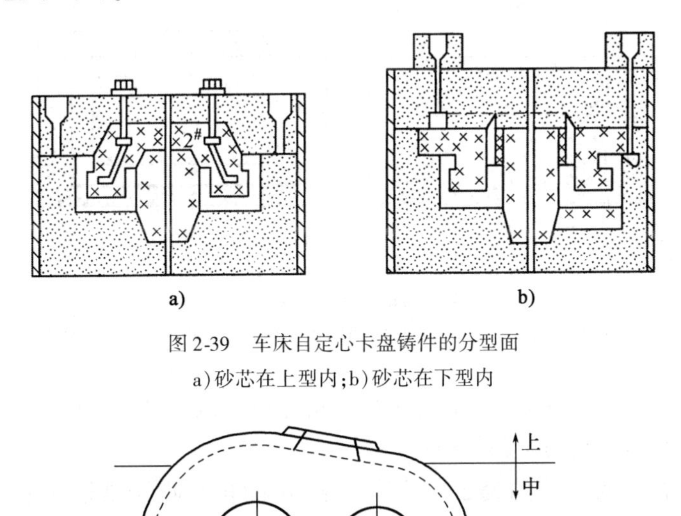

图 2-39　车床自定心卡盘铸件的分型面

a)砂芯在上型内;b)砂芯在下型内

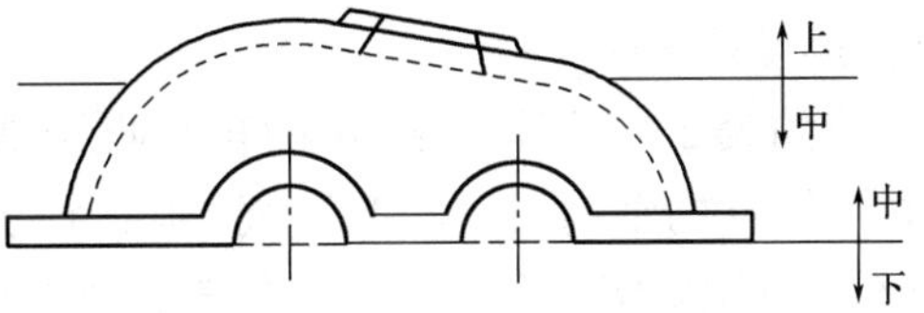

图 2-40　减速箱盖的分型方案

第三节　铸造工艺参数的确定

在编制铸造工艺规程过程中,必须确定一些工艺数据,如铸造收缩率、机械加工余量、拔模斜度等,这些工艺数据统称为工艺参数。工艺参数选择的恰当与否,对铸件质量、尺寸精度、生产率、成本、原材料消耗等影响很大。

一、铸造收缩率

铸件凝固后在固态下的收缩,将使铸件各部分尺寸小于模样尺寸。为了使铸件冷却至室温的尺寸等于铸件图纸尺寸,模样尺寸应比铸件尺寸大一些。加大的这部分尺寸,叫铸件收缩量。一般以铸件收缩率表示。

$$铸造收缩率\ K = \frac{L_{模} - L_{件}}{L_{件}} \times 100\%$$

式中:$L_{模}$——模样尺寸;

$L_{件}$——铸件尺寸。

K 值主要与合金种类及具体成分有关,同时也与铸件收缩时受到的阻碍大小有关,见图 2-41。同一合金(ZG)、同一成分(C、Si、Mn、P、S),由于铸件结构、大小、厚度、型砂的退让性、浇冒口类型及开设位置、砂箱结构及箱带位置不同,铸件收缩率会有很大差异。

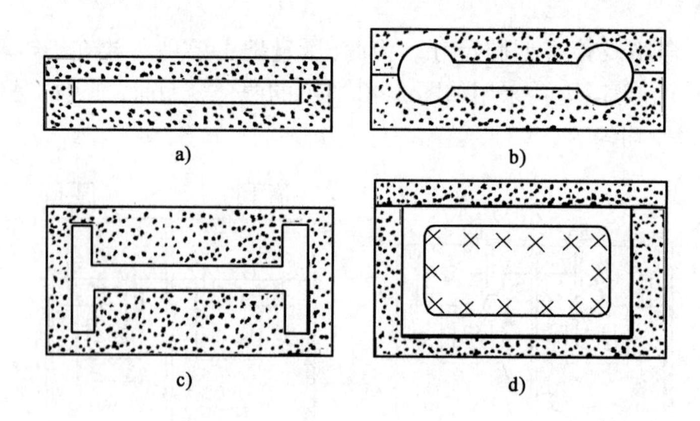

图 2-41　铸钢件结构对 K 值的影响

a)自由收缩 $K=2.5\%$;b)容易收缩 $K=1.5\%$;c)难以收缩 $K=1.0\%$;d)十分难以收缩 $K=0.5\%$

鉴于影响因素较多,很难确定 K 值的大小。只有通过试生产,多次画线和反复试验,才能准确测得。待掌握规律之后,再设计模样。

一些常见铸造合金的 K 值如表 2-7 所列。表 2-7 的自由收缩是指简单厚实铸件的收缩,除此之外均为受阻收缩。同一铸件的轴向、径向和长、宽、高三个方向上,其收缩值可能不一致,所以重要铸件应按方向不同分别确定 K 值。K 值还与铸型种类有关,湿型铸件收缩率应大于干型铸件收缩率。

常见合金的铸造收缩率　　表 2-7

合金种类		铸造收缩率(%)	
		自由收缩	受阻收缩
灰铸铁	中小型铸件	1.0	0.9
	特大型铸件	0.8	0.7
	筒形铸件轴向	0.9	0.8
	筒形铸件径向	0.7	0.5

续上表

合金种类		铸造收缩率(%) 自由收缩	铸造收缩率(%) 受阻收缩
孕育铸铁	HT25 - 47	1.0	0.8
孕育铸铁	HT35 - 61	1.5	1.0
白口铸铁		1.75	1.5
黑芯可锻铸铁	壁厚 > 25mm	0.75	0.5
黑芯可锻铸铁	壁厚 < 25mm	1.0	0.75
球墨铸铁		1.0	0.8
铸钢	碳钢	1.6 ~ 2.0	1.3 ~ 1.7
铸钢	高含铬合金钢	1.3 ~ 1.7	1.0 ~ 1.4
有色合金	锡青铜	1.4	1.2
有色合金	无锡青铜	2.0 ~ 2.2	1.6 ~ 1.8
有色合金	锌黄铜	1.8 ~ 2.0	1.5 ~ 1.7
有色合金	铝硅合金	1.0 ~ 1.2	0.8 ~ 1.0
有色合金	铝镁合金	1.3	1.0
有色合金	镁合金	1.6	1.2

二、机械加工余量

机械加工余量是指在铸件加工面上留出、准备切去的(用加工方法去掉)金属层厚度。铸件设加工余量的目的是为了使铸件在机械加工后能获得尺寸精确、表面光洁的零件,以满足设计要求。

机械加工余量应尽可能小。因为加工余量过大,不仅浪费材料(金属变成了切屑),增加机械加工工时,提高成本,而且使铸件表面性能降低(组织致密、性能较高的表皮被切削掉了)。

机械加工余量也不能太小,通常不小于 2mm。由于目前普通砂型铸造的铸件精度还比较低,有时铸件还会产生变形和表面缺陷,所以加工余量过小,往往不够加工导致报废。

铸件机械加工余量大小与多种因素有关。一般来说,钢铸件 > 铸铁件;灰铁件 > 可锻铸铁、球铁件;机器造型铸件 < 手工造型铸件;大尺寸铸件 > 小尺寸铸件;结构复杂铸件 > 形状简单铸件;同一铸件,上面 > 下面和侧面;同一铸件,内表面(孔) > 外表面。各类情况下的加工余量取值可按照相关标准选用。

三、拔模斜度

为了便于起模,模型或芯盒在出模方向带有一定斜度,保证起模后不损坏型和芯。

拔模斜度总是设在铸件没有结构斜度、垂直于分型面(分盒面)的表面上。

拔模斜度的具体数据可按表 2-8 选取。分析表 2-8 可得出如下规律:

砂型铸造用拔模斜度 表 2-8

测量面高度(mm)	金属模		木模	
	a(mm)	α(°)	a(mm)	α(°)
≤20	0.5~1.0	1°30′~3°	0.5~1.0	1°30′~3°
(20,50]	0.5~1.2	0°45′~2°	1.0~1.5	1°30′~2°30′
(50,100]	1.0~1.5	0°45′~1°	1.5~2.0	1°~1°30′
(100,200]	1.5~2.0	0°30′~0°45′	2.0~2.5	0°45′~1°
(200,300]	2.0~3.0	0°20′~0°45′	2.5~3.5	0°30′~0°45′
(300,500]	2.5~4.0	0°20′~0°30′	3.5~4.5	0°30′~0°45′
(500,800]	3.5~6.0	0°20′~0°30′	4.5~5.5	0°20′~0°30′
(800,1 200]	4.0~6.0	0°15′~0°20′	5,5~6.5	0°20′
(1 200,1 600]	—	—	7.0~8.0	0°20′
(1 600,2 000]	—	—	8.0~9.0	0°20′
(2 000,2 500]	—	—	9.0~10.0	0°15′
>2 500	—	—	10.0~11.0	0°15′

①拔模斜度与模样高度有关:模样高度越大,a 越大,α 越小。

②拔模斜度与模型材质有关:金属模略小,木模稍大。

拔模斜度的形成有三种方法:增加法(增加铸件厚度)、加减法(加减铸件厚度)和减小法(减小铸件厚度),见图 2-42。

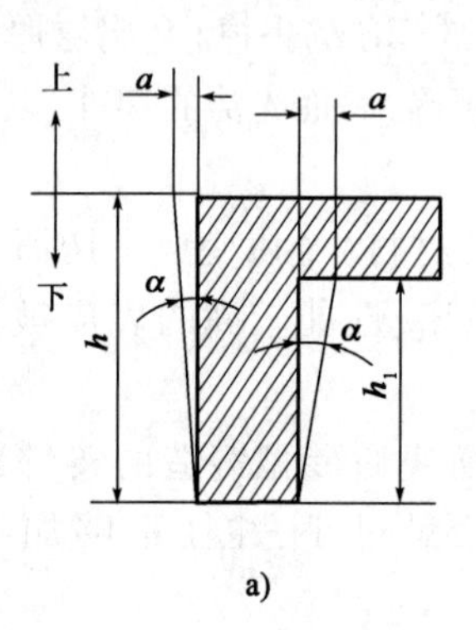

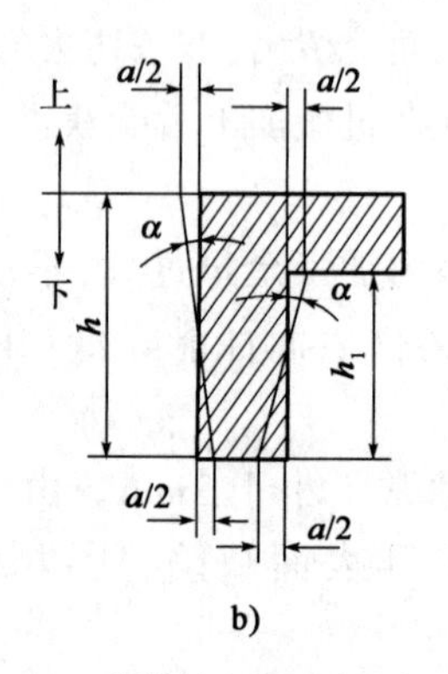

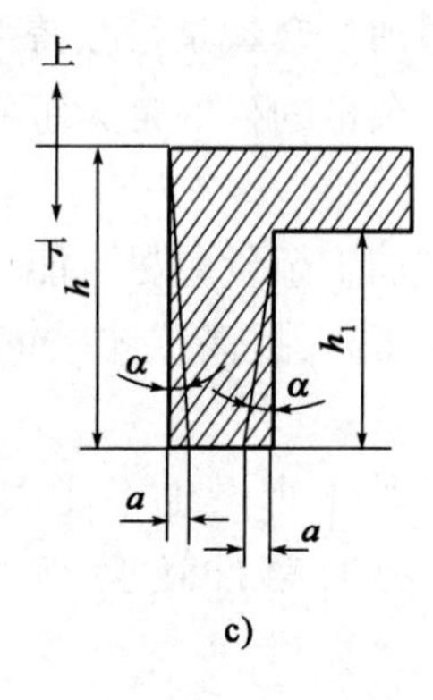

图 2-42 拔模斜度的三种形式

a)增加法;b)加减法;c)减小法

三种形成方法的应用条件:对于加工的侧面来说,拔模斜度是在加上加工余量后按增加法,或加减法做出;对于非加工的装配面来说,拔模斜度按减小法做出,以免安装困难。

互相配合的铸件(如箱体与箱盖),为保持外形一致,使整台机器美观,两个模型的拔模斜度起点应取在分型面的同一点,见图 2-43。

由自带砂芯形成的铸孔的拔模斜度,如表 2-9 所列。由表 2-9 可知:

①此表的拔模斜度比较大。

②孔径越大,孔的高度越高,拔模斜度 α 越小。

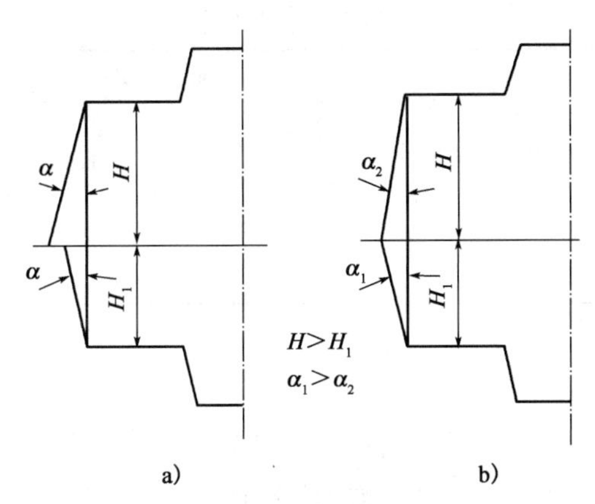

图 2-43　拔模斜度取值法示意图

a)不正确;b)正确

铸孔的拔模斜度　　表 2-9

铸孔直径(mm)	铸孔高度(mm)							
	<20	[20,40)	[40,60)	[60,90)	[90,120)	[120,150)	[150,200)	[200,250)
	拔模斜度(α)							
<30	10°	8°	—	—	—	—	—	—
31 ~ 50	10°	8°	—	—	—	—	—	—
51 ~ 70	8°	8°	7°	—	—	—	—	—
71 ~ 100	7°	7°	6°	6°	—	—	—	—
101 ~ 130	6°	6°	5°	5°	5°	—	—	—
131 ~ 160	6°	6°	5°	4°30′	4°30′	4°	—	—
161 ~ 200	5°	5°	4°30′	4°30′	4°	4°	3°30′	—
201 ~ 250	5°	5°	4°	4°	4°	3°30′	3°30′	3°30′
251 ~ 350	5°	4°	4°	4°	3°30′	3°30′	3°30′	—
>350	4°	4°	3°30′	3°30′	3°30′	3°	3°	3°

用砂芯形成的铸件内表面,斜度应与外表面一致,以保证壁厚均匀。

四、最小铸出孔及槽

零件上的孔、槽、台阶等,究竟是铸出来还是机械加工出来好,这个问题应该从铸件质量和节约材料两方面考虑。一般来说,比较大的孔、槽,应该铸出来。铸出来可节约金属材料,节省加工工时,避免局部过厚造成热节;较小的孔、槽,或孔、槽不是很小但铸件壁很厚(深径比大),则不宜铸出,直接加工反而方便;有特殊要求的孔(如弯曲孔)、无法加工的孔则只能铸出;中心距有精度要求的孔最好不要铸。因为铸出后,再用钻头扩孔,无法纠正中心位置;难以加工的金属件(如高锰钢)、孔及槽都宜铸出。

表 2-10 为铸件的最小铸出孔。该表中的“最小铸出孔直径”指加上加工余量之后的毛坯孔直径。

铸件的最小铸出孔　　表2-10

生产批量	最小铸出孔直径(mm)	
	灰铸铁	铸钢件
大量生产	12~15	—
成批生产	15~30	30~50
单件、小批生产	30~50	50

五、工艺补正量

由于选用的缩尺与实际收缩不符、铸件变形、铸箱及偏芯等操作误差而导致铸件加工后的部分厚度小于图纸要求的尺寸，工艺上需增加该部分厚度，即在非加工面上加厚，所加厚的尺寸叫工艺补正量。

工艺补正量经常用于带凸缘的管子、齿轮等铸件。工艺补正量的表示方法见图2-44。

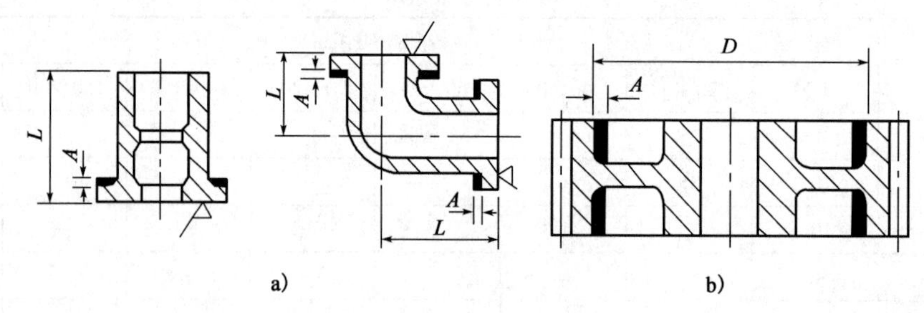

图2-44　工艺补正量示意图

a)带法兰盘的铸件；b)铸钢齿轮

成批、大量生产的铸件及长期定型的产品，不能使用工艺补正量，而应该修正模具。单件、小批生产的铸件，不能在取得经验数据后再设计模具，为了确保铸件质量，可使用工艺补正量。

六、分型负数和反挠度

1. 分型负数

在砂型铸造时，分型面(接触面)通常不平整，尤其是干型和表面干型模样，上、下两半砂型往往接触不严实。为防止浇注时"跑火"，在合箱前要在下箱分型面上垫上石棉绳、油泥条，这样就使铸件垂直方向(垂直于分型面)的尺寸加高、加长，其与图纸尺寸相比，出现了偏差(正偏差)。

为使铸件尺寸符合图纸要求，在制作模样时，需事先减去高出的部分。这个被减去的尺寸叫分型负数。

模样的分型负数，按表2-11选取。由表可知，

模样的分型负数　　表2-11

砂箱长度(mm)	分型负数(mm)	
	干　型	表面干型
<1 000	3	1
1 000~2 000	3	2

续上表

砂箱长度(mm)	分型负数(mm)	
	干　型	表面干型
2 000 ~ 3 500	4	3
3 500 ~ 5 000	6	4
>5 000	7	6

①干型模样分型负数值大于表面干型模样。一般湿型模样，不是特大的湿型模样，不存在分型负数；

②分型负数与砂箱大小有关。砂箱面积越大，分型面不平整度越大，分型负数也越大。

2. 反变形量(反挠度)

壁厚不均匀，较大的平板、床身类铸件，铸造后极易发生变形。壁厚越不均匀，尺寸越大，变形程度越大。为了解决变形挠曲问题，在制造模样时，按铸件可能产生变形的相反方向做出变形量，使铸件冷却后的变形正好与此抵消，得到符合图纸要求的铸件。这种在模样上事先做出的变形量称为反变形量。

显然，通过增大加工余量可以补偿变形，但不如留反变形量经济。反变形量(f)的形式，如图 2-45 所示。

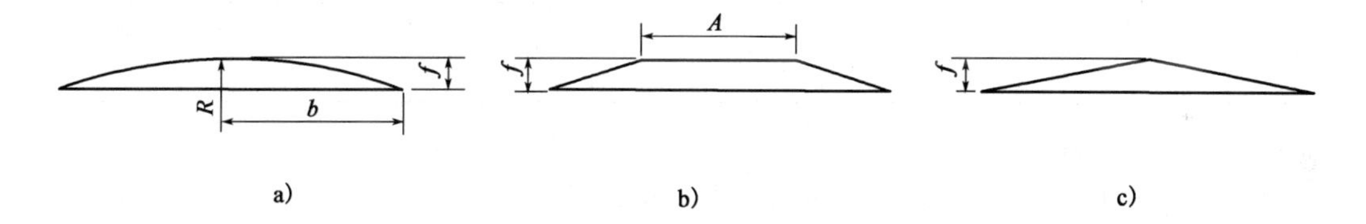

图 2-45　反变形量的几种形式

a)月牙形 $R=\frac{b^2+f^2}{2f}$；b)梯形；c)三角形

如果铸件刚度好、尺寸小、壁厚差不大，一般不留反变形量。

七、砂芯负数及非加工壁厚负余量

1. 砂芯负数

一般在制备大型黏土砂芯时，在捣砂过程中，芯盒刚度较差或夹紧不好，砂芯向四周胀开；由于刷涂料及砂芯在搬运、烘干过程中的变形等原因，使砂芯四周尺寸增大，造成铸件壁厚减薄；所以在制作芯盒时，将芯盒长、宽尺寸减去一定量，这个被减去的尺寸称为砂芯负数。砂芯负数的意义在于保证铸件尺寸准确。

铸铁件的砂芯负数如表 2-12 所列，铸钢件的砂芯负数按表 2-13 选取。

铸铁件的砂芯负数 表 2-12

砂芯尺寸(mm)		砂芯负数(mm)	
平均轮廓尺寸	高度	沿长度	沿宽度
250 ~ 500	< 300	0	1
	300 ~ 500	1	2
	> 500	2	3
500 ~ 1 000	< 300	1	2
	300 ~ 500	2	3
	> 500	3	3
1 000 ~ 1 500	< 300	2	3
	300 ~ 500	3	3
	> 500	4	4
1 500 ~ 2 000	< 300	2	3
	300 ~ 500	3	3
	> 500	4	4
2 000 ~ 2 500	< 300	3	3
	300 ~ 500	4	4
	> 500	5	5

铸钢件的砂芯负数 表 2-13

砂芯尺寸(mm)	300 ~ 500	500 ~ 800	800 ~ 1 300	1 200 ~ 1 500	1 500 ~ 2 000	2 000 ~ 2 500	> 2 500
砂芯负数(mm)	1.5 ~ 2	2 ~ 3	3 ~ 4	4 ~ 5	5 ~ 6	6 ~ 7	7

2. 非加工壁厚的负余量

手工造型制芯时,为了起模、取芯方便,需要敲击模样、芯盒,木质模样吸潮后会膨胀,致使非加工壁厚增大,铸件超重。为保证铸件尺寸准确,对形成铸件的非加工壁厚的木模、芯盒筋板尺寸应予以减小,所减小的尺寸称为非加工壁厚的负余量,其数据按表 2-14 选取。

非加工壁厚的负余量 表 2-14

铸件质量(kg)	铸件壁厚(mm)									
	≤7	8 ~ 10	11 ~ 15	16 ~ 20	21 ~ 30	31 ~ 40	41 ~ 50	51 ~ 60	61 ~ 80	91 ~ 100
< 50	-0.5	-0.5	-0.5	-1.0	-1.5					
51 ~ 100	-1.0	-1.0	-1.0	-1.0	-1.5	-2.0				
101 ~ 250		-1.0	-1.5	-1.0	-2.0	-2.0	-2.5			
251 ~ 500			-1.5	-1.5	-2.0	-2.5	-2.5	-3.0		
501 ~ 1 000				-2.0	-2.5	-2.5	-3.0	-3.5	-4.0	-4.5
1 001 ~ 3 000				-2.0	-2.5	-3.0	-3.5	-4.0	-4.5	-4.5
3 001 ~ 10 000					-3.0	-3.0	-3.5	-4.0	-4.5	-5.0
5 001 ~ 10 000					-3.0	-3.5	-4.0	-4.5	-5.0	-5.5
> 10 000						-4.0	-4.5	-5.0	-5.5	-6.0

第四节　砂 芯 设 计

砂芯主要用于形成铸件的内腔及孔。某些妨碍起模、不易出砂的外形部位也可用砂芯形成。砂芯的工作条件较为恶劣,因此要求砂芯应有足够的强度和刚度、排气性好、退让性好、收缩阻力小、溃散性好、易清砂。

砂芯设计的内容包括:砂芯数量确定,砂芯形状尺寸的确定,芯头个数、形状和尺寸的确定,芯撑、芯骨、排气方式、芯砂种类及造芯方法的确定等。

一、砂芯数量的确定

铸件所需要的砂芯数量,主要取决于铸件结构和铸件工艺方案。确定砂芯数量的原则是:尽量减少砂芯数量,以减少芯盒、制芯工时及费用,降低铸件成本,同时,也应考虑制芯、下芯、检查等方便,保证铸件质量精度。

1. 当内腔或孔的深径比(高度与直径或高度与宽度之比)较小时,应采用自带砂芯。自带砂芯的高度(H)与宽度(D)之比也不能太大,否则,拔模时容易损坏。自带砂芯的尺寸见表2-15。

自带砂芯的尺寸　　表2-15

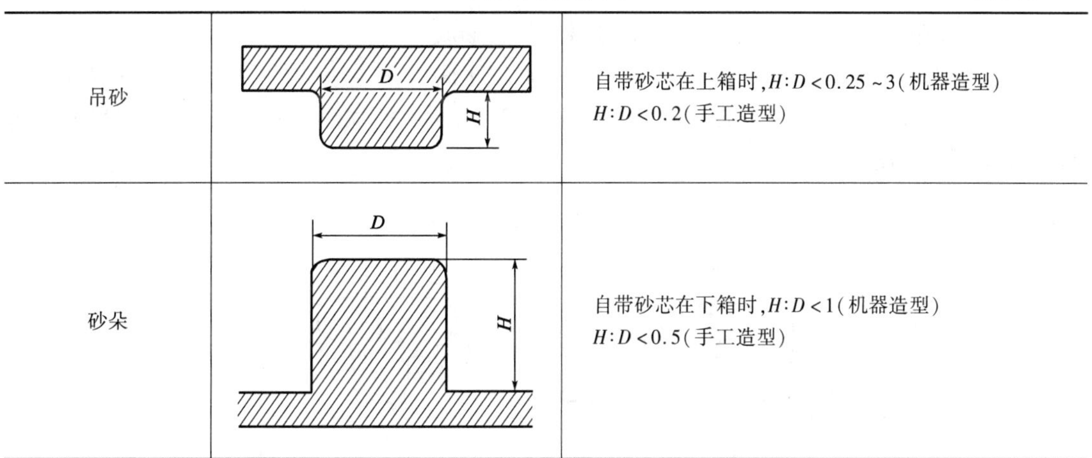

类型	简图	尺寸
吊砂	D H	自带砂芯在上箱时,$H:D<0.25\sim3$(机器造型) $H:D<0.2$(手工造型)
砂朵	D H	自带砂芯在下箱时,$H:D<1$(机器造型) $H:D<0.5$(手工造型)

2. 整体砂芯与分块砂芯

整体制造的砂芯,易于保证铸件精度,工装数目少,砂芯强度和刚度较好。但是,对于尺寸过大、形状复杂的砂芯,若仍采用整体砂芯,则操作很不方便,应分成两个或数个砂芯来制造。砂芯的分块原则是:

(1)填砂面应宽敞。

(2)砂芯支撑面最好是平面,以便于安放和烘干。

(3)分盒面尽量与分型面一致。如图2-46所示的阀盖砂芯,从砂型分型面将砂芯分成两半,使砂芯填砂面较大,支撑面为平面,通气也方便。

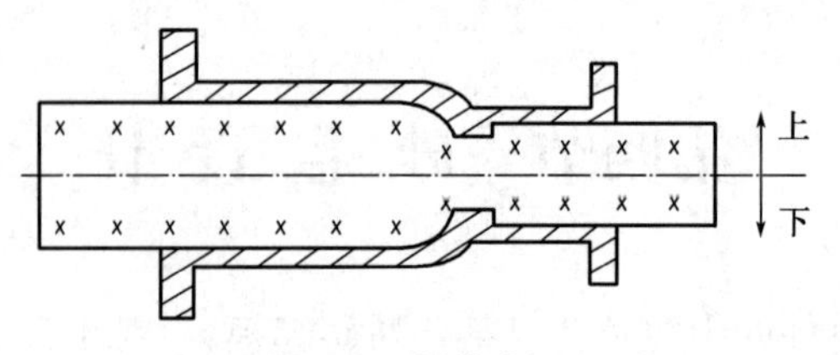

图 2-46 阀盖砂芯

(4)分块应便于下芯、合箱及检查,保证铸件精度。为操作方便和保证铸件精度将砂芯分块,见图 2-47、图 2-48。

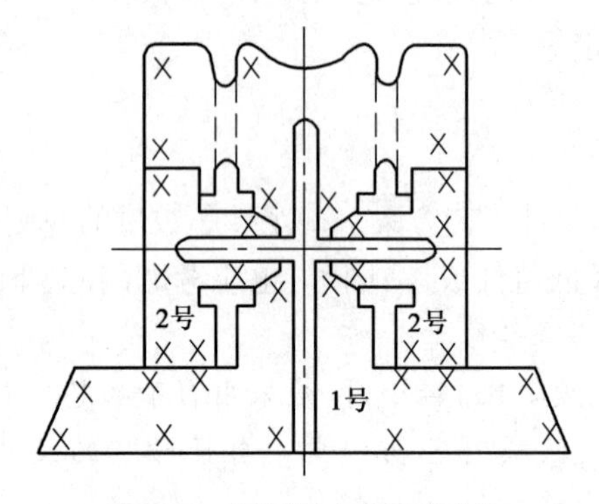

图 2-47 为操作方便将砂芯分块

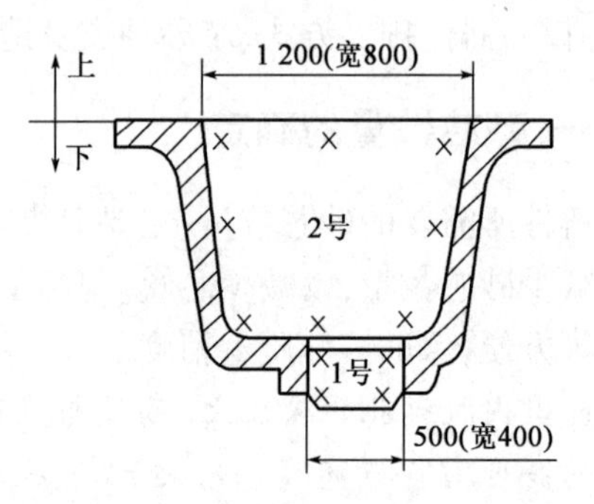

图 2-48 为保证铸件精度将砂芯分块(尺寸单位:mm)

(5)尺寸精度要求高的部位,尽可能用同一砂芯形成。

(6)尺寸过大的砂芯,为了便于造芯、下芯,解决车间起重量不够的困难,可以分成几个小砂芯。每个小芯须具有足够的强度与刚度。如图 2-49 所示的加热炉砂封槽砂芯,因尺寸过大而分成 3 个小芯制造。

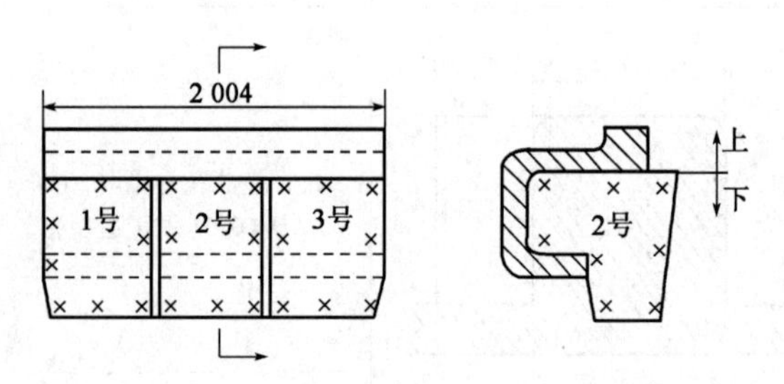

图 2-49 加热炉砂封槽砂芯(尺寸单位:mm)

二、芯头

芯头是砂芯的重要组成部分。芯头的作用是定位、支撑和排气。芯头在保证定位可靠、支撑稳固、排气通畅的情况下,其数目越少越好。

1. 芯头的类型

1)垂直芯头

垂直芯头有三种形式,如图 2-50 所示。其中,a)上、下都作出芯头,定位准确,支撑可靠,排气通畅。一般常用这种形式，尤其适合于高度大于直径的砂芯。b）只作下芯头，不作上芯头，合箱方便。适合于横截面积较大而高度不大的砂芯。c）上、下芯头都不作出，可降低砂箱高度，便于调整砂芯位置。适合于比较稳定的大砂芯。当 L 与 D 之比（高度与直径之比）超过 5 时，则采取加大的下芯头：$D_2=(1.5\sim2)D$，见图 2-51。

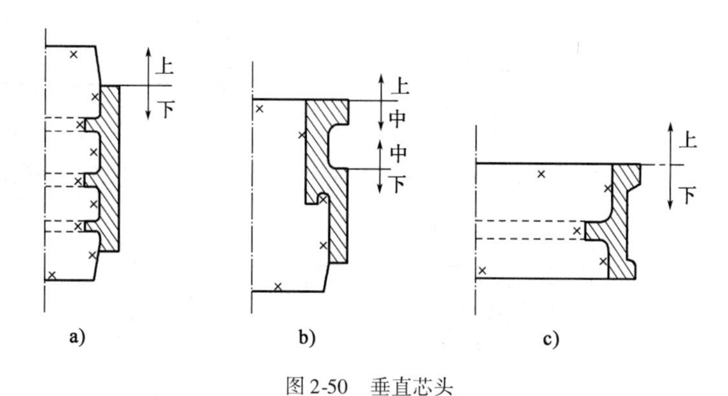

图 2-50　垂直芯头

有些铸件只能作上芯头，不能作下芯头，此时可采取以下措施：

(1)预埋芯头。如图 2-52 所示。将芯头（上大下小）当作模样一部分，同模样一起去造型，将芯头预埋在砂型中。此法适用于质量不大的小芯。

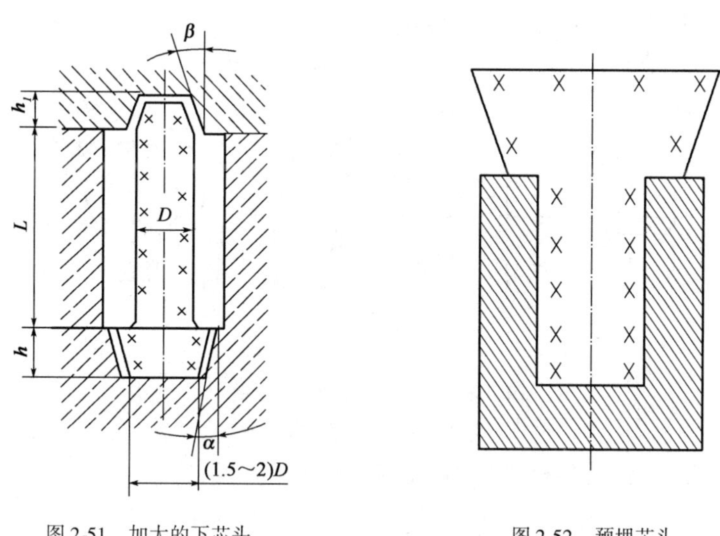

图 2-51　加大的下芯头　　　图 2-52　预埋芯头

(2)吊芯。如图 2-53 所示。用铁丝或螺栓将砂芯吊在上箱，吊芯操作麻烦，只适用于单件小批生产。

(3)盖板砂芯。如图 2-54 所示。将芯头扩大，搁在下箱中，操作方便，能保证铸件精度，有利于组织流水生产。

(4)使用芯撑。铸件体积大、形状复杂，砂芯多，不能吊，只能用芯撑支撑。

2)水平芯头

水平芯头一般都有两个芯头，定位是可靠的。有时只有一个芯头（悬臂芯），定位不可靠；或者虽有两个芯头，但可能倾斜或转动，此时可以采取如下措施：

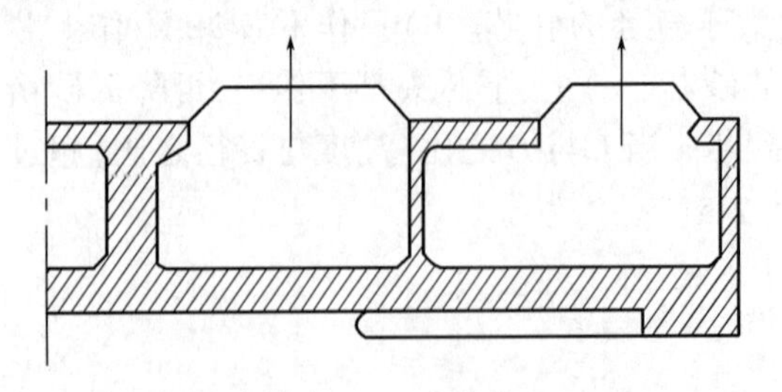
图 2-53　吊芯

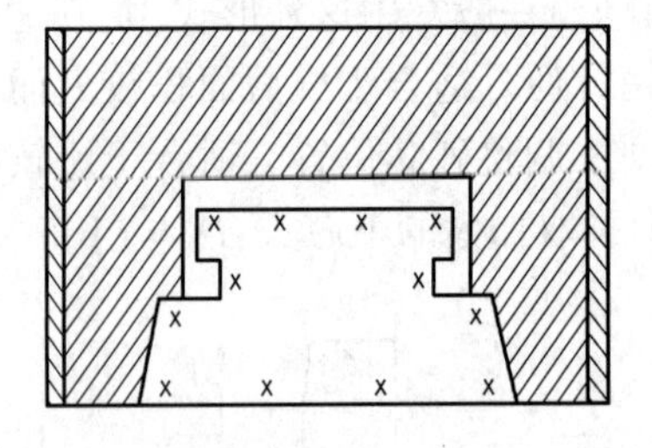
图 2-54　盖板砂芯

(1)联合芯头(又叫挑担芯头),如图 2-55 中的 3 号芯。小型弯管接头常用联合砂芯。

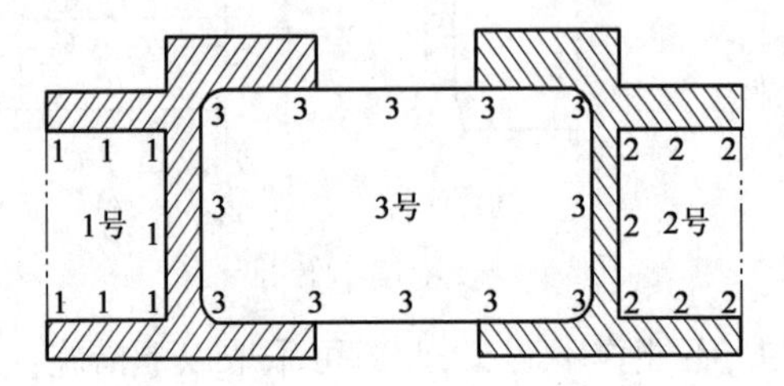

图 2-55　联合砂芯

(2)加长或加大芯头,使砂芯重心移入支撑面内(即砂型中),如图 2-56 所示。

当 $D \leqslant 150\text{mm}$ 时,取芯头直径 $h = D$;$l = 1.25L$(加长);

当 $D > 150\text{mm}$ 时,取芯头直径 $h = (1.5 \sim 1.8)D$;$l \geqslant L$(加大)。

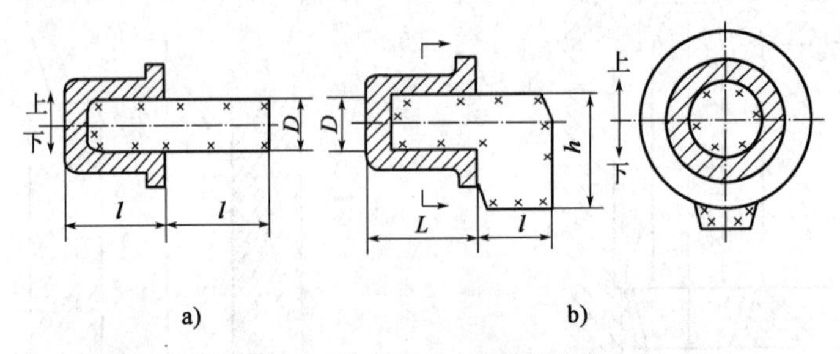

图 2-56　加长或加大的悬臂芯头

a)加长芯头;b)加大芯头

(3)安放芯撑,增加支点,使砂芯稳固,如图 2-57 所示。

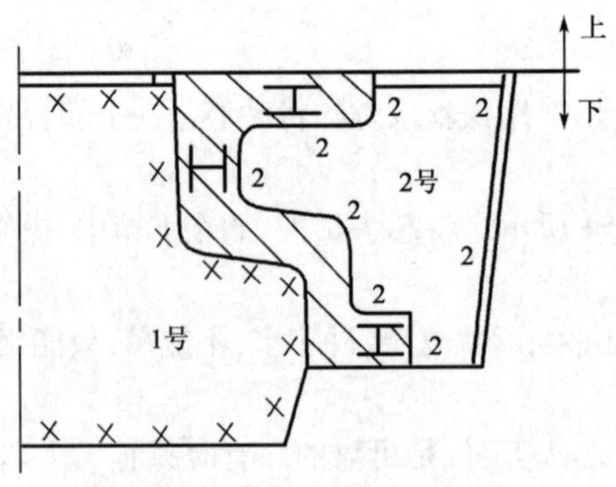

图 2-57　加大芯头同时安放芯撑

(4)增加工艺孔。为使砂芯稳固,便于排气和清理,征得设计者同意,可在适当部位增设工艺孔,以便设置芯头。如图2-58中的A孔即为工艺孔。铸成后工艺孔可用螺丝塞头堵上或焊死。

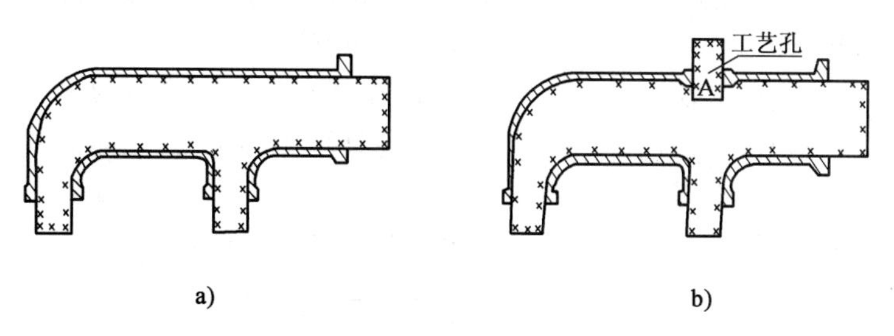

图2-58　排气管铸件

a)砂芯不稳固;b)增设A孔后砂芯稳固

3)芯头的定位

下芯后,若要求砂芯不沿芯头轴线方向移动,不绕芯头轴线转动,或为了下芯时不搞错方位,可采用定位芯头。

垂直定位芯头,如图2-59所示。

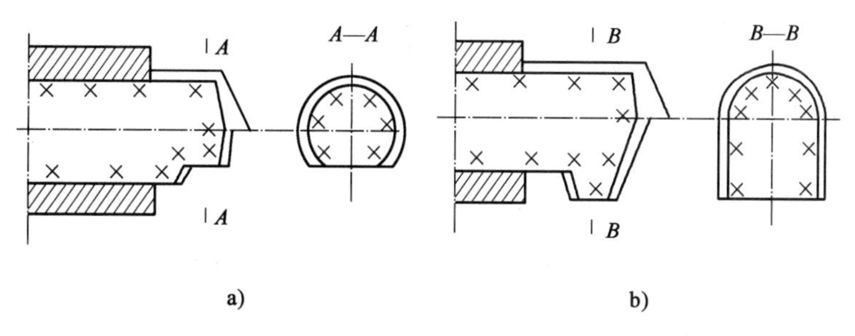

图2-59　垂直定位芯头

水平定位芯头,如图2-60所示。

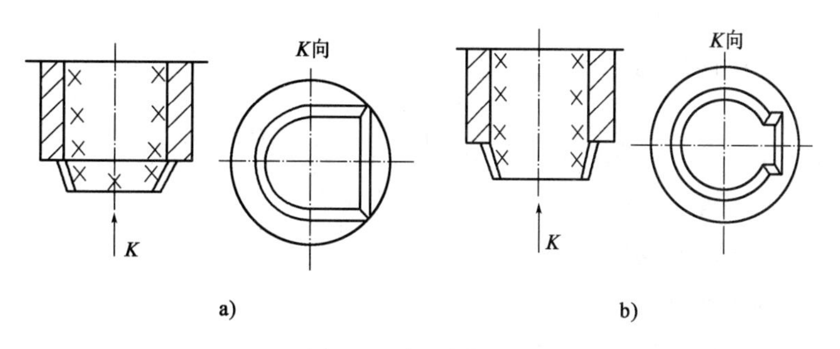

图2-60　水平定位芯头

2. 芯头尺寸的确定

芯头尺寸包括芯头高度、斜度及间隙。芯头斜度及间隙,是为了下芯、合箱方便而设的。芯头尺寸一般是通过相关手册查表确定。

3. 芯头承压面积的验算

一般来说，芯头尺寸是按照经验数据确定，不进行验算。但对自身重力很大或受金属液体浮力很大的芯了，为了确保铸件质量，其芯头尺寸则需经过验算。

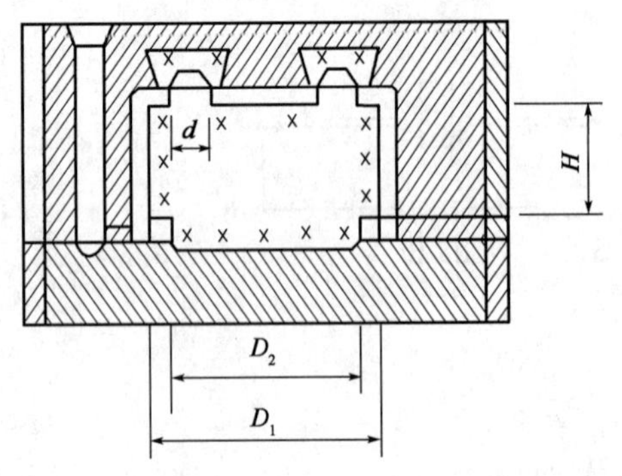

图 2-61 计算砂芯所受浮力示意图

现在以图 2-61 为例说明验算方法及步骤。

(1)计算砂芯重力(自重)：

$$G = G_1 + G_2$$

式中：G——砂芯重力，N；

G_1——芯砂重力，N；

G_2——芯骨重力，N。

(2)计算砂芯受到的浮力：

$$P = \frac{\pi}{4}(D_1^2 - D_2^2)H\gamma$$

式中：P——砂芯所受浮力的最大值，N；

D_2——下芯头直径，m；

D_1——砂芯直径，m；

H——砂芯受浮力作用部分的高度，m；

γ——金属液体重度，N/m^3。

(3)计算各芯头所受的最大压力。

下芯头较大，无须验算。由于没有水平芯头，所以上芯头所受的最大压力(F) = 最大浮力(P) - 砂芯重力(G)。因有两个上芯头，每个芯头上的最大压力为：

$$F = \frac{P - G}{2} \quad (N)$$

(4)计算芯头所需的承压面积。

每个上芯头所需的承压面积为：

$$S_{上} = \frac{(1.3 \sim 1.5)F}{\sigma} = \frac{(1.3 \sim 1.5)(P - G)}{2\sigma_{压}} \quad (m^2)$$

式中： $S_{上}$——每个芯头的横截面积，m^2；

1.3 ~ 1.5——安全系数；

$\sigma_{压}$——芯座的许用抗压强度，N/m^2。

一般铸铁件：湿型 $\sigma_{压} = (40 \sim 60) \times 10^6 N/m^2$

干型 $\sigma_{压} = (600 \sim 800) \times 10^6 N/m^2$

活化膨润土砂型 $\sigma_{压} = (60 \sim 100) \times 10^6 N/m^2$

(5)根据承压面积($S_{上}$)计算芯头直径大小。如果是水平芯头，承压面积 $S = LD$ 或者 $S = LB$。式中，L 为芯头长度，mm，D 为芯头直径，mm，B 为芯头宽度，mm。

三、芯撑和芯骨

1. 芯撑

把砂芯固定在砂型中主要靠芯头。当无法设置芯头或单靠芯头还不可靠时，就得采用芯撑，起辅助支撑砂芯的作用。

对芯撑的要求及使用原则是：

(1)芯撑表面最好镀锌(防锈)。使用时，芯撑表面应无锈、无油、无污物。将芯撑放入铸型之后，要尽快浇注，以防止表面凝聚水汽。

(2)芯撑材料的熔点应比铸件材质高，至少相等，以防止过早熔化丧失支撑作用。

(3)芯撑质量应适当，不能过大或过小。过小易熔化，过大则不能与铸件很好地焊合。

(4)芯撑不能用于重要表面上，应设在非加工面或不重要表面上。

(5)芯撑在铸件凝固过程中，应与铸件很好焊合。如果焊合不好，则会引起渗漏，经不住打压。壁厚小于8mm的薄壁件尽量不用芯撑。

2. 芯骨

砂芯的骨架简称芯骨。芯骨的作用是提高砂芯的强度和刚度，保证砂芯在烘干、运输、下芯和浇注过程中不变形、不断裂。特别对于大芯、形状复杂、断面较薄的芯，芯骨显得更有必要。

芯骨有线形、面形、体形三种。对芯骨的要求是：

(1)在保证砂芯有足够强度、刚度的前提下，芯骨应尽量简单、易于制造。小砂芯多用铁丝芯骨(事先退火消除弹性)，中、大型砂芯常用铸铁芯骨。

(2)芯骨不应妨碍砂芯排气和阻碍铸件收缩，因此，芯骨至砂芯表面必须留有适当的距离，吃砂量要够。

(3)清砂时，芯骨最好能完整取出，以便回用，降低成本。

芯骨吃砂量见表2-16。

芯骨吃砂量 表2-16

芯骨材料	砂芯尺寸(mm)	芯骨吃砂量(mm)
铁丝	<300×300	10~20
灰铁	<300×300	15~25
	300×300~500×500	20~30
	500×500~1 000×1 000	25~40
	1 000×1 000~1 500×1 500	30~50
	1 500×1 500~2 000×2 000	40~60
	2 000×2 000~2 500×2 500	50~70

第五节　铸造工艺设计实例

一、铸造工艺图的绘制

1. 铸造工艺符号及其表示方法

铸造工艺设计中，在进行零件结构的铸造工艺性分析和选择合适的铸造方法及铸造工艺方案后，很重要的工作是绘制铸造工艺图，即将所选择的铸造工艺方案（如浇注位置、分型面等）、砂芯设计以及所选择的各种工艺参数用规定的符号绘制在零件图上。铸造工艺图有两种，一种是在零件图上用红、蓝两色绘制，常称彩色铸造工艺图；另一种是用墨线绘制。两者所用工艺符号都是采用 JB/T 2435—1978 规定的铸造工艺符号，它们是：分型线，分模线，分型分模线，分型负数，不铸出的孔和槽，工艺补正量，冒口，冒口切割余量，补贴，出气孔，冷铁，模样活块，附铸试块，工艺夹头，拉筋、收缩筋，反变形量，样板，砂芯编号、边界符号及芯头边界，芯头斜度及间隙，砂芯增减量与砂芯间的间隙，砂芯舂砂、出气及紧固方向，芯撑，浇注系统，机械加工余量，共有 24 种，可通过查相关手册或资料获得。

2. 铸造工艺图

图 2-62 为球磨铸铁涡轮铸造工艺简图。其铸造工艺说明如下：

1）材质

选用 QT450-10。

2）基本结构参数及技术要求

（1）壁厚：薄壁处为 15mm，厚壁处为 65mm。

（2）结构：铸件为轮盘类结构，毛坯轮廓尺寸为 ϕ835mm × 140mm。

（3）质量：铸件质量为 240kg，浇注总质量为 340kg。

（4）金相要求：球化级别不得大于 4 级，渗碳体含量不得大于 2%（附铸试块）。

（5）硬度：160 ~ 210HBW。

（6）轮缘齿面及轴孔内不能存在任何铸造缺陷。

（7）铸件须经高温石墨化退火处理。

3）生产方法及条件

采用单件小批量生产；自硬树脂砂，手工造型和制芯；冲天炉熔炼，冲入法球化处理。

4）铸造工艺方案

（1）浇注位置和分型面：分型面设于轮缘一端的倒角处，采用两箱造型、平做平浇方案。

（2）每箱铸件数量：每箱 1 件。

（3）确定工艺参数。

①加工余量：铸件顶面为 12mm，外圆为 8mm，内孔和底面为 8mm。

②缩尺：各向缩尺取 0.8%。

③浇注温度：1 320 ~ 1 350℃。

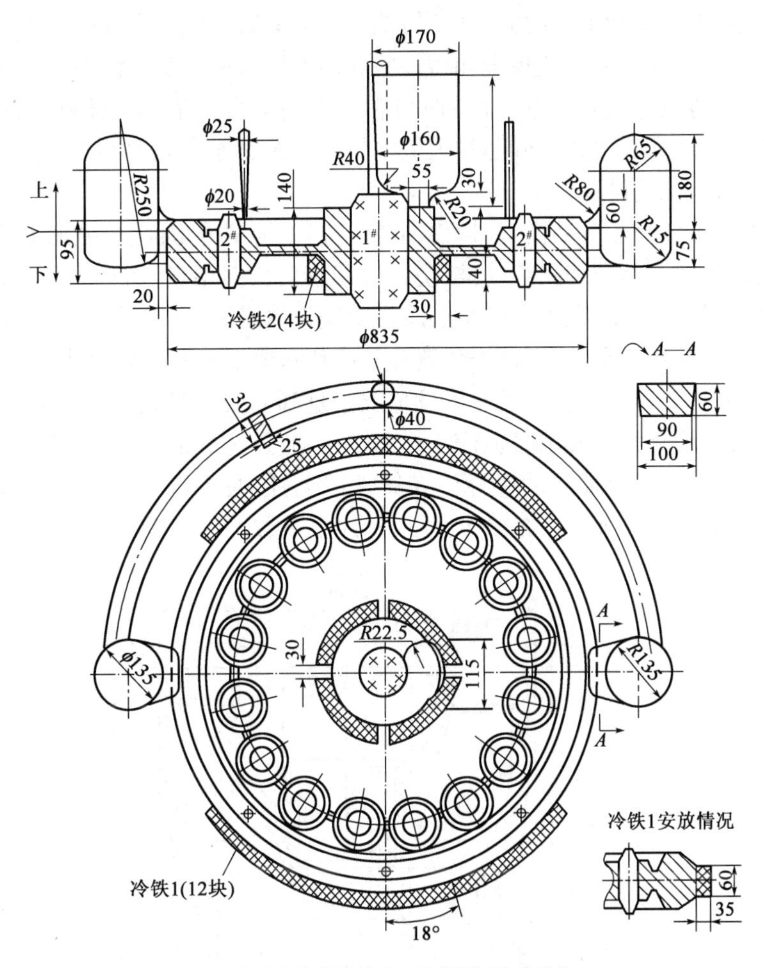

图 2-62　球墨铸铁涡轮铸造工艺简图(尺寸单位:mm)

(4)浇注系统设计:根据铸件壁厚差较大的结构特点和球墨铸铁的糊状凝固特性,浇注系统采用定向凝固方案。铁液从直浇道、横浇道进入两个对称分布的暗边冒口(其直径为热节圆直径的 1.5 倍),再从铸件轮缘处进入型腔。由于铸件轮缘周长尺寸较大,两个边冒口的补缩距离不够(冒口单侧有效补缩距离按 3 倍的热节圆直径计),尚需在其补缩距离之外再设置 12 块外冷铁,以加速这些部位的冷却,防止产生缩孔、缩松。另外,在轮毂顶端设一个明冒口补缩(该冒口在铸件浇注末期要补缩高温铁液),明冒口直径为该处热节圆直径的 2.6 倍。为保证轮毂与辐板连接热节处的铸造质量,在下型的轮毂与辐板交接处再设置 4 块外冷铁。由于作为内浇道的两个冒口颈截面尺寸较大,浇注系统呈开放式,故要求在直浇道或横浇道上设置过滤网挡渣。

铸型在浇注时通过设在轮缘上的 6 个 ϕ20mm 的出气孔和中部 ϕ160mm 的冒口进行排气。

二、铸件图的绘制

在铸造工艺设计中,均需绘制铸件图和铸型图,它们是指导铸造生产的主要工艺技术文件。

铸件图是铸造工艺设计中,在初步确定铸造工艺方案后首先要完成的工作蓝图,它是设计铸型工艺及其装备、编制铸造工艺规程和铸件验收的重要依据。绘制铸件图时,需要参考的资料有:产品零件图、铸造工艺方案草图(有时可在零件图上直接描画出铸件浇注位置、铸型分型面、浇冒口系统形式及其位置和砂芯的大概结构等工艺方案)、铸件专用或通用的技术标准和由各厂自定的铸造工艺设计标准等。

在铸件图上一般应表示下列内容:铸件的浇注位置、铸型分型面、机械加工余量、工艺余量和工艺补正量、机械加工基准和画线基准、浇冒口切割后的残留量、铸件力学性能的附铸试样和需打印标记的部位等;同时在附注栏中还应说明铸件精度等级、起模斜度、铸造线收缩率、铸造圆弧半径、铸件热处理类别、硬度检查位置和某些特殊要求等铸件验收技术条件。铸件图上只需注出铸件主要外廓的长、宽、高尺寸以及加工余量和需要加工切除的工艺余量、工艺筋等尺寸;铸件尺寸公差除有特殊要求必须标注外,其余一般公差不必再在每个尺寸上标注。但也有些工厂习惯于将铸件的全部尺寸都标注在铸件图上,以便于铸型设计、画线检验及机械加工。铸件图实例如图 2-63 所示。在图中,还应标注表 2-17 中的内容。

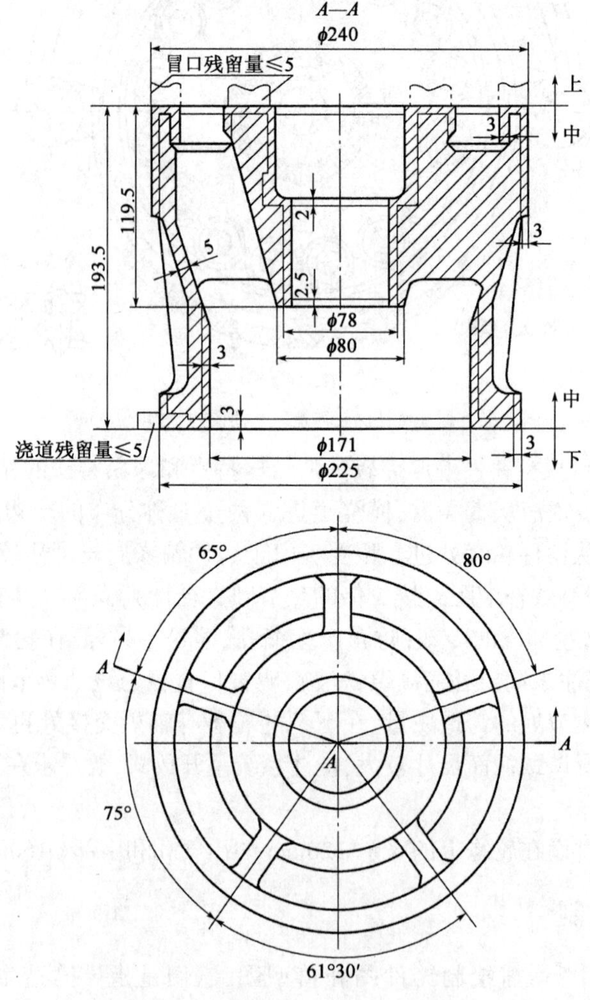

图 2-63　离心机匣铸件图实例(尺寸单位:mm)

离心机匣件铸造的技术条件　　表 2-17

项目内容	技术条件	项目内容	技术条件
铸型(芯)种类	砂型铸造	铸件验收标准	按 HB 963—1990 验收
铸件收缩余量	1.2%	铸件热处理方式及验收	经 T5 热处理,合金的化学成分及力学性能按 HB 962—1986 验收
起模斜度	外表面 1°30′,内表面 2°		
铸件尺寸公差	按 HB 6103—1986 为 CT10		
未注铸造圆角	*R*5	特种检验项目	X 光、液压试验

三、铸型装配图的绘制

铸型装配图是铸造工艺设计需要完成的最复杂而又很重要的技术文件,其反映的铸造工艺方案的全貌,是设计铸造工艺装备和编制铸造工艺规程的主要依据之一。绘制铸型装配图的依据是:零件图、铸件图、铸造工艺方案草图和铸型工艺设计有关的标准、手册或资料。在铸型装配图上除铸件型腔外,一般还需表示出:

(1)铸型分型面。

(2)浇注系统和冒口的结构及其全部尺寸、过滤网的规格、安放位置和面积大小。

(3)砂芯的形状、相互位置、装配间隙、芯头的大小和定位、排气方法,各个砂芯应按下芯顺序编号。

(4)冷铁的位置、数量、大小及编号。

(5)铸型的加强措施(如插钉子和挂吊钩等)和通气方法。

(6)铸型装配时需要检查的部位及尺寸。

(7)铸件附铸试验块的位置及尺寸。

(8)砂箱内框的尺寸。

(9)若用专用砂箱,还需要画出砂箱的结构及导向、定位、锁紧装置等。

铸型装置图的主剖视图应尽可能选用自然的铸件浇注位置;画俯视图时一般应将上箱揭开,如果型腔结构简单、砂型少,为了表示冒口布置情况也可不揭开或揭开一半;为了保持图面清晰,除主要轮廓线外尽可能不用或少用虚线线条。离心机匣铸型装配图实例如图 2-64 所示。

四、铸造工艺规程和工艺卡片的编制

在铸件图、铸型装配图、铸造工艺装备图绘制之后,有些工厂还需要编制铸造工艺规程和工艺卡片。铸造工艺规程和工艺卡片是铸件生产的依据之一,它对铸件生产的每个工序或对某些工序的主要操作进行扼要的说明,并附有必要的简图。工艺规程和工艺卡片的内容及格式,取决于生产类型、铸件的复杂程度和对铸件质量的要求。大量、成批生产的工艺规程内容比较多,单件生产的工艺规程内容比较简单。铸造工艺规程的内容一般应包括:

(1)型砂和芯砂的成分、制备工艺及其性能要求。一般情况下,各厂都有自己的型砂和芯砂的技术标准,如无特殊要求时,在工艺规程中只需填写所选定的型砂或芯砂的编号(如 1 号型砂或 4 号芯砂等),其余均按技术标准的规定,不必具体说明。

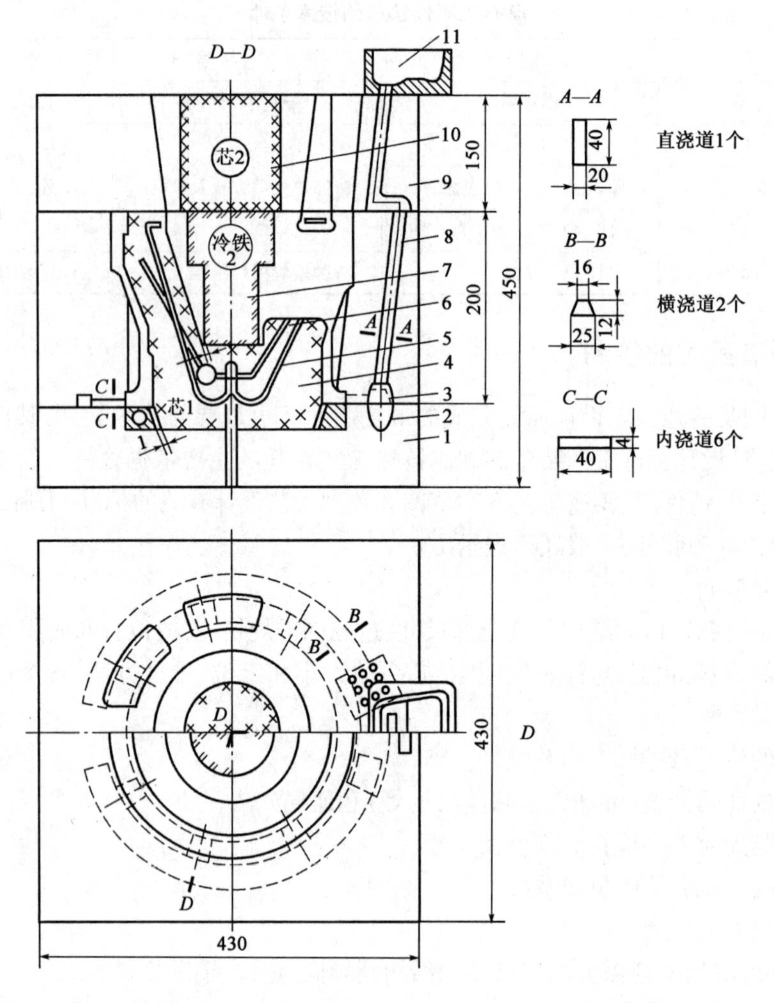

图 2-64 离心机匣铸型装配图(尺寸单位:mm)

1-下型;2-缓冲槽;3、7-冷铁;4、10-砂芯;5-芯骨;6-通气孔;8-中型;9-上型;11-浇口杯

(2)造型、制芯过程所需要的模具、设备及性能要求。

(3)造型、合型与浇注工艺卡片,并画出工艺简图,表示有关的形状、尺寸、装配检查部位及检验测具和样板等。

(4)砂芯制造工艺卡片,说明砂芯制造中的工艺问题,画出砂芯草图,表示砂芯的形状和主要尺寸,芯骨和冷铁的位置、形状与数量,通气孔的形状及位置,样板的形状及其检查部位,以及砂芯的烘干工艺规范等。

(5)铸件清理及热处理工艺卡片。

(6)铸件检验卡片,说明检验项目,具体检验方法及其使用的设备、工具均按铸件检验技术标准的规定确定。

如果工厂没有合金熔炼的技术标准或采用某种新牌号的合金,则铸造工艺规程和工艺卡片中还应包括合金熔炼操作工艺。

复习思考题

1. 选择铸型种类的依据是什么？小型铸铁件和大型铸钢件各应选择何种铸型？
2. 何为浇注位置？确定浇注位置有哪些原则？何种情况下应采用倾斜浇注？
3. 何谓工艺补正量？试举例说明。
4. 砂芯设计应注意哪些事项？芯头的作用是什么？
5. 芯撑有何作用？为保证铸件质量，对它应有哪些要求？
6. 在铸造工艺设计中，铸造工艺图、铸件图和铸型装配图中各有什么内容？如何表示？

第三章 浇注系统

第一节 概 述

浇注系统是铸造中液态金属充填型腔的通道。浇注系统设置不当,常使铸件产生冲砂、夹砂、缩孔、缩松、裂纹、冷隔以及气孔等多种缺陷,严重时会导致铸件报废。因此,正确地设计浇注系统,对提高铸件质量及降低生产成本具有重要意义。

一般情况下,浇注系统的结构如图3-1所示,其由浇口杯、直浇道、横浇道和内浇道四个组元组成。对于某些复杂铸件的浇注系统,除上述四个组元外,还可增加其他组元;而对于某些简单铸件的浇注系统则可少于四个组元。

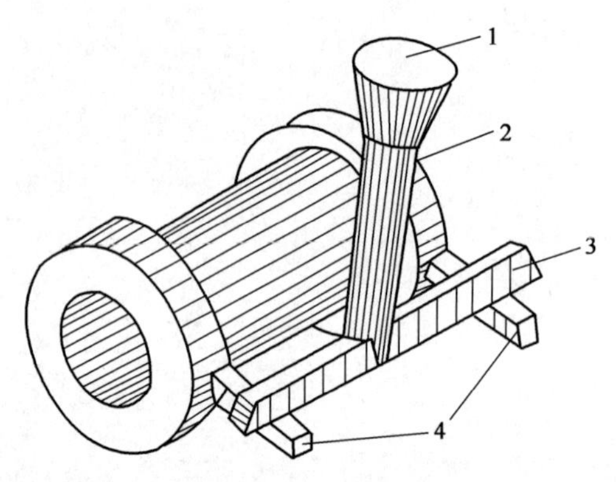

图3-1 浇注系统组成

1-浇口杯;2-直浇道;3-横浇道;4-内浇道

浇注系统设计内容包括:浇注系统结构、开设位置及各组元尺寸等。

良好的浇注系统,通常要满足以下几点要求。

(1)保证适当的浇注时间。如在节奏性很强的射压造型生产线上,每箱铸型的浇注时间须小于其造型时间,浇注系统能通过的金属流量应保证铸型在规定的时间内被充满;在利用树脂砂生产大型铸件时,由于树脂砂的高温强度较低,要求浇注时间尽可能短,如300MN重的大型件要求充型时间不超过70s。

(2)金属注入方式及内浇口方向应不使金属冲毁铸型或砂芯,并应有利于杂质上浮和铸型中气体的排出。

(3)铸型充满后,型内金属的温度分布状态尽可能有利于铸件预期的凝固方式。希望同时凝固的铸件,温度应分布均匀;希望顺序凝固的铸件,温度应朝向冒口递增。

(4)生产无锡青铜、球墨铸铁等铸件时,要求浇注系统具有较强的挡渣能力,以防止熔渣进入铸型。

(5)浇注系统不应阻碍铸件收缩,在生产裂纹敏感性强的大型铸件时,这点尤为重要。

(6)在保证铸件质量的前提下,浇注系统应力求简单,便于造型,金属消耗量最少,以及有利于铸件清理等。

总之,浇注系统的完善程度是以获得生产成本最低的合格铸件为标准来评价的。

设计浇注系统时,除了铸件结构及金属种类外,还与工装设备、砂型种类等因素有关。实际生产中,为了组织生产方便,还应考虑浇注系统各组元的标准化问题。所以,浇注系统设计是一项很复杂的任务。

目前生产中采用的设计方法,是根据大量观察结果所得出的经验与理论分析相结合的方法。因此,要设计出完善的浇注系统,不仅要求工艺人员对金属充型过程的本质有所了解,还要求具有丰富的实际生产经验。

不过,浇注系统设计和其他工艺一样,具有较大的灵活性。因此,对于同一对象,可以有多种不同浇注系统方案,生产工人仅凭经验往往也可以开出完善的浇注系统,但决不能因此就忽略理论分析的重要性。

第二节　液态金属在浇注系统中的流动

液态金属通过浇注系统充填铸型的过程称为浇注过程。这里,先对该过程做一般性描述:

(1)浇注初期,因阻力较小和需充满浇注系统各组元的要求,需要较快的浇注速度;但到浇注后期,由于有效压头减少和型腔内气体背压增高等原因,浇注系统的通流能力降低,浇注速度应随之相应降低。特别是在临近浇注结束时,为了避免因动－静压头转化造成抬箱、呛火等事故,更要求放慢浇注速度。此外,浇注系统拐弯多,而且各组元之间断面积不相等,因此,在整个浇注过程中,液态金属在浇注系统中的流速随着时间和空间位置的变化而变化。

(2)液态金属的密度大,运动黏度系数较小,在浇道内流动时,其流动特性常数(即雷诺数 *Re*)通常大于 2 330,呈紊流状态的金属在沿浇道向前流动时,流体质点还产生垂直于流线方向的十分杂乱的横向运动,这种紊流状态不利于渣粒的上浮。

在分析金属在浇注系统中的流动规律前,还应指出,尽管充型过程中金属液体与型壁之间有强烈的热交换,但由于金属液有一定的过热度,在浇道壁面上的结晶凝固并不显著,浇道断面缩小的影响和由于温度降低黏度增加而使流动性能降低的影响均可忽略不计。因此,可将揭示一般流体运动规律的流体力学理论用于讨论液体金属在浇道内的流动。

一、液态金属在浇口杯中的流动

浇口杯的主要作用,只是承接来自浇包的金属液并引入直浇道,防止浇注过程中因金属流不易对准直浇道而溢出。经过特殊设计的浇口杯,还兼有防止熔渣进入直浇道的功能。

图 3-2 是生产中最常见的漏斗式浇口杯。由于其容积较小,加之浇注过程中需随时根据情况调节流量,所以在采用这种浇口杯生产大件时,浇注中通常避免它被金属充满,否则,由于来不及改变浇包流量,很容易造成金属外溢。另外这种浇杯很难起到挡渣作用。

当要求浇口杯同时具有挡渣能力时,可采用图 3-3 所示的滤网式、拔塞式、闸门式及旋流式浇口杯等。

滤网式浇口杯多用于机器造型的小件生产,滤芯的作用不是滤除金属杂质,而是使浇口杯中留一定量的金属液,让杂质上浮到金属液面不致随金属液流流入直浇道。滤芯可用油砂或其他高强度造型材料制成。网孔数目一般为 7 ~ 15 个,孔径下大上小,一般上部直径为 6 ~ 8mm,下部直径为 7.5 ~ 10mm。

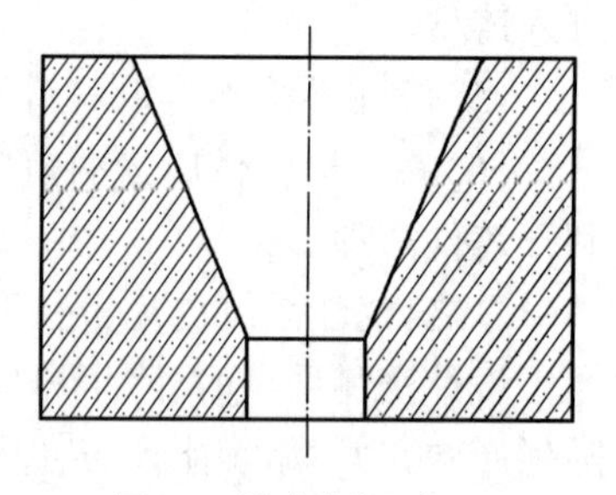

图 3-2 漏斗式浇口杯

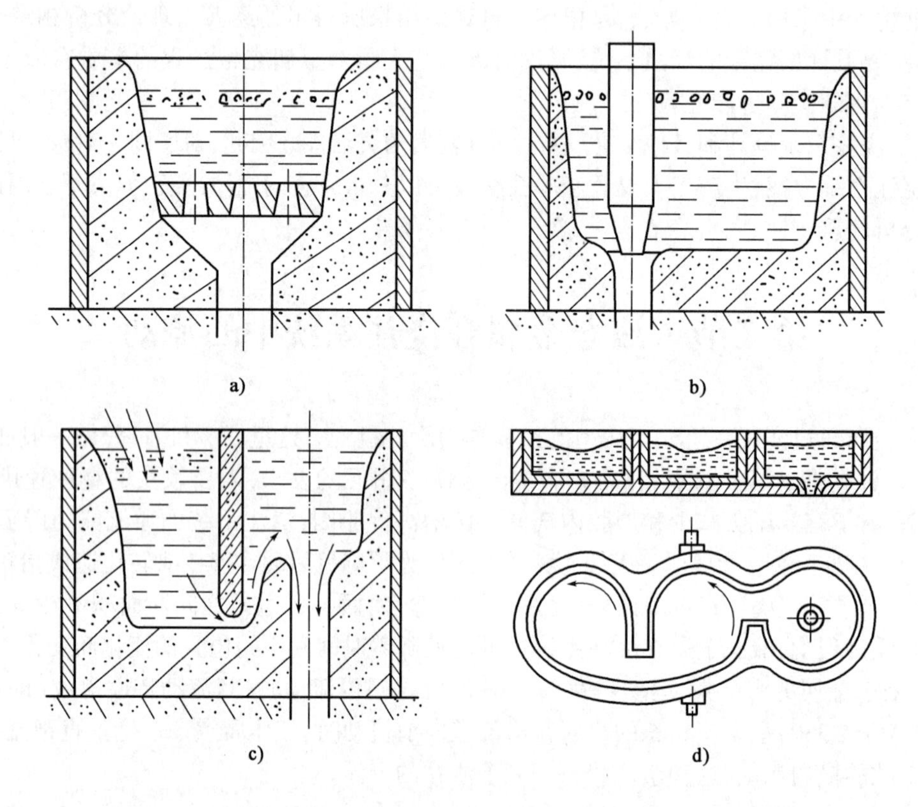

图 3-3 几种有挡渣功能的浇口杯

a)滤网式;b)拔塞式;c)闸门式;d)旋流式

生产大型或重要铸铁件(如大型卷筒)时,多采用拔塞式浇口杯。这种浇口杯的体积较大,有时甚至可容纳整个铸件所需的金属。浇注时先用柱塞将出口阻塞,浇口杯充满后再将柱塞拔起。这种浇口杯虽有较好的挡渣和防止卷入气体的作用,但操作比较麻烦,只在个别情况下才采用。

闸门式浇口杯多用于中型铸件,其撇渣效果较好。因金属液通过闸门时要改变流向,只有底部较纯净的金属才能通过闸门,进入直浇道,从而达到挡渣目的。

旋流式浇口杯是利用水平涡流现象来挡渣的。它的撇渣效果较好,使用比较方便,但制作较烦琐,体积也比较大,只适用于生产个别重要铸件的场合。

二、液态金属在直浇道中的流动

直浇道是浇注系统中的垂直通道,其作用是把来自浇口杯的金属平稳地引入横浇道,同时为铸型内金属建立充填压头。由于金属液在直浇道内下降速度较大,所以一般不具备挡渣能力。

一般认为,直浇道是浇注系统中最易吸入气体或卷入气体的地方。当气体被卷入型腔又不能顺利逸出时,就会在铸件中形成气孔。下面简要介绍直浇道吸气试验模型和理论推导。

图 3-4 是有机玻璃管(不透气材料)制成的浇口杯和直浇道两组元模型在用水做浇注试验时观察到的流动状态,结果表明:

(1)直浇道入口处的形状会影响液流分布。直浇道与浇口杯连接的入口处为尖角时,直浇道内呈不充满流动,圆角连接时则为充满流动状态。

(2)直浇道形状影响液流的内部压力。直浇道为圆柱形时,即使被液流充满,也呈负压状态,会吸入气体。直浇道有一定锥度时,液流充满直浇道呈有压流动,不会吸入气体。

(3)当直浇道内未被液体充满时,流股表面为一自上而下渐缩形的等压面,压力等于大气压力。

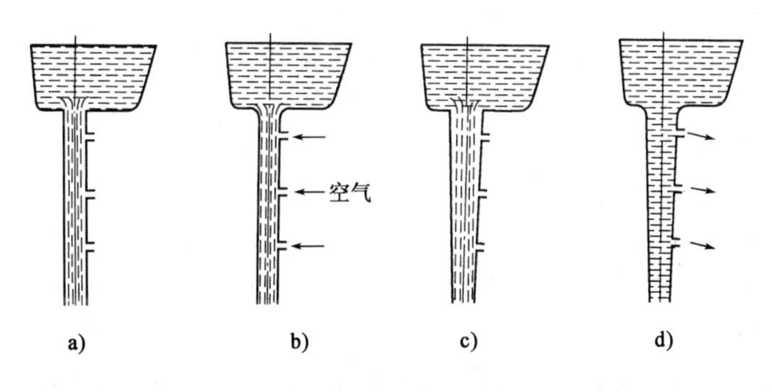

图 3-4　液流在有机玻璃模型的直浇道内的流动情况

a)圆柱形直浇道,入口(浇口杯与直浇道连接处)为尖角,呈不充满状态;b)圆柱形直浇道,入口为圆角,充满且吸气;c)上大下小的圆锥形直浇道,入口为尖角,呈不充满状态;d)上大下小的圆锥形直浇道,入口为圆角,充满且三排小孔均有液体流出

对于直浇道被金属液体充满时呈负压的流动状态(图 3-5),可按流体力学理论中的伯努利方程进行分析。

假定直浇道内是不可压缩液体,在重力作用下稳定流动和沿程流量不变时,对直浇道两端 1－1 和 2－2 两个截面上的压力,可有下列方程:

$$Z_1 + \frac{P_1}{\gamma} + \frac{V_1^2}{2g} = Z_2 + \frac{P_2}{\gamma} + \frac{V_2^2}{2g} + h_{1-2}$$

式中:Z_1、Z_2——1－1 和 2－2 截面上的位能压头,以截面 2－2 为基准面,则 $Z_2 = 0$;

P_1、P_2——两个截面上的压力,因直浇道出口敞露,故 $P_1 = P_a$(大气压力);

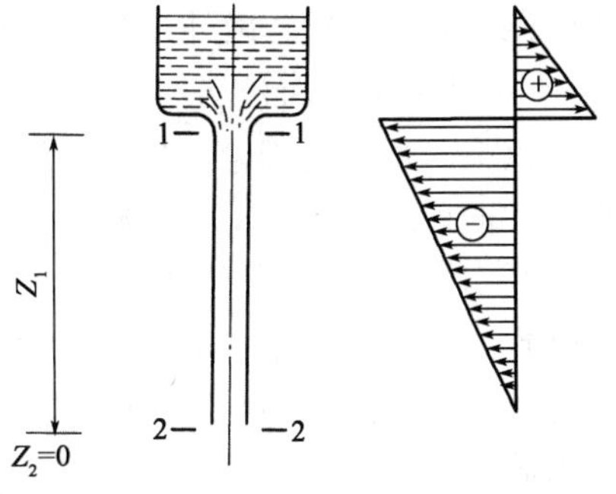

图 3-5　不透气直浇道模型中金属液流动状况及压力分布

V_1、V_2——两个截面上的液流速度；

γ——液态金属重度；

h_{1-2}——两个截面之间的水头损失。

将上式移项整理可得：

$$\frac{P_2 - P_1}{\gamma} = \frac{V_1^2 - V_2^2}{2g} + Z_1 - h_{1-2}$$

由于直浇道是圆柱形的，上下截面积相等（$F_1 = F_2$），金属液又处在连续流动状态，通过直浇道各个截面积的流量应相等：

$$F_1 V_1 = F_2 V_2$$

所以 $V_1 = V_2$，于是得：

$$\frac{P_2 - P_1}{\gamma} = Z_1 - h_{1-2}$$

在一般情况下，h_{1-2}值远小于Z_1，即$Z_1 - h_{1-2} > 0$，故有$P_2 - P_1 > 0$。而$P_2 = P_a$（大气压力），所以P_1必然小于大气压力，也就是说直浇道任一截面上都有一定的真空度，越靠上部，负压值越大，吸气也越严重，其压力分布如图3-5所示。

为了避免直浇道吸入气体，就需要 P_1 值大于或等于大气压力，为此可采用如下三种方法。

（1）适当地向上扩大直浇道的截面积，降低直浇道上部的流速，这时$V_1 < V_2$，就可使 $P_1 \geqslant P_2$，生产中多将直浇道制成1∶50的锥形圆棒。

（2）加大沿程阻力损失h_{1-2}，使$h_{1-2} \geqslant Z_1$，例如把直浇道做成蛇形（S形弯曲的）等。

（3）增加直浇道出口处的阻力并提高该处（即2－2截面）液流静压力，使$P_2 \geqslant P_1 + \gamma(Z_1 - h_{1-2})$即可，具体方法就是将直浇道出口与横浇道及内浇道相连，并使内浇道的总截面积小于直浇道的最小截面积。

另一种理论认为，实际砂型是透气的，金属在等截面直浇道内自由下落过程中做等加速运动，流股必然向内收缩而离开直浇道壁，流束这种收缩就会使之通过透气壁面吸入空气。为了消除离壁效应，可将直浇道截面由上到下逐渐减少。根据伯努利方程和连续流定理，可推出直浇道各截面处面积应满足如下关系。

$$\frac{A_2}{A_1} = \left(\frac{h_1}{h_2}\right)^{\frac{1}{2}}$$

式中：A_1、A_2——任意两处横截面面积；

h_1、h_2——截面 A_1、A_2 距离浇道液面的距离。

以上两种吸气理论，虽然出发点不尽相同，但结论几乎一样，即为了避免直浇道吸入气体，它的截面积应由上至下逐渐减小。

其实，生产中为了使造型方便，在利用造型机生产小、中型铸件时，为满足起模需要，有时还将直浇道做成上小下大的正椎体；生产大型铸件时，采用等径浇口砖作直浇道，它呈圆柱体，铸件并不因此就出现气孔缺陷。这一方面是由于铸件是否出现气孔，尚与其他许多工艺因素，如型砂含水率、透气性、金属中气体含量等有关；另一方面是由于推导上述理论时所借用的模型与实际情况有一定差别。比如实际生产中无论是用转包或者用漏包进行浇注时，通过浇口杯进入直浇道中的金属液流速度，都比模型中靠浇口杯静压流入直浇道的速度要高得多。第三方面，用水或借用流体力学公式来描述高温金属在常温砂型中的流动，二者之间无论如何总是存在一定差别。所以，有关这方面的问题尚待进一步研究。

为了减缓浇注初期金属液流对直浇口底部的冲击，改善在由直浇道转入横浇道处金属液的流动状况，可在直浇道底部设置直浇道窝（又称浇道陷阱），如图 3-6 所示。它好像一个软垫子放在快速下降的液体的下面，当向下铁水液流的速度变成零后，然后转变成$V_2=\sqrt{2gH}$的水平液流，可避免液流转向时因断面收缩而造成的缩颈现象，减少紊乱程度。一般直浇窝的直径可取横浇道的 2～2.5 倍，深度取横浇道高度的 1.4～2.0 倍。对于易形成氧化物夹杂和要求较高的合金铸件，取尺寸的上限。

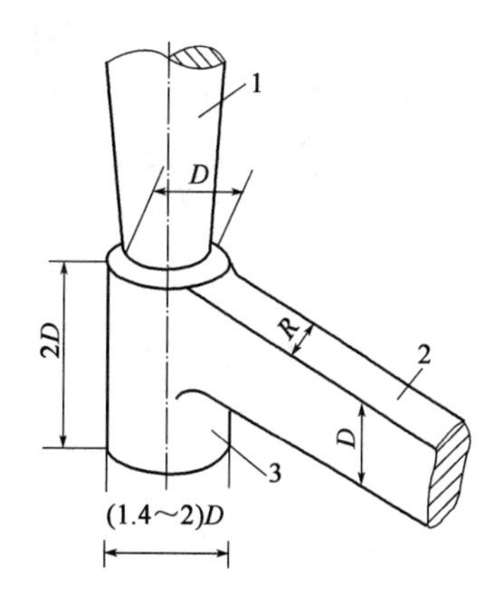

图 3-6　常见直浇道窝形状
1-直浇道；2-横浇道；3-直浇道窝

三、液态金属在横浇道中的流动

水平横浇道的作用是连接直浇道和内浇道，将金属液均匀而平稳地分配给各个内浇道。在生产铸铁和有色合金等铸件时，由于采用翻包浇注，还要求浇注系统具有良好的“挡渣作用”，以阻止由浇包经直浇道流入的夹杂物进入内浇道。

1. 液流分配

金属液流入横浇道后，在惯性力作用下会一直沿着横浇道向前流动，在越过内浇道孔口时也是如此，待液流到达横浇道末端，速度突然减小为零，在反力作用下回流，与继续流来的金属液流叠加在一起而使液面升高，并使铁水和渣粒流入靠近末端的内浇道（图 3-7）。在横道充满后，这种作用有时也会使靠近末端的金属静压提高。

如在某断面横浇道上开有数个等断面内浇道，由于内浇道中的流速是取决于靠近内浇道处横浇道中的液体压头，当横浇道相对较短，而直浇道又比较高时，远离直浇道处的内浇道就会进入较多的金属。

大量研究表明，内浇道铁水流速与浇口面积比（横浇道断面积与内浇道总面积之比）有关，如图 3-8 所示。

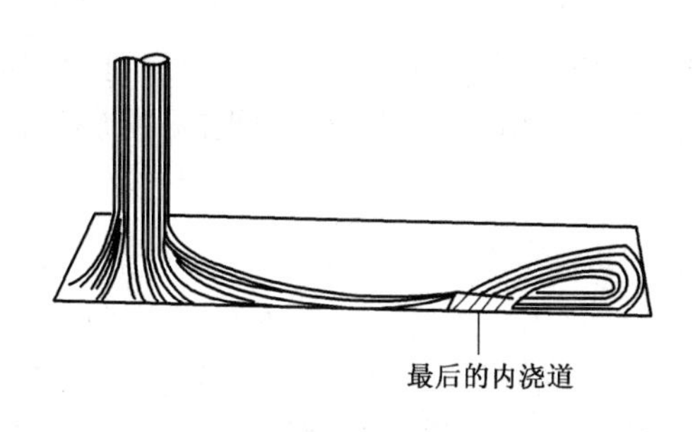

图 3-7　浇注初期在没有斜度的横浇道末端出现的铁水“叠加”现象

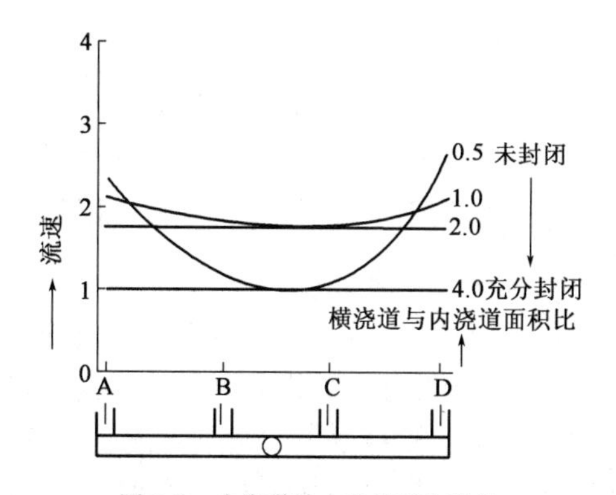

图 3-8　内浇道铁水流量不均现象

一型多铸或同一铸件各内浇道流量不等将导致铸件缺陷，此时为均衡各内浇道的流量，可以设法减少横浇道末端的背压或设置“溶池”使金属流入铸型前消耗其动量，如图 3-9 所示。

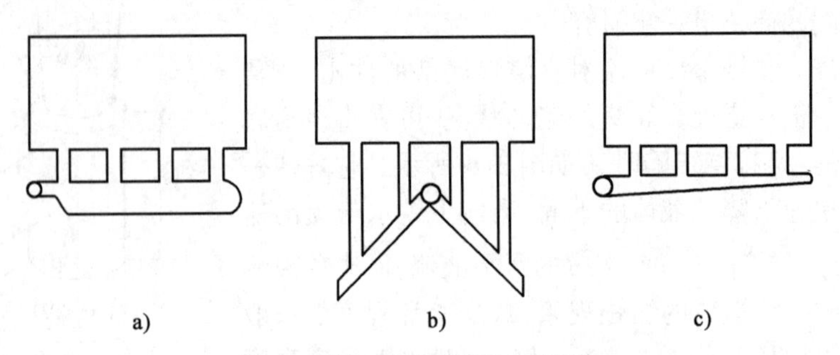

图 3-9　均衡内浇道流量的各种措施

a）溶池法；b）改变内浇口长度；c）改变横浇道截面积

将横浇道做成图 3-10 所示的渐缩形结构，每经过一个内浇道后，横浇道相应地减少一定比例的断面积，也可达到均衡流量的目的。该浇注系统还可以减少紊流，提高工艺出品率。

在采用等截面内浇道的情况下，使横浇道与内浇道之间呈不同角度（图 3-11），也可达到同样目的。

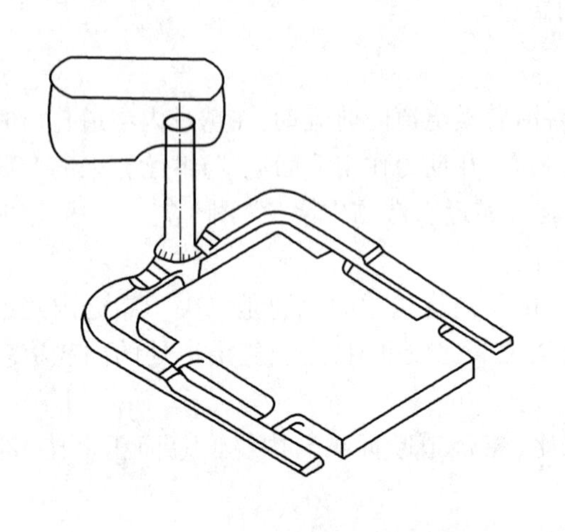

图 3-10　减薄横浇道均衡内浇道流量

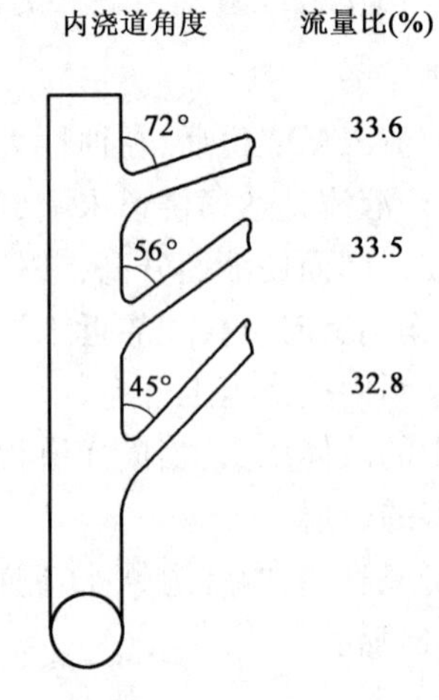

图 3-11　改变内交道角度来均衡内浇道流量

当金属液柱较低，横浇道长而其截面又小时，金属液的沿程阻力损失较大，横浇道内的液面将沿长度方向逐渐降低，使靠近直浇道附近的压力高于末端，流入直浇道附近的内浇道的金属液量也将多于末端附近内浇道的液量。

2. 横浇道挡渣

浇注过程中，由于直浇道中液流流速很大，渣粒在直浇道中无法上浮。如果横浇道的结构不合理，或者没有采取相应措施使横浇道具备挡渣能力，渣粒就会进入型腔，使铸件产生夹渣等缺陷。进入横浇道中的杂质的流动性决定于液流速度 v_1 和杂质漂浮速度 v_2 的合速度 $v_{合}$。从图 3-12 可以看出，当金属液流速度较低时，杂质上浮到液面的流程 L 也较短；相反，当 v_1 较大而其他条件相同时，杂质上浮流程 L 则较长。

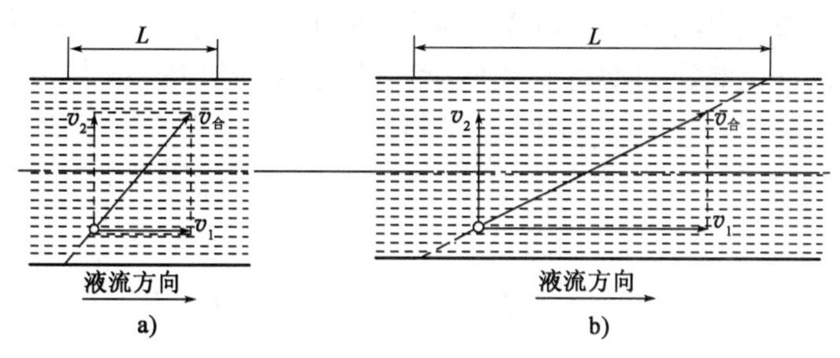

图 3-12 杂质在横浇道中运动示意图

a)低液流速度;b)高液流速度

杂质上浮速度由浮力和阻力两个因素确定。浮力的大小取决于杂质和金属液的相对密度差,而阻力则与金属的流动状态、黏度、杂质表面积和运动速度等因素有关。当浇道中金属液流速度过高,由于紊流作用,杂质上浮遇到的阻力也增大。有学者认为,铸铁中杂质上浮的“临界悬浮速度”为0.37m/s。换算成比流量,相当于$0.25\times10^5\mathrm{N/m^2}\cdot\mathrm{s}$,可用这个数值核算横浇道的横截面积。

为使杂质在横浇道中得以浮起而不进入内浇道,除需要减少横浇道中的流速和降低液流的紊流程度外,在直浇道与第一内浇道之间应有足够的长度l(图3-13)。通常认为应使从直浇道中心到第一个内浇道的距离$l>6h_{横}$。

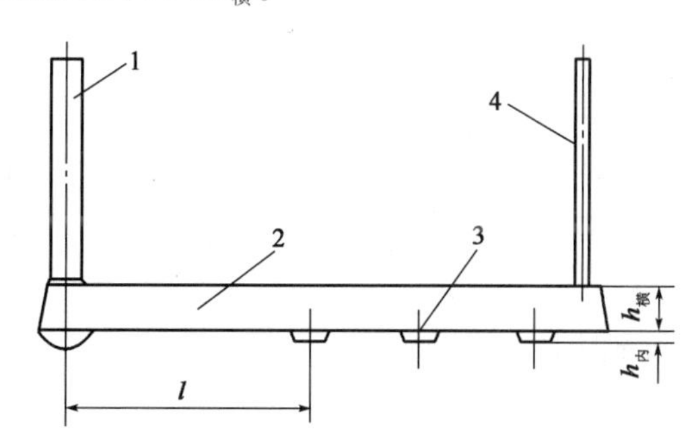

图 3-13 横浇道系统各组元位置关系

1-直浇道;2-横浇道;3-内浇口;4-冒渣口

当横浇道中的金属液流到内浇道附近时,液流还有一个向内浇道方向的流速,这就使横浇道中的液体在靠近内浇道时,又受了向内浇道流去的一种“吸力”的影响,这种现象称为“吸动作用”。显然,吸动作用的强弱与内浇道中的金属液的流速$v_{内}$有关。$v_{内}$越大,吸动范围越大。为了避免杂质被吸入,希望杂质在未到达吸动区作用范围内就能浮到横浇道上部。为此,根据卡赛(I. KASAY)的意见,内浇道横截面应做成薄而宽,厚度比约为1:4;而横浇道应是高而窄,高与平均宽度之比约为2:1,并使内浇道和横浇道的高度比保持在1:(5~6)的范围内(图3-14)。另外,将内浇道开设在横浇道下部,并且最好在同一平面上,如图3-14b)、c)所示,而不宜采用向下的台阶方法[图3-14a)],因为这种搭接方法不仅会增加紊流,而且浇注之初,内浇道不能很好保持空位,而过早地起作用,难以阻止最初混入的杂质流入铸型。以上是针对封闭系统而言。其特点是浇注系统各组元的最小截面积(阻流截面)位于整个系统末端,即内浇道截面积总和最小。为了横浇道能起到挡渣作用,对于开放式系统(即无压式)可采用如

图3-15所示的搭接方式，内浇道开在横浇道顶部，并且内浇道的顶面不能和横浇道顶面在同一水平面上，这样就可让浇注初期含有较多杂质的金属液被滞留在横浇道末端而不能进入型腔。

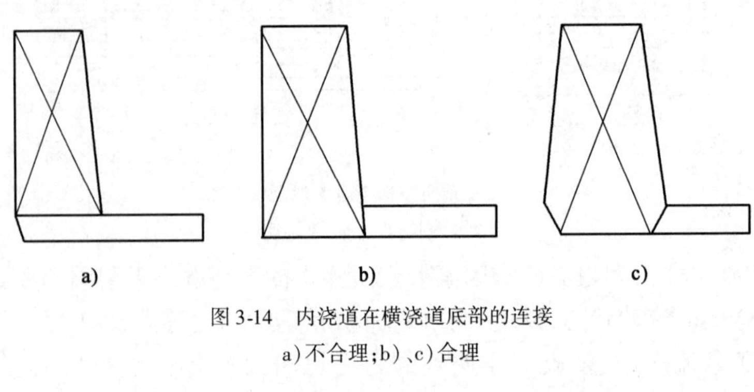

图3-14　内浇道在横浇道底部的连接

a）不合理；b）、c）合理

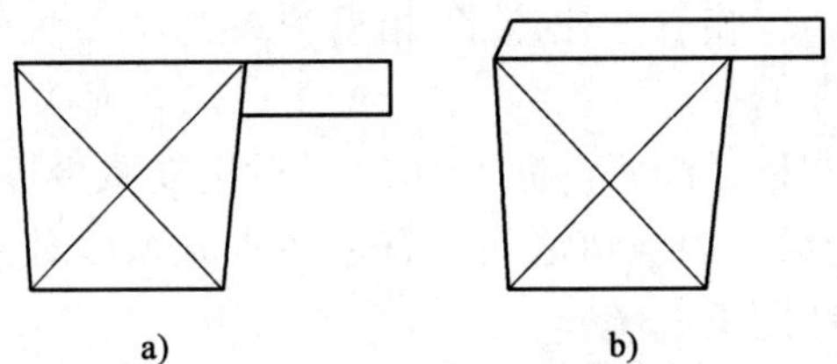

图3-15　内浇道在横浇道顶部的连接

a）不合理；b）合理

当金属液到达分型面时，存在一定的或然率使杂质进入型腔。此或然率跟横浇道和内浇道搭接面积之和同横浇道的水平表面积之比成正比。因此，为了减少杂质流入型腔，最好搭接长度略大于内浇道高度。

综上所述，横浇道起挡渣作用的条件是。

（1）横浇道必须呈充满状态；

（2）液流的流动速度应低于杂质能够上浮的“临界悬浮速度”；

（3）杂质在流入内浇道前，应有充分的时间上浮到横浇道的顶部；

（4）横浇道末端应能滞留住杂质。

实际生产中，上述诸项往往难以得到满足。例如采用壳型造型时，由于壳型砂较贵，为了节约壳型面积，就不允许将横浇道做得过长等。在这种情况下，就需要采用各种特殊结构的横浇道。

3. 增强横浇道挡渣能力的措施

为了提高横浇道的挡渣效果，可以改变横浇道的结构，如图3-16所示。它们分别是缓流式、阻流式、带离心集渣包式以及锯齿形集渣包式横浇道。

缓流式横浇道是使金属流在流动中拐弯，以增大局部阻力，降低流动速度，从而有利于杂质上浮。

阻流式横浇道是在横浇道之间设置一断面狭小的阻流片，金属液流在通过后，由于局部阻力和断面突然扩大，会降低流速，利于杂质上浮。

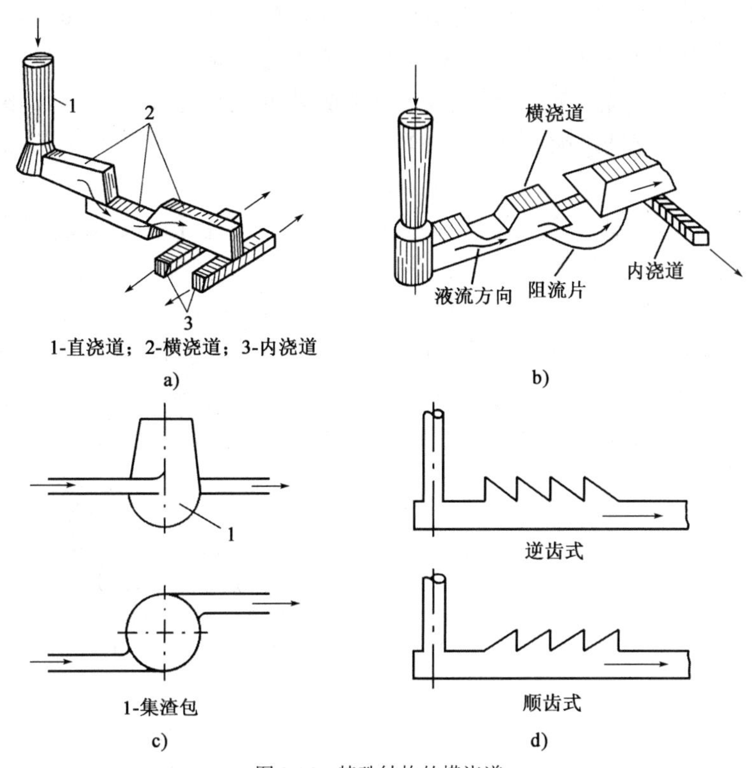

图 3-16　特殊结构的横浇道

a)缓流式;b)阻流式;c)带离心集渣包式;d)锯齿形集渣包式

以上两种横浇道结构简单,金属消耗少,多用于型板(机械化)造型时中小铸铁件的生产。

带离心集渣包式横浇道是在浇道中设置一圆形集渣器。金属液流沿切线方向进入集渣器后,产生旋流,在离心力作用下使杂质向中心集中并浮至液面。为使集渣器能蓄积金属,其出口断面应小于入口断面。由集渣器流出的方向应与集渣器内液流旋转方向相反,否则杂质可能随同金属流入型腔。由于这种横浇道的集渣效果好,多用于重要的铸件和易于氧化夹渣的合金。

锯齿形横浇道是当金属液流经锯齿部分时,因断面扩大,流速降低,而在"死角"处产生旋流,使渣粒上浮并滞留在该处,起到挡渣作用。

除上述各种增强横浇道挡渣能力的措施外,还有许多其他方法。例如在横浇道中或横浇道与内浇道之间放置滤网或滤芯(图 3-17),以及在浇道末端设置集渣冒口等。

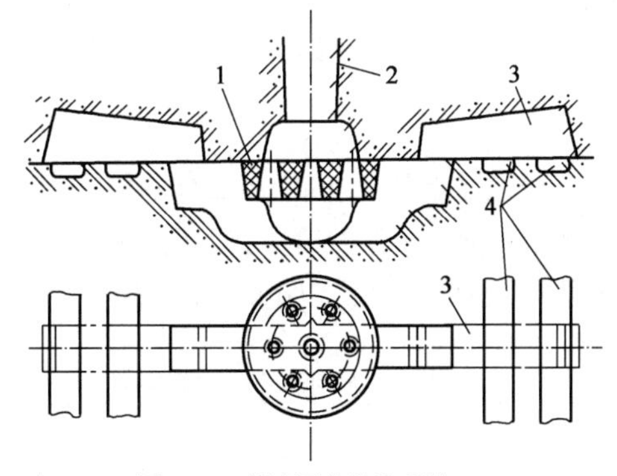

图 3-17　带滤网的浇注系统

1-滤网;2-直浇道;3-横浇道;4-内浇道

四、液态金属在内浇道中及进入型腔后的流动

内浇道的作用是将金属引入型腔。内浇道较短,本身不能挡渣。但如前节所述,它与横浇道的连接位置会影响横浇道挡渣功能的正常发挥。此外,还会对液态金属进入型腔后的流动、

浇注完后型内的温度分布、浇注过程中充型平稳性、型内排气及渣粒上浮等产生影响。

此外,对大型轮形铸件和薄壁铸件的内浇口设置作如下说明。

(1)生产大型轮形铸钢件时,应使从位于轮缘处各内浇道流出的金属液流的方向一致,以便金属液进入型腔后能沿同一方向在轮缘中旋转,使渣粒在离心作用下离开齿廓区。

(2)对于薄壁铸件,包括充型性能较好的铸铁件在内,不能让两股金属液流进入型腔后在远离内浇道处对接,否则,易使铸件产生冷隔缺陷。

内浇道的断面形状如图3-18所示,其中扁平梯形[图3-18a)]内浇道造成的吸动区域小,有助于横浇道发挥挡渣作用,而且模样的制造及造型均方便,还易于从铸件上清除掉,故应用最广。高梯形[图3-18e)、f)]用于沿铸件垂直壁充型;月牙形[图3-18c)、d)]和三角形[图3-18b)]也能迅速凝固,易于清理;圆形内浇道冷却最慢,多用于大型铸钢件和导热快的铸型。

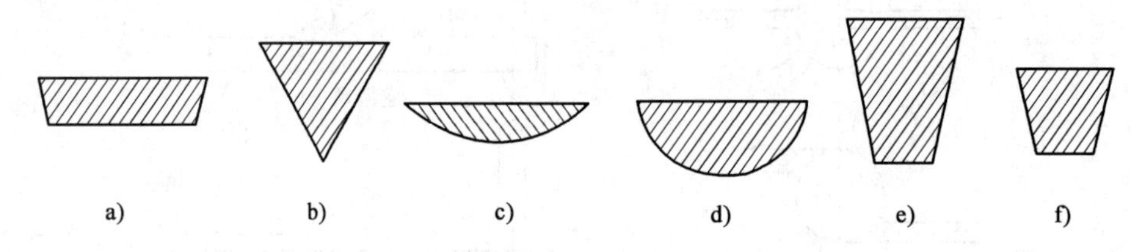

图3-18　内浇道断面形状

a)扁平梯形;b)三角形;c)、d)月牙形;e)、f)高梯形

在选择内浇道截面形状时,除了要考虑方便造型及清理外,还应注意防止"金属反抽",即铸件金属过多而补给浇注系统的现象。为此,内浇道截面高度一般不应超过与之相连处的铸件壁厚。

第三节　浇注系统类型及其应用范围

浇注系统常用分类办法有两种:一种是根据金属液引入铸件部位,即按照内浇道在铸件上的相对位置,可分为顶注式、底注式、侧注式及阶梯式等;另一种是按照浇注系统各组元截面比较关系,即最小截面(阻流截面)的位置,可分为封闭式和开放式。

一、按内浇道相对位置分类

1. 顶注式浇注系统

顶注式浇注系统是从铸型顶部注入金属液,简单的顶注式浇注系统如图3-19所示。其特点是造型工艺简单,易于充满铸型,浇注结束后能形成与铸件自下而上凝固一致的温度分布,有利于铸件补给。但金属液对铸型底部(浇注初期)冲击力大,金属会飞溅、氧化,易形成砂眼、铁豆、气孔、氧化夹渣等缺陷。因此,简单顶注式浇注系统多用于生产一些不太重要的小型铸件。

为克服上述不足，发展了楔形浇口、压边浇口和雨淋式浇口等顶注式浇注系统。

楔形浇口是一种简化的浇注系统，如图3-20所示。通常，它与铸件相接触处为一条长细缝，其厚度小于铸件壁厚，以便于从铸件上清除。

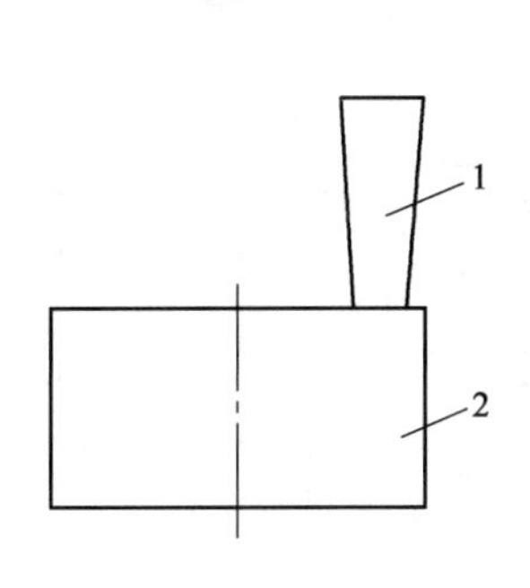

图3-19　简单顶注式浇注系统
1-浇口；2-铸件

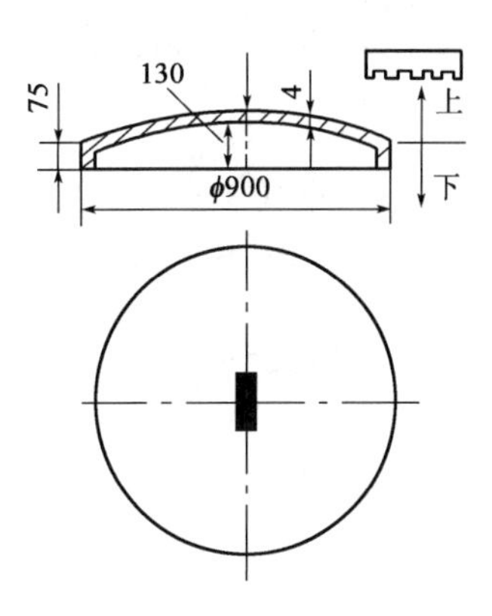

图3-20　楔形浇口（尺寸单位：mm）

楔形浇口的充型能力很好，多用于生产锅、盆等薄壁铸件。这种浇口呈大锥度楔形，目的是在浇注过程中使浇口始终保持充满状态，防止断流，以免出现冷隔缺陷。

另外，在生产民用铁、铝锅等特薄铸件时，为了便于充型，浇口虽然是锥体，但与铸件接触处却比铸件本身厚得多。为了从铸件上清除浇口，造型时浇口部位是用另一个不与上型砂箱相连的浇口圈做出的。浇注完过一段时间，待铸件已凝固而浇口尚未完全凝固时将浇口圈移开，从而去除浇口。

压边浇口，亦称为压边浇冒口。其除了起到引注金属的作用外，更重要的是能对凝固中的铸件进行补给，即起到冒口的作用，如图3-21所示。这种浇注系统实际上是在铸件上方放置一个圆形或矩形的大厚冒口，与铸件形成数毫米的搭接宽度。由于细缝的阻流作用，浇口（或者说是冒口）能很快充满，故具有良好的挡渣去气效果；加之造型操作方便，浇口易于清除及补给性能好，在生产厚实及少芯的灰口铸铁及球墨铸铁件中得到广泛的应用。

采用压边浇口时，铸件所需全部金属是经由搭接边缝注入型腔的，会将周围砂型加热到高温，使铸件在液体收缩和部分凝固收缩期间能从浇口中取得铁水补给；由于补给期缝隙处只有铁水的补缩流动，流速较慢，越接近后期流速越慢。当铸件进入均衡凝固状态不再需要补给时，不管缝隙是否畅通都会停止流动。一旦缝隙处铁水停止流动，缝隙就会很快凝固截死。

所以，从补给角度考虑，应用压边浇口成败的关键之一是选择压边宽度。宽度过小，有利于浇口充满挡渣，但会使补缩金属液的流动阻力增大，很可能使补缩流动过早停止而导致补缩不足。但是压边缝隙也不宜过大，过大会增加浇口和铸件的接触热节，缝隙不能及时截死，会造成灰铸铁件在大量石墨化时向浇口反馈金属，从而使铸件在临近浇口附近产生缩松缺陷。

有人对铸件阀体进行大量试验后，建议按表3-1选择压边宽度。一般情况下，压边宽度是随铸铁牌号、铸件质量的增加而增宽，随铸型刚度增加而减少。高牌号铸铁、较厚铸件压边缝隙宽度可允许到8～12mm，个别可达到15mm。

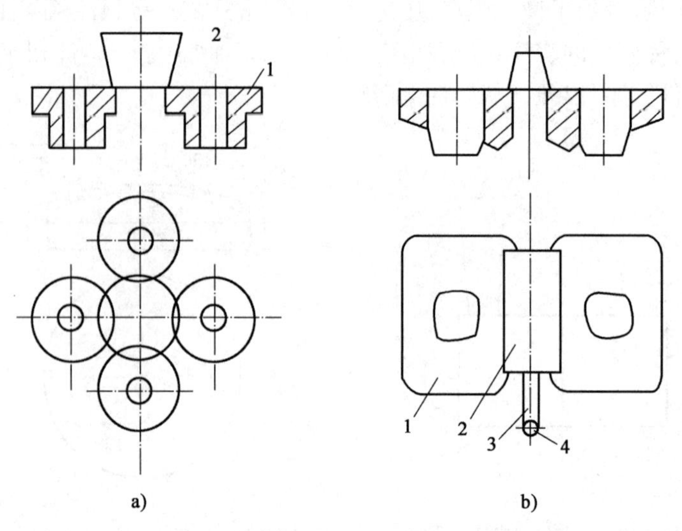

图 3-21　压边浇口
a)普通压边浇口;b)有直浇道的压边浇口
1-铸件;2-压边浇口;3-横浇道;4-直浇道

压 边 宽 度 选 择　　表 3-1

合金牌号	压边宽度(mm)	合金牌号	压边宽度(mm)
HT150	3 ~ 4	HT250	5 ~ 6
HT200	4 ~ 5	HT300	6 ~ 7

压边缝隙长度是压边浇口的另一重要参数,它和压边缝隙宽度的乘积(即缝隙面积)影响着型腔的充填过程和铸件的补缩程度。压边缝隙长度小,大量金属液都从又窄又短的缝隙中流过,热量集中,会延长铸件靠近缝隙一侧区域的凝固与收缩时间,是不利的。因此,应在浇口体积允许的前提下,采用较大的压边缝隙长度。

雨淋式浇口是另一种顶注式浇注系统,如图 3-22 所示。其特点是浇注时金属液先充满横浇道(雨淋盆或雨淋杯),然后经由位于底部的多个均匀圆孔如雨淋般地落入铸型。

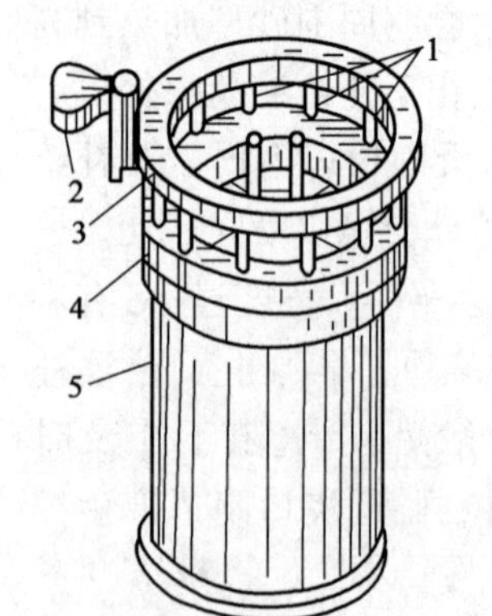

图 3-22　雨淋式浇注系统
1-内浇道;2-浇口杯;3-横浇道;4-冒口;5-铸件

雨淋式浇注系统能有效地将渣粒挡在雨淋杯中。另外,从雨淋孔流出的多股细流对铸型的冲击力较小,并能引起液面不断动荡,减少夹杂物上浮阻力,使熔渣不黏附在型腔壁面上,而随着型腔充满上浮到冒口中,避免了造成夹渣缺陷。

雨淋式浇口另一优点是造成铸件自下而上的顺序凝固,补给效果好。因此在生产质量要求较高的大型筒状铸件,如造纸机用大卷筒、缸套、卷扬滚筒等,都采用这类浇口。

雨淋式浇注系统的内浇道又称雨淋孔,其孔径一般在 $\phi5$ ~ $\phi12$mm 之间(孔径应小于铸件壁厚的 1/2),孔间距 30 ~ 40mm,每个雨淋孔应向铸件方向扩大 1 ~ 3mm。孔道不得歪斜,以防止铁水冲刷铸型。采用雨淋式浇注系统时,铸型中铁水上升速度要求在10~20mm/s范围内。

在生产大型重要件时,为了增进挡渣效果,雨淋式浇口常与柱塞式浇口杯配合使用。

上述两种浇注系统(压边浇口、雨淋式浇口)尽管具有许多优点,但都不能用于铸钢件生产。这是因为压边浇口搭接缝隙过窄,会先于铸件凝固,使铸钢件在凝固收缩后期得不到补给,形成缩孔或缩松缺陷;雨淋式浇口是由于金属呈雨淋般落入铸型,钢液与空气接触面积增大,会使铸钢过度氧化,形成严重夹渣缺陷。同样,雨淋式浇口也不能用于铝合金等易于氧化的金属。

2. 底注式浇注系统

底注式浇注系统是将金属液流从铸件底部(或下端面)注入型腔的。如果金属流入型腔的方向与铸件下端面垂直或稍斜一定角度,则称为底返式浇注系统,如图3-23所示。

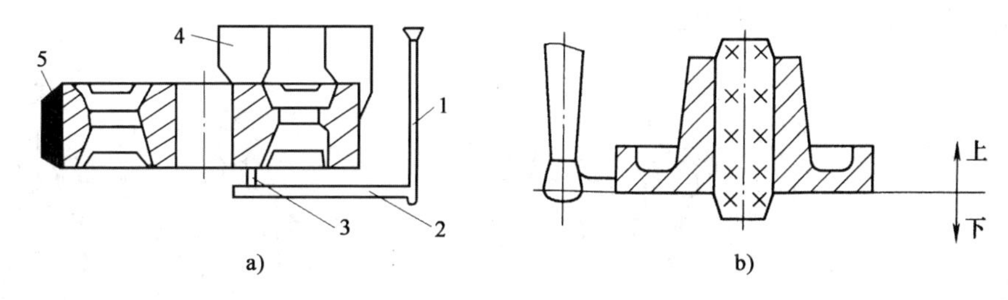

图3-23 底注式浇注系统

a)底返式;b)一般底注式

1-直浇道;2-横浇道;3-内浇道;4-冒口;5-冷铁

底注式,特别是底返式浇口,因充型时内浇道处于被淹没状态,铸型内金属液流动平稳,无飞溅,金属氧化较少,可避免铸钢、铝及某些铜合金在浇注过程中形成再生渣。

底注时热金属液流是自铸型下部流入铸型的,浇注后的型内温度分布不利于铸件自下而上的顺序凝固。铸型越高,这种倾向越显著。因此,底注式浇注系统主要用于高度不超过500mm的厚壁铸钢件(比如轮形铸件等)。无锡青铜及铝镁合金等易氧化的合金,也多采用底注式浇注系统。

利用底注式浇注系统生产铸铁件时,也可采用图3-24所示工艺,即铸型充满后再翻转。这样可以充分利用底注式的优点。

一般情况下,底返式浇注系统几乎没有挡渣能力。因此,在采用时应利用底返式浇包或配上具有良好挡渣能力的柱塞式浇口杯,以阻止渣子进入铸型。不过,由于底注时金属充型平稳,金属液在型内流动方向与渣粒上浮方向一致,有利于进入的外来杂质或浇注过程中金属与铸型相互作用形成的渣粒上浮。生产铸钢件时由于冒口较大,多数渣粒都会浮至冒口。

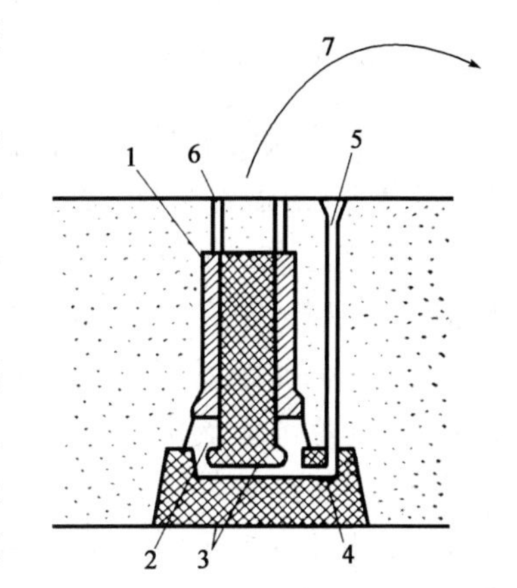

图3-24 浇注后翻转铸件

1-铸件;2-冒口;3-砂芯;4-垫块;5-直浇道;6-气孔;7-浇注后翻转180°

如果增加底返式内浇道的数量,并相应地减小其截面积,就成了底雨淋式浇口,如图3-25所示。

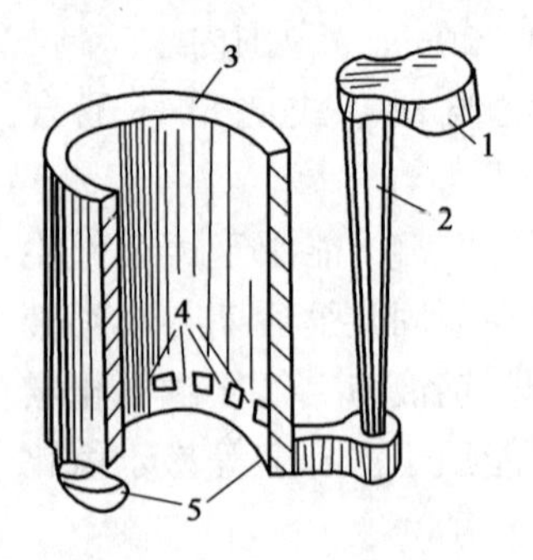

图 3-25　底雨淋式浇道

1-浇口杯；2-直浇道；3-铸件；4-内浇道；5-横浇道

这种浇注系统由于内浇道分散，温度沿铸件截面分布均匀。采用其生产重型机床床身，可使等轨面上硬度趋于一致。

生产小型铸件需要采用底注时，为了造型方便，可将底返式浇道做成牛角状，即牛角浇口。根据牛角的安放情况，可分为正牛角和反牛角式浇口，如图 3-26 所示。

由于造型时牛角浇口模型取出不便，故很少用于机器造型。

3. 中注式浇注系统

中注式的引注位置位于铸件中部。在用砂箱造型时，由于多数铸件的分型面都取在铸件中间，加之将横浇道和内浇道设在分型面处，非常方便造型操作，故在生产中、小型铸件时，多数情况下都是采用这类浇注系统，见图 3-27。

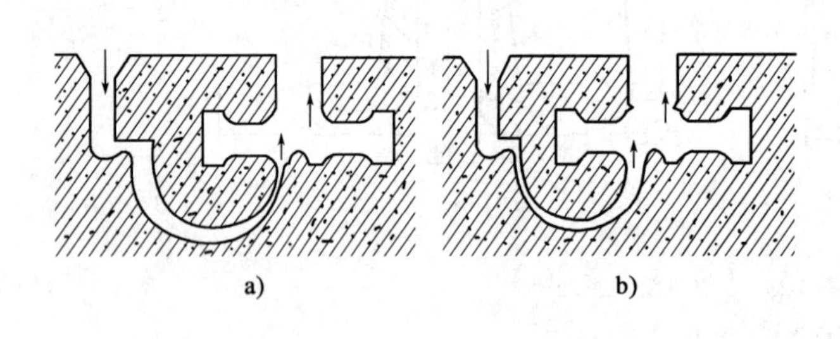

图 3-26　牛角浇口

a）正牛角；b）反牛角

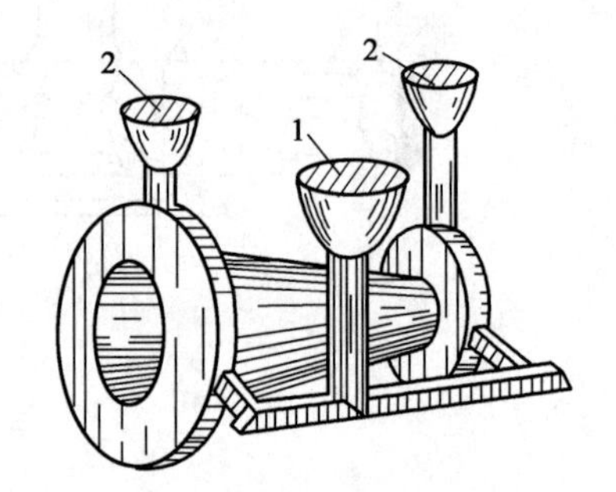

图 3-27　中注式浇注系统

1-浇口杯；2-出气冒口

中注式浇注系统对于位于分型面以下的铸件部分是顶注，但金属液不是像雨淋式浇口那样呈小股流，而是以大股流的形式从铸件侧面流入型腔，有时可能造成冲砂、夹砂等缺陷。因此，这种浇注系统只适用于生产高度不大的铸件。

4. 阶梯式浇注系统

生产高度大的重型铸钢件或形状复杂的大型铸钢件时，为使浇注系统兼备有顶注式和底注式的优点，常采用如图 3-28 所示阶梯式浇注系统，即沿铸件高度开设两层或两层以上的内浇道。在浇注之初金属液只从最底层内浇道流入型腔，待型腔内的液面上升到接近第二层内浇道时，才从第二层内浇道流入型腔。这样由下而上地使内浇道逐层起作用，而最上层内浇道通入冒口，可保证实现顺序凝固和冒口最后冷凝。所以，阶梯式浇注系统的优点是：充型平稳，避免了液流由高处落下冲击型底而造成严重的溅射；金属液自下而上地充型，有利于排气，而且铸件上部温度较高，保证了自下而上最后到冒口的顺序凝固，也可使冒口充分补缩铸件；由于内浇道分散，减轻了局部过热现象。但缺点是结构复杂，这给造型和清理工作带来不便。

以上介绍了浇注系统按引注位置分类的几种主要类型及其特点。在具体确定浇注位置时，则应根据金属种类、铸件结构等多种具体因素才能作出选择。

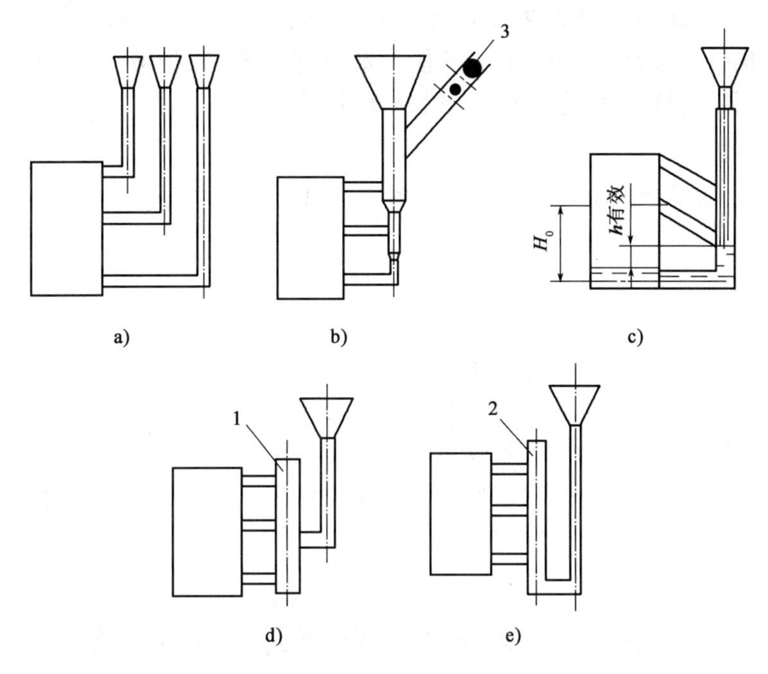

图 3-28　阶梯式浇注系统

a)多直浇道;b)用塞球法控制;c)控制各组元比例;d)带缓冲直浇道;e)带反直浇道

1-缓冲直浇道;2-反直浇道;3-塞球

二、按浇注系统各组元截面比例分类

1.封闭式及半封闭式

封闭式系统中,控制流量的最小断面处于浇注系统的末端,即

$$F_{直} \geqslant \sum F_{横} \geqslant \sum F_{内}$$

式中:$F_{直}$——直浇道最小断面积;

$\sum F_{横}$——连接于同一直浇道的横浇道断面之总和;

$\sum F_{内}$——同一直浇道的全部内浇道的断面积之总和。

半封闭式浇注系统虽然最小断面处于末端,但横浇道断面有所增大,即:

$$\sum F_{横} \geqslant F_{直} \geqslant \sum F_{内}$$

封闭式及半封闭式浇注系统在充型过程中能保持充满状态,浇道内金属液的静压较大,有利于挡渣和薄壁型腔的充填。缺点是金属液进入型腔的线速度高,易于冲坏砂型和砂芯,产生喷溅并使金属液的氧化加剧。半封闭式浇注系统由于加大了横浇道,可以有效降低液流速度,浇注开始时充型平稳,并且也具有较好的挡渣能力。以上两种浇注系统主要用于铸铁及球铁件的生产。

2.开放式

开放式浇注系统的最小断面处于浇注系统的始端,即:

$$F_{直} < \sum F_{横} < \sum F_{内}$$

在浇注过程中,当型内液面高度没有超过内浇道的高度时,金属液往往不能充满浇注系统,呈无压流动状态。这种浇注系统的挡渣能力差,易卷入气体,但液流流出内浇道的速度较低,充型平稳,主要用于易氧化的有色金属以及铸钢件等。

3. 封闭开放式

其特点是控制流量的阻流断面位于直浇道下端,或在横浇道中部,或在集渣包出口处,各组元断面之间可有如下几种关系,即:

$$F_{杯} > F_{直} < \sum F_{横} < \sum F_{内}$$

$$F_{杯} > F_{直} > \sum F_{集渣包出口} > \sum F_{横后} > \sum F_{内}$$

$$F_{直} > F_{阻} < \sum F_{横后} < \sum F_{内}$$

$$F_{直} > F_{阻} < \sum F_{内} > \sum F_{横后}$$

其中,$\sum F_{横后}$是指阻流断面之后各段横浇道断面积之和。这类浇注系统兼有封闭式及开放式的优点,既可以挡渣,又可平稳充型。但结构较为复杂,一般用于小型铸铁件及铝合金件,特别是在机器造型成批生产或手工模板造型时应用较广。

第四节　其他合金铸件浇注系统的特点

一、可锻铸铁件浇注系统的特点

可锻铸铁件是将白口铸铁件毛坯经长时间高温退火而制成的。白口铸铁由于含碳量较灰铸铁低,熔点较高而流动性差,加上铸态时不析出石墨因而收缩较大。为满足挡渣、充型以及顺序凝固的需要,可锻铸铁通常采用设暗冒口充型的封闭式浇注系统,其结构如图 3-29 所示。这种浇注系统既可挡渣又能良好补缩。

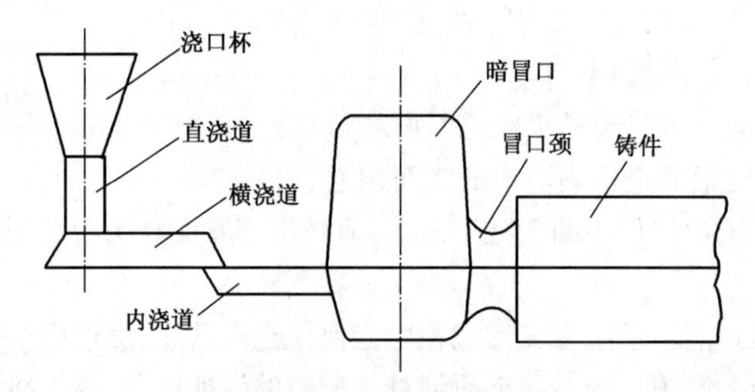

图 3-29　可锻铸铁件浇注系统结构

为了使暗冒口很好地起作用,内浇道的断面积应小于冒口颈的断面积,这样可保证内浇道早于冒口颈凝结,有利于暗冒口只对铸件补缩;整个浇注系统在暗冒口前封闭,而内浇道之后则不封闭。

可锻铸铁浇注系统的截面尺寸比灰口铸铁要稍大些,但过大易使高温铁水很快充满铸型,导致冷却慢,收缩大,从而使铸件表面易形成裂纹和毛刺,内部也易产生缩松。实践证明,在保证充满铸型的前提下,浇注速度越慢,对保证铸件内外质量越有利。

对浇注速度影响最大的因素是内浇道的截面尺寸，通常可根据铸件质量和主要壁厚参照表3-2确定，暗冒口的大小和尺寸可按表3-3确定。

可锻铸铁件内浇道总截面积 $F_{内}$（cm^2）　　表3-2

铸件质量（kg）	铸件主要壁厚（mm）		
	3~5	5~8	8~20
0.3~0.5	1.6	1	1
0.5~0.7	2.0	1.5	1
0.7~1.0		1.5	1.5
1.0~1.5		2	1.5
1.5~2.0		2	2
0.2~3.0		2.5	2
3.0~5.0		3	2.5
5.0~10		3	3
10~30		4	4
30~50			5

可锻铸铁件用冒口尺寸　　表3-3

质量（kg）		冒口颈断面积（cm^2）	窝坑半径 R（mm）
铸件	冒口颈		
0.5	0.18	1.5	15
1.0	0.30	2.4	18
1.5	0.45	3.3	20
2.0	0.60	4.2	24
2.5	0.75	4.8	24
3.0	0.9	5.6	25
3.5	1.05	6.0	25
4.0	1.2	6.4	27
5.0	1.5	7.2	30

二、球墨铸铁浇注系统的特点

球墨铸铁和灰口铸铁的浇注系统设计并无根本区别。但是用于灰口铸铁的浇注系统，未必能生产出没有缺陷的球铁铸件。

球铁经球化处理和孕育处理时，要加入易氧化材料，铁水降温较大，渣子比灰口铸铁多，且是一些比较分散的粒子，这些分散的渣粒比灰口铸铁的渣子更难用横浇道捕集。另外，球墨铸铁通常含有较高的硅，加上有易氧化的镁、钙、铈等元素，故较灰口铸铁易于氧化。

在相同的碳当量和温度下，球墨铸铁中含有的微小固体质点比灰口铸铁中的多很多，致使流动性变差。

球墨铸铁的液态收缩大，并且呈糊状凝固，故缩孔及缩松倾向也比灰口铸铁大。

鉴于以上特点,要求球墨铸铁的浇注系统应兼备充型平稳、挡渣和多数情况下能够促进铸件顺序凝固。

三、铸钢件浇注系统的特点

铸钢由于熔点高、流动性差、收缩大以及易氧化等特点,常使铸件产生裂纹、夹渣、缩孔等缺陷。此外,由于高温钢水进入型腔后,铸型内表面受到强烈的热辐射,或因热膨胀以及黏结剂失去作用,会使铸型表面产生裂纹或丧失强度,加之高温时金属与型材间的相互作用,导致铸件产生夹砂及严重粘砂等缺陷。因此,对铸钢件浇注系统的要求是:在满足铸型排气的前提下,充型应快而平稳;浇注系统不能阻碍铸件收缩,浇注完后型内的温度分布应有利于铸件顺序凝固,但又不产生大的热应力等。

生产实践证明,适用于铸铁的一些开设浇道原则,例如用浇口杯、横浇道挡渣等,对铸钢不一定有效。此外,在铸钢生产中很少采用类似球铁和可锻铸铁常用的暗冒口注入的浇注系统。

铸钢生产中,除了造型流水线上以及小件生产中使用转包外,绝大多数都是采用具有良好挡渣性能的漏包浇注。漏包在自然状态下(包眼全部打开时)金属流出量取决于包孔直径和包中金属液面高度,浇注中随着液面下降,流量会不断减少。在生产小件采用一包多注时,钢水包的最低金属流量常大于或等于浇注系统通过金属的能力,特别是在开包初期,一定要用塞杆截流,使钢包的金属流出量小于自然状态下的流量。在这种情况下,可用阿暂公式求出直浇道下部的截面,然后再按开放式浇注系统比例关系求出其他组元截面积。此时,若直浇道用浇口砖管做成,则应圆整到相应的标准直径。

生产大型铸钢件时,浇包孔眼基本上应全部打开,浇注系统的通流能力应大于或至少等于浇包的流出量。浇注系统的设计顺序是,根据铸件质量、结构等确定浇注时间,按相关手册中浇包参数选定浇包数量、容量,以及确定包眼数量和孔径,然后通过包眼直径按相关表选定浇注系统其他组元尺寸。

复习思考题

1. 浇注系统由哪些组元组成?它们的作用是什么?
2. 试述浇注系统的挡渣机理。
3. 灰铁、球铁及铸钢件的浇注系统各自有何特点?
4. 浇注系统有哪些分类方法?
5. 顶注、底注及中注式浇注系统各用在何种场合?

第四章　冒口、冷铁及补贴

第一节　概　　述

铸造生产中的一些常见缺陷,如缩孔、缩松、裂纹、变形、成分及组织不均匀等,都与金属在铸型中凝固过程密切相关。为了控制凝固过程以得到优质铸件,生产中常采用冒口、冷铁及补贴等工艺措施。

由于铸造合金凝固时伴有体积收缩(表4-1),通常需对凝固中的铸件进行补给。工艺上设置冒口,就是给铸型专门储存一定的液态金属,以对凝固过程中的铸件提供补给。冷铁及补贴则主要用来增大被补给处朝向补给处的温度梯度,扩大冒口的补给范围或能力。

金属凝固时的体积收缩　　表4-1

金属种类	铁	镍	铜	铝	镁	锌	铅	锡
收缩率(%)	3.5	4.5	4.2	6.5	4.1	4.7	3.5	2.3

冒口尺寸除与合金的收缩值有关外,还与合金的凝固特性有关。对于铸铁而言,还应考虑凝固时能否析出石墨和析出石墨的数量。但一般而言,冒口要达到补给的目的,原则上必须满足以下条件。

(1)对于铸钢、铝合金等合金,冒口及其根部的凝固时间应大于铸件被补给部位的凝固时间;对于凝固中能析出石墨的灰铸铁或球墨铸铁,冒口根部的凝固时间可只大于其共晶转变前的液态收缩期。

(2)冒口应具有一定容量,以提供凝固中因收缩而需的补给量。

(3)冒口中金属液在重力、大气压力、离心力等作用下,相对于被补给部位应具有一定的"流势",以便冒口中金属液能流至被补给部位。

然而,在生产重大件或复杂件时,单靠增加冒口数量或尺寸难以完全消除缩孔、缩松等缺陷。此时,必须同时采用内、外冷铁及补贴等相应的工艺措施。

第二节　冒口种类、安放位置及形状

一、冒口的种类

通常,按冒口上部是否与大气直接接触,可分为明冒口与暗冒口;根据冒口相对于被补给部位的位置,又可分为顶冒口和边冒口(图4-1)等。

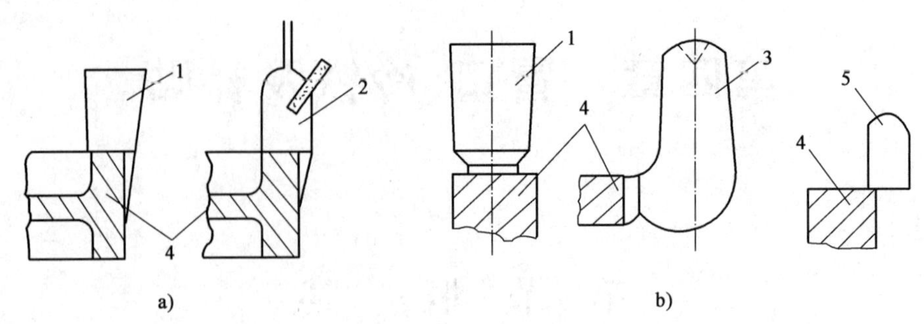

图4-1　常用冒口的类型

a)铸钢件冒口;b)铸铁件冒口

1-明顶冒口;2-大气压力顶冒口;3-边冒口;4-铸件;5-压边冒口

明冒口造型方便,有利于铸型排气和集渣,并可通过它观察型中液面上升情况,指挥浇注作业。在生产重大铸件时,为了节约金属,提高金属利用率,可将冒口尺寸做的比较小,利用浇注后经过一段时间补冒口的办法来提高其补给能力,也可通过撒放发热剂、捣冒口等措施来增加其效率。明顶冒口的另一特点是它的高度不受砂箱高度限制。当砂箱高度不够时,只需增设冒口圈就行。这不但简化了工艺装备,节约了型砂,还可简化造型操作。因此,在生产大、中型铸件时,大多采用此种冒口。但是,在同一铸件需要设置多个冒口且它们又不在同一平面的情况下,由于所有冒口中的金属液面均应处于同一水平面,设在较低处的冒口就会变得特别细长,浪费金属,此时就不适合全用明冒口了。

此外,明冒口因其顶部与大气接触,散热较快,补给效率常不及同体积的暗冒口。

暗冒口表面全被型砂所覆盖,不直接与大气接触,可以根据需要放置在铸件较低部位。在生产中、小型铸件或机器造型时,多使用此种冒口。

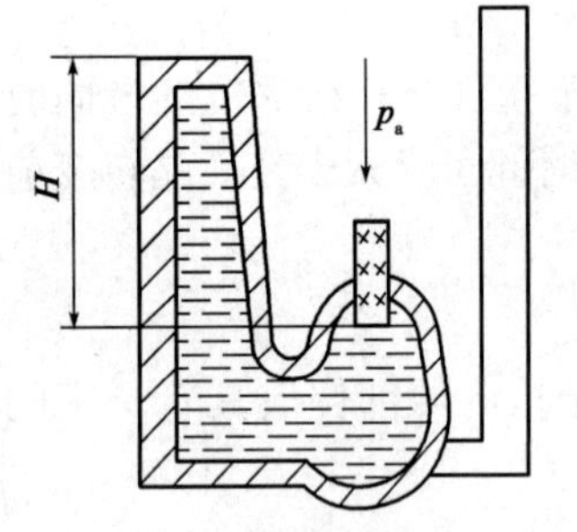

图4-2　大气压冒口

尺寸较小的暗冒口,浇注后不久会在冒口表面凝固一层硬壳,隔断外界大气压力对冒口内金属液的作用。随金属的进一步收缩,会在冒口内形成部分真空,使冒口中金属相对于补给部位的“流势”降低,影响冒口的补给效率。为改善这种情况,可往冒口中插入一个透气砂芯(图4-2),以维持金属液与大气的通路。放有这种砂芯或具有类似作用的冒口,被称为大气压冒口。

从理论上讲,一个大气压力相当于1.3m钢柱、1.5m铜柱或4.34m铝柱的压力。因此,甚至可对高过其顶部的部位进行补给。

大气压冒口仅适用于那些能在表面形成必要气密层的合金。对于具有较宽凝固范围的合金,因不易结成气密性硬壳,冒口中的残留液体直到晚期还能感受到大气压力,透气砂芯就显现不出效果。

当热节位于铸件侧面,或铸件上表面为非加工面时,常采用边冒口。其可以是明边冒口,也可以是暗边冒口,生产中多数采用暗边冒口。

在生产球墨铸铁和可锻铸铁时,广泛采用边冒口的原因是为了便于机器造型时在冒口根部与铸件之间做出缺口,以利于清除冒口。

采用边冒口时,常使金属通过冒口进入铸型,这样既能提高补给效率,又能很好挡渣,是铸造生产中经常采用的一种工艺方案。

压边冒口,常用于灰口铸铁或球墨铸铁。它与顶置冒口的区别是它的根部与铸件相接触的部位是一宽约几毫米的狭窄长条,金属先进入冒口后,再经此窄缝流入铸型,可获得有利于铸件补给的温度梯度。当铸件进入石墨化阶段时,窄缝凝固,封闭铸型,可提高铸件因石墨膨胀形成的自补能力。

二、冒口安放位置

冒口在铸件上的位置,应结合铸件结构、铸件浇注位置和浇注系统的设置来考虑,通常应遵守以下原则:

(1)冒口应尽量放置在铸件被补缩部位的上方,以利于金属靠重力增进“流势”。

(2)冒口尽量不要布置在铸件的非加工面或曲面上,以便于铸件清整和保持外观。

(3)当铸件在不同的高度有热节需要补缩时,可在不同水平面上设置冒口,但各冒口的补缩区应予以隔开,如图4-3所示。否则高处冒口不仅要补缩铸件,还要补缩低处冒口,以致低处冒口不能发挥作用,铸件高处有可能形成缩孔或缩松缺陷。

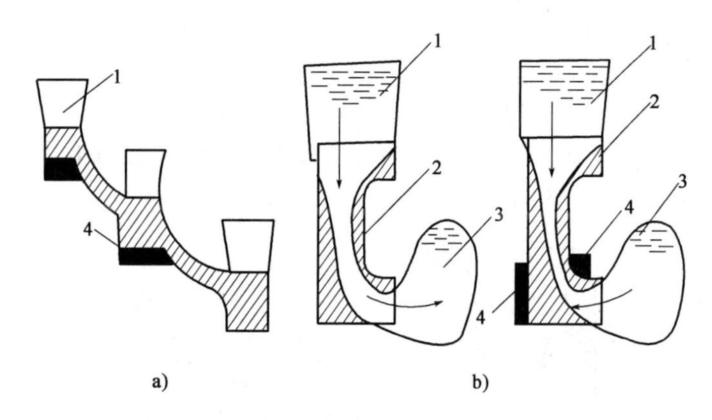

图4-3　不同高度冒口的隔离

a)阶梯形热节;b)上下有热节

1-明顶冒口;2-铸件;3-暗边冒口;4-外冷铁

(4)在希望实现铸件朝向冒口的顺序凝固情况下,使用边冒口时,应使内浇道通过冒口,而采用明顶冒口时,则应尽可能将内浇道置于冒口下方。

(5)冒口应不妨碍铸件收缩,不要设在铸件上应力集中处,以免引起裂纹。

(6)在利用模板或是壳型生产时,力求用一个冒口同时补缩一个铸件的几个热节,或者几个铸件的热节,既节约金属,又可提高模板或壳型的利用率。

三、冒口的形状

冒口的形状会直接影响它的补给效果和其中缩孔的深度。从冒口凝固时间应长于铸件被补给部位的凝固时间这一原则出发,在冒口体积相同的条件下,应选用散热表面积为最小的形状，以减缓热量散失，延长凝固时间。

当冒口体积相同时，球体的表面积最小，依次是圆柱体、立方柱体、长方柱体。但在实际生产中选择冒口形状除了考虑它的散热特点外，还必须保证造型时取模方便，以及被补给处的热节形状。

球形冒口因起模困难而难以普遍采用。生产中应用最多的是圆柱体、球顶圆柱形、腰圆柱形等冒口，如图4-4所示。

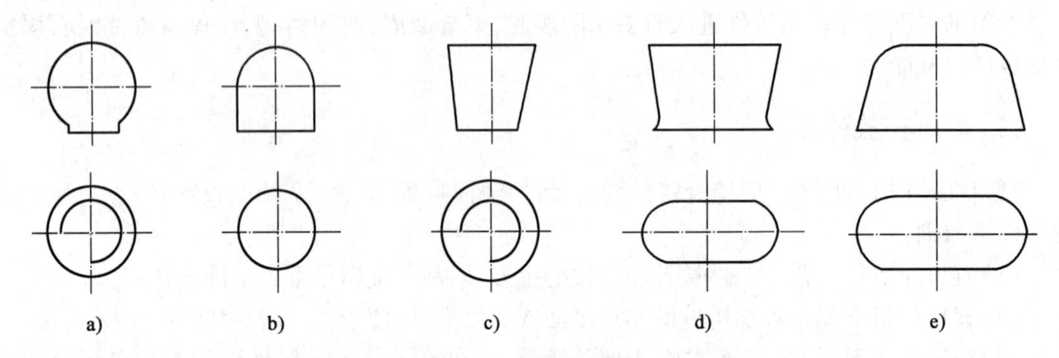

图4-4　常用冒口形状

a）球形；b）球顶圆柱形；c）圆柱形（带斜度）；d）腰圆柱形（明）；e）腰圆柱形（暗）

圆柱形冒口造型方便，散热比球形快，但比方形和长方形慢，仍具有较好的补缩效果。对于热节呈长条形状的铸件，圆柱形冒口的经济效果往往不如腰圆柱形的好，因为采用腰圆柱形冒口可以减少冒口数量、节约金属。

上面从凝固时间的角度分析了冒口形状对补给效果的影响，其实冒口纵断面形状也会影响它的补给效率。如图4-5所示，倒置半球形冒口虽然散热较快，但其断面形状有利于缩孔深度明显上移，在铸件被补处较薄而又需要较多的补给金属量时，采用这种冒口就可节约金属。

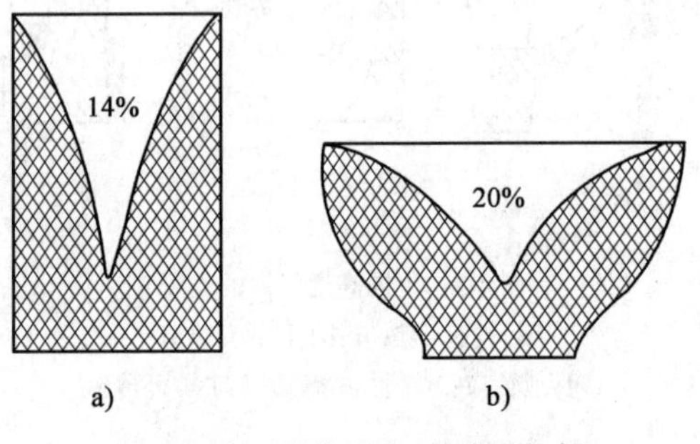

图4-5　断面形状对冒口补给的影响

a）圆柱形冒口；b）半球形冒口

第三节　冒口的有效补缩距离

一、冒口的有效补缩距离概念

冒口是用来给铸件在凝固过程中的收缩提供补给的，是否一个铸件只要设置一个足够大的冒口就可以得到致密无缩孔和缩松的铸件呢？生产实践表明，不同类型的冒口对铸件都有一定的有效补缩范围,超出这个补给范围,就会在补给不到之处产生缩孔或缩松。

那么,在什么情况下冒口才能对铸件起到补缩作用,它的有效补缩范围有多大?有人用ZG25的板件做了一系列试验,试验时板厚为50.8mm,板的宽度有101~254mm多种规格,板长从冒口边缘算起为330mm,左端设有一个足够大的冒口($D_{冒}>3T$,T为板厚,$H_{冒}/D_{冒}=1.5$),然后用X光检测其内部质量,结果表明。

(1)从冒口边缘到102mm处铸件内部是致密的,从铸件末端到离冒口边缘204mm处内部也是致密的,只有在离冒口102~204mm之间的中心线处出现轴线缩松[图4-6a)]。

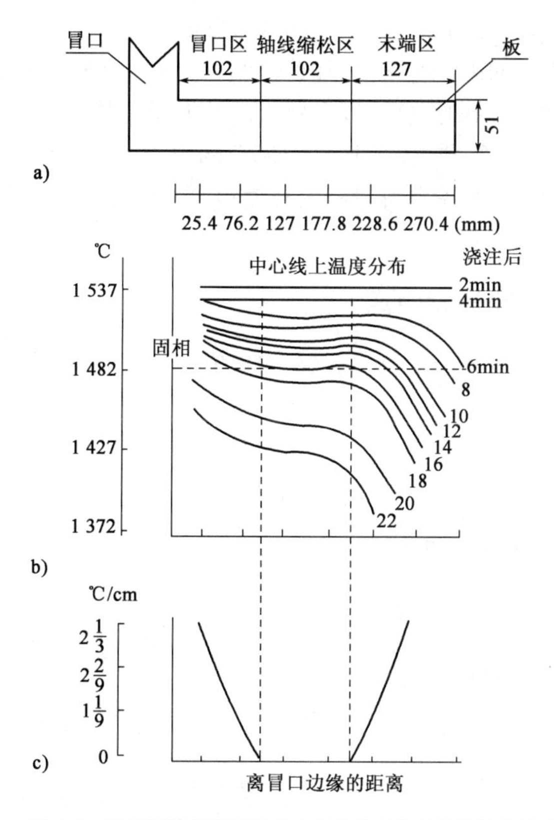

图4-6　板状钢铸件凝固时纵向温度分布与轴线缩松的形成

(2)从凝固时测量铸件中心线上不同瞬间的温度分布曲线[图4-6b)]可以看出,从铸件末端到离冒口204mm处的中心线上很快出现温度梯度,从冒口边缘到102mm也存在一定的温度梯度,只有在离冒口102mm到204mm处的中间一段几乎没有温度梯度[图4-6c)],在到达固相线以前该处中心线上的温度分布曲线是水平的。

图4-7为板形铸件凝固完后缩松缺陷的分布情况。其中部由于不存在温度梯度,凝固前沿平行推进,因得不到冒口补给而形成了缩松区。

研究结果表明,对于普通碳钢,为保证板状铸件无缩松,朝向冒口的铸件纵向最小温度梯度应≥0.5℃/cm,对于杆件最小温度梯度应≥1.57℃/cm。由于一个冒口只能在一定的范围内建立起必要的温度梯度,因此,只能在铸件壁的某一段长度(或高度)范围内具有补缩效果。这个长度(或高度)就是冒口作用区与末端区作用之和,称为冒口的有效补给距离。用L表示冒口的有效补缩距离,则L=冒口区+末端区。

上式中的冒口有效补缩距离是指长度方向而言的,实际上不仅长度方向存在,而且周围各方向也存在。以圆形冒口为例,以冒口中心为圆心,用冒口半径加上有效补缩距离为半径画圆,则圆内就是有效补缩区。如果铸件被补缩部分的长度超过冒口的有效补缩距离,就会产生缩孔或缩松。反之,被补缩长度小于有效补缩距离,铸件虽然是致密的,但未能充分发挥冒口的补缩作用。根据冒口的有效补缩距离,可以确定冒口的数量。

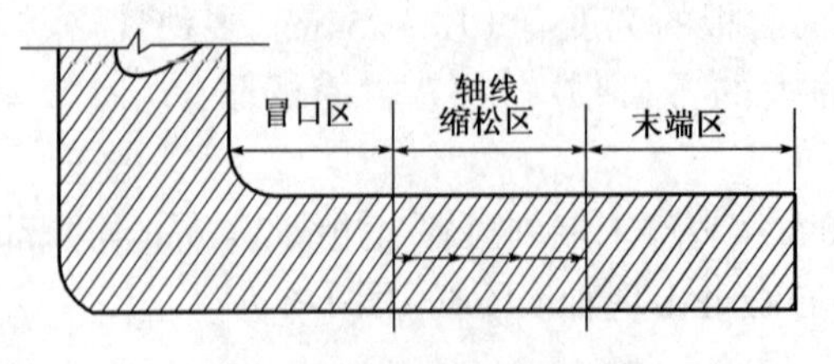

图 4-7　板形件缩松缺陷分布情况

影响冒口有效补缩距离的因素有很多,如铸件结构形状、合金的化学成分及凝固特性、冷却条件、冒口的补缩压力等。纵向温度梯度和冒口的补缩压力越大,有效补缩距离就越长。铸件截面上凝固区域越宽,合金液通过发达枝晶间流动的阻力越大,补给距离则减短。此外,实际生产中常依铸件的质量要求来调整冒口有效补缩距离。铸件质量要求越高,检查越严,所选用冒口的有效补缩距离应越小。

二、碳钢件冒口的有效补缩距离

对于较简单的碳钢(含碳量为 0.2% ~0.3%)铸件冒口的有效补缩距离的试验,结果(图 4-8)为。

板件:　　$L=4.5T$

杆件:　　$L=30\sqrt{T}$

式中:L——冒口的有效补缩距离,mm;

T——铸件厚度,mm。

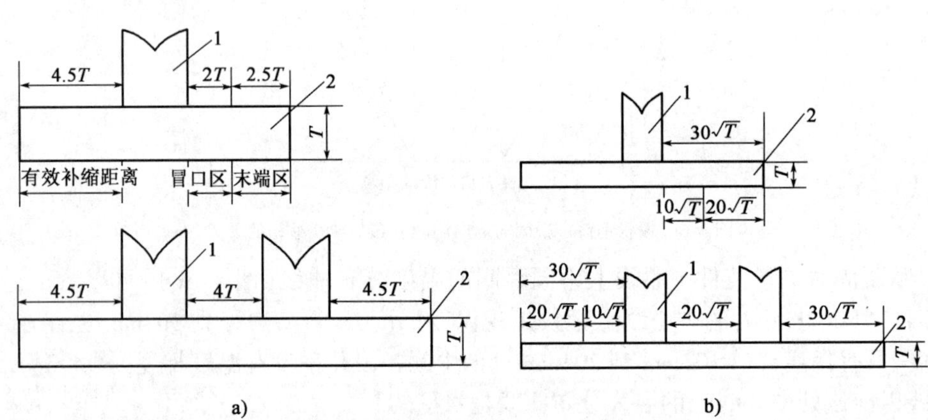

图 4-8　板状及杆状铸钢件冒口补缩距离

a)板件;b)杆件

1-冒口;2-铸件

对于不同厚度的组合板铸件(阶梯板件),其冒口的有效补缩距离计算公式为(图 4-9):

$$L_3 = 3.5(T_3 - T_2) + 110$$

$$L_2 = 3.5(T_2 - T_1)$$

$$L_1 = 3.5T_2$$

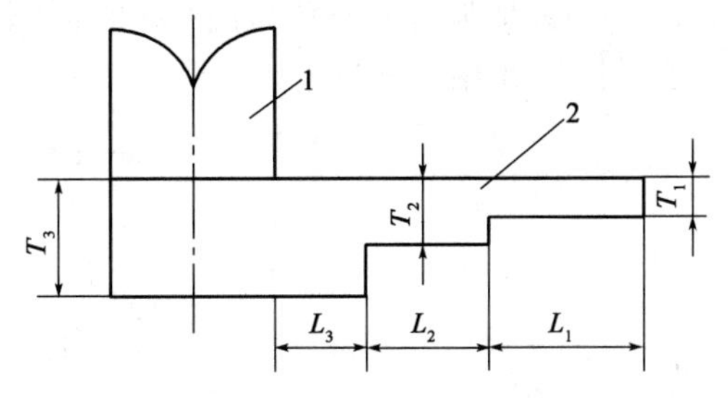

图 4-9　阶梯板件冒口的有效补缩距离

1-冒口;2-铸件

图 4-10、图 4-11 是根据不同尺寸铸钢板件和杆件的试验结果做出的冒口区长度、末端区长度与铸件壁厚之间的关系曲线。可以看出,当宽厚比一定时,冒口区和末端区长度随铸件壁厚减小而减少。这说明均匀壁厚的薄壁铸件,冒口有效补缩距离较小,单靠冒口很难消除轴线缩松。另外,铸件壁厚一定,随宽厚比减小冒口区和末端区长度也显著减小,说明杆件较板件更难补给。

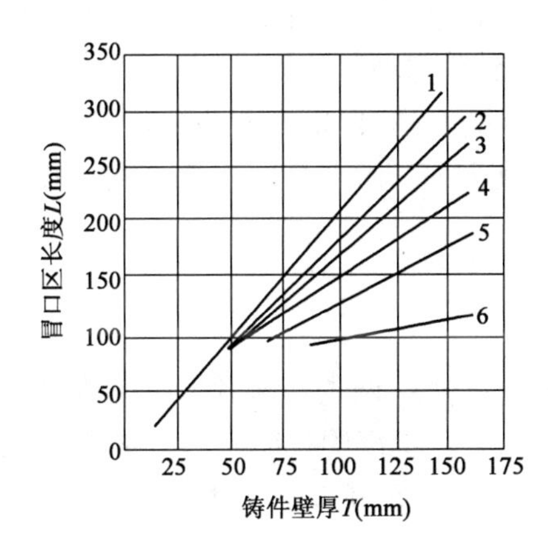

图 4-10　板状和杆状碳钢件冒口区长度与铸件尺寸的关系

1-宽厚比 5∶1;2-宽厚比 4∶1;3-宽厚比 3∶1;4-宽厚比 2∶1;5-宽厚比 1.5∶1;6-宽厚比 1∶1

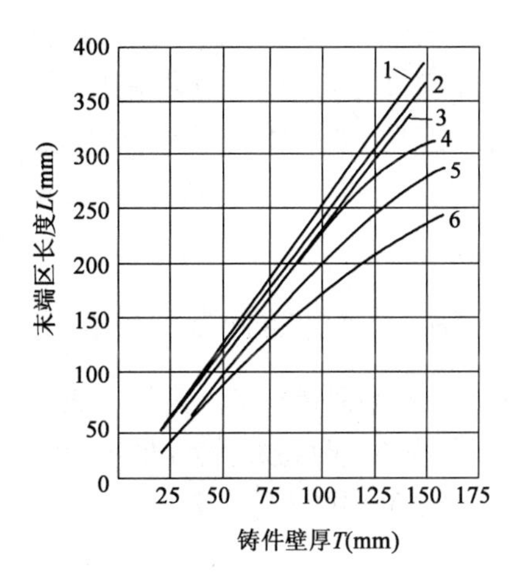

图 4-11　板状和杆状碳钢件末端区长度与铸件壁厚的关系

1-宽厚比 5∶1;2-宽厚比 4∶1;3-宽厚比 3∶1;4-宽厚比 2∶1;5-宽厚比 1.5∶1;6-宽厚比 1∶1

图 4-12 为立浇时的情况,表面冒口在垂直方向也有一定的有效补缩距离。超过此距离时,可以增设补贴。

三、铸铁件冒口的有效补缩距离

灰铸铁共晶度不同,凝固方式也不同,因而冒口的有效补缩距离也不同。灰铸铁凝固时析出石墨可抵消一部分或全部凝固时的体收缩,加之共晶转变前固体析出量较少(一般少于30%),所以补缩条件较好。在采用干型时,冒口有效补缩距离可达$(6 \sim 8)D_{冒}$($D_{冒}$为冒口直径)mm。

图 4-13 是灰铸铁冒口有效补缩距离随铸铁共晶度变化的关系。从图中可以看出,高牌号

(低共晶度)灰铸铁冒口有效补缩距离较低牌号灰铸铁的小。在湿型铸造条件下,因缩前膨胀较大,会造成后期补缩困难,有效距离亦相应减少。

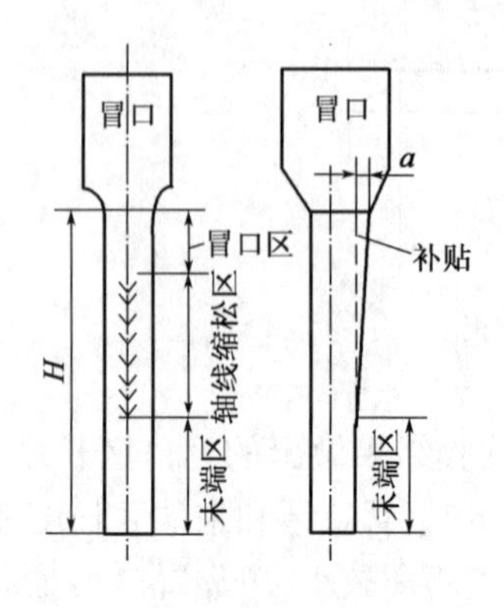

图4-12 铸件垂直壁的补贴

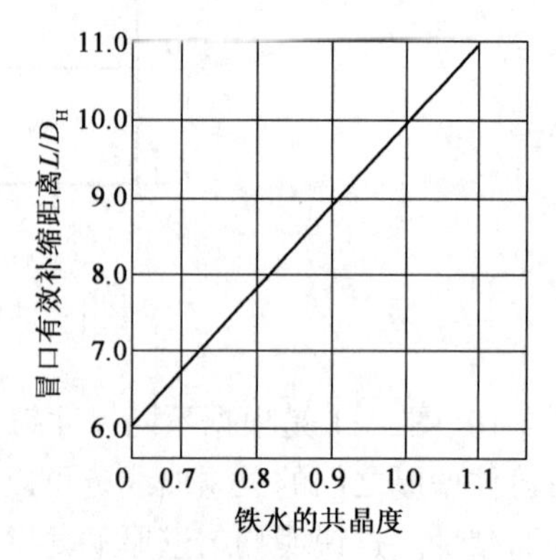

图4-13 灰铸铁干型浇注时冒口有效补缩距离(D_H为冒口直径)

球墨铸铁基本上属于“糊状凝固”,冒口补给通道会较早受到析出共晶团的阻碍,致使铸件容易出现缩松。因此,球铁件冒口的有效补缩距离比灰铁小。有资料显示,当球铁件壁厚在25.4mm以下时,冒口的有效补缩距离$L=(3\sim4)T$(T为铸件壁厚)。

用共晶或过共晶球铁所做的实验结果表明:当碳当量$CE=4.45\%$时,壁厚为12.5mm、25mm、37.5mm的板件,$L=114\sim140$mm,几乎与铸件厚度无关。而当$CE=4.25\%$时,发现$L=(4\sim7)T$。

四、铝、铜合金铸件冒口的有效补缩距离

铜合金按凝固特点可分为锡青铜、磷青铜和无锡青铜、黄铜两类。前者呈宽范围糊状凝固,冒口有效补缩距离短,铸件易出现缩松。后者凝固范围窄,但凝固收缩大,只要有足够大的冒口,缩孔缺陷即可消除。表4-2为铜合金冒口有效补缩距离,在冒口设计时可作为参考。

铜合金铸件的冒口补缩距离　　表4-2

铜合金种类	铸件形状	末端区长	冒口区长	有效补缩距离
锡锌青铜	板件	$4T$	0	$4T$
锡锌青铜	杆件	$10\sqrt{T}$	0	$10\sqrt{T}$
锰铁黄铜	板件	$5T$	$2.5T$	$7.5T$
铝铁青铜	板件	$5.5T$	$3T$	$8.5T$

除了少数共晶型铝合金(ZL102、ZL104)易形成集中缩孔外,多数铝合金属于糊状凝固方式,冒口难以补给。前者的$L=4.5T$,后者$L=2T$。至于含硅7%或4%的铝合金,几乎难以确定其补给距离。因为无论试验件的长度如何,均存在不同程度的缩松。

以上介绍各类合金冒口的有效补给距离,在有些情况下可利用这些数据确定冒口个数。但由于实际生产中铸件结构异常复杂,许多情况下还要结合铸件特点才能确定冒口数量。例如当齿轮尺寸较大时,在每个轮辐与轮缘交接处就需设置一个冒口;而对于立注的桶形铸件,无论其高度如何,只能在顶部放置冒口。

第四节 冒口的设计

一、通用冒口的设计

合理地确定冒口尺寸,在铸造生产中是一个很重要的工艺问题。目前,还缺少一种适合各种合金、各种结构、被大家所公认的确定冒口尺寸的办法,往往是根据生产经验总结出来的近似计算方法。因此在应用这些方法时,要注意结合生产的具体情况,才能得到较好的结果。

通用冒口的设计与计算原理适用于实行顺序凝固的一切合金铸件。通常多用于铸钢件冒口及有色合金铸件冒口的尺寸计算。其计算方法很多,现仅介绍几种常用的冒口计算方法。

1.比例法

比例法是在分析、统计大量工艺资料的基础上,总结出的冒口尺寸经验确定法。国内铸造企业根据长期实践经验,总结归纳冒口各种尺寸相对热节圆直径的比例关系,汇编成各种冒口尺寸计算的图标。

比例法以冒口根部直径 d_M 或根部宽度为冒口的主要尺寸,以铸件热节圆直径 d_y 或厚度 T 为确定 d_M 的主要依据。即在不同的情况下用 d_y 乘以一定比例系数求得 d_M,冒口的其他尺寸由 d_M 决定。

(1)对铝镁合金铸件,顶冒口,当垂直补缩时,d_M/d_y 为1.1~1.8,需补缩的高度比例越大,铸件热节圆直径 d_y 越大,其比例越小。在冒口沿水平方向补缩时,其补缩效果不如垂直方向,所以水平补缩的冒口直径要比垂直补缩时大,d_M/d_y 为1.1~2.3。当铸件较薄时,d_M/d_y 应取大些。顶冒口的高度 H_M/d_M 为1.5~2.5。在确定了冒口的主要尺寸 d_M 和 H_M 之后,还应设计好冒口根部的形状和尺寸,冒口根部的形状、大小、连接形式都应和铸件的大小形状相符合。对铝镁合金常用的侧冒口,由于其补缩效果差,所以选取的比例系数应比顶冒口大,根据生产经验,可按下列比例确定:$d_M=(1.5\sim2.5)d_y$;$d_{颈}=(1.1\sim1.5)d_y$;$H_M=(1.5\sim2.5)d_M$。

(2)对铸钢件,生产中也总结出如下比例关系。

$$D=Cd$$

式中:D——冒口根部直径;

d——铸件被补缩热节处内切圆直径;

C——比例系数。

2.公式法

根据冒口应比铸件凝固得晚以及冒口应有足够的金属液补偿铸件凝固时的收缩这两条原则,经过数学推导,得出如下通用的冒口计算方程式,在实际生产中,用公式法来计算复杂铸件的冒口尺寸还比较少,仅作参考。

$$(1-\beta)\frac{V_r}{V_c}=\frac{A_r}{A_c}\frac{K_r}{K_c}f_s f_h+\beta$$

式中:V_r、A_r、K_r——冒口的体积、表面积和凝固系数;

V_c、A_c、K_c——铸件的体积、表面积和凝固系数；

β——需要补缩的金属百分率，常用合金液态和凝固时的体收缩代替；

f_s——形状因素，表示在体积和模数相同的情况下，铸件和冒口形状对其凝固时间的影响；

f_h——过热因素，表示合金过热对凝固时间的影响。

3. 模数法

在铸钢件冒口设计中，模数法得到了广泛应用，近年来随着铸造工艺计算机辅助设计的发展，模数法被认为是一种方便可行的方法。

1）模数法的基本原理

(1)冒口凝固时间应大于或至少等于铸件被补缩部位的凝固时间。在冒口计算中引入模数概念后，只要满足 $M_{冒} \geqslant M_{件}$，冒口就能比铸件晚凝固。

根据试验，对于钢铸件来说，只要满足下列比例即能实现补缩：

顶明冒口 $M_{冒} = (1.1 \sim 1.2) M_{件}$

侧暗冒口 $M_{件}:M_{颈}:M_{冒} = 1:1.1:1.2$

钢液通过冒口浇注时 $M_{件}:M_{颈}:M_{冒} = 1:(1 \sim 1.03):1.2$

式中，$M_{件}$为铸件被补缩处的模数；$M_{颈}$为冒口颈模数；$M_{冒}$为冒口模数。

(2)冒口必须具有足够的合金液补充铸件热节处的体积收缩，即

$$V_{冒} - V_{冒终} = \varepsilon(V_{冒} + V_{件})$$

在保证铸件无缩孔的条件下，上式也可以写成，

$$\varepsilon(V_{冒} + V_{件}) \leqslant \eta V_{冒}$$

或

$$\eta = (V_{冒} + V_{冒终})/V_{冒} \times 100\%$$

式中：η——冒口补缩率(表4-3)；

$V_{冒}$、$V_{冒终}$——冒口初始和凝固终了的金属体积；

$V_{件}$——铸件被补缩热节处的体积；

$\varepsilon(V_{冒} + V_{件})$——缩孔体积。

冒口补缩率 η 表4-3

冒口种类	圆柱形和腰圆柱形冒口	球形冒口	补浇冒口	发热保温冒口	大气压力冒口	压缩空气冒口	气弹冒口
η(%)	12 ~ 15	15 ~ 20	15 ~ 20	25 ~ 30	15 ~ 20	35 ~ 40	30 ~ 35

计算冒口时，通常根据第一个基本条件确定冒口尺寸，用第二个基本条件校核冒口的补缩能力，即检查是否有足够的合金液补偿铸件的收缩。

2）冒口设计的基本步骤

(1)计算铸件的模数。把铸件划分为几个补缩区，计算各区的铸件模数 $M_{件}$。

(2)根据所求得的 $M_{件}$，按该种合金及拟采用的冒口种类所对应 $M_{件}:M_{颈}:M_{冒}$ 的经验比，求出冒口及冒口颈的模数 $M_{冒}$ 和 $M_{颈}$。

(3)由标准冒口表确定冒口的形状和尺寸。

(4)根据冒口的有效补缩范围确定冒口数量。

(5)校核冒口的最大补缩能力。

3)模数法计算冒口举例

图4-14所示铸钢件,材质为ZG310－570,上下法兰均需补缩。已知铸件质量为710kg,试求冒口各部分的尺寸。

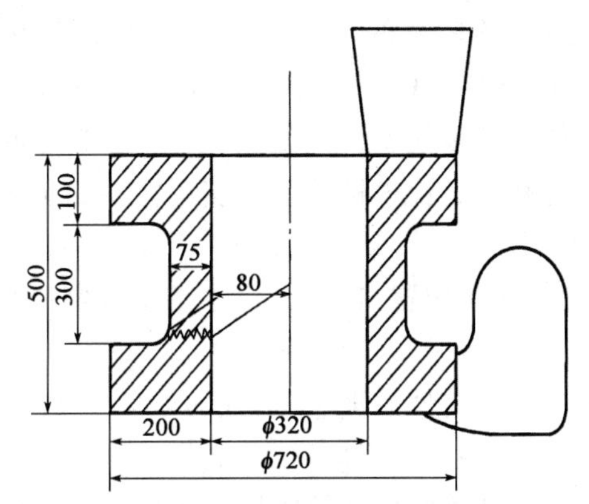

图4-14　双法兰铸钢件冒口设计(尺寸单位:mm)

(1)求铸件模数$M_{件}$。考虑上、下凸缘各放两个冒口,每个冒口的补缩区域是半个凸缘,其模数为:

$$M_{件} = \frac{ab}{2(a+b)-c} = \frac{10\times 20}{2(10+20)-8} = 3.84\text{cm}$$

(2)求模数$M_{冒}$和$M_{颈}$,即:

$$M_{冒} = 1.2M_{件} = 1.2\times 3.84 = 4.6\text{cm}$$

底部凸缘采用浇道通过的暗侧冒口,冒口颈模数:

$$M_{颈} = 1.03M_{件} = 1.03\times 3.84 \approx 4\text{cm}$$

(3)确定冒口的形状和尺寸(查有关表格)。明顶冒口取$M_{冒}=4.5$cm的长腰圆柱形冒口,其根部宽度$a=170$mm,长度$b=380$mm,单个冒口的质量为129kg。当钢液的体收缩率为5%时,每个冒口的最大补缩能力为280kg。

底部暗边冒口取$M_{颈}=4.5$cm的圆形暗冒口,根部直径$d=240$cm,高$H=360$cm,冒口颈宽$D=240$cm,颈高$b=127$cm。单个冒口的质量为95kg,每个冒口的最大补缩能力为195kg。

(4)校核冒口数目。近似地用圆筒周长$\pi D=1\,256$mm代替法兰热节中心周长。上、下法兰均被视为厚度为100mm、宽厚比为2∶1的杆件,根据有关手册,冒口的总作用范围是[240＋(2×150)]mm×2mm＝1 080mm,略小于1 256mm,说明暗冒口数目不足。但对于没有气密性要求的铸件来说,上述四个冒口,基本可以满足使用要求。

(5)校核冒口的最大补缩能力。已知四个冒口最大补缩能力的总质量$m=[(280\times 2)+(195\times 2)]$kg＝950kg,铸件质量为710kg,说明有足够的金属液可供铸件补缩。

二、实用冒口的设计

1.灰口铸铁的体积收缩

灰铸铁、蠕墨铸铁和球墨铸铁在凝固过程中,由于析出石墨而体积膨胀,且膨胀的大小、出现的早晚,均受冶金质量和冷却速度的影响,因而有别于其他合金。以球墨铸铁为代表,其凝固过程可分为一次收缩、体积膨胀和二次收缩三个阶段,影响铸铁的一次收缩、体积膨胀和二次收缩的大小、进程的主要因素是冶金质量、冷却速度和化学成分。该类铸铁的凝固特点如下。

(1)在凝固完毕前要经历一次(液态)收缩、体积膨胀和二次收缩过程。

(2)一次收缩、体积膨胀和二次收缩的大小并非确定值,而是在很大范围内变化。液态体收缩系数为$(0.016 \sim 0.0245)\times 10^{-2}/℃$,体积膨胀量为3%~6%。

实用冒口设计是让冒口和冒口颈先于铸件凝固,利用全部或部分的共晶膨胀量在铸件内部建立压力,实现自补缩,更有利于克服缩松缺陷。实用冒口的工艺出品率高,铸件品质好,成本低,它比通用冒口更加实用。

现以球墨铸铁为例,介绍直接实用冒口(包括浇注系统当冒口)和控制压力冒口。

1)直接实用冒口

安放直接实用冒口是为了补给铸件的液态(一次)收缩,当液态收缩终止或者体积膨胀开始时,让冒口颈及时冻结。在刚性好的高强度铸型内,铸铁的共晶膨胀形成内压,迫使液体流向缩孔、缩松形成之处,这样就可预防铸件在凝固期内部出现真空度,从而避免了缩孔、缩松缺陷。这种冒口又称为压力冒口。

在平衡状态下,近似地认为铸铁的共晶温度是1 150℃。直接实用冒口设计中冒口颈尺寸可按以下公式计算。

$$M_{颈} = M_s \frac{t_p - 1\,150℃}{t_p - 1\,150℃ + \dfrac{L}{c}}$$

式中,$M_{颈}$为冒口颈模数;M_s为铸件的"关键"模数(计算冒口时起决定作用的模数);c为铁液比热容[J/(kg·℃)],$c=835$J/(kg·℃);L为铸铁的熔化热(或结晶潜热,J/g),$L=209$J/g;t_p为浇注温度(浇注后型内铁液的平均温度,℃)。

直接实用冒口的主要优点是:铸件工艺出品率高;冒口的位置便于选择,冒口颈可很长;冒口便于去除,花费少等。而主要缺点是:要求铸型强度高,模数超过0.18cm的球墨铸铁件,要求使用高强度铸型,如干型、自硬砂型等;对浇注温度范围控制严格,以保证冒口颈冻结时间准确;对于形状复杂得多模数铸件,其关键模数不易确定;为了验证冒口颈是否合适,需进行试验。如果生产条件较好,铸件形状简单,或铸件批量大,能克服上述缺点,就应用直接实用冒口,以获得较大的经济效益。

2)控制压力冒口

控制压力冒口适于在湿型中铸造的球墨铸铁件(图4-15)。安放冒口补给铸件的液态收缩,在共晶膨胀初期冒口颈通畅,可使铸件内部铁液回填冒口以释放"压力"。控制回填程度使铸件内建立适中的内压力以克服二次收缩缺陷——缩松,从而达到既无缩孔、缩松,又能避免铸件膨大变形的目的。这种冒口又称"释压冒口"。

控制压力冒口可采用以下三种方法控制。

(1)冒口颈适时冻结。

(2)用暗冒口的容积实现控制。暗冒口被回填满,即告终止。

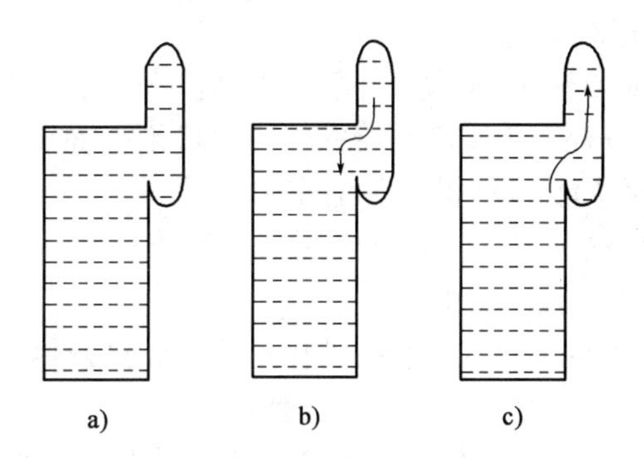

图 4-15　控制压力冒口示意图

a)浇注初期;b)液态收缩;c)膨胀回填

(3)采用冒口颈尺寸和暗冒口容积的双重控制。

以上三种方法都有成功案例,但相比之下,第三种方法更为经济可靠,推荐使用双重控制法。由于金属液体收缩受冶金质量的影响较大,因此,冒口及冒口颈的模数可按照有关手册的图表初步确定,并经试验最终获得。

2. 基于均衡理论的冒口设计

1)铸铁件的均衡凝固理论

由前所知,铸铁件在凝固过程中存在着收缩和膨胀并存的现象,其收缩与膨胀叠加示意图如图 4-16 所示。

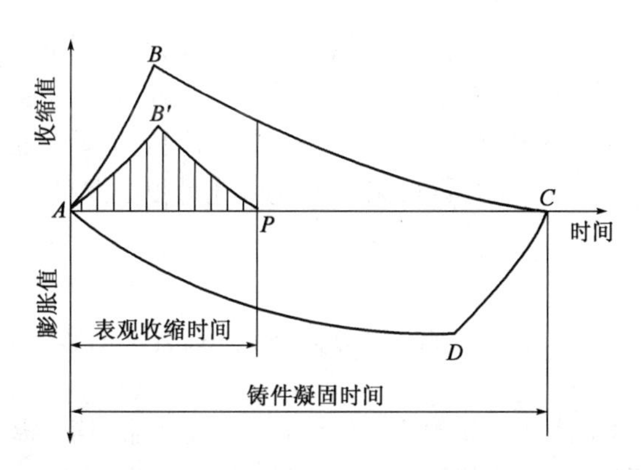

图 4-16　铸铁件收缩与膨胀的叠加

ABC-铸件的总收缩,为液态收缩和凝固收缩之和;*ADC*-铸件的石墨化膨胀;*AB′P*-膨胀和收缩相抵的净结果,为铸件的表观收缩;*P*-均衡点,此时表观收缩为零,为冒口补缩终止时间

与顺序凝固不同,均衡凝固技术不仅强调用冒口进行补缩,而且强调利用石墨化膨胀的自补缩作用。铸铁冷却时产生体积收缩,凝固时因析出石墨又发生体积膨胀,膨胀时抵消一部分收缩。均衡凝固就是利用收缩和膨胀的动态叠加,采取工艺措施,使单位时间的收缩与补缩、收缩与膨胀按比例进行的一种凝固工艺。

2)均衡凝固的工艺原则

一般均衡凝固的工艺原则如下。

(1)铸件的体收缩率不确定,其不仅与化学成分、浇注温度有关,还和铸件大小、结构、壁厚、铸型种类、浇注工艺方案有关。

(2)越是薄小件越要强调补缩,厚大件补缩要求低。

(3)任何铸铁件,应以自补缩为基础。铸铁件的冒口不必晚于铸件凝固,冒口模数可以小于铸件模数。应充分利用石墨化膨胀的自补缩作用。

(4)冒口不应设在铸件热节点上。要靠近热节以利于补缩,又要离开热节减少冒口对铸件的热干扰。这是均衡凝固的技术关键之一。

(5)开设浇冒口时,要避免在浇冒口和铸件接触处形成接触热节。

(6)推荐使用冒口颈短、薄、宽的耳冒口、飞边冒口等。

(7)铸件的厚壁热节应放在浇注位置的下部。当厚薄相差较大时,厚壁热节处安放外冷铁,铸件可不安放冒口。如果铸件大平面处于上型,可采用溢流冒口,保证大平面的表面质量。

(8)采用冷铁,平衡壁厚差,消除热节。这样不仅能防止厚壁处热节的疏松,而且可使石墨化膨胀提前,减少冒口尺寸,增强自补缩作用。

(9)优先采用顶浇工艺。使先浇入的铁液尽快静止,尽早发生石墨化膨胀,以提高自补缩的程度。避免切线引入,防止铁液在型内旋转而降低石墨化膨胀的自补缩利用程度。

第五节　冷铁及补贴

由前述分析可知,冒口的有效补缩范围是与其周围建立起的温度梯度状况密切相关的。凡能有助于建立温度梯度的工艺措施,均可用来增加冒口的有效补距。

通常可采用的措施是冷铁和补贴。实际生产中,因受铸件结构限制无法设置冒口(如圆形、桶形铸件下部),以及那些导热性好(如铜、铝合金)、凝固范围广的合金,仅靠增大冒口也难以消除铸件缩孔、缩松缺陷时,配合冒口采用上述措施是很必要的。

一、冷铁

冷铁是用来加速铸件凝固用的一种激冷物,材质可以是铸钢、锻钢、铸铁或其他金属及材料。冷铁的主要作用是:

(1)与冒口相配合,控制铸件凝固顺序,扩大冒口有效补缩距离,提高金属利用率;

(2)加速铸件交叉部位、凸台等热节处的凝固速度,防止铸件产生裂纹及缩孔等缺陷;

(3)加快金属凝固速度,细化晶粒并在一定程度上减少偏析。

根据使用方法,冷铁可以分为内冷铁和外冷铁两种。内冷铁是将铸件材质相同或相近的金属棒置入铸型之中,或将粒状金属随金属液一并注入铸型,最后同铸件金属熔在一起。外冷铁则是将它置于铸型,靠其蓄热和较大的导热系数来加速该处金属凝固。

1.外冷铁

根据用途,外冷铁可分为用于冷却铸件局部热节和控制厚大铸件(或厚大部位)凝固两类。前者在于防止热节部位产生裂纹、缩孔等,后者则着重解决铸件补缩和控制凝固过程。

利用外冷铁冷却各种热节时,冷铁厚度和形状应视情况而定,图4-17a)是利用外冷铁冷却铸件凸起部位示例,冷铁厚度 $t=(0.7\sim1.0)a$,a 为凸起厚度。图4-17b)是冷却一般部位。

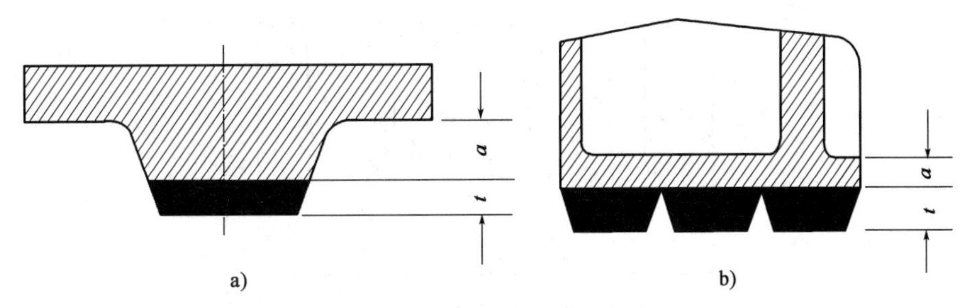

图 4-17　外冷铁的位置和尺寸

在利用外冷铁控制厚大件,如砧座、轧钢机架等凝固方面,一种是冷铁几何尺寸不变,通过调整其表面挂砂层厚度来改变它的激冷能力,称为间接外冷铁;另一种是冷铁直接与铸件相接触,通过改变厚度来控制铸件冷却,称为直接外冷铁。由于影响冷铁激冷能力的因素较多,且机理较为复杂,有待进一步研究。

2. 内冷铁(置于型内)

内冷铁因与铸件金属熔合,其材质应与铸件材质相同或接近。对于铸钢、铸铁,可用低碳钢;青铜、黄铜亦用相应的铜材。

为了避免因置入冷铁而造成气孔及夹杂等缺陷,内冷铁表面应该清理干净,不得有油污或氧化物。焊好的成型内冷铁,应将焊渣除净。

内冷铁激冷作用比外冷铁强,使用也较方便,其主要缺点是难以保证与铸件金属很好地熔焊成一体,探伤时难以分辨是内冷铁还是夹渣缺陷。因此,在生产需要打压的高质量铸件时,通常不允许使用内冷铁。

内冷铁的用途与外冷铁大致相同。常用的内冷铁形式和安置方法如图 4-18 所示。

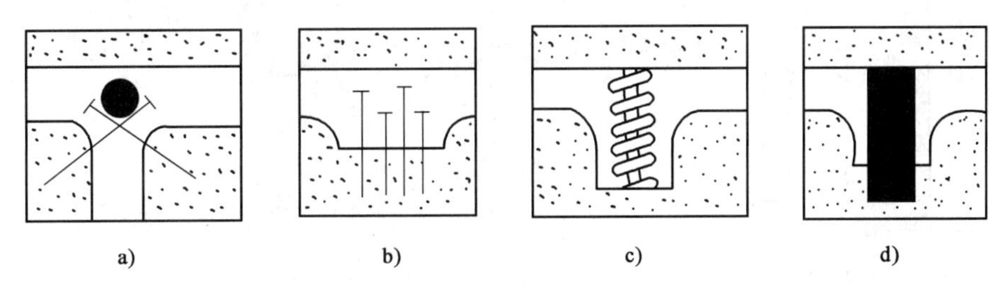

图 4-18　常用的内冷铁形式和安置方法

a)横卧圆钢冷铁;b)插钉冷铁;c)螺旋形内冷铁;d)直立圆钢冷铁

在利用内冷铁消除 T 形或十字形热节时,最好根据热节形状选用鱼刺形内冷铁。鱼刺形内冷铁除平衡热节处温度外,还由于刺状部分能沿铸件开裂方向形成凝固骨架,起到增强作用,防止裂纹。

3. 微型冷铁

微型铸铁是采用图 4-19 所示的特种浇注系统,随同金属液将材质与铸件相近或特意加入的合金颗粒一同注入铸型,金属粒加入量约为铸件总量的 3%。

微型冷铁除可起到一般激冷作用外,还能与铸件金属较好地熔合,起到细化晶粒、消除偏析、柱状晶以及调整金属化学成分等特殊作用。

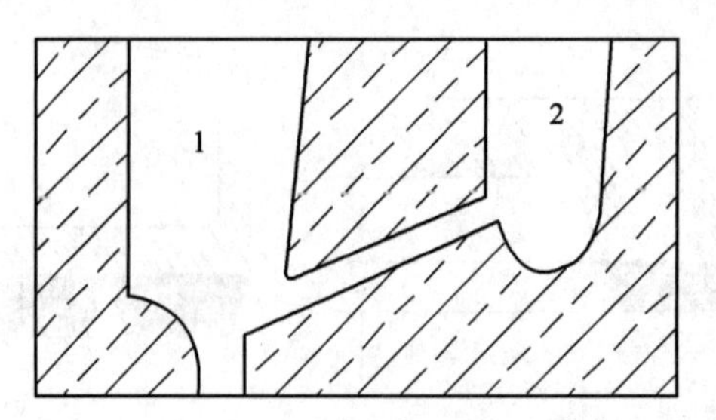

图 4-19　加微型冷铁用浇口杯

1-浇口杯;2-加微型冷铁漏斗

二、补贴的应用

实现冒口补给铸件的基本条件之一,是被补缩部位在凝固过程中能形成朝向冒口逐渐增加的一定的温度梯度。然而,对于较高的缸套形铸件,或者虽不甚高但热节位于中部的轮形件的轮缘、轮毂等部位(图 4-20),往往难以达到这个要求。这时,单纯增加冒口直径和高度,效果也不一定显著。如果人为使靠近冒口的铸件壁厚逐渐向着冒口方向增加,却能显著地扩大冒口有效补缩距离。这种人为附加的铸件壁厚,称为"工艺补贴",简称补贴或增肉,如图 4-21 所示。

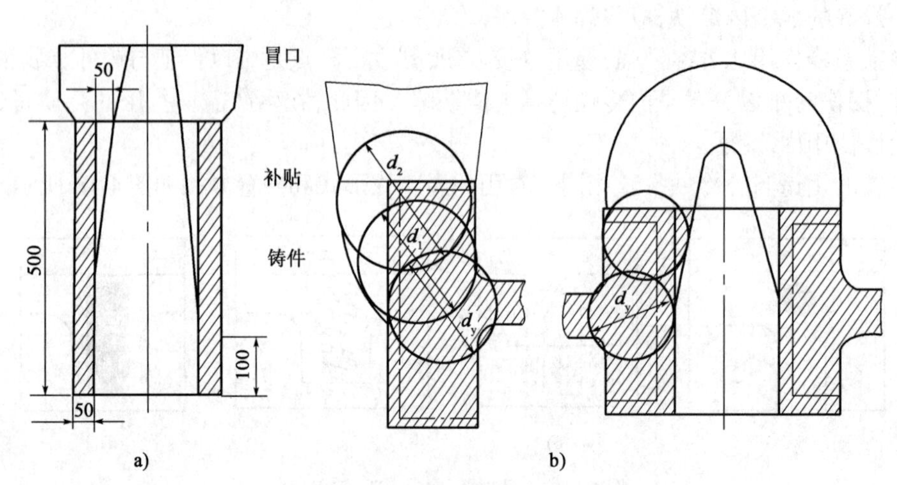

图 4-20　补贴应用(尺寸单位:mm)

a)套筒;b)齿轮轮缘、轮毂

杆形件的补给通道较板件小,需要较大的补贴值。求其补贴值时,先按杆的厚度根据相关手册查出补贴上口厚度,即补贴值,再根据杆的宽厚比由表 4-4 查出补偿系数,两者乘积即为杆的补贴上口厚度。

杆件铸型补贴值的补偿系数　　表 4-4

截面宽厚比	4:1	3:1	2:1	1.5:1	1:1
补偿系数	1.0	1.25	1.50	1.70	2.0

板件立注时的补贴厚度,可根据相关手册查出。

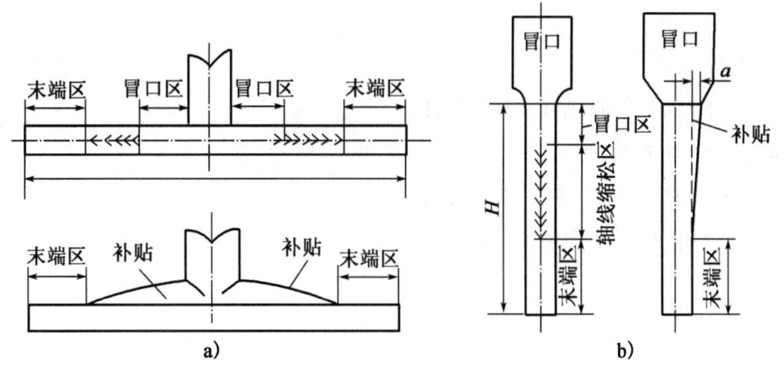

图 4-21　补贴示意图

a) 水平补贴；b) 垂直补贴

当铸件采用非上注，或材料为高温合金钢时，也需加大补贴值，其加大的"补贴系数"可由表 4-5 查得。

不同材料和浇注方式的补贴系数　　表 4-5

材料及浇注方式	碳钢及低碳合金		高合金钢	
	上注	非上注	上注	非上注
补贴系数	1	1.25	1.25	1.252

水平补贴量尚无系统资料，对含碳为 0.25% 的碳钢件，其斜度可在 3～8% 范围内选用，板件选下限，杆件应选上限。

在实际生产中常用作图法来确定轮形铸钢件中的补贴量，其步骤如下：

(1) 按比例绘出轮缘和轮辐，并添上加工余量。

(2) 画出热节点内切圆直径 d_y，考虑砂尖角效应，需把由作图得出的 d_y 值加大10～30mm。

(3) 对于轮缘，可自下而上画圆，使 $d_1 = 1.05d_y$；$d_2 = 1.05d_1$；d_1 和 d_2 中圆心分别在 d_y 和 d_1 的圆周上，且 d_1 和 d_2 均与轮缘内壁相切。

(4) 画一条曲线与各圆相切，就是所求的补贴外形曲线。

由于对轮毂补贴的要求不及轮缘，只要用热节点内切圆沿着轮毂内壁连续滚到轮毂冒口根部，然后作这些圆的外切线即可。其作图步骤与轮缘冒口补贴相似，但滚圆的直径不变，这种补贴在轮毂的圆周上都有。如果对轮毂质量要求很高，同样也可采用如轮缘加大滚圆直径的办法。

除了铸钢件采用补贴以外，球墨铸铁有时也用补贴来实现顺序凝固，灰口铸铁件很少加补贴。对于结晶温度宽的合金，如锡青铜、磷青铜及非共晶型合金等，采用补贴效果不显著。

采用补贴可以实现顺序凝固，增加冒口的有效补缩距离，但同时也增加了铸件壁厚，如果铸件在使用中不允许补贴残留，则必须在铸件清理或机加工时将它清除，增加了成本。近年来铸造工作者为节省钢水和工时，试验采用保温或发热材料制成的保温板来代替补贴，使铸件实现顺序凝固。通过初步试验证明，用保温板取代金属补贴，能获得补缩良好、组织致密的铸件。此外，在情况允许时，还可采用间接补贴。这种补贴用在那些切割补贴易于开裂的合金铸件时，其优点尤为明显。

复习思考题

1. 冒口的主要功能是什么？

2. 冒口要完成补缩作用需满足何种条件？

3. 顶置冒口、边冒口各有何特点？主要分别用于何种场合？

4. 铸钢件、铸铁件冒口的主要区别是什么？

5. 何谓模数？铸钢件冒口模数法计算程序是什么？

PART 2 第二篇 锻 压 工 艺

概　述

一、锻压的特点

锻压加工(包括锻造和冲压)属于金属塑性成形,是金属加工方法之一。它是利用金属塑性变形的能力,使金属在外力作用下成形的一种加工方法,用来制造机器零件或为其提供毛坯。

锻压加工与其他加工方法相比,具有以下特点。

(1)能改善金属的组织,提高金属的机械性能。特别是对于铸造组织,锻造能使其结构致密、组织改善、性能提高。锻造形成的流线,沿着零件轮廓合理分布时,就能提高零件的机械性能。因此,对于承受繁重荷载的零件大多用锻造方法制造。

(2)节约金属材料和切削加工工时。锻压成形主要是靠金属在塑性状态下的体积转移,而不需要靠或少量靠部分地切除金属的体积来获得零件的形状和尺寸,因而零件的材料利用率高。例如精密模锻的行星齿轮,材料利用率达83%;用冷镦、冷挤压生产的标准件和一些军工产品零件,其材料利用率可提高到85%以上。

(3)可达到较高的精度。近年来,应用先进的技术和设备,不少零件已达到少切削、无切削的要求。例如,精密模锻的伞齿轮,其齿形部分精度可不经切削加工直接使用;精锻叶片的复杂曲面可达到只需磨削的精度;冷镦、冷挤的标准件,可不需切削加工直接使用;冲压件,尺寸精度最高可达2级,互换性好,可满足装配和使用要求。

(4)生产率高。随着机械化程度的提高,锻压生产具有很高的生产率。例如,在1.2×10^5kN楔式热模锻压机上模锻汽车用的前轴和六拐曲轴生产节拍仅需40s/件;在曲柄压机上压制一个汽车覆盖件仅需几秒;目前,高速冲床的生产率已达到每分钟数百件或千件以上。

由此可见,锻压加工不但能获得强度高、性能好、形状复杂和精密度高的锻件,而且具有生产率高、材料消耗少等优点,因而在国民经济中得到广泛的应用。特别是在汽车、拖拉机、宇航、船舶、军工、电器、仪表和日用品等工业部门中,锻压更是主要的加工方法。

二、锻压工艺的分类

锻压工艺包括锻造和冲压两大方面。

锻造属于体积成形,就是通过金属体积的转移和分配来获得机器零件(毛坯)的塑性成形方法。为使金属易于成形和有较好的塑性,锻造多在热态下进行,所以锻造也常称为热锻。

锻造通常分为自由锻和模锻两大类。自由锻一般是在锤或水压机上,利用简单通用的工具将金属锭料或坯料锻成特定形状和尺寸的加工方法。自由锻工艺灵活、通用性强;由于不使用专用模具,因而锻件的尺寸精度低,生产率也不高,所以自由锻主要用于单件、小批量生产。对于大型锻件的锻造只能采用自由锻工艺。

模锻是适用于大批量生产的锻造方法,锻件的成形要用适合于该种锻件的模具来进行。由于模锻时金属的成形由模具控制,因此模锻件就有相当精确的外形和尺寸,也有相当高的生产率。

由于生产技术的发展,锻造中运用了挤、轧等变形方式来生产锻件,例如用辊锻方法生产连杆和前轴;用三辊横轧方法生产长轴锻件;用楔形横轧方法生产轴类锻件;用挤压方法生产气阀、转向节等。这样就扩展了锻造工艺的领域,促使生产率得到进一步的提高。近年来,随着技术的发展、锻压设备能力的增加以及新模具材料的应用,对于某些中、小型锻件采用了不加热或少加热的锻造方法,即所谓冷锻、冷挤或温锻、温挤等工艺。这样,一方面节约了能源,另一方面减少或免除了氧化、脱碳等缺陷,这就为提高锻件的精度创造了条件,是实现少切削、无切削的重要途径。

冲压和上述各种体积成形方法不同,它属于板料成形,是利用专门的模具对板料进行塑性加工的方法,故也称板料冲压。同时,由于冲压一般都在室温下进行,故也常称为冷冲压。板料冲压时厚度基本不发生变化。板料冲压的基本方式有冲裁、弯曲、拉深、成形等多种工序。

三、锻压生产的工艺过程

由原始坯料到制成合格的锻压件成品,要经过一系列的加工工序,这些有机联系的加工工序构成了锻压生产工艺过程。这里以模锻件为例,说明一般的模锻生产工艺流程。

(1)坯料准备。根据坯料尺寸及材质的不同,采用剪、锯等方法进行下料。

(2)坯料加热。用煤气炉、油炉或电炉将坯料加热到锻造温度。

(3)模锻。将加热好的坯料放在锻模的型槽中成形,这是模锻的基本工序。

(4)切边、冲孔。切除毛边、冲去连皮。

(5)热校正或热精压。

(6)打磨毛刺。

(7)热处理。

(8)清理氧化皮。喷丸、吹砂或酸洗等。

(9)冷校正、冷精压。

(10)检验。在工序间检验及锻件成品检验。

并非所有模锻件都必须经过上述全部工艺过程。除备料、加热、模锻清理以及检验是任何模锻件生产过程中所不可缺少的工序外,其余工序则视模锻件的具体要求而定。但组成工序的顺序一般不会有太大的变化。

一般的模锻工艺流程(工序组成的顺序)图示如下:

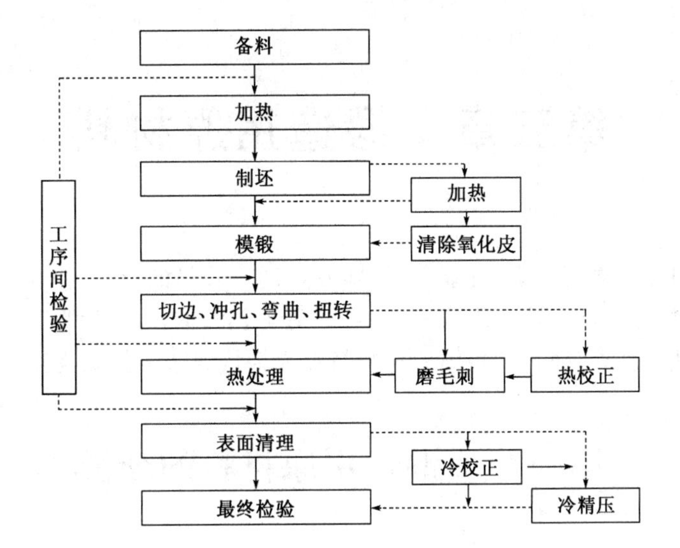
备料
加热
制坯
加热
清除氧化皮
模锻
工序间检验
切边、冲孔、弯曲、扭转
热处理
磨毛刺
热校正
表面清理
冷校正
冷精压
最终检验

第五章　锻造用原材料

锻造用原材料品种规格繁多，性能各异，即使是同一牌号的材料，由于规格或原始加工状态不同，在质量和性能方面往往有很大差别，对锻造工艺和锻件质量都有不同影响。因此，在锻造之前应正确地选择原材料，并根据原材料特点来拟订锻造工艺规范和做好备料工作。

第一节　锻造用原材料的分类

锻造用金属原材料可以按化学成分、用途、加工状态、金属组织和冶炼方法等不同方面进行分类。下面简要介绍前三种分类方法。

一、按化学成分分类

锻造用金属材料，按其化学成分不同，可以分为以下三大类：

1. 碳素钢

其中按钢的含碳量又分为低碳钢（$W_c<0.25\%$）、中碳钢（$W_c=0.25\%\sim0.6\%$）和高碳钢（$W_c>0.6\%$）。

2. 合金钢

按合金元素的总含量 W_M 分为低合金钢（$W_M<3.5\%$）、中合金钢（$W_M=3.5\%\sim10\%$）和高合金钢（$W_M>10\%$）。

3. 有色金属及其合金

按基体金属不同，又分为铝合金、镁合金、铜合金、钛合金、镍合金等。

二、按用途分类

按金属用途不同，锻造用原材料可分为以下三大类：

1. 结构钢

其中又分工程结构钢（包括碳钢和低合金钢）和机器制造用钢（包括渗碳钢、调制钢、弹簧钢和滚珠轴承钢等）。

2. 工具钢

包括刃具钢、磨具钢、量具钢等。

3. 特种钢和合金

如不锈钢、耐热钢、耐热合金、磁性钢等。

三、按加工状态分类

锻造用原材料，按其加工状态不同可分为铸锭、轧材、挤材和锻坯等不同型式。其中轧材、挤材和锻坯是由铸锭分别经轧制、挤压和锻造加工后形成的半成品。通常，大锻件和部分合金钢锻件直接采用铸锭经水压机或锻锤锻制而成，中小锻件一般采用轧材或挤材进行锻制。

1. 铸锭

铸锭是由冶炼后的金属液体浇入锭模内冷却凝固而成。铸锭由冒口、锭身和底部组成。锭身横截面为圆形、方形或内凹多边形，大铸锭锭身横截面均为内凹多边形，可使锭身凝固均匀，减少偏析。

2. 轧材

锭料经过轧制，可以轧成圆形、方形、六角形截面的棒材，或轧成板材、带材和管材，也可以轧成异性截面的型材，如通常使用的工字钢、槽钢、角钢等。此外，锭料还可以轧成周期性截面型材。模锻时，采用周期性截面型材可以减少模锻工步，节约原材料并提高生产率。

3. 挤材

由锭料通过挤压法加工的材料有棒料和管料。铝、镁类有色合金中小型锻件常采用挤压棒料进行生产。

4. 锻坯

锭料经水压机或锻锤锻制成方形、圆形截面的半成品坯料，供进一步生产锻件使用。

钢在一般机械制造厂中应用最多，本书着重介绍钢的锻造工艺。

第二节　钢锭的组织结构及其缺陷

钢锭是锻造加工的原材料。大型锻件锻造和部分合金钢锻造都直接用钢锭作坯料。中小型锻件多采用轧材作坯料，轧材是由钢锭轧制而成的。因此，锻件的质量与钢锭密切相关，为了阐明锻造加工对金属机械性能的影响，必须了解钢锭的内部组织结构和缺陷，以及锻造加工过程是如何来消除这些缺陷的。

钢锭是由冶炼出来的钢液浇注到钢锭模内冷却凝固而成。钢锭的组织结构是冶炼的钢液和凝固过程物理化学反应的产物。钢液的成分是由冶炼过程中根据钢料的使用性能要求而配比原料决定的。钢液在冶炼过程中除了包括规定的成分外，还包括由于原料不纯以及冶炼过程难以避免带入的一些其他成分、气体和杂质。另外，钢锭在凝固过程中还会出现疏松、孔洞、偏析和晶粒粗大等缺陷。锻造加工就是要设法减轻或消除这些缺陷的危害。

一、钢锭的组织结构

钢锭的内部组织结构，取决于铸造时钢液在钢锭模内的结晶条件。钢液在钢锭模内各处的冷却与传热条件相差很大，钢液由模壁向锭心、底部向冒口逐渐冷却选择结晶，从而造成钢锭的结晶组织、化学成分及夹杂分布很不均匀。并且随着钢锭尺寸的增大，这种不均匀程度愈加严重。图5-1为钢锭纵剖面的组织结构示意图,按结晶组织特征不同可将其划分为以下几个区域。

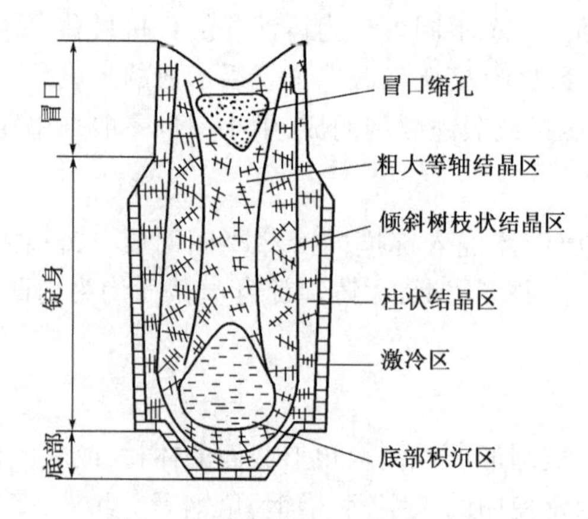

图5-1　钢锭纵剖面组织结构示意图

1. 激冷区

钢液开始接触钢锭模壁时,过冷度大,冷却速度很快,产生大量晶核,使表层快速结晶成细小的等轴晶粒。

2. 柱状结晶区

表面细晶粒层形成后,钢液散热困难,过冷度减小,晶核数也减少,结晶沿着和模壁垂直的散热方向发展,形成粗大而平行的柱状晶。

3. 倾斜树枝状结晶区

随着柱状晶向中心不断发展,加上气体和杂质的上浮作用,形成晶轴向上的倾斜树枝晶。

4. 粗大等轴结晶区

当倾斜树枝晶向里长到一定深度时,锭身心部钢液冷却速度十分缓慢,有可能达到同一过冷度而同时结晶,于是使锭身心部结晶为粗大的等轴晶。由于心部结晶时,钢液补缩较差,前期结晶将低熔成分挤到中心,而使钢锭心部形成较多的疏松和杂质。

5. 底部积沉区

在上述钢液从表层向中心结晶的过程中,由于固–液相界面最初形成的一些晶体下沉,在其下沉过程中还会碰断树枝晶晶枝,而使其一起下落,于是在钢锭的底部逐渐堆成一个沉积堆。此处的组织疏松,氧化物夹杂较多。

6. 冒口区

冒口区有保温帽的作用,它是钢液的最后凝固结晶处。冒口区的钢液要补充整个钢锭的体积收缩,从而形成一个大缩孔,在缩孔周围存在大量疏松。此外,在冒口处还聚集了大量低熔点夹杂物,如硫化物、磷化物等。

由上可见,钢锭的组织结构很不均匀,外层良好,心部较差,而冒口、底部最低劣。因此,在锻造时,应保留外层,锻透心部,冒口与底部必须完全切除。

二、钢锭的内部缺陷

钢锭的内部缺陷有:偏析、夹杂、气体、缩孔和疏松等。这些缺陷的形成与冶炼、浇注和结晶过程密切相关,并且不可避免。大钢锭缺陷严重,往往是造成大型锻件报废的主要原因。为此,应了解钢锭内部这些缺陷的性质、特征和分布规律,以便锻造时选择合适的钢锭规格,制定合理的锻造工艺,通过锻造减小或消除缺陷的影响,提高和改善锻件的质量。

1. 偏析

钢锭内部化学成分和夹杂分布的不均匀性称为偏析。高于钢锭平均化学成分的情况称为正偏析,低于钢锭平均化学成分的情况则为称负偏析。偏析是钢液凝固选择结晶的必然结果。按照偏析范围大小可分为树枝偏析(即显微偏析)和区域偏析(即宏观偏析)。

(1)树枝偏析

树枝偏析是指钢锭在晶体范围内的偏析。一个晶粒内,枝间夹杂比枝干要多,这就造成晶内偏析。在各晶粒之间,晶粒边界杂质比晶粒内部要多,于是形成晶间偏析。树枝偏析通过锻造和锻件热处理可以消除。

(2)区域偏析

区域偏析是指钢锭在宏观范围内的偏析。在钢锭锭身上部的中心区,存在V形、倒V形和过渡偏析区。这些部位的硫、磷夹杂,疏松和显微孔隙很多,均属于正偏析。在钢锭锭身下部的中心区,存在负偏析区。这个区域的碳和合金元素的含量低于平均成分,夹杂较少,但熔点高的氧化物却较多。

通过锻造,区域偏析中的夹杂虽不能消除,但可使之分散细化进而减少危害。至于显微孔隙和疏松,如果锻透则可以消除。通常,倒V形偏析区和过渡偏析区的缺陷容易锻合,而位于中心V形偏析区的区域则难以锻合。若钢锭内有较严重的偏析,锻造又未能将其减弱或消除,这必将导致锻件各部分的组织性能不均,并且使锻件对应偏析处的机械性能降低。

2. 夹杂

钢锭内部不溶解于基体金属的各种非金属化合物称为非金属夹杂物,简称夹杂。钢锭中通常存在的夹杂有:硫化物、氧化物和硅酸盐等。其中,硫化物熔点较低,硫化物和硅酸盐均有一定的塑性,而氧化物熔点高并呈脆性。

夹杂在钢锭中的分布与钢锭偏析密切相关。一般夹杂多分布在各区域偏析处,硫化物夹杂更多集中于接近冒口的V形偏析区。

夹杂对锻件性能和锻造工艺都非常有害,由于夹杂破坏了锻件基体的连续性,当锻件制成零件受力工作时,会在夹杂处引起应力集中,容易产生裂纹,以致疲劳断裂。再有,因为硫化物夹杂熔点低,在晶界分布过多时,会在锻造时引起热脆。

3. 气体

冶炼过程中由炉气和炉料溶入钢液的氮、氢、氧等气体,经铸造后在钢锭内部仍存留一定数量,有些溶于基体,有些形成气泡,另外还有一些充填在孔隙、疏松之中。

在钢锭内部存在的各种气体中,氢的危害最大。当钢锭中氢的含量超过一定极限时,锻件在锻后冷却过程中将会引起致命缺陷——白点。氢在钢锭中的分布是不均匀的,一般规律是,钢锭上部氢含量比底部高,钢锭芯部氢含量比表层高。

4. 缩孔和疏松

由钢液(密度为7.00g/cm³)冷却凝固为钢锭(密度7.85g/cm³)的结晶过程要发生体积收缩现象,如果收缩后的体积得不到钢液补充,则会在钢锭相应部位形成孔洞。因此,就钢锭整体来讲,由于体积收缩,最后会在冒口处形成一个很大的缩孔,但如果铸造工艺不当,缩孔可能深入锭身形成缩管。另外,从微观的晶体结构看,由于树枝晶结晶体积收缩还会形成显微孔隙,大量显微孔隙聚集则形成疏松。

缩孔在锻造时随冒口一块切除,有缩管时也必须切去。疏松会使钢锭的组织致密程度降低,如锻件保留有疏松必将影响其性能。因此在锻造时,要求施加能产生足够变形程度的力,锻透钢锭,以便将疏松消除。

第三节 下 料 方 法

原材料在锻造之前,一般需按锻件大小和锻造工艺要求剪切成具有一定尺寸的单个坯料。当以铸锭为原材料时,由于其内部组织、成分不均匀,通常要用自由锻方法进行开坯,然后以剁割方式将锭料两端切除,并按一定尺寸将坯料剁割分开。当以轧材、挤材和锻坯为原材料时,其下料工作一般在锻工车间的下料工段进行,常用的下料方法有剪切法、冷折法、锯切法、砂轮片切割法、电机械锯切割法和气割法等,视材料性质、尺寸大小、生产批量和对下料质量的要求进行选择。

一、剪切法

剪切下料生产率高、操作简单、切口无金属损耗,因而得到广泛应用。剪切下料通常是在专用剪床上进行,也可以在一般曲柄压机、液压机甚至锻锤上通过剪切模具进行。

1. 剪切下料工作原理

如图5-2所示,剪切下料是通过一对刀片作用给坯料一定压力P,在坯料内部产生剪断所需应力而实现的。由于两刀片上的作用力P不在同一直线上,因而产生力矩$P \cdot a$,使坯料发生倾转。此力矩被另一力矩$T \cdot b$所平衡。为防止倾转过大而造成倾斜剪切,常采用压板施加压紧力Q,以减小坯料的倾角。在剪切开始阶段,坯料在刀片压力作用下产生局部塑性变形——压扁和拉缩,所以在下料后的坯料上留下$C \cdot A$的压扁部分和圆角R的拉缩部分;在剪切的第二阶段,由于塑性加工硬化的作用,当压力继续增大时,于刃尖切入处坯料首先出现裂纹,并随刀片的深入而扩展;第三阶段,在刀片的继续施压下,上下裂纹之间的金属被拉断,造成S形断面。在剪切过程中,靠近圆角地带的剪切断面由于与刀片的内侧面相互摩擦,结果在断口上会形成局部光亮带。

2. 影响剪切下料质量的因素

剪切下料的质量与刀刃的利钝程度、刀片间隙Δ的大小、材料性质和规格、压紧情况和剪切速度等因素有关。刀片刃口磨钝时,塑性变形区扩大,裂纹出现晚,结果形成较大的压扁和明显的拉裂现象,剪切端面也不平整,如图 5-3a)所示;刀片间隙过大,坯料容易弯曲和倾转,会使剪切面倾角 α 增大,对于软的坯料还会拉出端头毛刺[图 5-3b)];刀片间隙 Δ 过小,上下裂纹不重合,断面容易呈锯齿状[图 5-3c)];塑性差、硬度高和截面大的材料,冷切时可能产生端面裂纹[图 5-3d)];剪切速度对剪切质量也有影响,剪切速度快,塑性变形区小,加工硬化集中,上下裂纹方向靠近,有利于获得平整的切口。

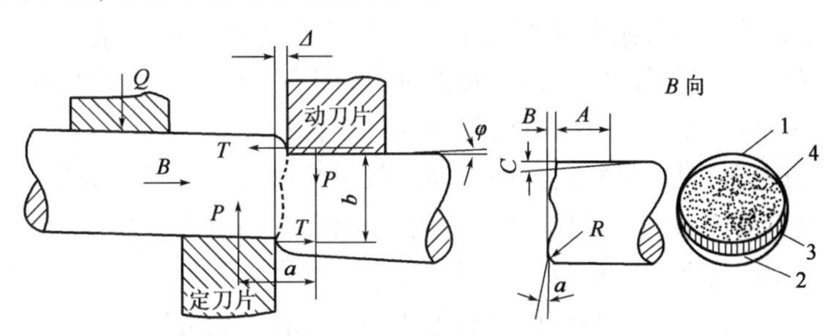

图 5-2　剪切下料示意图

1-压缩区;2-拉缩区;3-塑剪区;4-断裂区

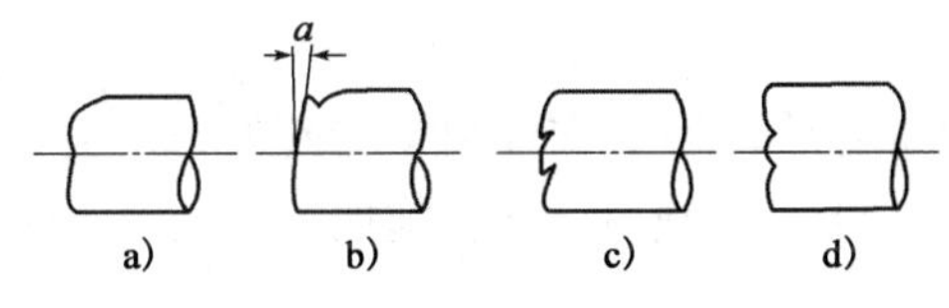

图 5-3　剪切坯料的质量

刀片间隙 Δ 值应根据材料性质、剪切棒料截面尺寸和剪切温度来确定。通常 Δ 值取棒料直径(边长)的 2% ~4% 时,可获得正常的切口。热切或剪切软的材料时,Δ 值应适当减小。剪切过程中,剪床和剪切用模具都会有弹性变形,刀片内侧面所受的水平阻力,将使实际间隙增大而影响剪切质量。因此,在工作过程中应根据不同情况随时调整刀片间隙。

3. 剪切下料的方式

剪切下料分冷切和热切两种。冷切是指在常温下进行剪切,若材料温度低于 10℃,在剪切前应放在炉旁预热,或将棒料浸泡在 80 ~90℃的热水槽中加热以避免产生剪切裂纹。热切是指将坯料加热至一定温度后进行剪切,通常中低碳钢,如棒料直径或边长≥75mm 和硬度(d_B)≤4.2 时,可加热至 250 ~350℃。这时由于钢材的蓝脆效应,变形抗力虽有所上升,但可获得光滑的剪切断口。高碳钢及合金钢,如棒料直径或边长≥40mm 和硬度(d_B)≤3.8 时应加热至 250 ~400℃进行剪切。如剪床剪切力较小但需剪切较大棒料截面时,为了降低棒料剪切截面强度,可加热到 550℃以上剪切。

4. 剪切力

剪切下料所需力可按下式计算,

$$P = k \cdot \tau \cdot F$$

式中:P——计算的剪切力,N;

τ——材料的剪切抗力,MPa,可按同等温度下的强度极限 σ 换算,一般为 $\tau = (0.7 \sim 0.8)\sigma$;

F——剪切面积,mm^2;

k——考虑到刃口变钝和间隙Δ变化的系数，一般取$k=1.0\sim1.2$。

二、轴向加压精密剪切法

普通剪切下料法，坯料剪切端面倾斜度大，端面也不平整。为了提高剪切下料的质量，以满足精锻、冷锻等锻造新工艺对坯料精度的要求，现正在试验研究轴向加压剪切新工艺。轴向加压剪切的机理和板料精冲有某些类似之处。一般认为主要是由于轴向加压提高了静水压力，改善了材料的塑性，抑制了裂纹的产生和发展，从而有可能使塑性变形延续到剪切的全过程，获得平整光洁的剪切断面。在轴向加压的同时，会使拉缩区金属沿轴向转移所受的阻力增大，因而减少了剪切端部的几何畸变，这两方面的效果都可以使剪切质量提高。图5-4为棒料轴向加压剪切示意图，由于剪切而引起的棒料内部变形，可分为三个区域，其中Ⅰ区是弹性变形区，Ⅱ区是塑性变形区，Ⅲ区表示激烈剪切区。

虽然轴向加压剪切工艺剪出的坯料端面光洁平整、精度高，能满足精密成形工艺对坯料的质量要求，但由于剪刀寿命太低，所以目前仍然处于试验性阶段。

三、冷折法

冷折下料法的工作原理如图5-5所示，在坯料待折断处开一道$b\times h$缺口，然后将坯料置于压力机台面的两个支座上，通过上刀沿缺口对坯料施加一定压力，由于应力集中而使坯料折断。

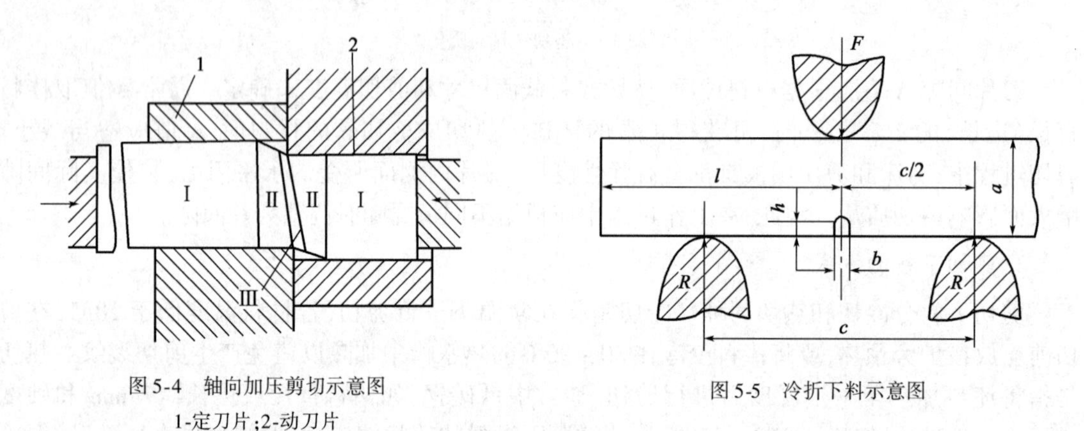

图5-4　轴向加压剪切示意图
1-定刀片；2-动刀片

图5-5　冷折下料示意图

冷折下料法生产率较高，断口几乎没有金属损耗，所用工具简单，无须专用设备，尤其适用于硬度较高的碳钢和合金钢，不过这类钢在折断之前应预热至300～400℃。冷折下料法，坯料长度尺寸精度比较差。

四、锯切法

锯切法生产率较低，锯口金属损耗较大，但由于其锯切端面平整，端部不变形，下料长度也较为精确，因而在精锻工艺中，是一种主要的下料方法。锯切法适用性广，除各种钢外，由于塑性关系不宜采用冷折或剪切下料的有色合金和高温合金均可在常温下进行锯切。

锻工车间常用的下料锯床有圆盘锯和弓形锯，或用带锯。近年来，我国已引进高速带锯机的新设备，锯切同样规格的棒料比圆盘锯床提高两倍生产率，功能耗量是圆盘锯床的1/4，切口耗料是圆盘锯床的1/5～1/4。

五、砂轮片切割法

砂轮片切割法是利用由切割机带动高速旋转的砂轮片同坯料的待切部分发生剧烈摩擦并产生高热使金属变软甚至局部熔化，在磨削作用下把金属切断的方法。这种下料方法适用于切割小截面棒料、管料以及异型截面材料。其优点是设备简单，操作方便，下料长度准确，切割端面平整，切割效率不受材料硬度限制，可以切割高温合金、钛合金等，主要缺点是砂轮片消耗量大，容易崩碎，切割噪音大。

六、电机械锯切割法

电机械锯切割的工作原理与砂轮片切割法相似，主要区别在于锯片是由钢制成的，并且通过变压器使坯料与锯片接上电源（图5-6），使切割时在接触点上产生电弧，将坯料局部熔化，从而实现切割下料的目的。电机械锯切割的质量比较高，不亚于一般锯床的切割效果。

七、气割法

当其他下料方法受到设备功率或下料截面尺寸的限制时，可以采用气割法下料。它是利用气割器或普通焊枪，把坯料局部加热至熔化温度，逐步使之熔断的方法。气割法下料方法如图5-7所示。

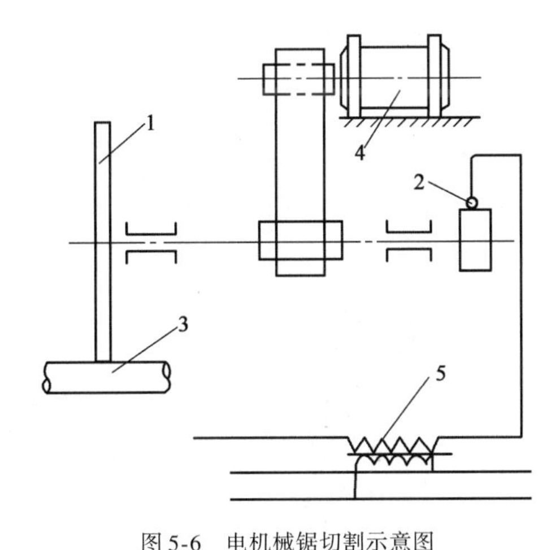

图5-6　电机械锯切割示意图

1-锯片；2-电刷；3-坯料；4-电动机；5-电源变压器

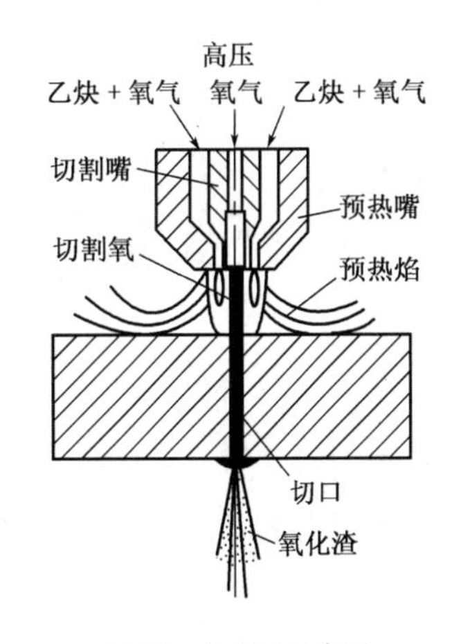

图5-7　气割法示意图

下料特点：设备简单，可以在野外工作，可切割各种断面，切口平整度及坯料精度差，含碳量1.0%～1.2%的碳素钢或低合金钢均须预热至700～850℃后才可以气割，断口金属损耗大，下料生产率低，劳动条件差，技术操作要求高，高合金钢及有色金属不宜采用气割法下料。

除此之外，其他下料方法还有摩擦锯切割法、电火花切割法、阳极机械锯切割法等，切割技术可参考有关手册。

复习思考题

1. 锻造用原材料有哪些种类?
2. 简述钢锭的组织结构、内部缺陷和对锻件的影响。
3. 比较各种下料方法的特点和应用范围。
4. 分析影响剪切下料质量的因素。

第六章　锻造前金属的加热与锻后冷却、热处理

第一节　锻造前加热的目的与方法

锻造前金属加热的目的主要是提高金属的塑性,降低变形抗力,以利于金属进行塑性成形,并获得良好的锻造组织及性能。为此需要研究加热对金属组织结构、机械性能的影响,分析金属在加热过程中可能产生的问题,从而合理地制订加热规范,选用正确的加热方法。

多数金属材料加热时都会发生组织状态的转变、晶粒长大以及各成分的扩散固溶。随着温度的升高,原子动能增大,与常温相比位错易于运动,滑移易于进行,并发生回复再结晶现象。因此,金属加热后强度指标呈下降趋势。然而,由于合金成分、组织结构变化复杂,还可能发生一些特殊情况。然而,碳钢在低温预热时,由于脆性化合物的影响,往往产生"蓝脆"现象。而在800℃左右,由于硫化物熔化,晶粒粗化又会产生"红脆"现象。因此,在脆性区安排切料工作,在塑性区安排成形工序是适宜的。其次,在加热过程中,随温度升高金属体积膨胀,导温性发生变化。如果坯料尺寸大,导温性差,则内外温度差大,于是温度应力大,可能导致加热裂纹。但当金属加热至高温阶段,由于塑性提高,则产生裂纹的可能性减小。所以对于大型的合金钢料或导温性差的钢料加热时,低温阶段的升温速度应当加以限制。另外,金属在加热过程中还会产生氧化、脱碳、过热、过烧等缺陷。影响被加热金属氧化、脱碳的主要因素是炉气成分及加热温度,氧化性炉气及高温长时间加热会造成制件的氧化和脱碳。而过热和过烧则主要是由于加热温度过高,保温时间过长。因此,选择正确的加热方法,制订合理的加热规范是提高加热质量的重要环节。

根据热能来源不同,锻造用坯料的主要加热方法可分为火焰加热与电加热两大类。

火焰加热是利用燃料燃烧反应时产生的化学热来加热金属的。采用的燃料有煤、焦炭、重油、柴油及煤气等。燃料在炉内燃烧生成高温炉气(火焰),通过辐射、对流传热方式将坯料表面加热,再由表面向中心传导,直至坯料热透。

火焰加热的优点是经济方便,适应性强。因而应用十分广泛。其缺点是热效率较低,加热过程不易控制,加热质量差,劳动条件差。尤其燃煤炉燃烧过程不稳定,加热速度和加热温度难以控制,氧化现象严重,炉前烟尘多,操作繁重,作业环境与劳动条件都必须加以改善。

电加热是将电能转变为热能来加热金属坯料的。电加热的主要方式有感应电加热,接触电加热和电阻炉加热等。

感应电加热的工作原理如图6-1所示,放在感应线圈内的坯料,在交变电流的作用下,内部产生热效应,利用这种热量将金属加热到高温。

坯料在进行感应电加热时,感应电流密度沿截面的分布是不均匀的,中心电流密度小,表层电流密度大,而且电流频率越高,这种差别越大。为了能使坯料均匀热透,对于大直径坯料,可选用较低频率以增大电流透入深度,提高均匀加热的速度。对于直径较小的坯料,则可选用较高的频率以提高电效率。在锻压生产中以中频感应电加热应用最多。

感应电加热的优点是加热温度均匀,加热速度快且便于控制,易于实现机械自动化作业,加热质量好,劳动条件好。但是其设备投资大,在电力不足的情况下,电力的消耗是一个较大的负担,感应器形状尺寸还得随着坯料不断改变,小批量生产不太经济。

接触电加热的原理如图 6-2 所示。将坯料放在夹头中间夹紧通电,利用坯料自身产生的电阻热使其温度升高。所以,电流强度越大,通电时间越长,坯料电阻越高,则加热速度越快。这种方法适于加热细长型坯料。

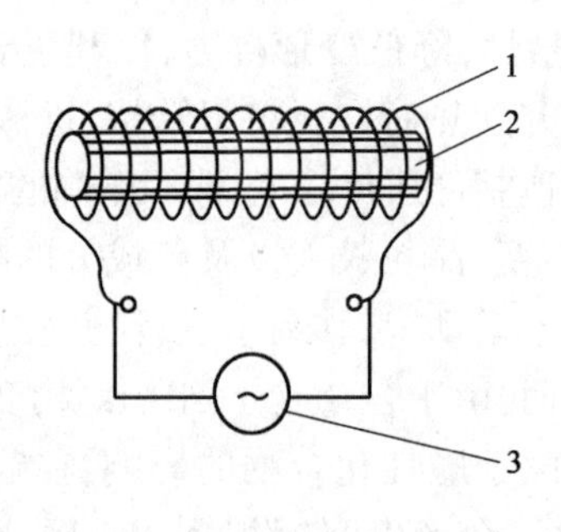

图 6-1　感应电加热原理
1-感应器;2-坯料;3-电源

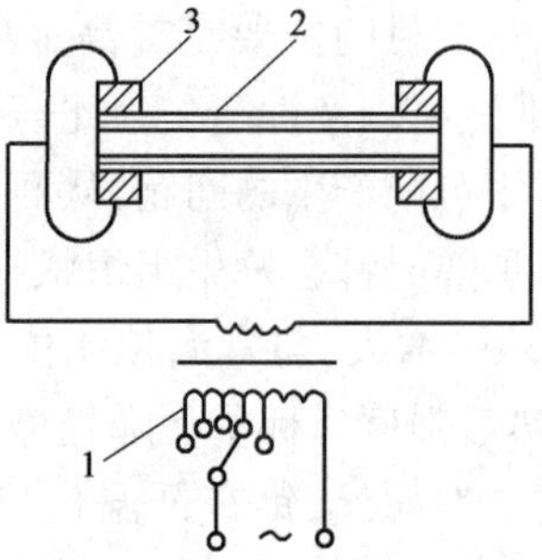

图 6-2　接触电加热原理
1-变压器;2-坯料;3-夹头

电阻炉加热是利用高电阻的电热体通电后产生的热量,再以辐射及对流的方式来间接地加热坯料。这是一种常用的电加热方法,属于间接电加热。

电阻炉加热的适用范围广,还可以通入保护气体进行少氧或无氧化加热。但其耗电量大、热效率低。

加热方法的选用应当全面考虑技术经济效益,即加热质量和加热生产率应能满足锻压工艺的要求,同时经济上要合理,劳动条件要不断改善。

金属坯料在锻造前加热时应制订加热规范,即规定坯料的装炉温度、加热阶段、升温速度、保温时间及加热中应注意的事项等。锻造时应选择合适的锻造温度范围,即开始锻造到终止锻造的温度区间。加热规范和锻造温度范围的确定,应在保证锻件质量,防止加热缺陷的前提下不断地提高生产效率。

第二节　锻造温度范围的确定

锻造温度范围是指始锻温度和终锻温度之间的一段温度区间。

现有钢种的锻造温度范围可从有关手册查得。但是为了正确选择锻造温度以及确定新材料的锻造温度范围,还必须了解确定锻造温度范围的原则与方法。

确定锻造温度范围的基本原则是：保证能锻出组织和性能良好的优质锻件；保证有良好的塑性与较低的变形抗力；锻造温度范围应尽可能大些，以减少火次、节约能源、提高生产率。

确定锻造温度范围的主要方法是：根据钢的平衡图给出的相变温度和金相状态，根据再结晶图给出的达到要求晶粒度时的变形温度和变形程度，再参考新钢种塑性图和抗力图提供的适宜锻造的温度范围，在不产生加热缺陷的前提下，尽可能扩大锻造温度范围。

应当指出：确定始锻温度和终锻温度时，应该综合考虑质量、塑性、变形抗力、增产节约等因素，统筹兼顾，合理确定。

一、始锻温度的确定

钢的始锻温度应该尽量保证不产生过热，但绝对不允许发生过烧现象。例如对于碳钢，其始锻温度约低于铁-碳平衡相图固相线 150～250℃，其他钢料尚要考虑金相状态、力学性能及组织结构。此外钢的冶金质量、锻造方式等对始锻温度亦有影响。如以钢锭加热为例，由于铸态组织比较稳定，不易过热烧坏，因而，始锻温度比钢材可高 20～50℃。对锻造变形速度很大的坯料加热时，因为热效应会使坯料温度升高，故始锻温度可比通常的要低些。

二、终锻温度的确定

终锻温度对保证锻件的质量有一定的意义，终锻温度偏高，冷却后锻件晶粒粗大。有的钢还会产生网状碳化物，致使机械性能下降。终锻温度过低，塑性降低，变形抗力提高，加工硬化严重，容易产生锻造裂纹。因此，确定终锻温度时，既要保证终锻前具有足够的塑性，又要使锻件能够获得良好的组织性能。一般来说，低碳钢（C 含量≤0.3%）终锻温度可低于 Ar_3 以下，但不低于 Ar_1；对过共析钢具体数字通过试验再综合分析确定。表 6-1 所列数据可供选用时参考。

各种钢的锻造温度范围　　表 6-1

钢　种	始锻温度（℃）	终锻温度（℃）	锻造温度范围（℃）
普通碳素钢	1 250～1 280	700	550～580
优质碳素钢	1 200～1 220	800	400～420
碳素工具钢	1 100～1 180	770	330～338
合金结构钢	1 150～1 200	800～850	350
合金工具钢	1 050～1 150	800～850	250～300
高速工具钢	1 100～1150	900	200～250
耐热钢	1 100～1 150	850	250～300
弹簧钢	1 100～1 150	800～850	300
轴承钢	1 080	800	280

第三节　加热规范的制订原则

加热规范是指加热过程中，对炉温和料温随时间变化的规定。通常以炉温和时间的关系曲线来表示，又称加热曲线。加热曲线以及必要的装炉和操作说明组成加热规范，它是加热工作中的工艺文件。一般加热规范包括装炉温度、各加热阶段的升温速度、保温时间、最终加热温度、总的加热时间、装炉位置要求和加热操作注意事项等。

加热规范应该保证加热温度合理,温度分布均匀,加热缺陷最少,总加热时间最短。

金属坯料的加热过程可分为预热、升温、均温三个阶段。预热阶段是为了防止炉温与料温的温度差过大,致使坯料内外温差过大而产生加热裂纹。升温阶段主要是控制升温速度,以防止加热速度太快,产生过大温度应力造成坯料开裂。均温阶段是指在某一温度下保持一定的时间,其主要目的是促使坯料内部温度分布均匀并充分进行高温扩散。对于大型坯料或导温性差的合金钢坯料应该详细规定各阶段的温度和加热速度,采用分段加热规范。对于小型的导温性和塑性良好的坯料,则可以高温装炉,快速加热。

锻造加热规范按温度随时间变化的曲线可分为一段、二段、三段、四段、五段几种加热曲线。如图 6-3 所示。

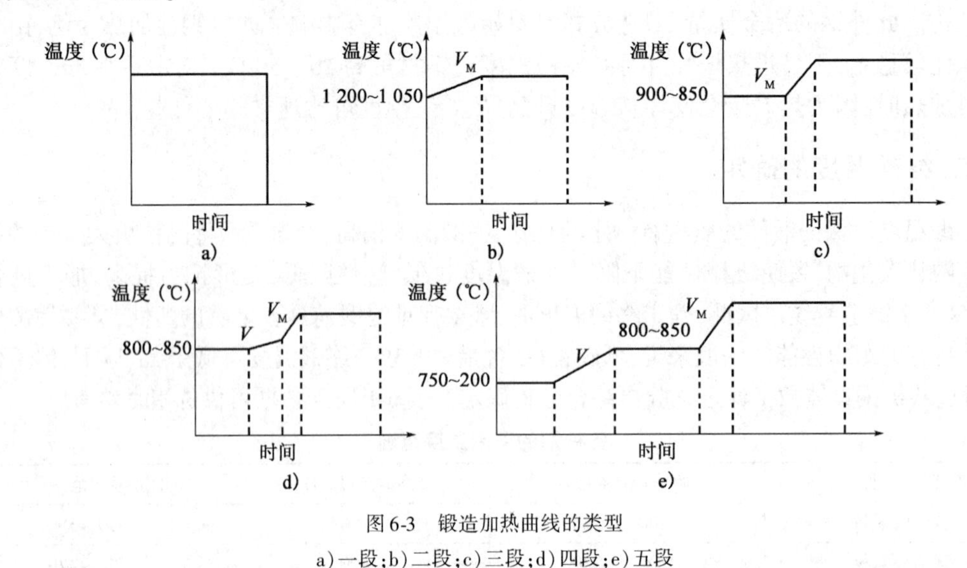

图 6-3 锻造加热曲线的类型

a)一段;b)二段;c)三段;d)四段;e)五段

一段加热曲线,即高温装炉,并以炉子最快加热速度升温。它适于加热小型的、导温性好、塑性好的材料。

分段加热曲线,其炉温、升温速度、保温时间都要加以控制。对于尺寸大,塑性、强度、导温性差,膨胀系数大,内应力大,组织结构复杂的金属材料,一般采用多段加热曲线。

对于热钢锭,即指浇铸脱模后表面温度不低于 500 ~ 600℃ 的热锭,立即用保温车热送至锻造加热炉中加热。热态钢锭因其塑性良好,所以可以高温装炉,快速加热。热钢锭比冷钢锭加热时间少,加热缺陷少,燃料消耗少。

确定金属加热时间的方法有理论计算法、经验公式法和图表法等。理论计算法以传热学原理为依据,通过数值计算可以得出比较精确的数据。但计算复杂,多用于研究分析工作方面。生产中常用后两种方法,这些方法以实际经验为根据,注重简单实用。如果应用条件选择适当,同样能得到满意的结果。例如工厂实用加热规范和一些手册中的数据也是很可靠的。

下列公式可以计算钢坯在室式炉内加热的总时间。

$$\tau = \alpha \cdot k \cdot D\sqrt{D}$$

式中：τ——钢坯由 0～1 200℃所用的加热时间，h；

D——圆钢的直径或方钢的边长，m；

k——材料系数（高合金钢与高碳钢为 20，低合金钢与低碳钢为 10）；

α——装炉系数（单个加热为 1，密排加热为 2，间隔加热为 1～2）。

第四节　锻后冷却和热处理

锻后冷却是指锻件由终锻温度降至室温的冷却过程。对于大型的重要的合金钢锻件，锻后冷却与锻后热处理往往结合起来进行。

锻后冷却不当，内部温度应力和组织应力大，如果该应力和锻件内残余应力叠加，其值超过钢料强度极限，那么便发生冷却裂纹。尤其在尖角、裂痕及非金属夹杂物聚集的部位更易开裂。

对截面尺寸大的锻件以及用白点敏感钢料锻制的锻件，冷却不当，还会形成一种十分危险的缺陷，称为白点。锻件中产生白点，应当判废。因为白点是一种极细的脆性裂纹，能产生高度的应力集中，使制件在受力时迅速断裂破坏。所以，目前除少数白点锻件能改锻消除外，绝大多数锻件，一经检验发现白点，立即报废。白点在低倍断口上可见，呈锯齿边缘的银白色斑点。从侧面看为极微细的发裂。

白点的成因主要是钢中含氢量高，组织应力大。即当钢中氢含量超过某一限值（如通常说的 2×10^{-6}），加上组织应力作用就会形成白点。因为钢中氢原子如果在位错附近的歪扭晶格中聚集，将导致钢料塑性急剧下降，形成所谓“氢脆”现象。加上锻件冷却时，各部位冷却不均，相变不一致，体积变化不协调，于是产生了组织应力，这样两者共同作用造成了锻件白点。显然，在冶炼时防止氢进入钢液中，浇注时真空除氢，冷却热处理时充分扩散氢气，充分减小组织应力，可以消除白点缺陷。

珠光体类和马氏体类钢，因其冷却时组织应力大，溶解氢能力下降，故为白点敏感性钢。而有些钢种冷却时不发生相变，或者溶氢能力强，则为白点不敏感性钢。

锻件冷却其实是一个降温过程，不同钢料应采用不同的冷却速度。常见的冷却方式有：空冷、坑冷和炉冷三种。

（1）空冷，指在静止空气中冷却的方法，对于碳钢或者截面尺寸较小的合金钢件，锻后可以放在空气中冷却。但空冷时不许放在潮湿地面或有穿堂风处冷却，因为这样会因局部急冷发生开裂及其他缺陷。

（2）坑冷，是将锻件放在坑中、砂中、灰中进行冷却，其冷却速度缓慢。适宜于较大截面的合金钢锻件冷却。

（3）炉冷，是将锻件放在保温炉中，按规定的冷却方法降温。由于炉冷速度可以人为地调节控制，所以可以适应特殊冷却制度的要求。对于某些高合金钢的重要锻件、截面尺寸较大的锻件、对切削性能要求较好的锻件，可以采用炉冷或与锻件热处理结合进行处理。

锻后热处理是指锻件在机械加工前进行的热处理,它通常在锻压车间进行,其主要任务是为机加工后的最终热处理准备条件,亦称毛坯热处理或第一热处理(零件热处理则称为第二热处理,它的主要任务是保证要求的使用性能)。

锻件热处理的目的是:

(1)调整硬度,以利锻件切削加工;

(2)消除锻造内应力;

(3)改善锻后组织、细化晶粒,为最后热处理做好组织准备;

(4)对不再进行热处理的锻件,应保证产品满足规定的技术要求。

中小型锻件常用的热处理方法有:

(1)退火。由于退火时再结晶作用,可以细化晶粒,消除内应力,降低硬度,提高塑性。

(2)正火。除了细化晶粒外,尚能增加硬度,韧性,消除网状碳化物组织。

(3)调质。可以获得综合的机械性能,对不再进行第二热处理的锻件,采用调质处理,要满足产品图规定的机械性能要求。

大锻件的热处理由于截面尺寸大,生产过程复杂,还应注意以下特点。

(1)锻件的化学成分、组织性能很不均匀,要求提高其均匀性;

(2)锻件晶粒粗大不均,要求调整与细化锻件组织结构;

(3)消除较大的残余应力;

(4)对白点敏感性钢生产的锻件,要致力预防产生白点。

利用终锻后锻件本身的热量立即进行热处理的方法,称为锻件余热处理。余热处理分为以下两类:一类是锻后直接装入热处理炉,而后按热处理工艺进行热处理。这主要是为了节省燃料,降低成本,缩短加热时间,提高劳动生产率;另一类是把锻压变形和热处理结合起来,这种余热处理称为形变热处理(也有称为“热机械处理”“加工热处理”)。由于变形热处理同时具有变形强化与热处理强化的双重作用,所以除了缩短加热时间,节省燃料,提高经济效益以外,还能获得良好的综合机械性能——高强度与高塑性(韧性)。例如,某柴油机连杆,终锻后温度仍在 Ac_3 相变点以上,立即淬火并高温回火,不仅操作时间大大缩短,而且这种形变热处理和普通调质处理相比,在两者硬度相同的情况下,强度极限提高了 2.5%,断面收缩率提高了 4.5%,延伸率提高了 11%,冲击韧性也提高了 27.6%。

复习思考题

1. 术语解释:热钢锭、温度应力、组织应力、白点、完全退火、调质、等温退火、无损检验。
2. 分析白点产生的原因及消除的措施。
3. 为什么要合理加热、合理冷却与热处理?
4. 分析加热裂纹与冷却裂纹产生的原因及防治措施。

第七章　自 由 锻 造

自由锻造简称自由锻,它是利用平砧或简单的工具来传递外作用力,使坯料产生塑性变形,从而改变其形状,改善其性能,使之成为合格锻件的金属压力加工方法。

自由锻造分为手工锻造和机器锻造,而机器锻造又分为锻锤自由锻与水压机自由锻两大类,前者主要锻造中小型锻件,后者则主要锻造大型锻件。

自由锻的工具简单,工艺灵活,生产准备周期短且所需设备比模锻要小,所以使用范围广,特别适宜于单件小批量生产、试制件与修理件的制作以及大型锻件的生产。但是自由锻劳动强度大,生产率低,而且锻件精度差。针对以上不足,目前自由锻正在不断地被改善和发展。

自由锻造的基本任务是迅速而经济地改变坯料的形状和尺寸,变形成为要求的锻件,同时还要改善坯料的组织性能,满足技术条件的规定。

中小型锻件、碳素钢和低合金钢锻件,主要是解决成形问题,同时能提高锻件质量及精度。大型锻件、高合金钢的关键锻件则主要是要求保证提高内部质量和节省金属材料。

自由锻造工艺过程是由一系列锻造工序组成的。主要用来改变坯料形状同时改善性能的工序,称为基本工序,如表 7-1 所列。自由锻造的基本工序有镦粗、拔长、冲孔、芯轴拔长、芯轴扩孔、弯曲、错移、扭转、切割、锻接等。

为了使基本工序能顺利地进行而采用的一些辅助变形,如钢锭倒去棱角、压出钳把、压印痕等称为辅助工序。

用来精整锻件形状和尺寸以提高锻件的精度以及表面光洁度的工序,如平整端面、鼓形滚圆、弯曲校直等称为修整工序。例如:锻造一只大型圆环形锻件,若用钢锭在水压机上压出钳把,切割冒口与底部,再镦粗冲孔,芯轴扩孔,平整端面,才能达到锻件图的要求。锻造过程中还要严格按照规定的加热规范、工艺规程、冷却规范操作,才能满足技术条件的要求而成为合格锻件。

自由锻造工序示意图表　　表 7-1

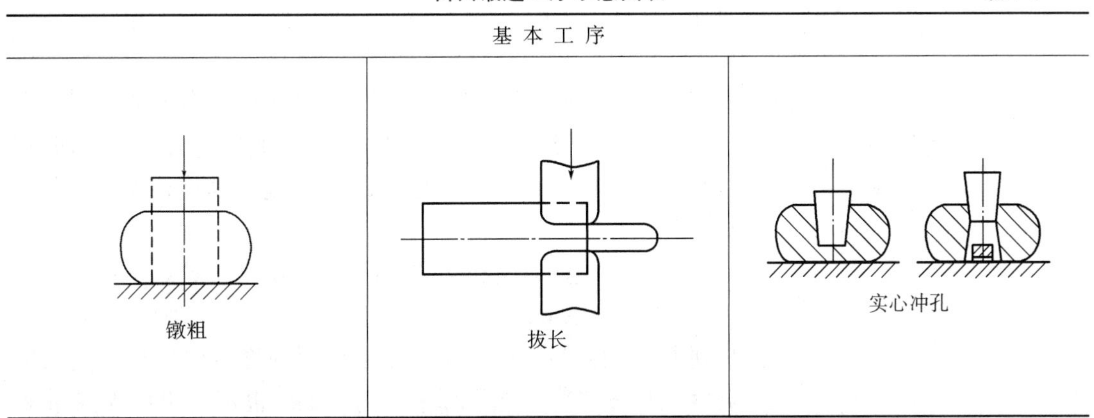

续上表

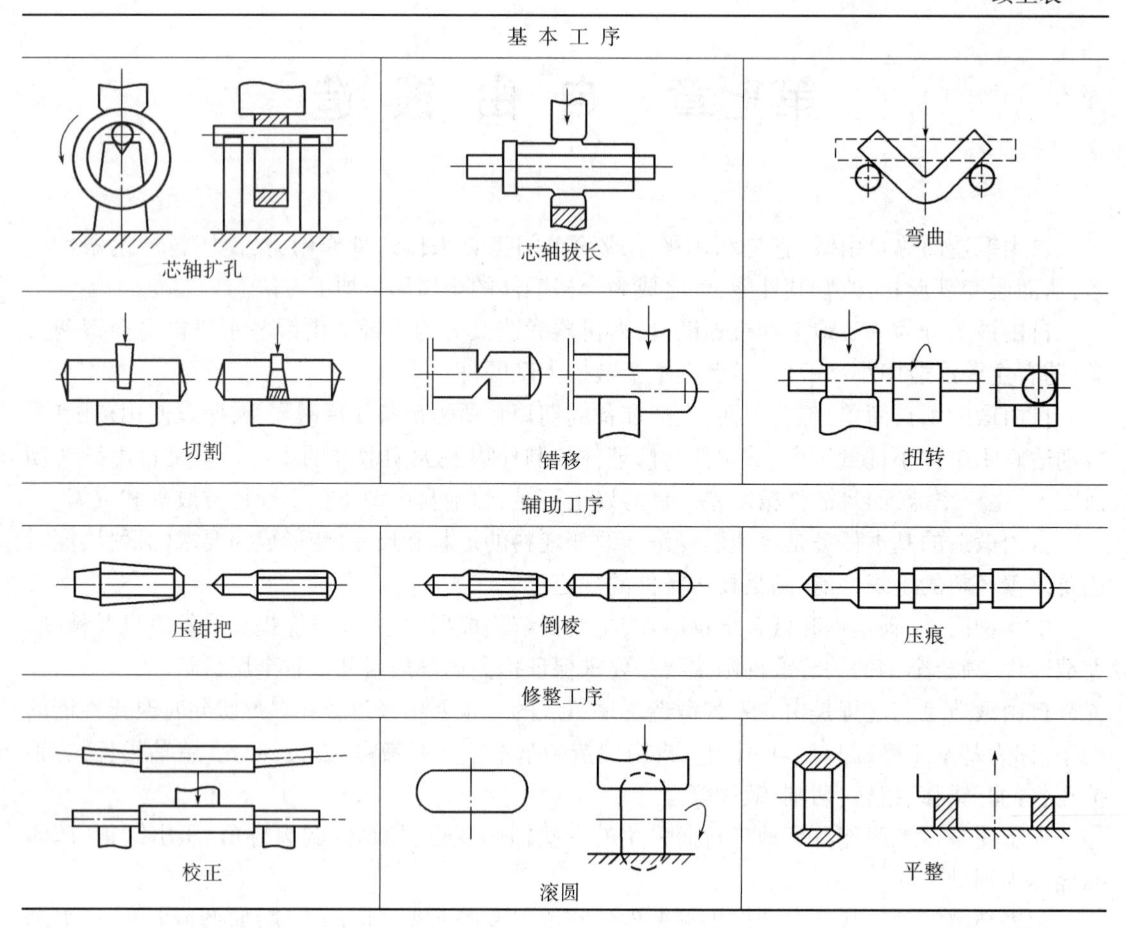

第一节　自由锻基本工序及主要工序分析

一、自由锻基本工序

1. 镦粗

使坯料高度减小而横截面积增大的锻造工序称为镦粗。镦粗主要用于锻制饼类锻件以及作为冲孔前的预备工序。采用直径小坯料锻造轴类锻件时，镦粗可以提高后续拔长工序的锻造比，还能提高横向机械性能和减少异向性等。

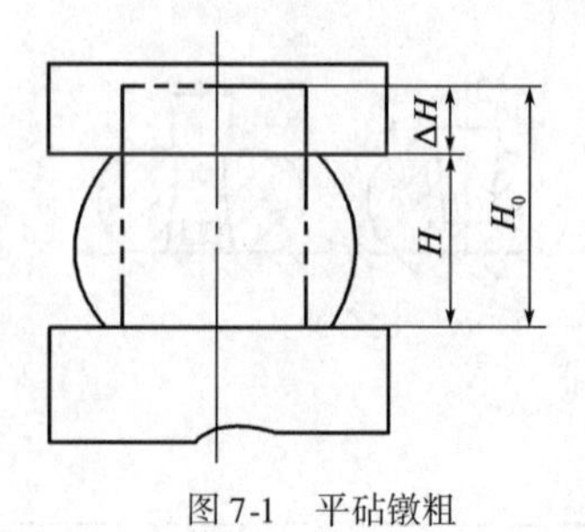

图 7-1　平砧镦粗

镦粗的主要方法有平砧镦粗、垫环镦粗和局部镦粗。

平砧镦粗如图 7-1 所示。坯料在上下平砧间或者镦粗平板间进行的镦粗叫平砧镦粗。镦粗变形程度可以用压下量 ΔH、相对变形 ε_{H}、对数变形 ε_{H}来表示。工厂也用镦粗比 K_{H}表示镦粗变形的大小。

$$\varepsilon_H = \frac{H_0 - H}{H_0} \times 100\% = \frac{\Delta H}{H_0} \times 100\% \text{ 或 } \varepsilon_H = \ln \frac{H_0}{H} \text{ 或 } K_H = \frac{H_0}{H}$$

式中：H_0、H——镦粗前、后坯料的高度。

垫环镦粗如图 7-2 所示。坯料在垫环内镦粗的方法，称为垫环镦粗。它适用于锻造带凸肩的锻件。由于坯料直径大于凸肩直径，所以垫环镦粗是镦挤成形。

局部镦粗是对坯料的局部（端部或中间）长度进行镦粗，其他部位不予变形，如图 7-3 所示。它用于锻制长杆类锻件的头部或凸缘，也可锻制凸肩较大的饼类锻件。

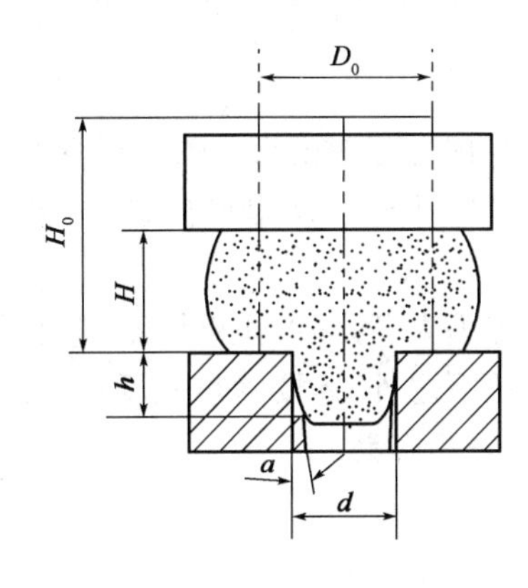

图 7-2　垫环镦粗

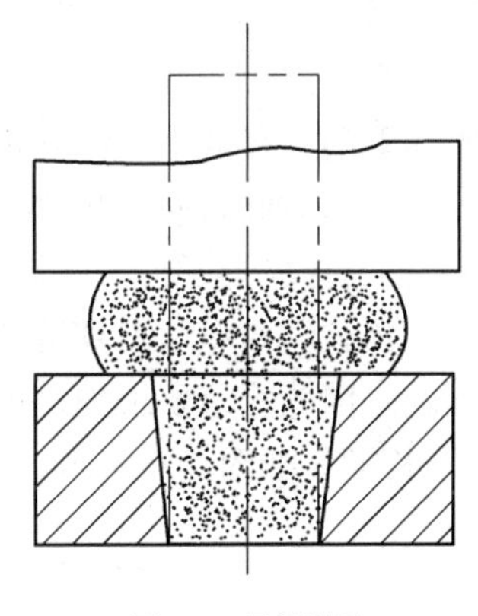

图 7-3　局部镦粗

2. 拔长

使坯料横截面减小而长度增加的工序称为拔长，也叫延伸。拔长可以在平砧间进行，亦可在各式型砧中进行。通过逐步送进，反复翻转压缩使坯料变细伸长，表 7-1 表示了平砧拔长的情况。

拔长的变形程度常以坯料拔长前后横截面积之比——锻造比（简称锻比）K_L 来表示。即：

$$K_L = \frac{F_0}{F}$$

式中：F_0、F——拔长前后坯料的横截面积。

拔长是锻造轴类锻件的主要工序。拔长对轴类锻件的质量和生产率有重要的影响，如何通过合理地拔长工序使锻件较快地成形，并且尽可能提高内部质量，已成为重要大锻件，尤其是轴类锻件十分关注的问题。

3. 冲孔

在坯料上冲出通孔或盲孔的工序称为冲孔，各种空心锻件都要采用冲孔工序。常用的冲孔方法有实心冲孔、空心冲孔和垫环冲孔三种。表 7-1 中展示了实心冲孔，图 7-4 为空心冲孔，图 7-5 为垫环冲孔。

一般冲直径为 400 ~ 500mm 以下的孔，用实心冲孔。孔径大于 400mm 时用空心冲子冲孔，这样冲孔比较方便，而且能去掉芯部较差的金属。对于薄形坯料可在垫环上冲孔。空心冲孔与垫环冲孔时，冲孔芯料消耗比实心冲孔要大。

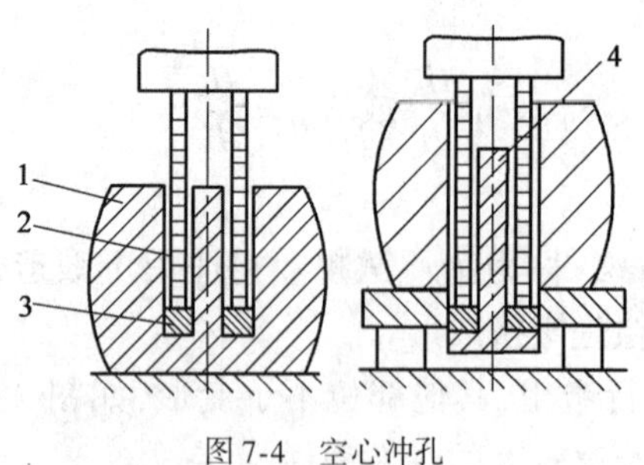

图 7-4　空心冲孔

1-坯料；2-冲垫；3-空心冲子；4-芯料

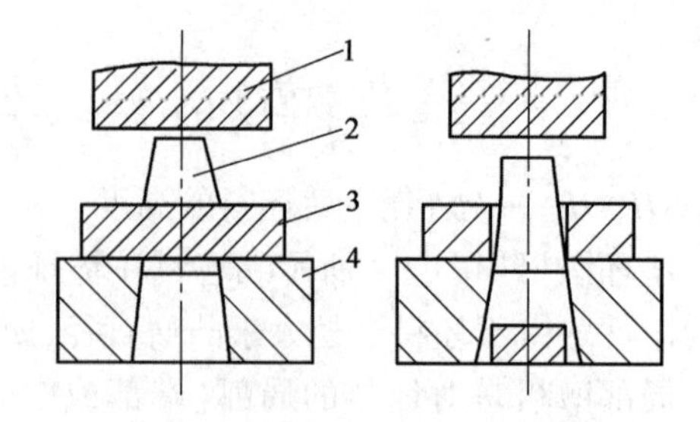

图 7-5　垫环冲孔

1-上砧；2-冲头；3-毛坯；4-垫环

4. 芯轴拔长

使空心坯料的外径减小，壁厚减薄而长度增加的工序，称为芯轴拔长。图 7-6 表示了芯轴拔长的概况，套在芯轴（拔长芯棒）3 上的空心坯料 1，在上平砧和下 V 型砧内拔长，外径逐渐减小而长度增加，变成为一个长圆筒形锻件。

由于芯轴拔长时坯料与工具接触，温度降低快，摩擦阻力大，容易产生壁厚不均匀，两端裂纹等质量问题。因此除了要求均匀加热、均匀转动，均匀压下之外，还要趁热先压两端，然后再拔长中部，拔长顺序如图 7-6 所示。这样的操作退芯棒也较为容易。

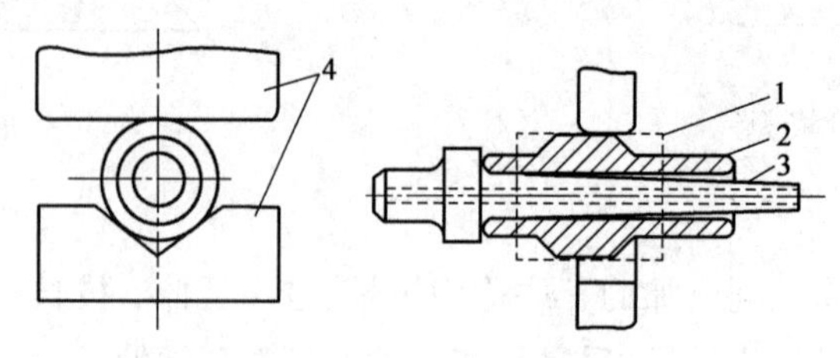

图 7-6　芯轴拔长

1-空心坯料；2-圆筒锻件；3-拔长芯轴；4-砧子

5. 芯轴扩孔

空心坯料在进行芯轴扩孔时，其内外径同时增大，壁厚减薄，高度略有增加，即金属主要沿切向流动，而沿锻件高度（H）方向流动很少，如表 7-1 所列，变形实质相当于坯料沿圆周方向拔长。冲孔后的坯料，套在支架（马架）支撑的扩孔芯棒上，当上砧压下坯料后，转动芯棒，边压边转，使孔径越扩越大。

芯轴扩孔用来制造圆环类锻件，如齿轮圈、大圆环等锻件都要采用芯轴扩孔方法锻制。

6. 弯曲

将坯料的轴线进行弯曲的工序称为弯曲工序，亦称压弯工序。弯曲用以锻压弯轴类锻件，如吊钩、曲轴等。

7. 错移

将坯料一部分相对另一部分相互平行错移开的锻造工序称为错移。多用来锻压曲轴类锻件。

8. 扭转

将坯料一部分相对于另一部分绕其共同轴线旋转一定的角度,这一工序称为扭转。它可用来制作曲轴、麻花钻等锻件。

9. 切割

用剁刀将坯料切开或者切断的工序,称为切割。如坯料切头,用剁刀在坯料上切口等。随着火焰切割技术的发展,可以用火焰切割代替剁刀切割。

10. 锻接

这是一个古老的操作工序,它是利用金属在高温时具有可焊性的特点,进行锻压焊合的方法。随着电焊技术的发展,锻接已经被焊接所代替了。

上述锻造基本工序中,对成形和质量影响最大的是镦粗、拔长和冲孔。这也是应用最多的基本工序,以下将对其作简要分析。

二、镦粗工序的分析

以平砧间镦粗圆柱体坯料为例(图7-7)。当坯料受压高度降低时,金属向四周流动。由于砧面与坯料间存在外摩擦,所以镦后形成鼓形,同时内部变形分布也不均匀。通过网格法试验测知,在接触面间因摩擦影响最大,形成上下两个难变形区(Ⅰ区)。难变形区边沿受剪应力作用塑性流动性较大,当压力足够大时,中心区域变形流动也大,形成大变形区(Ⅱ区)。侧内层变形量介于上述两区之间,称为小变形区(Ⅲ区)。

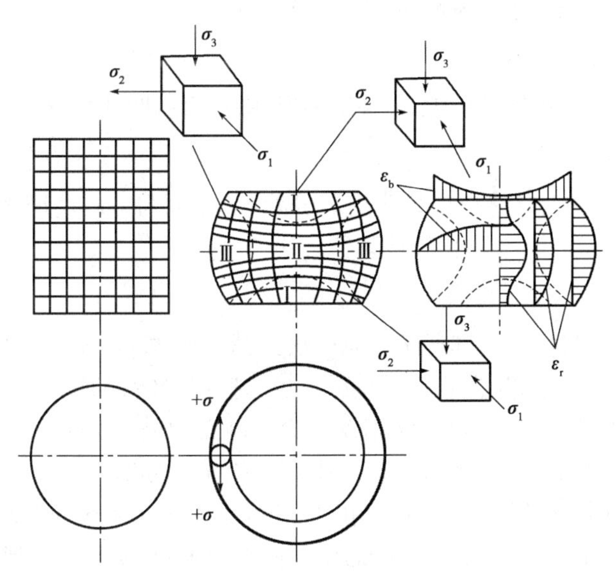

图7-7　平砧镦压圆柱体坯料的变形分析

Ⅰ-难变形区;Ⅱ-大变形区;Ⅲ-小变形区

除了外摩擦及变形力对坯料变形分布有影响外,坯料的形状和尺寸对变形也有影响。图7-8表示了圆柱坯料当高度与直径比不同时的变形情况。当镦粗坯料高径比(H_0/D_0)为1.5~2.5时,两端发生变形,成为双鼓形。其内部分为图示的Ⅰ、Ⅱ、Ⅲ、Ⅳ区,中段Ⅳ区为不变形区或均匀变形区。当高径比较小,压力较大时,则Ⅳ区均匀胀大。若高径比较大,压力较小时则Ⅳ区不发生变形。因为该区离端面较远,受摩擦影响小,所以呈如上的变形。当 $H_0/D_0=0.22\sim1$ 时,镦粗后内部难变形区相互嵌插,形成单鼓形。由于镦后直径较大,镦粗力加大,在端面难变形区Ⅰ区又分为黏滞区Ⅰ′(中心)及滑动区Ⅰ(外沿)。当 $H_0/D_0=1$ 时,坯料镦粗后变形如图7-7所示,外形亦为单鼓形,但其鼓肚比高径比小的坯料大。

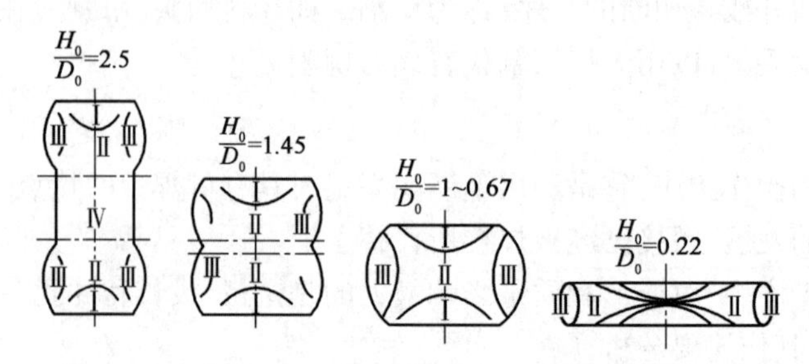

图7-8　不同高径比坯料镦粗时鼓形情况与变形分布

Ⅰ-难变形区;Ⅱ-大变形区;Ⅲ-小变形区;Ⅳ-不变形区或均匀变形区;Ⅴ-黏滞区

上述不均匀变形对锻件质量有一定的影响。由于侧面出现鼓形,要增加修整工序来消除鼓肚。此外Ⅲ区受Ⅱ区金属挤压,表层产生拉应力,可能引起表面纵裂。Ⅱ区内金属流动激烈,并受剪应力作用。当变形速度较快时,可能产生过烧或十字裂纹。Ⅰ区变形程度最小,晶粒粗大。为了提高锻件的质量,要求尽量减小鼓形,提高变形的均匀性,消除附加应力,锻造中可以采取如下措施减少不均匀变形。

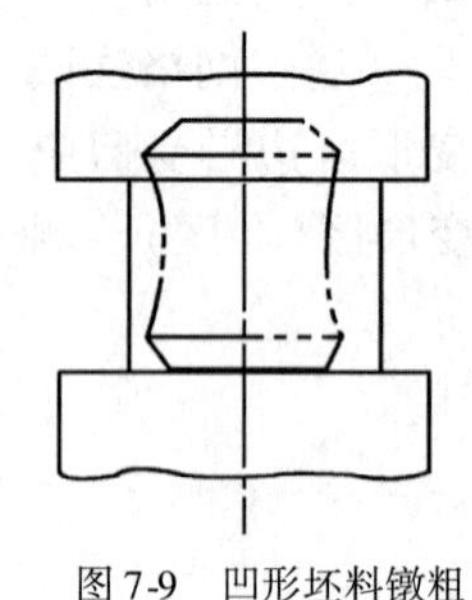

图7-9　凹形坯料镦粗

1. 凹形坯料镦粗

如图7-9所示,采用凹形坯料,镦后凹处鼓出,所以外形显得均匀。

2. 软金属垫镦粗

如图7-10所示,镦粗时软金属垫率先流动,减少了砧面与坯料的摩擦,侧表面鼓形较小。同时内部的难变形区也减小,变形比较均匀。

3. 叠镦

例如,镦锻涡轮盘锻件时,因其形状呈薄饼状,质量要求极高,不允许晶粒度差别过大。因此采用将两个坯料叠起来镦粗,镦到侧面呈鼓形后,把两件坯料翻转180°再叠起来镦粗,镦到侧面为圆柱形为止(图7-11)。这种方法不仅消除了侧面的鼓肚,而且每个坯料的端面层先后于易变形区变形,因而消除了难变形区的影响,使变形分布均匀。

此外,为了锻合坯料内部缺陷,减小镦粗力,镦粗前坯料应加热到最高允许温度。在合理的应力应变状态下,加上高温扩散作用,铸态结构能充分破碎,缺陷会得到焊合。

在垫环内镦粗时,如图7-12所示,外缘金属沿着径向流向四周,使锻件直径扩大。中心金属则沿轴向流入环孔,使凸肩高度增大。可以想象,这两部分金属中间存在一个不产生流动的“分流面”。分流面位置与下列因素有关:坯料的高径比(H_0/D_0)、环孔与坯料直径之比(d/D_0)、变形程度$\left(\varepsilon_H=\frac{H_0-H}{H_0}\right)$、环孔的斜度及摩擦条件等。

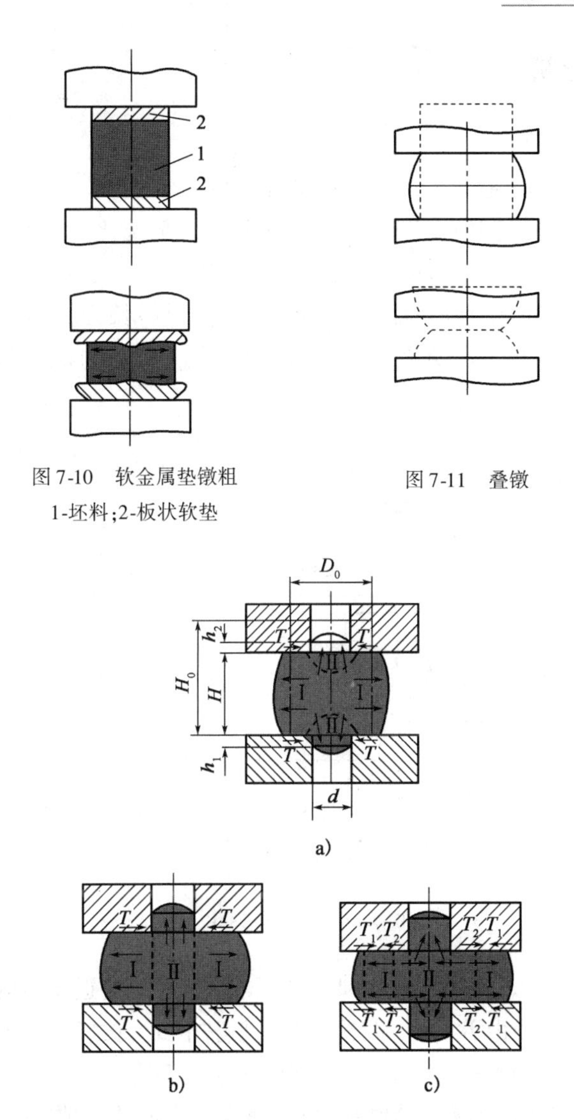

图 7-10　软金属垫镦粗

1-坯料;2-板状软垫

图 7-11　叠镦

图 7-12　垫环镦粗时金属的变形

关于坯料尺寸、垫环孔径和变形程度对金属流动的影响,可以从图 7-12 所示的变形过程中看出。图 7-12a)表示 $H_0/D_0>1$ 的坯料,开始镦粗阶段,这时分流面在环孔附近,大部分金属流向四周,而且坯料在摩擦力 T 作用下产生了鼓形。由于流入环孔的Ⅱ区金属很少,故凸肩高度的增量($\Delta h=h_1+h_2$)小于压下量($\Delta H=H_0-H$)。图 7-12b)表示坯料继续镦粗,坯料中心金属开始向环孔流动,Ⅱ区扩大,分流环面增大,凸肩高度增量接近于压下量。图 7-12c)表示镦粗压下量很大时,镦粗直径很大,分流环面增大超出了环孔直径,凸肩高度增量则大于压下量。T_1、T_2是金属流动时的摩擦阻力。

关于金属能否向环孔里流动形成凸肩的问题,除了考虑孔壁外摩擦影响外,还要考虑孔壁斜度分力的影响。斜度越大,垂直分力越大,越不利于凸肩的形成。

一般情况下,镦粗时高径比应小于 2.5~3,否则镦粗时容易产生纵向弯曲缺陷。

三、拔长工序的分析

1. 拔长变形的特点

拔长与镦粗的不同之处,在于每次压缩只是坯料的一部分而不是全部变形。不变形部分(刚端)对变形部分又有影响,限制其变形。所以拔长变形情况比镦粗要复杂一些。图 7-13 表示了拔长变形的情况,截面积为 $b_0 \times h_0$ 的坯料,经一次压缩变成 $b \times h$ 截面。每步变形区的分析如图 7-13 所示。设变形前长为 l_0、宽为 b_0、高为 h_0,变形后长为 l、宽为 b、高为 h。$h_0 - h = \Delta h$ 称为压下量,$b - b_0 = \Delta b$ 称为展宽量,$l - l_0 = \Delta l$ 称为延伸量。每次拔长中 l_0 为送进量,l_0/h_0 为相对送进量。

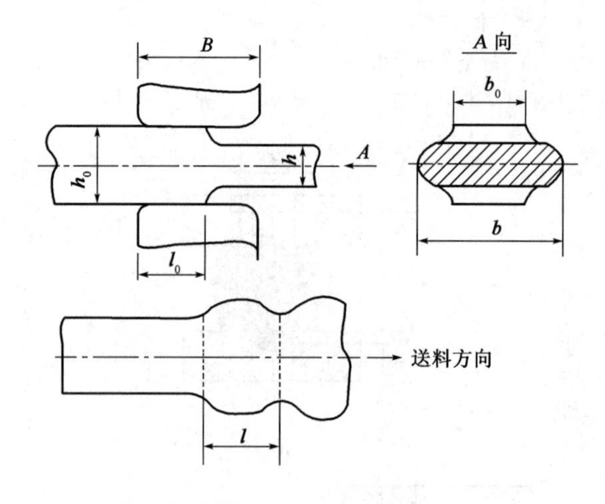

图 7-13 拔长变形分析

根据最小阻力定律,当 $l_0 = b_0$ 时,考虑到刚端影响,Δl 只能接近于 Δb;当 $l_0 > b_0$ 时,则 $\Delta l < \Delta b$;当 $l_0 < b_0$ 时,则 $\Delta l > \Delta b$。由此可知采用小送进量拔长时,拔长效率较高。但是送进量过小,压下次数增多,反而会影响拔长速度,还可能产生折叠现象。为了提高拔长效率可以采用圆弧砧或 V 型砧拔长,这时横向流动受限制,拔长速度比平砧拔长要快。

每步拔长时,坯料内应力应变状态与镦粗时变形分区状态相似。但拔长时,往往反复送进多次,翻转多次,因此坯料内部变形分布较为均匀。

2. 影响拔长质量的工艺因素

若拔长时变形分布和应力状态不合适,则会产生裂纹、锻不透、心部难以锻合等缺陷。通过调整送进量、压下量、砧子形状和操作方法等工艺,可以防止缺陷的产生和发展。

(1)送进量的影响

拔长时,当送进量大,且锻压力足够时,则坯料能均匀锻透,中心变形量大且受表层摩擦阻力的影响,处于压应力状态,因而心部孔隙易被压合。如果坯料这时处于高温状态,则孔隙将能被锻合压实。当送进量过小,而且锻压力又较小时,则变形仅局限在表层,中心处于被牵连变形的状态,容易产生内裂,如图 7-14 所示,而且表面还容易产生折叠。

实践证明,送进量(l_0/h_0)为 0.5 ~0.8 时,拔长效果最好。

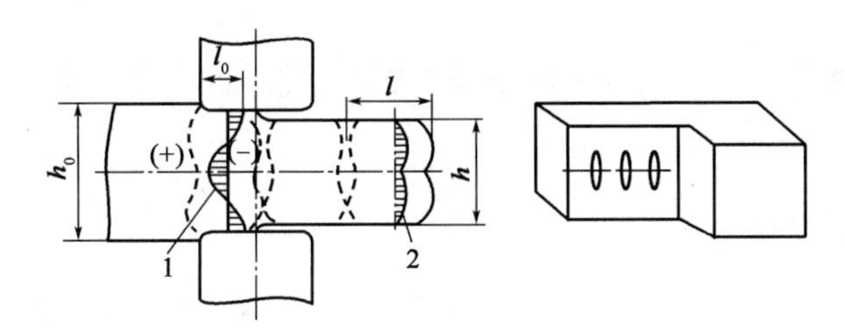

图 7-14 当送进量过小时产生内裂纹的情况

1-轴向应力;2-轴向应变

(2)压下量的影响

如图 7-15 所示,增加压下量可使心部变形程度增大,有利于压合心部孔隙缺陷。所以,当前采用高温、宽砧及强压的方法(WHF 法),已证明是锻合大型锻件心部孔洞性缺陷的有效手段。

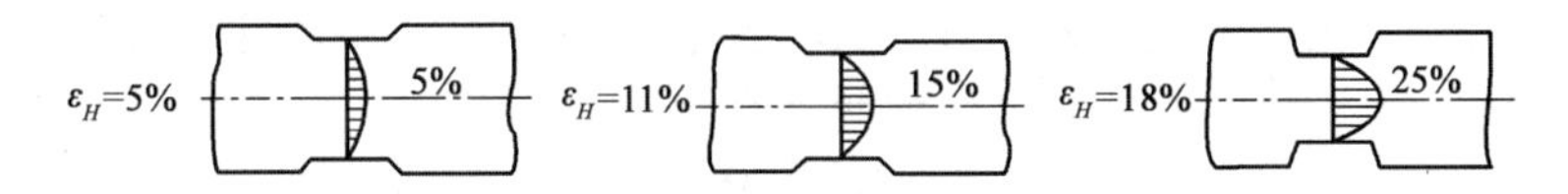

图 7-15 拔长压下量对变形分布的影响

但是压下量的大小,还要受钢料塑性和下步锻压时尺寸条件的限制,也就是说,第一步压下后,坯料不会产生裂纹,且在第二步翻转下压时不会发生折叠现象。

(3)砧子形状的影响

砧子形状尺寸不仅对拔长效果有影响,而且对内部应力状态和变形分布也有影响。常见的砧子形状有上下 V 型砧、上平砧下 V 型砧和上下平砧等,如图 7-16 所示。

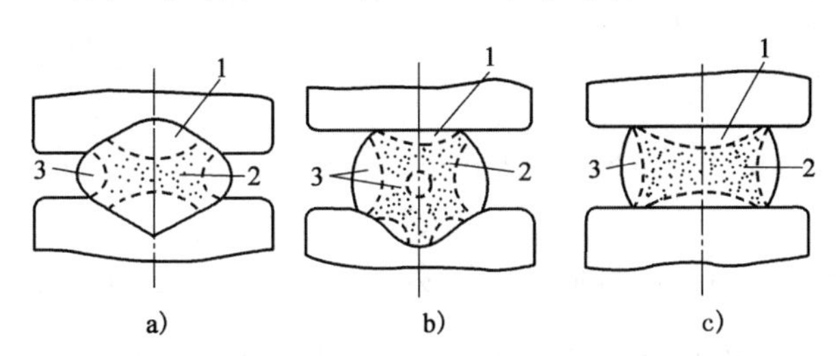

图 7-16 砧子形状对坯料拔长时变形分布的影响

a)上下 V 型砧;b)上平砧下 V 型砧;c)上下平砧

1-难变形区;2-大变形区;3-小变形区

实践证明,上下 135°V 型砧或上下圆弧砧锻造,坯料内部应力应变状态最好,比较容易压合孔洞性缺陷,而且拔长速度最快。

上平砧下 V 型砧拔长时,变形分布不对称,最大变形区不在中心,容易引起轴线偏移,中心孔洞较难压合。

上下平砧拔长速度较慢,宽砧强压锻透效果较好。相反,窄砧轻压容易造成表面变形而中心拉裂的缺陷。

(4)操作方法的影响

拔长操作时,每次锻压位置要尽可能交错,这样变形分布比较均匀,内部组织结构也比较一致。

总之,要研究各种因素对拔长效率和质量的影响,并掌握各因素间相互关系和变化规律,从而确定合理的拔长工艺参数。

四、冲孔工序的分析

对冲孔进行分析,冲头下面的坯料,受冲头压缩变形,相当于圆柱体镦粗。但这种圆柱体镦粗的边界不是自由的,它受到四周包围的环形坯料金属的限制。与此同时,圆环受到坯料中心部分的内压,产生扩孔变形。由于坯料是一个整体,所以冲孔时,一方面冲头下面金属被压缩胀大,另一方面坯料整个高度被拉低,外形产生一定的畸变,侧面受到拉应力。

冲孔时坯料形状的变化与坯料直径 D_0 和冲孔直径 d 之比有一定的关系,如图 7-17 所示。

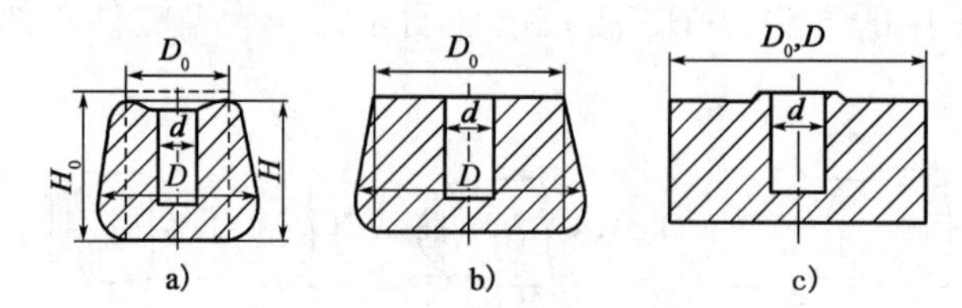

图 7-17　冲孔时坯料外形变化与其直径和冲孔直径的关系

a) 当 $\frac{D_0}{d}\leqslant 2\sim 3$ 时;b) 当 $\frac{D_0}{d}=3\sim 5$ 时;c) 当 $\frac{D_0}{d}>5$ 时

当冲孔直径相对较大时 $\left(\frac{D_0}{d}=3\sim 5\right)$,冲孔后,坯料外形变化不大,仅外径增大。

当冲孔直径相对很大时 $\left(\frac{D_0}{d}\leqslant 2\sim 3\right)$,冲孔后坯料被拉缩变低,周边金属上翘,外形畸变较严重。

当冲孔直径相对很小时 $\left(\frac{D_0}{d}>5\right)$,冲孔后在冲头附近挤出一个凸台。这是由于环壁太厚,扩径困难,所以多余金属只有挤向端面。一般实心冲孔时,$\frac{D_0}{d}\geqslant 2.5\sim 3$,$H_0\leqslant D_0$ 比较合适。

各种锻件的变形工艺,其实都是基本工序的不同排列组合。所以,只要了解了各基本工序的特点和变形规律,就能分析锻造工艺过程。

第二节　中小锻件锻造工艺规程的制订

锻造工艺规程是指导锻造工艺过程的技术文件。它具体规定了锻压工艺的原则和方法等,并以锻压工艺卡片和各种工艺规范加以描述。锻造工艺规程在锻造生产工作中应该严格遵守,才能保证生产出合格锻件。

各类锻件锻造工艺规程内容基本相同,制订原则也基本相同。但是也有一些特点,例如中小型锻件注重成形问题,大型重要锻件则注重提高内在质量问题。

锻造工艺规程必须是技术上先进可行,经济上合理、节约,操作上安全、可靠。必须理论结合实际。才能制订得好。

一、工艺规程的内容和制订步骤

(1)绘制锻件图,拟订锻件技术条件。

(2)计算坯料重量,选择坯料尺寸。

(3)确定变形工步,选择通用工具和设计专用工具。

(4)选择锻压设备。

(5)决定锻造温度范围、火次和冷却规范。

(6)确定热处理规范。

(7)编制工时定额。

(8)填写锻造工艺卡片等。

二、锻件图的绘制

锻件图是编制锻造工艺,设计工具、夹具、量具,指导生产和验收锻件的主要依据。它是根据零件图并考虑了锻造余块、加工余量、锻造公差、检验试样及工艺卡头等绘制而成的。

凡是锻造后还要进行机械加工的锻件,都要在表面留一层供机械加工的余量。机械加工余量的大小,取决于零件的形状、尺寸、精度、粗糙度、工具、设备精度以及工人技术水平等。加工余量越小,原材料利用率越高,机械加工工时越少,但锻造难度越大。所以确定合理的机械加工余量的原则是:在技术可行和经济合理的条件下,尽量减小加工余量,提高锻件精度。

在锻造操作时,由于工人技术水平、热态下的测量误差、终锻温度的差异以及工具和设备的技术状态等原因,锻件实际尺寸和公称尺寸间常常存在一定的偏差,这一偏差范围,称为锻造公差。小于公称尺寸的部分,称为负公差。锻件无论需要机械加工与否,都要注明锻造公差。显然锻件尺寸大者,其加工余量和锻造公差较大。因此,锻件的余量和公差,可按尺寸查找有关表格确定。余量和公差的相互关系如图 7-18 所示。

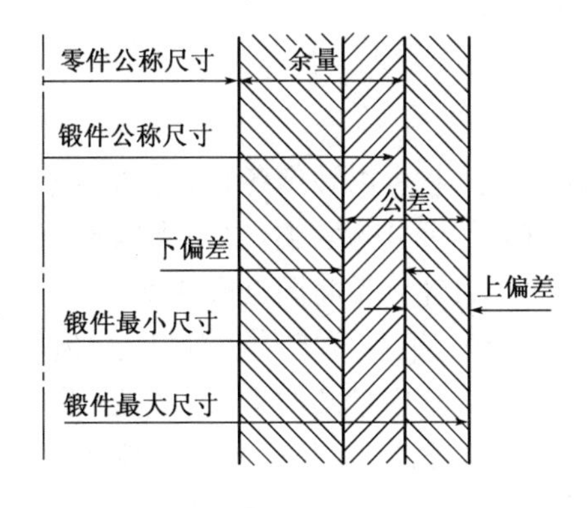

图 7-18　锻件各种尺寸的关系

为了简化锻件的形状和锻造工艺,在锻件的某些部分会添加一部分大于加工余量的金属,这部分附加的金属叫作余块,如图 7-19 所示。

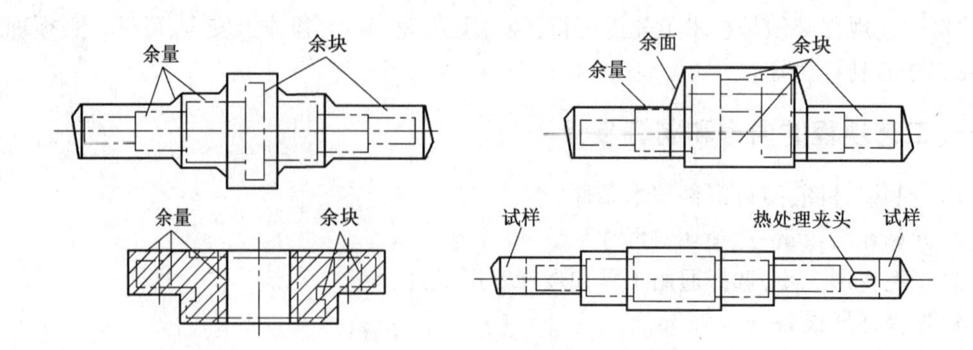

图 7-19　锻造余块示意图

若台阶轴类零件,相邻台阶直径相差不大时,可在直径较小的地方添加锻造余块。若零件上凸缘较短时,可在凸缘两端加余块。对零件上的小孔,窄的凹挡和难以锻出的齿形等部分都可加余块。这样可以方便锻造成形,但是添加余块将使机械加工量增大,金属消耗增加。所以加不加余块,要综合考虑锻造工时、机械加工工时、锻件材料消耗等因素再行决定。

对于某些重要锻件,为了检验锻件内部组织和机械性能,还要在锻件上具有代表性的地方留出试样余料。有些锻件锻后要吊挂起来热处理,还需要留出热处理卡头。有的还要求留出机械加工夹头。

考虑上述问题以后,即可着手绘制锻件图。锻件图的画法是:锻件形状用粗实线画,零件轮廓形状用细实线或假想线画在锻件图内。这样可以清楚地看出加工余量和锻造余量的大小及分布状况。锻件尺寸和锻件公差写在尺寸线上面,零件尺寸加括号后标注在尺寸线下面。在锻件图上还需注明检验试样、热处理卡头的位置等信息。

锻造技术条件应根据零件订货要求拟订,如果为普通锻件则按工厂通用技术条件进行验收,在技术要求中要规定出原材料性质与状态、锻造比、热处理种类、外观和质量检查的要求以及特别说明等。

三、锻件的分类与工序选择

1. 锻件的分类

自由锻是一种十分灵活的工艺,它可以锻出各种各样的锻件。根据形状相似,变形过程相近的锻件归为一类的方法,自由锻件可分为六类:饼块类锻件、空心锻件、轴类锻件、曲轴类锻件,弯曲形锻件和复杂形状锻件。锻件分类简图见表 7-2。

(1)饼块类锻件,包括各种圆饼、圆盘、立方块。如叶轮、齿轮坯、模块、锤头等。饼块类锻件轴线短,其主要变形工序是镦粗。其中带凸肩者要采用垫环镦粗,带孔者还需要冲孔。

图 7-20 是带凸台齿轮的锻造过程,它采用了下料、镦粗(平砧和垫环镦粗)、冲孔、修整等工序。对模块、锤头这类锻件,往往还要采用反复镦粗拔长,以提高内部机械性能。

(2)空心锻件,包括各种圆环、圆筒,如齿圈、轴承环、套环、缸体、空心轴等。锻造空心锻件的基本工序有镦粗、冲孔、芯轴扩孔或芯轴拔长。

图 7-21 为圆环锻造过程,图 7-22 为圆筒锻造过程。

自由锻锻件分类　　表 7-2

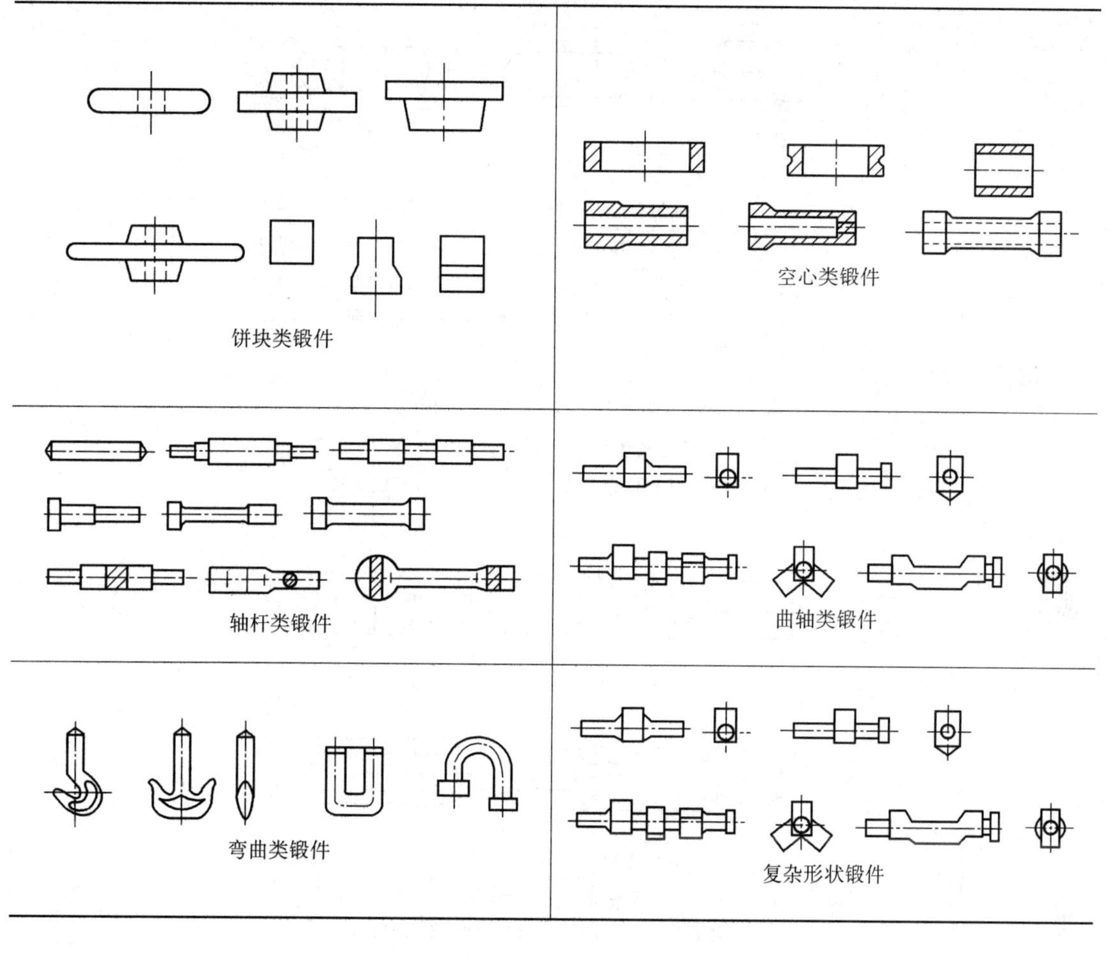

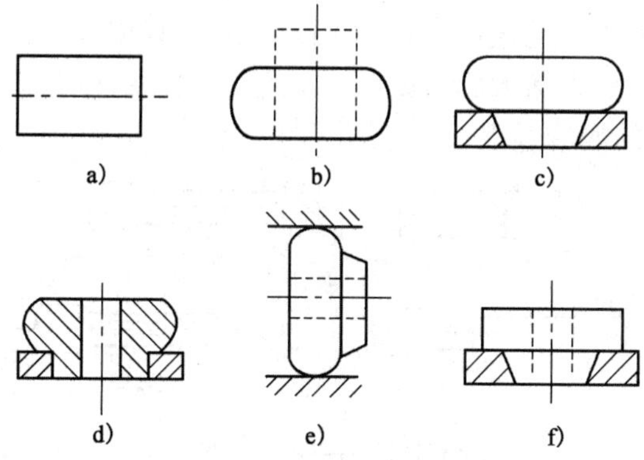

图 7-20　齿轮坯的锻造过程

a)坯料;b)镦粗;c)垫环镦粗;d)冲孔;e)滚圆;f)平整端面

(3)轴类锻件是指各种圆截面实心轴,如转轴、轧辊、立柱、拉杆、主轴等,以及矩形、工字形等截面的长轴线锻件,如杠杆、长梁、连杆、摇杆、推杆等。

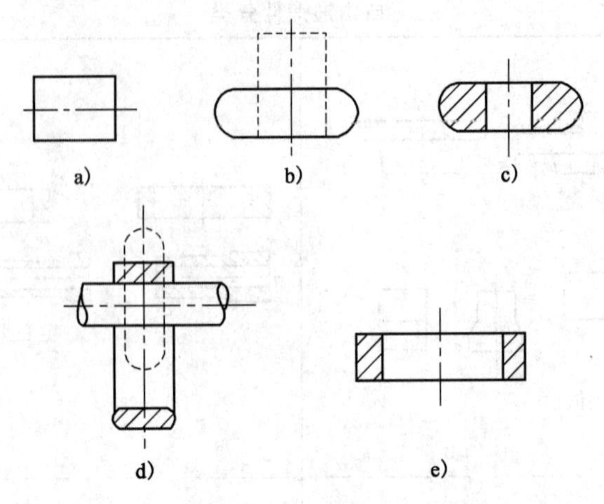

图 7-21　圆环锻造过程

a）坯料；b）镦粗；c）冲孔；d）芯轴扩孔；e）平整端面

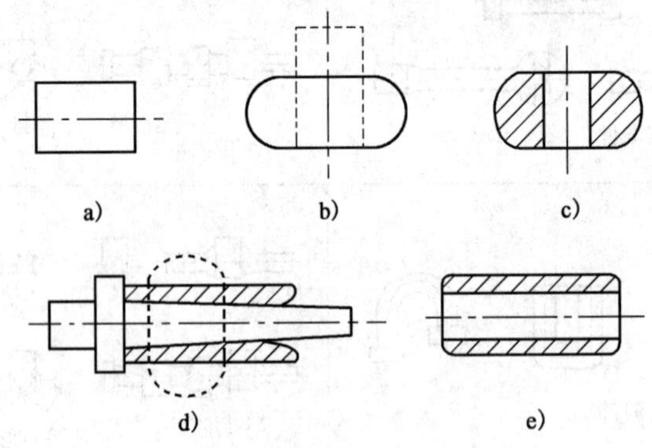

图 7-22　圆筒锻造过程

a）坯料；b）镦粗；c）冲孔；d）芯轴拔长；e）锻件

锻造轴类锻件的主要工序是拔长。对一般杆类锻件，只用拔长即可成形，而对质量要求较高者，则要求增加镦粗工序，以增大后续拔长工序的变形程度，改善横向机械性能。

图 7-23 是机车摇杆的锻造过程。

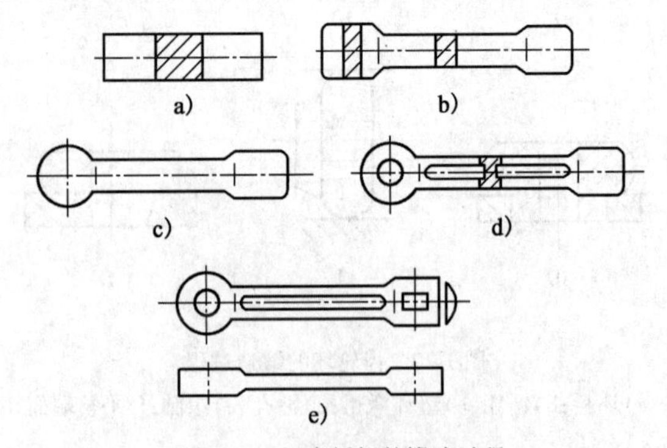

图 7-23　机车摇杆的锻造过程

a）坯料；b）扁方拔长；c）切扣大头；d）大头冲孔杆部压槽；e）小头冲孔切头

(4)曲轴类锻件,因为曲轴形状复杂,式样繁多,锻压工艺各不相同。但自由锻曲轴的基本工序多为拔长坯料,然后用错移法、扭转法等锻制出曲拐。图 7-24 便是一种三拐曲轴的锻造过程。

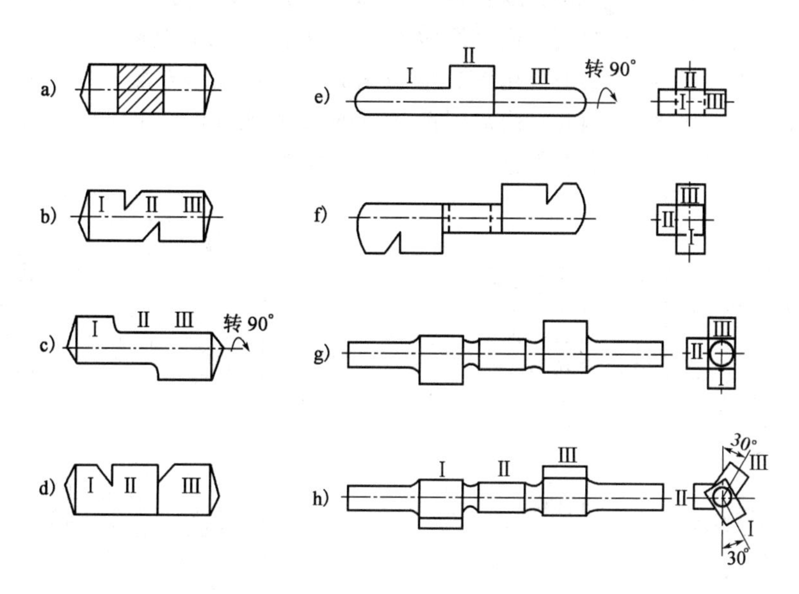

图 7-24 三拐曲轴的锻造过程

a)坯料;b)压槽;c)错移;d)翻转压槽;e)压扁方;f)翻转压槽;g)压轴颈;h)扭转

(5)弯曲类锻件,其特点是具有弯曲的轴线,如吊钩、曲杆、弯杆等。它们一般是先将坯料拔成要求的截面形状,然后压弯而成。图 7-25 是起重机吊钩的锻压过程。

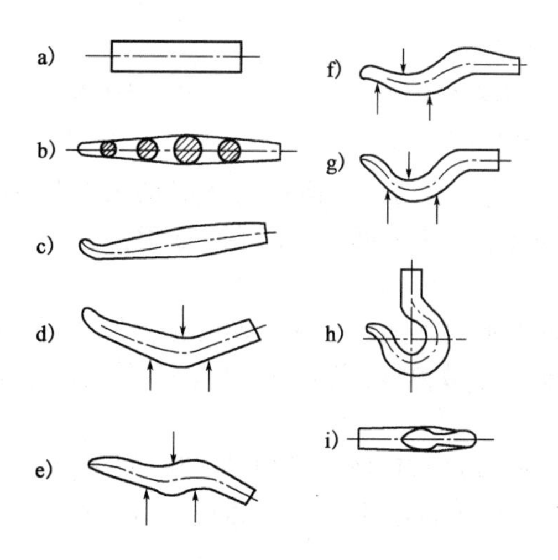

图 7-25 吊钩的锻压过程

a)坯料;b)摔杆;c)弯曲头部;d)弯曲根部;e)翻转后弯根;f)弯曲端部;g)弯曲中部;h)直立镦弯;i)锻出斜面

(6)复杂形状的锻件,如伐体、叉杆、十字轴等。这类锻件一般采用组合锻造或胎膜锻造工艺。

2. 编制变形工艺与确定锻造比

变形工艺是十分灵活的,要综合考虑锻件技术要求、工人技术水平与经验、生产组织管理水平、设备和工具条件、生产数量及原材料状态等才能订出合理的变形方案。

各类型锻件的典型变形过程,上面已经做了简要的介绍,然而具体参数、工序尺寸还有待研究。根据多年生产经验,空心锻件用图 7-26 及图 7-27 选用变形方案。但是这些图表都是在一定生产条件下总结出来的,因此具有局限性,使用时要多加分析。工序尺寸和工艺参数的确定既要保证能迅速锻造成形,又要保证能得到较高的内部质量。

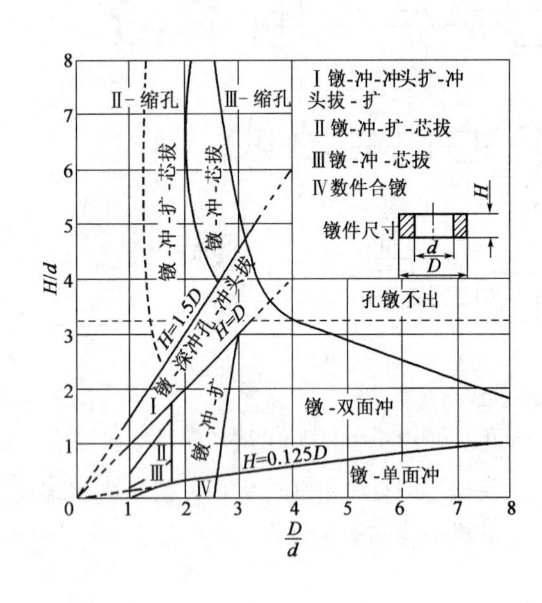

图 7-26　锤上锻造空心锻件的工艺方案选择图线

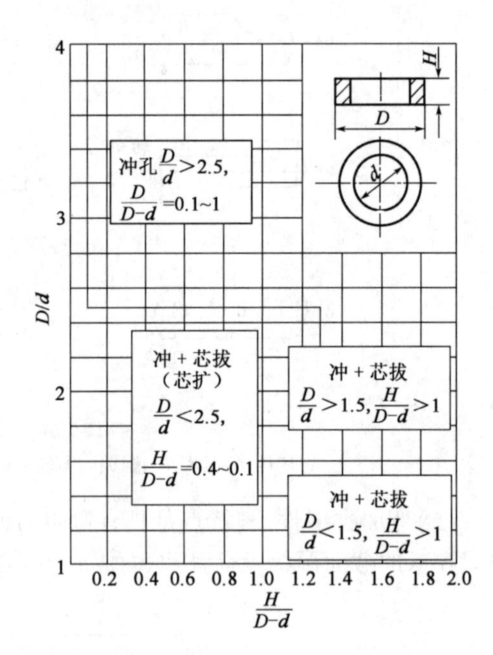

图 7-27　水压机上锻造空心锻件的工艺方案选择图线

确定工序尺寸时应注意以下各点:

(1)必须符合各工序的变形规则。如镦粗前坯料的高径比不能超过 2.5～3;拔长的相对送进量 l_0/h_0 控制在 0.5～0.8 之间;冲孔直径与坯料直径之比要保证冲孔后畸变量最小等。

(2)必须估计到各工序变形时坯料尺寸的牵连变化。如锻压台阶轴时,凸台棱角可能被拉成圆角;冲孔后坯料高度可能被拉缩;镦粗时产生鼓肚等,这就需要增加一定保险量和修整量。

(3)分段变形时,要保证各段用料足够。如锻带凹陷的多台阶轴时,成形前的压槽号印,一定要保证下一步成形时,各段用料足够,否则会造成料不足或分配不合理而报废。

(4)工序尺寸要考虑到返炉加热时能够装炉、起吊方便等。

在生产实际中,锻造比是一个十分重要的工艺参数,它以坯料尺寸与锻件尺寸的比来表示。锻造比越大说明锻造变形量越大,锻造劳动量越大。所以锻造比又是选择坯料,评价质量和经济效益的参考指标。

各种工序锻造比的计算方法如表 7-3 所示。

锻造时各工序分锻比与总锻比的计算方法 表 7-3

序号	锻造工步	变形简图	总锻比
1	钢锭拔长	D_1 D_2	$K_L=\frac{D_1^2}{D_2^2}$
2	坯料拔长	D_1 l_1 D_2 l_2	$K_L=\frac{D_1^2}{D_2^2}$或$K_L=\frac{l_2}{l_1}$
3	两次镦粗拔长	D_0 D_1 l_0 l_1 D_2 l_2 D_3 l_3 D_4 l_4	$K_L=K_{L_1}+K_{L_2}=\frac{D_1^2}{D_2^2}+\frac{D_3^2}{D_4^2}$ 或$K_L=\frac{l_2}{l_1}+\frac{l_4}{l_3}$
4	芯轴拔长	d_0 D_0 l_0 d_1 D_1 l_1	$K_L=\frac{D_0^2-d_0^2}{D_1^2-d_1^2}$或$K_L=\frac{l_1}{l_0}$
5	芯轴扩孔	D_0 d_0 l_0 D_1 d_1 l_1	$K_L=\frac{F_0}{F_1}=\frac{D_0-d_0}{D_1-d_1}$或$K_L=\frac{l_0}{l_1}$
6	镦粗	H_1 H_0 H_1 H_2	轮毂 $K_H=\frac{H_0}{H_1}$ 轮缘 $K_H=\frac{H_0}{H_2}$

一般而言,钢锭中铸造缺陷严重,晶粒粗大,需要一定的锻造比才能压实。其中合金钢锭比碳钢锭缺陷更多,所以碳钢锻件最佳锻造比为2~3,而合金结构钢则为3~4。

相同工序的锻造变形能形成所谓异向性和纤维组织。对一般结构钢锻件,锻造比取2~2.5;但当零件受力方向与纤维方向一致时,锻造比可达到4。另外,一些高合金钢如高速钢为了打碎内部的碳化物偏析,要求镦拔联合以达到更大的锻造比。

典型锻件的锻造比如表7-4所示。

典型锻件的锻造比 表 7-4

锻件名称	计算部位	总锻比	锻件名称	计算部位	总锻比
碳素芯轴类锻件 合金芯轴类锻件	最大截面 最大截面	2.0~2.5 2.5~3.0	曲轴	曲拐 轴颈	≥2.0 ≥3.0

续上表

锻 件 名 称	计算部位	总锻比	锻 件 名 称	计 算 部 位	总 锻 比
热轧辊	辊身	2.5～3.0①	锤头	最大截面	≥2.5
冷轧辊	辊身	3.5～5.0②	模块	最大截面	≥3.0
齿轮轴	最大截面	2.5～3.0	高压封头	最大截面	3.0～5.0
船用尾轴、中间轴、推力轴	凸缘 轴身	>1.5 ≥3.0	汽轮机转子 发电机转子	轴身 轴身	3.5～6.0 3.5～6.0
水轮机主轴	凸缘 轴身	最好≥1.5 ≥2.5	汽轮机叶轮 旋翼轴、涡轮轴	轮毂 凸缘	4.0～6.0 6.0～8.0
水压机立柱	最大截面	≥3.0	航空用大型锻件	最大截面	6.0～8.0

注：①一般取3.0，对小型轧辊可取2.5；

②支承辊锻比可减小到3.0。

四、坯料重量的计算和坯料尺寸的确定

1. 坯料重量的计算

坯料重量$G_{坯}$为锻件重量$G_{锻}$和各项金属损耗重量$G_{损}$之和。即

$$G_{坯} = G_{锻} + G_{损}$$

其中，$G_{锻}$为锻件重量，等于锻件体积与材料密度之积。锻件体积一般按公称尺寸计算，若锻件形状不规则，可将其简化为几个简单形状的部分分别计算，然后相加求出锻件的总体积。对于大锻件算料时，还应考虑一些附加料，例如相邻台阶处余面料重，如图7-28所示。

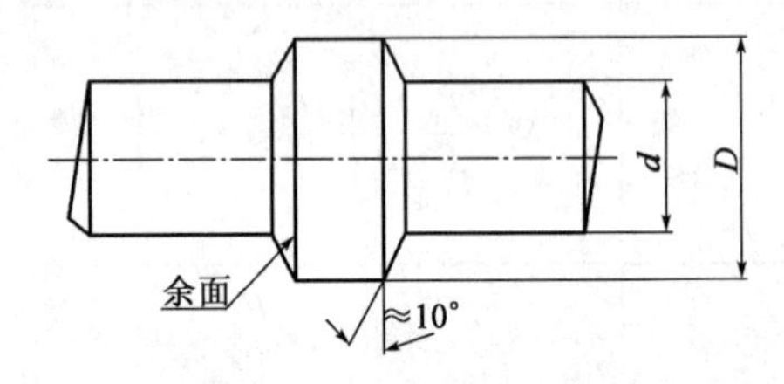

图7-28　台阶轴锻件的余面

$G_{损}$为工艺损耗重量，包括加热火耗$G_{火}$、冲孔芯料$G_{芯}$和端部切头$G_{切}$。若用钢锭锻造，还有切冒口的重量$G_{冒}$和切除底部的重量$G_{底}$。

加热火耗$G_{火}$一般按坯料重量火耗百分比计算。其值大小和加热设备状况、加热方式、坯料形状和尺寸、原材料性质以及加热温度等有关。通常火焰炉加热，第一火取1.5%～3%，以后各火取1.5%，空心锻件加热取上限。电加热取0.5%～1%。

空心锻件的冲孔芯料损失（$G_{芯}$）可用下式计算：

实心冲孔：$$G_{芯} = (1.18 \sim 1.57)d^2H \quad (\text{kg})$$

空心冲孔：$$G_{芯} = 6.16d^2H \quad (\text{kg})$$

垫环冲孔：$$G_{芯} = (4.32 \sim 4.71)d^2H \quad (\text{kg})$$

式中：d——冲孔直径，dm；

H——冲孔时的坯料高度，dm。

端部切头损失（$G_{切}$），长轴线类锻件端部切头量可用下式计算，

圆形截面：$$G_{切} = (1.65 \sim 1.8)D^3 \quad (\text{kg})$$

矩形截面：$$G_{切} = (2.2 \sim 2.36)B^2H \quad (\text{kg})$$

式中：D——锻件的端部直径，dm；

B、H——锻件端部矩形截面的宽与高，dm。

在水压机上锻造时，取下限系数，在锻锤上锻造时取上限系数。

用钢锭锻造时，冒口、底部的切除率如下：

碳素钢锻件，冒口切除18% ~25%；底部切除5% ~7%。合金钢锻件，冒口切除25% ~30%；底部切除7% ~10%。

2. 坯料尺寸的确定

锻造工序不同，确定坯料尺寸的方法也不同。

采用镦粗成形时，$H_0/D_0 = 1.25 \sim 2.5$，前者是防止坯料过短下料困难，后者则为了避免镦粗时产生纵向弯曲。

对圆坯料：
$$D_0 = (0.8 \sim 1.0)\sqrt[3]{V_{坯}}$$

对方坯料：
$$A_0 = (0.75 \sim 0.90)\sqrt[3]{V_{坯}}$$

式中：$V_{坯}$——坯料体积；

D_0、A_0——坯料直径或边长。

当坯料直径(D_0)或边长(A_0)确定后应按国家材料规格标准选取标准直径。坯料高度可由下式计算：

$$H_0 = \frac{V_{坯}}{F_{坯}}$$

式中：$F_{坯}$——坯料截面积。

采用拔长成形时，要考虑拔长锻造比K_L和修整量。那么坯料截面积$F_{坯}$等于相应锻件截面积($F_{锻}$)乘以规定的锻造比(K_L)。即

$$F_{坯} = K_L \cdot F_{锻}$$

于是坯料长度L_0为：

$$L_0 = \frac{V_{坯}}{F_{坯}}$$

3. 钢锭规格的选择

钢锭的重量通常根据不同类型锻件的钢锭利用率先按下式概略计算，

$$G_{锭} = \frac{G_{锻}}{\eta}$$

式中：$G_{锭}$——钢锭重量；

η——钢锭利用率(按锻件类型考虑了金属材料各种耗损后确定)。

锻件所用钢锭规格，按计算重量和工艺要求，查工厂钢锭规格表确定。

五、锻压设备的选用

选用锻压设备一般先计算锻造变形力或变形功，保证能使锻坯充分有效地变形，而且设备的技术特性能满足锻压技术要求，同时要考虑设备负荷的平衡和能量的节约，即在车间设备负荷均衡的情况下，尽量选择较小吨位的设备。

计算锻件变形力或变形功的方法分为理论计算法和经验类比法两种。

1. 理论计算法

一般可按工艺中镦粗工序计算,因为镦粗所需的变形力或变形功最大。无须镦粗的锻件也可按拔长工序计算锻压变形力或变形功。

(1)圆柱体坯料镦粗变形力的计算

当$\frac{H}{D}\geqslant 0.5$时

$$P_1 = F_1\left[\sigma_s\left(1 + \frac{\mu}{3}\frac{D}{H}\right)\right]$$

式中:P_1——镦粗变形力;

σ_s——钢料在镦粗时的真实应力;

μ——摩擦系数(热锻时取$\mu = 0.3 \sim 0.5$);

D、H——镦粗终了时,锻坯的直径和高度;

F_1——锻坯和工具接触面积(即锻坯与砧子接触投影面积)。

当$\frac{H}{D}\leqslant 0.5$时

$$P_1 = F_1\left[\sigma_s\left(1 + \frac{\mu}{4}\frac{D}{H}\right)\right]$$

(2)坯料拔长变形力的计算

$$P_2 = F_2\left[1.15\sigma_s\left(1 + \frac{\mu}{3}\frac{l_0}{h}\right)\right]$$

式中:P_2——坯料拔长变形力;

l_0——最大送进量;

h——锻坯高度;

F_2——坯料与砧面的接触投影面积(即最大送进量与坯料宽度之积)。

按以上计算的变形力可以选择锻造水压机的吨位,对于在锤上锻造的锻件则按变形功来确定锻锤吨位。

(3)圆柱坯料镦粗变形功的计算

$$A = \sigma_s V\left[\ln\frac{H_0}{H} + \frac{1}{9}\left(\frac{D}{H} - \frac{D_0}{H_0}\right)\right]$$

式中:A——圆柱坯料镦粗变形功;

V——坯料体积;

D_0、H_0——坯料镦粗前的直径和高度;

D、H——坯料镦粗后的直径和高度。

若取锻锤打击速度为6.5m/s,打击效率为0.8,则锻锤吨位G可按下式计算。

$$G = \frac{A}{1.72} \quad (\mathrm{kg})$$

2. 经验类比法

该法是按照生产经验总结成的工程图表或简单的经验公式,然后根据锻件形状尺寸或者重量查找有关图表选择锻压设备。例如工厂采用的锻锤能力范围表,如表7-5所列。

自由锻锤的锻造能力 表7-5

锻件类型 \ 设备吨位(t)		0.25	0.5	0.75	1.0	2.0	3.0	5.0
圆饼	D(mm)	<200	<250	<300	≤400	≤500	≤600	≤750
	H(mm)	<35	<50	<100	<150	<250	≤300	≤300
圆环	D(mm)	<150	<350	<400	≤500	≤600	≤1 000	≤1 200
	H(mm)	≤60	≤75	<100	<150	≤200	<250	≤300
圆筒	D(mm)	<150	<175	<250	<275	<300	<350	≤700
	d(mm)	≥100	≥125	>125	>125	>125	>150	>500
	H(mm)	≤150	≤200	≤275	≤300	≤350	≤400	≤550
圆轴	D(mm)	<80	<125	<150	≤175	≤225	≤275	≤350
	G(kg)	<100	<200	<300	<500	≤750	≤1 000	≤1 500
方块	H(mm)	≤80	≤150	≤175	≤200	≤250	≤300	≤450
	G(kg)	<25	<50	<70	≤100	≤350	≤800	≤1 000
扁方	B(mm)	≤100	≤160	<175	≤200	<400	≤600	≤700
	H(mm)	≥7	≥15	≥20	≥25	>40	>50	≥70
锻件成形	G(kg)	5	20	35	50	70	100	300
吊钩	起吊质量(t)	3	5	10	20	30	50	75
钢锭直径(mm)		125	200	250	300	400	450	600
钢坯变长(mm)		100	175	225	275	350	400	550

也可用经验公式进行计算,例如镦粗时所用锻锤吨位的计算公式为:

$$G = (0.002 \sim 0.003) K \cdot F_1 \quad (\text{kg})$$

式中:K——系数,其与钢料强度极限σ_b有关,当$\sigma_b = 400\text{N/mm}^2$时,$K = 3 \sim 5$;$\sigma_b = 600\text{N/mm}^2$时,$K = 5 \sim 8$;$\sigma_b = 800\text{N/mm}^2$时,$K = 8 \sim 13$。

F_1——镦粗后锻件与砧子接触面积。

拔长时所需锻锤吨位的经验计算公式为:

$$G = 2.5F \quad (\text{kg})$$

式中:F——拔长坯料的横截面积,cm^2。

经验公式与图表使用方便、简单,为了使其准确可靠,必须注意应用条件,应该按条件比较类似时选用,实用效果良好。

在锻造车间中制订中小型锻件的锻造工艺规程时,最主要的是画锻件图、算料并确定坯料尺寸、拟定变形工艺、设计工具。关于加热、冷却规范或热处理规范,可查有关手册图表确定。工时定额一般由生产组织与经济核算部门确定。简单锻件不填写工艺卡片,复杂的重要的锻件还须填写锻造工艺卡片。

研究锻造工艺规程的内容和制定方法,对于分析锻压生产中的问题,进一步改进锻压工艺过程具有重要的作用。

第三节　大型锻件锻造的特点

通常把在 1 000t 以上水压机上锻造的锻件称为大型锻件,大型锻件多数是各种大型、关键设备中的重要零部件。例如,大型汽轮发电机转子、护环、叶轮,水轮机大轴,重型轧钢机轧辊,水压机立柱,巨型轮船曲轴、舵杆,化工容器,军工炮管以及大型轴承圈等,它们对国家的工业发展有重要的影响。

一、大型锻件的锻造工艺特点

大型锻件由于体形大,单件重,质量要求高,生产技术复杂,生产费用高,所以在加热锻压以及热处理方面与中小型锻件相比有以下几个特点。

(1)钢锭冶金质量对锻件质量有重要的影响。大型锻件多用钢锭直接锻造,钢锭中的偏析、裂纹、疏松、气泡、非金属夹杂等对锻造工艺过程和锻件质量有着重要的影响。尤其当锻件大型化引起钢锭大型化以后,大型锻件对大型钢锭的质量要求越来越高,因此提高大型钢锭质量便成为提高大型锻件质量的基础和关键环节。

(2)加热工艺十分复杂。大型锻件组织结构复杂,冶金缺陷严重,残余应力较大,温度分布不均匀,相变过程复杂。因此多采用分段加热曲线,使其充分进行高温扩散,保温热透,以防止加热裂纹及其他缺陷的出现,提高加热质量。

(3)锻压工艺难度较大。由于截面尺寸大,变形难以均匀分布,中心缺陷多,难以锻合压实,操作繁重,工序多,周期长,连续性强等,导致大型锻件锻压技术比较复杂。因此需要针对提高锻件内在质量,节省金属材料,提高劳动生产率等方面不断地研究与探索。例如,为确保锻件心部孔隙缺陷能充分锻合压实,开发并推广应用了宽砧高温强压锻造法、降温锻造法及异型砧锻造法等。

(4)热处理过程复杂。大锻件组织性能不均匀,晶粒粗大,相变过程复杂,结晶潜热影响大,内应力大,传热困难,温度分布不均匀,扩氢及细化匀化晶粒困难,因此要采用复杂的周期长的热处理工艺,并要求不断改进热处理技术,充分发挥材料潜力,缩短热处理时间,节省能耗。例如,激冷深冷技术和缩短扩氢时间的研究等对强化热处理工艺具有重要的作用。

二、锻件对金属组织和性能的影响

1. 锻造对金属组织的影响

(1)破碎粗晶、枝晶,消除铸态组织结构,获得锻造组织。加热以后的钢锭,通过锻压变形,其粗大晶粒和树枝状结构便被击碎。经过锻压变形后的锻件还处在相当高的温度下,经过再结晶获得细小而均匀的结晶结构,从而提高了机械强度和塑性。

锻件晶粒度及其均匀度,除了和原始晶粒结构有关之外,还和锻件的锻造变形温度、变形程度和变形分布有关。只要变形分布均匀,而且变形程度和变形温度不在临界范围内,便可得到细小而均匀的晶粒结构。

(2)打碎碳化物及非金属夹杂物并改善其分布状态。通过锻造变形,金属产生塑性流动,于是钢锭中碳化物结构和夹杂物被机械破碎，加上高温扩散作用，碳化物和夹杂物形态和分布状况均会产生一定的变化。如果锻造方式合理，变形程度足够，能使上述质点球化而且均匀分布在基体金属上，则组织性能较好。

(3)形成纤维组织。在热锻压变形时，晶粒挤扁，晶界拉长。钢中一些脆性的硅酸盐和氧化物夹杂被打碎，呈链状或点状分布，而有一定塑性的硫化物夹杂则被拉长。晶界的这种沿主变形方向的流线分布，在再结晶后也不能改变，于是在剖面上可观察到所谓的“纤维组织”。显然晶界夹杂物越多，变形方向性越强，则纤维组织越明显。纤维组织的性能有一定的方向性，即纵向相对提高，横向相对降低。为了充分发挥锻件这一特性，应使纤维方向与制件承受的拉应力平行，与剪应力垂直或者按制件外形分布比较合理。但对受力比较复杂的零件，如汽轮机转子、大型模块等，则不希望有明显的纤维组织。

(4)压实，锻合心部缺陷。一般在钢锭内部不可避免地会存在大量的孔隙性和类孔隙性缺陷，如疏松、气孔、夹杂等。通过锻造可以压实锻合，从而提高坯料的致密性，使塑性得到改善。

锻合孔隙的条件是：有足够高的温度，有足够大的变形程度，有足够高的静水压应力。当然孔洞未被氧化，便能更好地锻合。

研究表明，孔洞锻合的过程包括：孔洞受压后收缩和压扁、闭合和压合，以及在三向压应力的作用下，加上高温扩散与金属键结合，使孔洞得到锻合，使内部得到压实。

孔洞的尺寸大小，形状位置不同，锻合的难易程度也不相同。如晶间与晶内的微观孔隙缺陷，只要有较小锻造比即能锻合；而中心疏松，往往需要较大锻造比、较高的静水压力和较高的温度才能锻合。对大型钢锭中的心部缺陷，必须采取特殊措施，才能压实锻合。由于锻压时坯料内部变形分布不均匀，因而处在大变形区内的缺陷容易锻合，而在难变形区和小变形区里的缺陷，则较难锻合。

镦粗模拟实验表明，镦粗中心带球状孔的试件，随着压下量的增加，圆球孔先被压扁而后上下两表面逐渐靠拢闭合。孔洞闭合的重要条件之一是试件必须有足够的变形量。当高径比为 1 时，即 $H/D=1$，压下量在 45% 左右，试件心部孔洞全部闭合。

拔长时，影响内部缺陷锻合的因素有：压下量大小、砧宽比和砧子工作面形状等。在用平砧拔长方截面锻件时，内部应变分布并不均匀，较大应变区随着砧宽比的增大，逐渐向坯料中心推移和扩大。当砧宽比(指砧宽和方截面坯料边长比)小于 0.51 时，最大应变区不在心部，而大于 0.51 时，坯料中心变形最大，缺陷容易变形压合。在大锻件锻造时，一般认为宽平砧、高温、强压、大变形有利于孔隙锻合。

在连续拔长锻造过程中，两次送进交界处的坯料心部仍处于小应变区范围，因此，为保证充分锻合钢锭心部的孔洞性缺陷，应注意翻转 90°时的错砧位置问题。

2. 锻造对金属性能的影响

锻压后金属组织的变化必然会引起性能的改变。碳素钢锭经过拔长后性能的变化可由锻造比-性能曲线(图 7-29)得知。随着锻造比的增加，强度指标变化不大，而塑性、韧性指标 δ、ψ、a_k 变化却很大。在锻造比为 2 时，由于内部孔隙锻合压实，铸态组织结构消除，晶界杂质被破碎，因此纵向、横向机械性能有所提高，而且随锻造比增加提高速度较快。当锻造比为 2 ~ 5 时，开始逐渐形成纤维组织，机械性能也出现了各向异性。虽然纵向性能略有提高，但横向性能却明显下降。如果锻造比达到5以上,锻件内将形成取向一致的纤维组织,纵向性能不再提高,横向性能还会下降。虽然钢的化学成分不同,机械性能随锻造比变化情况不同,但变化趋势基本相似。此外,钢锭锻造时,镦粗拔长交替进行能消除其机械性能的方向性。

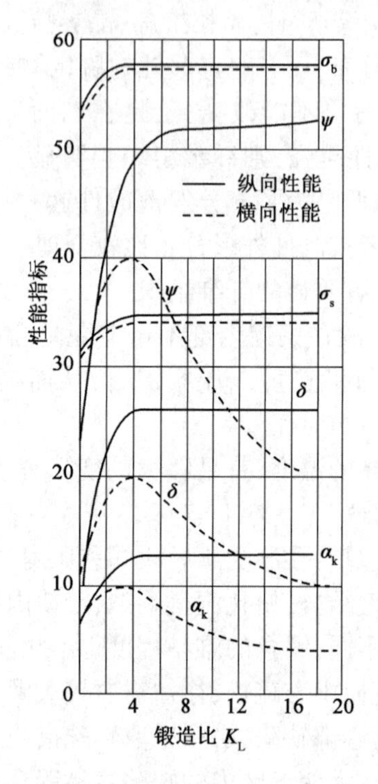

图7-29　碳素钢锭拔长锻造比对性能的影响

三、提高大型锻件质量的若干工艺措施

提高大型锻件的质量应从炼钢、铸锭、热锻、锻后处理的整个工艺环节采取措施加以改进。在炼钢和铸锭方面,主要是提高钢液纯净度,创造条件获得合理的结晶结构。在加热方面,主要是提高加热温度并均匀热透。在锻压方面要防止裂纹,尽可能压实心部缺陷。在热处理方面主要是充分扩散氢氧,充分细化匀化组织结构,尽量发挥材料的潜力,生产优质的锻件。下面列举几项措施。

(1)采用炉外处理和二次精炼技术。比如对大锻件使用的钢水进行真空处理、钢包精炼及电渣重熔等。这不仅有效地降低了钢中非金属夹杂物和有害气体的含量,净化了钢液,而且通过改善铸锭技术,获得了理想的结晶结构,从而提高了钢锭的质量和钢锭利用率。

(2)选用合适的锭型。例如,大型电站锻件采用短粗型钢锭为夹杂和气体上浮创造了良好的条件。空心锻件采用空心钢锭,提高了机械性能,节省了操作时间。另如三边形钢锭加热冷却快,结晶结构均匀,而且锻造时不易产生裂纹,心部锻合效果比普通八角形钢锭要好。

(3)采用型砧锻造。实践证明,改变砧型可以有效地提高变形分布的均匀性和心部的压实效果。例如,圆弧砧、135°V型砧、凸形砧拔长以及凸球面砧镦粗等对改善锻件内部质量均有良好的效果。

(4)改善操作方法。例如,翻料、错砧、改变送进方式等,可以提高变形的均匀性。

(5)表面降温锻造法。亦称中心压实法,JTS 法,如图 7-30 所示。它是将高温加热的坯料,先行冷却,使表面形成冷硬层,坯料内外形成较大的温度差,再用特殊砧子纵向强压。由于坯料表面形成冷却硬壳,受压时限制中心金属变形,使心部金属处于三向压应力作用下,其变形状况类似于闭式模锻,于是心部缺陷可以得以有效地锻合。

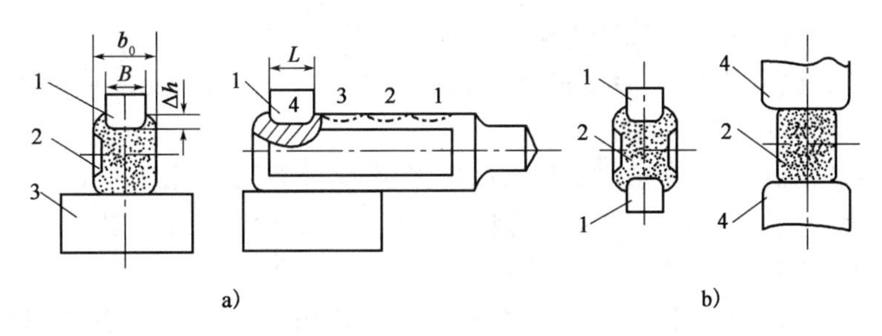

图 7-30　表面降温锻造法

a)不对称加压;b)对称加压

1-小砧;2-坯料;3-平台;4-平砧

(6)宽砧高温强压法。亦称 WHF 法,其砧宽比(砧宽与坯料边长之比)在 0.5 ~0.7,压下量在 17% ~23% 时,锻合心部缺陷效果明显。我国工厂使用的宽砧大压下量法属于这种工艺范畴。

(7)激冷深冷热处理技术。例如,大型转子锻件喷水喷雾淬火,能够提高锻件内部性能,这对于当前钢料冶金质量不断提高的情况下更具实用意义。

第四节　高合金钢锻造的特点

随着工农业生产和国防事业的发展,合金钢的应用范围越来越广泛。钢中加入合金元素后,组织结构复杂化,物理化学性质及机械性能等也会发生一系列的变化,这不仅会使材料使用性能改变,而且材料的加热、锻造、热处理工艺等也会有很大的改变。同时各种不同类型的合金钢,其组织性能、工艺参数都不相同,所以,研究高合金钢的锻造特点,掌握其变化规律是锻造工作者应该重视的问题。

根据合金钢的组织特点,合金钢可分为珠光体型、铁素体型、奥氏体型、马氏体型及双相和多相共存的合金钢。高合金钢之所以呈现如上的组织结构,与钢中合金元素的性质和含量有关。例如,钢中加入扩大奥氏体区的合金元素,则该合金钢在室温下为奥氏体组织,如 50Mn18Cr4 及 1Cr18Ni9Ti 等钢。这类钢在加热与冷却时不发生相变,所以不能用热处理来强化性能,只能通过形变来改善组织性能。再如,含缩小奥氏体区的合金元素,使钢在室温下仍保持为铁素体组织,如 Cr17 不锈钢。还有莱氏体钢,如 W18Cr4V 高速工具钢,该钢中含有大量的共晶碳化物,这种碳化物偏析也只能通过锻造变形才能改善其分布。马氏体类合金钢中含有降低临界淬火速度的元素,所以其常温组织为马氏体。此外,由于高合金钢成分复杂,所以其常温下的金相组织往往为双相或多相组成。各种高合金钢的锻造特点不同,但也存在一些共性问题。

一、高合金钢的组织结构及再结晶特点

1. 组织的多相性与结构的复杂性

高合金钢中的相组织有如下几种。

(1)合金固溶体相,例如奥氏体固溶体。这种相工艺塑性高,容易发生变形流动。

(2)碳化物相,包括简单的、复杂的碳化物。这种相硬脆,如果能使碳化物弥散均匀分布在金属基体上则能够强化材料性能。

(3)脆性相,包括非金属夹杂物及粗大的析出相,例如奥氏体钢中的 α 相及铁素体钢中的 γ 相,以及在晶界上呈块状、粗针状和鱼骨状的脆性相。高速钢中的一次共晶碳化物,就是骨架状的碳化物网,它是合金碳化物与细条状奥氏体的混合物。

(4)低熔点相,如硫化铁和铁的共晶体,这类低熔点相,经常分布在晶界,对热锻时工艺塑性有不良的影响。

对每种合金钢来讲,并不是上面几种相都同时存在,但是往往有几种相共存,所以组织结构显得很复杂。因为双相组织的机械性能和再结晶条件均不相同,所以锻造性能很差,不易变形,容易开裂。

高合金钢在铸锭时,由于液相线与固相线相差较大,所以结晶后的铸态结构也有一些缺陷。

(1)初生晶粒粗大,柱状晶发达。有些高合金钢柱状晶十分发达,在柱状晶前梢形成杂质富集、性能很差的弱面。

(2)晶壳厚、杂质集中。例如氧化物、硫化物、脆性的和易熔的杂质,集中在晶界,形成较厚的晶壳。

(3)偏析严重,性能不均匀。由于高合金钢组织结构复杂,成分偏析和机械性能不均匀现象极为严重。

(4)结构松散,表面质量不高。高合金钢铸造性能差,夹杂上浮,气体逸出不易,结晶过程复杂,因此内部疏松、空隙性缺陷多,表面斑疤、裂纹较多。

(5)不稳定的相组织,内应力大。高合金钢多相组织随温度变化不断转变,由于它们的物理性质不同,所以内应力很大。

鉴于以上的铸态缺陷,要求铸锭经过退火处理以消除内应力,均匀组织。同时对高合金钢锭,要清除表面缺陷,以防锻造、热处理时产生应力集中。

2. 再结晶温度高、速度低

高合金钢中含合金元素多,组织结构复杂,对金属原子的扩散起到阻碍作用,因而提高了再结晶温度,减缓了再结晶速度。

例如,纯铁的再结晶温度为450℃左右,含碳0.49%的钢在750℃变形才有明显的再结晶,而对于含碳0.42%,含铬15%、含镍7%的耐热钢在900℃变形,仍无再结晶组织。

二、高合金钢的加热特点和锻造温度范围

高合金钢与碳钢相比,加热和锻造温度有以下的特点。

1. 允许加热速度慢

高合金钢中,合金元素如铬、镍、硅、锰都有降低导热性的作用。由于合金元素加入破坏了钢内原子排列的规律性,于是使热传导困难。钢中的碳化物导热性亦较差。据测定,在室温下,4Cr14Ni14W2Mo 钢的导热系数比 45 碳钢的导热系数低 60%。

另外,高合金钢中的马氏体钢组织应力会随温度的变化而变化。有些钢在受热过程中有异相析出,如奥氏体钢在 600～800℃时,有碳化物析出;高铬钢在 815℃有铁铬化合物相析出;高碳钢有渗碳体析出,这都使得加热过程复杂,加热缺陷增加。尤其在 700℃以下,高合金钢的导热性、塑性差引起开裂的可能性较大,所以高合金钢加热时一般要低温装炉,采用预热控制低温区的升温速度,并分段加热。当然对于导热性好、塑性高的钢料,可以采用较快速度进行加热。

2. 锻造温度范围窄

由于高合金钢成分复杂,当加热温度高时晶界易熔化,脆性物质容易产生严重的区域偏析,同时还容易引起过烧。而对某些奥氏体钢在高温下会析出异相,对有些铁素体钢,晶粒有过分长大的危险,所以加热温度不宜过高,保温时间不宜太长。由于高合金钢再结晶温度高,变形抗力大,塑性差,所以终锻温度不能过低。

从以上分析可知,高合金钢的锻造温度范围必然较碳钢窄。一般碳钢的始锻与终锻温度之差可达 350～400℃,而有的高合金钢则只有100～200℃。

由于温度过高会引起过热、过烧,所以高合金钢始锻温度应比熔点低 150～200℃,而终锻温度比再结晶温度要高 50～100℃。如果比再结晶温度高的过多,停锻后晶粒会继续长大,出现粗晶,或析出异相,影响锻件机械性能。如果比再结晶温度过低,则锻件中会产生硬化组织和残余应力,在锻后冷却、热处理时容易开裂。通常合金元素含量增多,钢的熔点降低,再结晶温度提高,所以合金成分越高,锻造温度范围越窄。图 7-31 表示了随合金成分的增加,锻造温度范围的变化趋势。

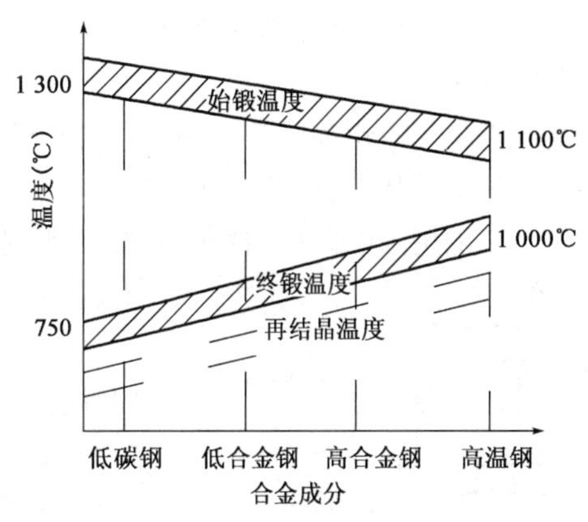

图 7-31　锻造温度范围与合金成分的关系

三、高合金钢的锻造性能

由于高合金钢组织结构复杂,再结晶速度低,再结晶温度高,因此工艺塑性差,变形抗力大。随着变形程度的增加,变形抗力迅速提高,即所谓硬化倾向性大。而且当变形速度增加时,这种倾向性更为严重,所以在锻锤上锻造高合金钢比在水压机锻造时,变形抗力更大。

高合金钢的变形抗力比碳钢往往高出几倍,高温合金甚至高 5～8 倍。这是因为高合金钢中的多相组织各自变形情况不同,相互影响,使变形难以进行。此外,晶间物质复杂也影响塑性变形过程,使滑移阻力加大,所以高合金钢的变形抗力大,锻造比较困难。

高合金钢的组织结构复杂,工艺塑性差,锻造时容易产生晶间裂纹和晶内裂纹,所以应该严格控制锻造温度范围,严格控制变形时的应力应变状态以防止锻造裂纹的出现。

四、高合金钢的热锻技术

锻造高合金钢要采取如下技术措施:

(1)工具要预热。这不仅是因为高合金钢变形抗力大,防止锻造时工具脆裂的问题,而且热料与冷工具接触降温快,会造成抗力提高,塑性降低,影响锻压变形。

(2)采用“二轻一重”的操作方法,即初锻、终锻要轻,中间锻压要重。这是因为铸态组织晶界脆弱,缺陷多,高温塑性差,故要轻击快打,使表面缺陷锻合,提高塑性;重打在于充分破碎铸造结构,细化晶粒,分散异相质点,改善内部的组织性能。最后的轻打是为了避免造成过大的内应力和防止锻造裂纹。

(3)均匀变形。锻造高合金钢时要使变形分布均匀,要勤翻转,勤送进,不在一处重复锻击。这是因为其再结晶速度低,变形抗力大,只有均匀变形才能达到均匀锻透的目的。只有不在一处重复锻击,才能防止局部硬化产生开裂。

(4)锻造比一般比碳钢要高。这是因为高合金钢内部碳化物需要充分破碎,合理分布,缺陷需要充分压实,纤维分布要求合理,所以要求有足够大的变形量。例如,高速钢为了打碎碳化物网,改善碳化物偏析,锻造比要求很高(10 左右)。

(5)选择有利于改善塑性的变形方式。针对高合金钢难变形、塑性差的特点,可采用以下变形方式:

①包套镦粗如图 7-32 所示,在镦粗高合金钢时外面加一个低碳钢套,这样镦粗坯料侧表面处于受压状态,可防止切向拉裂。

②采用圆弧凹砧(摔子)锻轴类锻件,不仅可以提高拔长速度,而且坯料在圆弧砧的作用下,侧面受压,还可防止在坯料表面及心部发生裂纹。

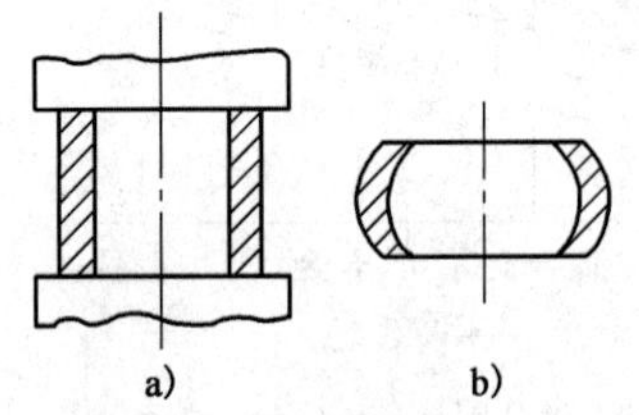

图 7-32 包套镦粗示意图
a)镦粗前;b)镦粗后

另外,采用叠镦代替圆柱体坯料单个镦粗,可以提高变形均匀性,防止不均匀变形产生开裂。用挤压变形代替拉伸,可改善应力状态,防止脆性破裂。

(6)及时清除表面缺陷,防止应力集中开裂。合金钢在锻造前有要剥皮清理。在锻造中一旦发现裂纹必须立即清铲或用烧剥枪吹扫干净,以防在锻造过程中裂纹扩大,造成废品。

(7)高合金钢的主要锻造工序应在高温下进行。而且要避免在低温下倒角、冲孔、芯轴拔长等操作,因为温度低,塑性差,易产生裂纹。

高合金钢锻后冷却和热处理的重要任务是防止裂纹和白点。白点是氢和组织应力共同作用的结果,奥氏体和铁素体类钢溶氢能力强,塑性好,且冷却时无相变发生,组织应力小,所以一般不产生白点。莱氏体钢,冷却时虽有较大的组织应力,但氢在这类钢中能形成稳定的化合物,而且钢中复杂碳化物能阻碍氢的析出,故亦无白点。相反,珠光体、马氏体类合金钢,冷却时溶氢能力下降,组织应力较大,故对白点敏感,冷却时应注意防止白点产生。

五、各种高合金钢锻造的要点

各种高合金钢的成分组织和使用性能不同，在锻造时需要着重解决的问题也不同。例如，高速钢锻造主要是充分破碎碳化物并使其均匀分布，因为碳化物偏析严重影响刀具使用寿命。采用扁方型铸锭，可扩大散热面积，减少碳化物偏析。锻造时采用反复镦粗并要求足够的变形量，以便使碳化物能均匀分布。而对于 Cr12Mo 等高铬模具钢除了与高速钢有类似要求以外，因为制作模具，其受力情况较为复杂，有时对纤维方向尚有一定的要求。

铁素体不锈钢加热时晶粒特别容易长大，而且它在加热冷却过程中无同素共晶转变，不能通过热处理来细化晶粒。因此这类钢加热温度应低于 1 150℃，终锻温度及变形量要严格控制以防粗晶粒使钢性质变脆。

马氏体不锈钢，加热温度过高有 δ 铁素体形成，锻造时容易开裂。而且它对锻后冷却速度极为敏感，锻后空冷会出现马氏体，内应力大，容易开裂，故锻后要及时退火。另外它对表面裂纹也很敏感，坯料表面上的划痕，都会在锻造中扩展成严重裂纹，所以应及时清理表面缺陷。

奥氏体钢加热时晶粒会产生粗化，所以必须充分锻压，才能使其细化。为了防止异相析出，引起锻造开裂，终锻温度大约取 900℃左右。锻后应快冷以免析出异相，降低耐蚀性。为了提高抗蚀能力，提高机械性能，还可将锻件进行高温加热，淬水处理（固溶处理），以使变形冷却时从钢内析出的碳化物能很好地固溶于基体中。

对热强钢（高温合金）锻造时，要控制变形温度，以防粗晶及变形抗力急剧增加的弊端。另外应有足够合理的变形程度，以使晶粒细化、均匀化。

总之应针对各类高合金钢要求解决的主要问题，采取相应的加热、锻压、冷却热处理方法。制订具体热锻方案和参数时，又要考虑到某类钢的加热，锻造特点。一般来说，组织结构复杂、晶粒易于粗化、经常有异相析出、塑性差、硬化倾向大的钢材，加热、锻造、冷却都应该谨慎。

随着工业技术的进步，许多新材料、新钢种不断问世，每种新材料都具有不同的使用性能和工艺性能，因此必须通过实验分析，掌握它们的热锻规律。针对具体特点，制订相应的加热、锻压、冷却热处理措施，解决各种新钢种新材料的成形和质量问题。

复习思考题

1. 自由锻造的特点有哪些？
2. 试述轴类锻件、筒类锻件采用的基本工序和辅助工序。
3. 对比方坯和圆坯镦粗及拔长时的变形特性，研究提高变形均匀性的措施。
4. 分析冲孔、芯轴扩孔、芯轴拔长、弯曲、扭转、错移的变形特点。
5. 从降低变形力，改善内部组织性能方面分析每个基本工序的特点。
6. 试述编制锻造工艺规程的原则和方法。
7. 大型圆环锻件的锻造工序有哪些？

8. 简述确定锻造工序尺寸时应该注意的问题。

9. 何谓锻造比?

10. 举例说明如何计算锻造用坯料重量,确定坯料尺寸。

11. 简述大型锻件的生产特点及提高质量的措施。

12. 高合金钢热锻时应该注意哪些问题?为什么?

第八章 模 锻

模锻是锻造生产的主要工艺,其生产率高,锻件尺寸稳定,材料利用率高,机械性能好,所以普遍用于中小型锻件的成批和大量生产。据估计,汽车、拖拉机、飞机发动机等生产部门模锻件占锻件总重量的90%左右。工业发达的国家,由于工业品种多,产量大,生产相对集中,其模锻件即使按重量计算,也超过自由锻件。如英、美一些西方国家,据了解其模锻件占到锻件总重量的70%以上。苏联的统计数字表明,20世纪50年代末,其模锻件占锻件总量的58.5%,到了1979年上升为67.5%。我国机械工业部于1977年进行过生产情况调查,模锻件仅占全部锻件的22%,当然,这一比例现在已大幅增加。从自由锻件与模锻件间的比例关系中,可以看到一个国家的锻造生产水平。自由锻件所占比例越大,则其生产水平、生产率、材料利用率、生产成本及产品质量也就越处于无力竞争的地位,所以发展模锻工艺是锻造业走向未来的必然途径。

目前模锻件的质量最小为0.1kg左右,常用的为0.5kg、30~40kg,重型模锻件可达200~300kg。

模锻所用的设备主要有模锻锤、无砧座锤、螺旋压机、热模锻压机、液压机、平锻机、高速锤等。还有各种专用模锻设备,如精锻机、辊锻机、扩孔机、多向模锻水压机等。

模锻的主要成形工序有:开式模锻、闭式模锻、挤压、顶镦等。

第一节 模锻成形工序分析

一、开式模锻

开式模锻是使用最广泛的模锻方法,它可以用于各种类型的锻件和各种类型的锻压设备。开式模锻时,金属的流动不完全受型槽的限制,多余的金属在垂直于作用力方向形成毛边。

1. 开式模锻的变形过程

开式模锻的终锻型槽在整个分模面上都有毛边槽。对于轴对称变形和平面变形,用截面表示开式模锻的变形过程,二者的情况是相似的,都是将简单几何形状的坯料截面(如椭圆截面、矩形截面等)变形为相应的带有毛边的锻件截面(即带有毛边槽的型槽截面)。二者的差别主要在于:平面变形的截面积在变形前后相等,而轴对称变形在变形前后体积相等,反映在截面上,金属离心向外流动时截面积减小,反之向心挤入流动时截面积增大。

开式模锻的变形过程如图8-1所示。在一般情况下,可以划分为三个阶段:Ⅰ自由变形阶段、Ⅱ形成毛边和充满型槽阶段、Ⅲ锻足阶段。各变形阶段相应的工作行程分别为 ΔH_{I}、ΔH_{II} 和 ΔH_{III}，总的工作行程 $\sum \Delta H = \Delta H_{\mathrm{I}} + \Delta H_{\mathrm{II}} + \Delta H_{\mathrm{III}}$。

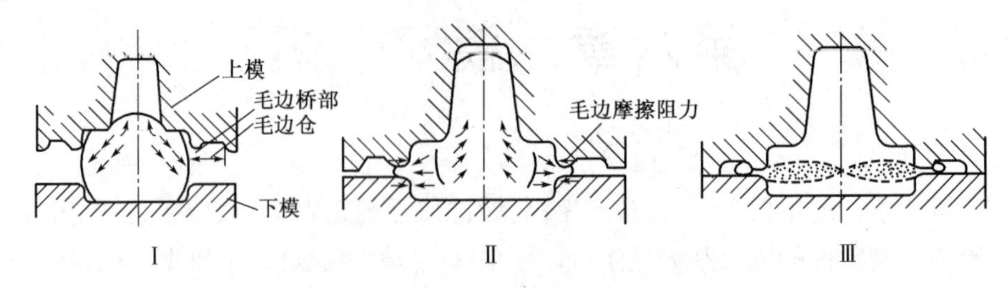

图 8-1　开式模锻的变形过程

Ⅰ-自由变形阶段；Ⅱ-形成毛边和充满型槽阶段；Ⅲ-锻足阶段

第Ⅰ阶段（自由变形阶段）：由上模型槽表面与坯料接触开始，至坯料变形后与毛边槽开口处接触为止（ΔH_{I}），这个阶段坯料的变形与相当的自由锻变形工序相同。该阶段的变形抗力相对于后两个变形阶段是最小的，而且尚未形成毛边损耗，因此，尽可能增大 ΔH_{I} 在总变形量 $\sum \Delta H$ 中的比例，使金属在此阶段最大限度地充满型槽，将最为有利。金属在此阶段充满型槽的程度，首先决定于锻件截面（即型槽截面）的几何形状和尺寸，例如圆截面型槽在此阶段即可完全充满型槽，而型槽截面形状越复杂，挤入部分越深，充满型槽的可能程度也越低。对于复杂截面的型槽，终锻前采用预成形工步，可使坯料截面在终锻时，能以镦粗和冲孔代替挤入，或者通过改变分模面的位置，使分模面位于最后充满的部位，都可以改善此阶段金属充满型槽的程度。模锻设备工作特性对于金属在此阶段充满型槽的程度也有很大影响。

第Ⅱ阶段（形成毛边和充满型槽阶段）：由金属横向流入毛边槽开始，至金属完全充满型槽为止（ΔH_{II}）。在这个阶段中，金属有两种流动。一种是金属横向挤入毛边槽形成毛边，在毛边槽桥部由于摩擦和毛边的变形产生横向流动阻力，随着毛边的增宽、变薄和降温，横向流动阻力迅速增大，影响变形抗力也迅速增大。在毛边横向流动阻力的影响下，整个坯料不同的部位处于不同的三向压应力状态，毛边槽桥部的邻近区域和型槽未充满的邻近区域都处于三向不等的压应力状态。在毛边横向流动阻力相对比较大的条件下，发生金属的另一种流动，迫使金属挤入具有较小主压应力的型槽未充满部位。这个阶段的变形抗力、消耗的变形功和毛边损耗，都随此阶段变形行程 ΔH_{II} 的增加而急剧增加，因此，应尽可能减小此阶段的变形行程 ΔH_{II}。变形行程 ΔH_{II} 的大小决定于型槽截面的几何形状和尺寸、第Ⅰ阶段变形后型槽截面的充满程度和毛边的横向流动阻力等因素，此外还与模锻设备的工作特性有关。例如圆截面型槽在 ΔH_{I} 阶段已完全充满型槽，所以不需要第Ⅱ阶段的变形，即 $\Delta H_{\mathrm{II}} = 0$。型槽截面的挤入成形部位越深，在 ΔH_{I} 阶段充满型槽的程度越差，则需要的 ΔH_{II} 越大，同时也就需要更大的毛边损耗。采取增大毛边横向流动阻力的工艺措施，可以在一定限度内减少 ΔH_{II} 和减少毛边损耗。

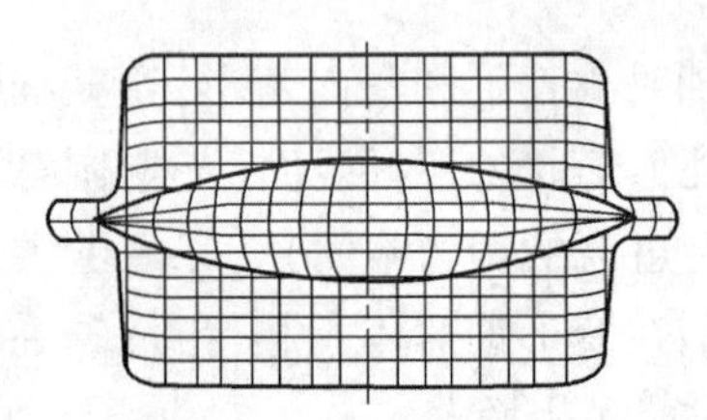

图 8-2　开式模锻锻足阶段的变形区

第Ⅲ阶段（锻足阶段）：由金属完全充满型槽开始，至上下模闭合为止（ΔH_{III}）。这个阶段是将多余的金属由毛边槽挤出，以保证锻件高度尺寸的要求。在这个阶段中，变形仅发生在毛边槽桥部附近，如图 8-2 所示的椭圆形变形区（或菱形变形区),其他区域处于三向等压应力状态,成为不变形的刚性区。椭圆形变形区的最大高度 h 与毛边桥部高度 $h_{毛}$ 有关,根据实验研究的结果,$h/h_{毛}=2.5\sim3$。在此阶段,由于毛边继续变薄和降温,变形抗力继续增大,达到开式模锻的最大值,开式模锻所需的变形力即按此值计算。从降低变形力、减少变形功和毛边损耗来看,都要求 $\Delta H_{\text{Ⅲ}}$ 尽可能小些。但从保证锻件的成形和模锻批量生产的稳定性来看,都不能没有这个阶段(即应使 $\Delta H_{\text{Ⅲ}}>0$)。因为实际生产中有一些工艺因素经常是在一定范围内波动的,譬如:型槽的磨损、实际锻造温度的波动、实际坯料的体积(或截面积)的波动、坯料放入型槽的偏位等,对于复杂形状锻件的各个不同截面,实际上不可能都同时充满型槽,这些情况都必须依靠一定数值的 $\Delta H_{\text{Ⅲ}}$ 作为补偿和调节。按照锻件重量和复杂程度,一般应使 $0<\Delta H_{\text{Ⅲ}}<2.5$(mm)。

根据锻件的复杂程度和使用的模锻设备类型,以上三个阶段的变形过程,可以只在一个终端型槽里完成,有时也可以或必须在预锻和终锻两个型槽里顺序完成。在每个型槽中,锤类设备(包括螺旋压机)可以进行多次锻击,热模锻压机只能进行一次锻压,液压机是低速持续锻压(可有较大工作行程)。在单型槽单击或多击和多型槽单击或多击的情况下,开式模锻的三个变形阶段的具体情况是有差异的,但是总是要经历并完成这三个阶段的变形过程。改善开式模锻变形过程的基本原则之一,就是扩大 $\Delta H_{\text{Ⅰ}}$,缩短 $\Delta H_{\text{Ⅱ}}$,保证必要的较小的 $\Delta H_{\text{Ⅲ}}$。

开式模锻若不能完成上述三个阶段的变形过程,则可能造成模锻件的两种常见缺陷:充不满和锻不足(欠压)。充不满是上下模已闭合,而第Ⅱ阶段变形尚未完成。造成充不满的基本原因是 $\Delta H_{\text{Ⅰ}}$ 太短,第Ⅱ阶段变形开始太早和毛边横向流动阻力太小。锻不足多发生在设备吨位不足的情况下,毛边流动阻力过大也可以是促成设备吨位不足的因素。

模锻设备的工作特性对金属充满型槽的能力有很大的影响。模锻锤工作速度较大(6~8m/s),以打击能量进行多次锻造,金属变形流动速度大,变形金属的流动惯性也大,这种惯性利用得当,有利于金属充填型槽。再者,热金属与锻模接触时间短,金属温度降低也小,对充填型槽影响小。所以模锻锤上模锻金属充填型槽的能力好,也由于上述原因,模锻锤上模锻,上模型槽的充填情况明显好于下模。液压机工作速度小(0.01~0.1m/s),以施加工作压力进行锻压,金属变形基本无惯性的影响,金属温度降低也大,所以金属充填型槽能力差。螺旋压机和热模锻压机上模锻,其充填型槽的能力介于模锻锤和液压机之间。

2. 毛边槽

毛边槽的基本结构形式如图8-3a)所示,它包括桥部和仓部。桥部主要起阻流金属的作用,迫使金属充满型槽。另外,可使毛边厚度减薄,以便于切除。仓部起容纳多余金属的作用,以免金属流到分模面上,影响上下模打靠。这种基本形式的毛边槽广泛用于锤锻模、胎模和螺

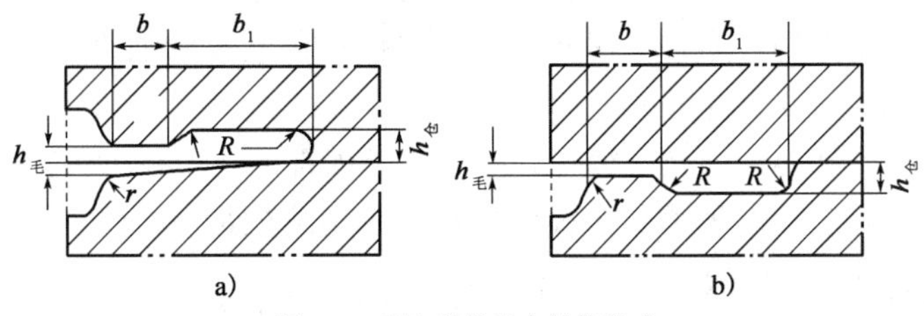

图8-3　毛边槽的基本结构形式

a)用于锤类;b)用于锻压机

旋压机锻模。热模锻压机锻模的毛边槽,结构稍有改变,如图 8-3b)所示。锻模的闭合高度是由设备保证的,毛边桥部高度 $h_毛$ 是指在模锻负荷作用下的高度(即包括了锻压机在负荷下的机身和滑块系统的弹性变形量)。锻模空载闭合时的实际桥部高度为 $h'_毛$,通常 $0 \leqslant h'_毛 \leqslant h_毛$,所以须要将仓部后面开通或等于仓部高度、或等于桥部高度。

设计毛边槽时最主要的是确定桥部的高度和宽度。桥部阻止金属外流的作用主要是沿上下接触面摩擦力的作用,摩擦阻力的大小为 $2b\tau_s$(图 8-4)。由该摩擦力在桥部引起的径向压应力(或称桥部阻力)为 $\sigma_1 = \dfrac{2b\tau_s}{h_毛} = \dfrac{b}{h_毛}\sigma_s$。即桥部阻力的大小与 $b/h_毛$ 和 $h_毛$ 有关,即 $b/h_毛$ 越大,$h_毛$ 越小时,阻力也越大。

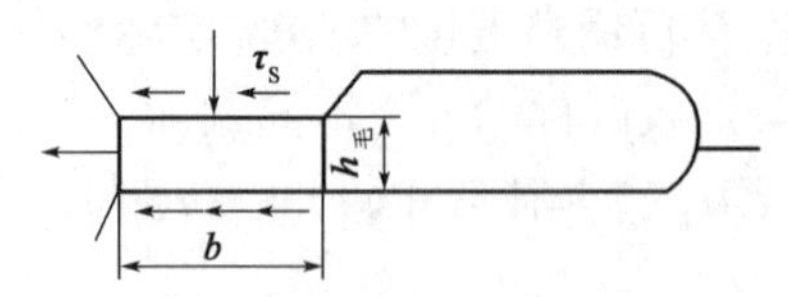

图 8-4 毛边槽桥部的摩擦阻力

从保证金属充满型槽角度考虑,希望桥部阻力能大一些。但是过大了也不利,因为这时变形抗力很大,可能造成上下模不能打靠,锻件在高度上锻不足等问题。因此,阻力的大小应取得适当,根据型槽充满的难易程度来确定,当型槽较易充满时,如镦粗成形,$b/h_毛$ 取小一些,反之,如压入成形,则取大一些。

桥部的阻力除了与 $b/h_毛$ 和 $h_毛$ 有关外,还与毛边部分变形金属的温度有关。变形过程中,如果此处金属的温度降低很快,则此处金属的变形抗力较锻件本体部分高,从而使桥部的阻力增大。例如胎模锻造时(指合模),由于毛边同时与上下模长时间接触,冷却特别快,毛边部分金属变形抗力急剧增加,使桥部阻力很大,锻件很难继续变形,上下模不能打靠,必须将毛边切除,重新加热后再锻。因此胎模锻造时,毛边槽桥部的 $b/h_毛$ 值应比锤上模锻时小,约为相同吨位模锻锤的 1/2。

螺旋压机上模锻时,由于每分钟的行程次数少,锻件与锻模接触的时间较长,毛边部分的金属冷却较快,因此,螺旋压机锻模毛边槽桥部 $b/h_毛$ 值较模锻锤的小一些,但比胎模的大。

在具体确定毛边槽尺寸时,仅考虑 b 与 $h_毛$ 的相对比值是不够的,还应考虑 b 与 $h_毛$ 的绝对值。在实际生产中 b 取得太小是不合适的,太小桥部容易被打塌,或很快被磨损掉。具体数据的确定可参考手册或有关资料。

二、闭式模锻

开式模锻的优点在于毛边的调节补偿作用能保证生产工艺的稳定性和形状复杂锻件的成形。但它的缺点也在于毛边,开式模锻的毛边材料损耗为锻件重量的 10% ~50%,平均约为 30%,而在我国材料费占模锻件的成本约为 55% ~70%。闭式模锻,金属变形时始终受到封闭型槽的限制,不形成垂直于作用力方向的毛边,又称为无毛边模锻。

闭式模锻适用于成形特性为轴对称变形或近似轴对称变形的锻件,应用最多的是短轴线类的回转体锻件。

闭式模锻是胎模锻和螺旋压机模锻生产短轴线类锻件的主要模锻方法,也是平锻机、液压机上使用的主要模锻方法。模锻锤和热模锻压机上的闭式模锻,由于存在一些尚未妥善解决的技术问题,目前在实际生产中应用还不十分广泛。

闭式模锻的变形过程(图 8-5)也可以分为三个变形阶段:Ⅰ基本成形阶段、Ⅱ充满阶段、Ⅲ形成纵向毛刺阶段。

Ⅰ基本成形阶段(ΔH_1):由开始变形至金属基本充满型槽。此阶段变形力的增加相对较慢,而继续变形时,变形力将急剧增大。

根据锻件和坯料的具体情况不同,金属在此阶段的变形流动可能是镦粗成形、压入成形、冲孔成形或是挤压成形,可以是整体变形或者是局部变形。

Ⅱ充满阶段(ΔH_2):由上阶段结束到金属完全充满型槽为止。无论在ΔH_1阶段以什么方式成形,到此阶段以后的变形情况都是类似的。此阶段开始时(图8-6),坯料端面的锥形区和坯料中心区都处于三向等压(或接近等压)应力状态。坯料的变形区位于未充满处附近的两个刚性区之间,也处于差值较小的三向不等压应力状态,并且随着变形过程的进行逐渐缩小,最后消失。此阶段结束时的变形力比第Ⅰ阶段末可增大2~3倍,但变形量ΔH_2却很小。

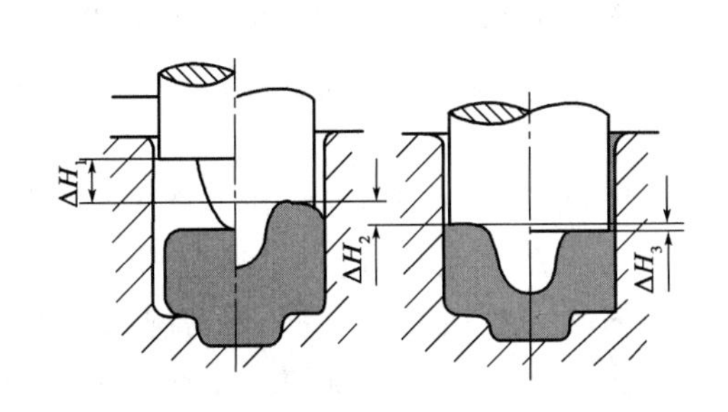

图8-5 闭式模锻变形过程简图

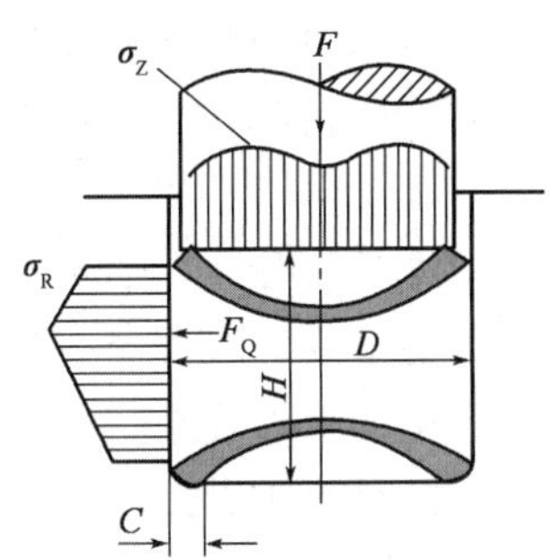

图8-6 充满阶段变形特点示意图

在此阶段作用于上模和型槽侧壁的正压力σ_Z和σ_R的分布情况如图8-6所示。变形力F和型槽侧壁作用力F_Q分别为:

$$F = 2\int_0^R \pi R\sigma_Z dR$$

$$F_Q = \int_0^H D\sigma_R dH$$

锻件的高径比H/D对F_Q/F的影响如图8-7所示。

Ⅲ形成纵向毛刺阶段(ΔH_3):此时坯料基本上已成为不变形的刚性体,只有在极大的变形力作用下,或在足够的打击能量下,才能使端部表面层的金属变形流动形成纵向毛刺。型槽侧壁的压应力σ_R由于形成纵向毛刺而增大,毛刺的厚度越薄、高度越大、σ_R也越大。例如在模锻锤上闭式模锻如图8-8所示的低碳钢锻件,当毛刺为0.3×6.3mm时,σ_{Rmax}可达1 300N/mm^2;若毛刺增大到10.5~45mm时,σ_{Rmax}可达2 000~2 500N/mm^2,这样大的σ_R将使型槽迅速损坏。

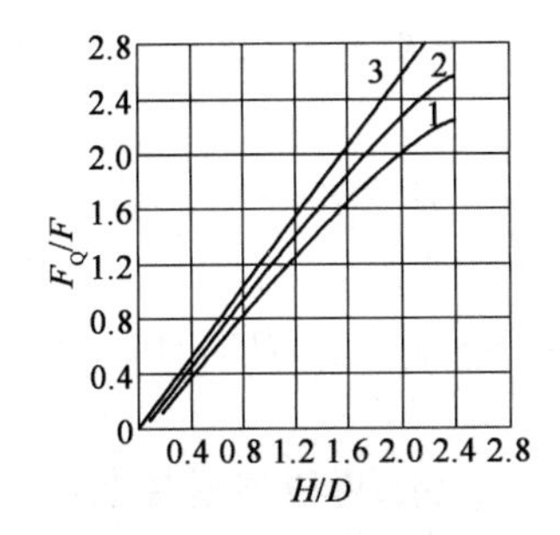

图8-7 锻件高径比(H/D)对型槽侧壁作用力F_Q的影响

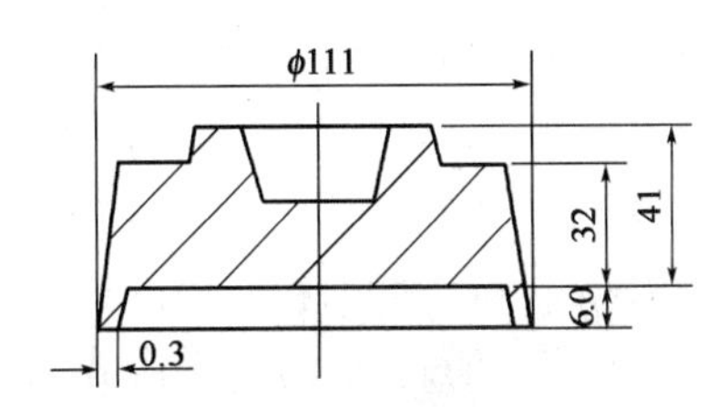

图8-8 闭式模锻时产生的纵向毛刺(尺寸单位:mm)

这个阶段的变形对闭式模锻是有害无益的,它不仅影响锻模寿命,而且纵向毛刺清除比较困难。

由以上对变形过程的分析可以看出。

(1)闭式模锻变形过程宜在形成纵向毛刺之前结束,应该允许在分模面处有少量的充不满或仅形成很矮的纵向毛刺。

(2)型槽壁的受力情况与锻件的 H/D 有关,H/D 越小,型槽受力状况越好。因此 H/D 小的锻件,更适宜采用闭式模锻。

(3)坯料体积变化对锻件尺寸和是否出现纵向毛刺有影响。对于液压机和锤类设备,在正确操作的条件下,坯料体积的变化可以只表现为锻件高度尺寸的变化,但对于行程固定的锻压机类设备,坯料体积的变化则表现为型槽充满程度或产生毛刺,当毛刺过大时将造成设备超载。为保证锻件高度尺寸公差,可以在考虑到其他因素影响的条件下,确定坯料允许的重量公差。

(4)打击能量或锻压力是否合适对闭式模锻时的成形情况有重要影响:在不加限程装置的情况下,打击能量或锻压力合适时,成形良好,而过大时则产生毛刺,过小时则充不满;对体积准确的坯料,增加限程装置,可以改善因打击能量或锻压力过大而产生毛刺的情况,以获得成形良好的锻件;对锻压机类设备,由于行程固定,锻压力大小和成形情况取决于坯料体积的大小。应当指出,闭式模锻时采取有效措施吸收剩余打击能量和容纳多余金属是保证成形质量、改善锻模受力情况、提高锻模寿命的重要途径。

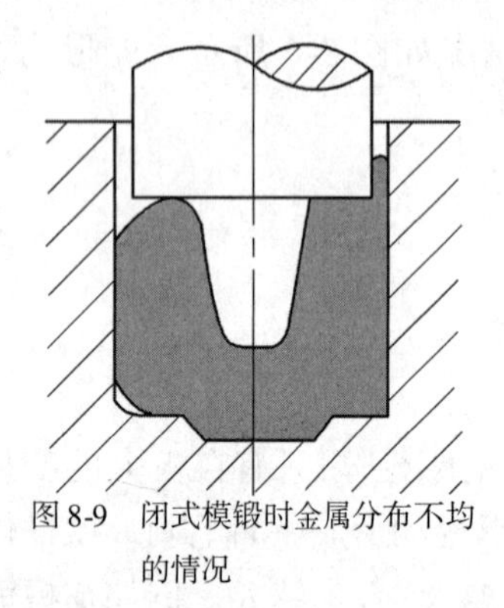
图 8-9　闭式模锻时金属分布不均的情况

(5)坯料形状和尺寸比例是否合适,在型槽中定位是否正确对金属分布的均匀性有重要影响。坯料形状不合适和定位不正确,将可能使锻件一边已产生毛刺而另一边尚未充满(图 8-9)。在生产中,整体都变形的坯料一般以外径定位,而仅局部变形的坯料以不变形部位定位。为防止模锻过程中坯料纵向弯曲而引起偏心流动,对局部镦粗成形的坯料,在生产中控制变形部分的高径比 $H_0/D_0 \leqslant 1.4$;对冲孔成形的坯料,一般使 $H_0/D_0 \leqslant 0.9 \sim 1.1$。

三、挤压

挤压是金属在三个方向的不均匀压应力作用下,从模孔中挤出或流入型槽内以获得所需尺寸、形状的制品或零件的锻造工序。采用挤压工艺不但可以提高金属的塑性,生产复杂截面形状的制品,而且可以提高锻件的精度,改善锻件的力学性能,提高生产率和节约金属材料等,是一种先进的少屑或无屑的锻压工艺。

根据挤压时坯料的温度不同,挤压工艺可分为热挤压、温挤压和冷挤压;根据金属的流动方向与冲头的运动方向,可分为正挤压、反挤压、复合挤压和径向挤压;此外还有静液挤压、水电效应挤压等。挤压可以在专用的挤压机上进行,也可以在液压机、曲柄压力机或摩擦压力机上进行,对于较长的制件,可以在卧式水压机上进行。

挤压时金属的变形流动对挤压件的质量有直接的影响。因此,可以通过控制挤压时的应力应变和变形流动来提高挤压件质量。

1. 挤压的应力应变分析

挤压是局部加载、整体受力。变形金属可分为A、B两区,A区是直接受力区,B区的受力主要是由A区的变形引起的。当坯料不太高时,A区的变形相当于一个外径受限制的环形件镦粗,B区的变形犹如在圆形砧内拔长。正挤压时各变形区及其应力应变简图如图8-10所示。

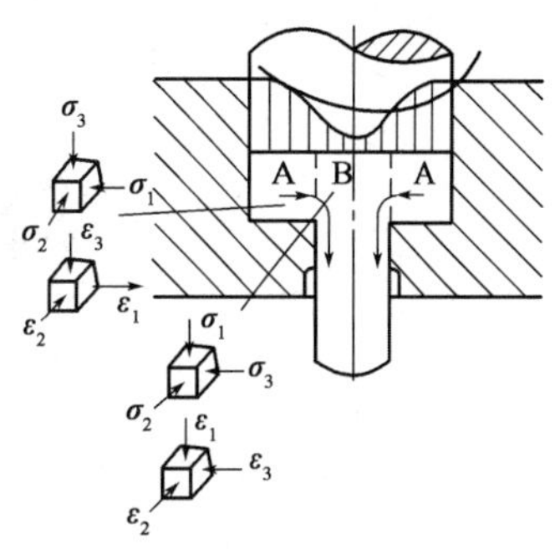

图8-10 正挤压时各变形区及其应力应变简图

由分析可知,在A区:$\sigma_{径}-\sigma_{轴A}=\sigma_s$,在B区:$\sigma_{轴B}-\sigma_{径}=\sigma_s$,则有:$\sigma_{轴B}-\sigma_{轴A}=2\sigma_s$。由此可知,在A、B两变形区的交界处,轴向应力相差$2\sigma_s$,即此处存在轴向应力的突变。坯料较低时,该轴向应力突变的情况可以通过试验测出,如图8-10中的应力分布曲线。这种轴向应力突变的现象在闭式冲孔(反挤)、孔板间镦粗、开式模锻的第Ⅰ和第Ⅱ阶段等工序中都是存在的。

2. 挤压时筒内金属的变形流动

挤压时,挤压筒内金属的变形流动是不均匀的,主要取决于A区的受力和变形情况。在A区内沿着高度方向最小主应力(轴向应力)σ_3的数值受三方面因素的影响:环形受力面积与挤压筒横截面积的比值(与挤压比有关,挤压比越小,这个比值越小)、摩擦系数大小、在筒内的坯料高度。

如果不考虑摩擦的影响,且坯料较高时,在凹模口处由于环形受力面积小,$|\sigma_3|$较大;在远离凹模口处由于受力面积大,$|\sigma_3|$较小。挤压比越小时,两处$|\sigma_3|$的差值越大。当坯料较低时,由于沿高度上的差值较小,可以认为σ_3是均匀的。在考虑摩擦的影响时,凹模筒壁对坯料的摩擦阻力抵消了一部分主作用力,使得凹模口处A区的$|\sigma_3|$减小。摩擦系数越大,坯料越高,这种影响越显著。由于上述各因素对A区内沿高度方向σ_3数值的影响是不同的,在各种不同的具体条件下挤压时,金属会出现不同的变形和流动情况。

下面以平底凹模正挤为例,金属在挤压筒内的流动大致有三种情况,分别进行说明。

(1)第一种情况如图8-11a)所示,仅区域Ⅰ内金属有显著的塑性变形,称为剧烈变形区;在区域Ⅱ内金属变形很小,可近似地认为是刚性移动。

当坯料很高(h很大)但摩擦系数μ较小时,在孔口附近环形面积上的$|\sigma_3|$较大,而坯料上部的$|\sigma_3|$较小。因此,孔口附近的A区金属较易满足塑性条件。变形主要在孔口附近,即产生第一种变形流动情况。当挤压比较小(即环形面积相对较小)时,产生这种变形情况的倾向更大。

在凹模出口附近的α区内,金属变形极小,称为死角或死区。死区的大小受摩擦力、凹模形状等因素的影响。在第一种情况下死区较小。

(2)第二种情况如图8-11b)所示,挤压筒内所有金属都有显著的塑性变形,并且轴心部分的金属比筒壁的金属流动得更快,死区比第一种情况大。

当坯料较高且摩擦系数较大时,这两种因素造成的两方面的影响相近,变形区各处均有塑性变形。但由于筒壁摩擦阻力的影响,轴心区金属比外周金属流动快,即产生第二种变形流动情况。

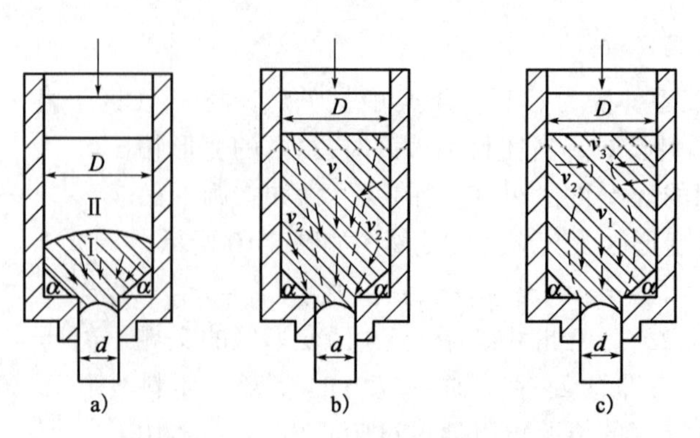

图 8-11　正挤压时金属在挤压筒内的流动情况

a)均匀流动;b)不均匀流动;c)最不均匀流动

(3)第三种情况如图 8-11c)所示,挤压筒内金属变形不均匀,轴心部分金属流动得很快,靠近筒壁部分的外层金属流动很慢,死区也较大。

在坯料很高且摩擦系数较大时,由于摩擦阻力大,抵消了很大一部分作用力,使 A 区金属的轴向应力$|\sigma_3|$在冲头附近比其他部位都大,故此处较易满足塑性条件,变形较大。在冲头附近 A 区金属被压缩变形的同时,B 区金属要有伸长变形,并向孔口部分流动;孔口附近的 A 区金属由于受 B 区金属附加拉应力的作用,也将随着塑性变形。但 A 区中间高度处的金属由于$|\sigma_3|$小,不易满足塑性条件,变形很小。这样变形和流动的结果,使原坯料后端的外层金属经挤压后进入了零件的前端。

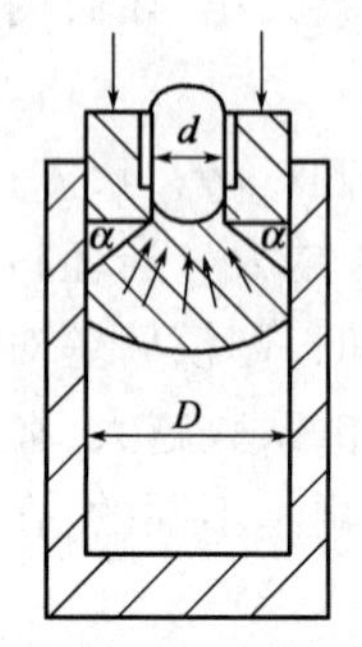

图 8-12　杆件反挤时金属流动情况示意图

当挤压比较大时,由于受力面积变化对金属流动的影响较小,摩擦系数的影响就更为突出,产生这种变形流动的倾向更大。

反挤时,如图 8-12 所示,由于只有第一种因素的影响,A 区在孔口处的轴向应力$|\sigma_3|$大,最易满足塑性条件,变形主要在孔口附近,即与第一种变形流动情况近似。

挤压时影响金属变形流动的因素除以上三者外,还有模具的形状、预热温度及坯料的性质等。

模具的形状对挤压筒内金属的变形和流动有重要影响。采用锥角模具,筒内金属特别是孔口附近金属的应力应变状态将发生很大变化。由图 8-13 可以看出,中心锥角的大小直接影

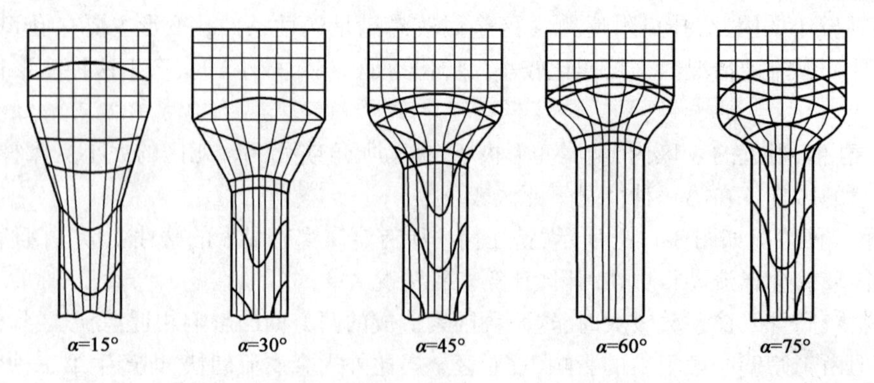

图 8-13　正挤压时凹模中心锥角大小对金属流动的影响

响金属变形流动的均匀性。中心锥角较小时($2\alpha = 30°$),变形区集中在凹模口附近,金属流动最均匀,挤出部分横向坐标网格的弯曲不大。外层和轴心部分金属的变形差别最小,死区也最小。此时在锥角处的径向水平分力很大,变形由挤压而变为缩颈,因此,不存在两区。随着中心锥角的增大,变形区的范围逐渐扩大,挤出金属的外层部分和轴心部分的变形的差别也增大,死区也相应增大。对平底凹模,即当中心锥角 $2\alpha = 180°$时,变形区和变形的不均匀程度都将达到最大。

一般减小锥角可以改善金属的变形流动情况,但不是在所有情况下都适用。一方面是受挤压件本身形状的限制,另一方面是某些金属,例如铝合金挤压时,为防止脏物挤进制件表面,均采用180°的锥角,即平底凹模。

另外模具的预热温度越低,变形金属的性能越不均匀,挤压时金属的变形流动也越不均匀。

以上介绍的是实心件的挤压情况,空心件的挤压模具如图 8-14 所示,其中图 8-14a)为正挤压,图 8-14b)为反挤压。空心件挤压时的应力应变状态与实心件挤压基本相似。

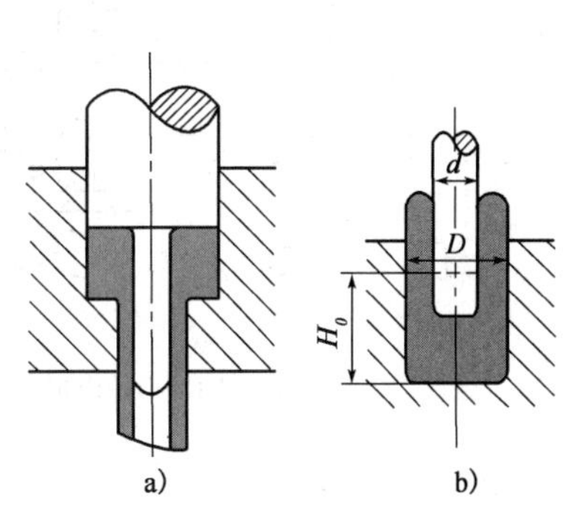

图 8-14 空心件的挤压模具

a)正挤压;b)反挤压

四、顶镦

顶镦是对坯料端部进行局部镦粗的模锻工序,常在平锻机、螺旋压机和自动冷锻机等设备上进行。带有局部粗大部分的锻件,如汽车上的半轴、发动机的气阀、螺栓等用顶镦生产最为适宜。顶镦生产率较高,在生产中应用较为普遍,下面主要分析具有代表性的平锻机上的顶镦。

1. 顶镦规则

顶镦实际上是在特定条件下的镦粗。坯料顶镦时,如果变形部分长度 l_B不太长时,能顺利进行局部镦粗。但是如果 l_B较长时,则常常由于失稳先产生弯曲,然后发展成折叠。顶镦时的主要问题就是折叠,因此,研究顶镦问题应首先从防止折叠为主要出发点,其次是尽可能减少顶镦次数以提高生产率。

顶镦规则是通过长期生产实践经验总结出来的工艺原则,它是计算顶镦件聚集工步的基础。

第一规则:当坯料端面较平,其变形部分的长度 l_B与直径 d_0之比 φ 小于 $\varphi_{允}$($\varphi_{允}=3$),即 $\varphi = l_B/d_0 < \varphi_{允} = 3$ 时,可在一次行程中顶镦至任意尺寸而不产生纵向弯曲。实际生产中由于坯料端面常常有斜度,容易引起弯曲,为安全起见一般取,

$$\varphi_{允} = 2.5 \sim 2.2$$

在平锻机上顶镦时,大多数锻件变形部分长度 l_B与直径 d_0之比 φ 均大于3,例如气阀 $\varphi \approx 13$。对这样细长的杆件进行顶镦,弯曲肯定是要产生的,是不可避免的,关键的问题是如何防止发展成折叠。为此,当 $\varphi > \varphi_{允}$时,顶镦一般均在模具内进行,靠模壁来限制弯曲的进一步发展。图 8-15 是在凹模的圆柱形槽内顶镦的情况,图 8-16 是在凸模的圆锥形槽内顶镦。

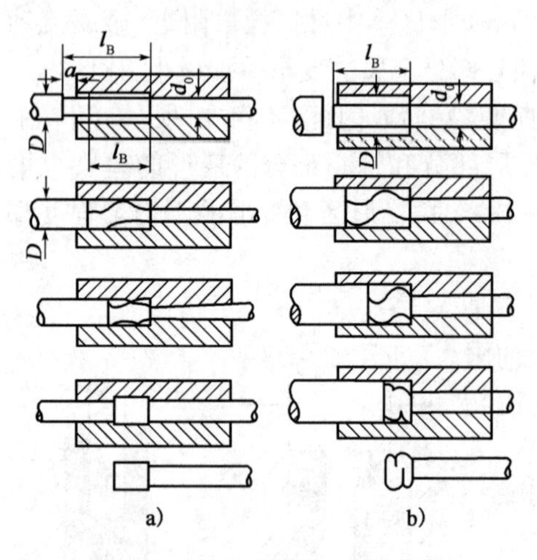

图 8-15 在凹模的圆柱形槽内顶镦

在凹模内顶镦时，如凹模直径与坯料直径之比 D/d_0 不太大，顶镦先产生一些弯曲，但与型槽壁碰上之后便不再发展，然后靠坯料本身的被加粗而充满型槽[图 8-15a)]。但是，D/d_0 较大时，折叠仍可能产生[图 8-15b)]。因此当 $\varphi>\varphi_{允}$ 时，则必须在型腔内积聚，型腔尺寸应按第二规则计算得出。

第二规则：当 $\varphi>\varphi_{允}$，坯料在凹模的圆柱形槽中顶镦时，型槽直径 D 可按受压杆塑性纵向弯曲的临界条件的分析来求解。

如图 8-17 所示，杆件产生纵向弯曲后受到型槽限制而不再继续弯曲的条件为：

$$M=P\cdot e\leqslant\sigma_s\cdot W$$

即

$$e\leqslant\frac{\sigma_s W}{P}$$

式中：M——外力产生的弯曲力矩；

P——顶镦力，$P=\frac{\pi}{4}{d_0}^2\sigma_s$；

e——纵弯偏心值；

W——抗弯断面系数，$W=\frac{{d_0}^3}{6}$；

σ_s——金属塑性变形时的流动极限。代入，并整理得，

$$e\leqslant\frac{\frac{d_0^3}{6}\cdot\sigma_s}{\frac{\pi}{4}d_0^2\cdot\sigma_s}=0.21d_0$$

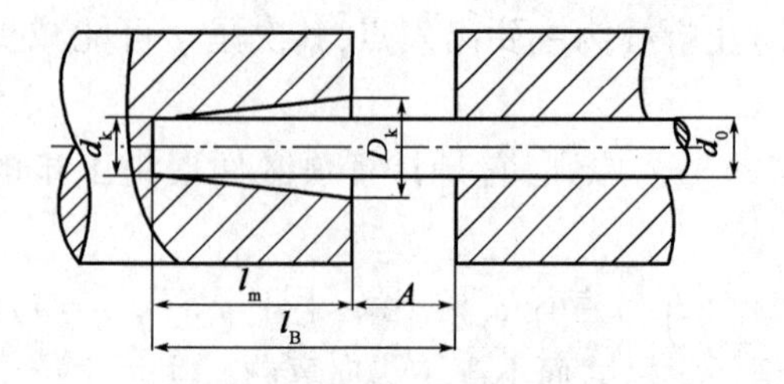

图 8-16 在凸模的圆锥形槽内顶镦

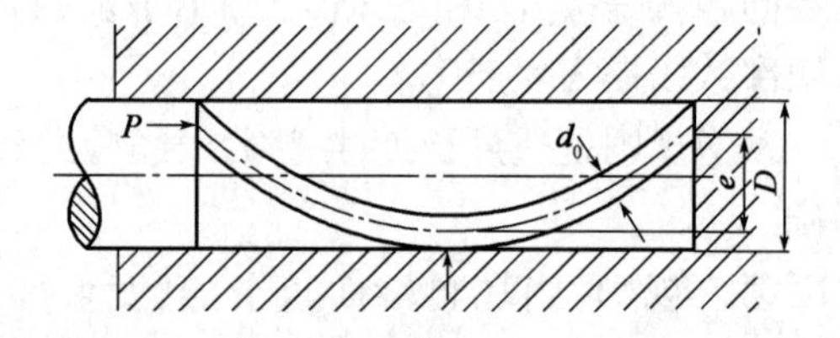

图 8-17 受压杆塑性纵向弯曲示意图

所以 $D\leqslant2\left(\frac{d_0}{2}+e\right)=1.42d_0$

生产中常采用 $D=(1.25\sim1.5)d_0$，在这种情况下，即使有纵向弯曲，坯料也不至于形成折叠。

根据上述原理，顶镦第二规则分两种情况作出具体规定如下。

(1)$\varphi > \varphi_{允}$,在凹模的圆柱形槽内顶镦时,应满足:顶镦后直径 $D \leqslant 1.5d_0$,露在凹模外面的坯料长度 $A \leqslant d_0$;或顶镦后直径 $D \leqslant 1.25d_0$,露在凹模外面的坯料长度 $A \leqslant 1.5d_0$。

(2)$\varphi > \varphi_{允}$,在凸模的圆锥形槽内顶镦时,应满足:顶镦后锥形大底直径 $D_k \leqslant 1.5d$ 时,顶镦变形量 $A \leqslant 2d_0$;或顶镦后锥形大底直径 $D_k \leqslant 1.25d_0$时,顶镦变形量 $A \leqslant 3d_0$。

在实际生产中,一般都采用在凸模的圆锥形槽内聚料。这是因为在圆锥形槽内成形有利于金属积聚;其次是圆锥形型槽带有斜度,棒料压缩而脱落的氧化皮可由锥形斜面滑出而不致压在锻件表面上;再其次是在锥形型槽内镦粗,由于棒料的端面和凸模的型槽底部直接接触,因而端面平整无产生毛刺的可能,给下道的聚料或成形创造了有利条件。而在凹模内顶镦易产生纵向毛刺,锻件易产生折叠。所以,一般来说,第一道聚集工步都需采用在凸模的圆锥形槽内聚料,以清除氧化皮和使棒料端面平整。

由上所述,第一规则说明了细长杆件顶镦时不产生纵向弯曲的工艺条件,而第二规则说明了细长杆件顶镦时虽产生纵向塑性弯曲,但不致形成折叠的工艺条件。

2.聚集工步计算

当坯料待镦部分的长径比 $\varphi > \varphi_{允}$时,为确定需要聚集的次数及其形状尺寸,尚需在顶镦规则的基础上按一定的方法计算。

凸模的圆锥形槽内聚集工步计算按体积不变条件,圆锥形槽体积应等于坯料变形部分的体积(符号意义参照图8-16),

即
$$\frac{\pi}{4 \times 3} l_m (D_k^2 + D_k \cdot d_k + d_k^2) = \frac{\pi}{4} d_0^2 l_B$$

令
$$\eta = \frac{d_k}{d_0}, \varepsilon = \frac{D_k}{d_0}, \lambda = \frac{l_m}{d_0}, \beta = \frac{A}{d_0} \text{ 及 } \varphi = \frac{l_B}{d_0}$$

代入整理得,

$$\frac{1}{3}\lambda(\varepsilon^2 + \varepsilon \cdot \eta + \eta) = \varphi$$

解方程式中的 ε(即圆锥形槽大底相对直径)得:

$$\varepsilon = 1.73\sqrt{\frac{\varphi}{\lambda} - \left(\frac{\eta}{2}\right)^2} - \frac{\eta}{2}$$

因为 $\lambda = \varphi - \beta$,所以上式又可写成:

$$\varepsilon = 1.73\sqrt{\frac{\varphi}{\varphi - \beta} - \left(\frac{\eta}{2}\right)^2} - \frac{\eta}{2}$$

式中:φ——已知值,即坯料待镦部分的长径比;

β——相对顶镦变形量,即变形开始时,坯料伸出型槽外的相对长度,可按实践经验公式估算,$\beta = 1.2 + 0.2\varphi \leqslant 3$;

η——圆锥形槽小底相对直径($\eta = 1.05 \sim 1.2$)随工步次数递减。

当 η、ε 和 λ 确定之后,即可计算出第一次聚集圆锥小底直径 d_k、大底直径 D_k和长度 l_m。

是否需要第二次聚集,则是以前一次聚集锥形的长度 l_m 与其平均直径 $d_{均} = (d_k + D_k)/2$

之比 φ_1 是否大于 $\varphi_{允}$ 来判断，当 $\varphi_1 = l_m/d_{均} > \varphi_{允}$ 时，就需要第二次聚集。这时以 l_m 和 $d_{均}$ 视作原坯料尺寸代入上述公式计算第二次聚集圆锥尺寸。按照这个方式，直到推算出 $\varphi_{n-1} < \varphi_{允}$ 时为止，才无须第 n 次聚集。

图 8-18 为确定 ε 和 β 的临界值的曲线图，可以迅速计算聚集锥形尺寸。它是在 $\eta = 1$ 的条件下，由函数关系 $\varepsilon = f(\varphi, \beta)$ 绘制而成的，直线 bc 为限制界线。使用时根据已知 φ 值和直线 bc 的交点，即可迅速确定相应的 ε 和 β 值。

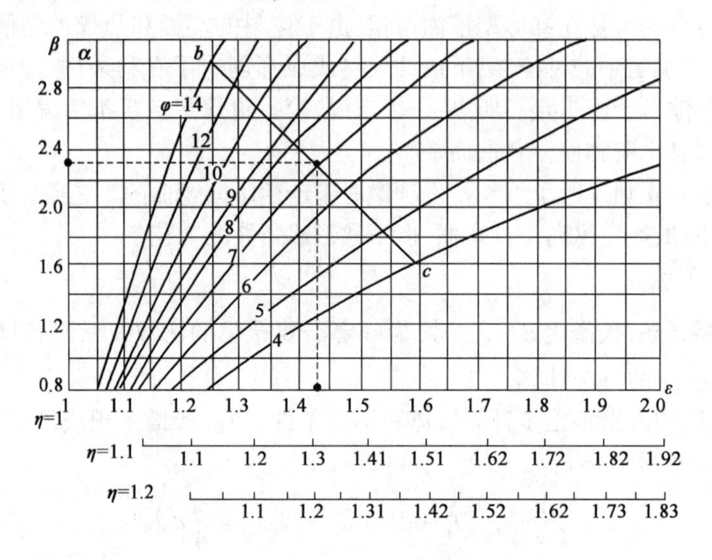

图 8-18 锥形聚集尺寸设计界限

第二节 锤 上 模 锻

锤上模锻是为适应成批、大量生产的需要，在自由锻、胎模锻基础上发展起来的一种锻造方法。它具有工艺适应性广，锻件质量好，材料利用率、生产率较高等优点，在锻造行业中占有重要地位，是模锻生产中最基本的生产方法。锤上模锻锤头打击速度较大，变形金属经多次锤击变形，借助金属流动惯性，充填型槽的能力较好。

锤上模锻主要以开式模锻的方式进行。

一、锤模锻件的分类

锤模锻件品种繁多，为了便于制订模锻工艺、设计锻模，应将模锻件按其形状的特征进行分类。

1. 短轴线类锻件

锻件的主轴线尺寸小于或略等于其他两个方向的尺寸，模锻时锤击方向一般与主轴线方向一致，如凸缘、套环、齿轮、十字轴等（表 8-1）。由于锻件的几何形状一般都对称于主轴线，在模锻时，金属流动对称于主轴线，所以又可称为轴对称类锻件。

2. 长轴线类锻件

锻件的主轴线尺寸大于其他两个方向的尺寸,模锻时锤击方向垂直于主轴线,如直轴锻件、弯曲轴锻件、带枝芽锻件、叉形锻件等。由于在模锻时,金属沿主轴线基本上没有流动,所以又可称为平面变形类锻件。

锤模锻件分类表 表 8-1

组 别	锻件简图	
短轴类锻件	简单形状	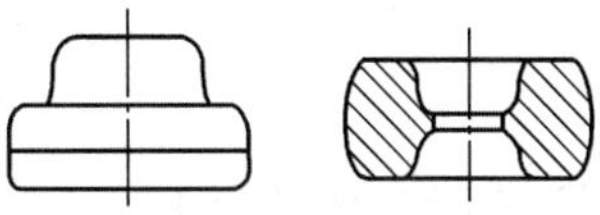
	较复杂形状	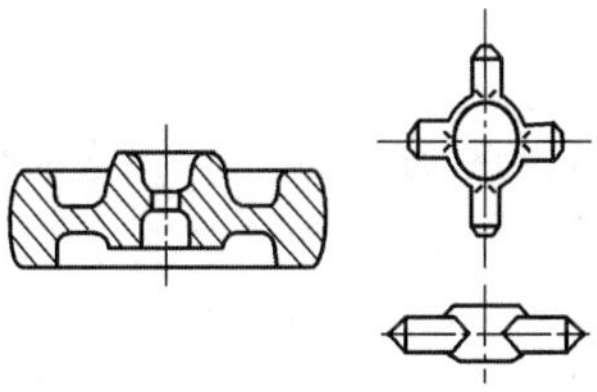
	复杂形状	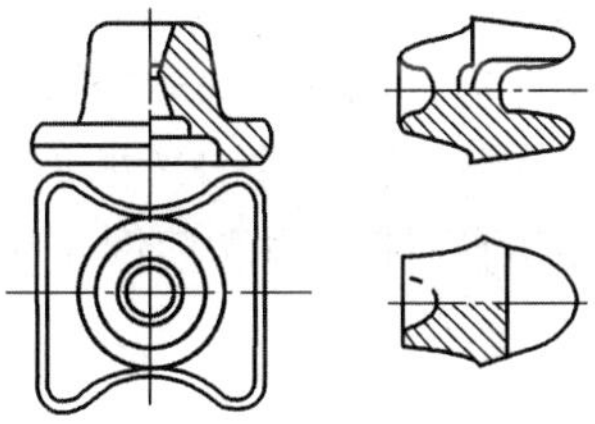
长轴类锻件	直长轴线	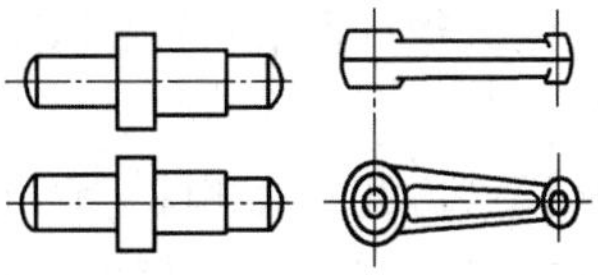
	弯曲轴线	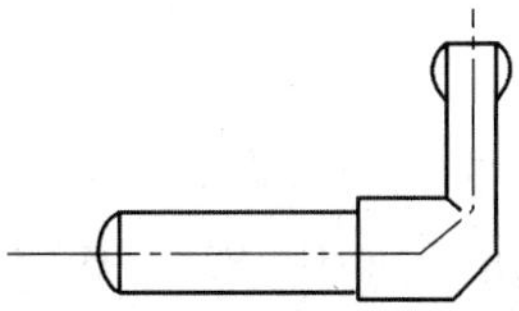

续上表

组　别		锻件简图
长轴类锻件	枝芽类	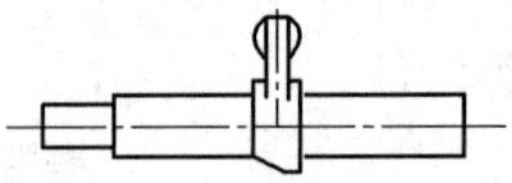
	叉类	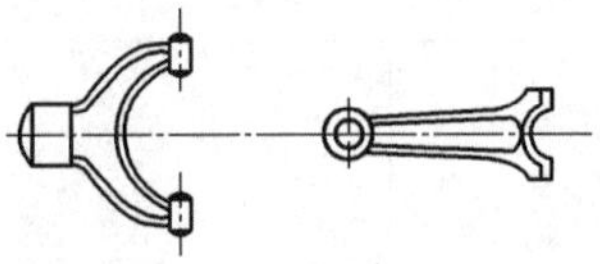

二、锻件图制订与终锻型槽设计

锻件图是根据产品零件图制订的,它是编制模锻工艺、设计模具和量具以及最后检验锻件的依据,同时也是机械加工部门验收锻件、制订加工工艺的依据,所以锻件图是最基本的工艺文件之一。

锻件图分为冷锻件图和热锻件图。冷锻件图即通常所称的“锻件图”,用来最终检验冷态锻件成品是否合格。热锻件图就是终锻型槽图,二者一凸一凹,供制造和检验终锻型槽使用,所以又称为“制模用锻件图”。热锻件图是根据冷锻件图绘制的,它的几何形状与冷锻件图完全相同(少数情况下略有差异),主要是由于冷热温度不同,尺寸相差一个线膨胀值。所以,制订锻件图也就是设计终锻型槽的主要内容。

制订锻件图首先应详细了解产品零件的技术经济要求(形状尺寸与精度、用途与工作条件、材料的性能、批量等),同时也要考虑模锻工艺技术上的可能性和经济上的合理性,以及机械加工等后续加工工艺对锻件的要求(如加工余量、定位基准、硬度等)。在此基础上结合具体生产条件,确定合理的锻件结构和模锻工艺方案。

1. 制订锻件图

制订锻件图应包括下列几个方面的问题:

1)分模位置

确定分模面位置最基本的原则是保证锻件形状尽可能与零件形状相同,以及锻件容易从锻模模膛中取出。确定分模面时,应考虑以镦粗成形为主,使模锻件容易成形。此外还应考虑提高材料利用率。

分模面的位置与模锻方法直接相关,而且它决定着锻件内部金属纤维(流线)方向。金属纤维方向对锻件性能有较大影响。合理的锻件设计应使最大载荷方向与金属纤维方向一致。若锻件的主要工作应力是多向的,则应设法造成与其相应的多向金属纤维。为此,必须将锻件材料的各向异性与零件外形联系起来考虑,选择恰当的分模面,保证锻件内部的金属纤维方向与主要工作应力一致。

在满足上述原则的基础上,为了保证生产过程可靠和锻件品质稳定,锻件分模位置一般都选择在具有最大轮廓线的地方。此外,还应考虑下列要求。

(1)尽可能采用直线分模,如图 8-19 所示,使锻模结构简单,防止上下错移。

(2)尽可能将分模位置选在锻件侧面中部,如图 8-20 所示。这样易于在生产过程中发现上下模错移。

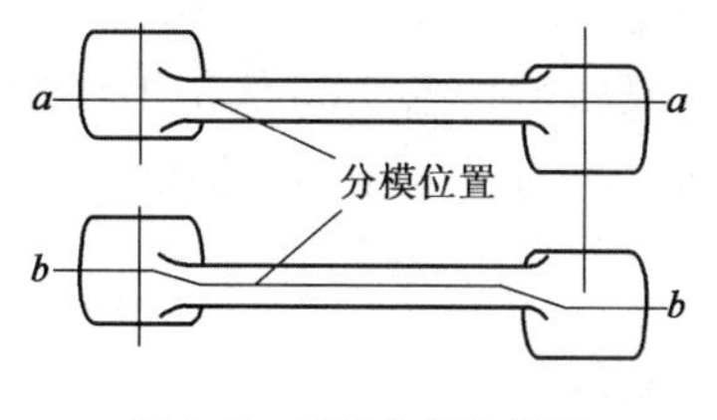

图 8-19　直线分模防错移

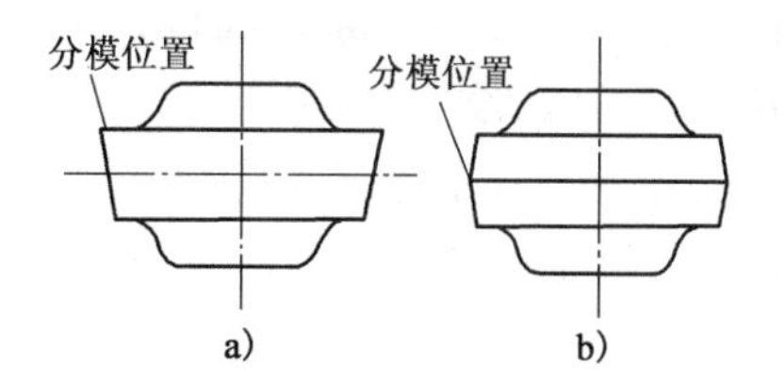

图 8-20　分模位置居中便于发现错移

a)分模位置不居中;b)分模位置居中

(3)对头部尺寸较大的长轴类锻件可以折线分模,使上下模膛深度大致相等,使尖角处易于充满,如图 8-21 所示。在上下模膛深度相等的情况下,需考虑模锻斜段所增加的余料体积应尽可能最小。

(4)当圆饼类锻件 $H \leqslant D$ 时,应采取径向分模,不宜采用轴向分模,如图 8-22 所示。这是因为圆形模膛易于车削加工,能够提高磨具加工速度。此外,切边模的刃口形状简单、制造方便,还可以加工出内孔,提高材料利用率。

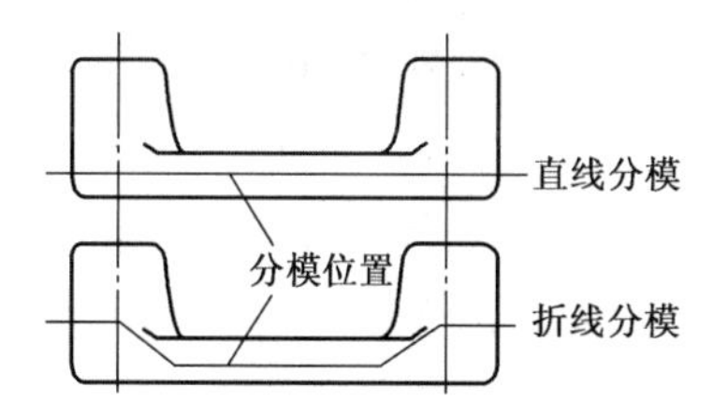

图 8-21　上下模膛深度大致相等易充满

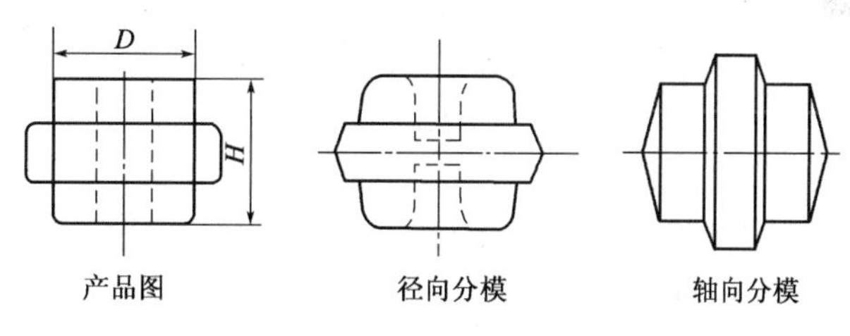

图 8-22　圆饼类锻件分模位置

(5)锻件形状较复杂部分应该尽量安排在上模,因为在冲击力的作用下,上模的充填性较好。

2)余块、余量和公差

零件上某些不便于终锻成形的部分,如齿轮的齿间、轴上的键槽和退刀槽等,可以加上余块,简化锻件形状。

锻件上凡是要机械加工的部位,都应给以加工余量,余量的大小决定于零件的形状尺寸、精度和表面粗糙度,同时又受模锻工艺所能达到的锻件公差的影响。

模锻得到的锻件,其实际尺寸由于型槽的磨损、错模、冷缩不均、少量的未充满和锻不足等原因,总是与锻件图上的公称尺寸有一定的偏差。因此,应规定实际尺寸与公称尺寸正负偏差的允许值,即锻件尺寸的公差。

模锻件的余量和公差可根据国家 2003 年颁布的《钢质模锻件　公差及机械加工余量》(GB/T 12362—2016)国家标准确定,它是按锻件的形状尺寸、生产批量、精度要求等情况制订的,一些工厂常按模锻锤吨位确定余量和公差。

3)模锻斜度

锻件在模锻型槽里成形后,由模壁的弹性恢复来夹紧锻件。为了便于将锻件从型槽中取出,就必须把型槽模壁做成一定的斜度 α,模锻好的锻件侧面也具有相同斜度,称为模锻斜度。

这样，锻件在型槽里锻好后，模壁就会产生一个脱模分力 $F\sin\alpha$ 来抵消模壁对锻件的摩擦阻力 $F_T\cos\alpha$，从而减小取出锻件所需的力 $F_{取}$（图 8-23）。

即 $F_{取}=F_T\cos\alpha-F\sin\alpha-F(\mu\cos\alpha-\sin\alpha)$

从式中可以看出，当 α 越大，$F_{取}$ 就越小。α 大到一定值后锻件会自行从型槽中脱开。但由于 α 的加大增加了金属的消耗，因此在锻件能出模的前提下力求减小模锻斜度。

锻件外壁上的斜度称为外模锻斜度，锻件内壁上的斜度称为内模锻斜度（图 8-24）。

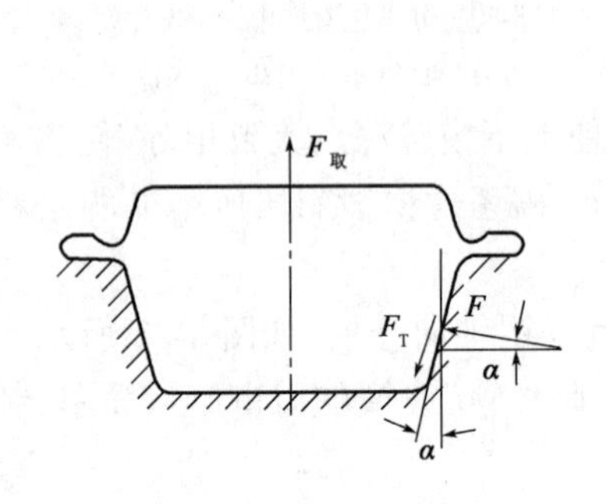

图 8-23　模锻斜度对锻件出模的影响

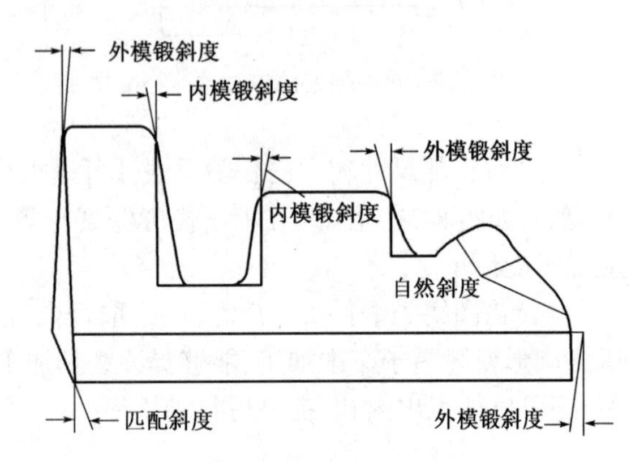

图 8-24　锻件的模锻斜度

模锻斜度的数值与下列因素有关：

（1）锻件的形状尺寸

对于型槽窄而深的部分，锻件难以取出，应采用较大的斜度；反之，对于浅而宽的部分，应采用较小的斜度。

（2）斜度的位置

锻件在冷缩时，外壁趋向离开模壁，而内壁则包住型槽凸出部分，所以内模锻斜度应比外模锻斜度大一级（2°～3°）。

（3）锻件的材料

例如硬铝锻件的模锻斜度只需钢锻件的 1/2 左右。

为了便于制模时采用标准刀具，模锻斜度应按标准系列（5°、7°、10°、12°）选取。模锻锤的外模锻斜度一般为 5°～7°，内模锻斜度为 7°～10°。

4）圆角半径

由于金属在型槽里流动和锻模强度等方面的需要，锻件上凡是面与面相交的地方，都不允许有尖角，必须呈圆角。锻件上凸角的圆角半径称为外圆角半径 r，锻件上凹角的圆角半径称为内圆角半径 R（如图 8-25）。

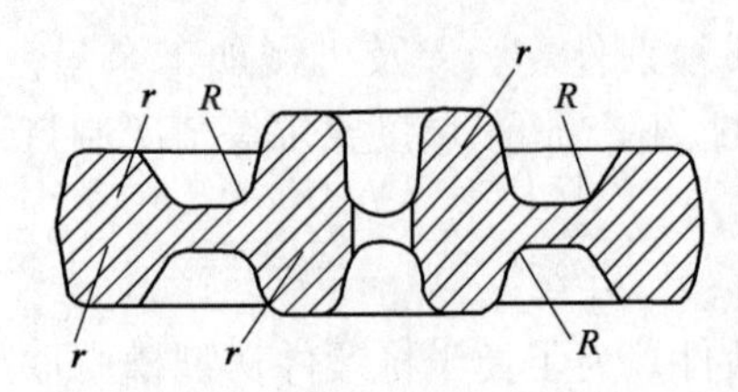

图 8-25　锻件和型槽的圆角半径

锻件上的外圆半径太小，则金属充填型槽内相应处的凹角就困难，同时型槽里尖锐的凹角在锻模热处理时或锻打时易由于应力集中而产生裂纹。在与锻件内圆角相应的型槽凸角上，模锻时金属在该处流动是很剧烈的。因此该处圆角半径太小，很快便会磨损、压塌，使具有模锻斜度的模壁向内凹进，以致模锻好的锻件难于从型槽中取出

(图 8-26)。此外锻件的内圆角半径太小还会在锻件上产生折叠(图 8-27)或割断锻件的纤维。

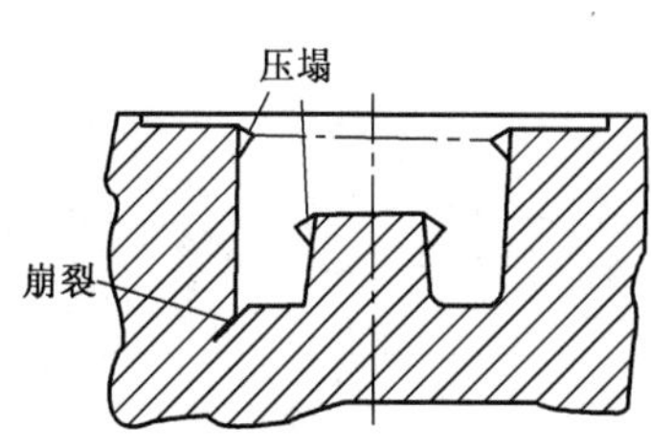

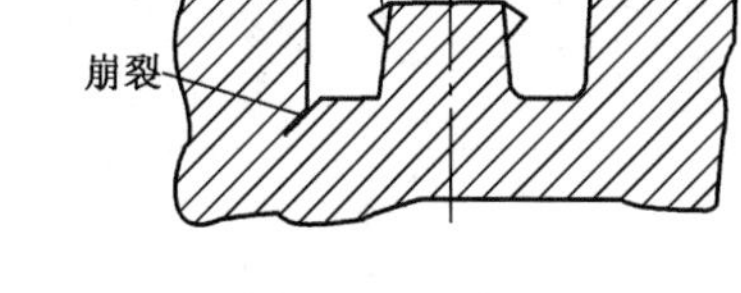

图 8-26　圆角半径太小引起的锻模开裂和压塌

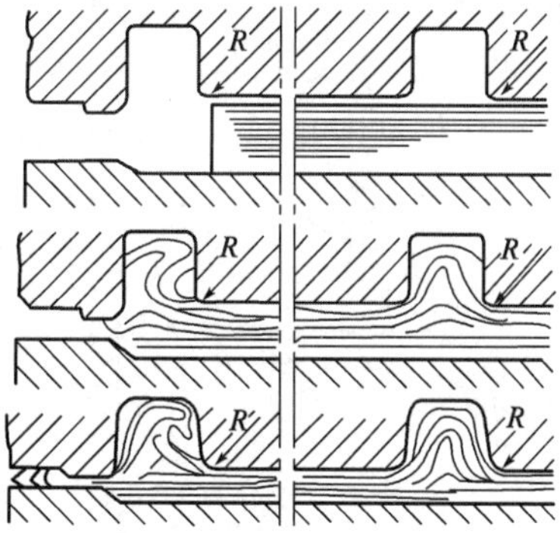

图 8-27　圆角半径与折叠的关系

所以较大的圆角半径对金属流动充满型槽、锻件的质量和出模、锻模的寿命等都是有利的。但是锻件的外圆角半径太大,会减少圆角处的余量,以致不能满足切削加工的要求,而内圆角半径太大,会增加金属的消耗。

圆角半径的数值与锻件的形状、尺寸有关,深而窄的型槽金属充填较为困难,圆角半径应取较大的数值,反之,浅而宽的型槽可取较小的数值。

一般,为了保证锻件凸角处的最小余量,取:

$$r = \text{余量} + a$$

式中:a——零件在凸角处的圆角半径或倒角。

锻件的内圆角半径应比外圆角半径大,取:

$$R = (2 \sim 3)r$$

为了便于采用标准刀具制模,圆角半径的数值应按标准系列选取。

5)冲孔连皮

锻件在锤上模锻时要得到透孔是不可能的,而只能锻成盲孔,中间留有一层金属,称为连皮(图 8-28)。连皮应有合适的厚度 s,如 s 太小,则模锻冲孔时单位压力很大,冲头容易磨损或变形,在锻件上还会产生折叠。但是 s 太大,连皮浪费的金属增多,切除连皮所需力量增大,锻件还可能走样等。所以必须正确设计冲孔连皮的形状和尺寸。

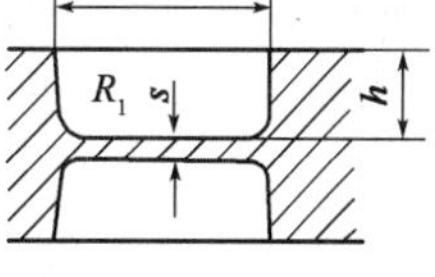

图 8-28　平底连皮

最常采用的是平底连皮,连皮的厚度 s 与锻件的孔径 d 和孔深 h 有关,可按下式计算;

$$s = 0.45\sqrt{d - 0.25h - 5} + 0.6\sqrt{h}\,(\text{mm})$$

当孔的直径较大时($d > 2.5h$),如果仍用平底连皮,则 d/s 值很大,相当于薄板镦粗,冲孔很困难,这对型槽里的冲头和锻件质量都是很不利的。为了便于冲头下面的金属向四周排除,这时应采用斜底连皮(图 8-29)。

$$s_{max}=1.35s$$
$$s_{min}=0.65s$$

对孔径很大而高度又较小的锻件($d>15h$),要将孔内大量金属向四周排除是很困难的,不但增大模锻所需变形力,加速冲头磨损,而且还使锻件产生折叠。这时应采用拱形连皮(图 8-30),在连皮中心部分保留较多的金属。

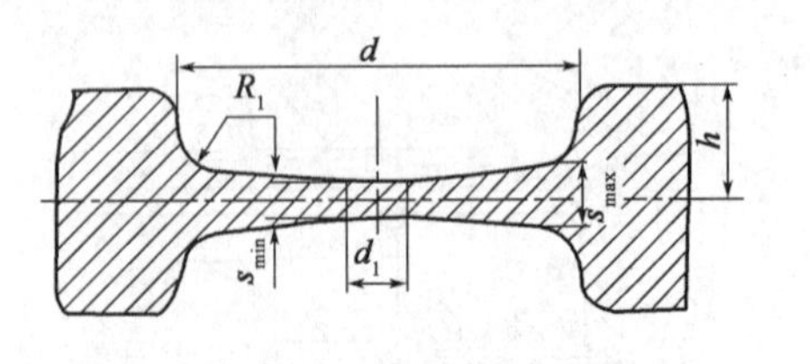

图 8-29　斜底连皮

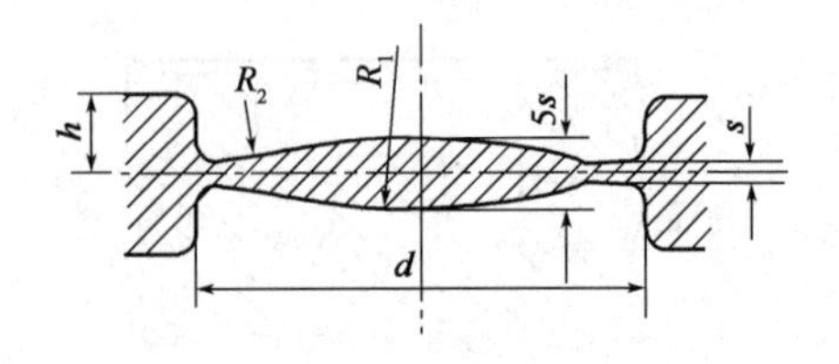

图 8-30　拱形连皮

模锻件上的冲孔连皮,在模锻后要冲掉,所以锻件图上不画出连皮,但在制模用的热锻件图上应画出。

6)锻件的技术条件

有关锻件的质量及检验要求,在锻件图中无法标示,均列入技术条件内说明。一般的技术条件包括:锻件的热处理方式及硬度、标上打硬度的位置允许的表面缺陷、允许的错移量、允许的残余毛边宽度、表面清理方法及其他特殊要求(锻件的弯曲度,同心度等)。

2. 热锻件图与终锻型槽设计

终锻型槽是锻件模锻时最后成形的型槽,是各种型槽中最主要的型槽,它是按照锻件图制造和检验的。开式模锻时,终锻型槽沿分模面设置有毛边槽。设计终锻型槽的主要内容是确定和绘制热锻件图以及选择毛边槽。

锻件在终锻型槽里锻好冷却到室温时,其尺寸要缩小,所以热锻件图要按锻件图(冷锻件)放大一个收缩量。对于钢锻件收缩率一般取 1.5%,细长的杆类锻件、薄的锻件,冷却快、或打击次数较多,停锻温度低的锻件,收缩率取 1.2%。带大头的长杆锻件,应根据具体情况,可对大头和杆部分分别取不同值。

一般情况下,热锻件图的形状与锻件图完全相同。但某些情况,为了保证按热锻件图制造的终锻型槽能锻出合格的锻件,热锻件图的某些地方必须与锻件图有差异。例如:a. 终锻型槽易磨损处,应在锻件负公差范围内预先增加一个磨损量,以提高型槽寿命。b. 下模型槽局部较深处,易积聚氧化皮,致使锻件表面在该处有压坑,因此热锻件图在该处应稍加深。c. 当锤吨位不足时,易产生模锻不足,应使热锻件图高度尺寸比锻件图上相应高度减小一些,接近于负偏差或更小一些,以抵消锻不足的影响。相反,锤吨位偏大,或锻模承击面不够,则分模面易压陷,此时热锻件图的高度尺寸应加大到接近正偏差,以便在承击面压陷后还能锻成合格锻件。

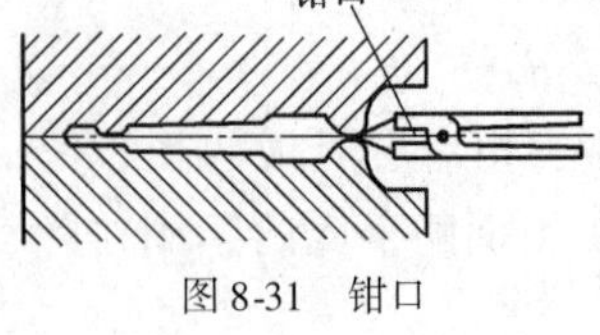

图 8-31　钳口

终锻型槽的前端做成空腔,用来容纳夹持坯料的夹钳,便于锻件从型槽中取出,称为钳口(图 8-31)。制造锻模时,钳口还用作浇铅水或其他冷缩小的盐液(30% KNO_3 + 70% $NaNO_3$)的浇口来复制型槽的形状,以便检查型槽的形状和尺寸。

三、预锻型槽设计

从对开式模锻变形过程的分析可以看出，锤上模锻当同时采用预锻和终锻工步时，锻件的整个模锻变形过程是分开在预锻型槽和终锻型槽里进行的，中间坯料先在预锻型槽里自由镦粗（模锻变形第Ⅰ阶段），形成毛边和部分充满型槽（变形第Ⅱ阶段的前期）后，再到终锻型槽里完全充满型槽（变形第Ⅱ阶段的后期）并挤出多余金属（变形第Ⅲ阶段）。原毛坯经过制坯工步成为中间坯料，金属只是按锻件各部分体积的需要进行了分配，而要使中间坯料的每一截面进一步成形，形成锻件的外形，金属还需要在局部范围内流动。采用了预锻型槽就能担负以上任务，使预锻后的锻件易于充满终锻型槽，减轻终锻型槽的负担和磨损，从而提高锻模的寿命。对有些锻件，如具有工字形截面的锻件，为了防止在锻件上产生折叠缺陷，需要采用预锻型槽以改善金属在终锻型槽里的流动情况。

采用预锻型槽也会带来一些缺点，比如会使坯料在终锻型槽里产生偏心打击，上下模容易错模，也影响锻锤寿命；增加了模块尺寸，有时甚至需要两套锻模联合模锻，增加了设备数量；生产率也有所降低。

所以应根据需要和具体情况综合分析来选用预锻型槽。预锻型槽常用于具有工字形截面、劈开的叉形、枝芽、高筋、深孔等形状复杂难以充满的锻件。

预锻型槽应根据终锻型槽（热锻件图）并考虑相关差异来设计：

1. 不设毛边槽

预锻型槽周围不设毛边槽，但预锻时也有毛边产生，上下模不能打靠，因此预锻后坯料实际高度比终锻型槽高度要大一点。

2. 圆角半径

为了减小金属流动阻力，便于预锻成形，防止产生折叠，预锻型槽的凸角圆角半径应比终锻型槽的略大1～3mm。型槽在分模面边缘的圆角半径也应比终锻的加大1～2mm。

3. 具有较高的凸起或筋的锻件

预锻型槽的设计既要减小终锻时金属充填筋部型腔时的阻力，有利于终锻的成形，也要考虑中间坯料在预锻时有较好的成形。图8-32所示预锻型槽的设计，适当减小了预锻型槽在筋部的深度，$h' = (0.8 \sim 0.9)h$，而筋部的模锻斜度、顶部的宽度和终锻型槽相同，这样，难成形的筋的上部在预锻时（此时坯料温度较高）就达到要求的尺寸，终锻时该部分仅作刚性平移，金属与模壁间始终存在着一定间隙，从而能在较大程度上减小终锻时金属的流动阻力。预锻

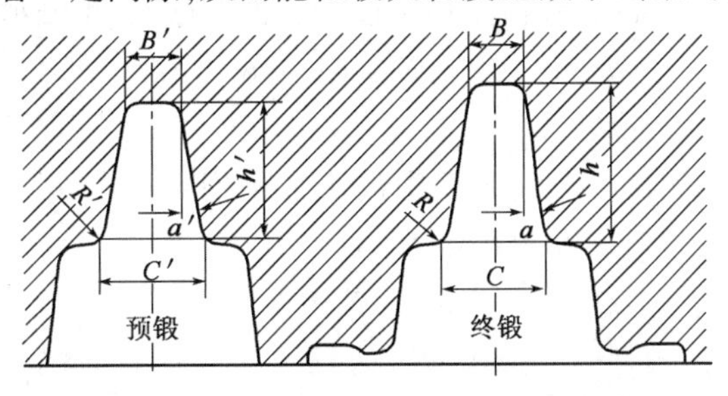

图8-32　具有高筋锻件的预锻型槽和终锻型槽

型槽筋部深度减小和 R' 加大也为中间坯料在预锻型槽里成形创造了较好的条件。

4. 具有劈开叉形的锻件

叉间距离不太大的锻件，必须在预锻型槽中采用劈料台，把金属挤向两边，否则叉部的内角在终锻时不能充满。常用的劈料台形式如图 8-33a）所示。当劈开部分窄而深时，则可采用图 8-33b）所示的形式。

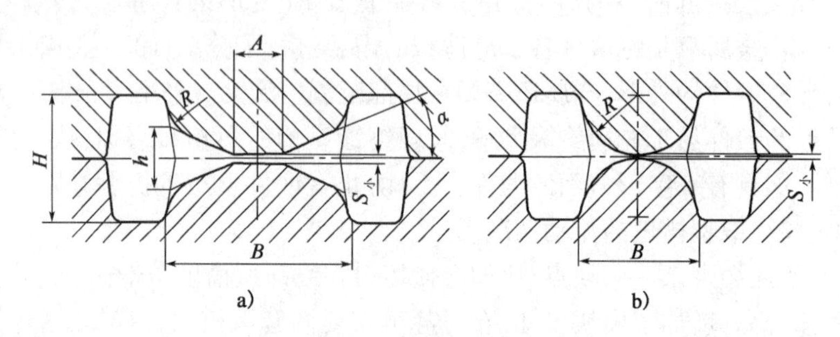

图 8-33　劈料台的形式

a）斜面劈料；b）圆柱面劈料

5. 具有枝芽的锻件

应创造条件便于金属流向枝芽部分，预锻型槽在枝芽部分的形状应尽量简化，与枝芽连接处的圆弧半径适当增大。必要时还可在分模面上设阻力沟，增大预锻时金属流向毛边的阻力，如图 8-34 所示。

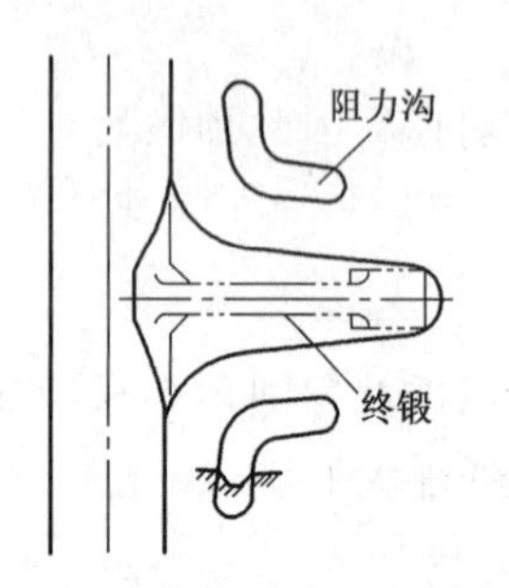

图 8-34　具有枝芽锻件的预锻型槽

6. 具有工字形截面的锻件

对于中间腹板较薄、较宽、转角处圆角较小的工字形截面，应采用预锻型槽，以避免在锻件上产生折叠。

在工字形截面处设计预锻型槽的关键在于：应控制中间坯料预锻后的截面积（锤上模锻时，在预锻时上下模总是不打靠的，则预锻后的截面积应包括这部分未打靠的面积在内），使再放到终锻型槽里变形时，大体上在充满两翼以后，终锻的过程刚好结束，不再有多余金属流向毛边，这时就可避免在终锻时产生折叠。与此同时，还要避免中间坯料在预锻时产生折叠，就必须加大预锻型槽中间腹板转角处的圆角半径并使截面形状圆浑。

图 8-35 为设计锤锻模工字形截面预锻型槽的一种方法。

（1）当 $h<2b$ 时［图 8-35a）］，预锻型槽可设计成梯形截面，预锻型槽宽度 B' 尺寸为：

$$B' = B + (2 \sim 6)$$

式中：B——终锻型槽宽度，mm。

高度 h' 可根据预锻型槽截面积与带毛边的终锻型槽截面积相等的原则确定。而毛边面积可取毛边槽面积的 70%。计算型槽高度 h' 为：

$$h' = F_1/B'$$

式中：F_1——终锻型槽截面积；

B'——预锻型槽的宽度。

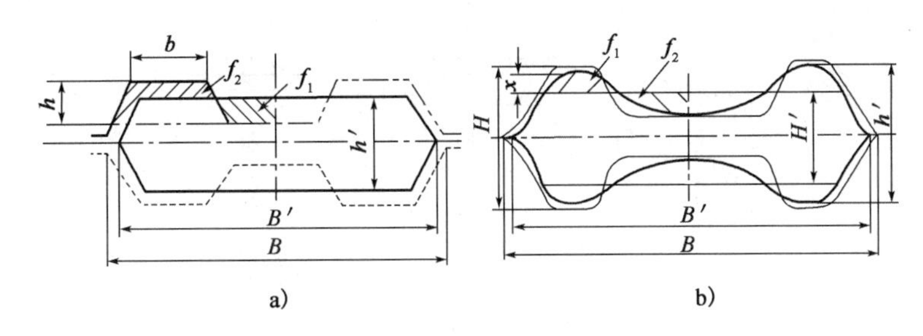

图 8-35　工字型截面预锻型槽

a) $h<2b$;b) $h\geqslant 2b$

(2)当 $h\geqslant 2b$ 时[图 8-35b)],预锻型槽的截面设计成圆滑的工字型截面。预锻型槽的宽度 $B'=B+(1\sim2)$mm,高度 h'的确定方法:可先假定预锻型槽为梯形截面,按照预锻型槽截面积与带毛边的终锻型槽截面积相等,求出 H',然后按 $x=(H-H')/4$ 求解,则有 $h'=H'+2x$,通过 x 作圆弧并令腹板部分减少的面积 f_2 等于凸筋部分增加的面积 f_1,得到预锻型槽的形状。

(3)当工字形截面两肋之间距离较大时,如图 8-36 所示,预锻型槽设计成舌形截面,用来防止产生涡流或穿流缺陷。预锻型槽的宽度 $B_1=B+(10\sim20)$mm,增大 B_1 的目的是使终锻时预锻件金属首先在增宽部位形成毛边,在毛边槽桥部形成较大阻力,迫使中心部分的金属以挤压形式充填筋部和充满终锻型槽全部空间,最后仅少量金属流向毛边槽。舌形断面的厚度是通过宽度 B_1 的两端点作圆弧 R,使面积 $F_1=(1.0\sim1.1)F_2$ 确定。

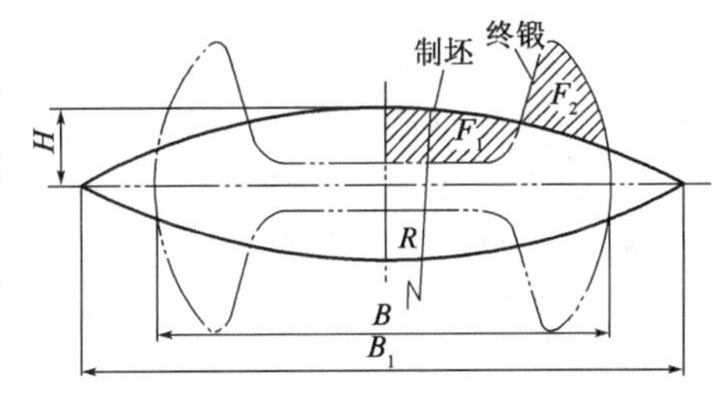

图 8-36　工字形锻件制坯示意图

四、制坯工步选择与制坯型槽设计

模锻前制坯工步的任务是为模锻工步提供中间坯料。加热好的等截面原始坯料经过制坯工步,去掉了氧化皮,得到了形状尺寸合理的中间坯料,用它进行模锻能消耗最少的金属和变形功,并顺利充满终锻型槽,生产出质量较好的模锻件。但是在模锻生产中制坯工步通常与模锻工步不均衡,制坯工步所需的时间比模锻工步多很多,这样,制坯工步就限制了模锻生产率的提高。特别是在大批量生产组成流水线时,工序间的均衡衔接是个重要问题,应很好考虑。所以在选用制坯工步时应根据生产批量、锻件质量等具体要求,综合分析金属消耗、模锻生产率、模具寿命等因素来合理确定。

长轴线类锻件按平面变形要求,中间坯料沿轴线需合理分配金属并符合锻件平面图形状。主要采用的制坯工步为拔长、滚挤类,并根据需要选用弯曲、成形类制坯工步。

短轴线类锻件按轴对称变形要求,中间坯料需按锻件纵截面形状合理分配金属,并符合锻件平面图形状。主要采用的制坯工步为镦粗类制坯工步。

1. 镦粗类制坯工步的选择

短轴线类锻件大多是采用较小直径的坯料,首先经过镦粗或成形镦粗等制坯工步(称为镦粗类工步)后,再终锻成形。在整个变形过程中,打击力方向与坯料轴线方向一致,金属流动基本上与锻件轴线对称,即轴对称变形。短轴线类锻件的成形过程如图 8-37 所示。

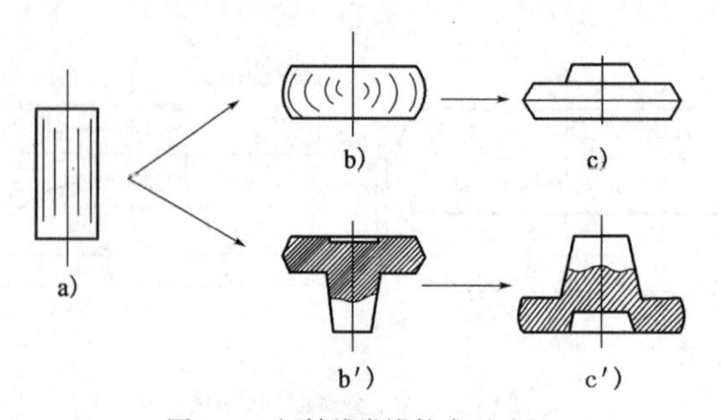

图 8-37　短轴线类锻件成型过程

a) 原坯料；b) 自由镦粗；b′) 成形镦粗；c) 终锻；c′) 终锻

制坯应按锻件纵截面形状轮毂、轮辐、轮缘的比例，合理分配金属，以满足模锻时各部分成形的需要。

对于轮毂高的凸缘锻件，制坯时应保证中心部分有足够的金属。如采用自由镦粗制坯，则坯料中心部分(相当于轮毂部分)的高度偏低，轮毂部分可能充不满，因此需要采用成形镦粗[图 8-37b′)]。

对于轮缘部分金属占主要比重的套环锻件及具有轮缘、轮辐和轮毂的齿轮锻件(表 8-2)，镦粗制坯时应使中间坯料的直径大些，以防止终锻时在轮辐与轮缘过渡处产生环状折叠。但也不能太大，过大了容易造成轮缘(或轮毂)部分充不满。合理的中间坯料直径为 $d_2 < d_{镦} < d_3$。

锤上模锻短轴线类锻件，由于模块尺寸的限制，一般只能采用一个制坯工步(最多两个)。但是中间坯料在终锻型槽里是多次锻击逐步成形的，每一次锻击相当于一次成形镦粗，这就为简化制坯工步提供了有利条件。

选择镦粗类制坯工步一般是根据锻件纵截面形状选择轮毂、轮辐、轮缘的高度比值(表 8-2)。

短轴线类锻件锤上模锻工步选择　　表 8-2

名　称	锻件简图	纵截面特征	变形工步
凸缘		$\frac{h_1}{h_2} < 2$	轻镦去氧化皮→终锻
		$\frac{h_1}{h_2} > 2$	自由(或成形)镦粗→终锻
套环		$\frac{h_3}{h_2} < 1.3$	轻镦去氧化皮→终锻
		$\frac{h_3}{h_2} = 1.3 \sim 4$	自由镦粗→终锻
		$\frac{h_3}{h_2} > 4, d_3 < 350$	自由(或成形)镦粗→终锻
		$\frac{h_3}{h_2} > 4, d_3 > 350$	自由(或成形)镦粗→预锻→终锻

续上表

名　　称	锻 件 简 图	纵 截 面 特 征	变 形 工 步
齿轮	d_1 h_2 h_1 h_3 d_2 d_3	同上	先按 $\frac{h_1}{h_2}$ 及 $\frac{h_3}{h_2}$ 分别决定工步后，选取较难的制坯工步

2. 拔长类制坯工步的选择和型槽设计

长轴线类锻件在模锻型槽里成形时，由于金属沿横截面的流动阻力要比沿轴向的阻力小很多，所以金属的变形基本上是沿宽度与高度方向流动，而沿轴向的流动则很小，即近似于平面变形的情况，因此对于这类锻件的中间坯料，应使其各横截面面积等于锻件相应截面的横截面面积与毛边截面积之和。为满足这一要求，其相应的制坯工步有拔长、滚挤等，通常这一类工步称为拔长类制坯工步。要将等截面的原始坯料变形成不等截面的中间坯料，就必须研究合理的中间坯料形状、尺寸以及如何获得此中间坯料的方法。

1）计算坯料

根据平面变形的假设计算所得到的圆截面的中间坯料称为“计算坯料”（图 8-38）。它是长轴线类锻件选择制坯工步、确定坯料尺寸及设计拔长类型槽的基本依据。

（1）计算坯料截面图和计算坯料图的绘制

按平面变形假设，计算坯料的任意横截面面积应等于该锻件相应横截面的截面积与毛边截面积之和，即：

$$A_{计} = A_{锻} + A_{毛} = A_{锻} + 2\xi A_{毛槽}$$

式中：$A_{计}$——计算坯料任意横截面面积；

$A_{锻}$——锻件相应横截面面积；

$A_{毛}$——毛边相应横截面面积；

$A_{毛槽}$——毛边槽相应横截面面积；

ξ——毛边槽充满系数。

计算坯料为直径等于 $d_{计}$ 的圆截面坯料，即：

$$d_{计} = 1.13\sqrt{A_{计}}$$

式中：$d_{计}$——计算坯料相应横截面直径。

在具体绘制计算坯料截面图和计算坯料图时，是根据锻件复杂的程度，沿锻件轴线选取若干具有特征的截面（1、2、3、…n）算出相应的 $A_{计}$ 和 $d_{计}$。以锻件的轴线尺寸 L 为横坐标，以 $A_{计}$（可缩小比例 M）和 $d_{计}$ 为纵坐标，绘在方格纸上，连接各点成光滑曲线，即可得出计算坯料截面图和计算坯料图（图 8-38）。从它们的图形便可直观地看出中间坯料横截面面积和中间坯料外形变化情况，并可估计制坯时金属流

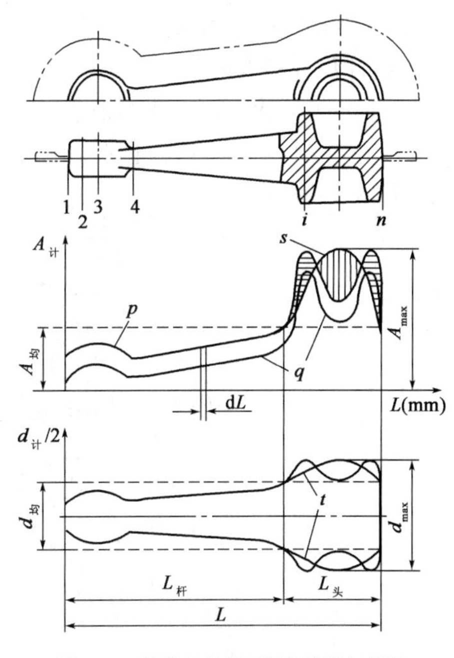

图 8-38　计算坯料截面图和计算坯料图

动的难易程度。

(2)平均截面图和平均计算坯料图

根据面积积分原理,截面图曲线下的面积f和比例系数M之积在数值上等于计算坯料体积V。

$$dV = M \cdot h_{计} \cdot dL$$

式中,M为$A_{计}$坐标比例;$d_{计}$为$A_{计}$在截面图上的真实高度。

$$V = M\int_0^L h_{计} \cdot dL = M \cdot f$$

在计算坯料截面图上取:

$$A_{均} = \frac{M\int_0^L h_{计} \cdot dL}{L} = \frac{Mf}{L}$$

在计算坯料图上取:

$$d_{均} = 1.13\sqrt{A_{均}}$$

即可绘出计算坯料平均截面图和平均计算坯料图,在计算坯料图上$d_{计} > d_{均}$的部分称为头部,$d_{计} < d_{均}$的部分为杆部。

(3)计算坯料的修正

当锻件上有孔腔或压凹时,那部分的变形接近轴对称变形,而按上述方法所得的截面图和计算坯料图的图形会有急突的变化,甚至出现马鞍形(图8-38),这样就不仅不利于制坯,更不利于在模锻型槽中的成形。因此在这种情况下计算所得到的计算坯料截面图与计算坯料图一般都要在截面图上按面积相等的原则加以修正,以得到圆浑外形的计算坯料。如图8-38为一连杆锻件,虚线部分为修正后的截面图和计算坯料图,其最大截面和最大直径分别为$A_{max} = M \cdot h_{max}$和$d_{max}$。

(4)计算坯料的简化

对于某些形状比较复杂的锻件,计算坯料与平均计算坯料相交后,出现了多头多杆的情况,为了选择制坯工步,应根据截面图上面积相等的原则将其简化为一头一杆的简单计算坯料,如图8-39所示。

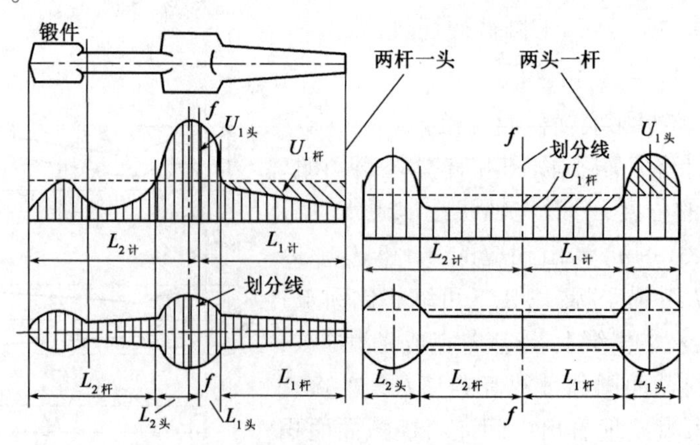

图8-39 复杂计算坯料的简化

(5)弯曲轴锻件的展开

计算坯料为直轴中间坯料,因此对于弯曲轴锻件,在绘制计算坯料前应将锻件沿轴线展开拉成直轴。由于中间坯料在弯曲时会伸长,所以锻件展开时应较锻件弯曲轴线的长度缩短些,缩短数值可根据具体情况确定。

2)拔长类制坯工步的选择

长轴线类锻件模锻,需要先将等截面的原始坯料锻成计算坯料的形状,因而需要采用合适的制坯工步,以便将杆部多余金属转到头部去。转移金属量的大小与下列繁重系数有关,拔长类制坯工步可根据这些系数来选择:

$\alpha = d_{max}/d_{均}$表示金属由杆部向头部转移的程度;

$\beta = L/d_{均}$表示金属沿轴向流动的程度;

G表示变形金属质量,即包括毛边在内的锻件质量。

不同制坯工步转移金属的能力按下列顺序递增:开滚、闭滚、拔长、拔长 + 滚挤。图 8-40 为在大量实践的基础上,根据以上繁重系数制成的图解,可供选择长轴线类锻件的制坯工步参考,尚应结合生产批量、制模水平、锻件形状大小等具体情况全面分析确定。

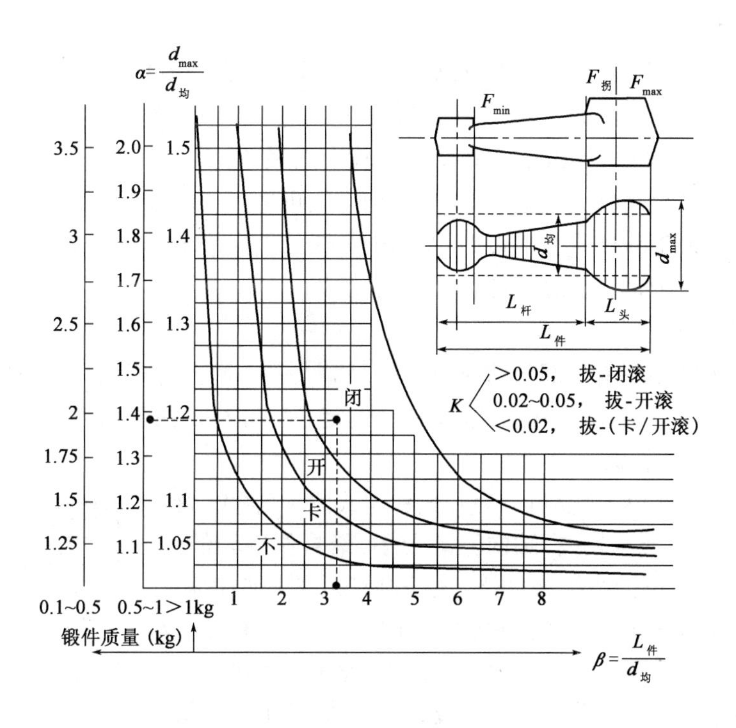

图 8-40　拔长类制坯工步的选择

不-不需要制坯工步,直接模锻成形;卡-卡压制坯;开-开式滚挤制坯;闭-闭式滚挤制坯;拔-拔长制坯;拔-闭滚-拔长 + 闭式滚挤制坯;拔-开滚-拔长 + 开式滚挤制坯;拔-卡-拔长 + 卡压制坯

3)拔长型槽设计

拔长型槽的主要作用是使坯料部分截面积减小,长度增加。操作时坯料沿轴向送进,并翻转 90°,其变形过程相当于自由锻平砧上拔长。

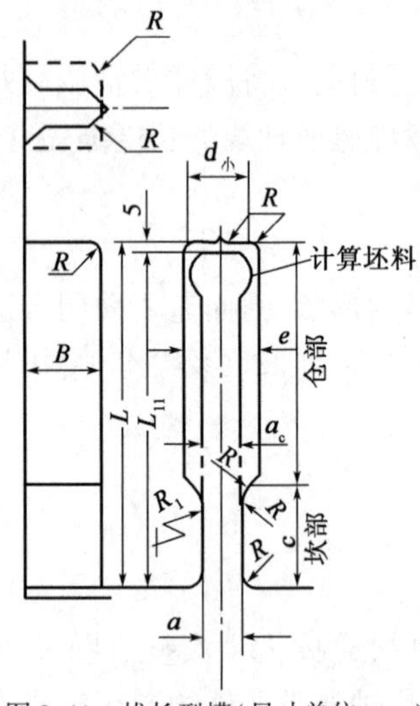

图 8-41 拔长型槽(尺寸单位:mm)

拔长型槽(图 8-41)设置在模块的旁边,由坎部和仓部组成。坎部用来使金属变形,仓部用来安放拔长后的杆料并控制其长度。

拔长型槽是以计算坯料为依据进行设计的。主要尺寸是坎部的高、长和宽。

如果杆部的尺寸变化不大,则可以直接用拔长来达到同计算坯料近似的尺寸,所以拔长后不需要再进行滚挤,坎部高度 a 按计算坯料杆部最小直径 d_{min} 确定,

$$a = (0.7 \sim 0.8) d_{min}$$

当杆部尺寸变化较大,在拔长后需要再进行滚挤时,坎部高度 a 按计算坯料杆部平均截面积确定,

$$a = (0.8 \sim 0.9) \sqrt{V_{杆} / L_{杆}}$$

当杆部较短时(<200mm),取较大的系数,当杆部较长时(>500mm),为提高拔长效率,可选用较小的系数。

坎部长度 $c = (1 \sim 2) d_{坯}$,当杆部长度较长时,应采用较大的系数。

型槽宽度 $B = (1.3 \sim 2) d_{坯}$,为了便于操作,在可能条件下尽量选取较大的系数。一般地说,当坯料直径较小(如 $d_{坯}$ <40mm)时,则应取较大的系数,不然因型槽的宽度太小而易使坯料偏出模面。当坯料直径较大(如 $d_{坯}$ >80mm)时,则可取较小的系数。

拔长坎的纵截面形状做成凸圆弧形,有助于金属的轴向流动。曲率半径太小,则拔长后的坯料表面呈急突的波浪形,从而降低锻件的表面质量。

4)滚挤型槽设计

滚挤型槽用来减小坯料某部分的横截面积而增大另一部分横截面积,使坯料体积分配符合计算坯料的图形,兼有去除氧化皮、滚光和控制定长的作用。滚挤时坯料无轴向送进,只是反复绕轴线翻转90°进行锻打。

按型槽的横截面形状,主要可分为开式和闭式两种(图 8-42)。开式滚挤时金属横向展宽较大,轴向流动较小,聚料作用较低,适用于截面变化不大的长轴线类锻件,经滚挤制坯后的坯料横截面近似于矩形。闭式滚挤时,金属的横向展宽受到限制,轴向流动大,聚料作用较为强烈,适用于截面变化较大的锻件,有利于杆部金属向头部转移,但用一般机床制模较复杂。金属在开式和闭式滚挤型槽中其横截面的受力情况如图 8-43 所示。闭式滚挤型槽最为常用,但对工字形截面和有冲孔、劈开等部分的锻件,需用矩形截面的中间坯料以利于成形,所以选用开式滚挤为宜。

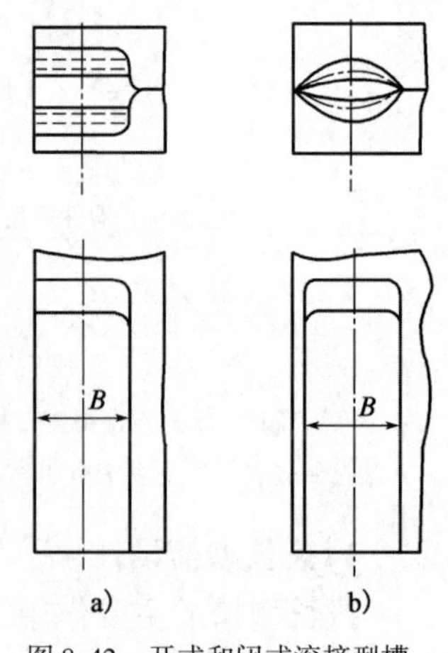

图 8-42 开式和闭式滚挤型槽
a)开式;b)闭式

典型的滚挤型槽由钳口、本体、毛刺槽三部分组成。钳口用于卡出细颈,有利于节约金属及成形头部,本体是工作部分,毛刺槽是用来容纳滚挤时产生的料尾及逐渐模锻时切断后的毛刺。

滚挤型槽本体部分是以计算坯料图为依据设计的，滚挤型槽设计的主要内容是确定本体部分每一截面的高度 h 及型槽宽度 B。

将接近于计算坯料平均直径的坯料沿全长放在滚挤型槽内进行锻打时(图 8-44)，杆部的高度减小，宽度增加，部分金属流入头部。由于钳口的阻止作用，使头部坯料加粗，而坯料总长稍有增加。因此滚挤时金属的变形可以近似地看作是拔长和镦粗的组合，杆部拔长，头部镦粗。杆部拔长是在两端受到阻碍的情况下进行的，头部的加粗是由于杆部金属流入头部而产生的。因此，它又不完全等同于自由拔长和镦粗。由于杆部接触区较长和两端都受到阻碍，其沿轴向流动受到的阻力较大，故每次锤击后，大量金属沿横向流动，增加坯料的宽度，而仅有小部分金属流入头部，所以为了得到所要求的中间坯料，必须反复翻转 90°进行多次锤击。

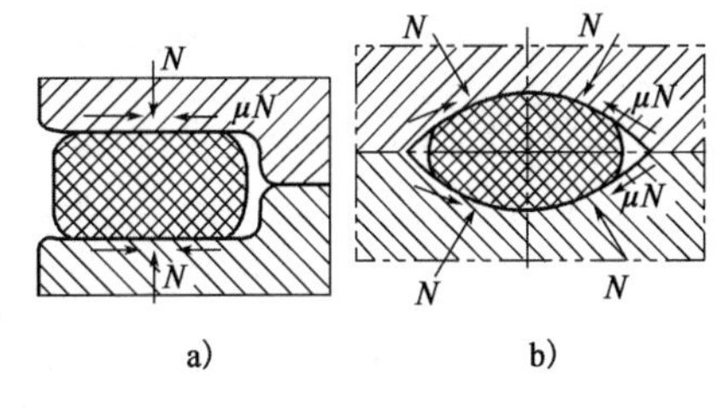

图 8-43　金属在滚挤时的受力情况

a)开式；b)闭式

现以闭式滚挤型槽为例说明型槽主要尺寸的确定。

(1)型槽杆部的高度 $h_{杆}$

根据计算坯料与滚挤后坯料相应截面积相等的原则(图 8-45)，取 $b = (1.6 \sim 2)h_{杆}$；代入得 $h_{杆} = (0.8 \sim 0.7)d_{计}$。

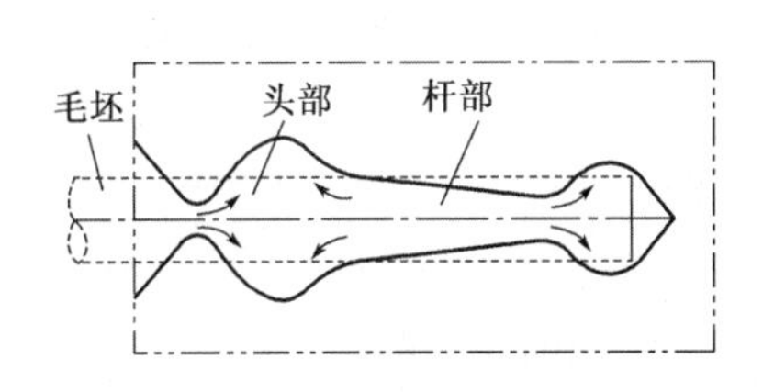

图 8-44　滚挤时金属的流动情况

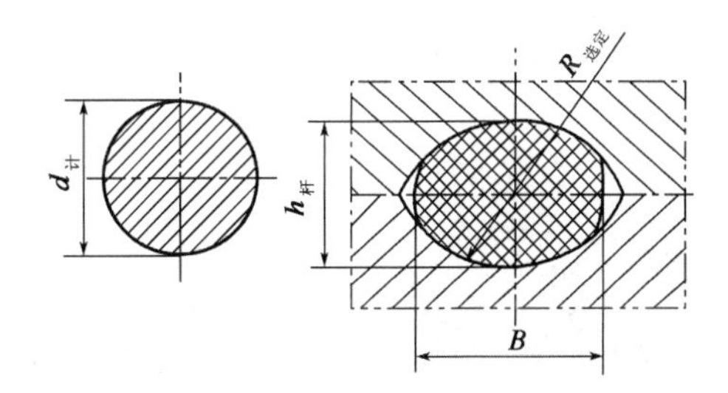

图 8-45　闭式滚挤型槽杆部高度的确定

$$\frac{\pi}{4}h_{杆} \cdot b = \frac{\pi}{4}d_{计}^2$$

(2)型槽头部的高度 $h_{头}$

在头部，为了有助于金属的聚集，型槽的高度应稍大于计算坯料头部的直径，即：

$$h_{头} = (1.05 \sim 1.15)d_{计}$$

(3)型槽的宽度 B

型槽的宽度取决于坯料截面积的大小和型槽的最小高度 h_{min}。当宽度偏大时，操作方便，但聚料作用减少，模块尺寸增大；宽度偏小时，聚料作用增大，可缩小模块尺寸，但操作不方便，甚至会使部分金属流到模面上，在翻转 90°锻打时形成折叠(图 8-46)。

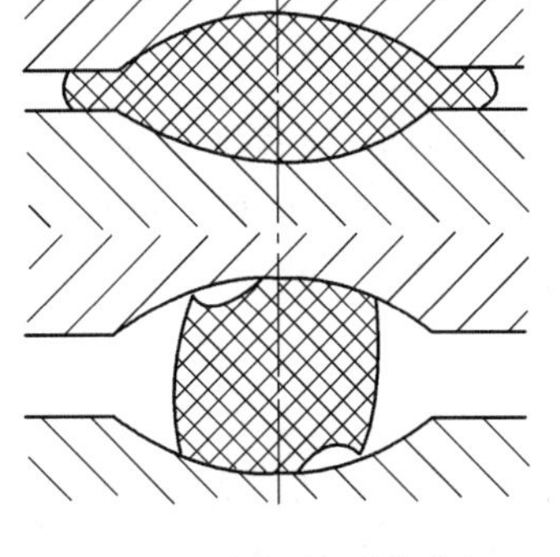

图 8-46　滚挤时折叠的形成

当用原始坯料直接滚挤时，按照滚挤前后坯料横截面积($F_{坯}$)相等的原则，有 $\pi/4 \cdot B \cdot h_{min} = F_{坯}$，即 $B = 1.27F_{坯}/h_{min}$。

考虑到滚挤开始时锻打较轻，上下模没有打靠，故实际

可取

$$B = 1.15\frac{F_{坯}}{h_{min}}$$

为防止头部金属流到模面，应使 $B \geqslant 1.1d_{max}$。

同时，为了避免坯料在滚挤型槽中翻转 90°锻打时产生纵向弯曲，应使 $B/h_{min} \leqslant 2.8$，即：

$$B \leqslant \sqrt{1.27 \times 2.8F_{坯}} = 1.7d_{坯}$$

综上所述，用原始坯料直接进行闭滚，其型槽宽度：

$$B = 1.15\frac{F_{坯}}{h_{min}}，并满足 1.1d_{max} \leqslant B \leqslant 1.7d_{坯}$$

3. 弯曲、成形类制坯工步的选择和型槽设计

模锻弯曲轴和带枝芽的锻件时，为使其中间坯料能顺利放进(或基本放进)模锻型槽里成形，要求中间坯料具有与锻件的平面图相适应的外形。对中间坯料的这个要求是靠弯曲、成形类制坯工步来实现的。一般是弯曲轴锻件采用弯曲工步，带枝芽的锻件采用成形工步。这类制坯工步，在锻打过程中坯料不需要翻转，锻打 1 ~2 次即可。

(1)弯曲型槽设计

弯曲型槽主要用于改变坯料的轴线形状，金属轴向流动很小，坯料在弯曲型槽里弯曲后，翻转 90 °放入模锻型槽。

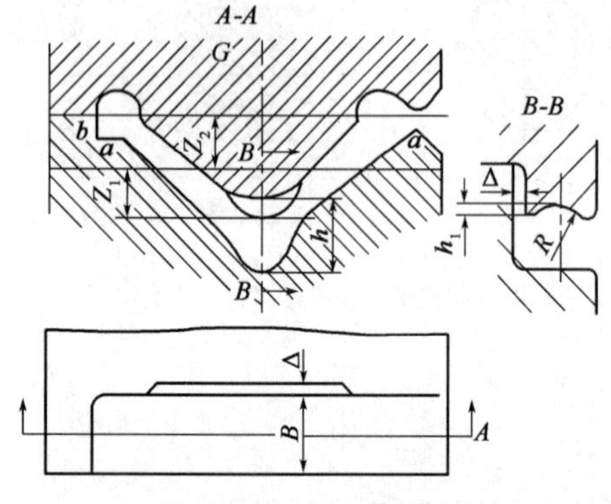

图 8-47　弯曲型槽

弯曲型槽纵截面的形状应按锻件平面图作图法确定(图 8-47)。为了能将弯曲后的坯料顺利放进(或基本放进)模锻型槽，并以镦粗的方式充填型槽，所以弯曲型槽的轮廓线应从模锻型槽在分模面上的轮廓每边向里缩进 1 ~5mm。

弯曲型槽急弯的内侧，其弯曲半径应大于模锻型槽相应处的弯曲半径，以防止弯曲后的坯料在模锻时，弯角处产生的折叠伸入到锻件的本体(图 8-48)。

弯曲型槽应有两个供放置坯料的支点，支点要便于坯料前后方向定位，型槽宽度应保证坯料弯曲后不至于挤出锻模外。

(2)成形型槽设计

与弯曲型槽相似，成形型槽也用来使坯料获得与锻件平面图近似的形状(图 8-49)。与弯曲型槽不同，它主要是通过局部转移金属而不是改变轴线来获得所需形状，坯料在成形型槽内，通常只锻打一下，然后翻转 90°放到模锻型槽里。型槽设计原则与方法同弯曲型槽。

五、坯料尺寸的计算

坯料体积包括锻件、连皮、毛边、钳夹头和烧损等部分。坯料截面尺寸与模锻方法有关，计算出坯料体积和截面尺寸，就可以确定下料长度。

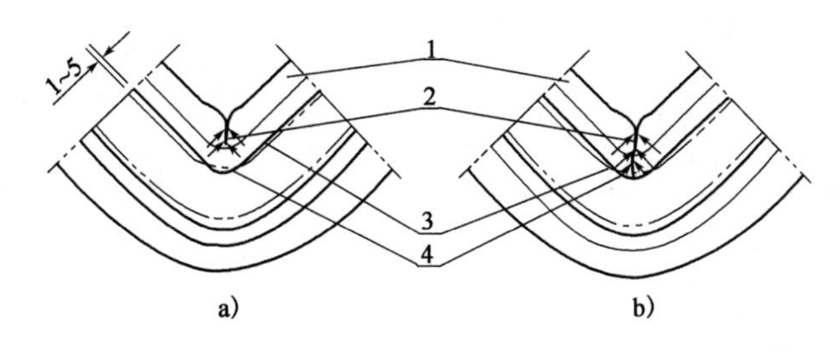

图 8-48　弯曲坯料内圆角半径对形成折叠的影响

a)圆角半径较大,仅毛边存在折叠;b) 圆角半径偏小,折叠侵入锻件本体

1-毛边;2-折叠;3-锻件轮廓;4-坯料弯曲后放入型槽的状况

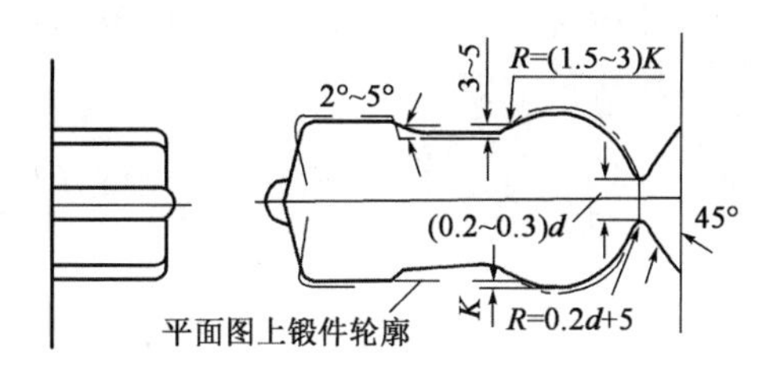

图 8-49　成形型槽(尺寸单位:mm)

1. 短轴线类锻件

这类锻件常用镦粗制坯,所以坯料尺寸应以镦粗变形为依据进行计算。

坯料体积为

$$V_{坯} = (1 + k)V_{锻}$$

式中:k——宽裕系数,考虑锻件的复杂程度对毛边的影响,并计其火耗。对于圆形锻件,$k = 0.12 \sim 0.25$,非圆形锻件,$k = 0.2 \sim 0.35$。

坯料直径为

$$d_{坯} = 1.08\sqrt[3]{\frac{V_{坯}}{m}}$$

式中:m——坯料的长径比 $L_{坯}/d_{坯}$,为了避免镦粗时坯料纵向弯曲,取 $m = 1.5 \sim 2.2$,$d_{坯}$应按国家标准选取。

坯料长度为

$$L_{坯} = \frac{V_{坯}}{F_{坯}} = 1.27\frac{V_{坯}}{d_{坯}^2}$$

2. 长轴线类锻件

这类锻件的坯料尺寸以计算坯料截面图上的平均截面为依据,并考虑不同制坯工步的性质来计算所需的坯料截面积。

不用制坯工步时,

$$F_{坯} = (1.02 \sim 1.05)F_{均}$$

弯曲或成形制坯工步时,

$$F_{坯} = (1.05 \sim 1.3)F_{均}$$

滚挤制坯时,

$$F_{坯} = (1.05 \sim 1.2)F_{均}$$

以上各式中,锻件为两头一杆时,选取小的系数,锻件为一头一杆时,选取大的系数。

拔长制坯时,

$$F_{坯} = \frac{V_{头}}{L_{头}}$$

拔长与滚挤制坯时,因为拔长后的坯料在滚挤时,头部有一定的聚料作用,所取坯料截面积比单纯拔长时小,而比单纯滚挤时大。

坯料直径 $d_{坯}$ 可由 $F_{坯}$ 算出,应按国家标准选取。

坯料长度如下式。

$$L_{坯} = \frac{(V_{锻} + V_{毛})(1 + \delta)}{F_{坯}} + L_{钳}$$

式中:δ——火耗率,与加热方法有关,%;

$L_{钳}$——钳夹头长度。

六、锤吨位的确定

锤上模锻时锻件和毛边变形所需要的变形功是由锤的落下部分所储蓄的打击能供给的。锻件在终锻型槽里最后锻击成形时,由于金属要充满型槽的角落,挤出多余金属,并且此时金属的温度已降低,变形抗力升高,所需的变形功也大,所以锤的吨位应按此时所需的变形功来确定。如果锤的吨位过小,打击能量不够,则金属难以充满型槽,不能保证锻件的形状和尺寸精度,降低了生产率,且锻模受热严重,寿命也低。相反,锤的吨位过大,除浪费设备能力外,给工艺上也带来一些困难,大量金属会形成毛边,影响型槽充满,同时为了避免锻模打塌或破裂要加大模锻尺寸等,所以锤的吨位应选择恰当。

锤吨位的理论计算公式烦琐,且与实际有不同程度的偏差。所以目前生产中常用的是根据实践总结出来的经验或经验-理论公式图表,虽然使用范围有局限,但简单实用。理论计算方法阐明了模锻时变形力与变形之间的关系,对分析问题、解决问题很重要。

1. 经验公式

$$G = (3.5 \sim 6.3)kF \quad (\text{kg})$$

式中:F——包括毛边在内的锻件在水平面上的投影面积,cm^2;

k——材料系数,可查表8-3。

终锻温度时各类钢的强度极限 σ_b 和系数 k 表8-3

材　料	k	$\sigma_b(\text{N/mm}^2)$			
		锤	锻压机	平锻机	热切边
碳素结构钢 $C<0.25\%$	0.9	55	60	70	100
碳素结构钢 $C>0.25\%$	1.0	60	65	80	120
低合金结构钢 $C<0.25\%$	1.0	60	65	80	120
低合金结构钢 $C>0.25\%$	1.15	65	70	90	150
高合金结构钢 $C>0.25\%$	1.25	75	80	90	200
合金工具钢	1.55	90~100	100~120	120~140	250

当要求高生产率时,经验系数取6.3,一般取3.5~6.3之间的数值。

2. 经验-理论公式

这里介绍的计算锤吨位公式考虑了影响变形功的主要因素,如锻件的形状、尺寸、材料、变形速度、变形程度、变形温度、应力不均匀分布、应力状态、摩擦等,并加以简化而得出。

锻件最后一次锤击所需变形功$A_{锻}$：

$$A_{锻} = P_{锻} \cdot \varepsilon \cdot V_{锻} \quad (\text{J})$$

式中：$P_{锻}$——最后一次锤击时的金属变形抗力或单位流动压力，N/mm^2；

ε——最后一次锤击时的平均变形程度；

$V_{锻}$——锻件体积，cm^3。

$$P_{锻} = \omega \cdot Z \cdot q \cdot \sigma_s \quad (N/mm^2)$$

式中：ω——考虑变形速度的系数，模锻锤的速度系数$\omega = 3.2(1 - 0.005D_{锻})$；

$D_{锻}$——圆形锻件直径，cm；

Z——考虑锻件各部分因温度和变形不均匀而引起的应力不均匀分布系数，一般$Z = 1.2$；

q——考虑摩擦力和应力状态的影响系数，一般取$q = 2.4$；

σ_s——模锻终止温度时金属的屈服极限，其值与强度极限近似相等，即$\sigma_s \approx \sigma_b$，$N/mm^2$，查表8-3。

所以，模锻最后一次锤击时金属的变形抗力为：

$$P_{锻} = 9.2(1 - 0.005D_{锻})\sigma_b$$

根据生产经验，最后一次锤击时的绝对变形量与锻件直径$D_{锻}$有关：

$$\Delta h = \frac{2.5(0.75 + 0.001D_{锻}^2)}{D_{锻}}$$

因此，平均变形程度为：

$$\varepsilon = \frac{\Delta h}{h_{均}} = \frac{2.5(0.7 + 0.001D_{锻}^2)}{D_{锻} h_{均}}$$

式中：$h_{均}$——锻件平均高度，cm。

锻件体积$V_{锻}$为：

$$V_{锻} = \frac{\pi}{4} \cdot D_{锻}^2 \cdot h_{均}$$

将$P_{锻}$、ε、$V_{锻}$代入$A_{锻}$，得：

$$A_{锻} = 18(1 - 0.005D_{锻}) \cdot (0.75 + 0.001D^2{}_{锻})D_{锻}\sigma_b \quad (\text{J})$$

假使带有毛边锻件的变形功与锻件的变形功（不带毛边）之比近似等于它们在水平面上投影面积之比，则锻件和毛边变形所需变形功A为：

$$A = \frac{(D_{锻} + 2C)^2}{D^2{}_{锻}} \cdot A_{锻} = \left(1.1 + \frac{2}{D_{锻}}\right)^2 A_{锻} \quad (\text{J})$$

式中：C——毛边宽度，$C = 1 + 0.05D_{锻}$。

所以，圆形锻件最终锤击时所需变形功A为：

$$A = 18(1 - 0.005D_{锻})\left(1.1 + \frac{2}{D_{锻}}\right)^2 (0.75 + 0.001D_{锻}^2)D_{锻}\sigma_b \quad (\text{J})$$

蒸汽-空气模锻锤完全打击时的有效能量 E 为：

$$E = 14.4GH = 18G \quad (\text{J})$$

式中：G——锤的下落部分重量，kg；

H——锤头的行程，m，取 $H = 1.25\text{m}$。

令 $E = A$，得圆形锻件所需锤吨位为：

$$G = (1 - 0.005D_{锻})\left(1.1 + \frac{2}{D_{锻}}\right)^2 (0.75 + 0.001D_{锻}^2) D_{锻}\,\sigma_b \quad (\text{kg})$$

以上公式适用于 $D_{锻} \leqslant 60\text{cm}$ 的圆形锻件。

对于长轴线类锻件，计算锤吨位应考虑形状因素的影响，即

$$G_{长} = G(1 + 0.1\sqrt{L_{锻}/B_{均}})$$

式中：$G_{长}$——长轴线类锻件所需锤的吨位，kg；

G——将分模面上投影面积为 $F_{锻}$ 的长轴线类线锻件，以其折合直径 $D_{折} = 1.13\sqrt{F_{锻}}$ 计算所得的锤吨位，kg；

$L_{锻}$——锻件长度，cm；

$B_{均}$——锻件在分模面上的平均宽度，cm，$B_{均} = F_{锻}/L_{锻}$。

生产实践证明：锤的吨位可在一定范围内变动，因为锻件的变形功与变形量有关，增加锤击次数，就可减小每次锤击的变形量和所需变形功，小吨位的锤就能锻出较大的锻件。

七、锤锻模结构设计

和型槽设计一样，锻模的结构设计也是锻模设计的重要内容。锻模的结构设计正确与否，直接影响锻件的质量和锻模的寿命，还影响到工人的劳动强度、生产率、锻模的制造成本以及模锻锤零部件的寿命。

锤锻模结构设计的主要内容包括：型槽在模块上的合理布置，错移力的平衡及导锁选用、镶块模的选用、模块尺寸的确定、锻模的紧固等。

1. 锤锻模的紧固

锤锻模分别安装在模座和锤头上，既要保证牢固可靠，又应保证锻模更换和调整方便。生产实践证明，锤锻模宜于采用契和键紧固的方式，如图 8-50 所示。

在生产中锤锻模因燕尾部分产生裂纹而报废的情况是比较常见的。如图 8-51a）中由于燕尾根部圆角过小，在制坯偏击时，应力集中导致燕尾产生裂纹并迅速扩展。又如图 8-51b）中所示，燕尾底面未与燕尾槽底面接触，模锻时锻模肩部成为支承面，在燕尾根部产生很大的交变弯曲应力而产生裂纹。为了避免燕尾产生裂纹，模锻的燕尾应有合理的结构［图 8-51c）］。在根部有足够大的圆角（$R = 5\text{mm}$），锻模的两肩与模座或锤头应保持 0.5 ~ 1.5mm的间隙，以保证燕尾底面作为主要承击面。此外合理地选择锻模的流线方向，降低圆角处的粗糙度和避免明显的纵向切削刀痕，对避免产生燕尾裂纹也是有一定作用的。生产中发现燕尾产生裂纹，应及时在裂纹尾端钻一圆孔，避免裂纹继续扩展。

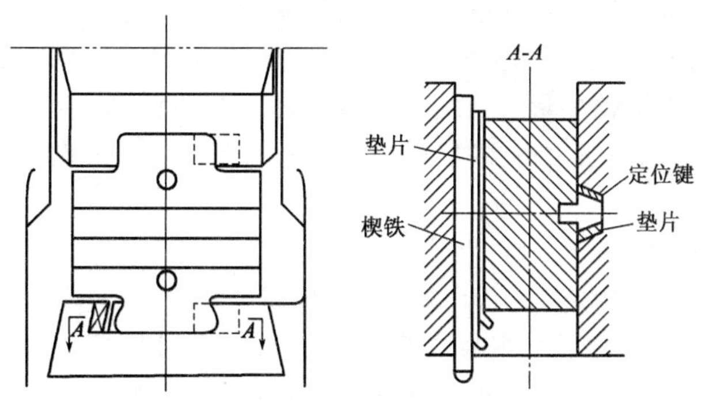

图 8-50 锤锻模的紧固

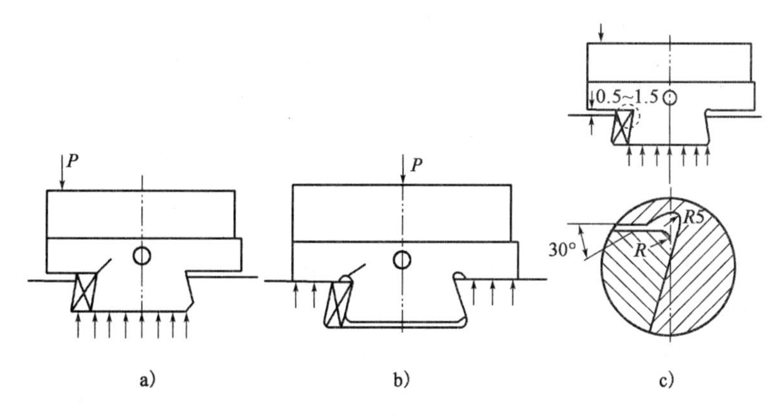

图 8-51 锻模的燕尾紧固(尺寸单位:mm)
a)圆角太小;b)高度不够;c)合理的圆角结构

2. 模锻型槽的布置

在锤上正中心模锻时,打击力是通过锤杆中心线和上模燕尾中心线与键槽中心线的交点而传递到上模进行锤击的。打击力通过的这一点,即锻模燕尾中心线与键槽中心线的交点称为锻模中心。

金属在型槽里变形,型槽承受变形抗力的合力作用点称为型槽中心。对于变形抗力均匀分布的型槽,型槽中心就是型槽(包括毛边槽的桥部在内)在分模面上的水平投影面积的形心[图 8-52a)]。当变性抗力分布不均匀时,型槽中心则由面积形心向变形抗力较大的一边移

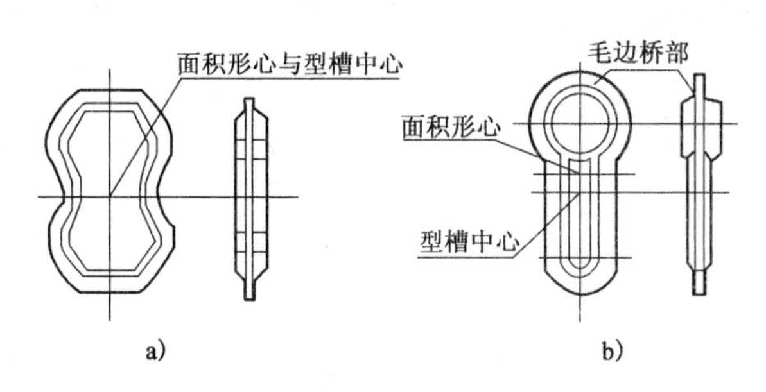

图 8-52 型槽中心
a)变形抗力分布均匀时;b)变形抗力分布不均匀时

动，移动距离 s 应根据型槽各部分变形抗力相差程度，由生产经验确定[图 8-52b)]。型槽水平投影面积的形心可用图解法、计算法确定，但比较复杂，简易可行的方法是用样板实测。型槽中心要精确确定时，可根据变形抗力的分布用理论计算法计算。

模锻时变形抗力比制坯时大得多，所以模锻型槽的布置应考虑型槽中心与锻模中心的相互位置来确定。

偏心模锻时(图 8-53)，锻模中心与型槽中心不在同一垂直线上，此时产生很大的偏击力矩，使锤头和上模在直立面内转动，不但引起上下模以致锻件沿分模面错移，而且还必然引起锻件高度方向尺寸的偏差(对小锻件偏差不大，对大锻件有时甚至会超过 5mm)，这些都影响了锻件质量。此外，偏击力矩还会降低锤杆和锻模的寿命，加速导轨等的磨损。因此，模锻型槽布置的基本原则就是要尽量避免和减小偏心打击。

当没有预锻型槽时，其终锻型槽中心应与锻模中心重合，避免偏心打击。

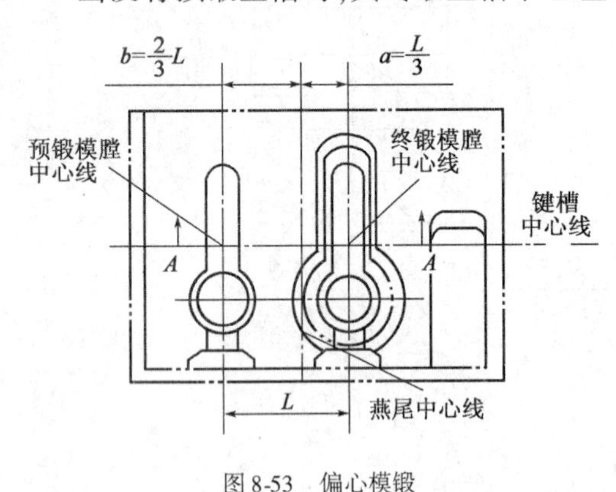

图 8-53　偏心模锻

当同时有预锻和终锻型槽时，这时偏心打击不可避免，问题是如何尽量减小偏击力矩，或设法消除由偏击引起的不良影响。根据生产实践经验，终锻变形抗力约为预锻变形抗力的两倍以上，若使在预锻时与在终锻时的偏击力矩相等，则预锻型槽和终锻型槽应放在锻模中心的两侧，使终锻型槽中心至锻模中心的距离不大于两型槽中心距离的 1/3(图 8-53)。从保证模具的强度角度考虑，预锻型槽中心应当在燕尾的宽度内。

预锻和终锻型槽间的距离在保证型槽间壁厚有足够强度的情况下，应尽可能缩小，对型槽排列的方式应进行具体的分析比较。图 8-54a)中预锻和终锻型槽平行排列，它们的型槽中心都位于键槽中心线上，模锻时上下模前后方向错模小，但两型槽间距离较大。图 8-54b)为错开排列，缩短了两型槽间距离，但上下模易前后错模。图 8-54c)两型槽反向排列，锻件预锻后沿锻模面翻转便可进入终锻型槽，锻件上下两面都有在上模的型槽里成形的机会，因此对上下两面都有复杂形状的锻件的成形比较有利，且两型槽间距可稍减小。

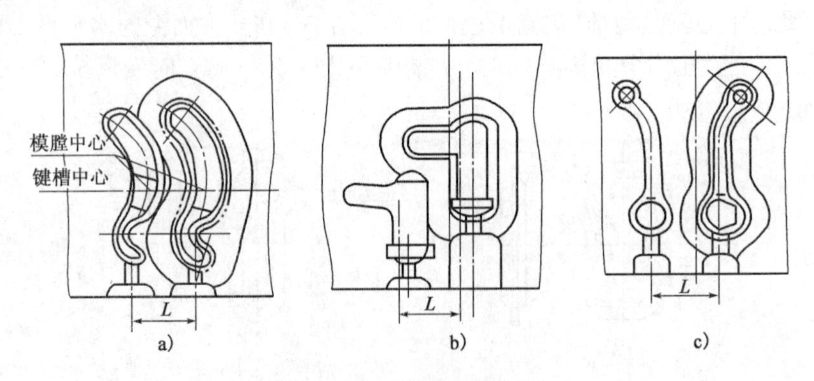

图 8-54　预锻和终锻型槽排列的方式

a)平行排列；b)错开排列；c)反向排列

将终锻型槽尽量靠近锻模中心可以减小锻件的错模量，当然还不能完全消除，但是只要在允许的范围内就可以。如果超出了允许的范围，则需采取其他措施，这将在下面介绍。

3. 制坯型槽的布置

制坯型槽的布置主要是便于人工操作，主要考虑下列情况。

(1)制坯型槽的布置应与机组的加热炉的位置相适应。第一个制坯型槽应放在靠近加热炉一边，压缩空气喷嘴装在对面。这样加热好的坯料能以最短距离送到型槽内，并且这时从坯料上掉下的氧化皮能被压缩空气吹走而不致落到模锻型槽内。

(2)型槽应尽可能按工步顺序排列在模锻型槽的两旁，并尽量减少坯料往返移动的次数(图8-53)。

(3)弯曲型槽的位置要便于坯料弯曲后能顺手送进模锻型槽内(图8-55)。

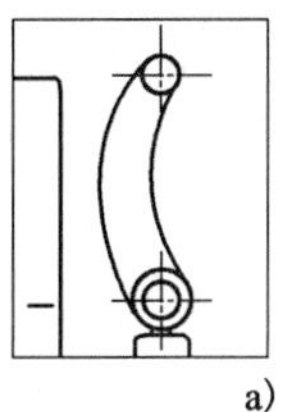

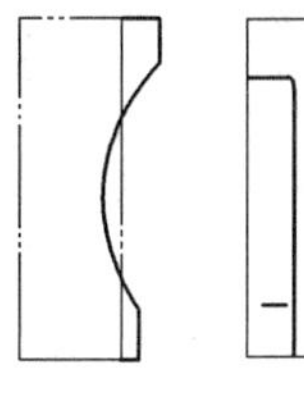

a) b)

图8-55 弯曲型槽布置

a)合理；b)不合理

4. 错移力的平衡与导向

前面讨论了当同时有预锻和终锻型槽进行模锻时，不可避免地要产生偏击力矩而引起错移，给锻件、锻模和设备都带来不良的后果。因此，错移力的平衡是保证锻件尺寸精度的一个重要问题，也是影响锻模和设备寿命的一个重要问题。

现在针对错移力产生的几种情况，对错移力的平衡和导向问题分别研究设计有效合理的模具结构。

1)锻件分模面不在同一平面时(即具有落差的锻件)错移力的平衡

模锻这样的锻件，会在斜面上产生水平方向的错移力(图8-56)，使上下模错模。为了平衡错移力，可根据具体情况采取下面的措施。

(1)锻件较小时，可将两个锻件成对同时锻造，以使错移力相互平衡[图8-57a)]。

(2)将锻件倾斜角度γ，锻件两端点位于同一平面上，使锻件各部位的变形抗力所产生的错移力相互抵消一部分以致平衡[图8-57b)]，但由于倾斜了一个角度，锻件各处的实际模锻斜度部分减小部分增加。为保证模锻后能顺利取出锻件，需在局部地方增大模锻斜度，致使锻件重量增加、形状走样，γ角越大时越严重。因此，此法用于$\gamma \leq 7°$，落差高度$h < 15$mm时使用。

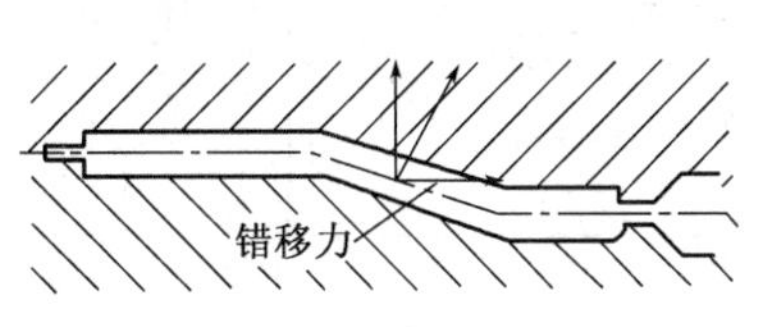

图8-56 倾斜分模面上产生的错移力

(3)当锻件落差高度$h = 15 \sim 50$mm时，可采用平衡导锁来平衡错移力[图8-57c)]。为了减小平衡导锁所承受的错移力，减少导锁的磨损，应将型槽中心由锻模中心朝水平错移力的反方向移动一定距离，使型槽能产生相反的力矩。

(4)当锻件落差很大时($h > 50$mm)，错移力也随之增大，若只靠平衡导锁平衡错移力，则平衡导锁的负荷过重，导锁面磨损过快，甚至可能断裂。因此，为了减轻平衡导锁的负荷，需同时将锻件倾斜一个较小的角度[图8-57d)]。

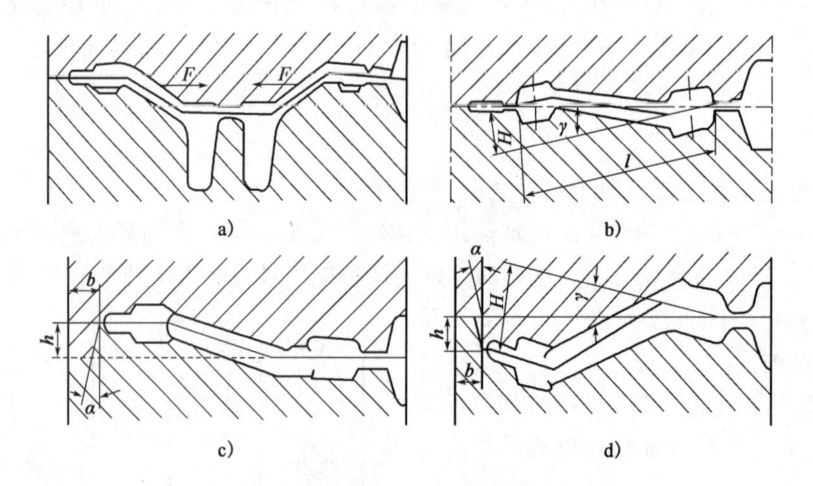

图 8-57　平衡错移力的措施

a)成对锻造;b)倾斜角度锻造;c)设置平衡锁扣;d)倾斜并带锁扣

2)型槽中心与锻模中心不一致时错移力的平衡

除了前面所提到的工艺上需要采用预锻和终锻型槽时,其型槽中心不可能与锻模中心相一致的情况外,对于不用预锻型槽的形状稍复杂和不对称的锻件,也会因设计时不易准确定出终锻型槽中心的位置,造成实际型槽中心与锻模中心的不一致。即使对于形状对称很容易准确定出其终锻型槽中心的锻件,例如齿轮类锻件,也会由于坯料加热温度不均匀、坯料在终锻型槽里放偏等操作上的原因,使得实际的型槽中心与锻模中心不一致,产生偏击力矩,导致锻模错模,而且这样的错模是不定向的。为了平衡这些原因产生的错移力,保证锻件的精度,便于锻模的安装和调整,通常在锻模上设置导向导锁。锻模上采用导向导锁,在防止锻模错模和锻模导向方面,比起设备的导向更有直接的作用,可起到补充设备导向的作用。

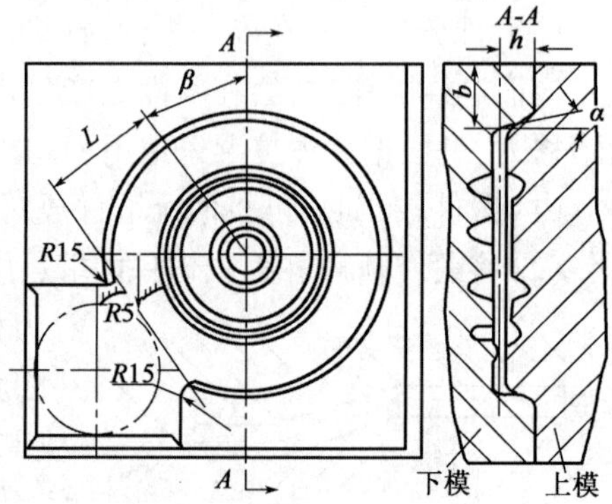

常用的导向导锁形式和应用如下:

(1)圆形导锁(图 8-58)

齿轮类、环形类锻件,按它们的外形很难确定锻模错模的方向,给生产调整带来困难,所以这种锻件多采用能防止各个方向错模的圆形导锁。

图 8-58　圆形导锁

(2)纵向导锁[图 8-59a)]

杆类锻件普遍采用纵向导锁,以保证锻件在宽度方向有较小的错模,在一模多件的模锻中也常采用。

(3)侧面导锁[图 8-59b)]

用于防止上下模相对转动或向纵横任一方向错模。

(4)角导锁[图 8-59c)、图 8-59d)]

其作用和侧面导锁相似,可在模块四角空余的地方设置两个或四个角导锁,导锁的强度较弱,多用于小型锻件和没有制坯型槽的锻件。

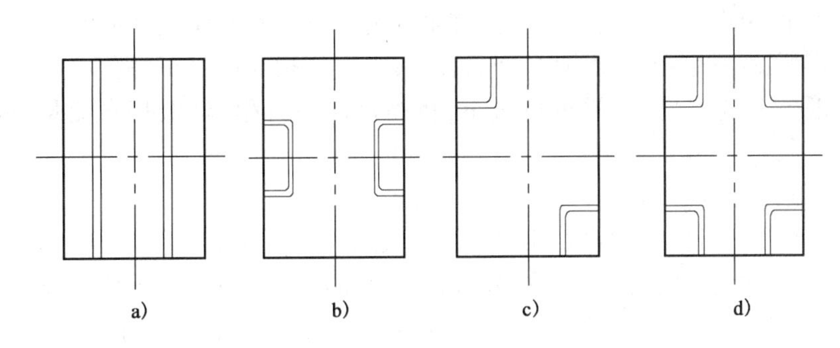

图 8-59 常用导向导锁形式

a)纵向导锁;b)侧面导锁;c)、d)角导锁

采用导锁可以减小锻件的错模,但是也带来了一些不足之处,例如锻模的承击面减小,模块尺寸增大,减少了模具可翻新的次数,增加了制造费用等。因此,在考虑是否采用导锁时应进行全面分析。

5. 模块尺寸确定

模块尺寸是根据所采用的型槽数、型槽尺寸和布置,为了保证锻模的强度和正常工作,按模块规格选定的。由于模锻时,锻模受力情况复杂,而且影响因素很多,因此锻模强度很难进行理论计算,一般都根据经验数据确定。

确定模块尺寸时,应考虑以下问题:

(1)型槽壁厚

模锻型槽承受的变形抗力最大,其壁厚一般是根据型槽深度 h、槽壁斜度(即模锻斜度)α 和槽底圆角半径 r 来确定。h 越大,α 和 r 越小,壁厚应越大。

(2)承击面

锻模的承击面为减去型槽、毛边槽所占面积外,上下模的接触面。承击面太小,分模面易塌陷,造成锻件高度减小,甚至模块打裂。承击面太大,不仅浪费锻模材料,还影响锤的打击能量。最小承击面的允许值与模锻锤的吨位有关,1t 锤为 300cm^2、2t 锤为 500cm^2、3t 锤为 700cm^2、5t 锤为 900cm^2。

(3)锻模中心与模块中心的关系

锻模中心相对模块中心的偏移量不能太大,否则上模块本身重量将使锤杆承受大的弯曲应力,不但对锻件精度不利,而且模锻锤也受损害。允许的偏移量限制为 $a/b \leqslant 1.4$(图 8-60)。

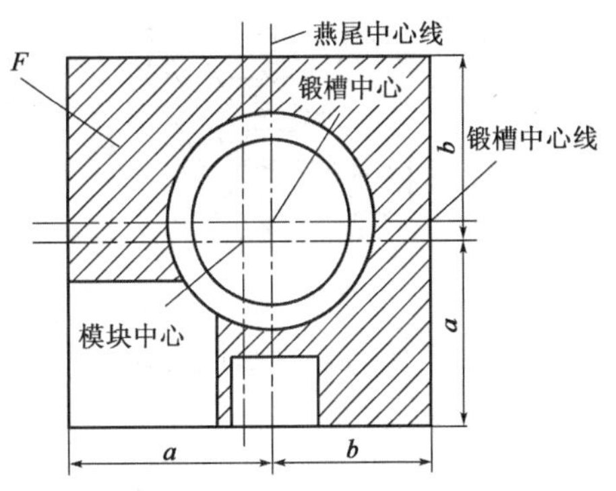

图 8-60 锻模中心与模块中心关系

(4)与模锻锤技术规格相符合

为了保证锻模的安装和正常工作,在锻模初步设计后必须进行校验,使其与模锻锤的装模空间相符合。

锻模允许的最大宽度应使上模安装后其边缘与锤导轨之间保持规定的距离。在模锻特别长的锻件时,上下模长度允许超出锤头和模座之外的长度小于上、下模高度的 1/3。

从锻模强度考虑,按终锻型槽的最大深度确定的锻模高度,还应符合模锻锤的技术规格,不超出锻模允许最小闭合高度 H_{min}、锻模允许最大高度 H_{max} 和上模允许最大重量 G_{max}。考虑到锻模翻修的需要,通常锻模高度为(1.25~1.3)H_{min}。锻模高度过小,模锻时,活塞会与气缸的下盖碰撞。锻模高度过大,上模重量过重,将缩短锤头行程,降低打击能量,或影响提锤速度。

(5)模块纤维方向

锻模寿命与模块的纤维方向密切相关。锤锻模的纤维方向不能与锤击方向相同,否则纤维末端全部外露,型槽寿命降低,模壁容易剥落。纤维的方向应使加工型槽时纤维被切断的数目越少越好。当纤维的方向与键槽中心线一致时对提高燕尾根部强度有利。根据上述原则,对长轴线类锻件,锻模的纤维应与锻模燕尾中心线方向一致较为有利。而对短轴线类锻件,锻模的纤维应与键槽中心线方向一致较有利,如图 8-61 所示。

(6)镶块锻模

在大批量生产中,通常采用整体式锻模。但在批量不大的条件下,为了节省锻模钢和制模费用,以及缩短生产准备周期,不少工厂采用镶块锻模。

镶块锻模是一种组合式结构,镶块紧固在模体的孔腔内,模体则紧固在模锻锤上。在生产中可按锻件品种更换镶块,而模体具有一定的通用性,一般不必更换。由于受模体轮廓尺寸的限制,镶块锻模只适于单型槽的模锻,或同时具有占位置不大的制坯型槽的模锻,对于较复杂的锻件多采用自由锻制坯。

图 8-62 为用于模锻短轴线类锻件的圆镶块锻模。

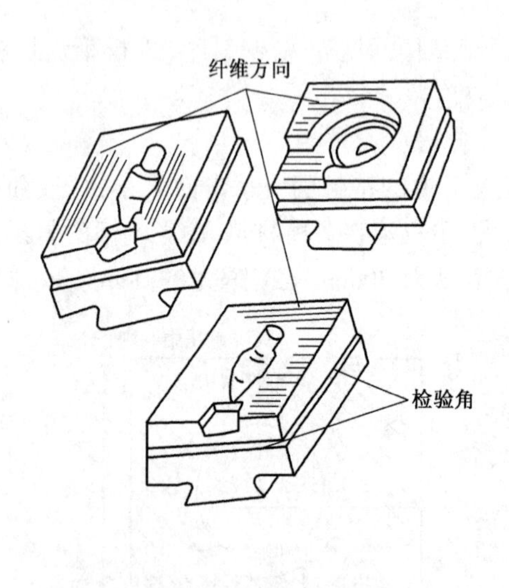

图 8-61　锻模纤维方向

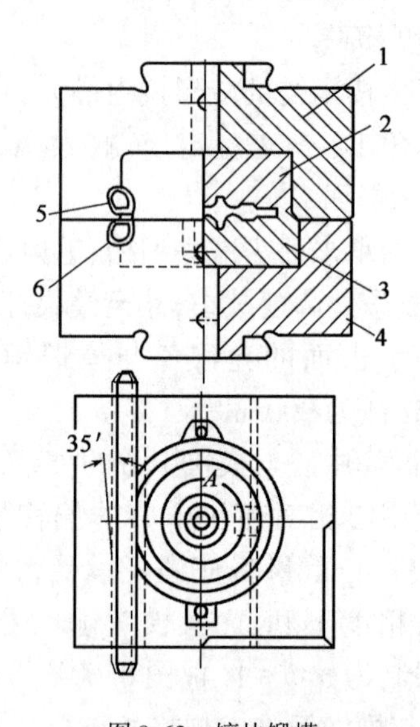

图 8-62　镶块锻模

1-上模;2-上镶块;3-下镶块;4-下模;5-下楔;6-上楔

八、锤锻模的使用与寿命

1. 锤锻模损坏的形式和原因

锤锻模的工作条件十分恶劣,模锻时会受到巨大的压力和冲击力,型槽表面还受到高速流动金属的强烈摩擦，锻模的工作温度较高，模体受热通常温度达 400～500℃，且由于模锻和润滑、冷却交替进行，锻模温度反复交变。在这样恶劣的工作条件下，锻模很容易损坏。

锻模的基本损坏形式有四种：热裂纹、机械裂纹、磨损和塑性变形。前两种均会导致型槽或锻模的其他部位破裂，后两种则会造成形槽尺寸变化，以致锻不出合格的锻件而使锻模报废。这四种损坏的形式在型槽的分布位置如图 8-63 所示。

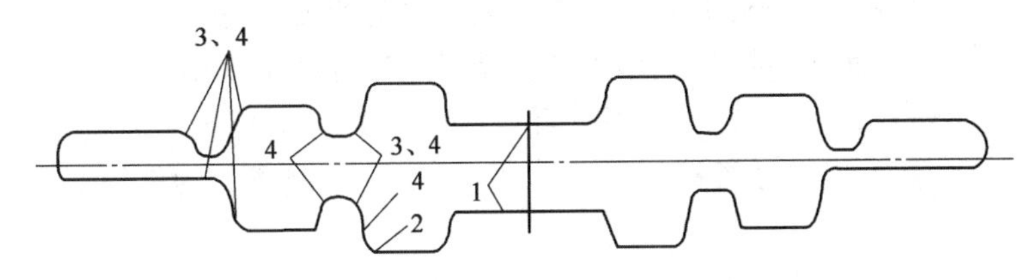

图 8-63　锻模的损坏形式

1-热裂纹；2-机械裂纹；3-塑性变形；4-磨损

（1）热裂纹

热裂纹包括因相变而引起的相变裂纹和因热疲劳引起的热疲劳裂纹，其中热疲劳裂纹是锻模损坏的常见形式。

锻模在反复受热和冷却的条件下工作，当型槽表面受热膨胀时，受到里层温度低些的金属阻碍不能自由膨胀，因而表层金属受到压应力作用。当型槽表面冷却时，又由于里层金属温度比它高，而受到拉应力作用。这样型槽表层在异号热应力反复作用下，会因热疲劳而产生细小的网状裂纹，即龟裂。

热裂纹多产生在锻模的突出部分（图 8-63 中 1 点位置），因为在突出部分容易急热急冷。当锻模材料的导热性差、热膨胀系数大、锻模工作温度范围和润滑剂选用不合适时，更易产生热裂。

（2）机械裂纹

机械裂纹包括因机械载荷过载而引起的脆性裂纹和因机械疲劳而引起的机械疲劳裂纹。

①脆性裂纹：锤击时，锻模受瞬时冲击载荷的作用，当应力超过锻模材料强度极限时，首先从存在应力集中的转角处产生脆性裂纹，然后迅速发展引起锻模破裂。

②机械疲劳裂纹：锻模在较小的反复应力作用下，工作一定时间后，以应力集中处（如圆角、机械加工刀痕、材料缺陷）为起点出现疲劳裂纹，即所谓裂纹源，然后逐渐扩展而破坏了材料的连续性，当承受应力的有效截面减小到一定程度，已不足以抵抗此处应力时，整个截面将骤然破裂。

机械疲劳破裂是锻模损坏的常见形式，从断口特征上可以区别机械疲劳和脆性破裂。机械疲劳破裂断口一般分为两个部分（图 8-64）：一部分是机械疲劳裂纹发展形成的疲劳破裂部分，这部分由于疲劳裂纹的时进时停常常呈现贝壳形状，疲劳源位于贝壳顶点；另一部分则是突然破裂部分，呈现凹凸不平的粗糙断面。

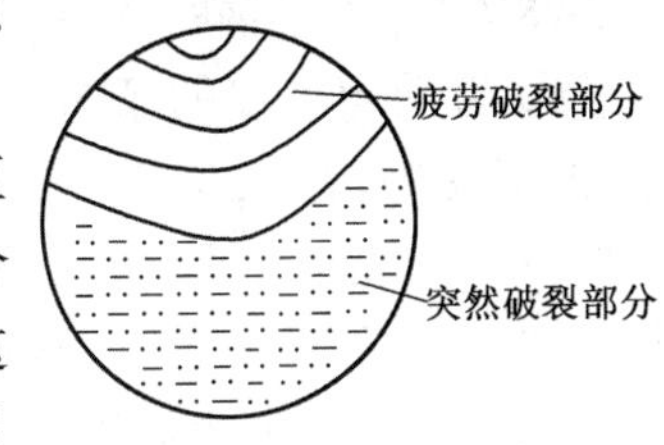

图 8-64　机械疲劳破裂的断口

（3）塑性变形

锻模在受打击力和高温的共同作用下，局部因软化或强度不足而被压塌或压堆，产生塑性变形，使型面变样，型槽尺寸改变，甚至使锻件卡在型槽中。锻模的承击面过小，在锤击过程中会被压陷，导致型槽高度减小。

根据调查统计的资料，锻模的四种损坏形式中，磨损所占的比例最大，约占70%；其次是机械裂纹，占25%；热裂纹和塑性变形较少，约占5%。

(4)磨损

锻模的磨损包括机械磨损、氧化磨损和熔融磨损。

在锤击力的作用下，金属在形槽内流动，和其间介质与型槽表面产生剧烈的摩擦而导致型槽表面的机械磨耗称为机械磨损，机械磨损大多以较慢的速度进行。

模锻过程中，型槽表面在热坯料的热传导和摩擦效应的共同作用下，会产生很高的瞬时升温。与此同时，还伴随着氧化反应，如果氧化反应的产物是一层稳定而致密的氧化薄膜，它就能有效地保护型槽表面不再继续被氧化。反之，它就会在机械载荷的作用下不断地形成和剥落，造成所谓的氧化磨损。

如果型槽表面上某些部位的瞬时温升值已使锻模材料软化或熔融时，沿型槽表面流动的金属就会将已软化的部位“揉皱”或将已熔融的部位冲刷出凹陷的坑、穴，造成熔融磨损。

机械磨损和氧化磨损主要会导致型槽的尺寸发生变化，使锻模最终以棱角磨钝和型槽扩展的状态而损坏。熔融磨损则主要会恶化型槽的表面质量，使锻模以折皱和塌坑的状态而损坏。

锻模的磨损与锻模材料、热处理、机械加工、锻模的润滑冷却、坯料温度和表面质量等因素有关。从型槽形状来看，采用挤入方式充满的型槽要比用镦粗方式充满型槽的磨损大，当型槽表面出现网状热裂纹以后，则锻模磨损得更快。

2. 延长锤锻模寿命的措施

要防止锻模损坏，延长锻模使用寿命，可从锻模材料、锻模设计、锻模制造和锻模使用四个方面来采取措施。

(1)锻模材料

锤锻模在工作过程中要受到很大的冲击载荷，同时要承受交变热应力的作用，因此，选择锻模材料既要求高的室温及高温强度，也要保证高的韧性，还要求导热性好，热膨胀系数小，使锻模材料抵抗热疲劳能力强。中碳合金钢5CrNiMo、5CrMnMo对以上性能兼有，是锤锻模的通用材料，其他如3Cr2W8V、3W4Cr2V等也在一定范围内使用。

韧性好的材料裂纹传播困难，5CrNiMo抗热裂性优于5CrMnMo，铬-钨系(3W4Cr2V和3Cr2W8V等)模具钢的抗热裂性优于5%铬系模具钢的耐热疲劳性能。炽热坯料的接触传热，金属流动与模壁的摩擦生热都会使锻模表面的温度升高，有时可达450℃左右。温度升高，锻模硬度降低，因此应选用热硬性高的材料。由此观点看，5CrNiMo、5CrMnMo不如3Cr2W8V好，原因是钨、钒元素的加入对减摩有显著效果。钒的价格昂贵，且钒元素使材料变脆，耐冲击性能降低，因此，3Cr2W8V用于制作磨损特别严重但冲击载荷不大的镶块。

其次，应选择回火温度高于锻模可能升到的温度的材料作为锻模材料，以免自动回火而硬度下降。若锻模材料的热强性差，高温下不能保持足够的强度和硬度，锻模将会变形、压塌。因此，在保证足够韧性的前提下，可以适当提高锻模的热处理硬度。

(2)锻模设计

裂纹常常由应力集中的圆角处产生，为减小应力集中，型槽各过渡面上的圆角半径应尽可能取大一点。尤其是型槽深处的凹圆角半径过小，会由于金属填充和润滑油燃烧产生的气体在尖角处造成巨大压力，或者过冷过热使该处极容易出现裂纹。若型槽间的壁厚不够，或者锻模承击面过小，在冲击载荷作用下也有打裂的危险。

毛边槽桥部尺寸，在保证造成足够阻力的前提下，不宜设计过小，否则近似于闭式模锻，型槽容易胀裂。毛边槽的桥部设置在上模，受热小，磨损、压塌概率小些。此外，设计锻模要考虑修补的可能性，这是延长锻模寿命的重要措施之一。锤锻模的纤维方向不能与打击力的方向相平行，否则打击力的作用易将纤维撕裂。

(3)锻模制造

制造锻模时，机械加工的表面必须光洁，如留有机械加工的痕迹，往往是疲劳裂纹的起源，尤其是圆角应力集中处更不能留有任何加工痕迹。型槽表面粗糙度不得大于0.4μm，如表面有刮伤、斑痕、金属剥落、龟裂等缺陷，需及时处理。若加工精度不高，上下模燕尾支承面接触不均匀，或改装时燕尾不接触模座而与两肩部接触，均可能导致燕尾根部开裂。

锻模模块应有足够的锻造比，否则将保留铸态组织而影响锻模强度和韧性。对于有白点的模具钢，其冲击韧性大大降低。为了提高锻模寿命，必须合理地选择锻模最佳热处理规范，即保证锻模在热工作状态下具有最佳的综合性能——良好的高温强度、耐磨性和高的冲击韧性的最佳组合。

(4)锻模使用

锻模未经预热、预热温度太低、预热不透或不均匀，均会降低锻模韧性而引起开裂。预热温度一般在250～300℃左右。

润滑在模锻过程中起重要作用，润滑不仅减少摩擦，降低变形抗力，有助于金属流动与充填型槽，同时兼有隔热和冷却锻模的作用。用食盐水作冷却剂，由于过冷度太大容易产生热裂纹。机油、胶状石墨、二硫化钼等是常用的润滑剂，但是若润滑不均或涂抹过多，由燃烧生成的气体挤入型槽深处的圆角部位易形成巨大的压力，可导致圆角开裂。

空击是锻模破裂的隐患，因为空击时锻锤所释放的能量将全部由锤身和模块所吸收，容易将模块打裂，应极力避免。

氧化皮对型槽磨损影响很大，必须及时清理，一般用压缩空气喷嘴将落入型槽深处的氧化皮吹掉，否则，氧化皮会像研磨剂一样，加剧型槽的磨损。

连续生产时，锻模温度可能上升到400℃以上，以致锻模工作面的硬度下降，耐磨性降低。为保持锻模的热硬性，应及时冷却与润滑锻模。5CrNiMo和5CrMnMo钢锻模能耐450℃高温，3Cr2W8V能耐500℃高温，温度再高，锻模将自动退火而软化。因此，锻模温度最好通过有效的冷却保持在300～400℃，最高不超过450℃为宜。

第三节　其他设备上模锻的特点

一、热模锻压机上模锻

热模锻压机是针对锤类设备在结构、工艺性等方面存在的缺点，为了适应模锻工艺提高锻件精度和锻模寿命，便于实现机械化、自动化和提高劳动生产率等要求，由一般曲柄压机发展而来。近几十年来,对于中、小型模锻件,越来越多地应用热模锻压机进行生产。

1. 热锻模压机的结构、工作特性

热模锻压机是依靠曲柄的转动,使滑块做上、下往复运动,由电动机通过飞轮释放能量进行锻压的。其工作特性为:滑块行程固定,工作速度低(0.25 ~0.5m/s,基本上属于静压性质),在金属变形过程中按变形需要施加工作压力。在结构上,热模锻压机的受力系统是封闭的,变形力由机架承受,机架、曲柄连杆的刚度大,工作时弹性变形极小。滑块具有附加的象鼻结构,能增大导向长度,提高导向精确度。锻压机的闭合高度靠楔式工作台面调节,从而保证了连杆的刚度(做成整体),并用以解除滑块的闷车。压机具有上、下顶出机构,能从上、下模中自动顶出锻件。

2. 热模锻压机模锻的工艺特点

热模锻压机的结构和工作特性决定了它的模锻工艺特点。

(1)在热模锻压机上模锻的锻件,尺寸精度高,公差小,一般为0.3 ~1.2mm。锻件在高度方向的尺寸精度高是由于滑块的行程固定,坯料变形在一次行程内完成,加之机架的刚度大,弹性变形小,这就保证了上下模的闭合高度稳定,使锻件在高度方向获得较精确的尺寸。锻件在水平方向的尺寸精度高是由于滑块在导向精确的导轨中稳定运行,且锻模上采用较精确的导向装置,即依靠导柱和导套保证上、下模对准。

(2)节约金属。在热模锻压机上模锻的锻件,其余量较锤上模锻件小30% ~50%,余量的平均值为0.4 ~2mm。同时,热模锻压机带有上、下顶出机构,能从上、下模中自动顶出锻件,故模锻件的模锻斜度比锤上的小,在个别情况下,甚至可以锻出不带模锻斜度的锻件,减小了由于模锻斜度而引起的敷料,这些都减少了金属的消耗。

(3)生产率高。热模锻压机由于滑块行程是固定的,模锻时,在每道型槽里只需压一次,而在锤上模锻时,在每道型槽里往往需要多次锤击才能完成。因此在型槽数量相同的情况下,热模锻压机具有较高的生产率。加之有顶出机构以及便于实现机械化和自动化,可大大缩短操作时间。

(4)适于模锻耐热合金、镁合金。对于变形速度敏感的低塑性合金,如耐热合金、镁合金不适宜在锤上模锻。而热模锻压机由于滑块工作时具有静压力的特性,金属在型槽内流动较缓慢,对它们的成形十分有利。

(5)热模锻压机上模锻时,金属在型槽中的流动特点及充填能力与锤上模锻有所不同。对锻锤来说,金属在高度方向上的流动和充填能力较强。而在热模锻压机上,由于滑块的运动速度低,金属在一次行程内完成变形,所以在水平方向的流动较为强烈,这对于一些主要靠压入方式充填型槽的锻件来说,有可能产生较大的毛边而仍未充满型槽的深处。另外,锤上模锻时,金属充填上模的能力比下模强,而在热模锻压机上这种差别并不显著。

产生上述现象的主要原因是金属变形时的惯性作用。图8-65表示坯料在锤上及热模锻压机上变形开始至变形终了时金属充填型槽的情况。锤上模锻时,由于锤头运动速度大,又是多次锤击,坯料受惯性力作用大,而且重复多次,故金属压入充填型槽的作用较为强烈,能获得外形清晰的锻件。而热模锻压机上模锻时由于滑块工作速度变化平稳,坯料所受惯性力作用小,而且只出现一次,故金属压入充填型槽的作用较弱,致使型槽深处不易充满,而镦粗作用较为强烈,金属在水平方向发生较强烈的流动,导致金属过早、过多地流出型槽,形成大毛边。为了克服这一缺点,需要适当增加工步数,使坯料逐步成形,并在金属充填型槽的过程中以镦粗变形代替压入变形,使型槽充满完好。不过,所需型槽数不宜过多,一般控制在四道以内。图 8-66 为齿轮在 25 000N 热模锻压机上模锻的工步图,用 $\phi70\times155$mm 的坯料经镦粗—预锻—终锻三个模锻工步而成。而这个锻件在锤上模锻只需要镦粗和终锻两个工步就可锻成,镦粗工步将坯料镦成圆饼形即可。

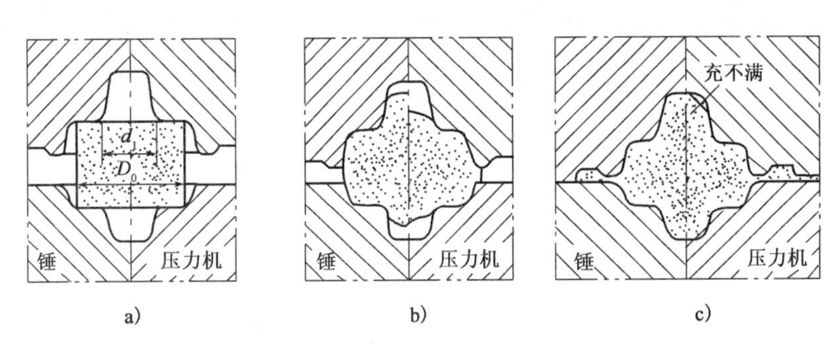

图 8-65　金属在锤上及热模锻压机上充填型槽的情况

a)变形开始前;b)变形过程中;c)变形结束时

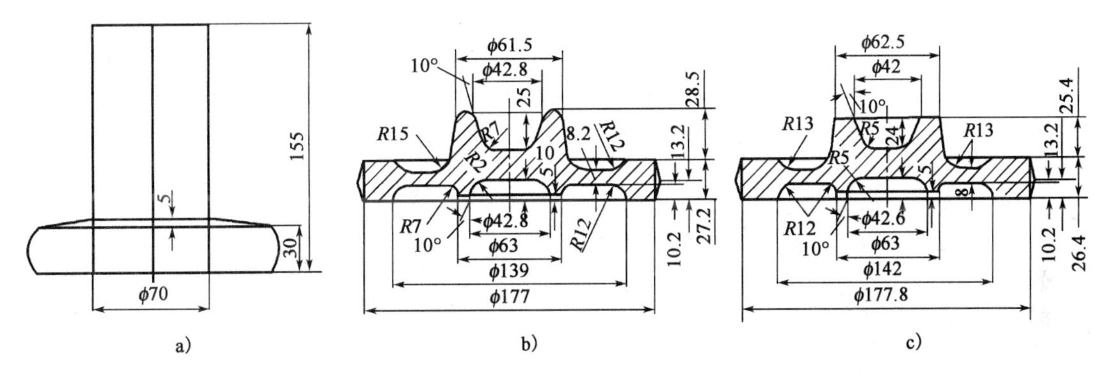

图 8-66　热模锻压机上模锻齿轮工步图(尺寸单位:mm)

a)镦粗;b)预锻;c)终锻

(6)锻件各处的机械性能、流线分布较为均匀一致。这也是由于金属的变形在滑块的一次行程内完成,坯料内外层几乎同时发生变形,因此变形比较深透而均匀,有利于提高锻件质量。

(7)便于采用组合式锻模。热模锻压机工作速度较低,工作平稳,有顶出机构,所以大多采用在通用模座内装置型槽镶块的组合式锻模结构(图 8-67)。它主要由模座、型槽镶块、垫板、镶块紧固零件、导柱导套、顶件装置等零件组成。组合式模具的制造、修理、更换都比较容易,而且能降低模具成本。

(8)热模锻压机不适宜进行拔长、滚挤制坯操作。但同样由于其滑块行程-压力固有特性以及具有上、下顶出机构等原因,适于进行挤压和局部镦粗操作。在一定的场合下(如模锻螺钉或阀门之类的杆形件时)往往可用挤压或局部镦粗来代替拔长、滚挤制坯。当不能代替时,则采用其他设备如辊锻机、平锻机等制坯,或在大量生产时采用周期性截面型材以免去拔长、滚挤制坯。

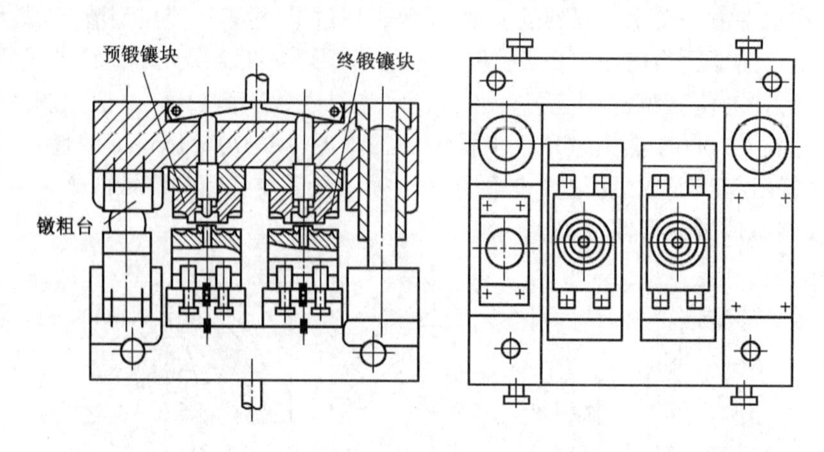

图 8-67 锻压机上模锻齿轮的组合锻模

(9)对坯料表面的加热质量要求高,不允许有过多的氧化皮,否则在一次行程内完成变形的过程中,氧化皮将被压入锻件表层而降低质量。应采用少氧或无氧化方法加热坯料,或模锻前采用专门的措施清除表面氧化皮。

综上所述,热模锻压机上主要适于进行开式模锻和挤压,热模锻压机上闭式模锻由于存在一些尚未妥善解决的技术问题,如易发生超载闷车,目前生产中尚未广泛应用。热模锻压机在一定条件下可以生产各类形状的锻件,对于平面图中为圆形、方形或近似这种形状的锻件,主要靠镦粗、挤压方式成形,尤其适宜。

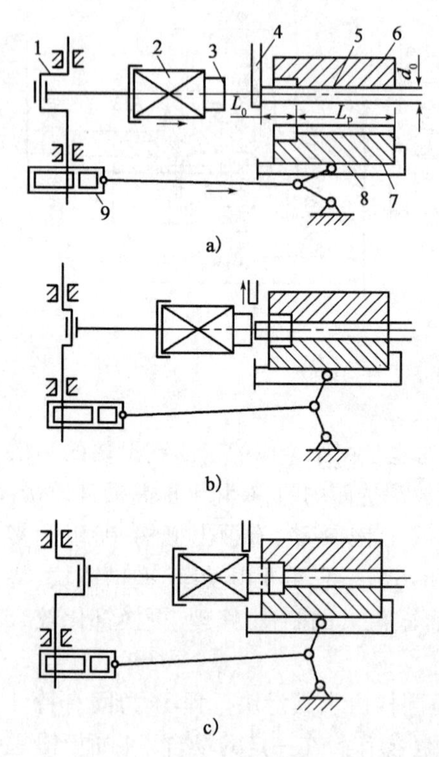

图 8-68 平锻机工作原理示意图

1-曲柄;2-主滑块;3-凸模;4-前挡料板;5-坯料;6-固定凹模;7-活动凹模;8-夹紧滑块;9-侧滑块

二、平锻机上模锻

随着生产的发展,锻件的形状、品种日益增多,以至有些锻件在锤上或热模锻压机上或者无法锻造或者经济上不合适,平锻机适应以上需要,是由曲柄压机发展而来的。

1. 平锻机的结构、工作特性

模锻锤、螺旋压机、热模锻压机等模锻设备的工作部分(锤头或滑块)是做垂直往复运动的,是立式锻压设备。而平锻机,它的工作部分做水平往复运动,以此而得名。

平锻机属于曲柄压机类设备,它也具有热模锻压机的那些结构、工作特性,即滑块行程固定,有良好的导向装置,工作速度低,具有静压力特性,按变形需要施加压力,变形力由刚度大的机架受力系统承受等。它与普通曲柄压机的主要区别在于,平锻机具有两个滑块,除主滑块外还有夹紧滑块,两者在同一平面沿相互垂直方向做往复运动进行锻压,这给平锻机上所进行的工艺带来很大的好处。图 8-68 为平锻机工作原理示意图。近二十余年发展了新型平锻机,其夹紧滑块改为沿上下方向做往复运动,凹模的分模面处于水平位置,称为水平分模平锻机。相对于此,原先的凹模垂直分模的平锻机称为垂直分模平锻机。

2. 平锻机模锻工艺特点

(1)平锻机上模锻时,由于棒料是水平放置,其长度不受锻模空间限制,故可锻出其他立式锻压设备不能锻造的长杆类锻件,也可用长棒料进行逐件连续模锻。

(2)平锻模具有两个分模面,可锻出在两个方向上带有内凹或凹孔的锻件,这也是一般锻压设备难以进行的。平锻机模锻的锻件,形状可以更接近于零件,流线分布也更合理。

(3)平锻机导向性好、行程固定,故锻件长度方向尺寸稳定性比锤上模锻高。但是,平锻机传动机构受力产生的弹性变形随锻压力的增大而增加,所以要正确地预调模具闭合尺寸,否则将影响锻件长度方向尺寸的精度。

(4)平锻机可进行开式模锻和闭式模锻。进行闭式模锻时,用前挡板定料,棒料待镦粗长度是可调的,亦即变形的体积可按锻件需要精准调节。实际上,平锻中无毛边模锻所占的比例要较其他锻模设备高得多。

(5)由于平锻机滑块行程固定,凹模又具有可分性,故适用于进行冲孔、穿孔、切边等工步而无须卸料的装置。在不另配切边压机的情况下,平锻机可独立完成制坯、模锻、切边、冲除内孔芯料等工步,获得完整锻件。

(6)平锻的主要缺点有:对棒料精度要求较高,如果棒料直径偏大,两半凹模将夹不拢而形成间隙,变形金属可能挤入其间,产生纵向毛刺而难于去除。反之,当棒料直径偏小,在采用前挡料时,棒料将夹不紧而无法锻造。一般要用高精度热轧钢材或冷拔整径钢材。此外,平锻机滑块行程固定,不适于拔长、滚挤制坯,因而所能模锻的锻件类型受到一定限制,外观不规则的复杂锻件一般不宜在平锻机上模锻,平锻机最宜模锻中小型回转体锻件。此外,平锻机造价较高,应用上受到限制,但在一定的条件下,却能发挥其独特作用。例如,在轴承制造厂,平锻机和扩孔机组成机组,可以多、快、好、省地生产大小轴承环。

3. 平锻机上的主要模锻工艺

(1)铲齿成形平锻工艺

铲齿锻件结构复杂,铲齿的结构特点是外形具有一定的工作导面,且为非对称形状,铲齿后端为一装配方孔,孔的内腔呈楔形,孔壁较薄,侧壁孔为装配孔(平锻后再冲出),经分析,某厂采用先预制坯料后,再在垂直分模平锻机上模锻成形,取得了成功。根据平锻力的计算,最终选用 8 000kN 的垂直分模平锻机进行模锻成形。为保证制件表面质量,对坯料进行电加热,采用双件调头平锻成形工艺,保证了质量,节省了材料,同时提高了生产效率。平锻工步为预冲孔、冲孔、成形、切边四个工步,如图 8-69、图 8-70 所示。

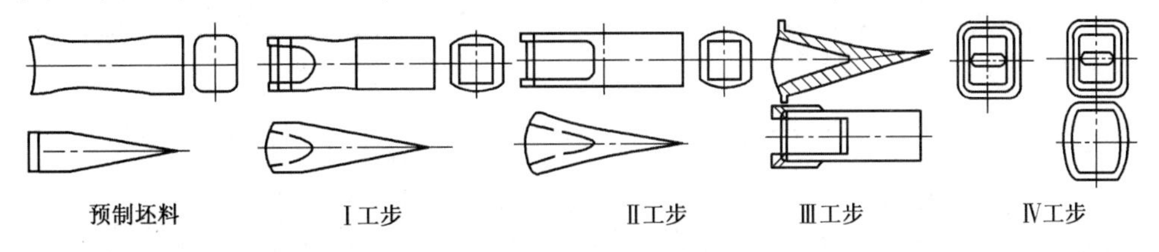

图 8-69 铲齿预制坯料与平锻工步简图

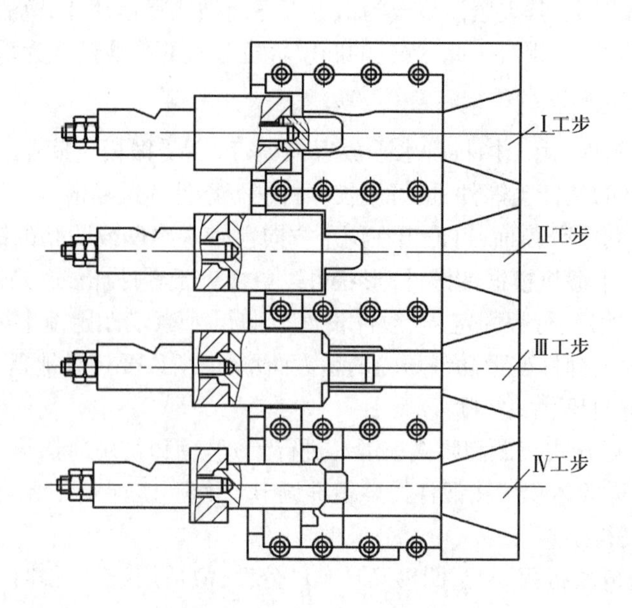

图 8-70 铲齿平锻工步与模具结构简图

(2)联轴器滑套成形平锻工艺

联轴器滑套平锻坯料为 60mm 的长棒料,采用 8 000kN 垂直分模平锻机生产,变形工步为聚集、预成形、成形、穿孔、切芯料,如图 8-71、图 8-72 所示。

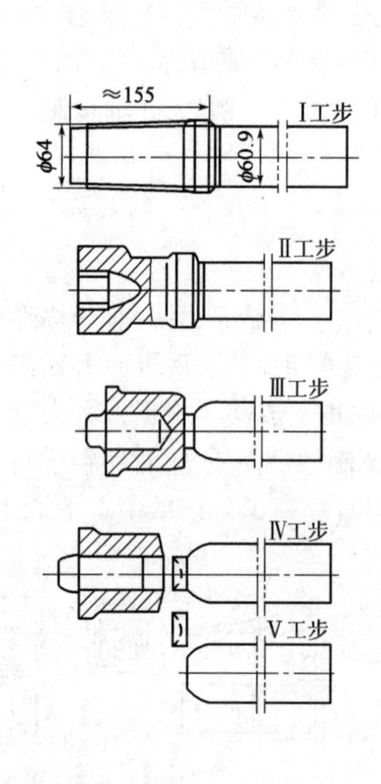

图 8-71 联轴器滑套平锻工步(尺寸单位:mm)

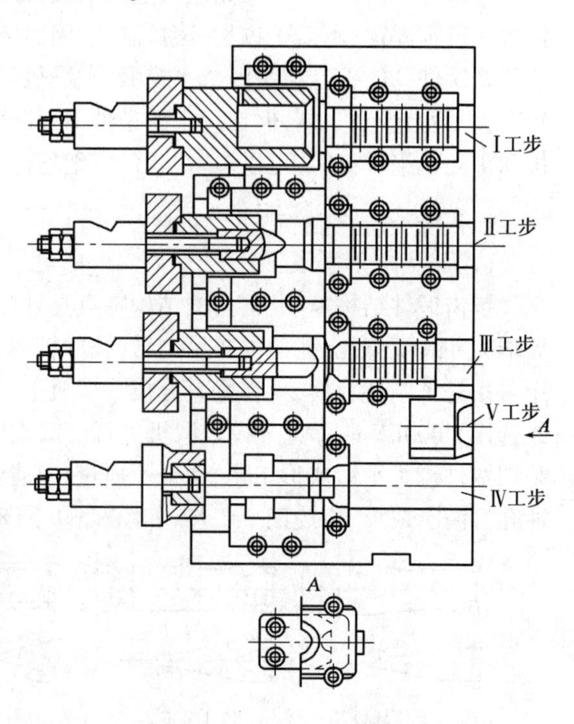

图 8-72 联轴器滑套平锻模具结构简图

三、螺旋压机上模锻

锻造车间常用的螺旋压机,它是利用摩擦传动的,故简称摩擦压机,见图8-73a)。尽管它是较古老的锻压设备,但以它独具一格的工艺特点及良好的经济效益,继续存在于锻压设备之林。据西德107家工厂统计,1960年~1970年,摩擦压机数量的增长率为32.4%,远远超过模锻锤(27%)和热模锻压机(19%)的增长率。在捷克,摩擦压机占锻压设备总数的51%。我国汽车行业摩擦压机占锻压设备总数的21.2%,高于模锻锤(18.9%)和热模锻压机(13.4%)。航空工厂里生产中小型模锻件,由于锻件原材料和生产批量的特点,特别是有色金属锻件多半采用摩擦压机模锻。国外摩擦压机的最大吨位已达31 500kN,我国近几十年也有较大发展。二十世纪六十年代后期,又出现了液压螺旋压机,它是靠液体压力传动,又称液压螺旋锤,其结构原理示意图见图8-73b)。上述简单数字表明,螺旋压机在现代锻压生产中依然占据十分重要的地位。

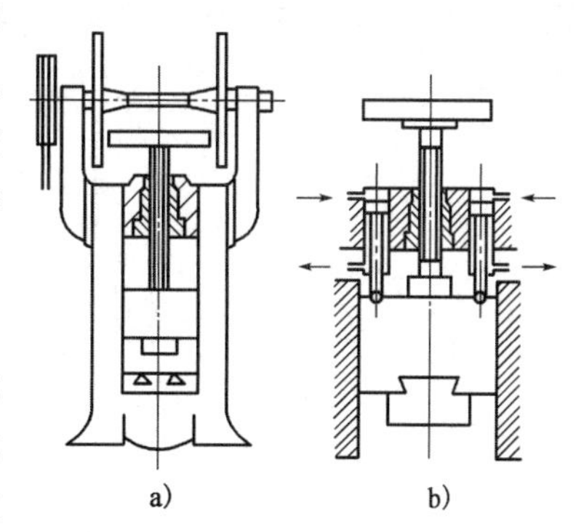

图8-73　螺旋压机结构原理图
a)摩擦压机;b)液压螺旋压机

1. 螺旋压机的结构、工作特性

(1)具有锻锤和曲柄压机的双重特性。螺旋压机在工作过程中带有一定的冲击作用,滑块行程不固定,具有锻锤的工作特性。但它又是通过螺旋副传递能量的,在坯料发生塑性变形时,滑块和工作台之间所受的力,由压机封闭框架所承受,并形成一个封闭的力系,这一点又具备了曲柄压机的结构特性。因此,它的通用性大,适应性强。

(2)每分钟行程次数少、打击速度低。螺旋压机是通过具有巨大惯性的飞轮的反复启动和制动,把螺杆的旋转运动变为滑块的往复直线运动。这种传动特点使得螺旋压机打击速度和每分钟打击的次数受到一定的限制(表8-4)。

主要模锻设备的打击次数和打击速度比较　　表8-4

模锻设备	打击次数(次/min)	打击速度(m/s)
摩擦螺旋压机	6~22	0.5~1.0
液压螺旋压机	20~70	1.5~3.0
模锻锤	40~80	6~8
曲柄压机	39~60	0.25~0.5

根据滑块运动公式计算得到的摩擦压机、模锻锤、曲柄压机的滑块运动曲线如图8-74所示。

实际测得的每分钟打击次数和打击速度见表8-4。曲线表明,摩擦压机和锻模锤一样,都在较高的速度范围内打击金属坯料,在坯料变形开始后,滑块速度按抛物线下降(虚线所示),锻造结束(变形结束)速度为零。因此,能在较高的储能点上以较快的速度100%地释放能量,故金属获得的变形能就比较大,接着借助被变形金属和模具的回弹和机器本身的回程作用迅速开始上升,实现回程运动。所以,相对曲柄压机而言,上下模闭合间时短,模具升温就少。而曲柄压机是在较低速度范围内打击金属坯料,滑块速度在整个行程自始至终按其自身的运动规律变化,即使打击时也不会改变,而且能量释放速度很慢,是靠飞轮在额定范围内减速来释放其储能的20% ~40%,相对而言变形金属获得的能量就小。因此,曲柄压机与摩擦压机相比,要获得相等的能量,其结构必然庞大。而且,当滑块到达下死点后,完全靠曲柄的带动,以它自身较低的速度做回程运动。因此,上下模闭合时间长,模具温升也就高。由表8-4可知,螺旋压机每分钟打击次数最少,打击速度小于模锻锤而大于曲柄压机。

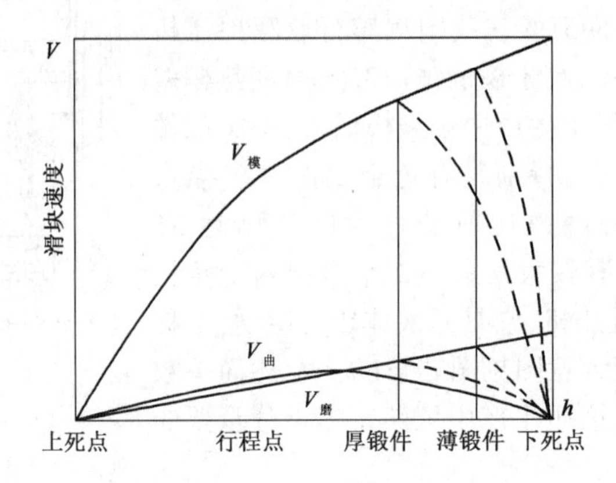

图8-74 摩擦压机、模锻锤、曲柄压机滑块速度变化示意图

(3)有顶出装置。6 300kN、10 000kN 摩擦压机采用了带有副导轨的象鼻形滑块,以改善滑块的导向性能,提高承受偏心载荷的能力。

(4)因摩擦压机是靠摩擦传动的,故传动效率低。以双盘摩擦压机为例,其效率仅为10% ~15%。因此,这类设备的发展受到一定的限制,多为中小型设备。

2. 螺旋压机模锻工艺特点

(1)工艺用途广。主要表现在以下几个方面。

①摩擦压机具有锤类设备的工作特性,它在一个型槽里可以进行多次打击变形,从而为大变形工序如镦粗、挤压等提供大的变形能量。同时,也可为小变形工序如终锻的锻足(合模)阶段、精压、压印等阶段提供较大的变形力,因而它能满足各种锻压工序的要求。

②由于其行程不固定,所以锻件精度不受设备自身弹性变形的影响。近年来不少工厂利用它进行精密模锻(如精锻齿轮、叶片等)和无毛边模锻,效果很好。

③由于每分钟打击次数少,打击速度较模锻锤低,因而金属变形过程中的再结晶现象进行得充分,这就比较适合于模锻一些再结晶速度较低的低塑性合金钢和有色金属材料。

④由于有顶出装置,摩擦压机不仅可以锻压或挤压有长杆的螺钉、进排氧阀锻件,而且可采用特殊结构的组合式凹模,锻出侧面有内凹的锻件,使锻件更接近零件的形状和尺寸。

(2)相同打击能量的设备,摩擦压机能发挥较大的作用。因摩擦压机打击速度小于模锻锤,金属再结晶软化现象实现得充分,所以模锻同样大小的锻件所需要的变形功较小,原因是加工硬化被软化所抵消,因而变形抗力小。当然,水压机的行程速度更低,需要的变形力更小,但不可忽视的是,在水压机上模锻所需的变形时间长,金属坯料温度降低严重,金属变冷,变形抗力激增,所以所需变形功反而增大。

(3)摩擦压机做旋转运动的螺杆和做往复直线运动的滑块间为非刚性连接,所以承受偏心载荷的能力较差。在一般情况下，摩擦压机只进行单槽模锻。但在偏心载荷不大的情况下，也可在终锻型槽旁布排一个制坯型槽（如弯曲、镦粗、压扁）。对于细长锻件（如连杆）也可将终锻和预锻型槽布排在一个模块上，这时，两型槽中心线之间的距离应小于螺杆节圆直径的1/2。

（4）因为摩擦压机打击速度低，既可采用整体式模锻，又可采用组合式模锻。组合模锻便于模具标准化，从而缩短了模具的设计、制造周期，节省了模具钢，降低了成本。这对中小型工厂和小批量试制性生产具有特别重要的技术和经济意义。

总之，每一种模锻设备均有其自身的结构、工作特性，并具有最合适的工艺特点、模具特点及锻件形状和尺寸的适用范围。摩擦压机的滑块运动速度适中，兼有模锻锤与曲柄压机具备的优点。它可进行开式模锻、闭式模锻、挤压、顶镦等成形工序，适于单型槽模锻。近年来，我国许多工厂把摩擦压机与制坯设备（如自由锻锤、辊锻机、电镦机等）配成机组和组成流水线。这样，它也可生产模锻锤、热模锻压机、平锻机上模锻的锻件。此外，还可进行其他模锻的后续工序，有效地扩大了摩擦压机的应用范围，提高了它在模锻设备中地位的重要性。在摩擦压机基础上发展起来的液压螺旋压机，以液压传动代替摩擦传动，保留了摩擦压机的优点，克服了摩擦压机传动效率低、打击次数少、不能承受偏心载荷的缺点，所以液压螺旋压机近年来发展很快。但是它需要有昂贵而复杂的动力站（高压油泵蓄势站），为此，液压螺旋压机应重点发展大型及中型的设备，目前已生产出最大压力50 000～100 000kN级的大型液压螺旋机。

四、胎模锻

胎模锻是在自由锻设备上使用非固定的简易锻模——胎模进行模锻的一种方法。它既具有自由锻的某些特点，如设备和工具简单、工艺灵活多样，又具有模锻的某些特点，如金属在型槽里最终成形、可获得形状复杂及尺寸准确的锻件、生产效率较高。胎模锻是介于自由锻与模锻之间的一种锻造方法，它在中小型工厂中得到了广泛应用。这些厂多为中小批生产，以自由锻设备为主，而胎模锻为他们提供了在自由锻设备上生产模锻件的有效方法。胎模锻的优越性在中小批生产时表现最为突出，所以在某些大型工厂虽然有模锻设备，对一些批量不大的锻件也采用胎模锻。

1. 胎模锻的特点

1）胎模锻与自由锻相比：

（1）可以锻造形状复杂、尺寸准确的锻件，因而降低了金属材料消耗，减少了机械加工工时。例如：5t吊车衬套，用自由锻生产，锻件重22kg，而胎模锻锻件仅重11.8kg，节约金属10.2kg。

（2）提高了劳动生产率。锻件形状及尺寸主要由胎模保证，所需火次及变形工序减少，生产率常比自由锻高出1～5倍。

2）胎模锻与模锻相比：

（1）工艺灵活多样，锻件种类繁多。同样锻件由于生产批量、设备条件不同，可以采用不同的锻造工艺，以得到较好的经济效果。由于采用活动胎模和多种变形工序，胎模锻几乎可以锻出所有类别的锻件。

（2）金属材料消耗少。绝大部分旋转体胎模锻件，由于采用垫模、套模、摔模成形，不产生或产生很小毛边,模锻斜度小,故金属材料消耗常低于模锻。例如:汽车齿轮在2t模锻锤上模锻,坯料重8.5kg,而胎模锻仅需在750kg空气锤锻造,坯料重7.5kg。

(3)模具费用低。胎模材料价廉、重量小、制造较简单、生产准备周期短。以5~10kg中等复杂程度锻件为例,每套胎模成本仅为每套锤锻模成本的15%左右。

(4)所需设备能力小。

当然,胎模锻也有缺点,主要表现为:金属成形能力低、锻件的精度和表面质量较低、胎膜寿命低、工人劳动强度大、生产率较低。

有些工厂由于批量增加,又针对胎模锻的缺点,在它的基础上做了成功的改进,在自由锻锤上用固定模进行模锻。

2. 胎模的种类及用途

随着锻件形状、尺寸和锻造工艺不同,胎模的结构也不一样。常用的胎模大致可分为:摔子、扣模、垫模、套模和合模等。其机构与用途见表8-5。

胎模分类及其主要用途　　表8-5

类别	名称	简　图	主 要 用 途
制坯整形模	摔子	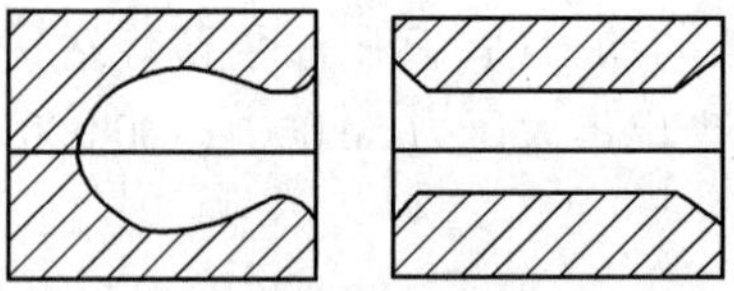	旋转体锻件的杆部拔细
	扣模	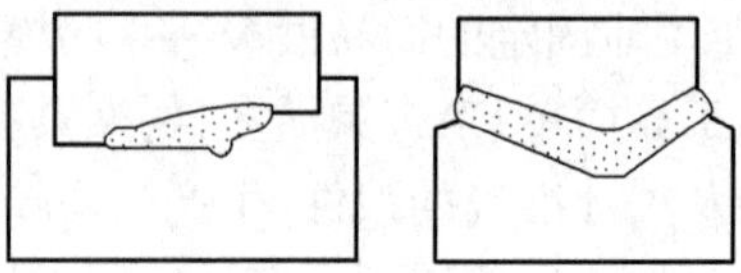	非旋转体锻件的成形或弯曲
成形模	开式垫模	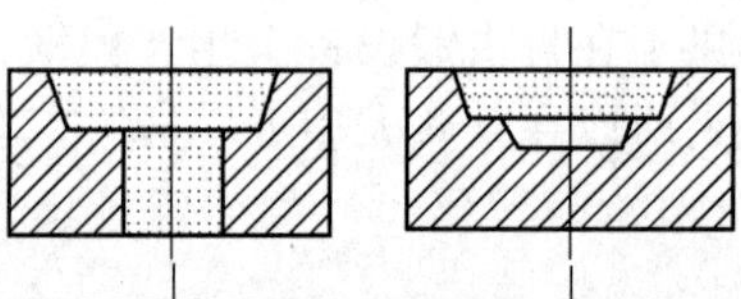	旋转体锻件镦头成形
	闭式套模	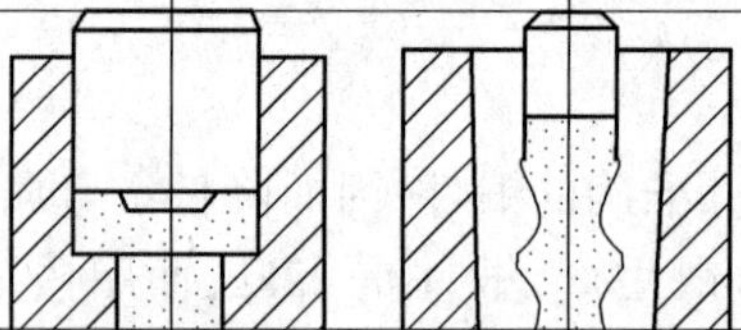	旋转体锻件无毛边镦粗,冲孔成形
	拉延模	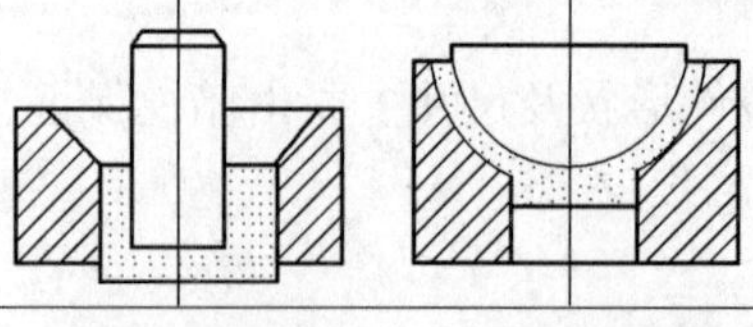	旋转体锻件拉延成形
	合模	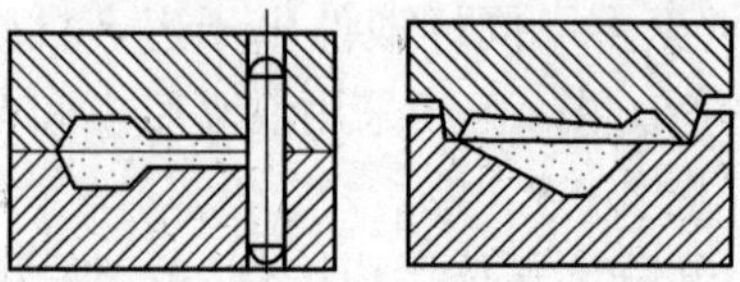	非旋转体锻件终锻成形

续上表

类别	名称	简　图	主 要 用 途
切边冲孔模	切边模	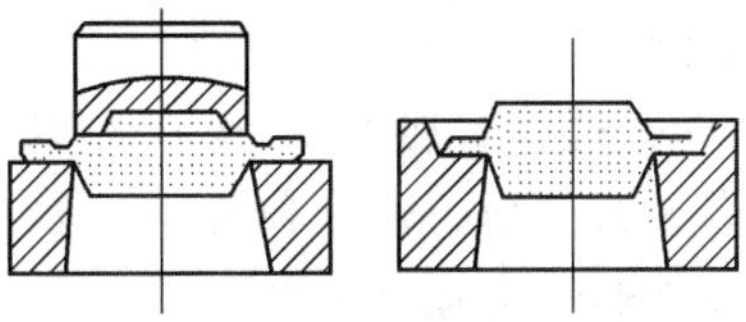	切除毛边
	冲孔模		冲除连皮

3. 胎模锻工艺举例

工字齿轮的胎模锻(图 8-75):锻件材料为 45 钢。其锻造过程为:a)下料、加热;b)用摔子拔长尾部;c)放在垫模中镦粗;d)放在带有可分凹模的套膜中终锻成形,此为闭式模锻,且能锻出侧面有内凹的锻件。

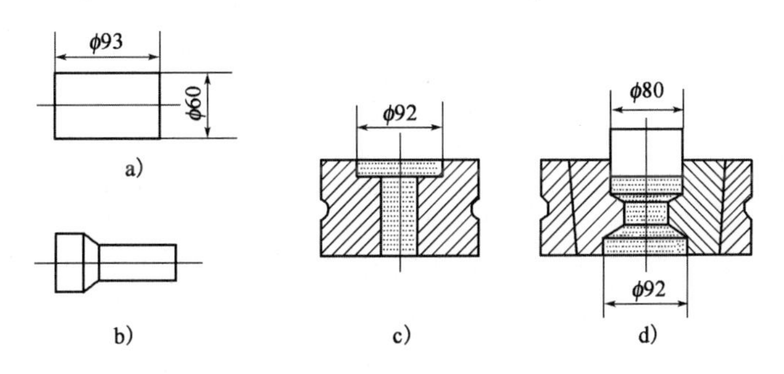

图 8-75　工字齿轮的胎模锻
a)下料加热;b)拔长;c)垫模镦粗;d)终锻

复习思考题

1. 和自由锻相比,模锻有何特点?简述模锻的工艺流程。
2. 什么是开式模锻?分析开式模锻变形过程及其影响。
3. 什么是闭式模锻?分析闭式模锻变形过程。
4. 什么是挤压,有何特点,有哪些种类?
5. 什么是顶镦,锥形聚集工步如何计算?
6. 如何制定锤模锻件图?

7. 终锻型槽如何设计?

8. 说明锤锻模预锻型槽的作用、应用及设计要点。

9. 锤上模锻短轴线类锻件,如何选择制坯工步、确定坯料尺寸?

10. 计算毛坯如何绘制,有何作用?

11. 锤上模锻长轴线类锻件,如何选择制坯工步、确定坯料尺寸?

12. 简述拔长型槽、滚挤型槽、弯曲型槽的作用和设计要点。

13. 简述锤锻模型槽布置的原则和模块尺寸的确定。

14. 分析锤锻模损坏的形式和原因。简述延长锻模寿命的措施。

15. 简述热模锻压机上模锻的特点。

16. 简述平锻机上模锻的特点。

17. 简述螺旋压机上模锻的特点。

18. 简述胎模锻的特点。

19. 术语解释:毛边、(纵向)毛刺、锻足、折叠、错模、型槽中心、锻模中心、模块中心、锻模承击面、锻模闭合长度。

第九章　冲　压

冲压工艺是塑性加工的基本方法之一，它的应用范围十分广泛，不仅可以加工金属板料、棒(丝)料，也可以加工非金属材料。冲压加工是用压力机等加工设备通过模具对坯料加压，使其产生塑性变形，从而获得一定形状、尺寸和性能的零件。由于冲压加工一般不需要加热，通常是在室温下进行，也称为冷冲压。

用冷冲压方法生产的零件种类繁多，其成形方法也多种多样，概括起来可分为分离工序和成形工序两大类。分离工序是将冲压件从坯料上沿一定的轮廓线分离出来。成形工序是坯料在不被破坏的条件下发生塑性变形，成为所需形状及尺寸的制件。常用的各种冷冲压工序见表9-1和表9-2。

分离工序　　表9-1

序号	工序名称	工序简图	定义
1	切断	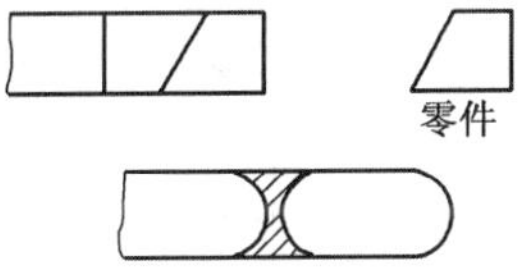 零件	将材料沿敞开的轮廓分离，被分离的材料成为零件或工序件
2	落料	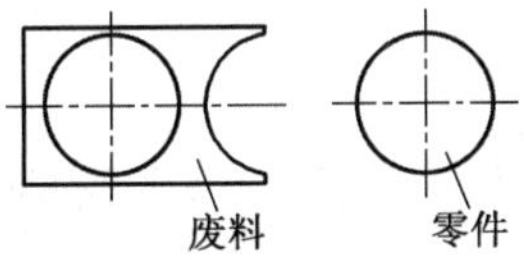 废料　零件	将材料沿封闭的轮廓分离，封闭轮廓线以内的材料成为零件或工序件
3	冲孔	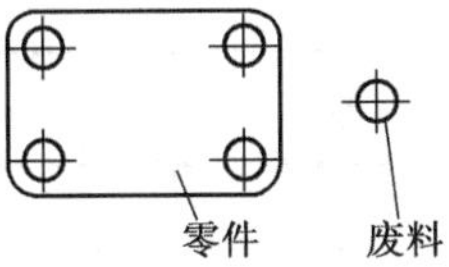 零件　废料	将材料沿封闭的轮廓分离，封闭轮廓线以外的材料成为零件或工序件
4	切边	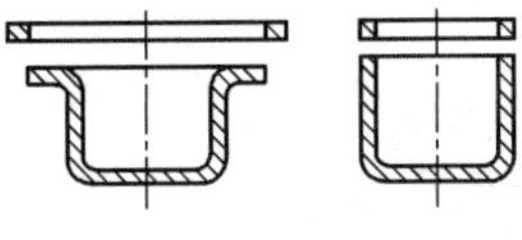	切去成形制件不整齐的边缘材料的工序

续上表

序号	工序名称	工序简图	定义
5	切舌	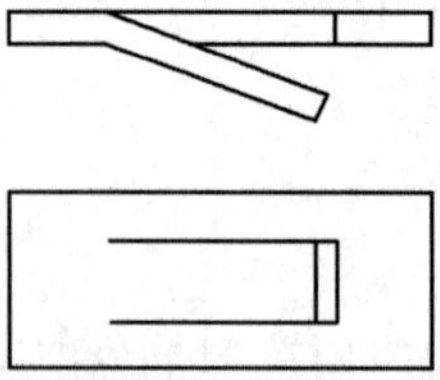	将材料沿敞开轮廓局部而不是完全分离的一种冲压工序
6	剖切	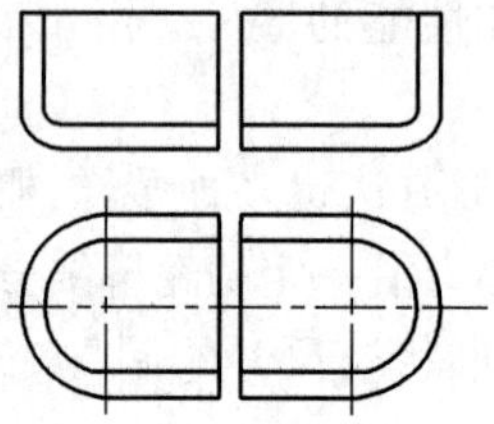	将成形工序件一分为二的工序
7	整修	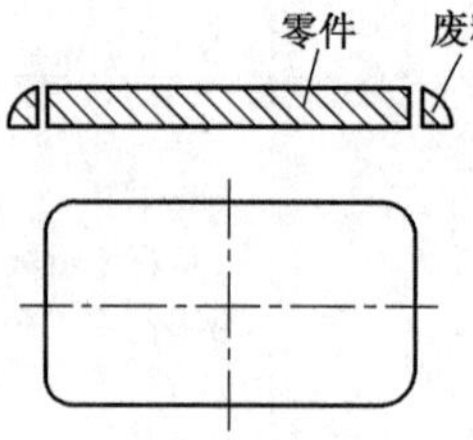 零件 废料	沿外形或内形轮廓切去少量材料，从而降低边缘粗糙度和垂直度的一种冲压工序，一般也能同时提高尺寸精度
8	精冲	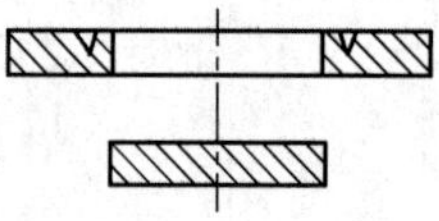	是利用有带齿压板的精冲模使冲件整个断面全部或基本光洁

成形工序 表9-2

序号	工序名称	工序简图	定义
1	弯曲	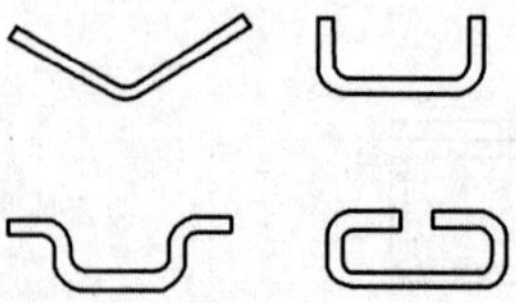	利用压力使材料产生塑性变形，从而获得一定曲率、一定角度的形状的制件

续上表

序号	工序名称	工序简图	定　　义
2	卷边	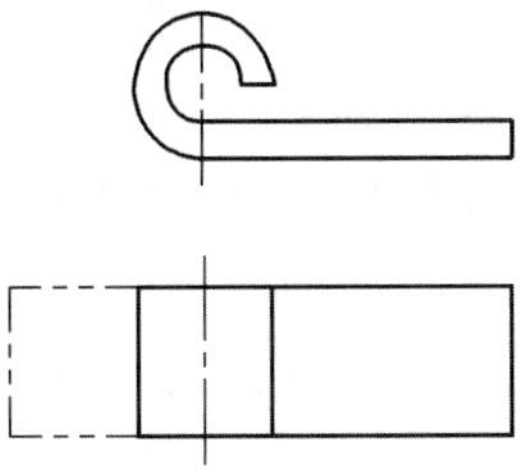	将工序件边缘卷成接近封闭圆形的工序
3	拉弯	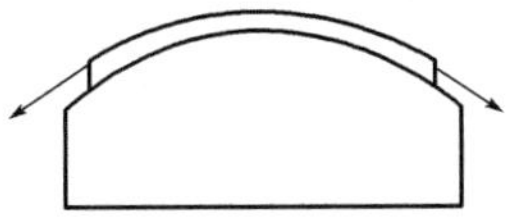	是在拉力与弯矩共同作用下实现弯曲变形，使整个横断面全部受拉伸应力的一种冲压工序
4	扭弯	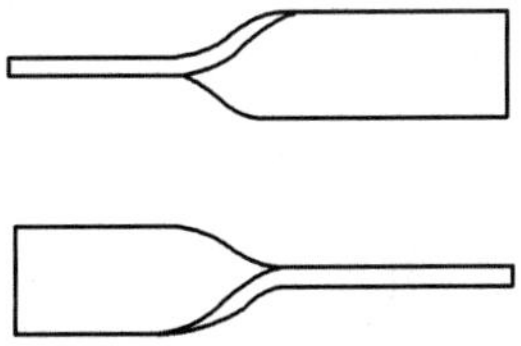	是将平直或局部平直工序件的一部分相对另一部分扭转一定角度的冲压工序
5	拉深	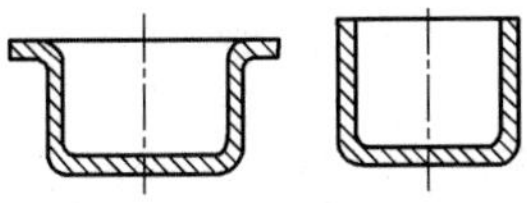	将平板毛坯或工序件变为空心件，或者把空心件进一步改变形状和尺寸的冲压工序
6	变薄拉深	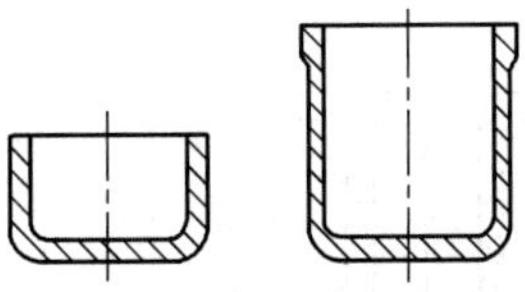	将空心件进一步拉伸，使壁部变薄高度增加的冲压工序

续上表

序号	工序名称	工 序 简 图	定 义
7	翻孔	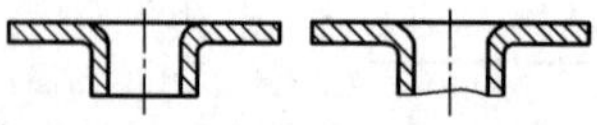	沿内孔周围将材料翻成侧立凸缘的冲压工序
8	翻边	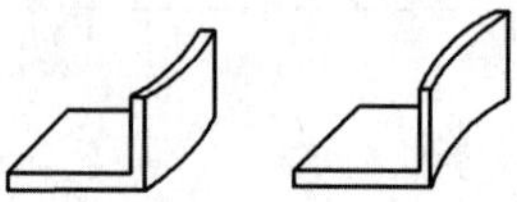	沿曲线将材料翻成侧立短边的冲压工序
9	卷缘	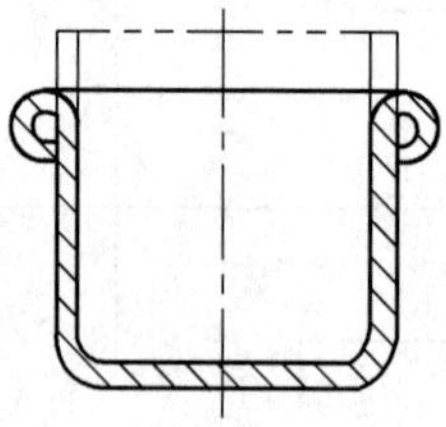	将空心件上口边缘卷成接近封闭圆形的一种冲压工序
10	胀形	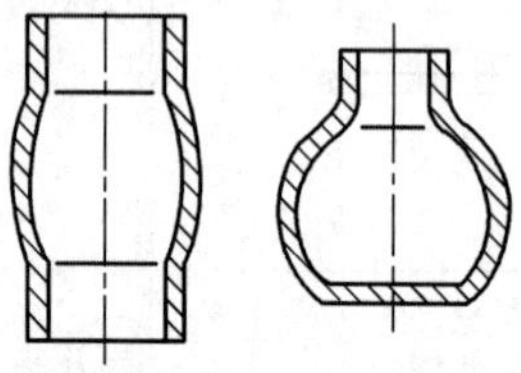	将空心件或管状件沿径向向外扩张的工序
11	起伏	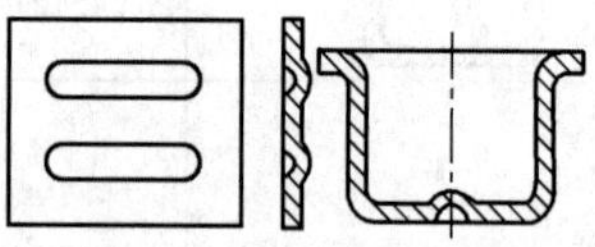	依靠材料的延展使工序件形成局部凹陷或凸起
12	扩口	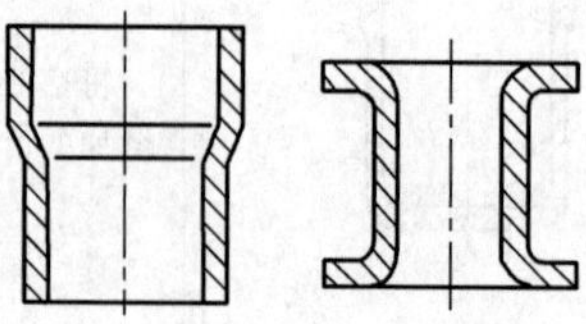	将空心件敞开处向外扩张的工序

续上表

序号	工序名称	工序简图	定义
13	缩口	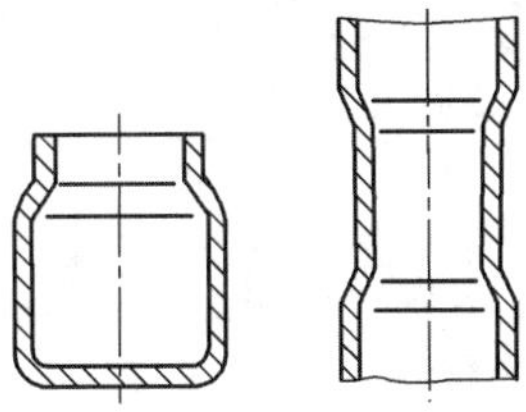	将空心件敞口处加压使其缩小的工序
14	校形	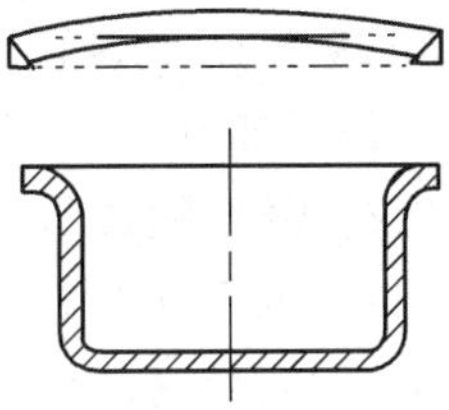	校平是提高局部或整体平面型零件平直度的工序;整形是依靠材料流动,少量改变工序件形状和尺寸,以保证工件精度的工序
15	旋压	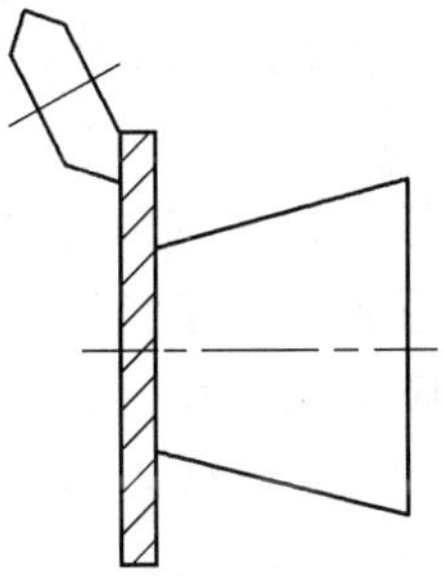	用旋轮使旋转状态下的坯料逐步成形为各种旋转体空心件的工序
16	冷挤压	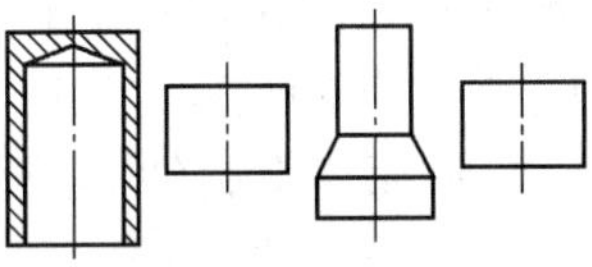	对模腔内的材料施加强大压力,使金属材料从凹模孔内或凹凸模间隙挤出的工序

第一节 冲压工艺的工序

一、冲裁

冲裁是利用冲模将材料分离的冲压工序。冲裁是分离工序的总称,它包括落料、冲孔、切边、切断、剖切、切口等工序。冲裁的用途极广,它既可以直接冲出成品零件,又可为其他成形工序制备毛坯。如图 9-1 所示,冲件的外形及孔分别由落料和冲孔工序来完成。

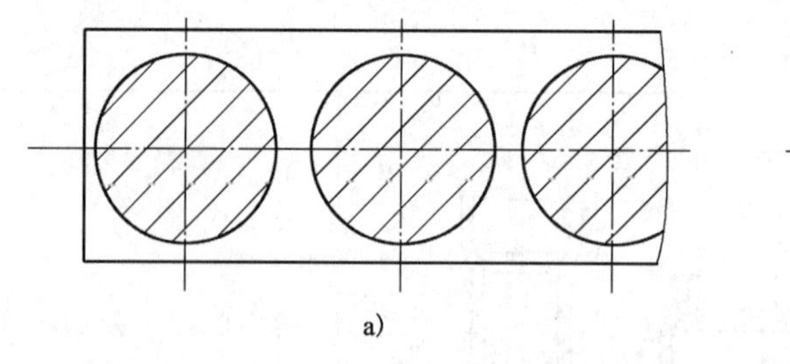

图 9-1　落料与冲孔件

a) 落料; b) 冲孔

1. 冲裁过程的分析

让我们来观察一下冲裁件断面的情况，如图 9-2 所示，断面上有毛刺带、断裂带、光亮带和圆角带四个区域。出现这些区域是因为冲裁过程有如下三个阶段。

第一阶段：为弹性变形阶段，凸模首先与板料接触，随着凸模的加压，板料发生了弹性压缩和弯曲，凸模、凹模刃口分别略有压入材料的现象，见图 9-3a)，但此时板料的内应力还未超过屈服应力 σ_s，假若此时凸模卸压，板料恢复原状，上述变形不残留。

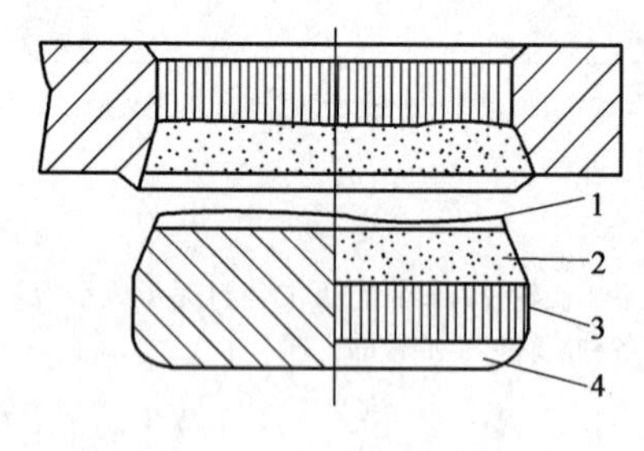

图 9-2　冲裁件的断面

1-毛刺带; 2-断裂带; 3-光亮带; 4-圆角带

第二阶段：为塑性变形阶段，当凸模继续对板料加压时，材料内应力超过屈服应力 σ_s，材料压缩和弯曲变形加剧，凸、凹模刃口分别继续挤进材料内部发生塑剪变形，经过塑剪变形的金属断面是明亮的，因而这一过程给冲裁断面留下了圆角和光亮带。随着塑剪变形的发展，应力也随之增加，直至达到材料的抗剪强度 τ_b 为止，刃口处的材料将产生微裂，见图 9-3b)。

第三阶段：为断裂分离阶段，随着施加于材料力的不断增大，凹模刃口附近材料所受应力首先达到破坏应力，出现了裂纹，但这时凸模刃边处的材料还处于塑性状态，因此，凸模继续挤入材料，见图 9-3c)。当此处材料所受力也达到材料的抗剪强度时，也会产生裂纹。如果间隙适当时，上下裂纹扩展并重合，直到材料分离，从而获得制件，见图 9-3d)。最后，凸模继续下行，将制件推下，见图 9-3e)。

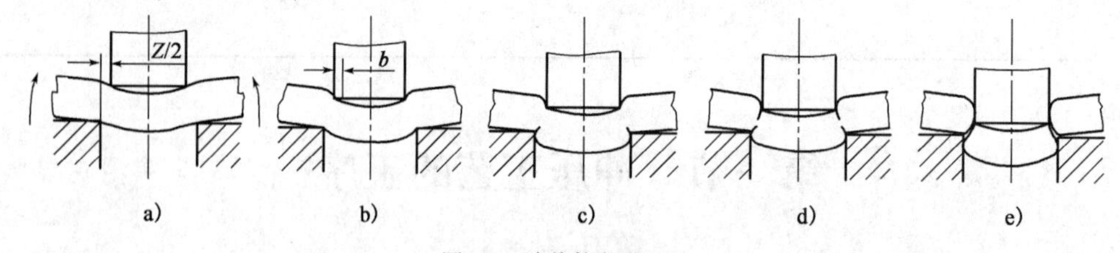

图 9-3　冲裁件变形过程

从上述过程可以看出，任何一种材料的冲裁，都要经过弹性变形、塑性变形、断裂分离三个阶段，只是由于冲裁条件的不同，三种变形所占的时间比例各不相同。

冲裁时材料内的应力状态是复杂的，图 9-4 所示四点的应力图是塑性变形阶段的应力状态，其中：

A 点：σ_3 为凸模下压产生的轴向拉应力，σ_1 为凸模侧压应力 F_1 与材料弯曲引起的径向压应力，σ_2为材料弯曲引起的压应力与侧压力 F_1 引起的拉应力合成的切向应力。

B 点：由凸模下压及材料弯曲引起的三向压应力状态。

C 点：σ_3为凹模挤压材料产生的压应力，σ_1、σ_2为材料弯曲引起的径向拉应力和切向拉应力。

D 点：σ_3为凸模下压材料引起的轴向拉应力，径向应力 σ_1与切向应力 σ_2为材料弯曲引起的拉应力与凹模侧压力 F_2引起的压应力的合成应力。侧压力与间隙的大小有关，间隙较大时，侧压力较小，故一般情况下 D 点主要处于拉应力状态。

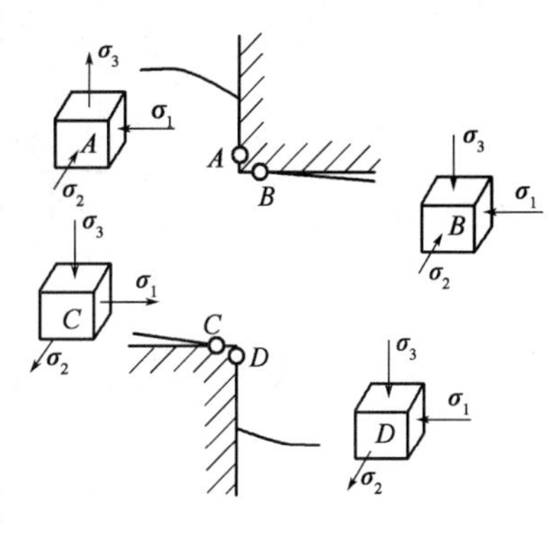

图 9-4　材料表面纤维的应力状态

从 A、B、C、D 各点的应力状态可以看出，凸模与凹模端面（即 B 点与 C 点）的静水压应力（球压张量）高于侧面（A、D 点）。又因材料穹弯使凸模一侧材料受到双向压缩，凹模一侧材料受到双向拉伸，故凸模刃口附近的静水压力又比凹模刃口附近的高。因此冲裁裂纹首先在静水压应力最低的凹模刃口侧壁产生，继而才在凸模刃口侧面产生。所以裂纹形成时，就在冲裁件上留下毛刺。

冲裁件断面上的四个部分在整个断面上所占的比例不是一成不变的，它随材料的性能、厚度、间隙、模具结构等各种冲裁条件的不同而变化。

塑性差的材料，断裂倾向严重，经由塑性变形形成的光亮带及圆角带两部分所占的比例较小，毛刺也较小，而断面大部分是断裂带。塑性较好的材料，与此相反，其光亮带所占的比例较大，圆角和毛刺也较大，而断裂带则小一些。

对于同一种材料来说，圆角带、光亮带、断裂带和毛刺四个部分所占比例也不是固定不变的，它与材料本身的厚度、冲裁间隙、刃口锋利程度、模具结构和冲裁速度等冲裁条件有关。

2. 冲裁模的间隙

冲裁模的间隙是凹模与凸模刃口尺寸的差值。间隙的大小直接关系到冲裁件的质量、冲裁模的寿命以及冲裁力的大小等。因此，间隙是冲裁工作中一个很重要的工艺参数。

合理间隙应该保证有良好的冲裁断面和精度，有较高的模具寿命和较小的冲裁力。

1）理论确定法

理论确定法的主要依据是上、下两剪裂纹重合，正好相交于一条连线上。由图 9-5 所示的几何关系，在直角 ΔABC 中：

$$Z = 2t\left(1 - \frac{h_0}{t}\right)\tan\alpha$$

式中：Z——冲裁模的间隙（一般指双边间隙）；

t——材料的厚度；

h_0——切入材料的深度，即光亮带的高度，它与材料的性质有关；

α——断裂面的倾角，它与材料的性质有关，为 4°～6°。

从上式可以看出，间隙 Z 与材料厚度 t、相对切入深度 h_0/t 以及倾角 α 有关。而 h_0与 α 又同材料性质有关，材料越硬，h_0/t 越小。因此影响间隙的主要因素是材料的性质和厚度。材料越硬越厚，所需间隙值越大。常用材料的 h_0/t 与 α 的近似值可在有关资料中查得。

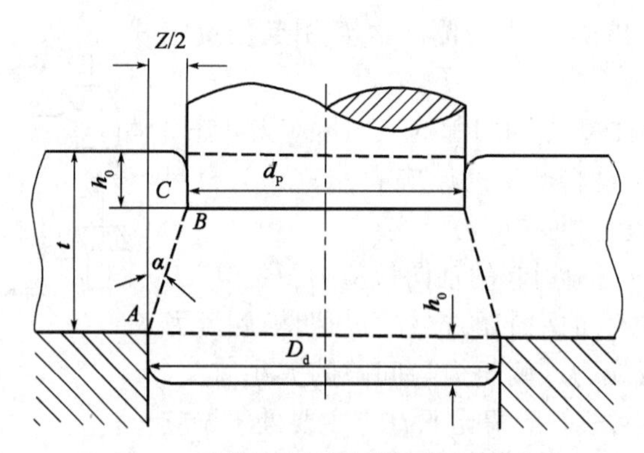

图 9-5　冲裁过程中产生裂纹的瞬时状态

2）经验确定法

由于理论计算方法在生产中使用不方便，故目前许多工厂采用的都是经验公式与图表。事实上，生产条件是多样的，而且各种冲压条件对剪切断面和尺寸精度的要求不同，因此要根据生产条件和产品要求来合理选取。经验公式与图表可参阅冲压资料或手册。

3. 凸模与凹模刃口尺寸的计算

冲裁件的尺寸和冲裁模的间隙都取决于凸模和凹模刃口的尺寸。因此确定凸模和凹模刃口尺寸是冲裁工作的另一个重要问题。

1）从生产实践中可以发现：

（1）由于凸、凹模之间存在间隙，使落料件或冲孔件的断面带有锥度，且落料件的大端尺寸等于凹模尺寸，冲孔件的小端尺寸等于凸模尺寸。

（2）在测量与使用中，落料件是以大端尺寸为基准，冲孔件的孔径是以小端尺寸为基准。

（3）冲裁时，凸、凹模要与冲裁零件或废料发生摩擦，凸模越磨越小，凹模越磨越大，结果使间隙越用越大。

2）确定凸模、凹模刃口尺寸及公差时，要考虑如下几个原则。

（1）考虑落料与冲孔的特点，落料时工件的尺寸取决于凹模尺寸，因此应先决定凹模尺寸，间隙取在凸模上。冲孔时孔的尺寸取决于凸模尺寸，故应先决定凸模尺寸，间隙取在凹模上。

（2）考虑刃口的磨损规律，设计落料模时，凹模公称尺寸应取工件尺寸公差范围内的较小尺寸；设计冲孔模时，凸模公称尺寸则应取工件孔的尺寸公差范围内的较大尺寸。计算时，凸、凹模间隙则取最小合理间隙值。

（3）选择凸模、凹模刃口的制造公差时，要考虑既保证工件的精度要求，又要保证有合理的间隙数值。凸模、凹模刃口的制造公差数值可查冲压设计资料或手册，一般刃口的制造精度较工件精度高 2 ~ 3 级。若工件没有标准公差，则对于非圆形件按国家标准“非配合尺寸的公差数值”IT14 级精度来处理，冲模则可按 IT11 级精度制造；对于圆形件，一般可按 IT6 ~ IT7 级精度制造模具。

刃口制造偏差的符号，按基孔和基轴的习惯。对孔件按基孔取正偏差，对轴件按基轴取负偏差。

3）尺寸计算方法

刃口尺寸的计算及公差的确定与模具加工方法有关，下面分别讨论。

(1)凸模与凹模分别加工

①落料。设给出落料件的尺寸公差为 $D-\Delta$。

根据上述原则,落料件的尺寸取决于凹模,故应先确定凹模刃口尺寸,且考虑到磨损后尺寸增大应取较小的数值,凸模尺寸以保证有最小合理间隙来取得。它们的分配位置见图 9-6,并可写成:

$$D_d = (D - \chi\Delta)^{+\delta_d}$$

$$D_p = (D_d - Z_{min})_{-\delta_p} = (D - \chi\Delta - Z_{min})_{-\delta_p}$$

式中:D——落料件的公称尺寸;

Δ——落料件的公差;

D_p——凸模的公称尺寸;

D_d——凹模的公称尺寸;

δ_d——凹模的制造公差;

δ_p——凸模的制造公差;

δ_d、δ_p——一般按 IT6 ~7 级精度或按表 9-3 选取;

χ——是系数,与工件精度有关,约为 0.5 ~1,见表 9-4,或按:

工件精度 IT10 级精度以上:$\chi=1$;

工件精度 IT11 ~13 级精度:$\chi=0.75$;

工件精度 IT14 级精度以下:$\chi=0.5$;

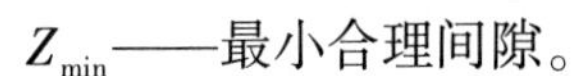

Z_{min}——最小合理间隙。

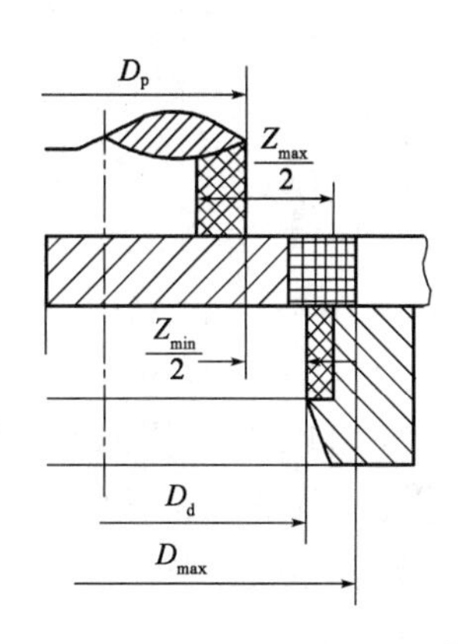

图 9-6　落料时各部分的分配位置

规则形状(圆形、方形件)冲裁时凸模、凹模的制造公差(mm)　　表 9-3

公 称 尺 寸	凸模制造公差(δ_p)	凹模制造公差(δ_d)
≤18	-0.020	+0.020
>18 ~30	-0.020	+0.025
>30 ~80	-0.020	+0.030
>80 ~120	-0.025	+0.035
>120 ~180	-0.030	+0.040
>180 ~260	-0.030	+0.045
>260 ~360	-0.035	+0.050
>360 ~500	-0.040	+0.060
>500	-0.050	+0.070

系　数　x　　表 9-4

材料	非圆形			圆形	
厚度	1	0.75	0.5	0.75	0.5
	工件公差 Δ(mm)				
1	<0.16	0.17 ~0.35	≥0.36	<0.16	≥0.16
1 ~2	<0.20	0.21 ~0.41	≥0.42	<0.20	≥0.20
2 ~4	<0.24	0.25 ~0.49	≥0.50	<0.24	≥0.24
>4	<0.30	0.31 ~0.59	≥0.60	<0.30	≥0.30

②冲孔。设给出孔的尺寸公差为 $d+\Delta$。

同理按上述原则，孔的尺寸取决于凸模，应先决定凸模尺寸且考虑到磨损后尺寸减小，故应取较大的数值，凹模尺寸则以保证有最小合理间隙来取得。各部分的分配位置见图 9-7，也可写成：

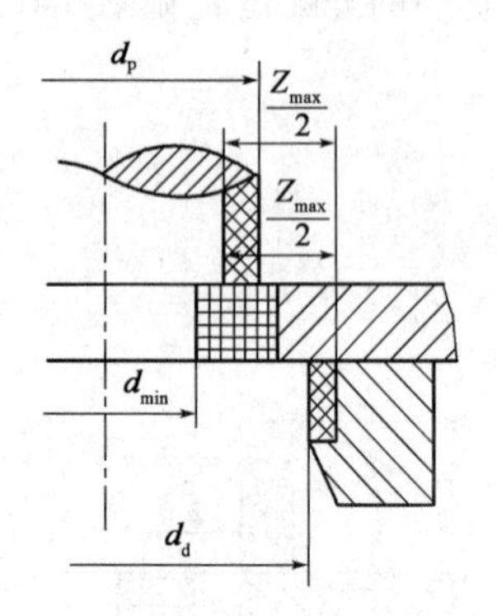

图 9-7　冲孔时各部分的分配位置

$$d_p=(d+\chi\Delta)_{-\delta_p}$$

$$d_d=(d_p+Z_{min})^{+\delta_d}=(d+\chi\Delta+Z_{min})^{+\delta_d}$$

式中：d——孔的公称尺寸；

d_p——凸模的公称尺寸；

d_d——凹模的公称尺寸；

其他符号及数值同上。

分别制造的优点是凹模、凸模可分别加工，凹模、凸模有互换性，易于成批生产制造，对简单形状特别是圆形件容易加工的采用此法较为适宜。

但这种方法有一个最大缺点，就是为了保证合理间隙需要有较高的模具制造精度，从图 9-6 和图 9-7 中可以看出，$\delta_d+Z_{min}\leqslant Z_{max}$，即必须满足 $\delta_d+\delta_p\leqslant Z_{max}-Z_{min}$。事实上 $Z_{max}-Z_{min}$是一个很小的数值，要求凹模、凸模两个制造公差之和小于这一数值，就需要很高的制造精度，这就使模具制造困难增加，加工成本增加，特别是薄料尤为显著，如果采用配做就可免除这一缺陷。

(2)配做法

可以先做好凹模，以凹模为标准留间隙来配凸模；或者先做好凸模，以凸模为标准留间隙来配凹模。此时只有标准模才标注公称尺寸和制造公差，配做模只标注公称尺寸，并注明配做所留间隙。这样一来，标准模的制造公差 δ 就不再受间隙的限制，只要保证工件精度 Δ 就可以了。一般 δ 取工件公差的 25% 即 $\delta=\Delta/4$，或按 IT6 ~ 7 级制造精度就足够了。这就大大降低了模具制造精度，降低了加工成本。此外，对一些形状复杂的冲裁件，凸模、凹模分别制造往往相当困难，此时，也需采用配做法。

4. 冲裁力的计算

计算冲裁力的目的在于合理地选择压力机和设计模具。所选压力机的吨位必须大于所计算的冲裁力，否则压力机就要损坏。当然，选择压力机不仅仅只考虑冲裁力，还需考虑模具的结构，但冲裁力是一个很重要的因素。

1)平刃冲模冲裁力的计算

冲裁力是随着凸模切入材料的深度而变化的，当材料达到了剪切强度τ_b时，便产生裂纹且材料互相分离，此时冲裁力是最大值，其计算公式如下：

$$P_0=F\cdot\tau_b=L\cdot t\cdot\tau_b\quad(\mathrm{N})$$

式中：P_0——理论冲裁力，N；

F——剪切断面的面积，mm^2；

L——冲裁件的周长，mm；

t——料厚，mm；

τ_b——材料的抗剪强度，N/mm^2。

考虑到材料的厚度不均匀，模具刃口的磨损，材料机械性能的波动及间隙不均匀等不利因素，实际的冲裁力还应增加10% ~30%，即：

$$P = (1.1 \sim 1.3)P_0 = (1.1 \sim 1.3)L \cdot t \cdot \tau_b \quad (N)$$

一般材料的抗拉强度 σ_b 与抗剪强度 τ_b 大约有如下近似关系 $\sigma_b = (1.1 - 1.3)\tau_b$，因 σ_b 在一般资料中易查得，所以把上式近似写为：

$$P = L \cdot t \cdot \sigma_b \quad (N)$$

式中：P——实际冲裁力，N；

σ_b——材料的抗拉强度，N/mm^2。

2）推件力、顶件力和卸料力

冲裁后，由于材料的弹性恢复使工件（或废料）仍梗塞在凹模洞口内，从凹模洞口顺冲裁方向将工件（或废料）推出所需的力称为推件力（Q_E）；若逆冲裁方向把工件（或废料）从凹模洞口顶出，所需的力称为顶件力（Q_K）；同样由于冲裁后材料的弹性恢复使废料（或工件）紧紧卡住凸模，需要把这些废料（或工件）从凸模卸下来，所需的力称为卸料力（Q_S），均如图9-8所示。

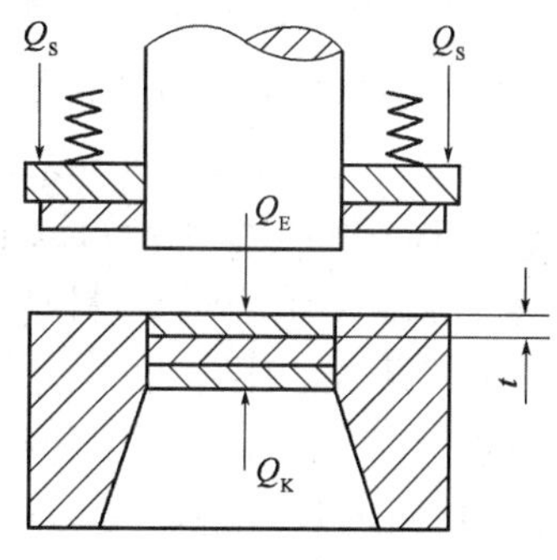

图9-8 推件力、顶件力及卸料力

影响这些力的因素很多，主要是冲裁材料的机械性能、材料的厚度、模具间隙以及润滑情况等。而这些因素的影响规律也是很复杂的，因此要准确地从数量上反映它们对推件力、顶件力及卸料力大小的影响是很困难的，一般工厂都是采用经验公式（取冲裁力的百分数）来进行粗略计算，即：

$$Q_E = n \cdot K_E \cdot P \quad (N)$$

$$Q_K = K_K \cdot P \quad (N)$$

$$Q_S = K_S \cdot P \quad (N)$$

式中：P——冲裁力，N；

n——同时梗塞在凹模内的件数（$n = h/t$，h 为凹模直刃口高度，t 为料厚）；

K_E、K_K、K_S——推件力、顶件力、卸料力系数。

选择压力机时，所需冲压力为冲裁力、顶件力和卸料力之和，应根据不同模具结构区别对待：

（1）采用刚性卸料装置和下出料方式的冲裁模，选择压力机时的总力为：

$$P_Z = P + Q_E \quad (N)$$

（2）采用弹性卸料装置和下出料方式的冲裁模，选择压力机时的总力为：

$$P_Z = P + Q_E + Q_S \quad (N)$$

（3）采用弹性卸料装置和上出料方式的冲裁模，选择压力机时的总力为：

$$P_Z = P + Q_K + Q_S \quad (N)$$

5.精密冲裁

采用带V形压料板强力压料的精密冲裁工艺如图9-9所示,可以获得断面粗糙度为1.6～0.20μm,尺寸精度为IT6～9级的工件。

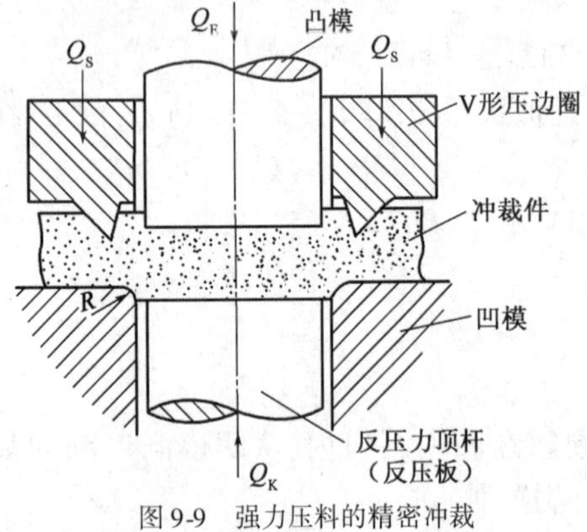

图9-9 强力压料的精密冲裁

精密冲裁与普通冲裁相比,除凸、凹模间隙极小与凹模(或凸模)刃口带小圆角外,在模具结构上也有其特点,即比普通冲裁模多了一个V形压板与反压力顶杆,因此其工作部分由凸模、凹模、V形压板、反压力顶杆四部分组成。

精冲是使材料在冲裁过程中,处于三向压应力状态,增强变形区的静水压,抑制材料的断裂,使其在不出现剪裂纹的冲裁条件下以塑性变形的方式实现材料的分离。

V形压板的作用在于限制冲裁时冲裁区外围的材料随凸模下压而产生的向外扩展,以形成三向压应力状态,从而避免剪裂纹的产生。精冲小孔时,由于冲头刃口外围的材料对冲裁区有较大的约束作用,因此可以不用V形压板。当冲孔直径达到30～40mm以上时,在顶杆上也应考虑加制V形环;当材料厚度$t>4$mm时,应在压板和凹模两方均制作V形环。

V形压板的压料效果好,但加工困难,如果压料力足够大,则可采用锥形或凸台形压板进行压料。为了减小冲裁区的拉应力,增强静水压力效果,一般单边间隙可取材料厚度的0.5%。精冲凹模的刃口一般均需稍微倒圆,以增强静水压效果。圆角的大小取决于材料的性能和厚度,一般介于0.01～0.03mm之间。试冲时最好先采用较小的圆角,当截面上出现剪裂纹而增大压料力又不能解决时,才逐步增大刃口的圆角半径。反压力顶杆的存在对构成三向压应力、增强材料的塑性作用是极为明显的。

精冲工艺目前在国内外均已有较大的发展,已经有相当多的专用设备投入生产。当采用专用模具时,也可在普通压力机上实现精冲。

精冲时各种工艺力的计算如下:

冲裁力 $$P_1 = 0.9L \cdot t \cdot \sigma_b \quad (\text{N})$$

式中:L——内外冲裁周边长度的总和,mm;

t——材料厚度,mm;

σ_b——材料的抗拉强度,N/mm^2。

压料力 $$P_2 = (0.3 \sim 0.6)P_1 \quad (\text{N})$$

顶件反压力 $$P_3 = F \cdot p \quad (\text{N})$$

式中:F——精冲件面积,mm^2;

p——单位反压力,一般取$p=20\sim70$,N/mm^2。

卸料力 $$P_4 = (0.1 \sim 0.15)P_1 \quad (\text{N})$$

推件力 $$P_5 = (0.1 \sim 0.15)P_1 \quad (\text{N})$$

压料力和顶件反压力均需经试冲确定,在满足精冲要求的条件下应选用最小值。

精冲工艺对材料的塑性有一定的要求,材料的塑性好则效果显著。如铝、黄铜、低碳钢和某些不锈钢等。含锌量大于37%的黄铜、铝黄铜等塑性较差的材料则难以精冲。

金属的组织对材料的塑性影响很大，如钢种渗碳体的形状与分布就很重要。精冲材料以球化后的细粒均匀分布为佳。因此精冲前必须根据工件形状的复杂程度和材料的性质进行软化处理。

二、弯曲

弯曲是将毛坯弯曲成一定角度和形状的工序。弯曲的毛坯可以是平的板料、棒料、管材或型材，弯曲在冲压生产中占有很大比重。

1. 弯曲变形的分析

为了掌握弯曲过程的变形规律，我们先观察V形工件的弯曲过程，如图9-10。由图可见随着凸模的下压，板料的内弯曲半径 r_0 逐渐减小（$r_0>r_1>r_2\cdots>r$），弯曲力臂也由 l_0 逐渐减小（$l_0>l_1>l_2\cdots>l$），当凸模与板料、凹模三者完全吻合，板料的内弯曲半径 r 便与凸模的半径一致，弯曲力臂也减小至 l，这时弯曲过程便结束了。

观察弯曲变形的变化，可以看到以下几种现象（为了便于观察，可预先在毛坯的侧面画上网格，见图9-11）：

（1）在弯曲圆角附近的网格发生显著变化，直边部分网格基本上保持原状，这说明弯曲只是在弯角附近产生塑性变形。

（2）在弯曲圆角的变形区内，靠近弯曲内侧的线条受压而缩短，且越靠内侧越短，内侧边缘线条 $a'a'$ 最短。而靠近弯曲外侧的线条受拉而伸长，且越靠外侧越长，到外侧边缘 $b'b'$ 最长。这说明弯曲的内侧受到切向（或称纵向）压缩，而外侧受到切向拉伸。在内侧缩短外侧拉长之间有一层的线条长度00保持不变，称为变形中性层（或简称中性层），中性层的位置不一定在料厚的正中，而视弯曲半径的大小来决定。

（3）弯曲变形区内，板料的厚度有变薄现象。

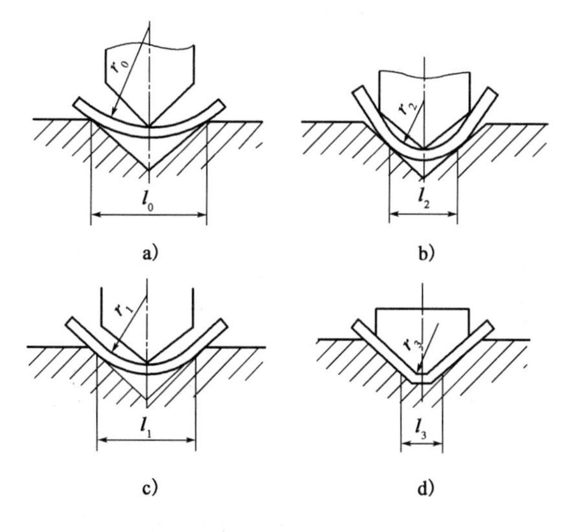

图9-10　弯曲变形过程

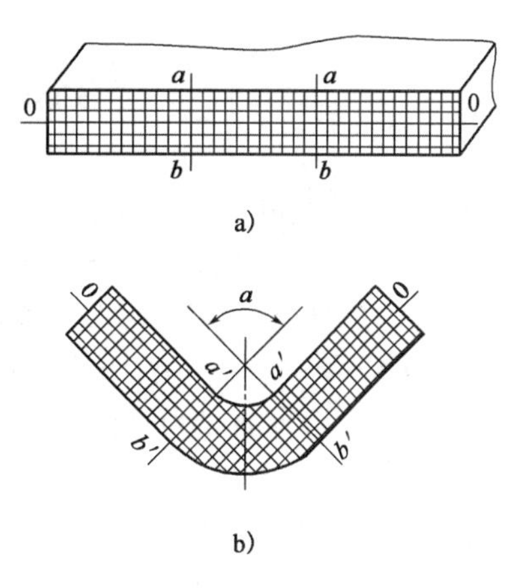

图9-11　弯曲前后坐标网的变化
a）弯曲前；b）弯曲后

(4)弯曲变形区内,板料的横截面也发生变形,弯曲窄料时尤其显著,即弯曲的内侧,材料受到切向压缩后便向宽度方向流动,即宽度增宽;而外侧,材料受到切向拉伸后,材料的不足便由宽度、厚度方向来补充,致使宽度变窄,因而整个截面呈扇形畸变,如图 9-12 所示。对于宽度较大的坯料(例如料宽 $b>8t$)弯曲时,由于宽度方向材料多、阻力大,材料在宽度方向流动困难,因而横截面的形状变化不大。由此便不难理解,窄板与宽板其弯曲的应力和应变状态是不相同的。

窄板的应力应变状态如图 9-12a)所示:

①切向(纵向)。其应力应变为最大值,弯曲的内侧为压应力 σ_1,压缩应变 ε_1,外侧为拉应力 σ_1,拉伸应变 ε_1。

②宽度方向(横向)。弯曲的内侧由于材料切向被压缩而宽度方向增宽,为拉伸应变 ε_2,外侧由于材料切向被拉伸使宽度收缩,为压缩应变 ε_2。由于材料在宽度方向能自由变形,亦即内、外侧宽度方向的应力均接近于零,即 $\sigma_2\approx0$。

③厚度方向(径向)。外层金属对内层金属产生挤压,即内、外侧均为压应力 σ_3。其应变可根据塑性变形体积不变条件,亦即已知一最大主应变,则另外两应变的符号必须与其相反或为零。弯曲内侧切向压缩应变 ε_1 是最大主应变,故厚度方向为拉伸应变 ε_3。外侧切向拉伸应变 ε_1 是最大主应变,故厚度方向为压缩应变 ε_3。

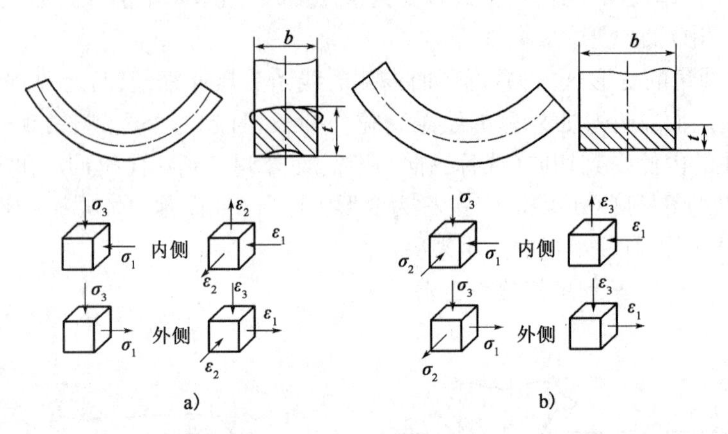

图 9-12 弯曲时的应力、应变状态

a)窄板 $b<3t$;b)宽板 $b>3t$

宽板的应力应变状态如图 9-12b)所示:

切向和厚度方向的应力应变与窄板的一致。宽度方向,由于宽度大,阻止材料在宽度方向的变形,即内、外侧的应变接近于零,即 $\varepsilon_2\approx0$。也因为如此,在弯曲的内侧,阻止材料增宽的结果便产生压应力 σ_2,在外侧,阻止材料在宽度方向收缩的结果便产生拉应力 σ_2。

由此可见:窄板弯曲时为平面(两向)应力状态和立体(三向)应变状态,宽板弯曲时为立体应力状态和平面应变状态。

(5)当凸模圆角半径很小,压弯时毛坯外侧边缘便出现破裂现象。

(6)压弯后,如果将弯件取出,还发现弯件的圆角半径和弯角不再与凸模吻合,亦即弯件产生"回弹"现象。

在毛坯弯曲过程的初始阶段里,外弯曲力矩的数值不大,在毛坯变形区的内、外两表面上引起的应力数值小于材料的屈服极限 σ_s,仅在毛坯内部引起弹性变形。这一阶段称弹性弯曲阶段,变形区内的切向应力分布如图 9-13 弹性弯曲部分所示。当外弯曲力矩的数值继续增大时,毛坯的曲率半径随着变小。毛坯变形区的内、外表面首先由弹性变形状态过渡到塑性变形状态,塑性变形由内、外表面向中心逐步地扩展。变形由弹性弯曲过渡为弹-塑性弯曲和纯塑性弯曲,切向应力的变化如图 9-13 弹-塑性弯曲和纯塑性弯曲部分所示。

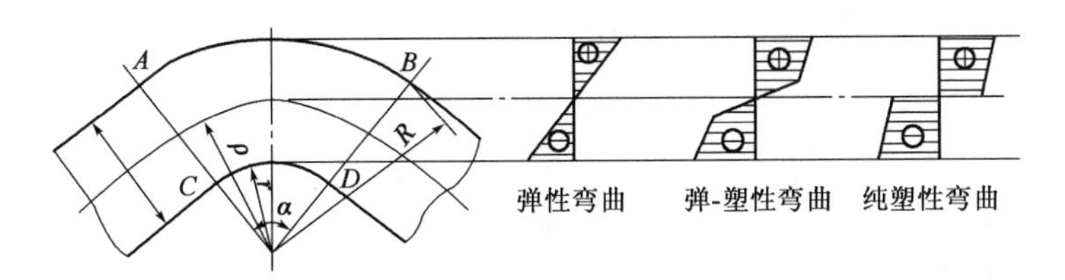

图 9-13　弯曲毛坯变形区内切向应力的分布

由图 9-13 可见,毛坯截面上的应力由外层的拉应力过渡到内层的压应力。中心必有一层金属,其切向应力为零,称为应力中性层,其曲率半径用 ρ_σ 表示。同样,应变的分布也是由外层的拉应变过渡到内层的压应变,其间必定有一层金属的应变为零,弯曲变形时其长度不变,称之为应变中性层,其曲率半径用 ρ_ε 表示。在弹性弯曲或弯曲变形程度较小时,应力中性层和应变中性层相重合,位于板厚的中央,其曲率半径相同,都可用 ρ 表示,即 $\rho_\sigma = \rho_\varepsilon = \rho = r + 0.5t$。当弯曲变形程度较大时,应力中性层和应变中性层都从板厚的中央向内层移动。而且应力中性层的位移大于应变中性层的位移,即 $\rho_\sigma > \rho_\varepsilon$。

2. 弯曲件的回弹

根据塑性变形规律,塑性变形是由弹性变形过渡到塑性变形的,因此在塑性变形中不可避免地存在着弹性变形,当外力卸去后,这部分弹性变形就要恢复它的原状。况且弯曲变形是一种塑性变形兼有弹性变形,在弯曲区内存在着弹性变形区,因此压弯卸载后,弯曲的角度与弯曲半径都发生了变化,这就是弯件的回弹。弯件角度的变化常以回弹角 $\Delta\varphi$ 表示,回弹角是指当弯件脱离弯模后,弯件角度与弯模(凸模或凹模)角度的差值,如图 9-14 所示。

$$\Delta\varphi = \varphi - \varphi_T$$

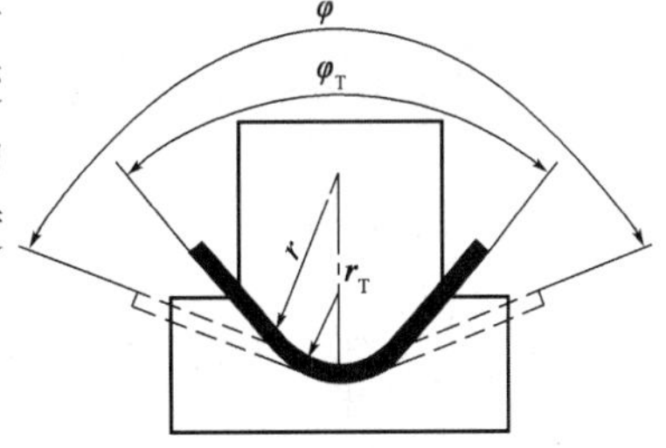

图 9-14　弯件角度的回弹

回弹现象严重影响着压弯件的质量,为了保证弯件质量,就必须寻找弯曲回弹的规律,以便适当控制回弹量。总结长期生产的经验,并经理论分析证明,回弹角与下列因素有关:

(1)材料的机械性能

回弹角的大小,与材料的屈服强度 σ_s 成正比,与弹性模数 E 成反比。材料性能不稳定,回弹角也不稳定。

材料的屈服强度及硬化模量越大,则材料在一定变形程度(r/t)时截面内的应力也越大,因而会引起更大的弹性变形,所以回弹角 $\Delta\varphi$ 也越大。材料的弹性模数 E 越大,则材料抵抗弹性弯曲变形的能力越大,因而回弹角 $\Delta\varphi$ 越小。

(2)相对弯曲半径 r/t

其值越小表示变形程度越大,在总变形中弹性变形所占的比例则相应地变小,其回弹角也越小。

(3)弯曲角 α

弯曲角 α 越大,表示变形区的长度越大,回弹角也越大。但对曲率半径的弹性恢复没有影响。

(4)弯曲力

在校正弯曲时,校正力越大,回弹角越小。

(5)工件形状

U 形件的回弹由于两边受限制而小于 V 形件。形状复杂的弯曲件若一次弯成,由于各部分互相牵制,回弹困难,故回弹角减小。

3. 最小弯曲半径的确定

从弯曲变形的分析中已经了解到,弯曲的内、外侧边缘材料变形最大,且弯曲的外侧拉伸区的应力状态有"拉应力成分",这对塑性变形不利,特别是对于宽板弯曲为两向拉应力的立体应力状态,压弯时外侧边缘最易破裂,为了防止弯件破裂就必须适当地控制压弯的变形程度,即控制弯件的弯曲半径。

弯曲半径与变形程度有如下关系:

$$\varepsilon_{拉} = \frac{R-\rho}{\rho} = \frac{(r+\xi t)-\rho}{\rho}$$

式中:$\varepsilon_{拉}$——延伸率;

R——弯曲外侧边缘的圆角半径;

ξ——变薄系数;

ρ——中性层曲率半径。

如用断面收缩率 ψ 表示变形程度,ψ 与 ε 的关系为 $\psi = \frac{\varepsilon}{1+\varepsilon}$。$\rho = \left(\frac{r}{t} + \frac{\xi}{2}\right)\xi\eta t$,当宽板弯曲时变宽系数 $\eta = 1$,$\rho = \left(r + \frac{\xi}{2}t\right)\xi$ 代入上式简化后有:

$r = \frac{2-2\psi-\xi}{1(\xi+\psi-1)}\xi t$,如忽略变薄,则 $\xi = 1$,

$r = \frac{1-2\psi}{2\psi}t$,当 $\psi \to \psi_{max}$ 时便有:

$$r_{min} = \frac{1-2\psi_{max}}{2\psi_{max}}t$$

式中:ψ_{max}——拉伸试验中最大的断面收缩率。

上式表示了最小弯曲半径 r_{min} 与最大断面收缩率 ψ_{max} 的关系,即材料塑性越好,ψ_{max} 值越大,r_{min} 就越小。要使压弯不破裂就必须使弯曲半径 $r \geq r_{min}$,最小弯曲半径 r_{min} 就是衡量压弯时是否破裂的主要标志。

在实际生产中最小弯曲半径除与材料的塑性有关外,还有一些其他影响因素:

(1)板料的方向性

经过轧制的板料都存在纤维组织,平行于纤维方向的材料机械性能较好,因此弯曲线垂直于纤维方向较有利,可以得到较小的 r_{min},而弯曲线平行于纤维方向就不利,r_{min}要大一些。

(2)弯曲毛坯截面的状况

经剪切或冲裁得到的毛坯,截面有微小的硬化层,使材料塑性降低,r_{min}较大。如果弯曲的圆角半径 r 很小,只好在弯曲前将毛坯退火。

冲裁的截面存在着圆角带、光亮带、断裂带和毛刺。毛刺和断裂带在弯曲时会造成应力集中,易使弯件破裂,一般压弯前都应去掉毛刺。当弯曲半径较小时,应把光亮带置于弯曲外侧。

(3)弯曲角 α 的影响

当弯曲角 α 较小时,由于接近圆角的直边也参与了变形,使圆角部分的变形得到一定程度减轻,所以最小弯曲半径可以小一些。

4. 弯曲件毛坯尺寸的计算

(1)应变中性层的位置

应变中性层位置以曲率半径 ρ 表示,当变形程度较小时(r/t 较大),应变中性层与弯曲毛坯截面中心的轨迹相重合即,$\rho = r + t/2$。变形程度比较大(r/t 较小)时,应变中性层不通过毛坯截面的中心,并向内侧移动。应变中性层的位置可以根据弯曲变形前后材料体积相等的原理来确定,如图 9-15 所示。

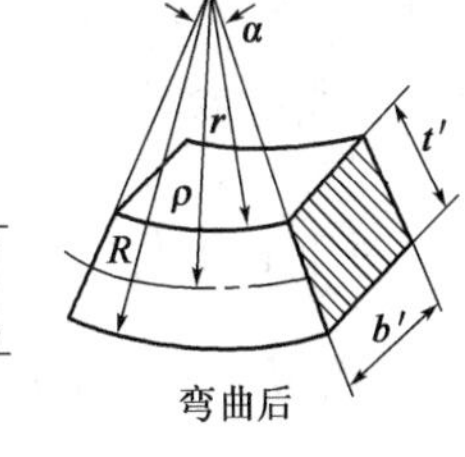

图 9-15　弯曲前、后材料的体积

变形前的体积　$V_0 = l \cdot b \cdot t$

变形后的体积　$V' = (R^2 - r^2)\dfrac{\alpha}{2} \cdot b'$

变薄系数　$\xi = \dfrac{t'}{t} \leqslant 1, t' = \xi \cdot t$

变宽系数　$\eta = \dfrac{b'}{b} \geqslant 1, b' = \eta \cdot b$

中性层变形前后长度不变有,

$$l = \rho \cdot \alpha$$

故 $\rho \cdot \alpha \cdot b \cdot t = \dfrac{(r + \xi t)^2 - r^2}{2}\alpha \cdot \eta \cdot b$

简化为 $\rho = \left(\dfrac{r}{t} + \dfrac{\xi}{2}\right) \cdot \xi \cdot \eta \cdot t$

由上式可知,中性层半径 ρ 取决于 r、ξ、η、t。这一计算不但繁杂,且与实际出入较大。在实际生产中,中性层位置常按经验公式计算:

$$\rho = r + kt$$

式中:k——中性层系数。

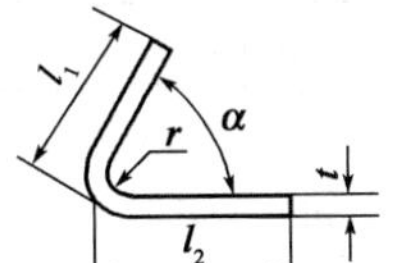

图 9-16　计算毛坯图

(2)弯曲件毛坯展开长度的计算

根据应变中性层在弯曲前后长度不变的特点计算毛坯尺寸。

$r > 0.5t$ 的弯曲件,这类工件由于变薄不严重及截面畸变较小,其毛坯长度应为各直边部分与各弯曲圆弧部分中性层长度之和,如图 9-16 所示。

$$L = l_1 + l_2 + \frac{\pi\alpha}{180^\circ}(r + kt)$$

式中：L——毛坯展开长度；

l_1、l_2——弯曲直边部分长度；

r——圆角半径；

k——中性层系数；

α——弯曲角。

当弯曲角为90°时

$$L = l_1 + l_2 + \frac{\pi}{2}(r + kt) = l_1 + l_2 + 1.57(r + kt)$$

在实际生产中，由于影响毛坯展开尺寸的因素很多，故多采用经验公式近似计算。对于形状比较简单、尺寸精度要求不高的弯曲件，可以直接采用经验公式计算毛坯长度，而对于形状比较复杂或精度要求高的弯曲件，在初步确定毛坯长度后，还需要反复试弯和不断修正，才能最后确定合适的毛坯形状和尺寸。

5. 弯曲力的计算

在冲压生产中，常用经验公式进行概略计算：

(1)自由弯曲的压弯力

对于V形件 $$P_V = K\frac{0.6Bt^2\sigma_b}{r + t} \quad (N)$$

对于U形件 $$P_U = K\frac{0.7Bt^2\sigma_b}{r + t} \quad (N)$$

式中：P_V、P_U——分别表示V、U形件的自由弯曲力，N；

K——安全系数，约为1.3；

B——弯曲件的宽度，mm；

t——材料厚度，mm；

σ_b——材料的强度极限，N/mm²；

r——弯曲凸模的圆角半径，mm。

(2)校正弯曲力

$$P_{校} = F \cdot q \quad (N)$$

式中：F——校正部分的投影面积，mm²；

q——单位校正力，N/mm²(表9-5)。

单位校正力 q 的数值(N/mm²) 表9-5

材　料		料厚 $t \leq 3$mm	$t = 3 \sim 10$mm
铝		30~40	50~60
黄铜		60~80	80~100
10~20号钢		80~100	100~120
25~35号钢		100~120	120~150
钛合金	BT1	160~180	180~210
	BT2	160~200	200~260

三、拉深

拉深是利用拉深模将平板毛坯制成筒形(或其他截面形状)的零件,或将筒形(或其他截面形状)毛坯再制成筒形(或其他截面形状)的零件的一种冲压工艺方法。前者称首次拉深,后者称再次拉深(以后各次拉深)。

用拉深工艺可以制成筒形、阶梯形、锥形、球形、方盒形和其他不规则形状的薄壁零件,如果与其他冲压成形工艺配合,还可能制造形状极为复杂的零件。拉深件的可加工尺寸范围相当广泛,从几毫米的小零件到轮廓尺寸达 2 ~ 3m 的大型零件,都可以用拉深方法制成。因此,在汽车、航空、拖拉机、电器、仪表、电子等工业部门及日常生活用品的冲压生产中,拉深工艺占据相当重要的地位。

1. 拉深的基本原理

圆筒形拉深件是拉深中最简单又是最典型的,下面对圆筒形拉伸件的拉深进行分析,从而了解拉深的基本原理。

为了对材料在拉深时的流动变化看得更清晰,拉深前将毛坯画上等距离的同心圆和等角度的辐射线组成的扇形网格,拉深后观察这些网格的变化,如图 9-17 所示。

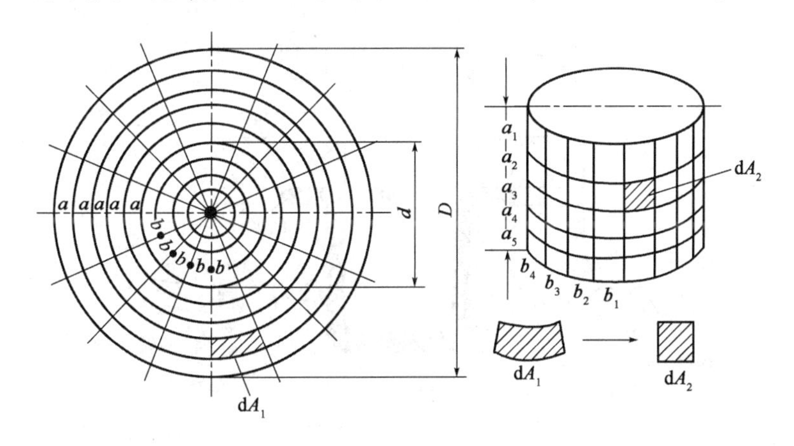

图 9-17　拉深件的网格变化

筒底的网格基本上保持原状,变化极少;筒壁上原来等距离的同心圆变成了不等距的水平线,间距越靠筒口越大;原来等角度的辐射线变成了等距离的竖线,即由原来的扇形网格变成了矩形网格。

再进一步将拉伸件剖开,测量各部分的厚度变化,发现筒壁变厚,且越靠筒口越厚,而筒底与筒壁转角处最薄,如图 9-18 所示。

拉深过程中某一时刻毛坯五个变形区的应力应变状态如图 9-19 所示,图中:

σ_1、ε_1 分别表示材料径向(毛坯直径方向)的应力与应变;σ_2、ε_2 分别为材料厚度方向的应力与应变;σ_3、ε_3 分别为材料切向的应力与应变。

(1)凸缘部分(大变形区)

这是由扇形材料挤压成矩形材料的主要变形区,这一区域的应力特征:径向,由于凸模的作用力迫使材料被拉入凹模，于是材料受到拉应力 σ_1；切向，由扇形的材料变成矩形，材料间相互挤压，因而材料受到压应力 σ_3；在厚度方向，当有压边装置时材料受到压应力 σ_2（无压边时 $\sigma_2=0$）。该区域的应变特征：径向为拉伸应变 ε_1；切向为压缩应变 ε_3；厚度增大，为拉伸应变 ε_2。

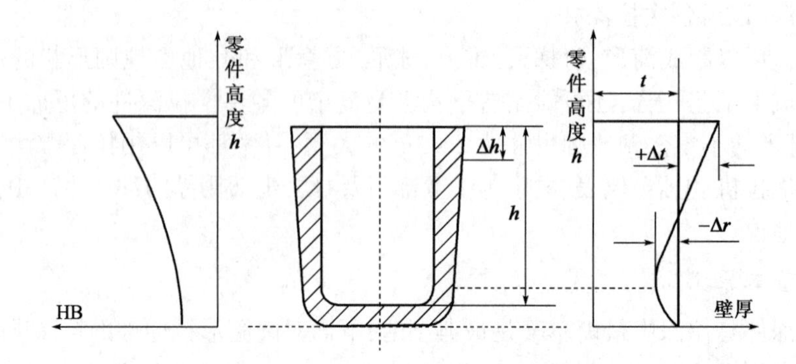

图 9-18　拉深件沿高度方向的硬度和壁厚的变化

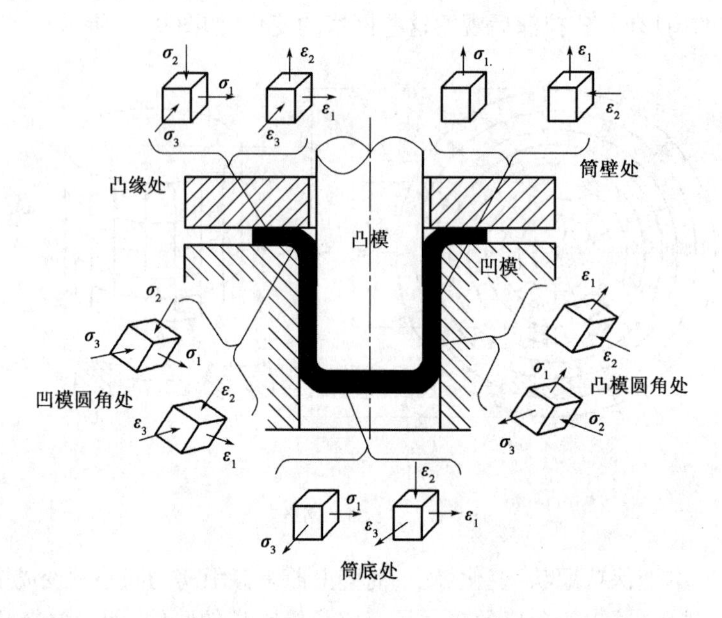

图 9-19　拉深过程中的应力、应变状态

(2)凹模圆角部分

这是凸缘与筒壁部分的过渡区，除了承受径向拉应力和切向压应力外，厚度方向还受凹模圆角的压力，并且材料在这里要被压弯，所以应力和应变状态是复杂的。

(3)筒壁部分(传力区)

这一区域材料不再做大的变形，在继续拉深时起着将凸模的压力传递到凸缘处的作用，因此，这一区域里的材料承受单向拉应力 σ_1。应变特征：纵向伸长为拉伸应变 ε_1；厚度变薄为压缩应变 ε_2。

(4)凸模圆角部分

这是筒壁与筒底部分的过渡区,承受径向和切向的拉应力为 $\sigma_1=\sigma_3$,厚度方向受到凸模的压力为压应力 σ_2。拉深一开始,材料在这里也要经过弯曲变形,因此这一区域变薄最严重。

(5)筒底部分(小变形区)

这一区域材料基本不发生变化,在凸模压力下,它承受两向拉应力 $\sigma_1=\sigma_3$,厚度也略有变薄。

2. 拉深过程的力学分析

1)凸缘变形区的应力分析

(1)某一拉深阶段凸缘变形区的应力分布

拉深时,凸缘上的应力状态是切向受压,径向受拉,厚度方向由于压边力不太大,为了简化计算,σ_2 可以忽略不计,因此只有 σ_1 和 σ_3。求解这两个未知数需用两个方程式:一个可以用力学的平衡条件得到,即平衡微分方程;另一个可利用反映材料内部特性的塑性方程。

①平衡微分方程式

如图 9-20 所示,微分体处于平衡状态,径向合力为零,即:

$$(\sigma_1+d\sigma_1)(R+dR)\cdot\varphi t-\sigma_1 R\cdot\varphi\cdot t+2\sigma_3\cdot dR\cdot t\sin\frac{\varphi}{2}=0$$

因 φ 很小,所以 $\sin\frac{\varphi}{2}\approx\frac{\varphi}{2}$,

忽略二次高阶项,简化后有:

$$d\sigma_1=-(\sigma_1+\sigma_3)\frac{dR}{R}。$$

②塑性方程式

根据塑性条件,用数学式表示:

$$\sigma_1-(-\sigma_3)=\beta\bar{\sigma}$$

式中:β——考虑到 σ_2 影响的系数,取 $\beta=1.1$;

$\bar{\sigma}$——是材料的实际变形抗力,在整个凸缘上 $\bar{\sigma}$ 不是一个常数,而是 R 的函数。为了简化计算这里采用平均值,可近似地取 $\bar{\sigma}=\overline{\sigma_{均}}$。

所以,

$$\sigma_1+\sigma_3=1.1\,\overline{\sigma_{均}}$$

$\overline{\sigma_{均}}$ 的求解过程从略,对上述平衡微分方程和塑性方程式联立求解,并整理得:

$$\sigma_1=1.1\,\overline{\sigma_{均}}\ln\frac{R_t}{R}\quad\sigma_3=1.1\,\overline{\sigma_{均}}\left(1-\ln\frac{R_t}{R}\right)$$

如果给定拉深系数 $m=d/D=r/R_0$,给定材料牌号(即材料的真实应力曲线给定),同时给定某一拉深时刻(即凸缘半径 R_t 给定),以不同 R 代入 σ_1 和 σ_3,便得到某一时刻凸缘上应力分布图是一对数曲线的分布规律,如图 9-20 所示。

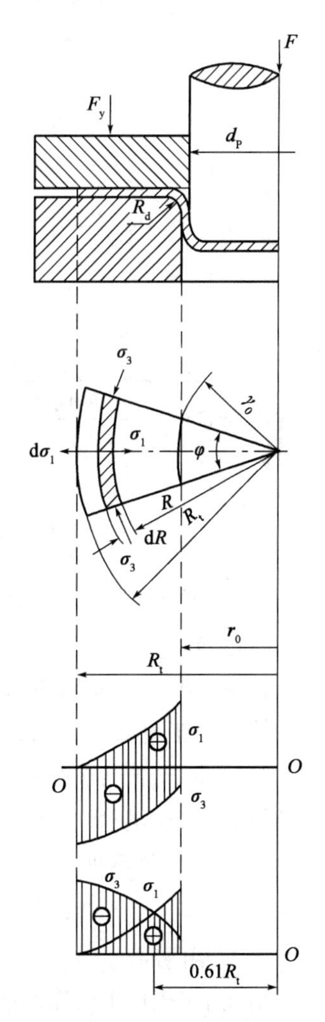

图 9-20　凸缘上的应力分布图

当 $R=r_0$ 时,即凸缘在凹模入口处 σ_1 有最大值:

$$\sigma_{1max}=1.1\overline{\sigma_{均}}\ln\frac{R_t}{r_0}$$

当 $R=R_t$ 时,即凸缘的外边缘 σ_3 有最大值:

$$\sigma_{3max}=1.1\overline{\sigma_{均}}$$

σ_{1max} 和 σ_{3max} 是在某一拉深时刻(即 $R_0\to R_t$)所出现的,然而在整个拉深过程中 σ_{1max} 和 σ_{3max} 是如何变化的,什么时候出现 σ_{1max} 的最大值 σ_{1max}^{max} 和 σ_{3max} 的最大值 σ_{3max}^{max},这对分析拉深的起皱与破裂十分重要。

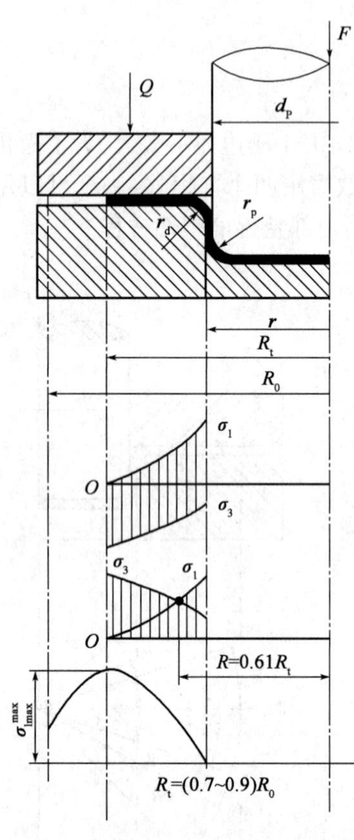

图 9-21　拉深过程中 σ_{1max} 的变化曲线

(2)整个拉深过程中 σ_{1max} 和 σ_{3max} 的变化规律

①σ_{1max} 的变化规律

$$\sigma_{1max}=1.1\overline{\sigma_{均}}\ln\frac{R_t}{r}$$

式中,$\overline{\sigma_{均}}$ 是根据硬化曲线方程式求得,即只要给定某一材料(即已知 σ_b,ψ_b),一定的拉深系数 m,就可计算出不同拉深时刻(即不同的 R_t)的 σ_{1max} 数值,将不同 R_t 的 σ_{1max} 值连成曲线便如图 9-21 所示。

由图可知,凹模入口处的最大径向拉应力 σ_{1max} 开始拉深时为零,开始增加较快,约在 $R_t=(0.7\sim0.9)R_0$ 时便出现最大值 σ_{1max}^{max},以后又逐渐减小到拉深结束 $R_t\to r$,σ_{1max} 又为零。这一变化是因为 $\overline{\sigma_{均}}$ 随着拉深变形过程的进行而逐渐增加的,开始它起主导作用,使 σ_{1max} 增长很快,达到最大值 σ_{1max}^{max},随后 $\ln(R_t/r)$ 起主导作用,随着拉深的进行,变形区逐渐减小,$\ln(R_t/r)$ 的数值亦减小,使 σ_{1max} 逐渐减小到零。

②σ_{3max} 的变化规律

$$\sigma_{3max}=1.1\overline{\sigma_{均}}$$

由上式可知,随着拉深进行的变形程度 $\overline{\sigma_{均}}$ 的增加,σ_{3max} 也增加。σ_{3max} 的变化规律与硬化曲线变化相似。

2)起皱

起皱是由于切向压应力 σ_3 使凸缘材料失去稳定所造成的,σ_3 在凸缘处的外缘为最大,起皱也首先在最外边缘出现。拉深中的起皱在一定程度上与压杆失稳相似,因此,不仅取决于 σ_3,而且也取决于凸缘的相对厚度 $t/(R_t-r)$。拉深时 σ_{3max} 是随着拉深的进行不断增加的,但凸缘变形区却不断缩小,厚度也不断增厚,亦即 $t/(R_t-r)$ 不断增加。σ_3 增加失稳起皱的趋势,$t/(R_t-r)$ 却有提高抵抗失稳起皱作用,两个相反作用的因素在拉深中互相消长,实践表明:它的变化规律与 σ_{1max} 的变化规律也很相似,凸缘失稳起皱最强烈所出现的时刻也基本上就是 σ_{1max}^{max} 所出现的时刻。

实际生产中,用一简便的式子去判别:

$$D-d\leqslant 22t$$

式中：D——毛坯直径；

d——圆筒的直径（即拉深件直径）；

t——板料厚度。

当满足上式时，拉深不起皱。不满足上式，拉深可能要起皱。为了避免起皱，可采用有压边装置的模具。

3）拉深时筒壁传力区的受力情况与拉断

拉深时，凸缘内缘处的径向拉应力为最大值，即 $\sigma_{1\max}$。因此，筒壁所受的拉应力主要由 $\sigma_{1\max}$ 引起。筒壁还存在因压边力产生的摩擦阻力、坯料绕过凹模产生的摩擦力和弯曲力等，如图 9-22 所示。

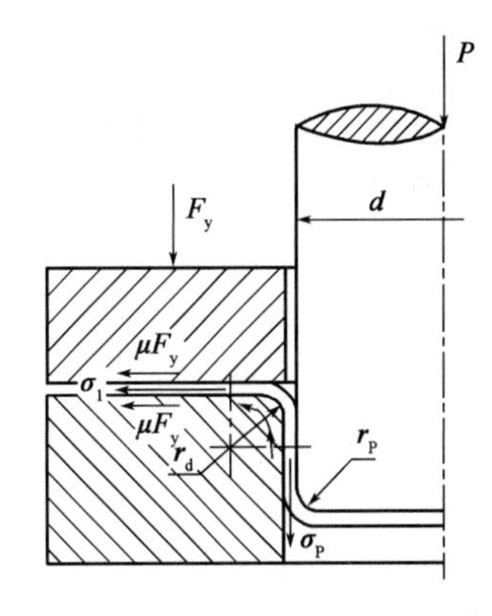

图 9-22　拉深时压边力产生的摩擦阻力

（1）由压边力 F_y 所引起摩擦阻力 μF_y 应与其所引起的筒壁附加拉力相等，即：

$$2\mu F_y = \pi dt\sigma_M$$

$$\sigma_M = \frac{2\mu F_y}{\pi dt}$$

式中：F_y——压边力，N；

σ_M——附加拉应力，MPa。

（2）拉伸开始时，凸模下压使毛坯弯曲绕过凹模圆角，此时要克服凹模圆角的摩擦力，如图 9-23 所示。建立静力平衡方程，可以算出坯料在克服凹模圆角摩擦力后筒壁的拉应力为：

$$T_2 = (\sigma_{1\max} + \sigma_M)e^{\mu\alpha}$$

式中，T_2 为毛坯材料克服凹模圆角摩擦力后筒壁处的拉应力。

（3）凸模处的材料绕过凹模圆角时，筒壁部分还有克服弯曲阻力引起的附加拉应力 σ_W，如图 9-24 所示。

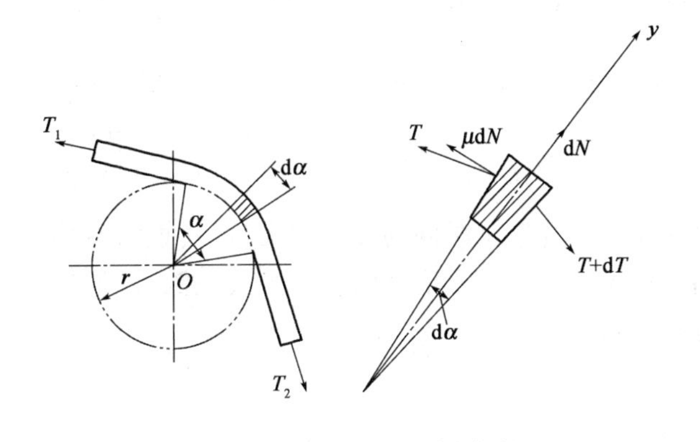

图 9-23　凹模圆角处的受力状态

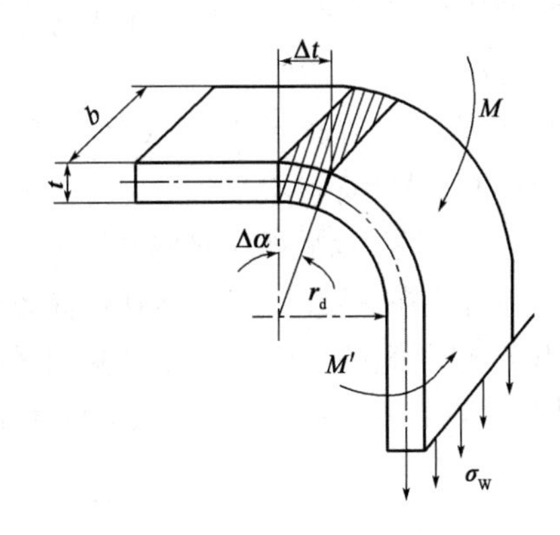

图 9-24　毛坯的弯矩示意图

经推导 σ_W 为：

$$\sigma_W = \frac{\sigma_b}{2\frac{r_d}{t} + 1}$$

综上，筒壁内总拉应力为：

$$\sigma_{\rho} = (\sigma_{1\max} + \sigma_{M})e^{\mu\alpha} + \sigma_{W}$$

其中,

$$e^{\mu\alpha} = 1 + e^{\eta\frac{\pi}{2}} \approx 1 + 1.6\mu$$

所以,

$$\sigma_{\rho} = (\sigma_{1\max} + \sigma_{M})(1 + 1.6\mu) + \sigma_{W}$$

即,

$$\sigma_{\rho} = \left(\sigma_{1\max} + \frac{2\mu F_{y}}{\pi dt}\right)(1 + 1.6\mu) + \left(\frac{\sigma_{b}}{2\frac{r_{d}}{t} + 1}\right)$$

拉深力则为:

$$p = \pi dt\sigma_{\rho}$$

筒壁危险断面上的有效抗拉强度 σ_{k} 为:

$$\sigma_{k} = 1.155\sigma_{b} - \frac{\sigma_{b}}{2\frac{r_{d}}{t} + 1}$$

当筒壁拉应力超过了材料的抗拉强度,即 $\sigma_{\rho} > \sigma_{k}$ 时,拉深件即产生拉裂。

4)极限拉深系数

拉深的变形程度通常采用拉深系数 m 来表示。极限拉深系数就是指:拉深能顺利进行,不起皱,不破裂,此时所能达到的最小拉深系数值。极限拉深系数取决于起皱和破裂两个条件。

通常的拉深工序中,如果采用了防皱压边装置,起皱就避免了,拉破就变成了主要的问题。理论上可从 $\sigma_{\rho} = \sigma_{k}$,解出 m 值。

但是,理论计算较繁杂,且实际生产影响的因素较多,所以一般采用经过生产总结出的数值(可查冲压设计资料得知)。

5)再次拉深(以后各次拉深)

一种材料在一定的条件下,其拉深系数有一极限值,当拉深件的深度较大时,其拉深系数就会小于极限值,但工件不可能直接由平板毛坯一次拉成,必须采用两次或多次拉深,这就是再次拉深(以后各次拉深)。再次拉深系数分别为:

$$m_{2} = \frac{d_{2}}{d_{1}}, m_{3} = \frac{d_{3}}{d_{2}}, \cdots, m_{n} = \frac{d_{n}}{d_{n-1}}$$

3. 圆筒形件的拉深

1)毛坯尺寸的计算

为了简化计算,假定拉深件的壁厚不变,毛坯尺寸按照拉深前后毛坯与工件表面积不变的原则计算。计算毛坯直径时还应注意以下几点。

(1)对于料厚较薄(例如 $t \leqslant 0.5$mm),计算时采用拉深件的内形尺寸或外形尺寸,其误差不大，但毛坯厚度较大时，就应按料厚的中线作为计算依据。

(2)由于材料各向异性的影响，拉深件的边缘不齐(出现四个凸出部分)，特别是经多次拉深的工件更为显著，需要修边，故计算毛坯时应考虑修边余量。

对圆筒形的拉深件，如图9-25所示。

$$\frac{\pi}{4}D_0^2 = F_1 + F_2 + F_3 + \cdots = \sum F$$

故
$$D_0 = \sqrt{\frac{4}{k}\sum F}$$

式中：D_0——毛坯直径；

F_1、F_2、F_3——圆筒形拉深件各部分面积。

其他计算方法可查各种冲压设计手册。计算毛坯尺寸，很难做得很准确，一般按上述方法计算后，还需经过试压才能最后确定。

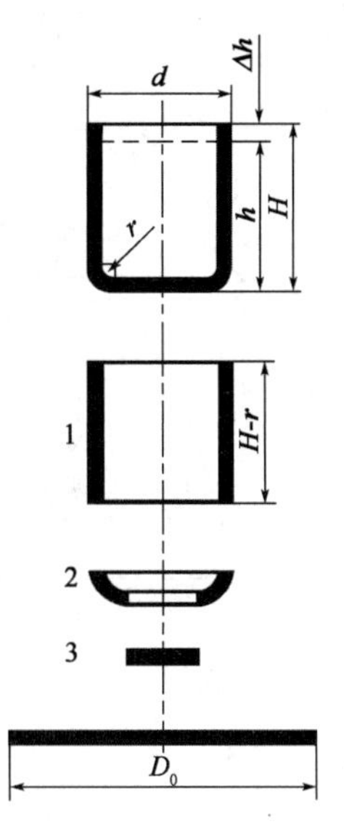

图9-25　毛坯计算图

2)圆筒形零件的拉深工序

计算圆筒形零件的拉深工序比较简单，先计算毛坯直径，再选极限拉深系数，以确定拉深次数，最后计算各中间工序尺寸。

3)带凸缘圆筒形件的拉深工序

根据凸缘直径 d_ϕ、圆筒直径 d 及其高度 h 的不同，可分为如下几种情况。

(1)凸缘相对直径很小($d_\phi/d=1.1\sim1.4$)而相对高度又较大($h/d>1$)。这种情况完全可按上面的圆筒形零件拉深来处理。在首次或头几次拉深中不留凸缘，而在以后工序中留出凸缘，并在最后一道工序中将凸缘压平。

(2)凸缘相对直径特别大，$d_\phi/d>4$，且高度 h 很浅，如图9-26所示。这种零件属于局部成形，将在后面介绍。

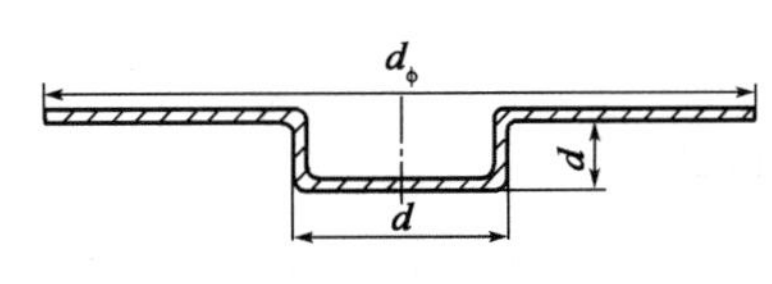

图9-26　大凸缘件

(3)凸缘相对直径 d_ϕ/d 和相对高度 h/d 都较大的情况，即所谓宽凸缘拉深件。宽凸缘件与圆筒形件的拉深没有本质的区别，只是宽凸缘件拉深时，变形区的材料没有全部被拉入凹模，而剩下宽的凸缘，其特点如下。

①首次拉深的极限拉深系数 m，宽凸缘件可以比相同条件的圆筒形件取得小一些。对于宽凸缘件再次拉深系数，可按圆筒形件或略小一些的拉深系数。

②制定宽凸缘件拉深工艺时，还应遵守凸缘直径 d_ϕ 在首次拉深时就应拉出，以后各次拉深时，d_ϕ 不再变动，否则就会由于拉深力的额外增加而使拉深件破裂；首次拉深时，拉入凹模的材料要比按面积计算所需的材料多3%～10%，这些材料在以后各次拉深中一部分挤回到凸缘上，另一部分就留在圆筒中，这也是为保证在以后各次拉深中不使凸缘部分再参与变形，避免拉破。

4. 矩形零件的拉深变形特点

矩形零件的侧壁是由圆角和直径边两部分组成。由平板坯料拉成这样的侧壁，初看起来好像是圆角处相当于圆筒拉深，直边部分相当于弯曲变形。但事实上圆角和直边都有着内在的联系,不能简单地分开,这可从变形前、变形后的网格变化清楚地看到。如图9-27所示,拉深后,直边的网格线条也发生切向压缩、竖向伸长,越接近圆角处越为明显,而圆角处网格线条的变化则不如纯粹圆筒形拉深那么剧烈。其变形特点如下。

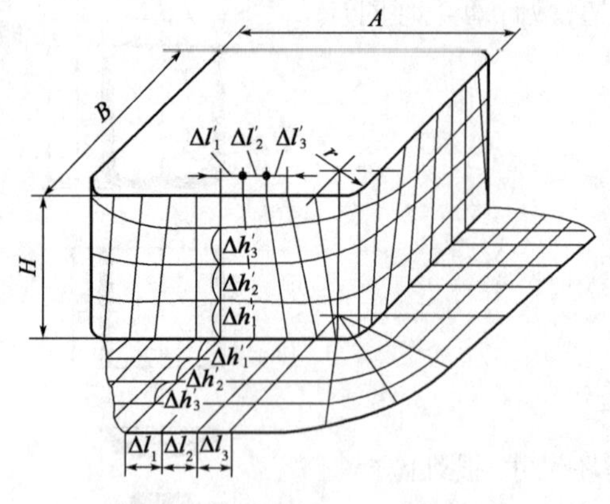

图9-27　矩形件拉深变形的网格状况

(1)矩形件的拉深变形是不均匀的,圆角处的变形程度较大,起皱与破裂都发生在圆角,因此拟定工艺时,只要圆角部分未超过极限变形程度,拉深便能顺利进行。

(2)矩形件拉深。由于直边部分能分担圆角部分的变形,因此,圆角部分的极限拉深系数可以小于直径,相当于两倍圆角半径的圆筒形件的极限拉深系数,甚至可以达到0.30~0.32,而纯粹圆筒形件极限拉深系数一般为$m=0.50\sim0.60$。

(3)直边和圆角相互影响的大小,是随着矩形件的相对圆角半径r/B和相对高度H/B不同而不同。这些相对值越小,相互影响就小,这些相对值越大,相互影响就越大,也因为如此,对不同的r/B和H/B,就有不同的毛坯计算和工序计算方法。

5.拉深力的计算

计算拉深力的目的也是在于选择设备和设计模具。理论计算方法是根据筒壁传力区上所传递的最大变形抗力σ_p,再乘以筒壁的横截面积,便是最大拉深力。

$$P = \pi dt\sigma_p$$

这种计算比较繁杂,常用计算方法如下:

$$P = k \cdot \pi dt\sigma_b \qquad (圆筒形)$$

式中:k——修正系数,查有关资料获得;

d——拉深件直径。

$$P = k \cdot l \cdot t\sigma_b \qquad (矩形、椭圆等截面)$$

式中:k——约取0.5~0.8。

压边力:首次拉深时,

$$Q = F \cdot q = \frac{\pi}{4}[D^2 - (d + 2r)^2]q$$

再次拉深时,

$$Q = \frac{\pi}{4}[d_{n-1}^2 - (d_n + 2r)^2]q$$

式中:d——圆筒件直径;

d_{n-1}、d_n——以后各次拉深直径;

r——凹模圆角半径;

q——单位压边力,可近似取$\sigma_b/150$,或查有关表。

选择压机的总力应为:

$$P_z = P + Q$$

四、其他冲压工序

用冲裁、弯曲、拉深等方法仍不能满足零件最终形状要求，还须采用其他冲压工序，如翻边、缩口、胀形、校正(整形)、旋压等。

1. 翻边

翻边是将毛坯的孔边缘或外边缘在模具的作用下翻成竖直或一定角度的直边。按翻边的性质，可以分为伸长类翻边和压缩类翻边。

伸长类翻边：孔的翻边(图9-28)和沿不封闭的内凹曲线进行的翻边[图9-31a)]，毛坯变形区在切向拉应力的作用下产生切向伸长变形。

压缩类翻边：沿不封闭的外凸曲线进行的翻边[图9-31b)]，毛坯变形区在切向压应力的作用下产生切向压缩变形。

1) 内孔翻边

图9-28所示为翻边前、翻边后的网格变化情况，从这些网格变化可以看到：原来孔径 d 变为 D，扇形网格变成了矩形网格，同心圆距离的变化不显著，厚度变薄，且口部最薄。由此可知：孔翻边主要是材料沿切向产生拉伸变形，越靠口部这种变形越大。因此，孔翻边的主要危险在于边缘被拉破。

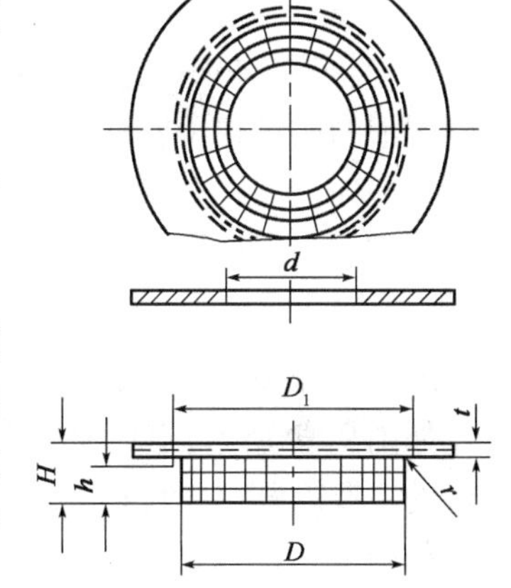

图9-28　翻边前后的网格状况

翻边变形程度：

$$k = \frac{d}{D}$$

式中：d——翻边前的孔径；

D——翻边后的孔径。

当翻边不被拉破所能达到的最小 k 值，称极限翻边系数。

进行翻边工艺计算时，如图9-29所示，需根据工件的尺寸 D 计算出预冲孔直径 d，并核算其翻边高度 h。当采用平板毛坯不能直接翻边出所需要的高度时，则应预先拉深，然后在此拉深件的底部冲孔，再进行翻边，如图9-30所示。有时也可进行多次翻边。计算孔径 d 可近似按弯曲展开长度来考虑。实践证明，误差不大。

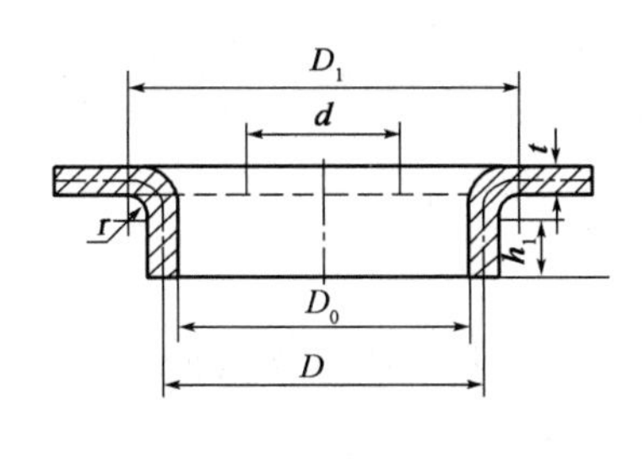

图9-29　平板毛坯翻边

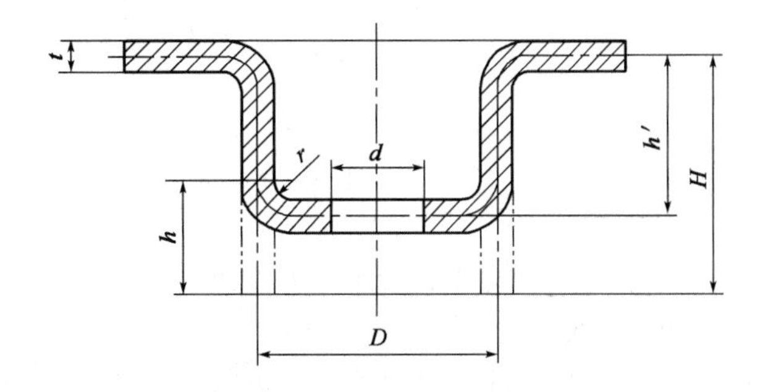

图9-30　拉深件的翻边

翻边力一般不大,需要时可按下式计算:

$$P = 1.1\pi(D - d)t \cdot \sigma_b$$

式中:D——翻边直径(按料厚中心线计算);

d——翻边毛坯孔直径;

σ_b——材料的强度极限。

2)外缘翻边

(1)内凹的外缘翻边如图9-31a)所示,其变形性质近似内孔翻边,变形程度表示为

$$E_d = \frac{b}{R - b}$$

(2)外凸的外缘翻边如图9-31b)所示,其变形性质近似浅拉深,变形区主要受切向压缩。这种变形的困难在于容易起皱,其变形程度表示为:

$$k_p = \frac{b}{R + b}$$

2. 缩口

缩口是以预先拉深的筒形件或管件,通过缩口模将其口部直径收缩的一种工艺。

如图9-32所示,缩口变形,材料主要受切向压应力,使直径减少,壁厚和高度增加。缩口变形的主要问题在于材料失去稳定性起皱;另一方面表现在非变形区的筒壁上,由于筒壁承受着全部缩口的压力P,也容易失去稳定产生变形。

缩口系数:

$$k = \frac{d}{D}$$

式中:D、d——缩口前、后的直径。

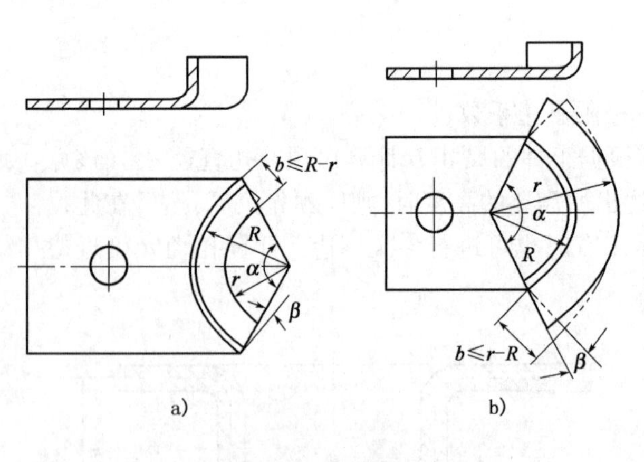

图9-31　外缘翻边

a)沿内凹曲线的翻边;b)沿外突曲线的翻边

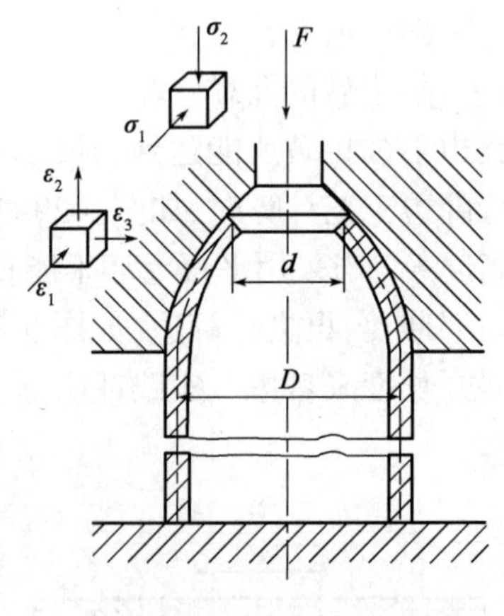

图9-32　缩口

缩口系数k越小,变形程度就越大。k主要与材料种类、材料厚度及模具形式有关。即材料越厚,或模具结构中对筒壁有支持作用的,可以有较小的k值。

当缩口工件d/D比值小于极限缩口系数k时,就需进行多次缩口,每次缩口后应进行中间退火。

3. 胀形

胀形主要用于平板毛坯的局部胀形（如压制突起、凹坑、加强筋、花纹图案及标记等）、圆柱空心毛坯的胀形、管类毛坯的胀形（如波纹管等）、平板毛坯的拉形等。

胀形的方法一般有机械胀形、橡胶胀形和液压胀形三种。

4. 校平和整形

（1）校平

根据板料的薄厚和表面要求，可采用光面模或齿形模。

对薄料，且表面不允许有压痕的工件，需采用光面校平模，为了避免不受压机滑块导向精度不高的影响，校平模最好采用浮动模柄。采用光面模校平，由于回弹较大，特别对校平高强度的材料往往得不到很满意的效果。

对于材料比较厚，需采用齿形校平模，齿形模可做成细齿或粗齿，如图 9-33 所示。前者适用于工件表面允许留有压痕的，后者适用于工件表面不允许留有压痕的。齿形模的上下齿形应相互交错，其形状尺寸如图 9-33 所示。

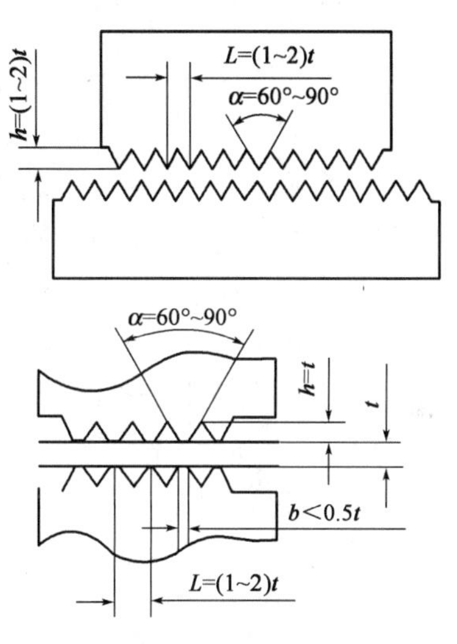

图 9-33　细齿（上）与粗齿（下）校平模

（2）整形

整形模与成形模无较大差异，所不同的是整形模工作部分的精度更高，表面粗糙度的参数值要小，圆角半径和间隙值较小，需要整形的平面或圆角在压机下死点时必须以刚性接触。

（3）校平和整形的压力

校平和整形所需的力大而行程小，有条件的应在精压机上进行，或者在摩擦压力机上进行。如在一般曲柄压力机上校正，最好装有保险装置，以避免压机损坏。校平或整形所需力可按经验公式计算：

$$P = F \cdot q$$

式中：F——校平或整形件表面的投影面积；

q——校平或整形的单位压力。

五、冲压模具

冲压工艺是通过冲压模具来实现的，因此做好模具设计是冲压工作中的一项关键工作。模具设计主要是确定模具的类型、结构和模具零件的选用、设计、计算等。

1. 模具的分类

冲压件品种、式样繁多，导致冲模的类型多种多样。

（1）按工序性质可分为：落料模、冲孔模、切断模、整修模、弯曲模、拉伸模、成形模等。

（2）按工序组合程度可分为以下几种。

①单工序模：在一副模具中只完成一个工序，如落料模、冲孔模、弯曲模、拉伸模等。

②连续模（又称级进模或跳步模）：在一次行程中，一副模具的不同位置上完成不同的工

序。因此，对工件来说，要经过几个工位也即几个行程才能完成。而对于模具来说，则每一次行程都能冲压出一个工件。因此，连续模生产率相当高。

③复合模：在一次行程中，一副模具的同一位置上，能完成两个以上工序。因此，复合模冲压出的工件精度较高，生产率也高。

(3)按导向方式可分为：无导向的开式模、有导向的导板模、导柱模等。

(4)按卸料方法可分为：刚性卸料模、弹性卸料模等。

(5)按送料、出件及排出废料的方法可分为：手动模、半自动模、自动模。

(6)按凸、凹模的材料可分为：硬质合金模、锌基合金模、薄板模、钢带模、聚氨酯橡胶模等。

2. 模具的基本构造

凡属模具无论其结构形式如何，一般都是由固定和活动两部分组成。固定部分是用压铁、螺栓等紧固件固定在压力机的工作台面上，称下模。活动部分一般是紧固在压力机的滑块上，称上模。上模随着滑块上、下往复运动，从而进行冲压工作。

一套模具，根据其复杂程度不同，一般都由数个、数十个甚至更多的零件组成。但无论其复杂程度如何，或哪一种的结构形式，根据模具零件的作用可以分为以下五个类型的零件。

(1)工作部分零件：是完成冲裁工作的零件。

(2)定位部分零件：这些件的作用是保证送料时有良好的导向和控制送料的进距。

(3)卸料、推件部分零件：这些零件的作用是保证在冲压工序完毕后，将制件和废料排除以保证下一次冲裁顺利进行。

(4)导向部分零件：这些零件的作用是保证上模对下模相对运动有精准的导向，使凹模、凸模间有均匀的间隙，提高冲压件的质量。

(5)安装、固定部分零件：这些零件的作用是使上述四部分零件联结成“整体”，保证各零件间的相对位置，并使模具能安装在压力机上。

因此在看模具图时，特别是复杂模具，应该从这五个方面去识别模具上各个零件。当然并不是所有模具都必须具备上述五部分的零件，对于试制或小批生产的情况，为了缩短生产周期，节约成本，可把模具简化成只有工作部分零件如凹模、凸模和几个固定部分零件就可以了。而对大批量生产，为了提高生产率，除做成包括上述零件的冲模外，甚至还附加自动送料、退料装置等。

第二节　板料的冲压成形性能及试验方法

一、板料的冲压成形性能

板料的冲压成形性能是指板料对各种冲压加工方法的适应能力，包括便于加工、容易得到高质量和高精度的冲压件、生产效率高、模具消耗低、不易出废品等。板料对冲压成形性能的影响因素如下：

1. 化学成分

纯金属一般比合金材料的塑性好，在退火状态下更为良好。随着合金元素的含量增大，通常是塑性降低，变形抗力提高。钢中的碳、硅、磷、硫等元素的含量增加会使材料的塑性降低、脆性增加。因此要控制他们的含量，以便获得良好的成形性能。

2. 晶粒度

作为再结晶组织，希望把晶粒度调整到最合适的大小和形状，以便获得不同的冲压成形性能。如果晶粒度过大则变形后表面将变得非常粗糙，当晶粒度过细又会使塑性降低。

3. 变形织构

工业上实际使用的金属都是多晶体，拉伸时各晶粒的滑移面有向外力方向转动的趋势，这样，在变形程度很大时，各个晶粒的位向逐渐趋于一致。这种晶粒位向趋向一致的组织称为变形织构。具有织构的多晶体会使它的机械性能、物理性能等明显地出现各向异性。

4. 板料厚度

冲压成形模具的间隙是按给定材料厚度来设计制造的，所以板料厚度必须符合规定的公差标准。如果厚度超出正公差，就可能使制件表面擦伤或拉裂，严重时挤碎模具。如果厚度小于负公差，就容易发生起皱、纵弯等缺陷。

5. 机械性能

(1)均匀延伸率 δ_u

δ_u表示板料产生均匀的(或稳定的)塑性变形的能力，可以用δ_u间接地表示伸长类变形的极限变形程度，如翻边系数、扩口系数、最小弯曲半径、胀形系数等。实验结果也证实，大多数材料的翻边变形程度都与δ_u呈正比例关系。

另外，板材的爱利克辛试验值也与δ_u呈正比例关系，所以具有很大胀形成分的复杂曲面拉深件用的板料，要求具有很高的δ_u值。

(2)屈强比 σ_s/σ_b

σ_s/σ_b是材料的屈服极限与强度极限的比值，较小的屈强比对压缩类成形和伸长类成形都是有利的。在拉伸时，如果板材的屈服极限σ_s低，则变形区的切向压应力较小，材料起皱的趋势也小，所以防止起皱所必需的压边力和摩擦损失都要相应地降低。强度极限σ_b高，增强了传力区的抗拉能力，结果对提高极限变形程度有利。例如，当低碳钢的$\sigma_s/\sigma_b \approx 0.57$时，其极限拉伸系数$m = 0.48 \sim 0.15$，而65Mn的$\sigma_s/\sigma_b \approx 0.63$，其极限拉伸系数$m = 0.68 \sim 0.7$。在伸长类成形中，如胀形、拉形、拉弯、曲面形状零件的成形等工序，当σ_s低时，所需成形的拉力可减少，故成形工艺的稳定性高，不容易出废品。弯曲件所用板材的σ_s低时，卸载时回弹变形也小，有利于提高弯曲零件的精度。

我国冶金标准规定，用于具有相当大胀形成分的复杂形状零件的拉深，用ZF级钢板的屈强比不大于0.66。

(3)硬化指数

也称n值，它表示在塑性变形中材料硬化的强度。n值大时，在伸长类变形过程中可以使变形均匀化，具有扩展变形区，减小毛坯的局部变薄和增大极限变形程度等作用，尤其对于复杂形状的曲面零件的拉深成形工艺的影响更为显著。具有不同 n 值材料的爱利克辛试验结果表明,n 值与爱利克辛试验值之间存在正比例关系。

(4)板厚方向性系数 r

也称 r 值,它是板料试样拉伸试验中宽度应变 ε_b 与厚度应变 ε_t 之比,即

$$r = \frac{\varepsilon_b}{\varepsilon_t} = \frac{\ln \dfrac{B}{B_0}}{\ln \dfrac{t}{t_0}}$$

式中:B_0、B、t_0、t——变形前后试样的的宽度与厚度。

r 值的大小表示板面方向和厚度方向变形的难易程度。r 值大的材料,在复杂形状的曲面零件拉深成形时,毛坯的中间部分在拉应力的作用下,厚度方向上的变形比较困难,即变薄量小,而在板料平面内与拉应力相垂直方向上的压缩变形比较容易,结果使毛坯中间部分起皱的趋向性降低,有利于冲压加工的进行和产品质量的提高。使用 r 值大的板料进行拉深工序时,其极限变形程度可提高。用软钢、不锈钢、铝、铜、黄铜等所做的试验也证明了拉深程度与 r 值之间的关系为:当 r 值为 0.5、1、1.5、2 时,拉深程度 $K(D/d)$ 分别为 2.12、2.18、2.25、2.5。

板料的 r 值可以用拉伸试验的方法测定。r 值的大小,除于材料的性质有关外,还随拉伸试验中的延伸率的增大而变化(稍有降低)。因此,一般资料中都规定 r 值应取相对延伸率为 20% 时测量的结果。

经轧制后的板材,在板平面内其纵向和横向的性能不同,在不同方向上的 r 值也不同。为了便于应用,常用下式计算板厚方向性系数的平均值 $\bar{r}$:

$$\bar{r} = \frac{r_0 + r_{90} + 2r_{45}}{4}$$

式中:r_0、r_{90}、r_{45}——板材的纵向(轧制方向)、横向和 45°方向上的板厚方向性系数。

(5)板平面方向性

由于轧制后的板材在板平面内出现各向异性,因此沿不同方向其机械性能、物理性能都不同,称为板平面方向性。在圆筒形零件拉深时,板平面方向性明显地表现在零件口部形成的“突耳”现象。板平面方向性越大,“突耳”的高度也越大。这时必须增大修边余量,增加材料的消耗。

板平面方向性大,在拉深、翻边、胀形等冲压过程中,能够引起毛坯变形的不均匀分布,其结果不但可能因为局部变形程度的加大,而使总体的极限变形程度减小,而且还可能形成冲压件的不等壁厚,降低冲压件的质量。

板平面方向性的大小可以用板材的纵向(轧制方向)、横向和 45°方向上的板厚方向性系数的平均差值来表示:

$$\Delta r = \frac{r_0 + r_{90} - 2r_{45}}{2}$$

生产中都尽量设法降低板材的 Δr 值,而且有些国家板材的 Δr 值也有一定的限制。

二、试验方法

试验方法概括起来可以分为两类。基本性能试验时板材的受力情况与变形特点都与实际

冲压变形有一定的差别,所得结果也只能间接地反映板材的各种冲压性能;模拟试验时板材的应力状态和变形情况与真实冲压时基本相同,所得结果也比较准确,但是只能说明某一特定的工艺性能。

1.基本性能试验

基本性能试验方法有拉伸试验、剪切试验、硬度检测、金相检查等。其中拉伸试验具有简单易行、不需专用板材试验设备等优点,而且所得的结果能从不同角度反映板材的冲压性能,所以它是一种很重要的试验方法。

拉伸试验采用的标准试件的形状和尺寸如图 9-34 所示,在一般的万能材料试验机上进行。根据试验结果可以得到图 9-35 所示的应力与应变之间的关系曲线,即拉伸曲线。

通过拉伸试验所得到的表示板材机械性能的指标与冲压成形性有很紧密的联系,其中重要的几项如前所述。

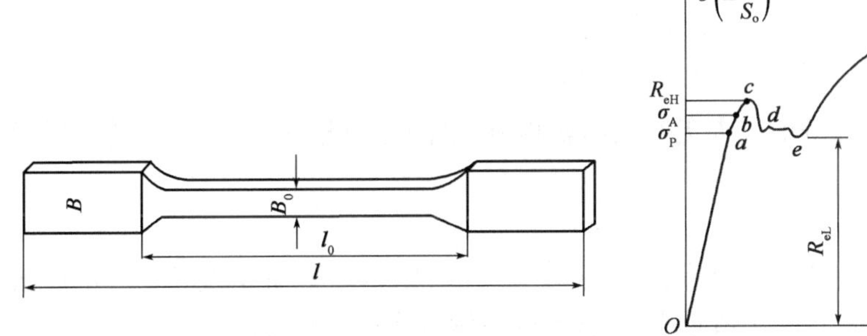

图 9-34　拉伸试验用的试样

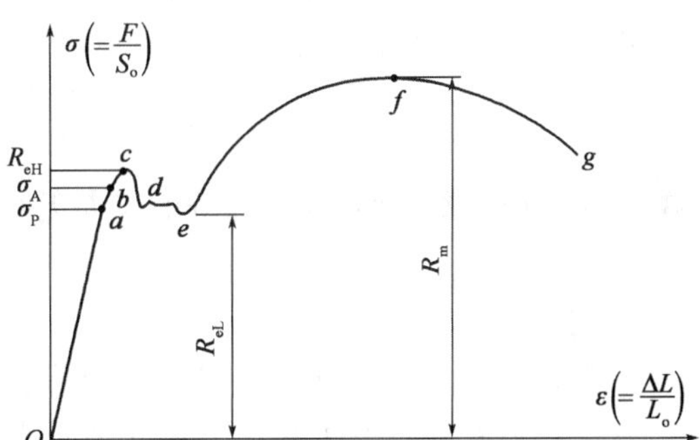

图 9-35　拉伸曲线

2.模拟试验

在模拟试验中,试件所处的应力状态和变形特点基本上与真实的冲压过程相同,所得的试验结果有较为直接的意义。下面介绍几种较为重要的试验方法的原理。

(1)爱利克辛试验(胀形性能试验)

如图 9-36 所示,将板料试件压紧在凹模与压边圈之间,使受压部分金属无法流动,用球形冲头将板料压入凹模。中间部分材料受两向拉应力作用而胀形,直至试件出现裂纹为止。此时冲头的压入深度,称为爱利克辛试验深度或爱利克辛值。

爱利克辛试验的结果受试件表面润滑的影响较大,所以对润滑剂与润滑方法都有一定的要求,以减小试验结果的波动。

(2)液压胀形试验

如图 9-37 所示,将板料周边压紧,输入高压液体,使凹模孔内的板料胀形,变为球形,其高度 h 称为胀形深度。在板料平面内拉应力为:

$$\sigma_1 = \sigma_2 = \frac{PR}{2t}$$

式中:P、R、t——分别为瞬间液体压力、球壳的曲率半径和厚度。

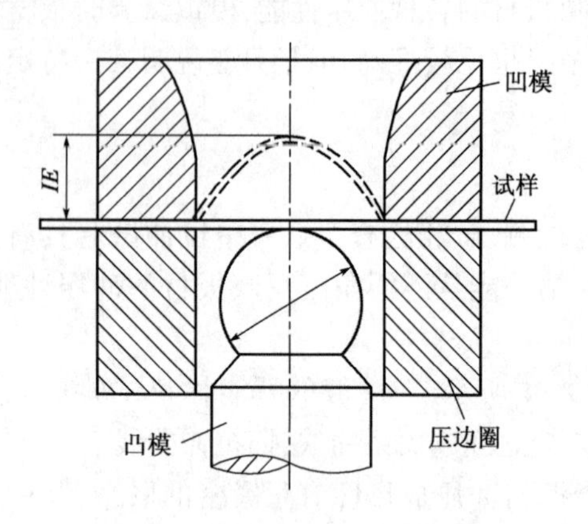

图 9-36　爱利克辛试验装置示意图

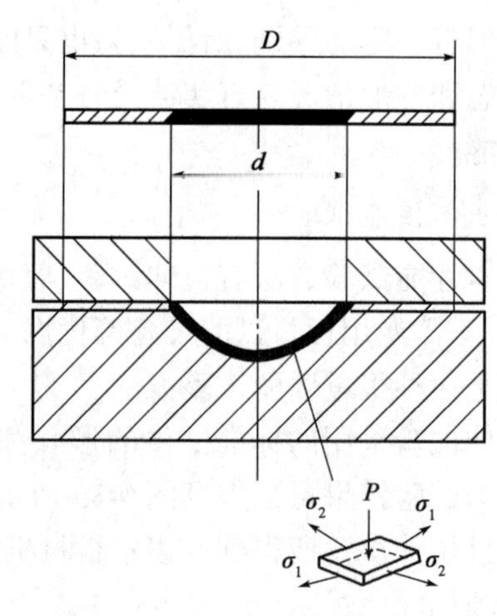

图 9-37　平板毛坯的液压胀形

根据体积不变厚度应为：

$$\varepsilon_t = -2\varepsilon_1 = -2\varepsilon_2 = \ln \frac{t}{t_0}$$

采用液压胀形试验，变形部分的表面无摩擦的影响，板材的变形趋向均匀，故总的胀形深度可增大。

(3)拉楔试验

拉楔试验如图 9-38 所示，将楔形板料试件拉过模口，在模壁压缩下而成为等宽的矩形板条。在试件不断裂的条件下，b/B 的比值越小，则板料的拉深成形性能越好。

(4)确定最大拉深程度试验(LDR 法)

如图 9-39 所示，用不同直径的圆形毛坯(直径相差 1mm)进行拉深试验。取在侧壁不致破坏的条件下可能拉深成功的最大毛坯的直径 D_{max} 与凸模直径 d_P 的比值，作为表示拉深性能的指标。即

$$LDR = \frac{D_{max}}{d_P}$$

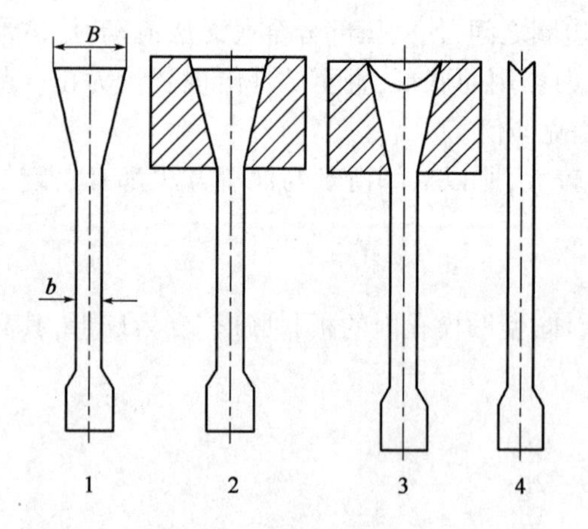

图 9-38　拉楔试验原理图

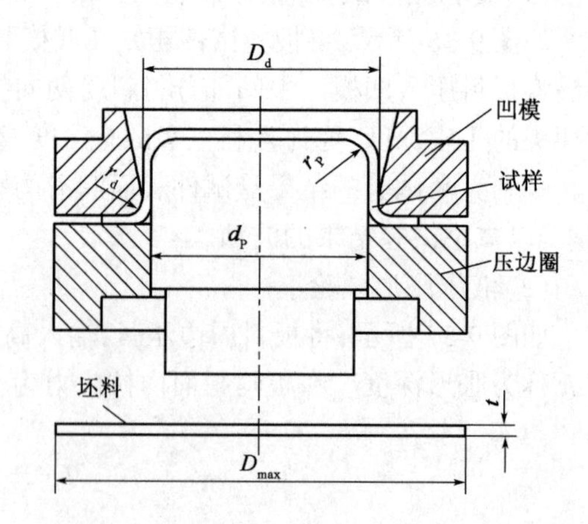

图 9-39　确定最大拉深程度的试验方法原理图

这种试验可以综合反映拉深变形时的冲压性能,其缺点是需用较多数量的试件反复试验。另外受操作上的各种因素(如压边力、润滑等)的影响,试验结果的可靠性也不十分高。

(5)拉深力对比试验(TZP 法)

其原理是用一定拉深变形程度(通常取拉深试件毛坯直径 D_0 与凸模直径 d_P 的比值为 $D_0/d_P=52/30$)下的最大拉深力与试件侧壁的拉断力之间的关系做判断拉深性的依据。即

$$T=\frac{P-P_{max}}{P}\cdot 100\%$$

试验过程如图 9-40 所示,按一般方法进行拉深,当拉深力达到最大值 P_{max} 以后,随即加大压边力,使试件的外凸缘边固定。然后再增加凸模力,直到使试件侧壁被拉断,测得拉断力为 P。拉深试验中力的变化,如图 9-41 所示。这两个力之间的差别越大,板材的拉深性能也越好。

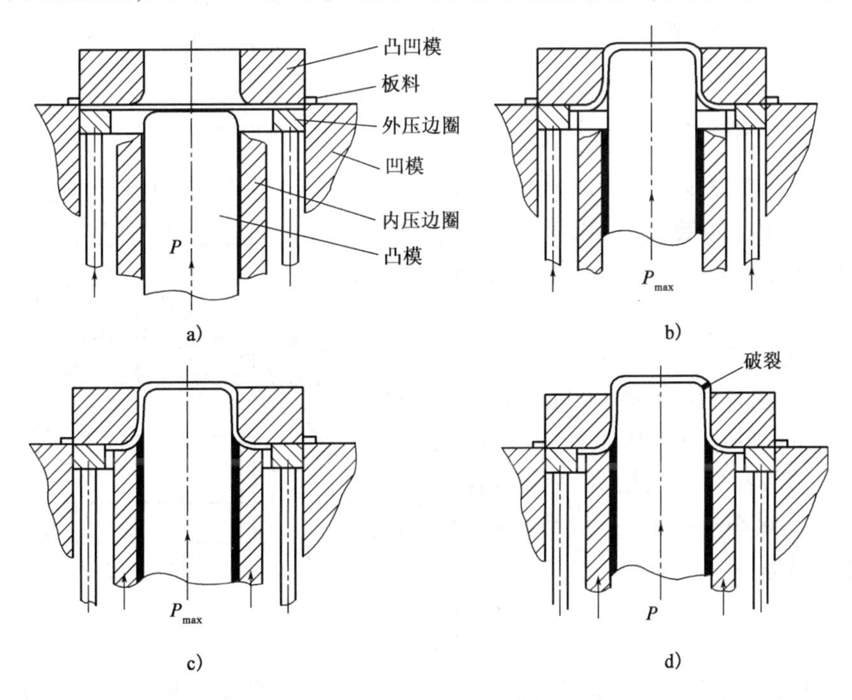

图 9-40　拉深力对比试验

(6)福井锥杯试验(拉深-胀形性能试验)

试验用装置如图 9-42 所示,用球形凸模和 60°角的锥形凹模,在不同压边的条件下做圆形毛坯的拉深试验。一般取凸模直径 D_P 与试件直径 D_0 的比值为 $D_P/D_0=0.35$。试验中测得锥形件于底部发生破坏时的上口直径,称之为 CCV 值。由于板材方向性的影响,锥形件上口的直径在不同方向上也有差别,如图 9-42 所示。所以通常采用平均值,即取 CCV 为:

$$D=\frac{D_{max}+D_{min}}{2}$$

或

$$D=\frac{D_0+D_{90}+2D_{45}}{4}$$

式中:D_{max}、D_{min}——分别是锥形拉深试件破坏时上口的最大直径和最小直径;

D_0、D_{90}、D_{45}——分别是板材纵向、横向和 45°方向上锥形拉深试件上口的直径。

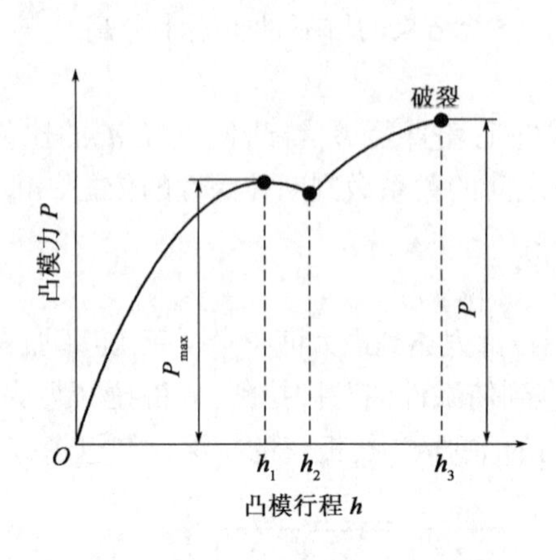

图 9-41　拉深性能 T 值的确定过程

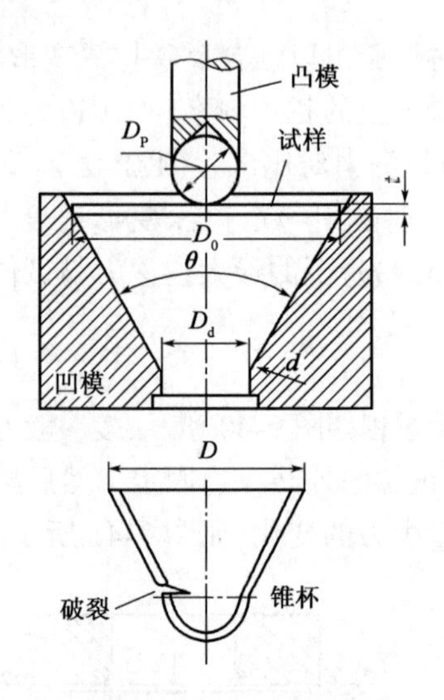

图 9-42　福井锥杯试验法

锥形拉深件底部发生破坏时的上口直径越小,即 CCV 值越小,说明板材的冲压性能越好。

锥杯试验不用压边装置,可以排除压边条件对试验结果的影响,而且用一个试件即可简便地完成试验。

(7)扩孔试验(多工序综合试验)

如图 9-43 所示,试件为 90×90mm 的方形板料,中间有 $d_0=12\text{mm}$ 的圆孔。用直径 $d_P=40\text{mm}$ 的凸模压入,当孔边开始拉裂时,测出凸模压入深度 h、孔的最大直径 d_{max}、最小直径 d_{min},用参数 q 作为判断材料成形性能的指标:

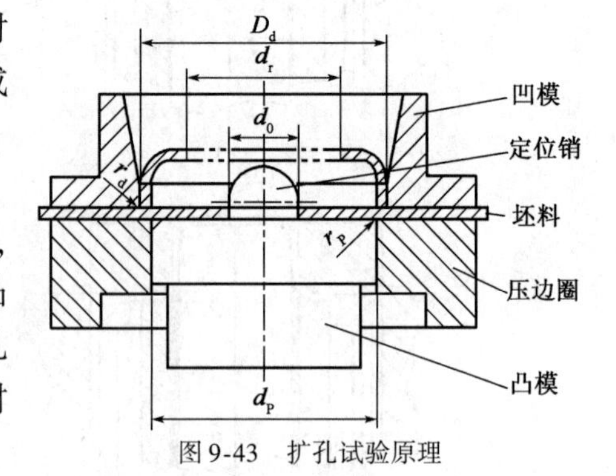

图 9-43　扩孔试验原理

$$q=\frac{h\,(d_{max}+d_{min})^2}{4d_0(d_{max}-d_{min})}$$

孔的扩大量越大,凸模压入深度越深,($d_{max}-d_{min}$)越小,则 q 值越大,板材的综合成形性能越好。这种试验综合反映了弯曲、翻边、胀形与拉深等多种工序的变形特点。

(8)弯曲试验

图 9-44 是 GB/T 15825.5—1995《金属薄板成形性能和试验方法—弯曲试验》的示意图。弯曲试验采用压弯法或折叠法弯曲,在逐渐减小凸模弧面半径 r_p 的条件下,测定试样外层材料不产生裂纹的最小弯曲半径 r_{min},将其与试样基本厚度 t_0 的比值(即最小相对弯曲半径)作为弯曲成形性能指标。最小相对弯曲半径越小,弯曲成形性能越好。

用压弯法试验时,最小弯曲半径为:

$$r_{min}=r_{pf}+\Delta r_p$$

式中:r_{pf}——试样外层材料出现肉眼可见裂纹时的凸模弧面半径;

Δr_p——凸模弧面半径的级差,可取 1mm。

用压弯法试验时,如果最小规格的凸模弧面半径不能使试样外层材料产生肉眼可见的裂纹,则先用压弯法将试样弯曲到170°左右,再对试样进行折叠弯曲,并按下述原则确定最小弯曲半径:试样外层材料出现肉眼可见的裂纹时,最小弯曲半径等于最小规格的凸模弧面半径;试样外层材料仍未出现肉眼可见的裂纹时,最小弯曲半径 r_{min}。

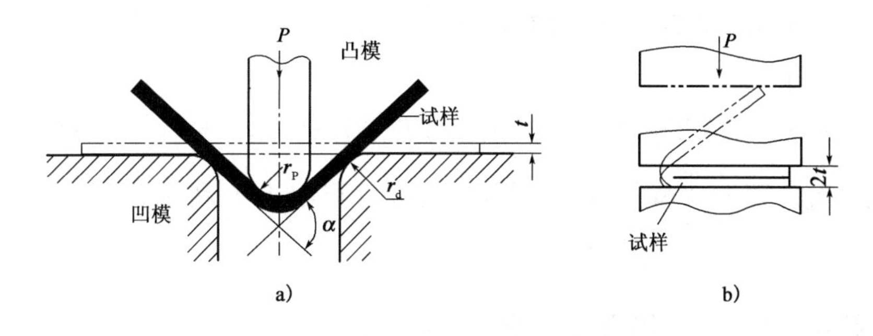

图9-44 弯曲试验

第三节 冲压工艺过程的编制

冲压件的生产过程一般是从原材料剪切下料开始,经过各种冲压工序和其他必要的辅助工序(如酸洗、退火、表面处理等)到制出按图纸所要求的零件的过程。这一过程的正确实施,与具体的生产条件、生产组织有着密切的联系,要由此得到较高的经济效益,必须考虑工艺过程编制的合理性。编制冲压工艺过程的主要内容有:

一、分析零件的冲压工艺性

零件的冲压工艺性是指从冲压工艺的角度来衡量零件的设计(包括选材、形状结构等)是否合理。即在满足零件使用要求的前提下,能否以最简单、最经济的冲压加工方法将零件制成。零件工艺性的好坏直接关系到其质量、生产率、材料利用率和成本等。

开始设计时,首先要了解零件的形状结构特点、使用材料、尺寸大小、精度要求以及用途等基本情况,并根据各种冲压工艺的特点来分析该零件的冲压工艺性,作为制订工艺方案的依据。如认为原产品设计有不合理处,或者其工艺性很差,可提出修改方案,会同产品设计人员,在保证产品使用要求的前提下,对原零件做必要的、合理的修改。

二、拟定冲压件的工艺方案

1. 计算毛坯尺寸

根据零件图确定毛坯尺寸,如弯曲零件的毛坯展开尺寸,拉深零件的毛坯形状与尺寸等。

2. 进行其他必要的工艺计算

根据各种冲压工序的成形极限,进行相应的其他的尺寸计算。如弯曲件的最小弯曲半径,拉深件所需的拉深次数,一次翻边的高度和缩口,胀形变形程度的计算等。

3. 对不同的工艺方案进行分析、比较，确定一合理方案

对于工序较多的冲压件，可先确定出该冲压件的基本工序，然后将各基本工序做各种可能的排列与组合，可得出多种工艺方案，并根据生产实际条件，对其进行综合分析和比较，取一种最合理的工艺方案，并绘出各工序的模具结构示意图。

4. 绘制工件图

由所定工艺方案计算并确定各中间工序的工件形状和尺寸，绘出各工序的工件图。

三、确定出合理的排样形式、裁板方法，并计算材料的利用率

略。

四、计算各工序压力、确定压力中心、初选压力机

计算工序所需压力时，要使其最大压力不超过压力机的允许压力曲线。必要时，还要审核压力机的电机功率。

五、填写工艺过程卡片

根据上述工艺设计，将所需的工序及原材料、使用的设备、模具、工时定额等项内容填入一定格式的工艺卡中。它既是生产作业的指导文件，也是设计模具的依据。

复习思考题

1. 冲压的基本工序包括哪些类型？

2. 普通冲裁时板料分离的过程如何？精密冲裁有哪些特点？

3. 什么是冲裁间隙？它对冲裁件的质量有何影响？

4. 什么是最小弯曲半径和回弹？影响它们的主要因素各有哪些？

5. 拉深过程中毛坯上的应力应变状态如何？

6. 拉深件为什么会出现起皱和破裂现象？有哪些预防措施？

7. 什么叫翻边、缩口、胀形、校平、整形？它们在生产中各有何用途？

8. 冲模分哪些类型？根据模具零件的作用，一般可分为哪五个类型的零件？

9. 什么是板料的均匀延伸率 δ_u、屈强比 σ_s/σ_b、硬化指数 n、板厚方向性系数 r、板平面方向性 Δr？它们对各类冲压工序各有什么影响？

10. 编制冲压工艺过程的主要内容及步骤是什么？

PART 3 第三篇 焊接工艺

第十章　金属焊接成形的主要工艺

第一节　电　弧　焊

一、焊接电弧的物理基础

1. 电弧的导电特性

电弧是一种气体放电现象。所谓气体放电，是指两极存在电位差时，电荷通过两极之间气体空间的一种导电现象，如图 10-1 所示。

通常，气体不导电。气体导电，必须存在大量的带电粒子，即必须有气体分子或原子离解为正离子和电子，这一过程称为“电离”。

金属导体内的电流，实质上就是电子的流动。电弧燃烧时，电流从正极通过气体介质流向负极，其实质就是电子不断地从负极(阴极)通过气体介质流向正极(阳极)。这时，必定存在着电子从阴极表面逸出的过程，即阴极表面的“电子发射”。

电弧中的带电粒子主要依靠气体的电离和电极发射这两个物理过程产生。除这两个主要的物理过程外，还有其他过程，如气体的解离、扩散、复合、形成负离子等，也会影响电弧的导电性能。

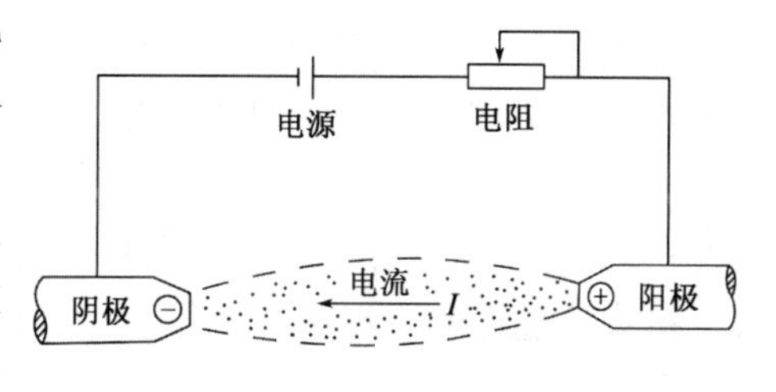

图 10-1　电弧示意图

2. 焊接电弧的构成及其特性

(1)焊接电弧的组成

焊接电弧有三个不同电场强度的区域，即阴极区、弧柱区和阳极区构成，如图 10-2 所示。其中阴极区和阳极区的长度都非常小($L_{阴}=10^{-6}\sim10^{-5}$cm，$L_{阳}=10^{-4}\sim10^{-3}$cm)；弧柱区压降 U_C 较小而长度较大，说明阻抗较小，电场强度较低；两个极区沿弧长方向尺寸较小而电压降较大(U_A 为阳极压降，U_K 为阴极压降)，可见其阻抗较大，电场强度较高。电弧的这种特性是由于导电性能不同所决定的，电弧电压 $U_a=U_A+U_K+U_C$。

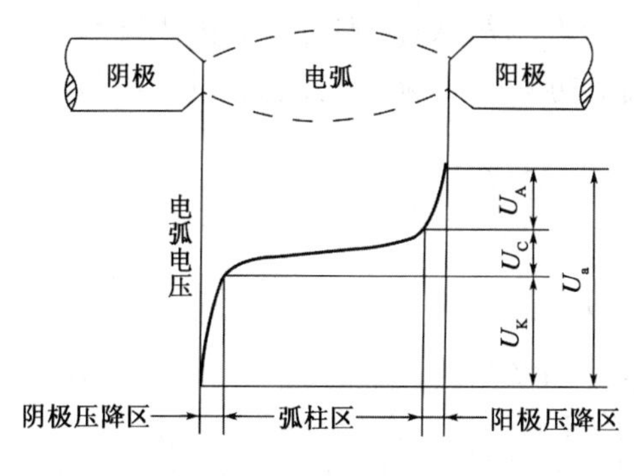

图 10-2　电弧各区的电压分布

(2)阴极区的物理过程

阴极区的主要任务是发射电子，向弧柱提供所需要的电子流,同时,还要接受来自弧柱的正离子流。源源不断流向阴极的正离子,在阴极前边形成了正的空间电荷,构成了阴极区,产生了阴极压降。

焊接电弧中,阴极表面发射电子有两种主要方式:热发射和强电场发射。以碳、钨等高熔点材料作为大电流焊接时,阴极温度很高,称为“热阴极”,弧柱所需要的电子流主要由热发射来提供,此时,阴极压降较小;当以铝、铜等低熔点材料作为电极时,电子热发射很弱,弧柱所需要的电子主要是由强电场发射来提供,此时,阴极压降较大。由此可见,阴极压降并非恒定值,它与电极材料、阴极表面状态、阴极导热情况、气体介质的性质以及电流密度等因素有关。

在阴极表面上,发射电子最集中的地方,在某些情况下,会形成很亮的斑点,称为阴极斑点。在此斑点处,电流密度很高,往往可达 $10^3 \sim 10^7 A/cm^2$。

(3)阳极区的物理过程

阳极区的一个首要任务是接受源源不断的由弧柱流入的电子流。这些电子流在阳极前边形成了一个负空间电荷,构成了阳极区,产生了阳极压降。阳极区还担负着向弧柱提供正离子流的任务。

在阳极表面,有时也存在一个灼亮的斑点,称为阳极斑点,从弧柱飞来的电子大部分都是从斑点进入阳极的。阳极斑点不需要发射电子,所以它的面积较阴极斑点为大,它的电流密度一般要比阴极斑点的小得多,其数量级一般为 $10^2 \sim 10^3 A/cm^2$。

(4)电弧静特性与弧焊电源特性的关系

由于电弧是一种特殊负载,其供电电源特性也不同于一般电源。为了可靠引燃电弧,要求弧焊电源有合适的空载电压 U_0。综合经济和安全的考虑,U_0 一般为 70 ~ 100V。为了保证电弧稳定燃烧,弧焊电源应有适合的输出伏—安特性,这种特性通常称为弧焊电源的外特性或静特性。电弧静特性应与电源外特性相匹配,如焊条电弧焊、埋弧焊一般配用下降或缓降外特性电源;钨极氩弧焊配用垂降外特性电源;细丝熔化极气体保护焊则配用平外特性电源。此外,在一些焊接过程中还要求电源有良好的动态特性,如短路电流上升速度、短路电流峰值、动态品质等。

3. 焊接电弧中的能量平衡

电弧可以看作一个把电能转换成热能的元件,当其各部分(阴极区、弧柱区、阳极区)的能量交换达到平衡时,电弧便处于稳定状态。由于电弧三个区域导电性能不同,因而各区能量产生和转换的机理也不相同,各区的温度也不相同。

单位时间内弧柱区所产生的能量可用外加能量(电功率)P_C 表示,单位时间内阴极区产热量可用电功率 P_K 表示,单位时间内阳极区总能量可用电功率 P_A 表示,电弧总热量可用总功率 P_a 表示,则可分别为式(10-1)~式(10-4)。

$$P_C = IU_C \tag{10-1}$$

$$P_K = I(U_K - U_W - U_T) \tag{10-2}$$

$$P_A = I(U_A + U_W + U_T) \tag{10-3}$$

$$P_a = P_A + P_C + P_K = I(U_A + U_C + U_K) = IU_a \tag{10-4}$$

式中:I——电弧电流,A;

U_W——表征电子发射(逸出)功率电压,V;

IU_W——逸出功；

U_T——与弧柱温度相适应的等效电压，V；

U_a——电弧总电压，V。

在一般电弧焊接过程中，弧柱的热量不能直接用于加热焊条（丝）或者母材，只用很少一部分通过辐射传给焊条（丝）和工件。在等离子弧焊接、切割或钨极氩弧焊时，则主要利用弧柱的热量来加热工件和填充焊丝。阴极区和阳极区热量均可用来直接加热焊丝（条）或工件。因此，电弧的有效热量 Q_e 仅为电弧总热量 Q_a 的一部分，如式（10-5）所示。

$$Q_e = \eta Q_a = \eta IU_a \tag{10-5}$$

式中：η——电弧热效率，焊条电弧焊 $\eta = 0.65 \sim 0.85$；埋弧焊 $\eta = 0.80 \sim 0.90$；CO_2 气体保护焊 $\eta = 0.75 \sim 0.90$；熔化极氩弧焊 $\eta = 0.70 \sim 0.80$；钨极氩弧焊 $\eta = 0.65 \sim 0.70$。

二、埋弧焊

埋弧焊是以可熔化的颗粒焊剂作为保护介质，电弧掩埋在焊剂层下的一种熔化极电弧焊接方法，是最早应用的机械化焊接方法。

1. 埋弧焊的特点及应用

埋弧焊施焊过程如图 10-3 所示，由三个基本环节组成：①在焊件待焊接缝处均匀堆敷足够的颗粒焊剂；②导电嘴和焊件分别接通焊接电源两极，以产生焊接电弧；③自动送进焊丝并移动电弧实施焊接。通用埋弧焊设备的焊剂存储和输送漏斗、送丝机构、电弧行走机构、电源和程序的控制盘都装在焊接小车上。专用埋弧焊接设备，有的采用焊件移动或转动造成电弧相对运动。埋弧焊的主要特点有：

（1）独特的电弧性能

电弧在颗粒焊剂下产生，在金属和焊剂的蒸气气泡中燃烧，气泡顶部被一层熔融状焊剂——熔渣所构成的渣膜包围。因此，埋弧焊保护效果好、焊缝成分稳定、力学性能良好、焊缝质量高、劳动强度较低且条件好（机械化操作）。

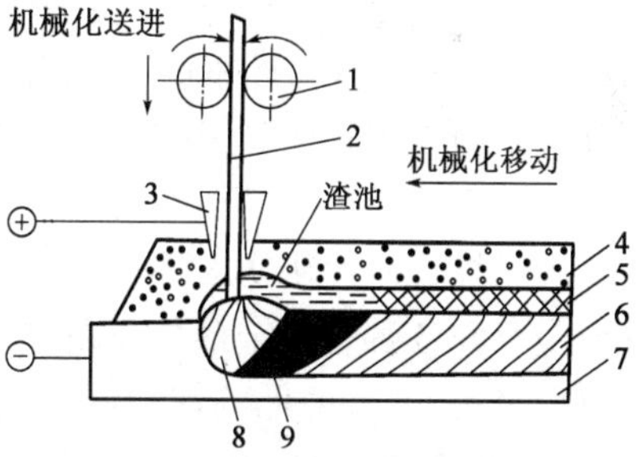

图 10-3　埋弧焊施焊过程

1-送丝系统；2-焊丝；3-导电嘴；4-焊剂；5-渣壳；6-焊缝；7-焊件；8-电弧；9-金属熔池

（2）较高的弧柱电场强度

较高的电场强度使设备调节性能好，不论采用何种自动调节系统，都具有较好的调节灵敏度，使埋弧焊接过程的稳定性提高。

（3）高的生产效率

与焊条电弧焊相比，由于焊丝导电长度缩短，加之电流和电流密度显著提高，使电弧的熔透能力和焊丝的熔敷效率都大大提高，一般不开坡口单面一次焊，其熔深可达 20mm。又由于焊剂和熔渣的隔热作用，总的热效率增加，使焊接速度可以大大提高，如厚度 8 ~ 10mm 的钢板焊接，单丝埋弧焊焊速可达 30 ~ 50m/h；双丝或多丝埋弧焊焊速可达 60 ~ 100m/h 以上，而焊条电弧焊焊速不超过 6 ~ 8m/h。

埋弧焊可焊接碳素结构钢、低合金结构钢、不锈钢、耐热钢及复合钢板，是造船、锅炉、化工容器、桥梁、起重及冶金机械制造中焊接的主要手段。此外，还可用于镍基合金、铜合金的焊接，以及耐磨、耐蚀合金的堆焊。埋弧焊应用的局限性主要为：

(1)焊接位置

由于焊剂保持的原因，如果不采用特殊措施，埋弧焊主要应用于水平俯位置焊缝焊接，而不宜用于横焊、立焊、仰焊。

(2)焊接材料

由于埋弧焊焊剂及电弧气氛的氧化性，不能用于铝、钛等氧化性强的金属及其合金的焊接。

此外，由于埋弧焊行走机构较为复杂，其机动灵活性比焊条电弧焊差，一般只适用于长直焊缝和环形焊缝的焊接，而不能用于焊接空间位置受限(机头无法到达)的焊缝。

2. 埋弧焊的焊剂、焊丝及其选配

焊丝和焊剂的选配，首先要保证获得高质量的焊接接头，同时又要尽可能降低成本。

(1)焊剂

埋弧焊使用的焊剂为颗粒状可熔化物质，其作用类似于焊条的药皮涂料。对钢类焊接的焊剂要求如下：

①良好的保护性能和冶金特性。焊剂熔化产生的气、渣能有效地保护电弧和熔池，防止焊缝金属氧化、氮化以及合金元素的蒸发和烧损；含有的合金元素有脱氧和渗合金作用，并与选用的焊丝配合使焊缝获得所需的化学成分、力学性能及抗热裂和冷裂的能力。

②良好的工艺性能。焊剂应具有良好的稳弧、造渣、成形、脱渣性能；在焊接过程中析出的有害气体少；吸潮性小，有适当的粒度和足够的强度，便于重复使用。

焊剂除按用途分为钢用和有色金属用外，还可按制造方法分为熔炼焊剂、烧结焊剂和黏结焊剂三类。按化学成分，通常按熔渣碱度分为碱性、酸性和中性三种。我国的熔炼焊剂，是根据焊剂主要成分 MnO、SiO_2、CaF_2 含量的组合来间接反映焊剂的酸碱性，例如高锰、高硅、低氟焊剂等。国产焊剂的牌号、类型、主要成分及用途，可参阅有关资料。

(2)焊丝

埋弧焊普遍使用实芯焊丝，直径通常为 1.6～6mm。目前已有碳素结构钢、合金结构钢、高合金钢和各种有色金属焊丝及堆焊用的特殊合金焊丝。焊丝表面应当干净光滑，除不锈钢和有色金属外，各种低碳钢和低合金钢焊丝的表面最好镀铜，不仅防锈还可改善导电性能。

(3)焊丝、焊剂与焊接钢种的配合

低碳钢埋弧焊可选高锰、高硅、低氟型焊剂，配用 H08MnA 焊丝；或选用低硅、无锰、低氟型焊剂，配用 H08MnA、H10Mn2 焊丝；也可选用硅锰烧结型焊剂，配用 H08A 焊丝。低合金高强度钢埋弧焊，可选中锰、中硅、中氟或低锰、中硅、中氟型焊剂，配用适当强度的低合金高强度焊丝；亦可选用硅锰烧结型焊剂，配用 H08A 焊丝。耐热钢、低温钢、耐蚀钢埋弧焊，应选用无锰或低锰、中硅或低硅型熔炼焊剂或高碱度烧结焊剂，配用相近钢种的合金焊丝。铁素体、奥氏体等高合金钢埋弧焊，一般选用高碱度烧结焊剂或无锰、中硅、中氟，无锰、低硅、高氟型焊剂，配用相应材质的焊丝。特殊场合的埋弧焊，焊丝、焊剂与焊接钢种的配合可参阅相关手册。

3. 埋弧焊工艺及技术

埋弧焊焊缝形状一般用熔深 H、熔宽 B 和余高 a 描述，如图 10-4 所示。通常采用焊缝成

形系数 $\Phi(=B/H)$、余高系数 $\Psi(=B/a)$ 和熔合比 $\gamma=A_m/(A_m+A_H)$ 来表示焊缝的成形特点。通过改变上述参数,可以调节焊缝化学成分,改善气孔、裂纹倾向及焊接接头应力状态,提高焊缝力学性能。

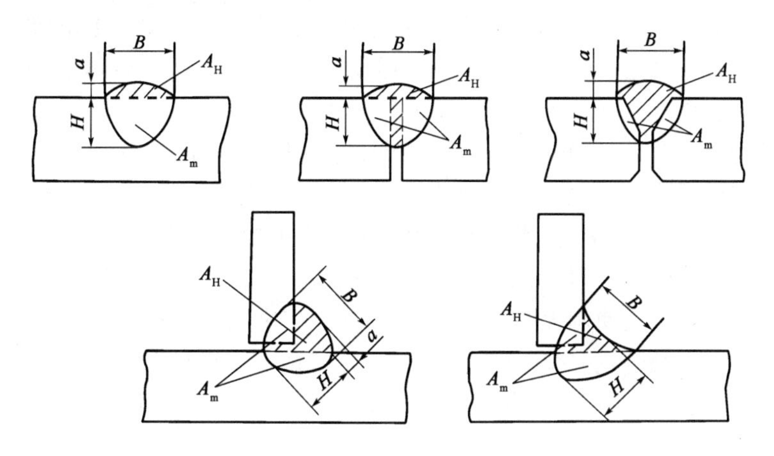

图 10-4　埋弧焊焊缝形状及描述参数

(1)埋弧焊焊缝的成形控制

要获得优良的焊缝,应根据焊件的材质、厚度、接头形式、焊缝位置以及工作条件对焊缝尺寸的要求等,选择合适的焊接参数和其他焊接条件。焊接电流、电弧电压和焊接速度是决定焊缝尺寸的主要参数,其对焊缝形状参数的影响如图 10-5 所示。

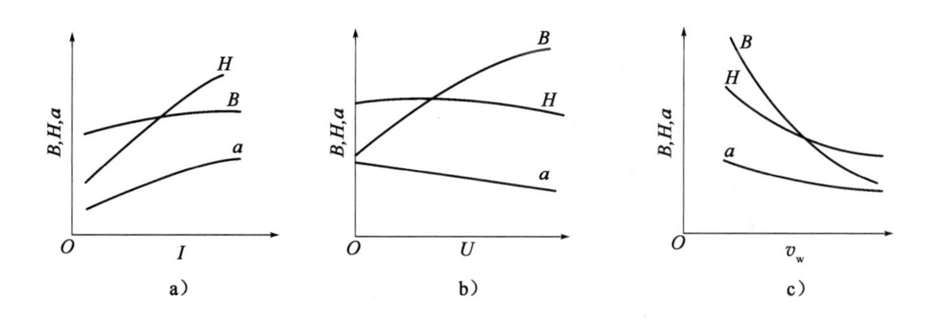

图 10-5　焊接参数对焊缝尺寸的影响

a)焊接电流的影响;b)电弧电压的影响;c)焊接速度的影响

①焊接电流是影响焊缝熔深的主要因素。随着焊接电流增大,熔深接近于线性增加,熔宽略有增加,同时余高增加,成形系数及余高系数减小。

②电弧电压是影响焊缝熔宽的主要因素。在其他条件不变时,随着电弧电压增大,焊缝熔宽显著增加,熔深和余高稍有减小。

③焊接速度对焊缝形状和尺寸都有明显的影响。焊速提高,熔深和熔宽都显著减小。为了保证合理的焊缝尺寸,同时又有高的焊接生产率,在提高焊速的同时应相应提高焊接电流和电弧电压。其他焊接条件,如电流种类和极性、间隙和坡口、焊丝的倾角、焊件厚度和倾斜度、焊剂成分等,都可以用来调控焊缝的形状参数。

(2)主要埋弧焊接技术

埋弧焊以平焊位置最为普遍,角焊接缝也有应用。

①平板对接双面焊。该法对焊接参数的波动和焊件装配质量都不太敏感,是平板对接常用的焊接技术。其技术要点是,第一面焊接时既要保证足够熔深又要防止熔池流溢和烧穿。对于较小厚度的钢板,采用间隙小于1mm且不开坡口悬空焊接法。最理想、最经济的方法是采用预留间隙(间隙随板厚增加而加大)不开坡口并采用焊剂垫来焊接第一面。此外,薄钢带、石棉绳、石棉板等均可用作间隙对接焊缝的垫板来进行第一面的焊接。

②平板对接单面焊双面一次成形。使用较大的焊接电流和强制成形衬垫,在适当的坡口、间隙条件下可以将焊件一次熔透,实现单面焊双面成形对接埋弧焊。这种焊接技术不需要焊件翻面,可以提高生产效率,但是由于电弧能量密度的限制,一般用于25mm以下板厚埋弧焊。为了保证反面焊缝均匀,应使用强制成形衬垫,目前生产中采用的有焊剂垫、焊剂铜垫、水冷铜垫、热固化焊剂衬垫以及陶瓷衬垫等。为了防止焊接过程中焊件变形,应采用电磁平台、压力架、定位焊等进行定位。图10-6为平板对接埋弧焊的几种衬垫结构形式。

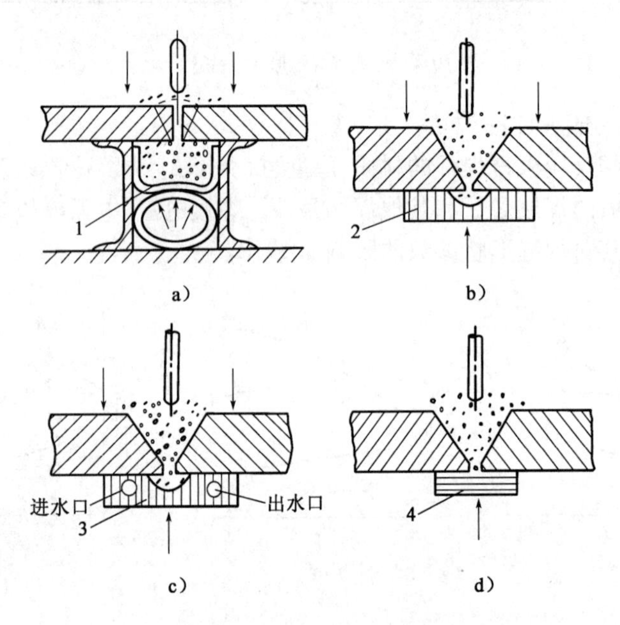

图10-6　平板对接埋弧焊几种衬垫结构形式

a)焊剂垫;b)焊剂铜垫;c)水冷铜垫;d)热固化焊剂衬垫

1-气压焊剂垫;2-铜衬垫截面;3-铜滑块截面;4-热固化焊剂衬垫

③角接缝焊接。焊接T形接头或搭接接头的角焊缝时,通常采用船形焊和横角焊(图10-7)两种形式。船形焊要求装配间隙1~1.5mm,可用2~3mm直径焊丝,单道焊缝的焊脚高度可达6~12mm;横角焊时对接接头装配间隙要求相对较低,即使达到2~3mm也不会造成液态金属流失,但单道焊缝的焊脚长度不能超过8mm×8mm,且宜采用直流。

④双丝、多丝埋弧焊。为了增加厚钢板熔透并提高生产效率,双丝和多丝串列电弧埋弧焊得到越来越多的工业应用,目前应用较多的是双丝焊。前后串列的电弧,前导焊丝较粗,用较高电流和较低电压获得足够熔深;后续焊接较细,用较低电流和较高电压来改善熔池尾部液态

金属流动和焊接结晶条件,防止咬边,同时改善焊缝表面成形。图 10-8 所示为两电弧的电源组合方式,熔深将依次递减。前导电弧用直流时宜为反接法,后续电弧用直流时为正接法。此外,还有带状电极埋弧焊和窄间隙埋弧焊,前者由多丝埋弧焊发展而成,而后者由窄间隙气体保护电弧焊演变和发展而来。

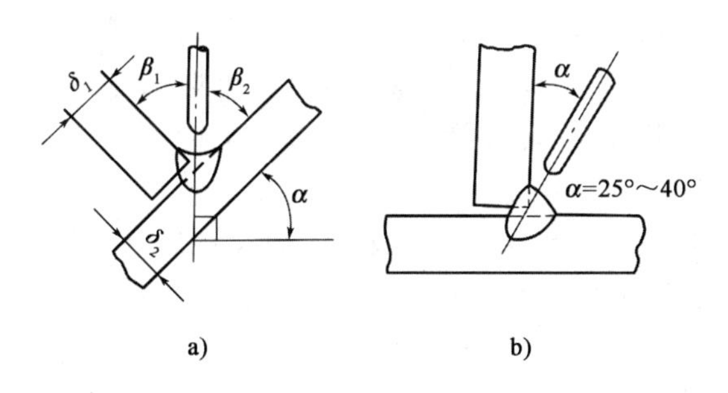

图 10-7　埋弧焊角接缝接头形式

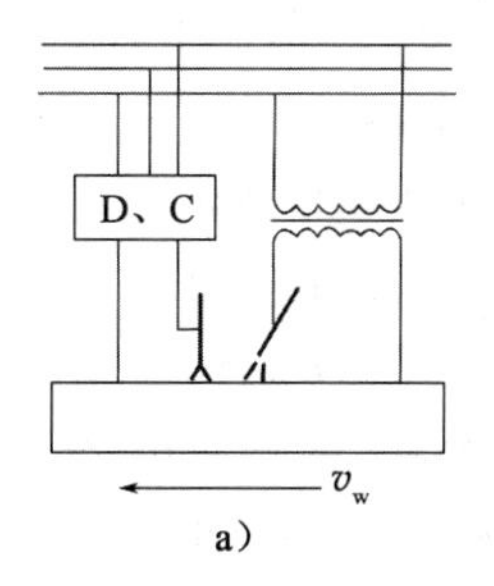

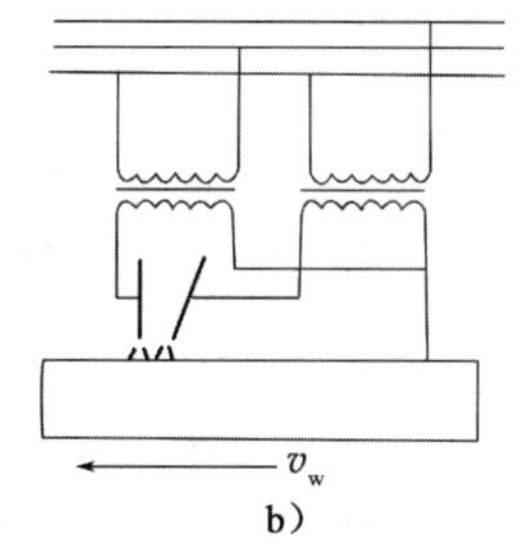

图 10-8　双丝串列埋弧焊电源的几种组合方式
a)直流—交流;b)交流—直流

三、熔化极气体保护焊

1. 熔化极气体保护焊原理及特征

熔化极气体保护焊(GMAW)是以专用气体作为保护介质,以连续送进的可熔化焊丝与焊件之间的电弧作为热源的电弧焊方法的总称,其原理如图 10-9 所示。

与埋弧焊相比,GMAW 的主要优点为:①可焊材料更为广泛,如 Al、Ti 及其合金等活性金属均可焊接;②生产效率更高,焊接质量更好,更易于实现机械化和自动化,如机器人弧焊等。GMAW 的主要缺点为:①明弧弧光强,应注意操作者及环境的保护;②气体的保护作用也较易受外界的干扰。

按气体介质不同,GMAW 可分为惰性气体保护焊、活性混合气体保护焊、CO_2气体保护焊等。此外,GMAW 还可按电流类型(交流、直流、脉冲)和焊丝类型(实芯焊丝、药芯焊丝)等分类。

1)保护气体种类及选择

保护气体的作用就是使焊丝、电弧、熔滴、熔池及其高温临近区与空气隔离,排除空气的有害影响。

(1)气体种类

用于 GMAW 的保护气体主要有 Ar、He、CO_2及其混合气体等。

①氩气(Ar):单原子惰性气体,高温不分解、不放热,不与金属化学反应,也不溶于金属。其密度比空气大,比热容和导热率比空气小,因此保护性能和稳弧性能良好。纯 Ar 保护主要用于有色金属及其合金、活性金属及其合金、高温合金的焊接。

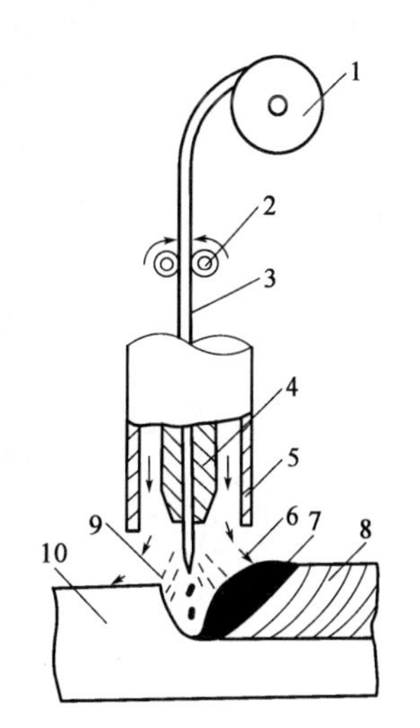

图 10-9　GMAW 原理示意图
1-焊丝盘;2-送丝滚轮;3-焊丝;4-导电嘴;5-保护气体喷嘴;6-保护气体;7-熔池;8-焊缝金属;9-电弧;10-母材

②二氧化碳(CO_2):多原子气体,高温吸热分解为一氧化碳和氧,对电弧有较强的冷却作用。此外,CO_2气体密度大,高温分解体积增大,因此具有较好的隔离保护效果。CO_2虽具有氧

化性，但目前采用的焊丝（如 H08Mn2SiA 等）和药芯焊丝，已经解决氧化性等问题，能保证焊缝的冶金质量，适用于低碳钢和低合金结构钢的气体保护焊。

③$Ar+CO_2$（5%）、$Ar+O_2$（1% ~5%）：这类混合气体具有一定的氧化性，一般用于钢的射流过渡或脉冲过渡气体保护焊，可克服纯 Ar 保护时由于电弧阴极斑点漂移不定，造成焊缝熔深及成形不规则，以及由于液态金属黏度及表面张力较大，产生气孔及焊缝咬边等问题。这是因为氧化性气氛可以降低电子逸出功，有利于电子发射和电弧稳定；可以改善熔滴过渡形态，细化熔滴；同时还可降低液态金属黏度及表面张力，改善焊缝成形。通常 $Ar+CO_2$（5%）用于碳钢、合金结构钢焊接，$Ar+O_2$（1% +5%）则用于不锈钢、高合金钢的焊接。

④$Ar+CO_2$（20%）、$Ar+CO_2$（15%）$+O_2$（5%）：这类混合气体有较好的熔深和焊缝成形，其中以后者为优，可用于射流、脉冲或短路过渡形式的低碳钢、低合金结构钢气体保护焊。

（2）GMAW 保护气体的选用原则

GMAW 保护气体选用的基本原则是：①作为保护气体，能有效地保护电弧、熔池和焊接区域；②作为电弧介质，应便于电弧引燃及其稳定燃烧；③有助于提高电弧的加热效率，改善焊缝成形；④有利于改善熔滴过渡，减小金属飞溅；⑤便于控制和消除焊接过程中有害的冶金反应，减少焊接缺陷，提高焊接质量；⑥来源丰富，价格低廉。

目前，除单一保护气体外，配制好的瓶装混合气体也有应用。

2）熔化极气体保护焊设备及特点

GMAW 方法有半自动焊和自动焊两种形式。半自动焊自动送进焊丝，手工移动焊枪，因而比较方便、灵活；自动焊则用于装配精度高、空间轨迹规则的焊缝。焊接设备主要由弧焊电源、送丝系统、供气系统、冷却系统、焊枪和控制系统等组成。对于自动焊还应有焊接小车及行走系统。图 10-10 为 GMAW 半自动焊设备组成示意图。

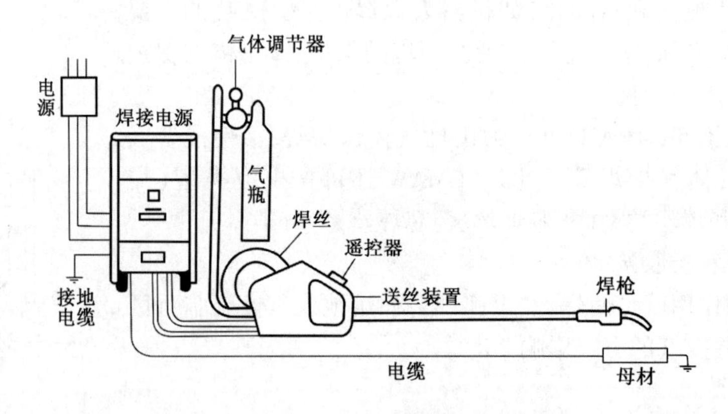

图 10-10　GMAW 半自动焊设备组成示意图

（1）焊接电源

一般为直流电源反极性接法，主要有硅整流、晶闸管及逆变电源等。当焊丝直径小于 1.6mm 时，电弧静特性处于上升段，应选择平外特性电源。当焊丝直径大于 2.0mm 时，电弧静特性为水平段，应选用下降外特性电源。

（2）焊枪

焊枪可分为自动焊枪和半自动焊枪两类。焊枪的主要作用是：①连续不断地向焊接区域输送保护气体和焊丝;②连接电源一极,源源不断地向电弧输送电能。因此,焊枪的构造应满足:①进气—导气—出气结构合理,能提供良好的保护气流;②焊丝的导送流畅且与电源接触良好。熔化极氩弧焊,当焊接电流大于200A时,焊枪要用水冷式。CO_2气体保护焊,当焊接电流小于600A且为断续负载时,焊枪可以采用气冷式,否则采用水冷式。

(3)送丝系统

半自动GMAW应用广泛,其送丝系统性能对焊接过程影响较大。要求送丝系统满足:①送丝稳定有力;②抗干扰性能好;③送丝机构惯性力小。具体为:①送丝电动机机械特性好;②拖动控制电路具有较高的控制精度和抗干扰能力;③送丝软管内径与焊丝直径配合恰当,软管材料摩擦因数小,性能好;④导电嘴的导丝孔加工精确、孔径和长度尺寸合适等。

常用的送丝方式有:①推丝式,适于直径$\phi \geq 1.0$mm的钢丝和直径$\phi \geq 2.0$mm的铝焊丝,送丝软管长2~5mm;②拉丝式,适于直径$\phi \leq 1.0$mm的钢焊丝;③推拉丝式,可使送丝软管加长,最长可达25mm等。

(4)控制系统

控制系统应包括以下几个方面:

①工作程序控制。通常应满足如图10-11所示的焊接工作程序。

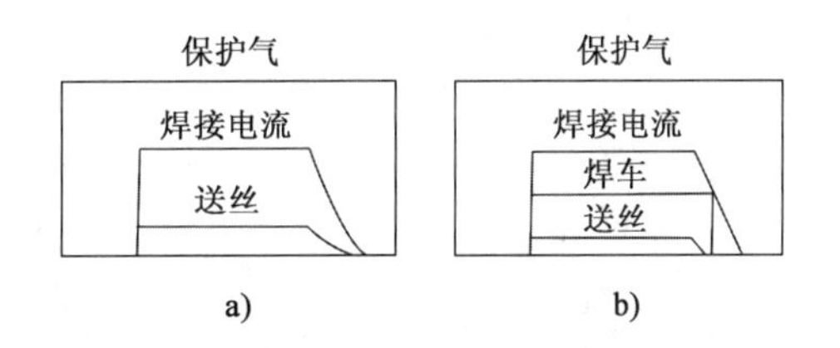

图10-11　熔化极气体保护焊焊接工作程序

a)半自动;b)自动

②送丝机构控制。主要为送丝速度调节与恒速控制。通常有:晶闸管整流式,一般采用电枢电压负反馈、电势负反馈等方法来补偿网络电压和送丝阻力的波动;场效应管、IGBT快速器件开关式,采用PWM控制,具有更好的控制和调节性能。

③系统调节控制。与埋弧焊一样,可采用等速送丝调节和电弧电压反馈调节系统。因所用焊丝直径多在$\Phi 2.0$mm以下,故等速送丝调节系统应用较为普遍。

2.熔化极氩弧焊工艺

熔化极氩弧焊是一种熔化极惰性气体保护焊,简称MIG焊。

(1)射流过渡熔化极氩弧焊

熔化的焊丝形成熔滴,通过电弧空间向熔池转移的过程称为熔滴过渡,获得射流过渡的条件是采用直流反极性接法,采用纯Ar或富Ar保护气氛,电弧电压、焊接电流必须大于临界值。射流过渡的形式过程如图10-12所示。随着电流增加,电弧逐渐向上扩展,熔滴出现颈缩[图10-12b)];当电流达到某一临界值时,电弧弧根突然扩展至缩颈根部[图10-12c)],出现跳弧现象。待图10-12c)所示端部大熔滴过渡后,其余液态金属以极小熔滴沿电极轴向高速射向熔池[图10-12d)]。这些细小熔滴呈束流状,故称为射流过渡。

引起跳弧的电流称为临界电流I_{cr}。达到临界电流时,熔滴体积V迅速下降,过渡频率突然增加，如图 10-13 所示。临界电流 I 的大小与焊丝材料、焊丝直径、保护气氛种类及焊丝伸出长度等因素相关，如图 10-14 所示。焊丝材料熔点越低，直径越细，临界电流值就越低。Ar 中加一些如 He、H_2、CO_2、O_2 等气体时，增加了电弧的冷却作用，弧根不易扩散，一般使临界电流增大。

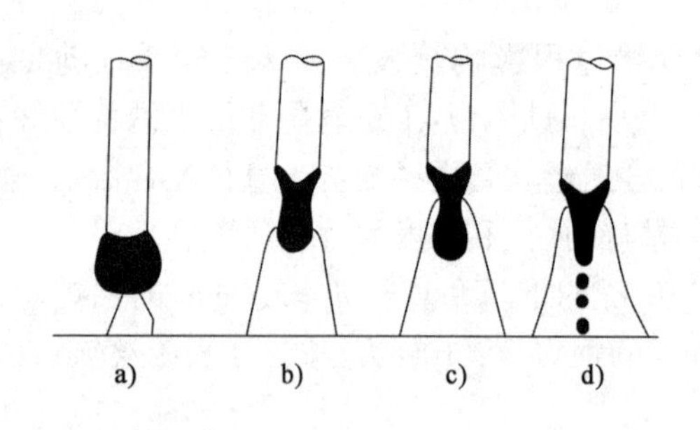

图 10-12 射流过渡的形成过程示意图

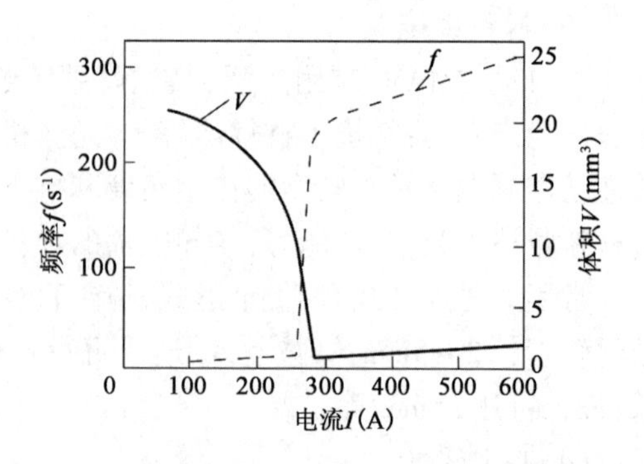

图 10-13 熔滴过渡频率、体积与电流的关系

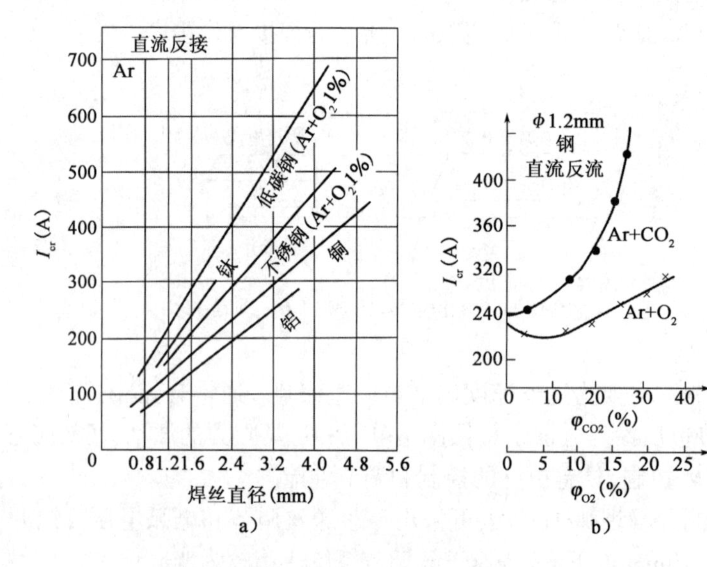

图 10-14 工艺因素对射流过渡临界电流的影响

a）焊丝材料、直径的影响；b）保护气氛成分的影响

射流过渡焊接过程十分稳定，几乎无飞溅，保护效果很好。此外，由于射流过渡电弧功率大，熔深也较大，适合于平焊位置的中、厚板焊接。但是由于热流量集中，细熔滴对熔池金属有较强的机械冲击作用，焊缝中心部分熔池明显增大，形成“指状熔深”；大电流，特别在焊接铝及其合金时，还会出现焊缝起皱、保护不良等问题。

（2）亚射流过渡熔化极气体保护焊

亚射流过渡是一个中间过渡区域，其可见弧长短，电弧成碟形，如图 10-15 所示（焊接条件：铝丝焊，直径 1.6mm，焊接电流 250A）。这种过渡飞溅很小，熔滴对熔池冲击力较弱，焊缝呈碗状，特别适于铝、镁及其合金的焊接。亚射流过渡区域焊丝熔化系数随可见弧光的缩短而增大，因此电弧具有固有的自调节特性，可以采用等速送丝系统，配用恒流外特性电源。这种焊接方法弧长范围不宽(如1.6mm铝焊丝,可见弧长为2~8mm),最佳送丝速度(焊接电流)范围很窄,须采用特殊系统(如一元化调节系统)使送丝速度与焊接速度同步控制。

3. CO_2气体保护焊

CO_2气体保护焊是以CO_2作为保护气体的熔化极气体保护焊,简称CO_2焊。它具有生产率高、成本低、焊接质量好等特点,广泛用于汽车制造、石油化工及造船等工业领域。

1)短路过渡CO_2焊

工艺条件是细焊丝(<1.6mm)、小电流、断电弧(低电压),其过渡过程如图10-16中①~⑦所示。

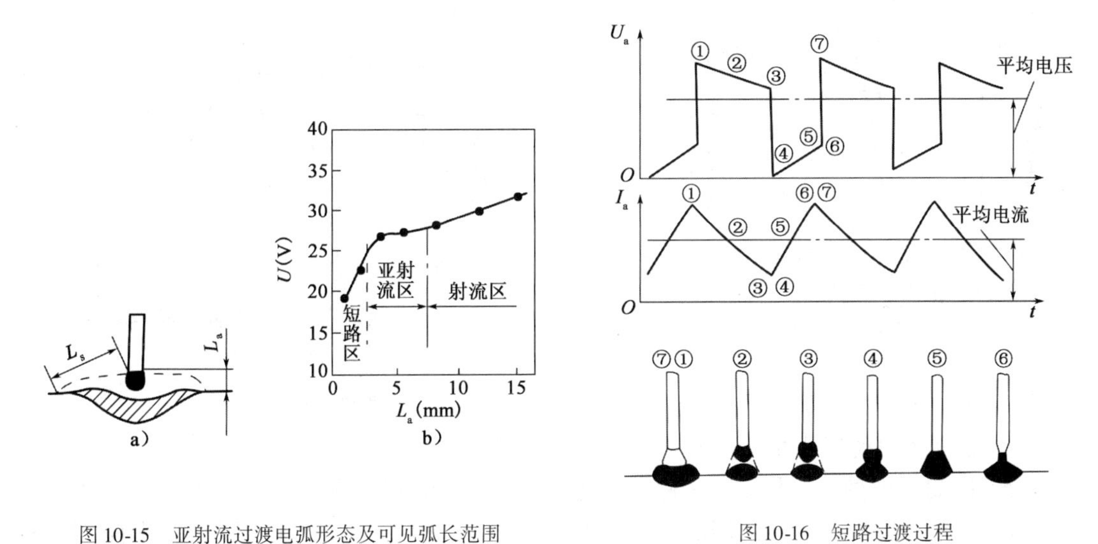

图10-15　亚射流过渡电弧形态及可见弧长范围
a)电弧形态;b)可见弧范围

图10-16　短路过渡过程

(1)短路过渡的频率特征

通常,在给定的送丝速度下,熔滴短路过渡频率f越高,过程越稳定。图10-17、图10-18和

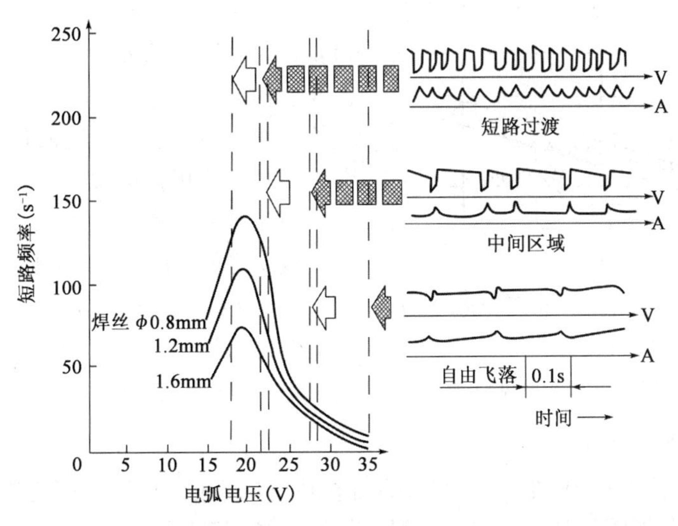

图10-17　短路过渡频率与电弧电压关系

图 10-19 分别代表焊接电弧电压、送丝速度以及焊接回路直流电感与短路过渡频率的关系，其影响规律如下：①对于每一特定直径的焊丝，电弧电压、送丝速度以及直流电感都有一个获得最高短路过渡频率的最佳值范围，此值过大或过小都会使短路频率大大下降，飞溅增大，过渡过程不稳定；②焊丝直径越小，可达到的最高频率越大，所对应的送丝速度（即焊接电流）以及直流电感最佳值越小；③除短路过渡频率 f 外，短路时间 t_s、短路电流峰值 I_m 都会影响短路过渡的稳定性。在图 10-18 中，Q 点熔滴体积最小，同时 t_s 和 I_m 都为最小值，所以短路过渡过程也十分稳定。

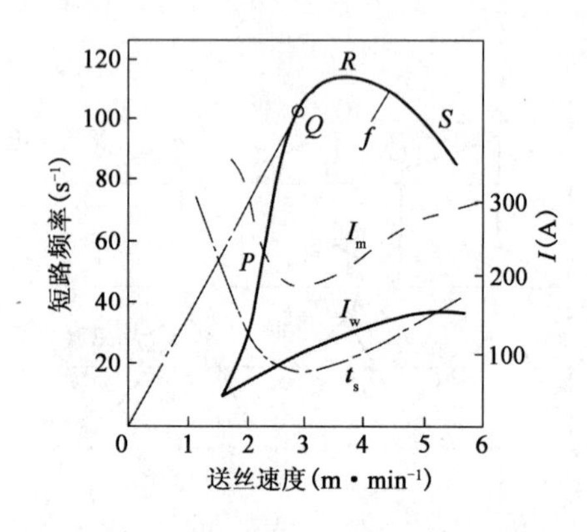

图 10-18　短路过渡频率与送丝速度的关系

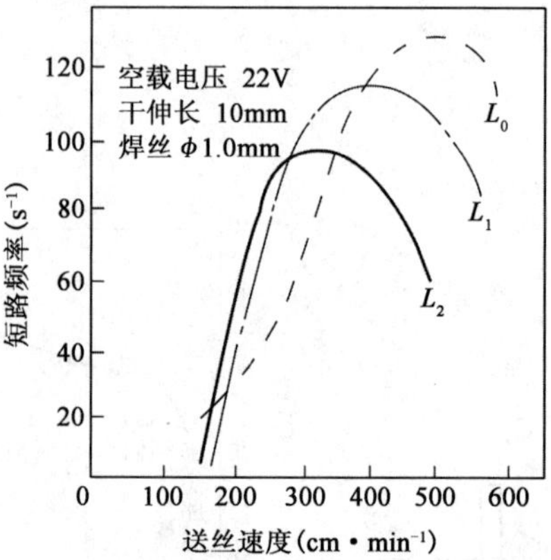

图 10-19　回路电感 L 对短路过渡频率的影响

（2）短路过渡的动态特性

焊接回路直流电感 L 直接影响短路电流上升速度 di/dt、短路峰值电流 I_m 和再引燃时电压恢复时间 t_r 等动态特性。目前使用的硅整流抽头焊机和晶闸管整流焊机，其 t_r 都很小。根据焊丝直径和焊接参数不同，可通过调节直流电感 L 找出 di/dt、I_m 的最佳配比关系。

（3）CO_2 短路过渡焊接工艺

CO_2 短路过渡焊接的主要工艺参数有电弧电压、焊接电流、焊接速度、气体流量、焊丝伸出长度以及直流回路电感 L 等。图 10-20 为适用的电流和电压范围。焊接速度通常为 30 ~ 50mm/min，气体流量为 8 ~ 15L/min，焊丝伸出长度（导电嘴至焊件的距离）一般为 6 ~ 15mm。此外，为了获得较大的熔深，保证过程的稳定性，宜采用直流反极性电源。

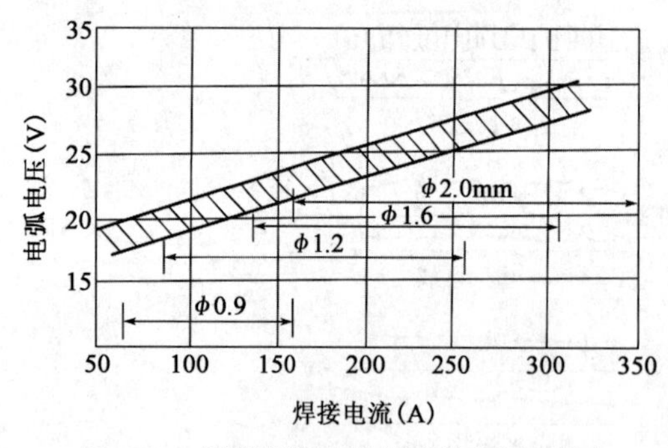

图 10-20　短路过渡焊适用的电流和电压范围

2）细颗粒过渡 CO_2 焊

较粗焊丝（φ1.6mm ~ φ3.0mm），较大电流（400 ~ 600A）和电压（34 ~ 35V）时，细粒熔滴自由下落进入熔池时电弧穿透力大，飞溅也较小，适合于中、厚板的焊接。

4. 熔化极混合气体保护焊

熔化极混合气体保护焊，在原理、焊接系统构成、焊接区保护等方面与熔化极惰性气体保护焊几乎没有区别，不同的是采用多组元混合气体保护，其特点如下：

①能克服单组元气体对焊接过程稳定性或焊接质量的某些不利影响，从而使焊接过程和焊接质量更可靠。如碳钢、低合金钢和不锈钢等黑色金属采用纯 Ar 气保护 MIG 焊时，存在熔池黏度大，浸润铺展性差，气孔、咬边倾向大，阴极斑点不稳定，焊缝几何尺寸均匀性差，焊缝形状系数较小，“指状”熔深倾向大等缺点。如果在惰性气体组元里混合一定比例的氧化性气体，就可以克服纯 Ar 气保护的上述不足，同时保留了纯 Ar 气保护的优点，这就是常采用 $Ar+CO_2$、$Ar+CO_2+O_2$、$Ar+O_2$等混合气体焊接黑色金属的原因。

②可增加电弧的热功率，提高焊接生产率。往往单原子气体的电弧能量密度较低，电弧刚度较差，穿透能力和高速焊接能力较差。$Ar+CO_2$等混合气体都具有提高电弧热功率和能量密度的特性。氧化性气氛还具有改善熔滴过渡特性、熔深特性及电弧稳定性等优点。图 10-21 是保护气体成分对焊缝形状的影响。

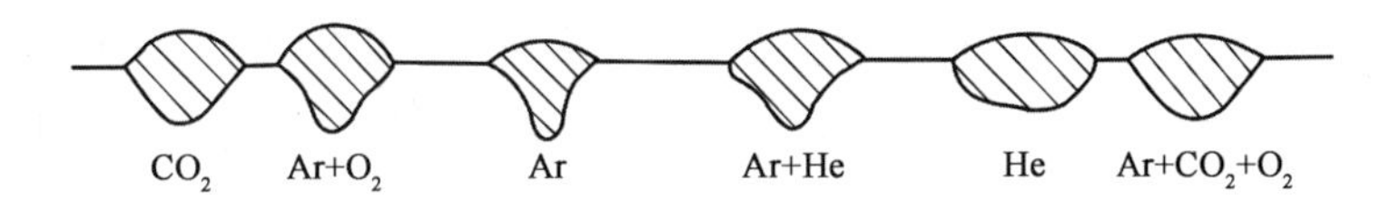

图 10-21　保护气体成分对焊缝形状的影响

四、不熔化极气体保护焊

1. 不熔化极气体保护电弧焊方法特征及应用

不熔化极气体保护电弧焊是以难熔金属钨或其合金棒作为电源一极，采用惰性气体保护，利用钨极与焊件产生的电弧作为热源，加热并熔化焊件和填充金属的一种电弧焊方法（图 10-22）。国内只采用氩气作为保护，故称为钨极氩弧焊。国外简称 GTAW 或 TIG 焊。

钨极氩弧焊除具有氩气保护的所有特点外，其独特之处还有：

①电弧的稳定性好。由于氩气的热导率较低，比热容小，电弧引燃后热散失较小，能很好地维持弧柱温度，加之电弧长度基本稳定，因此一旦电弧引燃，直流钨极氩弧焊可在较低的电弧电压、较小的焊接电流下维持燃烧。

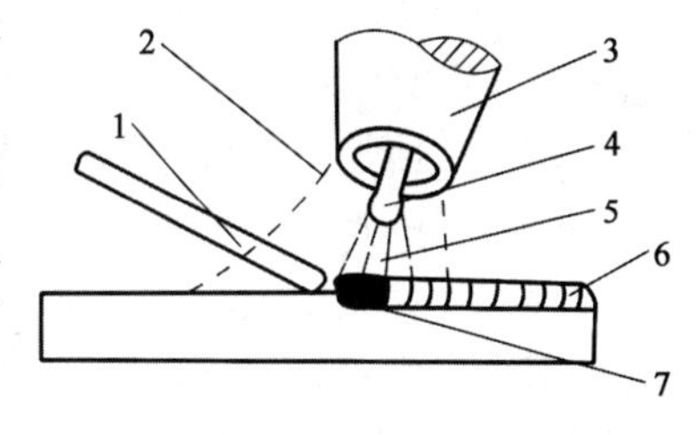

图 10-22　钨极氩弧焊示意图

1-填充金属；2-Ar 气；3-喷嘴；4-钨极；5-电弧；6-焊缝；7-熔池

②引弧特性较差。氩气的电离电势较高，引燃电弧需要更多的能量，因此为了避免钨极的非正常烧损或焊缝夹钨，必须采用高频引弧或高压脉冲等非接触引弧。

③交流钨极氩弧焊时除了引弧问题之外，还有稳弧和消除直流分量的问题。

钨极氩弧焊有手工焊和自动焊两种，根据焊件厚度和设计要求，可以添加或不加金属焊丝，为了适应新材料以及新结构的要求，钨极氩弧焊也出现了钨极脉冲氩弧焊、热丝钨极氩弧焊、钨极氩弧点焊等新形式。

钨极氩弧焊由于具有良好的电弧稳定性和良好的保护性能，是目前焊接有色金属及其合金、不锈钢、高温合金和难熔活性金属的理想方法，特别适合不开坡口、不加填充金属的薄板及全位置焊。但是，由于钨极载流能力有限，电弧穿透能力受限，所以钨极氩弧焊一般只适用于焊接厚度小于 6mm 的焊件，或用于工件的打底焊，以保证单面焊背面成形。

2. 钨极氩弧焊焊枪和钨棒的选择

(1)焊枪

焊枪是实施焊接工艺的操作工具,其主要功能是可靠地传输焊接电流和保护气体,尤其是获得良好的气体保护效果。目前国内使用的钨极氩弧焊焊枪分为两类:一类是空气自冷式,主要供小电流(<100A)焊接使用,其结构简单,使用轻巧灵活;另一类是水冷式焊枪,结构复杂,主要供焊接电流大于100A时的焊接使用,市场上可以购到满足实际焊接要求的各种规格焊枪。

(2)钨棒

钨棒作为电弧的一极,有发射或接受电子、导通电流、传输能量的作用,而且要求在焊接过程中不熔化,以保持电弧稳定。对其基本要求:①发射电子能力强;②耐高温、不易烧损或熔化;③有较大的电流承载能力等。在生产中,通常以钨棒在一定直径下允许通过的最大焊接电流(许用电流)、耐高温抗损耗能力(耐用性)、引弧和稳定性能以及安全卫生性能作为评定和选择钨极材质的指标。

目前广泛使用含有(质量分数)1%~3%氧化钍的钍钨棒和2%左右氧化铈的铈钨棒。在纯钨中加入1%~2%氧化钍,较之纯钨棒可降低电极的逸出功(由4.54V降低至2.63V),增强电子发射能力,并可大大提高载流能力,改善引弧、稳弧性能,而且还可以减少阴极产热量和电极损耗,延长使用寿命。但钍是一种放射性元素,虽然钍含量甚微,但在使用中仍然发现有微量放射性,因此在焊接操作或磨光钨棒时若不注意防护,对操作者的健康有害。

为了改善劳动条件,我国研制出一种新型电极材料——铈钨棒(WCe)。铈钨棒能满足钨极氩弧焊的要求,而且某些性能优于钍钨极,如:①直流小电流时,铈钨棒比钍钨棒电极的逸出功下降10%,更容易引燃电弧,稳定性更好;②最大许用电流可增加5%~8%,能提高钨棒的电流容量;③电极损耗减小,可延长使用寿命。由于铈钨棒具有上述优点,特别是放射剂量低,国内已在推广应用。国际标准组织焊接材料分委员会也将铈钨棒列为非熔化电极材料。

钨极直径的选取主要取决于焊接电流的大小、电流种类及电源极性。电流大小、种类及极性则可根据焊件板厚及材质来确定。焊接薄壁构件或焊接电流较小时,应选用小直径钨棒并将其端部磨成尖锥角(θ约20°),以利用电弧引燃和稳定燃烧。焊接电流增大时,钨极直径增大,端部锥角θ也要随之增大,或采用带有平角的锥角,以减少电极烧损,抑制电弧向上扩散,稳定电弧斑点,同时还可使电弧对焊件加热集中,保证焊缝成形均匀。θ较小将引起电弧扩散,导致焊缝熔深浅而熔宽大;随θ增大,弧柱扩散倾向减小,从而熔深增大,熔宽减小。焊接电流越大,上述变化越明显。钨极脉冲氩弧焊时,由于采用脉冲电流,钨极在焊接过程中有冷却机会,故在相同的钨极直径条件下,可提高许用脉冲电流。

3. 钨极氩弧焊的电流种类和极性选择

钨极氩弧焊根据被焊构件的材质和焊接要求可以选择直流、交流和脉冲三种焊接电源。直流电源还有正极性和反极性两种接法可供选用。焊接铝、镁及其合金应优先选择交流电源,其他金属一般选择直流正极性电源。

(1)直流正极性电源

焊件为正极,接受电子轰击放出的全部能量(逸出功),产热能量大于阴极,熔深大、熔宽小,热影响区小,变形小。同时由于钨棒为负极,发热量较小而不易过热,故可提高许用电流,选择较小直径。此外,钨棒为阴极,属热阴极型导电机构,电子发射能力较强,电流密度大,有利于电弧稳定,故直流正极性比反极性电弧稳定性要好。在钨极氩弧焊工艺中,除铝、镁及其合金外,其他各种金属材料均采用直流正极性焊接。

(2)直流反极性电源

钨棒为正极,焊件接负极,属冷阴极型导电机构。相同的钨棒直径,许用电流值只有正极性的1/10。相同电流则钨棒烧损严重,故一般不用。但是,它可使阴极表面氧化膜破碎而除去,所以在焊接表面覆盖有难熔氧化膜的铝、镁及其合金时能获得表面光洁美观、成形良好的焊缝。在没有交流电源时,可用于焊接3mm以下的铝、镁及其合金的薄板构件。

(3)交流电源

钨极氩弧焊焊接铝、镁及其合金时,一般采用交流电源。在负极性半波,焊件为阴极,有阴极清理作用,可以除去其表面的氧化膜。在正极性区间,钨棒为阴极,产热较低,为了发射足够的电子,需要大量逸出功,实际上有冷却钨棒的作用。但由于工频交流电源每秒有100次改变方向和经过零点,钨极和焊件的电、热物理性能间的巨大差别,使交流正负两个半周导电特性出现差异,因此交流钨极氩弧焊时,必须采取措施解决引弧、稳弧以及直流分量的问题。

方波交流能够较好地解决一般正弦交流钨极氩弧焊存在的引弧、稳弧问题,克服直流分量带来的危害,还可以通过调整正负半周的宽度和形状更好地发挥交流电源焊接铝、镁及其合金的优势。由于方波电流波形很陡峭且有尖峰,过零极快,可显著提高电弧稳定性。例如焊接铝合金时,空载电压只需10~20V即可使电弧再引燃。不采取任何稳弧措施,电流在较低值时也可稳定燃烧。还可以让正半波持续时间长于负半波,在保证足够阴极清理作用的前提下,尽量减少钨极产热量和烧损,增大焊件产热量,提高熔敷率和焊接速度。

4. 钨极氩弧焊工艺

1)接头及坡口形式

钨极氩弧焊有对接、搭接、角接、T形接、端接五种基本接头形式。通常厚度在4mm以下的板对接焊可用I形坡口(即平面对接坡口),其装配间隙为零时可不加填充丝,否则,需加填充焊丝或采用卷边接头。厚度4~6mm对接焊缝可采用I形接头双面焊,6mm以上一般需要开V、U或X形坡口,钝边高度不超过3mm,装配间隙也应在3mm以内。

2)焊前清理

清除填充焊丝、工作坡口和坡口两侧表面至少20mm范围内的油污、水分、灰尘和氧化膜等,是保证焊接质量的重要工艺步骤。可用有机溶剂,如丙酮、汽油等,也可用专门的工业清洗剂清除油污和灰尘。可用机械清理和化学清洗除去氧化膜,如不锈钢用砂布打磨或钢丝刷清理,铝合金用刮刀清理,铝镁焊丝及重要焊件用碱洗及酸液冲洗中和光化。

3)焊接参数的选择

手工钨极氩弧焊主要焊接参数有焊接电流种类、极性、电流大小、钨棒直径与顶端形状、保护气体流量等,对于自动钨极氩弧焊还包括焊接速度等。

(1)焊接电流和钨棒直径

焊接电流的大小是决定焊缝熔深的主要参数,它根据工件材质、厚度、接头形式、焊接位置等因素选择。钨棒直径则根据电流大小、电流种类选择。钨棒端部形状是一个重要的焊接参数,尖端角度对电弧引燃和稳定,焊接熔深和熔宽都有一定的影响。

(2)保护气体流量和喷嘴孔径

气体流量和喷嘴孔径应相互配合,使保护气体形成足够挺度的层流。通常手工钨极氩弧焊喷嘴孔径为5～20mm,对应保护气体流量为5～25L/min。焊接电流增大,所对应的喷嘴孔径和气体流量取值应随之增大。

(3)喷嘴与焊件的距离、弧长和电弧电压

喷嘴端部与焊件的距离在5～14mm之间,通常钨极棒外伸长度为5～10mm。实用电弧长度范围为0.5～3mm,对应电弧电压为8～20V。自动焊时一般不加填充焊丝,小电流或焊件变形小时,喷嘴端部与工件的距离、电弧长度可取下限;反之,取上限。

(4)焊接速度

焊接速度是用来调节热输入和焊缝形状的重要参数之一,其选择应根据焊件厚度并考虑与焊接电流等配合以获得所需的熔深和熔宽。在高速度自动焊时,还要考虑焊速对保护效果的影响。此外,在焊接热敏材料时应尽量快速多道焊;立、横、仰焊时则采用较低焊速。

4)操作技术要领

焊枪、填充焊丝和焊件之间必须保持正确的相对位置,焊直缝时通常采用前倾焊,如图10-23所示。手工焊时常以左手断续送丝,自动焊时刻连续送丝。

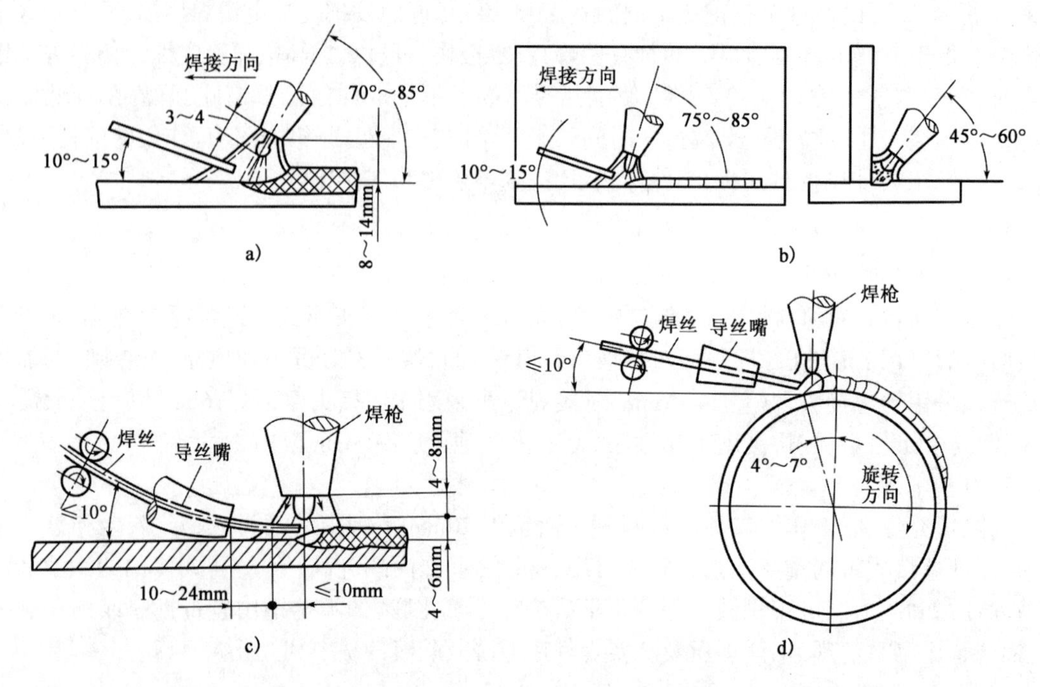

图10-23　焊枪、焊丝和工件之间的相对位置

a)对焊手工焊;b)角接手工焊;c)平对接自动焊;d)环缝自动焊

5.脉冲钨极氩弧焊

(1)工艺特点

脉冲钨极氩弧焊采用经过调制的直流或交流脉冲电流,电流幅值(或交流电流有效值)按

一定频率周期变化，典型的焊接电流波形如图 10-24 所示。脉冲电流时形成熔池，基值电流时熔池凝固，焊缝由多个焊点相互重叠而成[图 10-24e)]。

调节脉冲波形、脉冲电流幅值、基值电流大小、脉冲电流持续时间，可以控制焊接热输入，从而控制焊缝及热影响区的尺寸和质量，其主要工艺特点为：

①可精确控制工件的热输入和熔池尺寸，提高焊缝抗烧穿和熔池的保持能力，并能获得均匀的熔深，特别适合薄板(最小 0.1mm 厚)、全位置焊接和单面焊双面成形。

②焊接过程中熔池金属冷凝快，高温停留时间短，结晶方向得以调整，焊缝金属组织致密。加之脉冲电流对熔池的搅拌作用，可减少热敏材料产生焊接裂纹的倾向，扩大可焊材料的范围。

③由于脉冲电流的作用，可以用较低的热输入获得较大的熔深，减小了热影响区和焊件的变形，同时由于加热和冷却迅速，特别适用于导热性能和厚度差别较大的两工件的焊接。

(2)脉冲电流种类及工艺应用

如图 10-24 所示，脉冲钨极氩弧焊分为直流和交流两大类。直流脉冲钨极氩弧焊按照脉冲频率分为低频(0.1～15Hz)、中频(100～500Hz)和高频(10～20kHz)，其中以低频脉冲钨极氩弧焊应用最普遍。矩形波低频脉冲 TIG 焊，脉冲峰值电流 I_p 和持续时间 t_p 是决定焊缝熔深和熔宽的主要因素，增大 I_p 或 t_p 都使熔深和熔宽增大；基值电流 I_b 则对焊缝表面成形有明显影响。通常，对于热裂纹倾向大的焊件应使 I_p/I_b 低一些，t_p/t_b 大一些。全位置焊时，平焊段取较低的 I_p/I_b，较高的 t_p/t_b；空间位置焊取较高的 I_p/I_b，较低的 t_p/t_b；仰焊位置则取最高的 I_p/I_b，最低的 t_p/t_b。一般手工脉冲 TIG 焊常取 $f=0.5\sim2$Hz，而自动脉冲 TIG 焊取 $f=5\sim10$Hz，适用于不锈钢、耐热钢等合金钢材料的焊接。

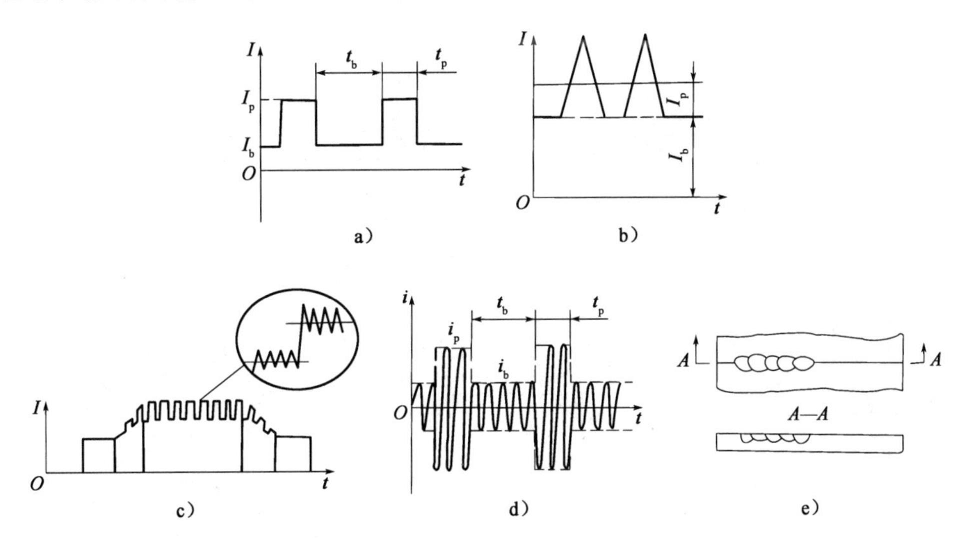

图 10-24　脉冲钨极氩弧焊电流波形

a)直流低频；b)直流高频；c)低频调质直流高频；d)交流；e)焊缝外观与熔深示意

I_p-直流脉冲电流；i_p-交流脉冲电流幅值；I_b-交流基值电流幅值；t_p-脉冲电流持续时间；t_b-基值电流持续时间

直流高频脉冲钨极氩弧焊频率在 10kHz 以上时，电弧挺度特别好，最适合薄板高速焊。若加入低频脉冲调制可构成低频脉冲调制式高频 TIG 焊，波形如图 10-24c)所示，适合全位置焊接。低频和中频交流脉冲钨极氩弧焊，频率范围通常为0.5～500Hz，通常对交流电流幅值进行调制，电流波形如图10-24d)所示，可以达到直流脉冲TIG焊相同的控制效果，适合铝、镁及其合金的薄板全位置焊。

交流方波钨极氩弧焊，可以通过调制脉冲宽度来控制正负半波的极性比例，改善焊缝成形和减少钨棒烧损。在保证阴极清理的前提下，应尽量减少负半波的比例，以增加焊缝熔深并减少钨棒烧损。

第二节　电　阻　焊

一、电阻焊过程及特点

电阻焊是压焊中应用最广泛的焊接方法，其应用范围大至宇宙飞行器，小至精细的半导体器件和各种厚、薄膜集成电路。可焊接各种结构钢、钛合金、铜合金、铝合金、镁合金、难熔合金和烧结铝之类的烧结材料等。据统计，约有25%的焊接工作量是由电阻焊完成的。

1. 电阻焊过程

电阻焊是利用电流流经焊件接触面及邻近区域产生的电阻热将其加热到熔化或塑形状态，同时对焊接处加压完成焊接的一种焊接方法。电阻焊可分为多种形式，其特征如图10-25所示。

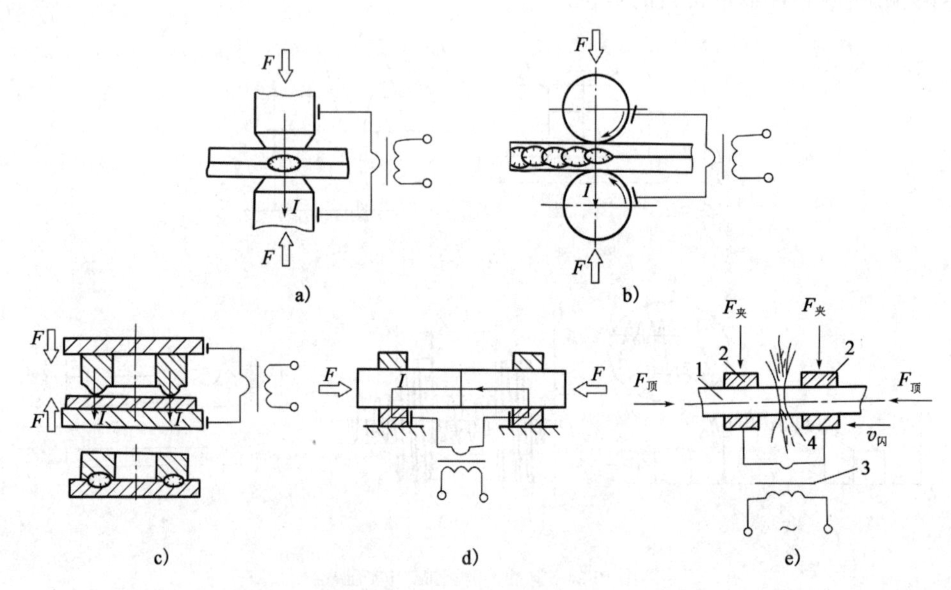

图10-25　电阻焊方法示意图

a)点焊；b)缝焊；c)凸焊；d)电阻对焊；e)闪光对焊

点焊是将被焊焊件装配成搭接接头，并压紧在两极之间，利用电流通过焊件时产生的电阻热熔化母材金属，形成熔核，冷却后形成焊点。缝焊是点焊的一种演变，用圆形滚轮取代点焊电极，滚轮压紧焊件并连续或断续滚动，同时通以连续或断续脉冲电流，形成由一系列焊点组成的焊缝。当点距较大时，形成的不连续焊缝称为滚点焊。当点距较小时，使熔核相互重叠时，则可得到具有一定气密性的焊缝。凸焊是点焊的一种特殊形式，它是利用零件原有型面倒角、底面或预制的凸点作为上下两焊件的接触面，施加压力并通以电流，达到在凸点处焊合连接。电阻对焊将被焊焊件装配成对接接头，使其端面紧密接触后通电，利用电阻热将接头一定范围内加热至塑形状态，然后施加顶锻力使之发生塑形连接。闪光对焊是将被焊焊件装配成对接接头，接通电源后使其端面逐渐移近达到局部接触，利用电阻热加热这些接触点（产生闪光），使端面金属熔化，直到端部在一定深度范围内达到预定温度分布时，迅速施加顶锻力挤压熔化金属，使之发生塑性连接的焊接方法。

以上各种方法都有一个共同的特点：内部电阻热加热，在压力下焊合。它们之间也有不同之处：点焊、缝焊、凸焊一般是搭接接头形式，可称搭接电阻焊，以液相连接。而电阻对焊和闪光对焊一般是对接接头形式，可称为对焊电阻焊，以固相连接居多。电阻焊可加热到熔化状态（如点焊、缝焊、闪光对焊），也可仅加热到高温塑形状态（如电阻对焊）。熔化金属可组成焊缝的主要部分（如点焊、焊缝的熔核），也可被挤出呈毛刺状（如闪光对焊）。因此电阻焊焊缝可为铸态组织，也可为锻态组织。

2. 电阻焊热源特点

电阻焊的热源是内部电阻热，由电极与焊件间的接触电阻 R_{ew}、工件本身电阻 R_w、两工件间接触面上的接触电阻 R_c 共同析热组成热源，总电阻 $R=2R_{ew}+2R_w+R_c$。

焊接区总电阻 R 产生的电阻热，可用平均热量 Q 表示，见式(10-6)。

$$Q = I^2Rt_w \tag{10-6}$$

式中：I——焊接电流平均有效值，A，可为数千至上万安培；

R——焊接区总电阻的平均值，Ω，一般为 10～100Ω；

t_w——通电焊接时间，s，一般为零点零几秒至几秒。

加热熔化金属的热量由两部分组成：第一部分由电流 I 通过 R_c 析出的热量，直接加热焊接区；第二部分由电流 I 通过 R_w 析出的热量，经热传导后加热焊接区。电阻焊时产生的热量 Q 只有较少部分 Q_1 用于加热焊接区，较大部分 Q_2 将向邻近传导和辐射而损失掉。有效热量 Q_1（$\approx 10\% \sim 30\% Q$）取决于金属的热物理性质及熔化金属量，而与所用的焊接条件无关。电阻率低、导热性好的金属（铝、铜合金）取下限；电阻率高、导热性差的金属（不锈钢、高温合金）取上限。散失的热量 Q_2 主要包括通过电极传导的热量（$\approx 30\% \sim 50\% Q$）、通过工件传导的热量（$\approx 20\% Q$）和辐射到大气中的热量（$\approx 5\% Q$）。

二、点焊

点焊是一种快速、经济的连接方法。它适用于可搭接、接头不需气密、厚度 3mm 以下的冲压、轧制薄板构件的焊接。

1. 点焊的基本特点

①在大电流、短时间、加压力状态下完成焊接，热量集中，焊接变形小，产生率高，生产成

本低。

②冶金过程单一,不需要填充材料和保护气体,适应同种及异种金属焊接。

③工艺操作简单,焊件技能要求不高,易于实现机械化、自动化。

④焊件依靠其间尺寸不大的熔核连接,因而焊缝质量受熔核尺寸、金属组织及其分布的影响。

2. 焊接循环

完成一个焊点的主要程序为预压、焊接、维持、休止四步组成的焊接循环,必要时可增加附加程序。其基本参数为电流和电极压力随时间变化的规律。图 10-26 为点焊时序图,包括预压、焊接、维持、休止四个基本程序,以及预热、热量递增、热量递减、后热等六个附加程序段。

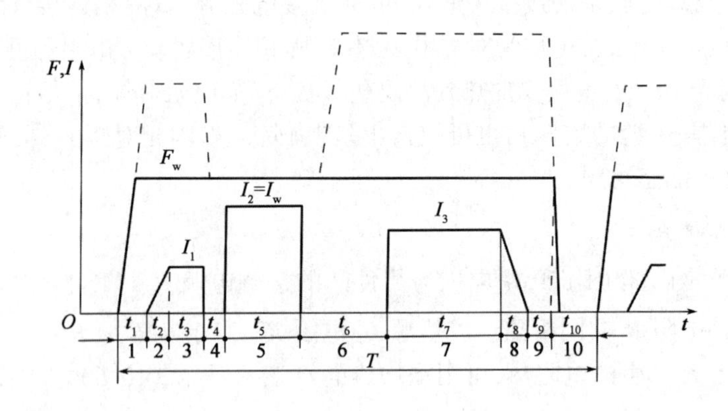

图 10-26　点焊时序图

1-预压程序;2-热量递增程序;3-加热 1(预热)程序;4-冷却 1 程序;5-加热 2(焊接)程序;6-冷却 2 程序;7-加热 3(热处理)程序;8-热量递减程序;9-维持程序;10-休止程序;F_w-电极电压;T-电焊周期;I_1、I_2、I_3-电流

①预压($F_w>0,I=0$)阶段的目的是克服构件的刚性,获得低而均匀的接触电阻,以保证焊接过程获得重复性好的电流密度。对厚板或刚度大的冲压零件,可在此期间先加大预压力,而后再恢复到焊接时的电极压力,使接触电阻恒定而又不太小,以提高热效率。或通预热电流,以达到上述目的。

②焊接($F_w=C,I=I_w$)阶段是焊件加热熔化形成熔核的阶段,焊件电流可基本不变,亦可逐渐上升或阶跃上升,此阶段是焊接循环中的关键。

③维持($F_w>0,I=0$)阶段不再输入热量,熔核快速冷却结晶。由于熔核体积小,且夹持在水冷电极间,冷却速度极高,一般在几周波时间内凝固结束,如果无外力维持,冷却收缩时将产生三向拉应力,极易产生缩孔、裂纹等缺陷。对厚板、铝合金、高温合金等零件,可增加顶锻力来防止缩孔、裂纹。此外,加热后缓冷电流可降低凝固速度,亦可防止缩孔和裂纹的产生。在焊接易淬硬的材料时,应加回火电流以改善金相组织。

④休止($F_w=0,I=0$)阶段为恢复到起始状态所必需的工艺时间。

3. 点焊参数及其相互关系

常用金属材料点焊焊接性的综合评估见表 10-1。

常用金属材料点焊焊接性的综合评估　　表 10-1

材料(牌号)	焊接电流	焊接时间	电极压力	预热电流	缓冷电流	加大顶锻压力	焊后热处理	电极粘损
低碳钢(10)	中	中	小	不需	不需	不需	不需	小
合金结构钢(30GrMnSiA)	中	中长	中	希望	需	需	需	小
奥氏体钢(1Gr10Ni9Ti)	小	中	大	不需	不需	不需	不需	小
高温合金钢 GH3039(GH39)	小	长	大	希望	希望	希望	不需	小
铝合金(5A06,旧牌号 LF6)	大	短	大	不需	不需	不需	不需	中
钛合金(TA7)	小	中	小	不需	不需	不需	不需	小
镁合金(MB7)	大	短	小	不需	需	不需	不需	大
铜合金(H62)	中	短	中	不需	不需	不需	不需	大
纯(紫)铜(Cu1)	大	短	中	不需	不需	不需	不需	小

(1)焊接电流 I_w

产热量与电流的平方成正比,对焊点性能影响最敏感。在其他参数不变时,当电流小于某值时,熔核不能形成;超过某值后,随电流增加熔核快速增大,焊点强度上升。如果电流过高则导致飞溅,焊点强度反而下降,如图 10-27 所示,所以一般选用 BC 段焊接电流。

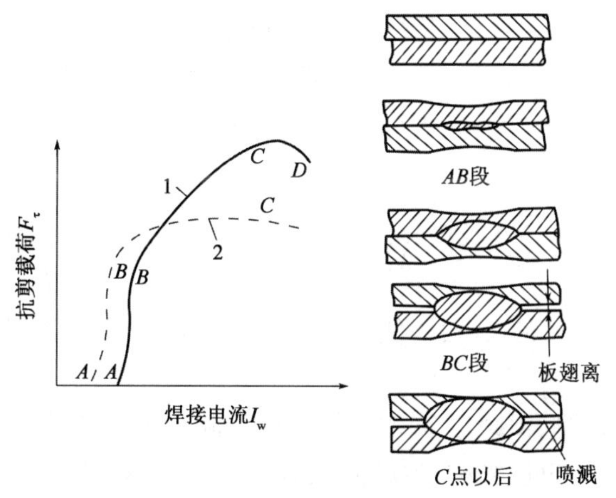

图 10-27　电流与拉剪力(F_τ)的关系

1-板厚超过 1.6mm;2-板厚低于 1.6mm

(2)焊接时间 t_w

通常指电流接通到停止的交流周波数,可为数周波至数十周波(1 周波 =0.02s)。在其他参数固定的情况下,通电时间超过某最小值时才开始出现熔核,而后随通电时间的增长,熔核快速增大。再进一步增加通电时间,熔核增长变慢,渐趋恒定,应停止供电。如果加热时间过长,组织变差,会使接头塑性指标下降。

(3)电极压力 F_w

电极压力一般为数千牛,过小的电极电压将导致电阻增大,产热量过多且散热较差,引起前期飞溅。过大的电极压力将导致电阻减小,产热量少,散热良好,熔核尺寸缩小,尤其是焊透率显著下降。目前,建议选用 RWMA 推荐的临界飞溅曲线上无飞溅区内的工作点(图 10-28)。

(4)电极端面尺寸

点焊电极端面形状主要有锥台形和球面形两种。电极断面尺寸决定了电极与焊件接触面积、电流密度和电极压力分布范围。一般应选用比期望获得熔核直径大 20% 左右的工作面直径所需的端部尺寸,并要求锥台形电极工作面直径在工作期间每增大 15% 左右必须修复,而水冷孔端至表面距离在耗损至仅存 3 ~ 4mm 时,应更换新电极。

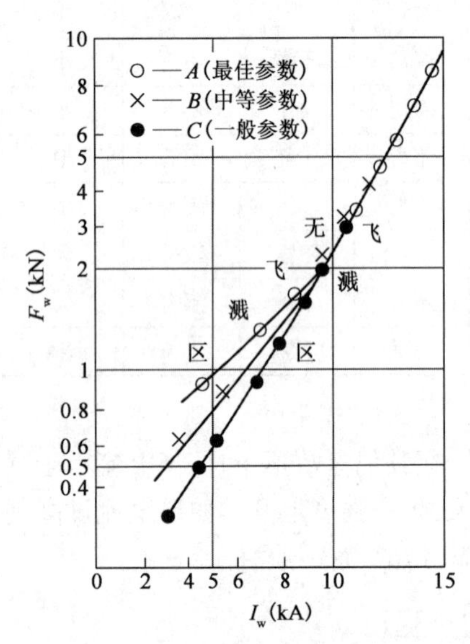

图 10-28　RWMA 推荐的电流与电极压力关系的临界飞溅曲线

点焊各参数相互影响,大多数场合可选取多种参数的组合。通常把大电流、短通电时间的组合称为硬规范;小电流、长通电时间的组合称软规范。软规范加热平稳,焊接质量对焊接参数波动的敏感性低,焊点强度稳定,熔核内喷溅、缩孔和裂纹特别是冷裂纹倾向低。此外,软规范所用设备装机容量小,配用的电极压力较低,因而较便宜。但是,软规范存在焊点压痕深、接头变形大、表面质量差、电极磨损快、生产效率低等问题。硬规范的特点与软规范相反。通常,硬规范适于铝合金、奥氏体不锈钢、低碳钢以及不等厚板材的点焊;软规范则适于低合金钢、可淬硬钢、耐热合金、钛合金等材料的点焊。

三、闪光对焊

1. 闪光对焊过程

先将焊件置于钳口中夹紧通电,再使焊件缓慢靠拢接触,使端面局部接触、个别点熔化并形成火花,加热达到一定程度后,加速送进焊件,进行顶锻力焊合。预热闪光对焊过程分为预热(电阻或闪光预热)、闪光、顶锻三个主要阶段,保持和休止是必需的辅助程序。连续闪光对焊时无预热阶段,如图 10-29a)所示。为获得优质接头,闪光对焊循环应做到以下几个方面:

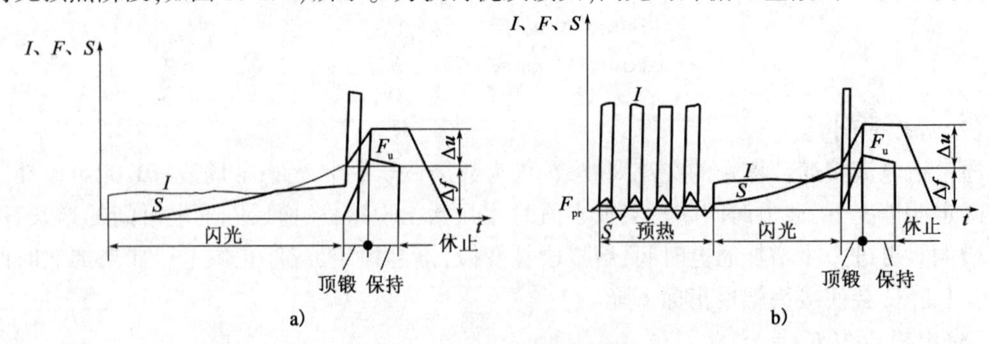

图 10-29　闪光对焊焊接循环

a)连续闪光对焊;b)电阻预热闪光对焊

I-电流;F-压力;S-行程(位移)

①均匀预热，结束时焊件端面被均匀地加热到预定温度值(如钢件为1073～1173K)。

②闪光过程稳定而激烈，结束时应使焊件端面均匀上升，焊件沿纵深被加热到合适且稳定的温度分布状态。通过闪光过程中的过梁爆破，将焊件端面上的夹杂物随液态金属一起抛出，闪光末期在端面形成一薄层液态金属保护层。

③顶锻前期应将焊件端面的间隙封闭，防止再氧化，然后把液态金属挤出。顶锻后期则对高温金属进行锻压，使其获得必要的塑性变形，从而使金属界面消失。

2. 闪光对焊的焊接参数

(1)伸出长度

伸出长度是指焊件伸出夹钳电极端面的长度，一般用 l_0 表示。伸出长度主要用于调节加热温度分布，保证闪光对焊各阶段必要的留量，其根据材料性质和焊件截面选择。

(2)预热参数

预热参数包括预热电流、预热总时间、预热次数及每次短接时间等。预热电流太大、预热时间太长会降低接头的塑形和韧性。一般认为，预热次数多些、每次短接时间短些有利于材料的匀温。预热用于焊件截面较大或淬硬倾向大的材料。

(3)闪光参数

闪光参数主要有闪光留量 Δf、闪光速度 v_f、二次空载电压 U_{20} 等。Δf 为闪光阶段烧化掉的焊件长度，随截面积的增加而增加；v_f 是指焊件在闪光阶段相互接近的速度。低碳钢连续闪光对焊的平均闪光速度为0.8～1.5mm/s，顶锻前闪光速度为4～5mm/s。预热闪光对焊的平均闪光速度为1.5～2.5mm/s。U_{20}(1.5～14V)越低，过梁存在的时间就越长，向焊件纵深加热的时间也越长，热效率越高。一般采用能正常闪光的最低空载电压。

(4)顶锻参数

顶锻参数有顶锻留量 Δu、顶锻力 F_u、顶锻速度 v_u 等。Δu 影响液体金属、氧化物的排出及塑形变形的程度，应结合加热时的温度分布状态进行选取。F_u 是为了达到预定塑性变形量而施加的力，其值随材料的热强性能和加热温度分布的不同而变。氧化物必须在接头冷却到某一温度之前被挤出，因此 v_u 应大于最低顶锻速度。通常，低碳钢 v_u 为60～80mm/s；高合金钢 v_u 为80～100mm/s；铝合金 v_u 为150～200mm/s；铜 v_u 为200～300mm/s。

第三节　钎　　焊

在被连接金属构件截面间放置比其熔点低的金属钎料，加热到钎料熔化温度，利用液态钎料润湿连接界面，填充接头间隙并与构件金属产生相互作用，随后冷却结晶实现连接的工艺称为钎焊。

一、钎焊过程及特征

1. 钎焊接头形成过程

形成优质钎焊接头的过程需满足三个基本要素：①液态钎料能润湿焊件金属并能在焊件

表面铺展;②通过毛细作用,液态钎料能致密地充满接头间隙;③钎料与焊件金属之间产生相互作用,从而实现良好的构件连接。

1)钎料的润湿角作用

润湿是液态物质与固态物质接触后相互黏附的现象。钎焊时,熔融钎料首先必须润湿焊件金属,接着均匀铺展,这样才能借助毛细作用填满接头间隙。液态钎料与焊件基体的润湿状态以及润湿参数如图 10-30 所示。润湿角可以表征润湿性的优劣,θ 越小,润湿性越好。通常,钎焊钎料的润湿角应小于 20°。影响钎料润湿作用的主要因素有:

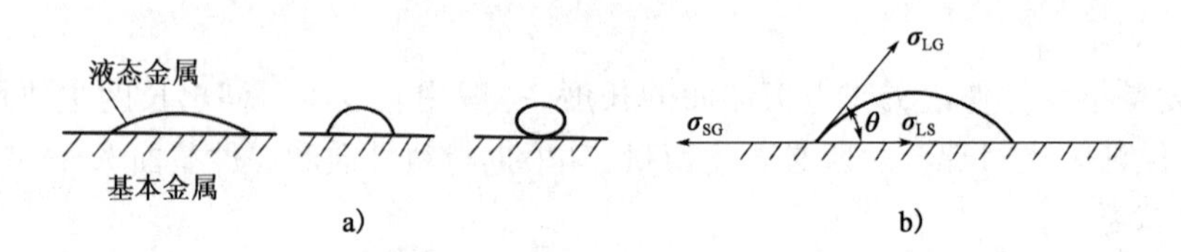

图 10-30　液态钎料与焊件基体的润湿状态以及润湿参数

a)润湿状态;b)润湿参数

(1)钎料与焊材成分

若钎料与焊材在液态和固态下均不发生物理化学作用,其间的润湿就很差;反之,若能互相溶解或形成化合物,则液态钎料就能较好地润湿焊材。例如银 - 铜、锡 - 铜相互作用,因此润湿性很好;铅 - 铜、铅 - 钢互不发生作用,则润湿性很差。但若在铅中加入能与铜、钢都能形成固溶体和化合物的锡,就可以改善钎料与铜、钢的润湿作用,且润湿性随锡量的增大而更好。

(2)钎焊温度

随加热温度升高,液-气相界面张力 σ_{LG}和液-固相界面张力 σ_{LS}减小,从而使钎料润湿性能改善。但温度过高,会造成溶蚀、钎料流失和基体金属晶粒过大等问题。

(3)金属表面氧化物及状态

金属表面存在氧化物时,液态钎料往往凝聚成球状,不能在其表面润湿铺展。此时同一气相界面张力 $\sigma_{GS} < \sigma_{LS}$,润湿角过大,出现不润湿现象。因此,焊前应清除涂料和金属表面的氧化膜,并保持其不被氧化。此外,钎料在粗糙表面上比在光滑表面上的铺展能力更强。

(4)钎剂

钎剂可以清除钎料和金属表面的氧化物,减少液态钎料的界面张力 σ_{LS},从而改善润湿状况。

2)液态钎料的填隙流动

液态钎料的填缝是依靠毛细管作用使其在间隙内流动而实现的。为促进毛细管填缝作用,钎焊接头间隙应尽量小。只有在液态钎料具有良好的润湿性时,钎料才能在接缝间隙内均匀流动,形成致密钎缝。钎料润湿性差,则钎缝填充不良。若钎料不润湿焊件,则无法形成钎焊接头。

3)钎料与基体金属的相互作用

一是焊件金属向液态钎料的溶解;二是钎料向焊件扩散。如果钎料和焊件金属在液态下能互溶,则钎焊过程中一般发生焊件溶入液态钎料的现象。如果焊件的溶解量适当,能在钎缝中形成固溶体,则有利于提高接头的强度和韧性。如果溶解导致钎焊缝中形成脆性化合物相,则钎缝的强度和延展性下降。此外,焊件的过量溶解,会使钎料的熔点、黏度提高,流动性变差,有时会造成焊接溶蚀,甚至烧穿等缺陷。如果焊件溶解有助于在钎缝中形成共晶体,则焊件的溶解作用强烈。钎焊温度越高,保温时间越长,钎料量越大,焊件金属的溶解作用也越强烈。

由于钎料与焊件金属组元之间存在浓度差,钎料组元也会向焊件金属扩散,钎料组元浓度高于焊材,且浓度梯度越大,扩散量就越多。焊件金属晶体原子排列密度越小、钎焊温度越高、扩散组元原子直径越小,则钎料组元扩散量也就越大。如果钎料组元向整个焊件金属晶粒内部扩散,则在焊件与钎料交接处形成固溶体组织,对接头强度和塑形不会产生有害影响。但如果钎料组元只扩散到焊件金属晶粒边界,就会在晶界形成低熔点共晶体,将影响接头性能,此时就应降低钎焊温度或缩短保温时间,以限制晶界扩散。

2. 钎焊特点

①加热温度低,对焊件金属组织和性能影响较小。

②焊件变形较小,易于保证结构尺寸,可实现精密加工。

③生产率高,可以实现多个零件多条焊缝的一次连接,也易于实现连续自动化生产。

④可实现异种金属及合金、非金属－非金属以及金属－非金属的连接。

⑤可实现形状特殊、结构复杂、壁厚不同、粗细不同构件的连接。

钎焊在航空、航天、核能、电子通信、仪器仪表、电器、电机、机械等领域有广泛应用。尤其对微电子工业各种电路板元器件、微电子器件等,钎焊是唯一可行的连接方法。

二、钎焊材料

1. 钎料

钎料作为接头填充金属,按其熔化温度分为熔点低于450℃的软钎料(镓基、铋基、铟基、锡基、铅基、镉基、锌基等)和熔点高于450℃的硬钎料(铝基、铜基、银基、锰基、金基、镍基、钯基、钛基等)。根据加工工艺的需要,钎料可制成丝、棒、片、粉状,也可制成环状、圆片,以及钎料与钎剂混合的膏状。钎料的选用应从构件接头的使用要求、钎料与母材的相互匹配以及经济性等方面综合考虑。

(1)钎料应满足结构的使用要求

如接头强度和焊件温度要求不高,可用软钎料;要求在低温下工作的接头,应使用含锡量低的钎料;要求高温度强度和抗氧化性好的接头,宜用镍基钎料;构件导电性要求高的,宜用银基钎料。一些在特殊环境下工作的钎焊接头,可能需要研制专用钎料。

(2)应考虑钎料与母材的相互作用

例如,铜磷钎料不能钎焊钢和镍,因为会在界面生成极脆的磷化物相。镉基钎料焊铜时易形成脆性的铜镉化合物而使接头变脆。

(3)考虑经济性

应在满足性能要求的前提下尽量选用便宜的钎料,如制冷机中铜管的钎焊,可选用价格便宜的铜磷银或铜磷锡钎料,而不必选用银基钎料。

2. 钎剂

钎剂的主要作用是去除母材和液态钎料表面上的氧化物并保护其表面不再被氧化,从而改善钎料对母材表面的润湿能力,提高焊接过程的稳定性。

(1)钎剂的性能要求

钎剂应具有足够的去除母材和钎料表面氧化物的能力,熔化温度及最低活性温度应低于钎料的熔化温度,在钎焊温度下应具有足够的润湿能力和良好的铺展性能。钎剂通常分为软钎剂、硬钎剂、铝用钎剂和气体钎剂等。

(2)钎剂的加工形态及应用

钎剂的形态应随产品结构、钎焊方法及工艺而定。钎剂可以通过浸粘、涂敷、喷射、蘸取等方法置入钎焊接头区域。钎剂可制成干粉状,也可以将钎剂和钎料制成药芯焊丝(如焊锡丝)或者制成钎料膏。钎剂既可在钎焊前预涂在接头区,也可在加热过程中通过手工或自动发放送到接头表面,钎剂还可作为合金元素包含在钎料中,构成自钎剂钎料。干粉状钎剂一般以水、酒精、丙酮调和成糊状,某些能完全溶于水的钎剂则可制成透明液体。自动钎焊时要求钎剂能喷射到接头上,故钎剂应调制成稀释的膏状或低黏性的悬浮液、乳状液等。无论是膏状钎剂或是混合液钎剂,均要求颗粒细小而均匀。

三、钎焊的应用

钎焊是电子工业中十分重要的技术,广泛用于分立电子器件、混合集成电路、大规模及超大规模集成电路的制成。印制电路板(PCB)的组装技术,也是从分立元件单孔插装、双列直插组装,发展到表面组装技术(SMT)及微组装技术(MPT)。集成电路(IC)的集成密度也迅速增加,引脚数目由几个发展到几十、几百甚至上千个,引脚间距越来越小,从2.54mm到1.27mm、0.5mm、0.3mm。印制电路板组装密度成倍增加,使得钎焊工艺在电子工艺中不断发展和提高。

1. 烙铁钎焊

烙铁钎焊是一种比较简单的手工软钎焊方法。在印制电路板组装中广泛采用自动钎焊工艺,但在电子产品开发与印制电路板焊接缺陷(如漏焊、脱焊等)的修复中,仍广泛使用烙铁手工焊。为了使电烙铁头具有良好的导热、润湿和耐高温氧化、抗钎剂腐蚀、钎料熔蚀性能,先在纯铜烙铁头上镀一层铁,防止钎料的熔蚀;再在烙铁头工作面上镀锡或银以增加对钎料的吸附能力,也可在铜烙铁上镀铁镍钴合金。

2. 波峰钎焊

利用熔化的钎料形成的波峰面与组装好的印制电路板(PCB)待焊面接触,加热、润湿焊件,完成连接的钎焊工艺称为波峰钎焊,其是目前电子工业中比较理想的焊接工艺。波峰钎焊具有焊接质量可靠、焊点外形美观、一致性好、用料省、工效高等优点。主要用于通孔插装组件PCB,或通孔插装和表面安装组件混装PCB的钎焊。图10-31是波峰钎焊示意图,其基本流程是熔化的钎料经通道4流经基座5的坎状斜面形成钎料波,PCB基板2与液面成一定角度在钎料波上恒速移动而实现电子元件连接。

波峰钎焊的钎料波形,根据不同的焊接要求有正态曲线波、λ波、Ω波、P性波,按印制电路板接触钎料波的个数又有单波峰和双波峰等。自动波峰钎焊的主要工艺环节为钎剂涂敷、焊件预热、焊接等。图 10-32 为一种双波峰钎焊原理，第一波峰称为湍流波峰，是一个空心的喷射式钎料波峰，随传送带走向喷射，在焊面上形成一种旋风效果，可以精密地对焊面冲洗，除去因气泡产生的不良后果，克服屏蔽现象。第二波峰是一个实心送钎料的层流波峰，保证焊点间没有桥连及堆料现象，使每块印制电路板获得良好的装连。

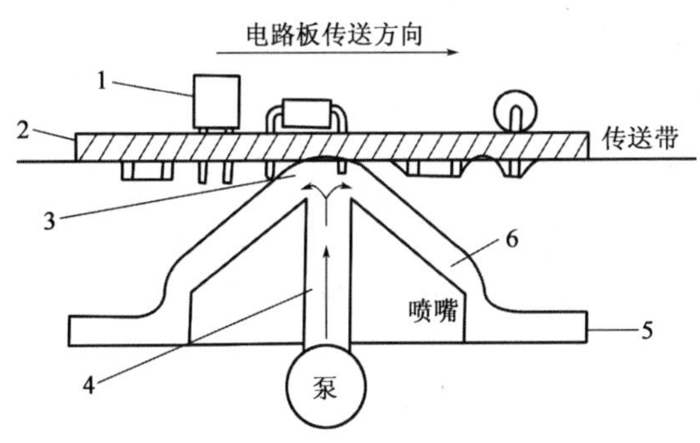

图 10-31　波峰钎焊示意图

1-电子元件;2-PCB 基板;3-钎料波;4-钎料通道;5-基座;6-软钎料

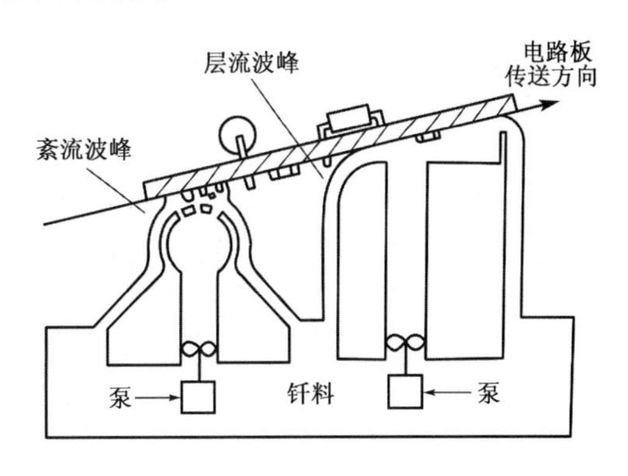

图 10-32　双波峰钎焊系统原理

3. 表面联装(SMT)钎焊技术

为了适应电子工业的高性能、高可靠性、高密度(微型化)、无缺陷的严格要求，PCB(印制电路板)装焊工艺已由通孔安装技术(THT)发展为表面联装 SMT，特别是 SMD、SMC 等表面元器件装拆技术，已经成为电子工业发展的趋势。图 10-33 是 SMT 双面混装工艺流程图，钎焊工艺除波峰钎焊(通常采用双波峰钎焊)外，还可采用回流焊(再流焊)。回流焊分为气相回流焊和红外回流焊。

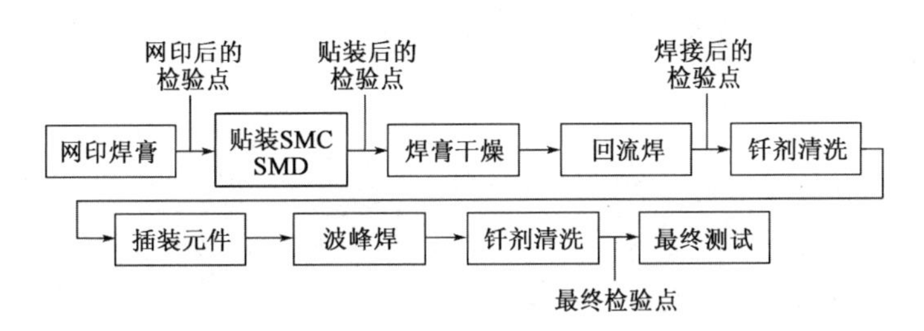

图 10-33　回流焊和双峰钎焊 SMT 双面混装工艺流程

复习思考题

1. 焊接电弧的导电特点及主要物理过程是什么？焊接电弧各区的产热机理是什么？哪些因素影响阴极和阳极的热量？

2. 什么是埋弧焊、熔化极氩弧焊、钨极氩弧焊和 CO_2 气体保护焊？其工艺过程如何？电弧特点、熔滴过渡、工艺特点以及应用范围有哪些异同？

3. 电阻焊的本质是什么？与电弧焊有何异同？电阻焊可用于哪些材料的焊接？

4. 钎焊接头形成的基本条件是什么？影响钎料润湿角的因素有哪些？为什么要使用钎剂？其应用领域有哪些？

第十一章　焊接新技术

第一节　高能束焊接

一、激光焊

激光焊是以高能量密度激光束轰击焊接件接缝，产生和传递热量从而实现焊接的方法。该方法具有热量集中、焊接速度高、接头变形和热影响区小、熔池形状深宽比大、组织细、韧性好等优点。

1. 激光束

激光是利用受激光辐射放大原理而产生的一种单色（单频率）、定向性好、干涉性优、能量密度高的光束。

1）激光束的特性

（1）单色性好

激光的普线窄，波振面形状不随时间变化，有良好的时间和空间相干性。这一性质使其在检验和通信领域广泛应用。

（2）方向性好

光束发散角小，束斑尺寸小，经透射或反射聚焦后可获得直径小于0.01mm、功率密度高达10^9W/cm^{2}的能束。此外，高质量激光器输出的激光发散全角一般为$(1\sim3)\times5\times10^{-3}$rad，远距离传输时，每传输10m直径扩大10~20mm，可应用于远距离激光加工。

（3）亮度高

亮度高表明能量密度高，正好应用于焊接等加工工艺。

2）激光束模式

激光器的工作介质有固体、半导体、液体和气体等，目前用于激光的工作介质主要为掺钕钇铝石榴石（YAG）、钕玻璃和红宝石固体激光器和高功率CO_2气体激光器。二者都可以生产脉冲或连续的高功率密度激光束，最大连续输出功率分别可达2kW和50kW。激光器输出的光束模式是指光束横截面上的能量分布情况，图11-1是几种低阶模激光束的光斑花样能量分

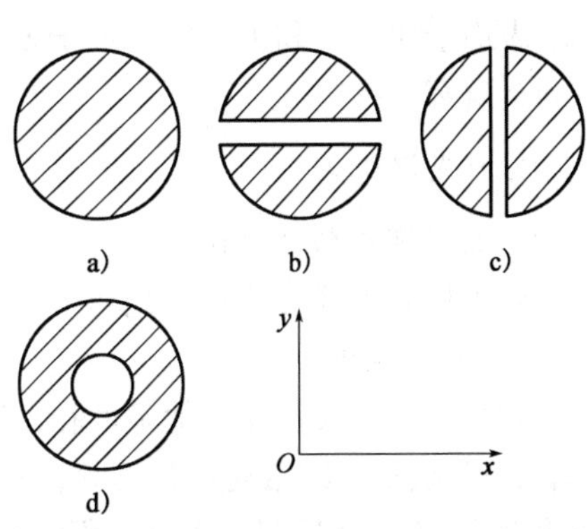

图11-1　几种低阶模激光束的光斑花样

a）TEM_{00}；b）TEM_{01}；c）TEM_{10}；d）TEM_{01}*

布示意图。其中 TEM_{00} 通常称为基模或零阶模，其余都称为低阶模，$TEM_{01}{}^{*}$ 也称为单环模或准基模，是由虚共焦腔产生或由 TEM_{01} 或由 TEM_{10} 模叠加而成。基模光束也称为高斯光束，它是激光焊或切割的理想光斑，但实际使用的激光束多为环形光斑，如 5kW 以上的大功率激光器常用的输出模式为准基模光斑（$TEM_{01}{}^{*}$）。

2. 激光焊原理

连续激光焊由于光束功率密度不同而分为传热熔化焊和深熔焊两种。当光斑功率密度小于 $10^5 W/cm^2$ 时，金属表面不产生汽化，所吸收的激光能通过热传导使焊件熔化，熔深轮廓近似半球形，其原理与非熔化极电弧焊基本相同，称为传热熔化焊。当光斑功率密度足够大（$\geq 10^6 W/cm^2$），金属表面迅速加热升温，金属快速熔化并伴随强烈的汽化，获得深熔焊缝，其深宽比可达 12:1，称为深熔焊。

(1) 深熔焊的小孔效应

高能量密度的激光束聚焦到焊件金属表面或表面以下时，材料吸收热量使表面温度迅速升高，金属熔化形成熔池。同时，强烈的激光辐射使金属汽化，对熔池产生反作用力，在光斑下产生凹坑使光束进一步深入，进而形成一细长小孔。当金属蒸气反作用力、液态金属表面张力和重力平衡时，小孔维持稳定。若激光束相对工件移动，则小孔也随之移动，金属在小孔前方熔化，绕过小孔流向后方，最后重新凝固形成一个宽深比较大的连续焊缝，如图 11-2 所示。

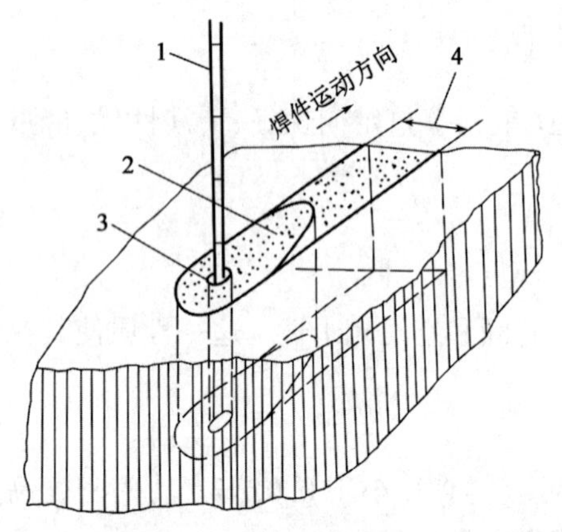

图 11-2　深熔连续焊示意图

1-激光束；2-熔池；3-小孔；4-焊缝宽

(2) 等离子体云的形成及其抑制

在高功率密度激光焊时，高温金属蒸气和外加保护气体在强烈的激光辐射和电磁场的作用下发生电离而形成等离子体云。该云状等离子体在熔池上方，位于激光源与焊件之间，会吸收激光能量并对入射激光有散射作用，而对进入金属熔池的能量产生“屏蔽”作用，使熔深减少，焊接过程不稳定，导致焊缝成形不规整。

在焊接过程中克服等离子体云的常用方法是：向熔池表面上方吹送保护气体（如 Ar），以吹散表面金属蒸气和生成的等离子云。还可用低温气体降低熔池上方高温金属蒸气的温度，抑制金属蒸气的电离。

3. 激光焊工艺

1) 激光焊参数及其调整

激光焊的主要参数有激光功率密度、光斑性质、焊接速度、保护气体等。

(1) 功率密度

激光束功率大小在其他条件相同时，直接影响功率密度。一般认为激光焊缝熔深与激光功率成正比，如 CO_2 激光焊接钢材，可粗略估算为熔深的毫米数等于激光功率的千瓦数。除激光功率外，还可通过调节光斑面积大小、改变光束模式、调节焊接速度等方法来控制激光束功率密度。

(2)焦距和离焦量

焊件表面位于焦平面时,理论光斑直径 $d_0 = f\theta$,如图 11-3 所示。

可见,缩短焦距 f、减小发散角 θ 均可减小光斑直径 d_0,提高激光功率密度。但 f 过小,则焦深 b_0 也减小,不利于熔深方向加热,同时熔融金属飞溅及金属蒸气还可能损伤透镜表面。

调节焊件表面在焦深 b_0 范围内的位置——离焦量 ΔF(焊件表面距离激光聚焦的最小光斑的距离),也会改变光斑直径及有效加热深度而影响焊缝成形。如果焊件表面与激光聚焦的最小光斑位置重合,ΔF 为零;焊件表面在此最小光斑位置以上,则定义 ΔF 为负值;反之为正值,如图 11-4 所示。ΔF 为负可增大入射角,提高吸收率;但负值过大,d_0 增大则功率密度减小。

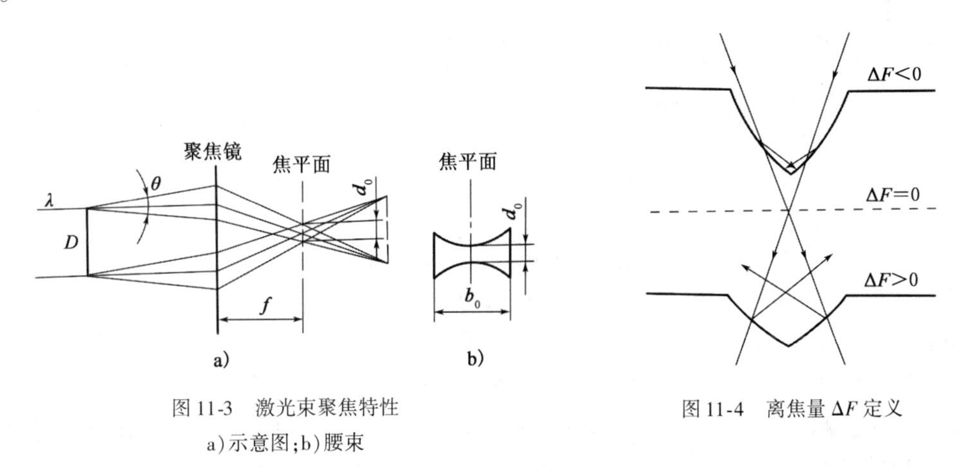

图 11-3　激光束聚焦特性

a)示意图;b)腰束

图 11-4　离焦量 ΔF 定义

图 11-5 是离焦量 ΔF 与焊缝形状的关系,图 11-5a)的横坐标为 $1 + \Delta F/f$。如图 11-5b)所示,焦点位于工件表面下方某一位置时熔深最大,焊缝成形也最好。实践中 ΔF 一般取 $-2 \sim -1$mm,也有人认为将有效焦点置于工件厚度(δ)的 1/3 深度处能获得理想焊缝。

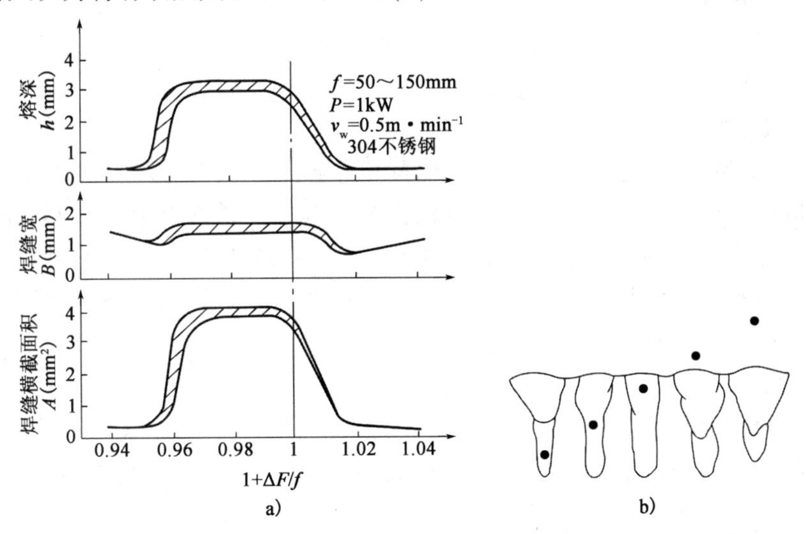

图 11-5　离焦量 ΔF 与焊缝形状的关系

a)ΔF 与焊缝形状参数的关系;b)焦点位置与焊缝形状的关系

(3)焊接速度

如图11-6所示,焊接速度增加,焊缝熔深几乎线性下降。焊件速度应根据材料的热物理性能以及接头要求等条件选择,且与激光功率、离焦量等相配合,以保证材料吸收到足够的光束能量,获得理想的焊缝熔深。

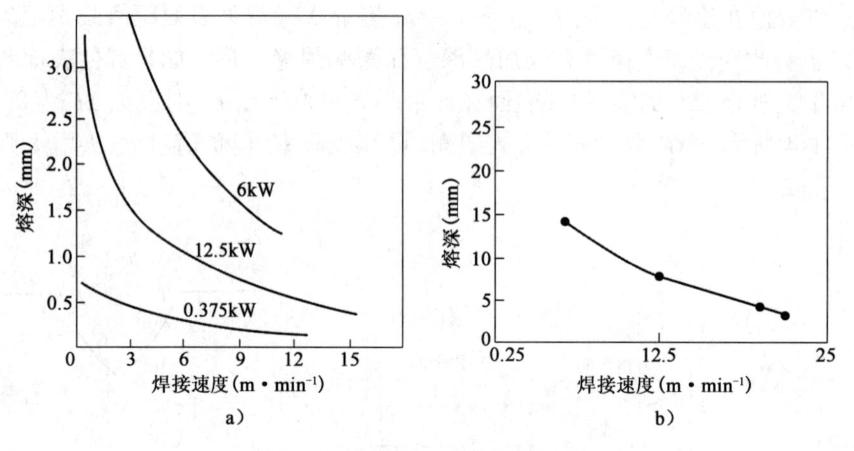

图11-6 激光焊接速度对熔深的影响

a)低碳钢;b)不锈钢(功率10kW)

(4)保护气体

保护气体的作用是保护焊缝不受空气中有害气体的侵袭和抑制等离子云。实验证明,He具有优良的保护和抑制等离子云的效果,且熔深较大。在He里加入少量Ar和O_2可进一步提高熔深,但He价格较贵。Ar保护性能较好,价格也较低,所以国内一般以氩气作为保护气体,但其电离能较低,容易形成等离子体,焊接时应采取适当的措施,抑制等离子体云的形成。此外,气体流量过大或过小都不利于焊接过程的稳定和优良焊缝的形成。

2)激光焊应用

激光焊可以焊接金属,也可焊接非金属,如玻璃、有机玻璃、陶瓷等,但实际主要用于其他连接方法难以完成的材料及结构的焊接。

(1)连续激光焊

低碳钢、合金钢、不锈钢、硅钢、耐热钢、铝及其合金、钛及其合金等材料及其结构的激光焊接都已获得应用。据报道,采用10kW功率的激光束焊接不锈钢熔深可达14mm。采用8kW功率激光焊可焊透12.7mm的铝合金材料($AlMg_6$),接头强度接近母材,韧性优于母材,焊缝成形良好。高功率连续激光焊,目前应用比较成熟的领域是钢铁工业和轿车工业,如硅钢冷轧生产中的连轧接带和轿车镀锌板拼接等。

(2)脉冲激光焊

低功率脉冲激光焊主要用于ϕ0.1mm以下丝与丝、丝与片(膜)以及片(膜)制件的焊接等,最细可焊ϕ0.02~ϕ0.2μm细丝,例如集成电路和薄膜电路中元件的焊接等。

二、电子束焊

电子束焊是利用加速和聚焦的高能强化电子束流轰击焊件接缝,将动能转化为热能,使焊件加热熔化的一种熔焊方法。

1. 电子束焊原理及特征

(1)电子束焊工作原理

图 11-7 为真空电子束焊示意图。通常,电子是以热发射或场致发射的方式从发射体(阴极)逸出。在 25～300kV 加速电压的作用下,电子被加速到 0.3～0.7 倍的光速,具有一定的动能,经电子枪中聚焦透镜和电磁透镜的作用,电子汇聚成功率密度很高的电子束。这种电子束撞击到工件表面,电子的动能就转变为热能,使金属迅速熔化和蒸发。在高压金属蒸气的作用下熔化的金属被排开,电子束就能继续撞击深处的固态金属,很快在被焊工件上"钻"出一个锁形小孔,小孔周围被液态金属包围。随着电子束与工件的相对移动,液态金属沿小孔周围流向熔池后部,逐渐冷却、凝固形成了焊缝。这就是说,电子束焊过程中的焊接熔池始终存在一个"匙孔","匙孔"的存在从根本上改变了焊接熔池的传热、传质规律,由一般熔焊方法的热导焊转变为穿孔焊,这是包括激光焊、等离子焊在内的高能束焊接的共同特点。

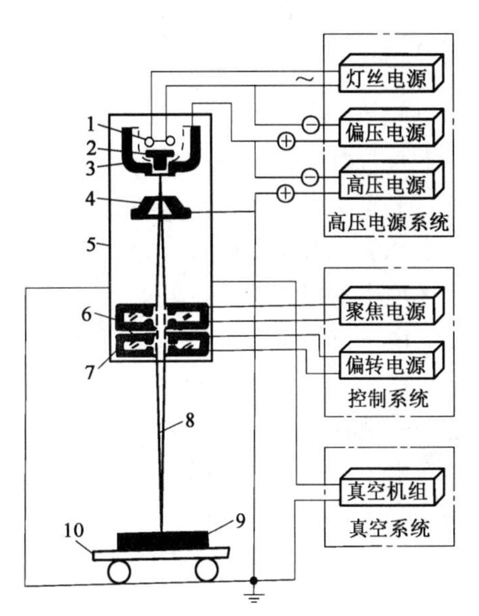

图 11-7　真空电子束焊示意图

1-灯丝;2-阴极;3-聚束极;4-阳极;5-电子枪;6-聚焦透镜;7-偏线线圈;8-电子束;9-焊件;10-工作台

(2)电子束焊特点

电子束焊接电流为 20～100mA,加速电压为 30～150kV,焦点直径为 0.1～1mm,功率密度高达 10^9W/cm^2,因而具有以下特点:①功率密度高,热量集中,热效率高,热影响区小,又是在真空中施焊,特别适于难熔金属、活性或高纯度金属、热敏金属的焊接;②束焦直径小,穿透能力强,焊缝深宽比大,一次可焊透 30mm 以上,焊缝深宽比则可达 50∶1,远大于一般弧焊的深宽比(1.5∶1),同时还可高速焊接薄板(如 0.05mm)构件;③焊速高,焊接变形小,可作为精密加工工件最后连接工序,适用于精密构件的连接成形。

电子束焊的缺点:①设备比较复杂,投资和运行费用高,且焊件尺寸受真空室容积限制;②焊接接头加工、装配要求严格,焊缝对准十分困难;③易受电磁场干扰,易激发 X 射线,需加以防护等。

由于上述特点,电子束焊目前主要用于钨、钼等难熔金属,铌、锆、钛、铝、镁等活性金属,异种钢及航天、核电制品中某些精度要求高的构件焊接。

2. 电子束焊参数

主要焊接参数有电子束电流、加速电压、焊接速度和聚焦电流等,其与热输入的关系见式(11-1):

$$q=\frac{60U_{\mathrm{a}}I_{\mathrm{b}}}{v_{\mathrm{w}}} \tag{11-1}$$

式中:q——热输入,J/cm;

U_a——阳极加速电压,V;

I_b——电子束流,A;

v_w——焊接速度,cm/min。

由上式可见,增加U_a、I_b或减小v_w都会使q增大,从而增大熔深和熔宽。其中增大U_a可使熔深增大,焊缝深宽比增大;增大v_w使焊缝变窄,熔深减小。因此,目前一般采用较高U_a(60kV以上),以提高v_w并获得更大的熔深和深宽比。可采用的最大U_a为200kV,I_b仅为$10 \sim 10^{-3}$mA。I_b过高会使阴极表面电子发射密度增加,缩短设备使用寿命。

3. 电子束焊的应用

真空电子束焊目前应用最为广泛,需要把工件放在真空度为6.66×10^{-2}Pa以下的真空管内。低真空电子束是把电子束引入真空度为1~13Pa的低真空室中进行焊接。非真空电子束焊亦称大气电子束焊,它是将真空条件下形成的电子束经充氦的气室,然后与氦气一起进入大气环境中施焊。非真空电子束焊可不受真空工作室的限制,使电子束焊的应用范围更大。

电子束焊可焊接钢,特别是不锈钢、铝和铝合金、铜及铜合金、钛及钛合金等同种金属;也可焊接锆、铌、钼、钨等难熔金属;还可焊接异种金属如韧性铜和钢或两种不同韧性铜焊接、不锈钢和结构钢焊接等。

电子束焊接主要用于质量或生产率要求很高的产品,如核、航空工业中核燃料密封罐,特种合金喷气发动机部件,火箭推进系统压力容器,密封真空系统,汽车、焊管等工业中汽车传动齿轮以及非真空电子束焊接直缝铜管、钢管、双金属(W6Mn65Cr4V2和50CrV2)机用锯条等。

第二节　智能化焊接

一、波形控制焊接

利用电子技术和计算机控制技术对焊接电流、电弧电压波形实施控制的焊接方法,称为波形控制焊接。波形控制技术主要是以降低焊接过程飞溅为目的,多用于CO_2气体保护焊工艺中。

1. 短路期间的波形控制法

CO_2气体保护短路过渡焊接工艺,实际上是"短路"—"燃弧"周期性交替的过程。研究认为:在短路初期以较低的电流水平、较小的短路电流上升速度(di/dt)有利于防止短路小桥的爆炸,可减少飞溅。在短路末期和燃弧初期电流降至谷底,有利于抑制由缩颈小桥爆炸而引起的飞溅。同时,在短路末期向燃弧阶段过渡时如能输出高电弧电压,则有利于短路熄弧后的再引燃。据此,已经开发出多种波形控制的焊接设备。图11-8是一种用于CO_2/MAG焊,具有人工智能控制的短路电流波形,可对短路期间输出电流波形的A、B、C、D、E五个参数实行控制,使其输出波形可达200万种组合,能有效地遏制短路小桥爆炸所产生的飞溅。

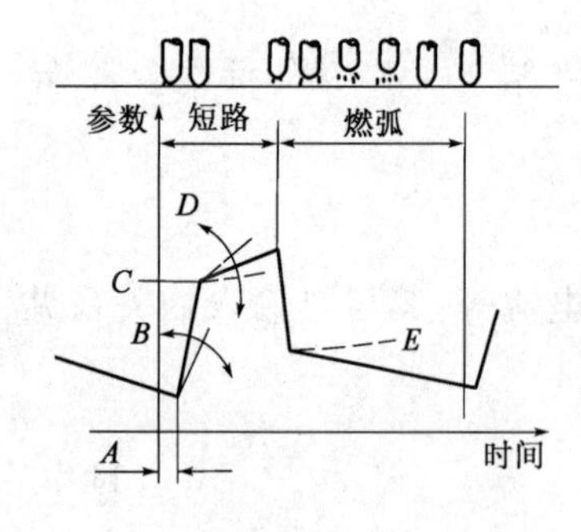

图11-8　智能控制的短路电流波形

2."表面张力过渡"波形控制法

表面张力过渡是利用表面张力实现熔滴过渡的技术。该技术认为,每完成一个熔滴过渡,都要经历两个"液态小桥"阶段,即熔滴与熔池早期的短路小桥和熔滴脱离固态焊丝之前的颈缩小桥。第一小桥一旦形成,电弧熄灭,由液态金属导电。由于液态金属电阻远小于气体电弧电阻,导致短路电流迅速增长。当较大的短路电流通过较小的液态导电截面时,其电流密度为电弧正常燃烧时的数百倍,产生强大的电磁收缩力,阻碍了短路小桥向熔池铺展。同时在强大的热作用下使第二小桥汽化爆炸,导致了大量的飞溅。

表面张力过渡理论认为,较大的短路电流使两个小桥汽化爆炸是产生飞溅的主要原因,只要把小桥形成和存在期间的焊接电流降低到比燃弧电流(基值电流)低很多的水平就能抑制飞溅。表面张力过渡典型的电压电流波形如图11-9所示。其中时段5～7是颈缩小桥断开后电弧再引燃、熔滴形成与长大的燃弧期,其余均为熄弧期。在熄弧期间,当熔滴稳定短路后,波形输出一较大电流(3～4时段)以提高短路前期的电磁收缩力,加快颈缩形成,减少短路时间。当产生颈缩并达到临界尺寸时,波形电流快速下降(4～5时段)而完成过渡。可以认为,此时熔滴主要在表面张力作用下实现过渡。

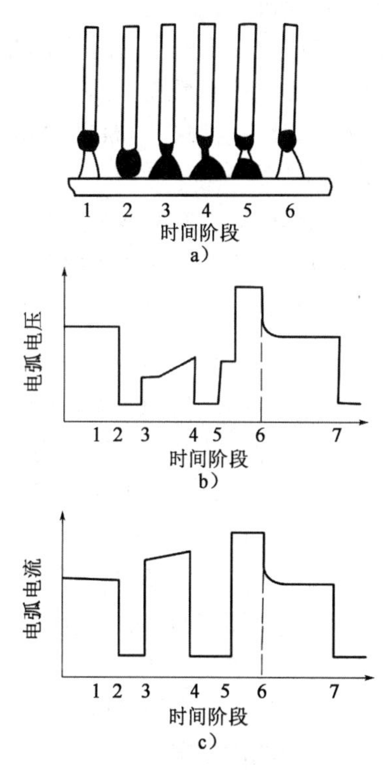

图11-9　表面张力过渡控制波形图

上述过渡波形必须与熔滴的空间状态精确对应,通常有高灵敏度、高精度的弧压传感器来获取控制信号。该控制技术具有飞溅率极低、过渡过程稳定、劳动条件好、效率高等优点,非常适用于薄板、全位置、封底焊道以及机器人焊接等生产领域。

二、机器人焊接

机器人焊接是一种机器人与现代焊接技术相结合的自动化、智能化焊接方法。用于焊接的机器人称为焊接机器人,是用以完成焊接作业任务的机电一体化产品。

1.焊接机器人

(1)点焊机器人

点焊机器人主要应用于汽车、农机、摩托车等行业。通常装配一台汽车车身大约需要完成4 000～5 000个焊点。例如某汽车厂采用以198台Unimate通用机器人为核心的柔性生产线来焊接某型轿车,机器人完成98%的点焊,通过设置在生产线上的传感器将车型信息通知机器人控制器,以选择适应于该车型各种款式的预存任务程序并规定机器人的初始状态。

目前正在开发一种新的电焊机器人系统,可把焊接技术与CAD/CAM技术结合起来,提高生产准备工作的效率,缩短产品设计和投产的周期,使整个系统取得更高的效益。这种点焊机器人系统拥有关于汽车车身结构的信息、焊接条件计算信息和机器人机构信息等数据库,CAD系统则利用该数据库选择工艺及机器人配置方案。至于示教数据,则通过磁带或软盘以离线编程的方式输入机器人控制器,针对机器人本身不同精度和工件之间的相对几何误差及时补偿,以保证具有足够的工作精度。

(2)弧焊机器人

弧焊机器人除应用于汽车行业外,在通用机械、金属结构、航空航天、机车车辆及造船等行业都有应用。目前应用的弧焊机器人处于第一代向第二代过渡转型阶段,配有焊缝自动跟踪和熔池形状控制系统等,对环境的变化有一定范围的适应性调整。按弧焊工艺通常将弧焊机器人分为熔化极(CO_2、MAG/MIG、药芯焊丝电弧焊)和非熔化极(TIG)弧焊机器人、激光焊接(切割)机器人等。

弧焊机器人的发展是以"满足焊件空间曲线高质量的柔性焊接"为根本目标,配合多自由度变位机及相关的焊接传感控制设备、先进的弧焊电源,在计算机的综合控制之下实现对空间焊缝的精确跟踪及焊接参数的在线调整,实现对熔池动态过程的智能控制。

2. 焊接工艺对机器人的基本要求

(1)点焊工艺对机器人的基本要求

①点焊工艺作业一般采用点位控制(PTP),定位精度要求≤ ±1mm。

②必须有足够的工作空间,一般大于5m^3。

③焊钳应有足够的抓重能力,一般为50~120kg。

④示教记忆容量应大于1 000点。

⑤应有较高的点焊速度(每分钟60点以上,移动定位时间在0.4s以内等)。

⑥应有较高的抗干扰能力和可靠性。

⑦点焊控制系统应能实现点焊过程时序控制,即顺序控制预压、加压、焊接、维持、停止,每一程序周波数设定为0~99,误差为0。

⑧可实现焊接电源波形的调控,且其恒流控制误差不大于1%~2%。

⑨可自动进行电极磨损后阶梯电流补偿,记录焊点数并预报电极寿命。

⑩具有自检报警功能等。

总之,对点焊机器人的控制要求可总结为两点:一是机器人运动的点位精度,由机器人操作机和控制器来保证;二是点焊质量的控制精度,主要由阻焊变压器、焊钳、点焊控制器及水、电、气路等组成的机器人焊接系统来保证,如图11-10所示。

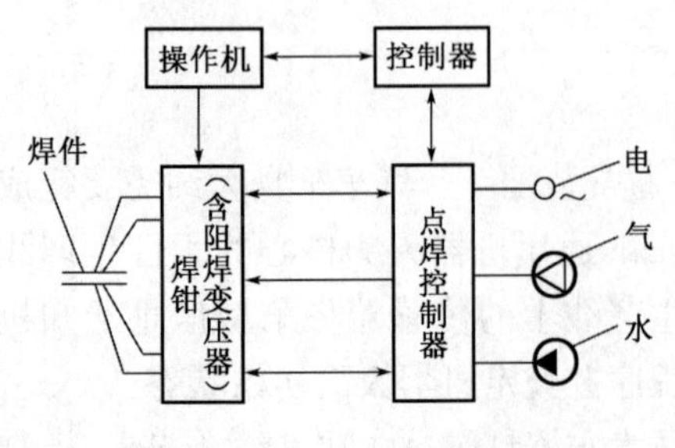

图11-10 电焊机器人组成框图

(2)弧焊工艺对机器人的基本要求

①弧焊作业采用连续路径控制(CP),要求定位精度≤ ±0.5mm。

②应有足够大的工作空间,焊机应能悬挂或安装在运载小车上使用。

③抓重能力一般为50~150kg。

④示教记忆容量应大于5 000点。

⑤足够的焊速和较高的稳定性,一般焊速度为

5～50mm/s，薄板高速 MAG 焊可高达 4m/min。

⑥具有较高的抗干扰能力和可靠性较强的故障自诊断能力。

⑦具有防碰撞及焊枪矫正、焊缝自动跟踪、焊透控制、焊缝始端检出、定点摆弧及摆动焊接、多层焊、清枪剪丝等多种功能。

⑧能预置焊接参数并对电源外特性、动特性进行控制。

⑨对焊接电流波形进行控制，能获得脉冲频率、峰值电流、基值电流、脉冲宽度、占空比及脉冲前后沿斜率任意可控的脉冲电流波形，实现对电弧功率的精确控制。

⑩具有与中央计算机双向通信的能力等。

总之，弧焊机器人的焊接质量主要取决于焊接运动轨迹的精确度和优良性能的焊接系统(包括弧焊电源及传感器等)。图 11-11 是采用逆变式弧焊电源的弧焊机器人系统组成。实践证明，逆变式弧焊电源可以很好地满足机器人电弧焊接的各项要求。

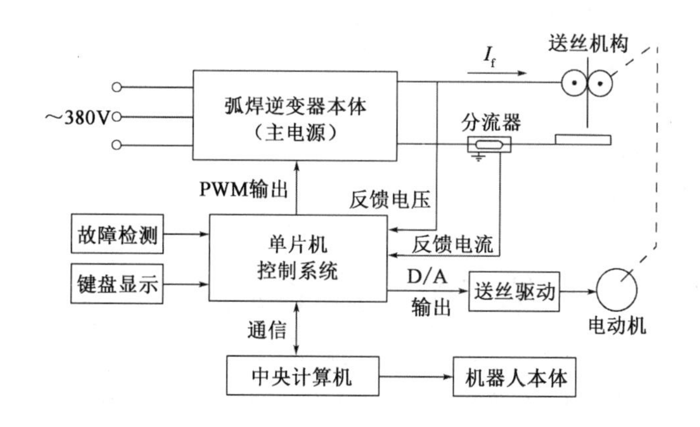

图 11-11　采用逆变式弧焊电源的弧焊机器人系统组成框图

3. 机器人焊接操作

机器人焊接普遍采用示教方式工作。以机器人电弧焊接为例，首先通过示教盒的操作键引导到起始点，然后用按键确定位置、运动方式(直线或圆弧插补)、摆动方式、焊枪姿态以及各种焊接参数、周边设备、运动速度等。焊接工艺操作如施焊、熄弧、填充弧坑等也由示教盒设定。示教完毕后，控制器进入程序编辑状态，待焊接程序生成后即可实时焊接。图 11-12 为一种机器人电弧焊操作示例。

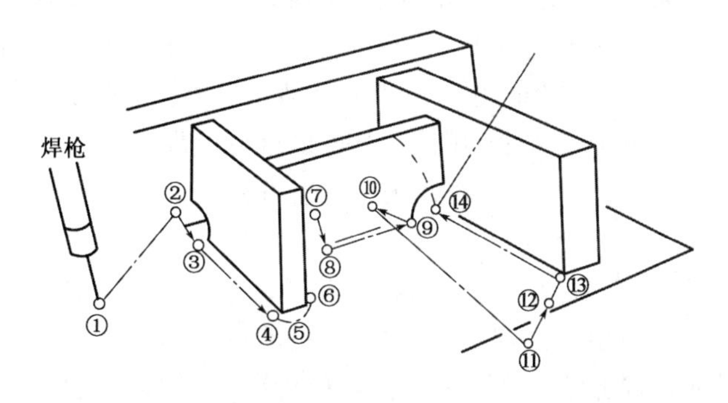

图 11-12　机器人电弧焊操作示例

操作过程为：

①$F=2500$；以 $TV=2\ 500\text{cm/min}$ 的速度到达起始点。

②SEASA $=H_1, L_1=0$；根据 H_1 给出起始 $L_2=0, F=100$。

③ARCON $F=35, V=30$；在给定条件下开始焊接 $I=280, TF=0.5$，SENSTON $=H_1$，并跟踪焊缝。

④SENSCON $=H_1$；给出焊缝结束位置。

⑤CORN = * CHFOIAI；执行角焊缝程序 * CHFOIAI。

⑥$F=300, DW=1.5$；1.5s 后焊速 $v_w=300\text{cm/min}$。

⑦$F=100$；以 $v_w=100\text{cm/min}$ 并保持到下一示教点。

⑧ARCON，DBASE = * DHFL09；开始以数据库 * DHFL09 的数据焊接。

⑨Arc off，$v_w c=20, i_c=180$；在要求条件下结束焊接 $TC=1.5, F=200$。

⑩$F=1\ 000$，以 $v_w=1\ 000\text{cm/min}$ 的速度运动。

⑪DW = 1，OUTB = 2；1s 后在 2 点发出 1 个脉冲。

⑫$F=100$；以 $v_w=100\text{cm/min}$ 的速度运动。

⑬MULTON = * M；执行多层焊程序 * M。

⑭MULTOFF，$F=200$；结束多层焊接。

第三节　搅拌摩擦焊

搅拌摩擦焊(FSW)是英国焊接研究所 1991 年提出的专利焊接技术，是一种在机械力和摩擦热作用下的固相连接方法，是一种经济、高效、高质量的“绿色”焊接技术。

与传统的摩擦焊及熔焊方法相比，搅拌摩擦焊具有如下优点：

①生产成本低。不用填充材料，也不用保护气体；厚焊件边缘不用加工坡口；不必进行去除氧化膜处理(只需去除油污)；不苛求装配精度，不需打底焊。

②接头质量高。可以得到等强度接头，塑形降低很少甚至不降低；属于固态焊接，接头是在塑形状态下受挤压完成的，避免了熔焊时熔池凝固过程中产生裂纹、气孔等缺陷；解决了熔焊方法不能焊接的一些铝合金的高质量连接问题，如航天领域中裂纹敏感性强的高强铝合金。

③整个焊接过程中无熔化、无飞溅、无烟尘、无辐射、无噪音、无污染等。

④工艺适用性广。不受是否是轴类零件的限制，可实现多种形式、不同位置的焊接，可进行平板的对接和搭接，可焊接直焊缝、角焊缝及环形焊缝，可进行大型框架结构、大型筒形体制造及大型的平板对接等。由于不受重力的影响，可以进行仰焊。

⑤便于机械化、自动化操作。质量较稳定，重复性高。

⑥焊接结构的残余应力和变形小，更适合于薄板焊接。搅拌摩擦焊焊接过程中温度低，焊接不易变形，这对较薄铝合金结构(如船板舱、小板拼成大板)的焊接极为有利。

搅拌摩擦焊作为一种新型焊接技术，也存在一些缺点：

①焊接速度比某些熔焊方法低，主要是在焊接薄板时，其焊接速度不如激光焊接高，但焊接质量要比激光焊好。

②焊件必须被固定夹紧，不同的焊缝需要不同的工装夹具，焊接设备的灵活性较差。

③需要背面垫板。由于在焊接过程中有较大的轴向力，故背面必须有刚性垫板。在封闭结构中，背面垫板的抽出是一个问题。英国焊接研究所开发的"Bobbin tool"有效地解决了封闭系统的背面垫板问题。

④焊接后存在"匙孔"。解决的方法：一是用引出板；二是用其他焊接方法进行补焊；三是在非承力结构件中用通用材料填塞；四是把"匙孔"停在安全区域。

一、搅拌摩擦焊原理及焊缝组织

1. 搅拌摩擦焊原理

与普通摩擦焊一样，搅拌摩擦焊也是利用摩擦热作为热源。不同之处在于，搅拌摩擦焊焊接过程是由一个圆柱体形状的搅拌头伸入焊件的接缝处，通过焊头的高速旋转，使其与焊件材料发生摩擦，从而使连接部位的材料温度升高软化，同时对材料进行搅拌摩擦来完成焊接。焊接过程如图 11-13 所示。在焊接时，焊件要刚性固定在背面垫板上，焊头边高速旋转，边沿焊件的接缝与焊件相对移动。

在焊接过程中，焊头在旋转的同时伸入焊件的接缝中，旋转焊头与焊件之间的摩擦热，使焊头前面的材料发生强烈塑性变形，然后随着焊头的移动，前沿高度塑性变形的材料被挤压到搅拌焊头的背后，在搅拌头轴肩与焊件表层摩擦产热和锻压共同作用下，形成致密的固相连接接头。

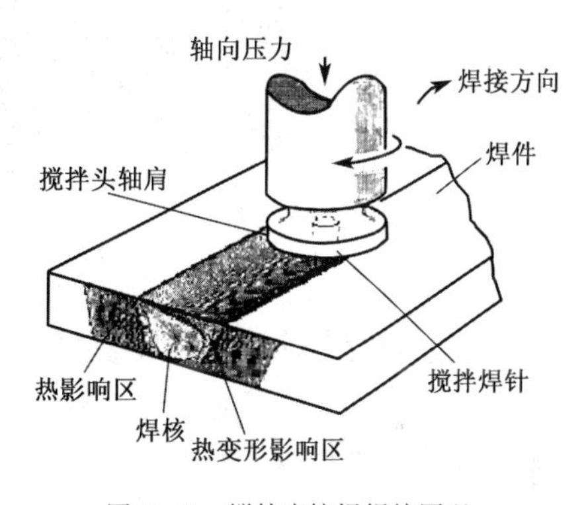

图 11-13　搅拌摩擦焊焊接原理

搅拌摩擦焊对设备的要求并不高，主要是焊头的旋转和焊件的相对运动，一台铣床也可简单地达到小型平板对接焊的要求。但焊接设备及夹具的刚性却极为重要。焊头一般采用工具钢制成，焊头的长度一般比要求焊接的深度稍短。

2. 搅拌摩擦焊焊缝组织

搅拌摩擦焊焊接时，由于轴肩与焊件上表面紧密接触，因而焊缝通常呈"V"形，焊核位于焊缝中心，内部结构呈清晰的洋葱形状，由一系列椭圆排列组成，是焊接过程中材料流动的体现。合金材料不同，其焊缝不一定能看到洋葱形状或其不够明显。焊核延伸到焊件的表面，它比搅拌头的搅拌焊针大，但比搅拌头的轴肩小。焊核有时会延伸到焊件的底部。焊核的形貌取决于搅拌焊针的形状、焊接参数和被焊材料的强度。

通过焊接接头的金相及显微硬度分析发现，搅拌摩擦焊接头的微观结构可分为四个区域（图 11-14）：A 区为最外边的母材区，无热影响、无变形；B 区为热影响区，没有受变形的影响，但受到了从焊接区传导过来热量的影响；C 区为变形热影响区，该区受到了塑形变形的影响，也受到了焊接温度的影响；D 区为焊核，是两块焊件的共有部分。

搅拌摩擦焊各区域分布：在热影响区，除了腐蚀反应比母材快一些之外，显微结构与母材没有太大区别。对于时效强化或加工硬化的合金，焊后接头的热影响区硬度下降，这是由于从焊接区传导来的热量使热影响区过时效或位错密度下降造成的。在变形热影响区,焊接过程引起长晶粒的弯曲和轻微的重结晶,焊接热循环使得此区的退火过程发生得早一些,而且时间较长,对于时效强化的合金,这一区域的硬度最低。焊核区的微观结构是明显的等轴晶粒,并且非常细小,晶粒尺寸取决于所焊合金及焊接过程,但普遍比 10 级还小,焊核区的硬度比时效强化和加工硬化的母材低。

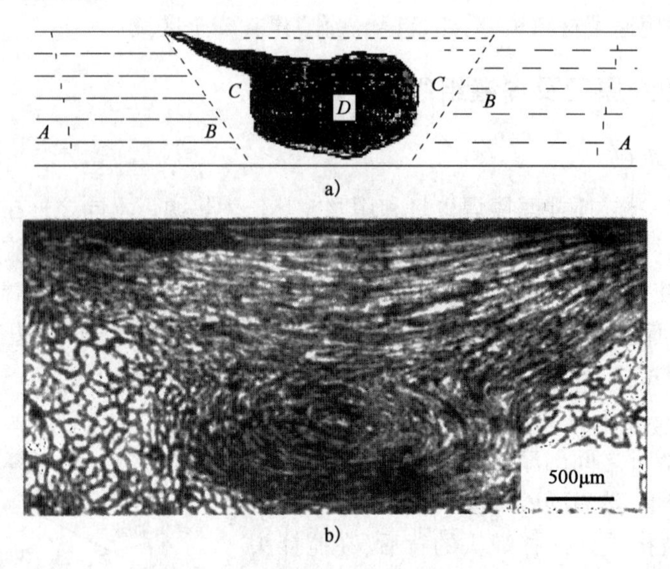

图 11-14 搅拌摩擦焊接宏观区域分布图

二、搅拌摩擦焊的技术参数

1. 搅拌摩擦焊接头形式

搅拌摩擦焊可以实现管材-管材、板材-板材的可靠连接,接头形式可以设计为对接、搭接、直焊缝、角焊缝及环焊缝的焊接,并可以进行单层或多层一次焊接成形,焊接前不需要进行表面处理,如图 11-15 所示。由于搅拌摩擦焊焊接过程自身的特性,可以将氧化膜破碎、挤出。

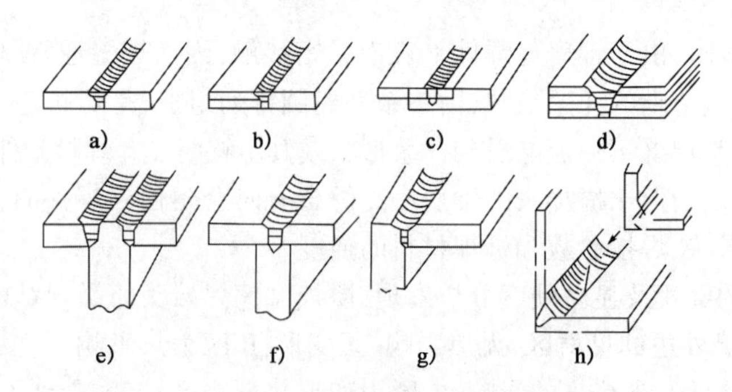

图 11-15 搅拌摩擦焊的接头形式

2. 焊接参数

搅拌摩擦焊主要参数包括焊接速度 v(即搅拌头沿焊缝方向的移动速度)、搅拌头转速 n、焊接压力、搅拌头倾角、搅拌头插入速度和保持时间等。焊接速度一定,搅拌头旋转速度提高,焊核区越来越大,层状结构更加稳定,接头性能更好。搅拌头旋转速度一定,随着焊接速度减小,焊件两侧的材料流动更加均匀,接头外形更好。

(1)焊接速度 v

表 11-1 是几种有色金属常用的焊接速度。一般来说,对于铝合金的焊接,焊接速度一般在 1 ~ 15mm/s。所以搅拌摩擦焊可以很方便实现自动化控制。另外,在焊接过程中搅拌头要压紧焊件。

有色金属常用的焊接速度　　表 11-1

材　料	板厚(mm)	焊接速度(mm/s)	焊道数
Al6082-T6	5	12.5	1
Al6082-T6	6	12.5	1
Al6082-T6	10	6.2	1
Al4212-T6	25	2.2	1
Al6082-T6	30	3.0	2
Cu5010	0.7	8.8	1
Cu5010	7.4	6.3	1
Al4212 + Cu5010	1 +0.7	8.8	1

图 11-16 为焊接速度对镁合金搅拌摩擦焊接头抗拉强度的影响。可见,接头强度随焊接速度的提高并非单调变化,而是存在一个峰值。当焊接速度小于 150mm/min 时,接头强度随着焊接速度的提高而增大。当转速为定值且焊接速度较低时,搅拌头/焊件界面的整体摩擦热输入较高。如果焊接速度过高,使塑性软化材料填充搅拌焊针行走形成空腔的能力变弱,使软化材料填充空腔能力不足,焊缝内容易形成一条狭长且平行于焊接方向的隧道沟,最终导致接头强度降低。

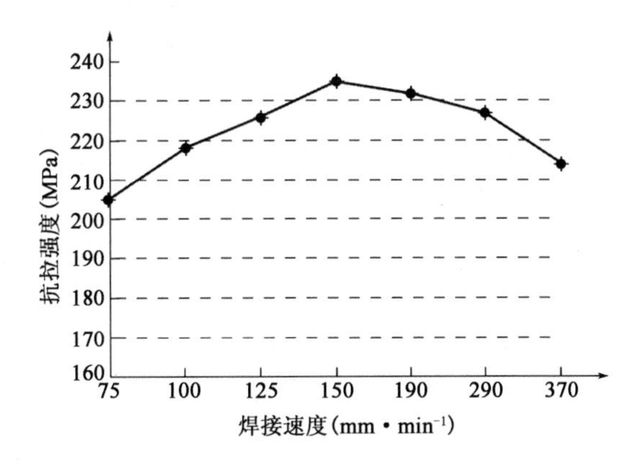

图 11-16　焊接速度对镁合金搅拌摩擦焊接头抗拉强度的影响(旋转速度为 1 180r/min)

焊接速度对接头组织和性能有影响。采用搅拌摩擦焊焊接化学成分为0.150% C、1.440% Mn、0.011% P、0.007% S、0.320% Si、0.020% Cr的C-Mn钢，搅拌头旋转速度为1 200r/min，焊接速度分别为3.3mm/s和17.0mm/s时，焊缝的显微组织如图11-17所示。焊接速度为3.3mm/s，组织为大量的马氏体。焊接速度为17.0mm/s，焊缝显微组织为马氏体和大块贝氏体或魏氏体的混合组织。焊接速度越慢，焊缝硬度越高，且在搅拌区两边出现软化区。焊接速度为3.3mm/s时，焊缝硬度比母材硬度高46%，焊接速度分别为14.8mm/s和17.0mm/s时，硬度分别减少31%和33%（图11-18）。

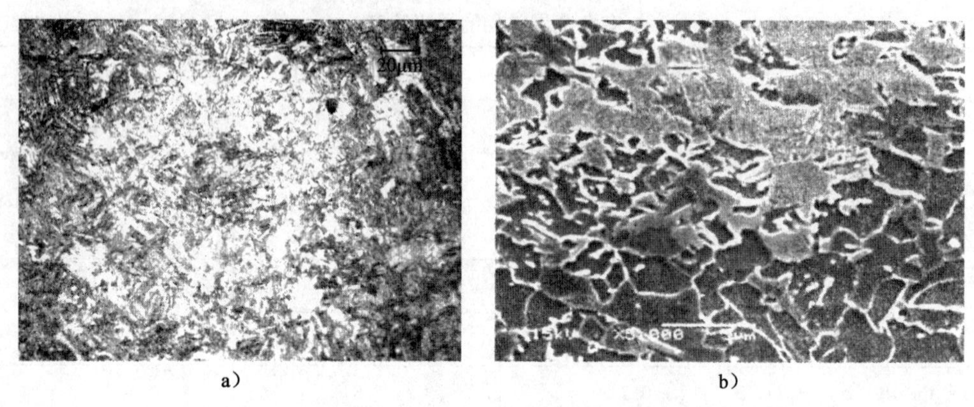

图11-17 两种不同焊接速度的焊缝区组织

a）焊接速度3.3mm/s；b）焊接速度17.0mm/s

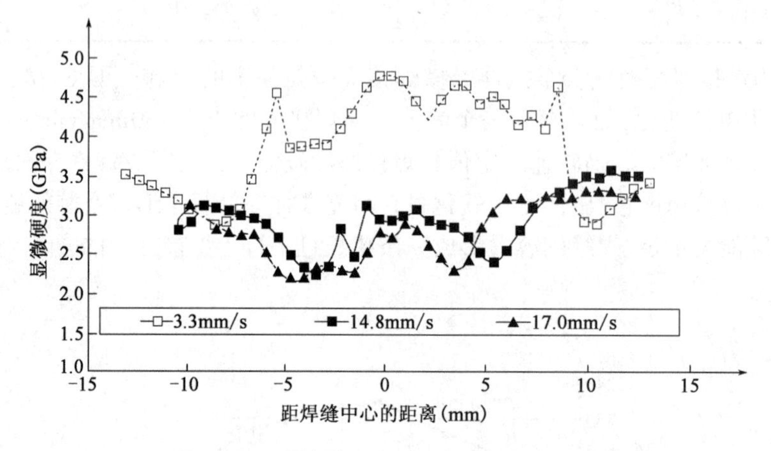

图11-18 不同焊接速度下焊缝区域的显微硬度

（2）搅拌头转速 n

搅拌头转速是通过改变焊接热输入和软化材料的流动来影响接头微观结构和接头强度的。焊接速度一定，改变搅拌头转速（焊接材料为铝锂合金，$v = 160$mm/min，搅拌头仰角为2°），当旋转速度较低时，焊接热输入较少，搅拌头前后不能形成足够的软化材料填充搅拌头后方所形成的空腔，焊缝内易形成空洞缺陷或搅拌头的后边有一条沟槽，从而弱化接头强度。在一定的范围内随着搅拌头转速的提高，焊接峰值温度升高，热输入增加，有利于提高软化材料填充空腔的能力，避免接头内缺陷的形成。当转速提高到一定值时，焊缝外观良好，内部孔洞也逐渐消失。因此，只有在适合的转速下，接头强度才能获得最佳值。实验表明，当 $n \leq$

800r/min时，接头强度随转速 n 的提高而增加，并于 $n=800$r/min 时达到最大值。当 $n>800$r/min 时，焊接峰值温度升高，搅拌头产热过多而产生较宽的热-机影响区，使得接头抗拉强度随转速的提高而迅速降低。

对钢材（0.016% C、0.48% Si、0.49% Mn、0.023% P、0.001% S、17.78% Ni、19.82% Cr、6.13% Mo、0.63% Cu、Fe 余量）进行搅拌摩擦焊，通过对其焊缝组织及强度测试可以看出，随着搅拌头的旋转速度的增大，即由 400r/min 增大到 800r/min 时，焊缝组织明显变粗，如图 11-19 所示。母材晶粒尺寸为 26μm，搅拌头转速为 800r/min 和 400r/min 时，晶粒尺寸分别为 10.0μm 和 2.0μm，同时相应焊缝强度也有所降低。可见，对于此类材料，当搅拌头转速 $n>$ 400r/min 时，热-机影响区增大，使其硬度明显降低，如图 11-20 所示。

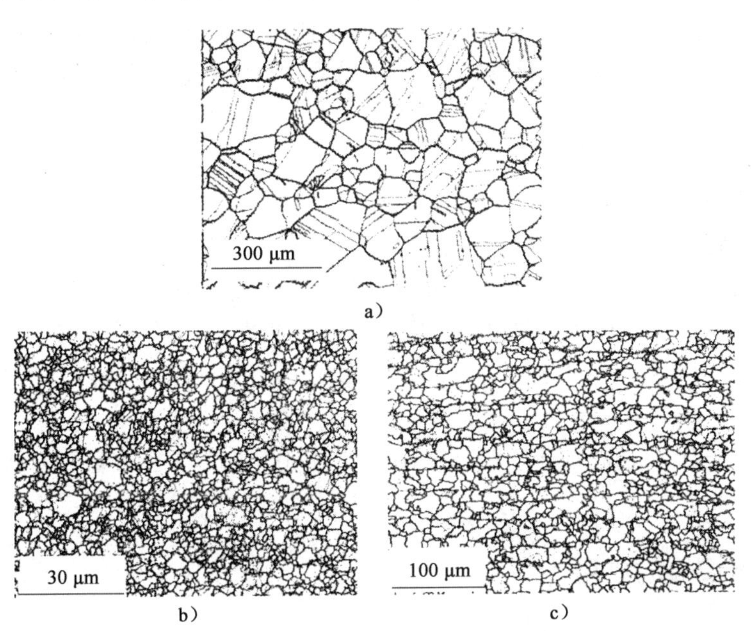

图 11-19　母材和不同搅拌头转速下的焊缝中心的晶粒图

a）母材；b）搅拌头转速 800r/min；c）搅拌头转速 400r/min

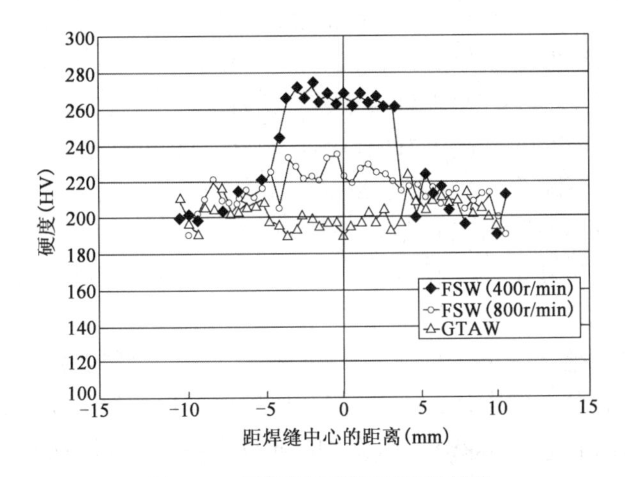

图 11-20　不同旋转速度对硬度的影响

(3)焊接压力

搅拌头与被焊件表面的接触状态对焊缝的成形也有较大的影响。当压紧力不足时,表面热塑性金属"上浮",溢出焊接表面,焊缝底部在冷却后会由于金属的"上浮"而形成孔洞。当压紧力过大时,轴肩与焊件表面摩擦力增大,摩擦热将使轴肩发生"粘头"现象,使焊缝表面出现飞边、毛刺等缺陷。

压力适中时,焊核呈规则椭圆状,接头区域有明显分区,焊缝底部完全焊透。焊接时,搅拌焊针首先从前面带动材料往回撤面旋转,经过回撤面侧一次或多次旋转后沉积。焊接压入量不足,将导致产热不足,无法产生足够的塑形流体且塑形流体不能很好地围绕搅拌焊针选择移动,易在焊缝底部形成孔洞,一般出现在焊缝中偏前进面一侧。镁合金搅拌摩擦焊过程中,很少有孔洞现象产生。孔洞一般产生于焊核边缘,能清晰看到塑形流体的流动迹线。由搅拌摩擦焊热过程分析可知,焊接温度与焊接压力密切相关,压力过低,产热不足而不能形成足够的塑形流体。

(4)搅拌头倾角

搅拌头倾角是指搅拌头与焊件法线的夹角,表示搅拌头向后倾斜的程度,搅拌头向后倾斜的目的是对焊缝施加压力。

通过改变接头致密性、软化材料填充能力、热循环和残余应力来影响接头性能。倾角较小,则轴肩压入量不足,轴肩下方软化材料填充空腔的能力较弱,焊核区/热-机影响区界面处易形成孔洞缺陷,导致焊接接头强度降低。倾角增大,则搅拌头轴肩与焊件的摩擦力增大,焊接热作用增大。

此外,搅拌头的形状直接决定了搅拌摩擦焊过程的产热及焊缝金属的塑性流动,最终影响焊缝的成形及性能。

三、搅拌摩擦焊的应用

目前,搅拌摩擦焊主要应用于铝合、镁合金等轻质金属的焊接。在航空工业中主要用于2014、2219、7050铝合金以及大量铝-锂合金的焊接;在车辆工业中主要用于6005铝合金和7005铝合金的焊接;在造船工业主要用于5 * * * 系铝合金的焊接;在兵器工业主要用于7 * * * 系铝合金的焊接。所涉及的板厚范围为1.6~0.25mm。英国TWI报道已经成功地焊接了75mm厚的铝合金。另外,对于纯铜、不锈钢、钛合金、铅、塑料、复合材料等都有焊接成功的实例。但目前应用于工业的主要是以铝合金为主的轻质合金和熔点较低的金属。

挪威用搅拌摩擦焊焊接了长20m的快艇铝合金构件。美国洛克德马丁航空航天公司用搅拌摩擦焊焊接了储存液氧的低温容器。在马歇尔航天飞行中心,已用搅拌摩擦焊焊接了大型圆筒容器。在铁路行业中,法国阿尔斯通公司用搅拌摩擦焊技术焊接了地铁车辆中的铝制件。美国波音公司用搅拌摩擦焊修理了两个废弃的VPPA火箭筒,其中一个已经成功升空。美国波音公司有搅拌摩擦焊的专用车间,可以焊接大型构件,如发射导弹、火箭、飞船的运载工具。据波音公司的统计,采用搅拌摩擦焊比采用传统的熔化极氩弧焊(GMAW)的焊接质量显著提高,在常规和深冷状态下的抗拉强度、冲击韧性和疲劳强度等提高了30%~50%。

复习思考题

1. 激光焊是如何形成的？与电弧焊有何异同？激光焊的原理是什么？有几种激光焊接工艺？

2. 什么是焊接机器人？它由哪些基本单元构成？焊接工艺对点焊机器人和弧焊机器人各有什么要求？为什么说焊接自动化、机器人化以及智能化已成为焊接技术发展的趋势？

3. 试述搅拌机摩擦焊的优缺点、焊接原理、主要技术参数及搅拌摩擦焊的使用范围。

第十二章　金属构件焊接工艺设计

第一节　金属材料的焊接性

一、金属焊接性的实质

焊接过程是一个包含着物理、化学等多个方面变化的过程,存在化学反应、扩散、结晶学、相变、应力等变化。因此,单从金属材料的基本性能还不能准确地判断材料在焊接时可能出现的问题以及焊接后可能达到的接头性能,这就要求从焊接的角度出发来研究金属的特有性能,也就是金属焊接性问题。

金属的焊接性,就是金属是否具有适应焊接加工,能够形成完整的、具备一定使用性能的焊接接头的特性。也就是说,焊接性包括了两方面的概念:第一是经受焊接加工时,金属形成完整且无缺陷的焊接接头的能力;第二是在一定使用条件下,已焊成的焊接接头的可靠服役能力。前者可以认为是结合性能,后者可以认为是使用性能。例如,常见的低碳钢,采用焊接加工时容易获得完整而无缺陷的焊接接头,不需要复杂的工艺措施,所以说低碳钢的结合性能很好。如果用同样的工艺来焊接铸铁,则会发生裂纹、断裂、剥离等严重缺陷,得到不完整的焊接接头,所以说铸铁的结合性能不好或不如低碳钢。然而,若能使用特殊焊接材料并采取预热、缓冷、锤击等工艺措施,也可获得完整的焊接接头。由此可见,结合性能不仅与母材本身的化学成分和性能有关,还与焊接材料和工艺方法有关。实践证明,随着新的焊接方法、焊接材料、工艺措施的不断出现,某些原来不能焊接或不易焊接的金属,现在也能焊接或容易焊接了。

完整的焊接接头并不一定具备良好的使用性能。例如,铬镍奥氏体不锈钢是比较容易获得完整焊接接头的,但是如果焊接方法或工艺措施不恰当,则焊接接头可能不耐腐蚀,造成使用性能不合格。又如铸铁焊接时,即使接头未发生裂纹等缺陷,也常常会由于熔合线附近存在极为硬脆的白口组织,不能进行切削加工而无法使用,这也是使用性能不合格而影响焊接性的实例。

由此可见,除了从金属本身性能来分析外,还应结合工艺条件来分析焊接性问题,称之为“工艺焊接性”问题。“工艺焊接性”就是金属或合金在一定的焊接工艺条件下,形成具有一定使用性能的焊接接头的能力。工艺焊接性与很多因素有密切关系。

二、影响材料焊接性的因素

1. 材料因素

材料因素包括母材本身和使用的焊接材料,如手弧焊时的焊条、埋弧焊时的焊丝和焊剂、气体保护焊时的焊丝和保护气体等。它们在焊接时都直接参与熔池或熔合区（也称半熔化区）的冶金过程，对焊接质量的影响很大。母材或焊接材料选用不当时，会造成焊缝金属化学成分不合格，机械性能和其他使用性能降低，甚至造成裂纹、气孔等严重缺陷，使工艺焊接性变差。由此可见，正确选用母材和焊接材料是保证良好焊接性的重要基础。

2. 工艺因素

对于同一母材，当采用不同焊接方法和工艺措施时，所表现的工艺焊接性也不同。例如，钛合金对氧、氮、氢极为敏感，采用气焊和手弧焊时不易焊接，而采用氩弧焊或真空电子束焊，由于防止氧、氮、氢等侵入焊接区，就比较容易焊接。所以，开发新的焊接方法和工艺措施也是改善工艺焊接性的重要途径。

焊接方法对焊接性的影响首先表现在焊接热源能量密度的大小、温度的高低以及热输入量的多少。对于有过热敏感的高强度钢，从防止过热出发，宜选用窄间隙焊接、脉冲电弧焊接、等离子焊接等方法，有利于改善焊接性。相反地，对于容易产生白口的铸铁来说，从防止白口出发，以选用气焊、电渣焊等方法为宜。焊接方法对焊接性的影响还表现在保护熔池以及接头附近区域的方式，如渣保护、气渣联合保护、气保护等。

工艺措施对防止焊接接头缺陷，提高使用性能也有重要的作用。最常用的工艺措施就是焊前预热和焊后缓冷，它们对防止热影响区淬硬变脆，降低焊接应力，避免氢致冷裂纹是比较有效的措施。合理安排焊接顺序也能减少应力变形，原则上应使被焊工件在整个焊接过程中都尽量处于无拘束而自由膨胀收缩的状态。

此外，焊前的冷却、装配、气割等工序也应符合材料的特点，以免造成硬化、脆化或不利的应力状态，引起裂纹等缺陷。坡口加工不恰当也会影响焊接质量。焊后进行热处理可以消除残余应力，也可以使氢逸出而防止延迟裂纹。铸铁补焊时用锤击防止裂纹，对改善焊接性起重要作用。

3. 结构因素

焊接接头的结构设计会影响应力状态，从而对焊接性也产生影响，这里主要应从刚度、应力集中和多向应力等方面来考虑。设计结构时，应使焊接接头处于刚度较小的状态，能自由收缩，有利于防止焊接裂纹。缺口、截面突变、余高过大、交叉焊缝等都容易引起应力集中，要尽量避免。不必要地增大母材厚度或焊缝体积，会产生多向应力，也要注意防止。

4. 使用条件

焊接结构的使用条件多种多样，如工作温度高低、工作介质种类、荷载性质等。工作温度高时，可产生蠕变；工作温度低或荷载为冲击荷载时，容易发生脆性破坏。工作介质有腐蚀性时，焊接接头应具有耐腐蚀性。总之，使用条件越苛刻，焊接性能就越不易保证。

综上所述，焊接性与材料、工艺、结构和使用条件等因素密切相关，不可能是单纯而无变化的。所以不能脱离这些因素而简单地认为某种金属材料焊接性好或不好，也不能用某一种指标来概括某种材料的焊接性。为了解决焊接性问题，必须根据结构使用条件的要求，正确地选择母材、焊接方法和焊接材料，采取适当的工艺措施，避免不合理的结构形式。

三、焊接性的评定

影响焊接性的因素是多方面的，因此新材料、结构或工艺方法在正式使用之前，均要进行焊接的工艺评定，估计焊接过程当中可能存在的问题，依此制定出最佳的焊接工艺，以获得优质焊接接头。下面介绍焊接性评定的一般方法。

根据被评定材料的有关数据或图表(如化学成分、化学性能、物理性能、CCT 图或 SHCC 图等)对其焊接性进行初步分析。对于生产单位，分析要结合产品的结构形式与具体的生产条件。

在上述分析的基础上，还必须进行焊接性试验。按照性质的不同，焊接性试验又可分为实焊性试验和模拟性试验两类。

评定焊接性的方法很多，从内容上看，都是从工艺焊接性和使用焊接性两方面来进行评定。

1. 工艺焊接性评定

主要是评定形成焊接缺陷的敏感性，特别是裂纹倾向，可分为直接法和间接法两大类。

①直接模拟试验。它是按照实际焊接条件，通过焊接过程观察是否发生某种焊接缺陷或发生缺陷的程度，来直观评价焊接性的优劣。主要有焊接裂纹试验、高温裂纹试验、再热裂纹试验、层状撕裂试验、应力腐蚀试验、脆性断裂试验等。

②间接推算法。这类评定方法一般不需要焊出焊缝，而是根据材料的化学成分、金相组织、力学性能之间的关系，结合焊接热循环过程评定焊接性的优劣。主要有各种抗裂性判据、焊接 SHCC 图、焊接热-应力模拟等。

2. 使用焊接性评定

这类焊接性评定方法最为直观，它是将实际的焊接接头甚至产品在使用条件下进行各方面的性能试验，以试验结果评定其焊接性。主要方法有常规力学性能试验、高温力学性能试验、低温脆性试验、耐腐蚀及耐磨损性试验、疲劳试验等。直接用产品的试验有水压试验、爆破试验等。

四、分析金属焊接性的方法

1. 利用化学成分分析

(1)碳当量法

碳当量法是一种粗略估计低合金钢焊接冷裂敏感性的方法，焊接部位的淬硬倾向与化学成分有关，在各种元素中，碳对淬硬及冷裂纹的影响最为显著。设系数为“1”，将其他各种元素的作用按照相当于若干碳含量作用折合并叠加起来，即为“碳当量”。显然，母材碳当量越大，淬硬倾向越大，焊接性越差。

国际焊接学会(IIW)推荐的碳当量的计算公式见式(12-1)。

$$C_{eq} = C + Mn/6 + (Ni + Cu)/15 + (Cr + Mo + V)/5 \tag{12-1}$$

式中：C、Mn、Ni、Cu、Cr、Mo、V——钢中该元素的含量。

上式适用于中、高强度的低合金非调质钢。当计算的 $C_{eq} < 0.4\%$ 时，钢材的淬硬性不大，

焊接性良好；当 $C_{eq}=0.4\%\sim0.6\%$ 时，钢材易于淬硬，焊接时需要预热才能防止冷裂纹；当 $C_{eq}>0.6\%$ 时，钢材的淬硬倾向大，焊接性差。

日本工业标准和日本溶接协会推荐的碳当量的计算公式见式(12-2)。

$$C_{eq}=C+Mn/6+Ni/40+Cr/5+Si/24+Mo/4+V/14 \tag{12-2}$$

式中：C、Mn、Ni、Cr、Si、Mo、V——钢中该元素的含量。

上式适用于低合金调质钢，其化学成分范围：$w_C\leqslant0.2\%$，$w_{Si}\leqslant0.55\%$，$w_{Mn}\leqslant1.5\%$，$w_{Cu}\leqslant0.5\%$，$w_{Ni}\leqslant2.5\%$，$w_{Cr}\leqslant0.2\%$，$w_{Mo}\leqslant0.7\%$，$w_V\leqslant0.1\%$，$w_B\leqslant0.006\%$。

C_{eq}作为评定冷裂敏感性的指标，只涉及钢材本身，并未考虑其他一些因素，如接头拘束度、扩散氢等的影响，因此，不能准确反映实际构件的冷裂纹倾向。

(2)焊接低温裂纹敏感指数

单纯以淬硬性估计低温裂纹倾向是比较片面的，低温裂纹敏感指数 P_c综合考虑了产生低温裂纹三要素(淬硬倾向、拘束度和扩散氢含量)的影响，使计算结果更为准确，其计算公式见式(12-3)和式(12-4)。

$$P_c=P_{cm}+[H]/60+\delta/600 \tag{12-3}$$

$$P_{cm}=C+Si/30+(Mn+Cu+Cr)/20+Ni/60+Mo/15+V/10+B/5 \tag{12-4}$$

式中：P_{cm}——化学成分的低温裂纹敏感指数，%；

δ——板厚，mm；

$[H]$——焊缝中扩散氢含量，mL/100g；

C、Si Mn、Cu、Cr、Ni、Mo、V、B——钢中该元素的含量。

上式的适用条件：w_C:0.07%～0.12%，$w_{Si}\leqslant0.6\%$，w_{Mn}:0.4%～1.4%，$w_{Cu}\leqslant0.5\%$，$w_{Ni}\leqslant1.2\%$，$w_{Cr}\leqslant1.2\%$，$w_{Mo}\leqslant0.7\%$，$w_V\leqslant0.12\%$，$w_{Nb}\leqslant0.04\%$，$w_{Ti}\leqslant0.05\%$，$w_B\leqslant0.006\%$，$\delta=19\sim50$mm；$[H]=1.0\sim5.0$mL/100g。

求得 P_c后，利用式(12-5)即可求出斜 Y 坡口对接裂纹试验条件下防止低温裂纹所需要得到最低预热温度 t_0(℃)。

$$t_0=1440P_c-392 \tag{12-5}$$

影响焊接性的因素非常复杂，计算公式难以考虑到物理模型的所有变量，这是由于数据与实际测量结果有一定差距。工程上，上述公式只能作为分析时的一种估算，最终防止裂纹的条件，必须通过直接裂纹试验或模拟试验来确定。

2. 利用 CCT 图分析

根据材料的 CCT 图可获得各种冷却速度下的组织、性能以及临界冷却时间，为制定焊接工艺参数提供依据。

3. 利用材料的物理性能分析

材料的物理性能包括熔点、导热性、密度、线膨胀系数、热容量等，这些参数影响焊接过程中的刚度大小和残余应力分布，还影响热循环、熔化、结晶和相变过程。

4. 利用材料的化学性能分析

材料的化学性能主要是分析其与气体的亲和力，如铝合金和钛合金对氧很敏感，在高温下极易氧化，需要采取可靠的保护方法，例如惰性气体保护焊或真空焊接等。

5. 利用合金相图分析

合金相图主要是分析高温裂纹倾向。依照成分范围,可知结晶范围、脆性温度区间的大小、是否形成低熔点共晶物及形成何种组织等。

6. 利用焊接工艺条件分析

(1)热源特点

各种焊接方法的热源功率、能量密度、最高加热温度等方面有很大的差别,使金属在不同工艺条件下焊接时显示出不同的焊接性。例如:电渣焊,其功率很大,能量密度很低,最高加热温度也不高,加热缓慢,高温停留时间长,焊接热影响区晶粒粗大,冲击韧度下降。电子束焊、激光焊,其功率小,能量密度高,加热迅速,高温停留时间短,热影响区窄,没有晶粒长大危险。

(2)保护方法

保护方法是否恰当也会影响金属的焊接效果。例如:熔化极惰性气体保护焊通常采用惰性气体 Ar、He 或它们的混合气体作为焊接区的保护气体,使电弧燃烧稳定,熔滴细小,熔滴过渡过程稳定,飞溅小,焊缝冶金纯度高,力学性能好。

(3)热循环的控制

正确选择焊接工艺规范,控制焊接热循环,利用预热、缓冷及层间温度来改变焊接性。

(4)其他工艺因素

彻底清除坡口及其附近部位,对焊接材料进行处理、烘干、除锈,保护气体要提纯、去杂质后使用,合理安排焊接顺序,正确制定焊接规范等。

第二节　金属构件常用材料的焊接

一、合金结构钢的焊接

1. 高强钢的焊接性

高强钢强度级别较低(屈服强度 300 ~ 400MPa)时,其焊接性较好,接近于低碳钢。随着钢中合金元素增加,强度级别提高,焊接性逐渐变差,其产生的问题主要有:结晶裂纹、冷裂纹及热影响区的性能变化等。

(1)结晶裂纹

焊缝中的结晶裂纹是在焊接凝固后期,由于低熔共晶在晶界形成液态薄膜,在拉应力作用下沿晶界开裂而形成的。它的产生与焊缝中的杂质(如硫、磷、碳等)含量有关。热轧正火钢和低碳调质钢的含碳量较低,合金元素的含碳量较低,这类钢的结晶裂纹的敏感性较小。中碳调质钢的含碳量及合金元素的含量较高(如 30CrMnSiA),结晶区较宽,会引起较大偏析,具有较大的结晶裂纹倾向,尤其在焊接弧坑及焊缝凹陷部位更容易形成结晶裂纹。

(2)冷裂纹

高强钢焊接时,冷裂纹是最常见的缺陷,随着钢种强度级别的提高,产生冷裂纹的倾向增大。冷裂纹的产生主要与焊缝中的扩散氢含量、接头的拘束程度以及金属的淬硬组织有关。

(3)热影响区脆化

焊接热影响区可分为过热区、重结晶区和不完全结晶区,其中除重结晶区由于晶粒细小,具有较好的综合力学性能外,不完全结晶区、过热区的脆化严重。不同种类的钢,引起热影响区的脆化原因也不同。

(4)热影响区软化

焊接调质钢时,在 Ac_1 温度以下,热影响区中加热的峰值温度超过母材调质处理的回火温度时就会出现软化现象,软化程度的大小与焊接前母材的回火温度有关。回火温度越低,软化区就越宽,软化越严重。

2. 高强钢的焊接工艺

1)热轧及正火钢的焊接工艺

热轧、正火钢有良好的焊接性,只有在焊接工艺不当时才会出现接头性能问题。

(1)焊接方法及工艺参数

热轧、正火钢适合于各种焊接方法,通常可采用焊条电弧焊、埋弧焊、二氧化碳气体保护焊和电渣焊等方法进行焊接。为避免过热区脆化,宜选用小的热输入。在焊接厚大工件和母材合金元素较多的钢种时,可采用偏小热输入及预热措施,并控制层间温度以防止裂纹的产生。

(2)焊接材料的选择

采用焊条电弧焊时,可以选择强度级别和母材相当的焊条,对强度级别高的钢种,一般应选择低氢型焊条。采用埋弧焊时,对强度级别不高、接头厚度不大的热轧、正火钢,可选择高硅高锰焊剂,如 HJ431 和相应焊丝(不含或含少量锰、硅焊丝)。对强度级别较高的钢或厚度较大的接头,应选择中硅焊剂如 HJ350、HJ250,并配合含锰合金焊丝,以保证足够的接头强度。

(3)焊接接头热处理

热轧钢焊接接头可以在焊态性下使用,不必进行焊后热处理,正火钢的焊接接头焊后应及时进行应力消除处理,以防止裂纹。

2)低碳调质钢的焊接工艺

低碳调质钢焊接性存在的主要问题是冷裂纹、热影响区组织脆化及软化。

(1)焊接方法及工艺参数的选择

为了减少热影响区的脆化、软化剂液化裂纹产生,应选择能量密度高、热源集中的焊接方法,如钨极和熔化极气体保护焊。如选择焊条电弧焊和埋弧焊方式,其焊接热输入应偏小些。为防止冷裂纹产生,尤其是延迟裂纹的产生和扩展,还需控制接头中含氢量,并采取预热、控制多层焊缝层间温度等措施。

(2)焊接材料的选择

由于低碳调质钢焊后一般不再进行热处理,因此选择焊接材料时必须使焊缝与母材性能接近。焊条电弧焊时选用低氢型焊条,埋弧焊时应选择中硅焊剂。

(3)焊后调质处理

在正常情况下,低碳调质钢焊后不必再进行热处理。对于电渣焊接头或线能量较大的埋弧焊接头,为消除应力,改善组织和性能,需进行焊后调质处理。

3)中碳调质钢的焊接工艺

此类钢一般在退火状态下进行焊接,焊后整体进行调质处理,常用的焊接方法均可适用。在选择焊接时,要保证焊缝和母材调质处理后具有相同的性能,并严格控制焊缝中的杂质及有害元素。为防止冷裂纹,可采用合适的热输入,不能采用过高的预热温度和层间温度(250~350℃),焊后应及时进行调质处理。如不能及时进行调质处理,需及时进行一次中间退火或回火。

若必须在调质状态下焊接时,需防止冷裂纹和避免接头软化。首先,必须正确选择预热温度及焊后及时回火;其次,为减少热影响区的软化,应采用热源集中、能量密度大的焊接能源,而且以小热输入为宜,如氩弧焊等。

3. 特殊用钢的焊接

1)珠光体耐热钢的焊接

珠光体耐热钢是以 Cr-Mo 为基的低中合金钢,一般在正火-回火或淬火-回火状态下焊接,在热影响区中可能出现硬化和软化,以及冷裂纹和消除应力裂纹(再热裂纹)倾向。珠光体耐热钢常采用的方法有焊条电弧焊、埋弧焊、电渣焊等,有时还可以用 CO_2 气体保护焊。采用焊条电弧焊时,一般用钼和铬钼耐热钢焊条。埋弧焊用低锰中硅(HJ250)焊剂或中锰硅(HJ350)焊剂配 H08CrMoA、H10CrMo、H08CrMoVA 等焊丝。为了减少软化区,改善热强性,同时考虑减小冷裂纹倾向,尽可能选择小热输入和预热等工艺措施。

2)低温钢的焊接

低温钢主要为工作温度在 -196~-40℃时用钢,分为无镍钢和含镍钢两类。焊接主要问题是焊缝和近缝区的晶粒粗化而使韧性降低。焊接材料的选择原则是保证焊缝中有足够的锰和铜,同时渗入 Mo、W、Nb、V、Ti 等元素,使晶粒细化。对含有 2.5%~3.5% Ni 的低温用钢,焊接材料的成分应选与母材相同,另添加 Ti 元素来细化晶粒,并降低含碳量。加入 Mo 可控制回火脆性。9% Ni 钢属于低碳马氏体钢,可采用高 Ni 合金焊丝或 Cr16-Ni13 型的奥氏体钢焊丝,但要注意防止结晶裂纹。

焊接低温钢时尽量选择小热输入和快速多道焊工艺,以细化晶粒,提高韧性。

3)耐蚀钢的焊接

主要讨论含铝低合金耐蚀钢和含磷低合金耐蚀钢的焊接。

(1)含铝低合金耐蚀钢

常选用不含铝的 E5017(J507)、E5515G(J557)钼钒焊条电弧焊,对含铝较高的耐蚀钢,选用 Cr-Ni 系焊条和 Mn-Al 系焊条。为防止铁素体带脆化,可调整成分。但对含铝较多的钢,应采取小线能量和多层多道焊,避免接头过热,减少铁素体带脆化倾向。

(2)含磷低合金耐蚀钢

焊接冷裂纹敏感性小,但铜、磷在焊接接头的局部熔化区晶界偏析可能增加脆性和液化裂纹倾向,所以宜选用较小的热输入。

二、耐热钢、不锈钢的焊接

1. 珠光体耐热钢的焊接

珠光体耐热钢是一种以 Cr、Mo 为主要合金元素的低、中合金钢。一般含 Cr 的质量分数为 0.5%~5%,含 Mo 的质量分数为 0.5% 或 1%。随着使用温度的提高,钢中往往还加入 V、W、Nb、B 等微量强化元素,合金元素总含量的质量分数一般小于 5%,常用有 15CrMo、

12CrMoV 等。珠光体耐热钢广泛应用于工作温度在 600℃以下的石油化工及动力工业设备中,它不仅具有良好的抗氧化性和热强性,还具有一定的抗硫和氢腐蚀能力,同时具有很好的冷热加工性能。

(1)珠光体耐热钢的焊接性

珠光体耐热钢的焊接问题与低碳调质钢相似。珠光体耐热钢的主要合金元素是 Cr 和 Mo,它们能显著提高钢的淬硬性,增加接头冷裂纹敏感性。若结构拘束度较大,那么在消除应力处理或高温长期使用时,粗晶部分容易出现消除应力(再热)裂纹。母材合金化越高,焊前原始硬度越大,则焊后软化程度越严重,焊后高温回火不但不能使“软化区”硬度恢复,甚至还会稍有降低,只有经正火 + 回火后才能消除软化问题。焊缝金属回火脆化的敏感性比母材大,这是因为焊接材料中的杂质更难以控制。根据研究结果,要获得低回火脆性的焊缝,必须严格控制 P 和 Si 含量(Si 促进 P 偏析),P 的质量分数 $w_P \leq 0.015\%$。

(2)珠光体耐热钢的焊接工艺

与普通低碳钢和低合金结构钢相比,制定珠光体耐热钢焊接工艺时,除防止焊接裂纹外,最重要的是保证接头性能,特别是满足高温性能要求。焊接珠光体耐热钢的常用方法有焊条电弧焊、钨极和熔化极氩弧焊、埋弧焊和电渣焊。

珠光体耐热钢焊接材料的选择应依据母材金属的合金成分而确定,而不是依据强度性能。为了确保接头的耐热性,焊接材料的合金含量应相当于或略高于母材。为了防止焊缝出现热裂纹,其含碳的质量应小于 0.12%,但不得低于 0.07%,否则,焊缝金属的可热处理性、冲击韧性、热强度变差。

预热是珠光体耐热钢焊接时防止冷裂纹的有效工艺措施。预热温度一般在 150~330℃。用钨极氩弧焊打底时,可以降低预热温度或不预热。珠光体耐热钢焊后应立即高温回火处理,以防止延迟裂纹,消除应力和改善组织,提高接头高温力学性能。回火温度应避免在回火脆性及消除应力裂纹敏感温度范围内(150~330℃)进行,并要在危险区间内以较快的速度加热。

2. 铁素体、马氏体钢的焊接

(1)铁素体钢的焊接

铁素体钢是含 12%~30% Cr 的高合金钢,其化学成分特点是低碳、高铬,如 06Cr13Al、10Cr15 等。铁素体钢耐蚀性好,主要用作不锈钢(耐硝酸、氨水腐蚀),也可用于抗高温氧化钢。

铁素体钢焊接时的主要问题是:因铁素体在加热冷却中不发生相变,焊缝及热影响区(HAZ)晶粒长大严重,易形成粗大铁素体组织,且不能通过热处理来改善,导致接头韧性比母材更低。多层焊时,焊道间重复加热,可导致 σ 相析出和 475℃脆性,进一步增加接头脆化。对于在耐蚀条件下使用的铁素体钢,还要注意近缝区的晶间腐蚀倾向。因此,铁素体钢焊接时宜采用低热输入量的焊接方法,如焊条电弧焊、钨极氩弧焊等。为防止裂纹,改善接头塑性和耐蚀性,焊接时要选用与母材相近的铁素体铬钢和铬镍奥氏体钢作为填充材料。用于高温条件下的铁素体钢,必须采用成分基本与母材匹配的填充材料。

主要工艺措施为,低温预热至 150℃左右,使材料在富有韧性的状态下焊接。含 Cr 量越高,预热温度应越高。最好采用低热输入的钨极氩弧焊,小电流快速施焊,减少横向摆动,待前一道焊缝冷却到预热温度后再焊下一道焊缝。焊后进行 750~800℃退火处理,使铬均匀化,恢复耐蚀性,并能改善接头塑性。退火后应快冷,防止出现 σ 相及在 475℃时发生脆化。

(2)马氏体钢的焊接

在铁素体钢基础上,适当增加含 C 量、减少含 Cr 量,高温时可以获得较多的奥氏体组织。快速冷却后,室温下得到具有马氏体组织的钢,即马氏体钢,主要钢号有 12Cr12、20Cr13、14Cr17Ni2 等。它具有高的强度、硬度、耐磨性及耐蚀性,在工业中被广泛用作不锈钢或热强钢。

马氏体钢焊接性很差,焊缝及 HAZ 在焊态组织多为硬而脆的马氏体,所以焊接时有强烈的冷裂纹倾向;其导热性差,焊接时易过热,故热影响区易形成粗大的马氏体组织;此外,接头 HAZ 也存在明显的软化问题。

马氏体钢焊接最好采用无氢源的钨极或熔化极氩弧焊,采用与母材成分基本相同的同类焊材或采用奥氏体填充金属。由于奥氏体焊缝金属具有良好的塑性,可以缓解接头的残余应力,还可以溶解大量的氢,因此大大降低了接头产生冷裂纹的可能性,简化焊接工艺。焊接时,预热是不可缺少的工序,是防止冷裂纹、降低接头各区硬度和应力峰值的有效措施。预热温度范围一般在 150~400℃之间。焊后冷却至 100~150℃,并保温 0.5~1h 后再加热回火。马氏体钢一般在调质状态下焊接,故焊后只需作高温(650~750℃)回火处理。

3. 奥氏体钢的焊接

奥氏体钢是在耐热、耐蚀条件下应用的一类高合金钢。它是以铁为基,主要以镍、铬、锰、氮等元素合金化,使马氏体转变点降至室温以下,空冷至室温时组织仍然是奥氏体,如 12CrNi9、06CrNi1Nb、022Cr18Ni10N 等。

(1)奥氏体钢的焊接性

奥氏体钢具有面心立方晶体结构,室温下塑性好,因此焊接冷裂纹倾向很小。从这一点看,其焊接性比铁素体钢、马氏体钢都要好。奥氏体钢焊接时存在的主要问题是:焊缝及热影响区热裂纹敏感性较大;接头产生碳化铬沉淀析出,出现诸多如晶间腐蚀、应力腐蚀开裂,使耐蚀性下降;接头中铁素体含量高时,可能出现 475℃脆性或 σ 相脆化。

(2)奥氏体钢焊接工艺

奥氏体钢可以采用所有的熔焊方法,其中钨极氩弧焊最为理想。因为钨极氩弧焊在焊接过程中合金元素烧损很小,焊缝金属表面洁净无渣,焊缝成形好。此外,由于焊接热输入量低,特别适宜对过热敏感的奥氏体钢进行焊接。

对工作于高温条件下的奥氏体钢,要求填充材料的成分大致与母材成分匹配,同时应当考虑对焊缝金属中铁元素含量的控制。在铬镍的质量分数均大于 20% 的奥氏体钢中,为获得抗裂性高的纯奥氏体组织,选用含 6%~8% Mn 的焊材是一种行之有效且经济的解决办法。对于在腐蚀介质下工作的奥氏体不锈钢,一般选用与母材成分相同或相近的焊条。由于含碳量对奥氏体不锈钢的抗蚀性能有很大影响,因此熔覆金属含 C 量不宜高于母材。在强腐蚀介质下工作的设备,要选用含 Ti 和 Nb 等稳定化学元素或超低碳焊接材料。对于耐酸腐蚀性能要求较高的工件,常选用含 Mo 的焊接材料。奥氏体钢焊接时应注意以下几点:

①焊前不预热。因为奥氏体钢具有较好的塑性,冷裂纹倾向很小。多层焊时要避免层间温度过高,一般应冷却到 100℃以下再焊次层。

②防止接头过热。采用较小焊接电流(比焊低碳钢时小 10%~20%),短弧快速焊,直线运动避免重复加热,强制冷却焊缝(加铜垫板、喷水冷却等)。

③注意保护工件表面。焊件表面损伤是产生腐蚀的根源,应避免碰撞损伤;避免在焊件表面进行引弧,造成局部烧伤;防止焊件表面溅落物等。

④焊后热处理。奥氏体钢焊接后,原则上不进行热处理。只有在焊接接头产生了脆化或要进一步提高其耐蚀能力时,才根据需要选择固溶处理、稳定化处理或消除应力处理。

三、有色金属的焊接

1. 铝及铝合金的焊接

铝具有密度小、抗蚀性好、导电性及导热性能优良等特点。在纯铝中加入少量铜、镁、锰等合金元素形成铝合金,其强度等各项性能显著提高。铝合金焊接性的主要问题如下:

(1)氧化性

铝合金的化学活性很强,表面极易形成氧化膜,其熔点远高于铝(铝的熔点为660℃,而Al_2O_3的熔点为2 050℃,MgO 的熔点为2 500℃),焊接时很难熔化,密度也大,加之铝及铝合金的导热性大,因此,容易在焊缝中造成未熔合缺陷或氧化物夹杂,降低接头的性能。

因此,焊前必须严格清理焊件坡口或接口边缘及焊丝表面的氧化膜,在焊接中应加强保护或随时清除新产生的氧化物。

(2)气孔

气孔是铝及铝合金焊接时常见的缺陷。氢是产生气孔的主要原因,已被实践所证明。混入弧柱气氛空气中的水分,焊丝以及母材表面氧化膜所吸附的水分,以及未清理干净的油污物,都是氢的重要来源,从而溶入熔滴和熔池。铝在高温熔化状态下,能吸收多量的氢。在铝凝固、固液相转变时,溶解度发生突变(由液态时的0.07 ~ 0.69mL/100g 陡降至固态时的0.036mL/100g,降低至近$\frac{1}{20}$),析出的氢如来不及逸出熔池,残留在焊缝中,即成为气孔。

为了防止焊缝气孔,可从两方面着手:一是限制氢溶入熔融金属,或减少氢的来源,或减少氢同熔融金属的作用时间(如减少熔池吸氢时间);二是尽量促使氢自熔池逸出,即在熔池凝固之前促使氢以气泡形式及时排出,这就要改善冷却条件以增加氢的逸出时间。

减少氢的来源,这是主要的措施。所有使用的焊接材料(包括保护气体、焊丝、焊条、熔剂等),要严格限制含水量,用前均需干燥处理。焊丝及母材的表面氧化膜应彻底清除,采用化学方法或机械方法均可,两者并用效果更好。

焊接工艺,以焊接规范影响比较明显,也比较复杂,其影响不可仅归结为熔池在高温存在的时间问题。例如,TIG 焊时,采用较大焊接电流,配以较快的焊接速度,有利于焊缝根部的焊透而减少气孔。MIG 焊时,由于焊丝氧化膜的影响占了重要地位,形成气孔的倾向比 TIG 焊时的大。这时,采用较大电流和较低焊速,延长熔池存在时间,促使氢的逸出起了主导作用,可减少气孔。在薄板焊接时,这种规律表现得比较明显。在厚板焊接时,由于接头的冷却速度较大,这种影响不明显。

改变弧柱气氛的性质,减少氢的分压,能减少气孔的生成倾向,如 MIG 焊时,在 Ar 中加入少量CO_2或O_2等氧化性气体,就可减少焊缝中的氢气孔。

(3)焊接热裂纹

焊接热裂纹主要是焊缝的结晶裂纹及近缝区的液化裂纹。产生结晶裂纹的原因是:铝合金大多数属共晶型合金,存在较大的液固相共存结晶温度区间,易形成液态脆性薄膜,即低熔点共晶体,这是铝合金焊缝产生“结晶裂纹”的重要原因之一。另外,铝合金的线膨胀系数比钢大近1倍,在拘束条件下焊接时,易产生较大的焊接应力,这也是促使铝合金具有较大的裂纹倾向的原因之一。

近缝区的“液化裂纹”同焊结晶一样,也和晶间易熔共晶体的存在有关,只不过易熔共晶并非结晶形成,而是在不平衡的加热条件下因偏析晶间液化所致。

防止焊缝裂纹,主要是选择热裂纹倾向小的母材,严格控制杂质含量、合理选择焊缝的合金成分及适当的工艺措施,如采用小电流、低焊速规范,以及选用高能量密度的焊接方法。还有加入变质剂 Ti、Zr、V、B 等,用以细化晶粒,显著提高抗裂能力。

(4)焊接接头的不等强问题

与钢相比,焊铝合金时接头的机械性能下降比较明显,特别是焊硬铝和超硬铝时,接头的抗拉强度一般只达到母材的40% ~60%,而塑性一般也都低于母材。

铝合金焊接时的这种不等强性能的表现,说明接头上有一性能的薄弱环节,即发生在焊缝、熔合区及热影响区中的一个区域。

焊缝是铸造组织,性能一般低于母材,特别是塑性较低。若焊缝成分不同于母材,焊缝性能将主要决定于焊接材料,与焊后是否处理也有一定的关系。

非热处理强化铝合金的主要问题是熔合区晶粒粗化而塑性降低。热处理强化铝合金焊接时,除晶粒粗化外,还可能沿晶界析出脆性金属间化合物,使塑性大大降低,另外还可能产生“液化裂纹”。所以,熔合区的主要变化是塑性恶化。

热影响区,主要是强化效果的损失,即软化现象的出现——非热处理强化铝合金冷作硬化效果的消失,热处理强化铝合金的退火软化。

为了提高接头强度,主要是选好母材,采用新型焊丝,选用合适的焊接方法和规范(如采用能量密度高的焊接方法和小的线能量),焊后进行热处理(仅用于热处理强化铝合)等。

(5)接头抗腐蚀性降低

一般都低于母材,硬铝最为明显。抗腐蚀性能下降的主要原因是成分及组织不均匀,还有咬边、未焊透、夹渣、裂纹等焊接缺陷,造成电化学腐蚀。有时还有可能产生应力腐蚀。

防止抗腐蚀性能降低的措施有:选择合适的焊丝、合适的焊接方法及焊接规范;焊后退火处理等。

(6)焊(烧)穿

铝及其合金从固态转变为液态时无明显的颜色变化,施焊时常常会因为温度过高无法察觉而导致焊件烧穿。

2. 铜及铜合金的焊接

铜及铜合金有良好的导电性、导热性、较高的强度、优良的塑性和冷热加工成形性能,并且在非氧化酸中具有耐腐蚀性,是电力、化工、航空、交通、矿山等领域不可缺少的重要材料。

1)焊接性能

铜及铜合金的焊接性不良,主要问题有:

(1)氧化性

铜在常温时不易氧化,当温度超过300℃时铜的氧化加快,接近熔点时,氧化能力最强。

氧化的结果是生成了氧化亚铜(Cu_2O),焊接熔池结晶时氧化亚铜与铜形成低熔点共晶(1 064℃)分布在铜的晶界上,大大降低了接头的力学性能。有用合金元素的氧化和蒸发等,使接头塑形严重变坏、导电性下降和耐蚀性能下降。

(2)焊缝成形能力差

因为铜和大多数铜合金的热导率比碳钢大得多(高7~11倍),焊接时散热严重,焊接区难以达到熔化温度,且铜在熔化温度时的表面张力比铁小1/3,流动性比钢大1~1.5倍。因此,熔化焊接铜及大多数铜合金时,容易出现母材难以熔合、未熔透和表面成形难等问题。

(3)气孔倾向严重

气孔是铜及铜合金焊接时的一个主要问题,其主要形式有:①扩散气孔,即铜在液态时能溶解较多的氢,凝固时氢的溶解度急剧降低,造成氢在铜中的过饱和固溶,过量的氢如来不及扩散逸出,很容易出现气孔;②反应性气孔,即在焊接高温下,铜与氧生成Cu_2O,其与铜中的氢发生反应($Cu_2O + 2H = 2Cu + H_2O\uparrow$),生成的水蒸气不溶解于铜,若来不及逸出便形成气孔。

为了减少和消除铜焊缝中的气孔,最重要的措施是限制氢和氧来源。此外,还可以加入一定量的脱氧元素(铝、钛、硅、锰等),加强熔池的脱氧过程。用预热等方法使熔池缓冷,创造有利于气孔析出的条件。

(4)热裂纹倾向

铜及铜合金焊接时,焊缝及热影响区容易产生热裂纹,主要原因为:①铜与氧、铅、铋、硫等有害杂质易于形成低熔点共晶组织如Cu-Bi(300℃)、Cu-Pb(326℃)、Cu_2O-Cu(1 064℃)、Cu-Cu_2S(1 067℃)等,分布在枝晶间或晶界处形成薄弱面;②铜及其合金在加热过程中无同素异构转变,晶粒长大严重,有利于低熔点共晶薄弱面的形成;③铜及其合金的线膨胀系数和收缩率较大,增加了焊接接头的应力以及凝固金属中的过饱和氢向微间隙扩散造成的压力等。

2)焊接工艺

气焊、焊条电弧焊、氩弧焊、埋弧焊、等离子弧焊、电子束焊等熔焊是铜及铜合金焊接均可选用的工艺方法。薄板(厚度小于6mm)以钨极氩弧焊、焊条电弧焊和气焊为好;中厚板以埋弧焊、熔化极氩弧焊为好。铜及铜合金焊接前,应将吸附在焊丝表面和焊件坡口两侧30mm范围内表面上的油脂、水分以及金属表面的氧化膜清理干净,直至露出金属光泽。为了保证焊缝的良好成形及随后冷却中气体的充分逸出,要进行焊前预热,并采用大的热输入量焊接。接头形式设计要尽量避免使用搭接接头、T形接头、内接接头,可改为散热条件相同的对接接头。单面焊特别是开坡口的接头必须在背面加上垫板,防止液态铜流失。一般情况下,铜及铜合金不易实现立焊和仰焊。铜及铜合金在采用不同焊接工艺时有不同的特点。

(1)钨极氩弧焊工艺特点

除焊接铝青铜、铍青铜时为破除表面氧化膜而使焊接过程稳定应采用交流电源外,铜及铜合金钨极氩弧焊都采用直流电源正接法,以获得较大的焊缝熔深。纯铜、青铜一般选用同材质焊丝,通常焊件厚度在4mm以下不预热,厚度4~12mm的纯铜板需预热至200~450℃。磷青铜可不预热,并需严格控制道间温度低于100℃。青铜和白铜需预热至150~200℃。补焊大尺寸的黄铜和青铜时需预热至200~300℃。若采用Ar+He混合气体保护,则可以不预热。

(2)气焊工艺特点

纯铜、青铜气焊采用中性火焰,黄铜采用弱氧化火焰。纯铜小尺寸焊件预热温度为400~500℃,厚大焊件预热温度为600~700℃,黄铜、青铜预热温度可适当降低。纯铜气焊用低磷铜焊丝HS202,黄铜气焊用焊丝HS220、HS221、HS222。焊剂主要组成物是硼酸盐、卤化物,牌号为CJ301、CJ401。

(3)埋弧焊工艺特点

焊丝采用T1、T2纯铜丝、TUP脱氧铜丝及HS201焊丝等。焊剂可用HJ431、HJ260、HJ150等多种钢用埋弧焊剂。

3.钛及钛合金的焊接

钛是一种非磁性材料,具有密度小($4.5g/cm^3$)、强度高(比铁约高1倍)、较好的高温强度和低温韧性以及良好的耐蚀性等特点,在航空工业、宇航工业、化学工业、造船工业等方面得到广泛的应用。

1)焊接性能

钛及钛合金的焊接性能主要特点:

(1)化学活性大

钛从250℃开始吸收氢,400℃开始吸收氧,600℃开始吸收氮,处于高温熔化状态的熔池与熔滴金属极易被气体、水分、油脂等杂质污染,使接头变脆,塑性及韧性严重下降。

(2)热物理性能特殊

和其他金属相比较,钛及钛合金具有熔点高、热容量小、热导率小等特点,因此如果接头过热区高温停留时间过长,冷速缓慢,将出现显著的粗大晶粒,导致过热区的塑性下降。

(3)接头冷裂纹倾向大

溶解在焊缝热影响区的氢气含量较高,320℃时氢和钛发生共析转变析出TiH_2,增大该区的脆性。另外,析出氢化物时体积膨胀引起较大的组织应力,加之氢原子向该区高应力部位扩散及聚集,以致容易形成冷裂纹。

(4)易产生氢气孔

焊缝气孔往往分布在熔合线附近,这是钛及钛合金气孔的一个特点。氢在钛中的溶解度随温度升高而降低,在凝固温度有跃变。熔池中部的氢易向熔池边缘扩散,使熔池边缘氢过饱和而成气孔。

2)焊接工艺要点

钛及钛合金的焊接方法,主要为钨极氩弧焊。近年来,等离子弧焊、真空电子束焊、电阻点焊、缝焊、钎焊和扩散焊等焊接方法也有一定的应用。为了保证焊接质量,焊前焊件接头附近表面必须认真进行机械清理,再将焊件及焊丝进行酸洗,随后用清水洗净。临焊前,焊件表面及焊丝再用丙酮或酒精擦净。根据不同的母材及性能要求,正确选用焊丝、焊接参数及必要的焊接热处理。

(1)钨极氩弧焊接特点

采用高纯度氩气保护。对处于400℃以上的熔池后部焊缝及热影响区,均采用拖罩进行氩气保护,焊缝背面也应采取相应的保护措施。有些结构复杂的零件可在充氩箱内焊接。通常采用与母材的同质焊丝,焊丝可比母材金属合金化程度稍低,如焊接 TC4 钛合金,可用 TC3 焊丝。

(2)等离子弧焊焊接特点

等离子弧焊具有能量集中、穿透力强、单面焊双面成形、坡口制备简单(直边坡口)、质量稳定、生产效率高等一系列优点。所用离子气和保护气体均为氩气,很适合钛及钛合金的焊接。钛及钛合金的密度小,其液态的表面张力较大,故采用“小孔效应”等离子弧进行钛及钛合金焊接时,其厚度范围应为 1.5～15mm。对于板厚在 1.5mm 以下的钛材,一般采用熔透背面成形(背面放铜板垫)的等离子弧焊接法。此时若采用脉冲等离子弧焊,可降低装配精度要求,更易于保证焊接质量。焊接 0.5mm 厚以下的钛及钛合金,最好采用微束等离子焊。用微束等离子焊接小于 0.5mm 厚的钛及钛合金板材易于保证质量,而用钨极氩弧焊焊接小于 0.5mm厚的钛及钛合金板则较为困难。

第三节　焊接方法的选择

一、选择原则

质量和效率是焊接方法选择的基本原则。焊接方法应保证产品质量优良可靠,生产率高,成本低,有良好的综合效益,通常由产品性质、结构特点、焊接件厚度、接头形式、接缝空间位置、被焊接材料性能、技术水平、设备条件等因素确定。其中最重要的有:

1. 产品特点

结构类产品用电弧焊方法,如长接缝、环接缝用埋弧焊。短接缝、打底焊用焊条电弧焊,机械类产品,其接缝较短,可选用气体保护焊(一般厚度)、电渣焊(重型立焊构件)、电阻焊(薄板件)、摩擦焊(圆形截面)或电子束焊(高精度要求)。微电子器件类的接头要求密封又不应影响器件的电气性能,宜选用电子束、激光焊、超声波焊、扩散焊、电容储能焊或钎焊、胶接等。

2. 母材性能

母材的物理性能、力学性能和冶金性能都是焊接方法选择的重要因素。

(1)母材的物理性能

影响焊接性的主要物理性能有导热性、导电性和熔点等。通常热导率高的金属(如铜、铝及其合金),选择热输入大、焊透力强的焊接方法;电阻率高的金属,宜用电阻焊;热敏材料,选用热输入小的方法,如激光焊、超声波焊;高熔点金属(如钼等),用电子束焊最好。

(2)母材的力学性能

影响焊接性的主要力学性能有焊件强度、伸长率、冲击韧度等。焊接方法的选择应便于通过控制热输入来控制接头的熔深、熔合比和热影响区,以获得与母材力学性能近似的焊缝。如电焊渣、埋弧焊热输入大,会降低接头冲击韧度值。电子束焊、激光焊接接头热影响区窄、力学性能好,宜焊接不锈钢或已经热处理的精密零件。

(3)母材的冶金性能

影响焊接性的主要冶金性能有母材金属的化学成分、化学活性和母材金属的淬硬性等。普通碳钢和低合金结构钢用一般的电弧焊都可焊接。钢材的合金含量,特别是碳含量越高,焊接性越差,可选焊接方法越少。化学性能活泼的有色金属(如铝、镁及合金)应选用惰性气体保护焊,如钨极氩弧焊、熔化极氩弧焊等。钛锆类金属,最好用高真空电子束焊。淬硬性金属,不宜电阻焊,宜选冷却速度缓慢的方法。对于不易熔焊的异种金属,应采用非液相焊接方法,如钎焊、扩散焊、爆炸焊或胶接。

二、常用焊接方法比较

表12-1为常用焊接方法的比较,可作为焊接方法选择的参考。

常用焊接方法比较　　表12-1

焊接方法	接头形式	焊接位置	适焊材料	钢板厚度(mm)	生产率	变形度	应用范围
焊条电弧焊	对接、搭接、角接、T形接等	全位置	碳钢、合金钢、铜及铜合金等	3~20	中等	较小	结构件、零件焊接、修补等
气焊	对接、卷边接头等	全位置	碳钢、合金钢、铜及铜合金、耐热钢、铝及铝合金	0.5~3	低	大	受力不大的薄板构件焊接、修补等
埋弧焊	对接、搭接、角接、T形接等	平焊	碳钢、合金钢、铜及铜合金	6~60	高	小	结构件中厚板长直焊缝、环缝批量生产
钨极氩弧焊	对接、搭接、角接、T形接等	全位置	铝、铜、镁、钛及耐热钢、不锈钢合金	0.5~6	低	小	薄板构件全位置焊、打底焊等
熔化极惰性气体保护焊	对接、搭接、角接、T形接等	全位置	铝、铜、镁、钛及耐热钢、不锈钢合金	0.5~25	高	小	各种板厚、各种熔滴过渡形式
CO_2焊及MAG焊	对接、搭接、角接、T形接等	全位置	碳钢、低合金结构钢、不锈钢等	0.8~25	高	小	各种板厚、各种熔滴过渡形式
等离子弧焊	对接	全位置	耐热钢、不锈钢、铜、镍、钛及钛合金	0.025~12	较高	小	薄板熔入型焊、厚件小孔穿透焊
电渣焊	对接	立焊	碳钢、低合金钢、铸钢不锈钢等	40~450	很高	大	大厚度件拼接
电子束焊、激光焊	对接、搭接、角接、T形接等	全位置	碳钢、低合金钢、不锈钢、热敏金属等	0.5~60	高	极小	高速薄板、超厚板焊
电阻对焊	对接	平焊	碳钢、低合金钢、不锈钢、铝合金	$\phi \leq 20$	高	小	杆状零件薄板件容器管件
电阻点焊	搭接	全位置		0.5~3			
电阻缝焊	搭接	平焊		<3			

续上表

焊接方法	接头形式	焊接位置	适焊材料	钢板厚度(mm)	生产率	变形度	应用范围
钎焊	搭接、套接	平焊	碳钢、合金钢、铜及铜合金	—	高	极小	特殊形状及结构、异种材料、微电子器件等
胶接	搭接	全位置	各种金属、非金属	—	较高	极小	飞行器、汽车构件、微电子器件等

第四节　金属构件焊接接头的设计

一、焊接接头及焊缝设计

1. 电弧焊接头及焊缝设计

电弧焊常见的接头形式有对接、角接、T形接、搭接、端接等五种。接头形式的设计与选择，主要根据结构的形式、焊件厚度、受力状况、使用条件和施工情况等确定。

1)接头坡口设计原则

为使厚度较大的焊件焊透，常将焊件边缘加工成一定形状的沟、槽(坡口)。坡口设计应考虑到接头的受载状况、板厚、填充金属的耗量、加工条件、焊接应力及可焊到性等。典型的电弧焊焊接接头的基本形式和坡口标注方法如图12-1所示。

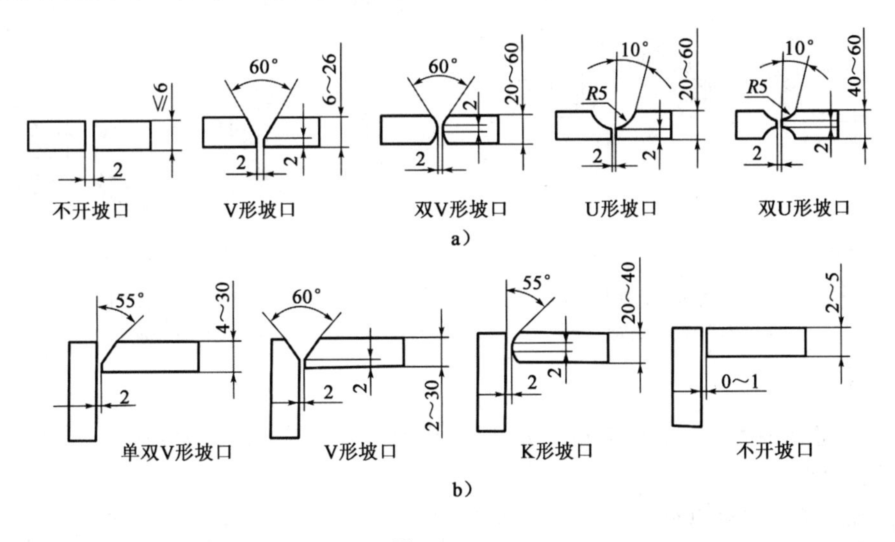

图　12-1

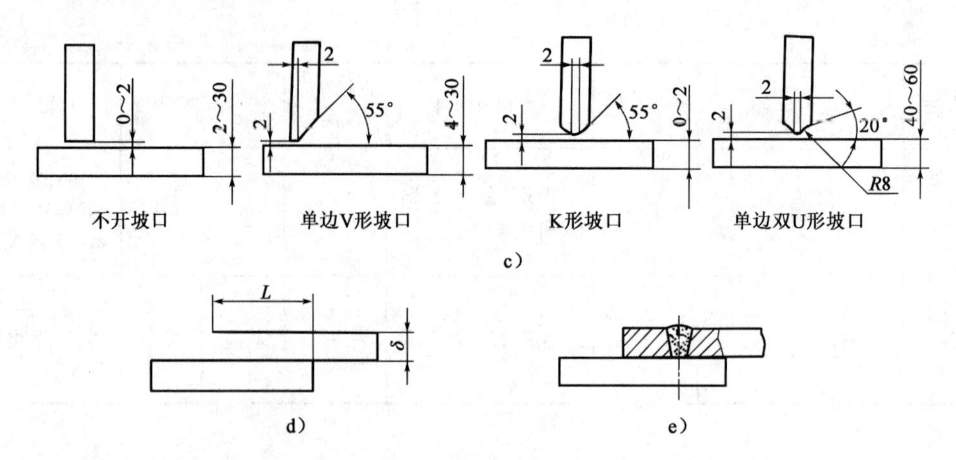

图 12-1　典型的电弧焊焊接接头的基本形式和坡口标注方法

a)对接接头;b)角接接头;c)T 形接头;d)搭接接头;e)塞焊搭接接头

2)焊缝位置设计

焊接的形式由接头的形式而定,焊缝位置是焊接接头的主体。焊缝位置设计是否合理,对于接头质量和生产率都有很大的影响。焊缝位置设计应遵循以下主要原则:

(1)对称设计

两条对称焊缝产生的变形可相互抵消,可大大减少结构的弯曲变形,如图 12-2 所示。

(2)焊缝分散设计

应避免焊缝密集交叉,如图 12-3 所示。图 12-3a)的设计会导致接头处过热,力学性能下降,焊接应力增大。一般两条横缝的间距应大于三倍的钢板厚度。

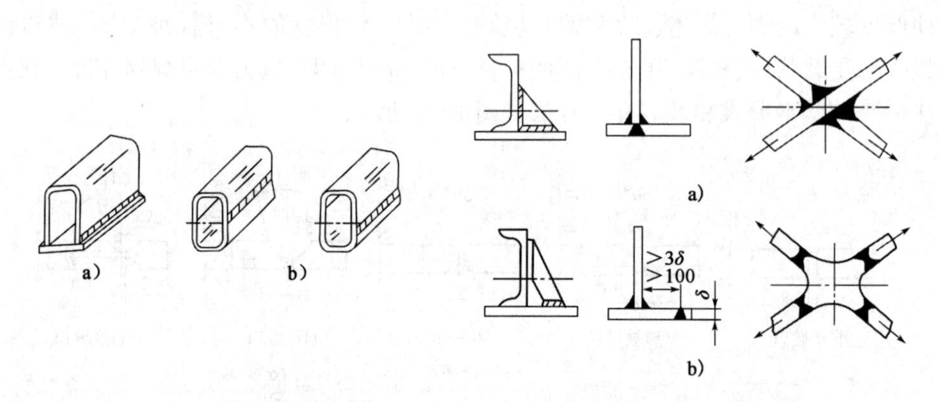

图 12-2　焊缝位置对称设计

a)不合理;b)合理

图 12-3　焊缝应分散设计

a)不合理;b)合理

(3)焊缝受力合理

焊接应避开最大应力和应力集中处,以防止焊接应力与外加应力叠加,避免应力过大和开裂,如图 12-4 所示。

(4)焊缝施焊条件良好

应便于焊条电弧焊施焊,有良好的气体保护、埋弧焊焊剂保持等,如图 12-5 所示。

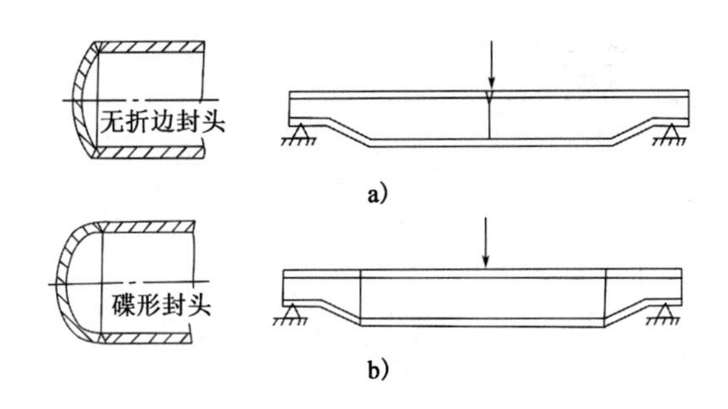

图 12-4　焊缝应避开最大应力和应力集中处

a)不合理;b)合理

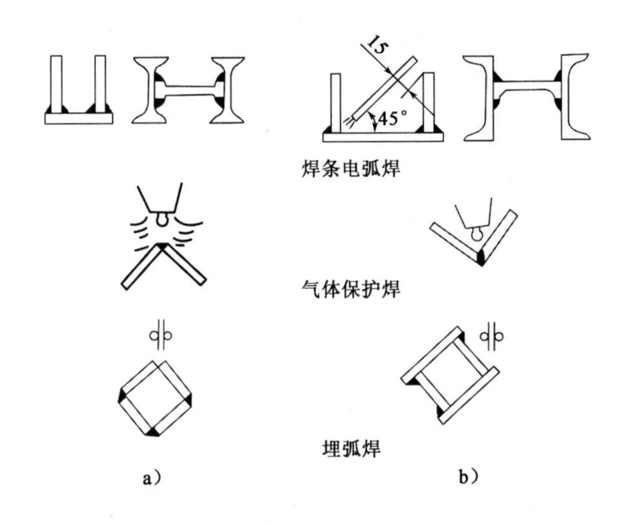

图 12-5　焊缝应有良好的施焊条件

a)不合理;b)合理

此外,设计还应尽量减少焊缝数量,焊缝要避开机械加工面,在转角处应平滑过渡等。

2. 电子束、激光束焊接接头设计

(1)电子束焊接接头设计

常用接头有对接、角接、T 形接、搭接和端接。焊缝有线焊缝、角焊缝、端接焊缝等,一般不加填充金属。设计对接接头,用线焊缝,一般使装配间隙 <0.1 倍板厚。搭接接头优先采用角接焊接,板厚不等时薄板应放在上面。T 形接头优先采用双向角接焊缝,受力较小时可采用翼板穿透接头。典型的电子束焊接接头设计如图 12-6 所示。

(2)激光束焊接接头设计

低功率脉冲激光焊主要用于微电子电路中微米级直径或厚度的金属丝、薄板之间的脉冲点焊,典型的激光脉冲点焊接头设计如图 12-7 所示。连续激光深熔焊接头形式,可参考电弧焊接头设计,但接头装配间隙和错边要小,精度要求较高。图 12-8 为激光深熔焊接头主要设计形式。

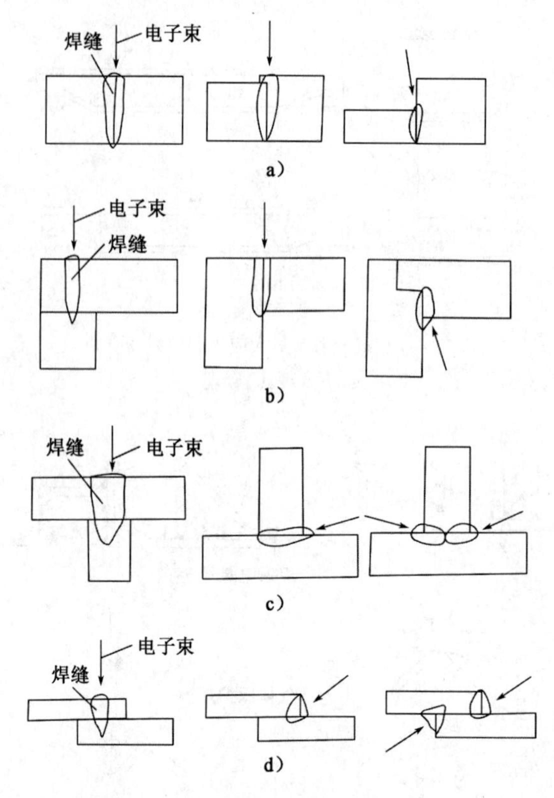

图 12-6　典型的电子束焊接接头设计

a)对接;b)角接;c)T 形接;d)搭接

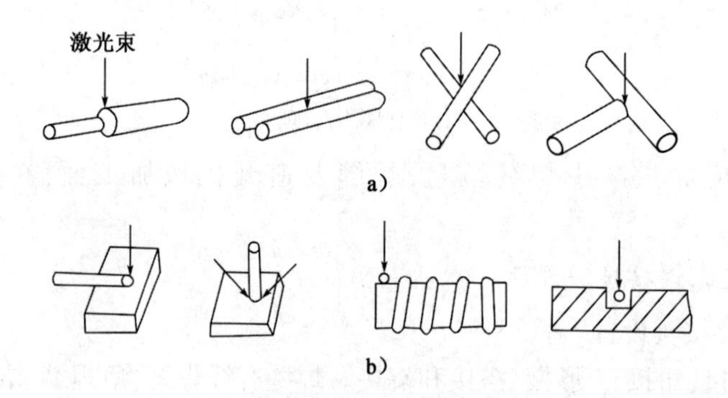

图 12-7　典型的激光脉冲点焊接头设计

a)金属丝-金属丝连接;b)金属丝-膜连接

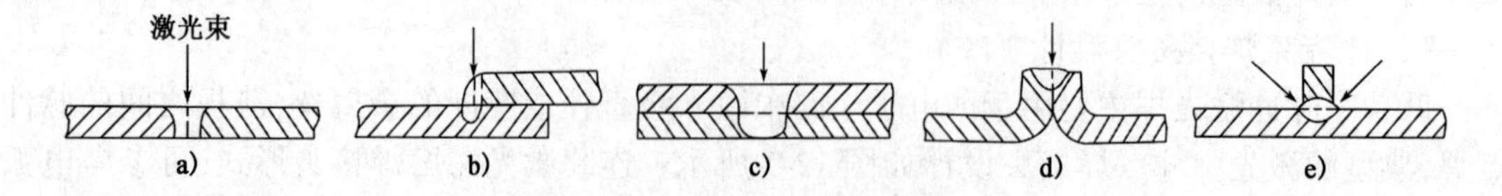

图 12-8　激光深熔焊接接头主要设计形式

a)对接;b)搭接;c)点固;d)卷边;e)角接

二、钎焊接头设计

1. 电阻焊接头设计原则

对电阻焊接头的设计要求:①应保证电极能够达到;②接头应尽量位于刚性和应力较小的位置;③搭接接头应有足够的搭边量;④多个点焊要控制焊点间的最小距离,尽量减少分流的影响;⑤对于要求密封的缝焊接头,相邻焊点重叠量应在50%以上等。

2. 电阻焊接头设计

(1)点焊接头设计

点焊接头设计如图12-9所示,其承载能力取决于焊点的直径(d),一般 $d=2\delta+3\text{mm}$(δ为板厚)。焊点间最小距离、最小搭边尺寸可查阅有关手册。

(2)对焊接头设计

对焊件的接触断面形状和尺寸应相同或相近,如图12-10所示。

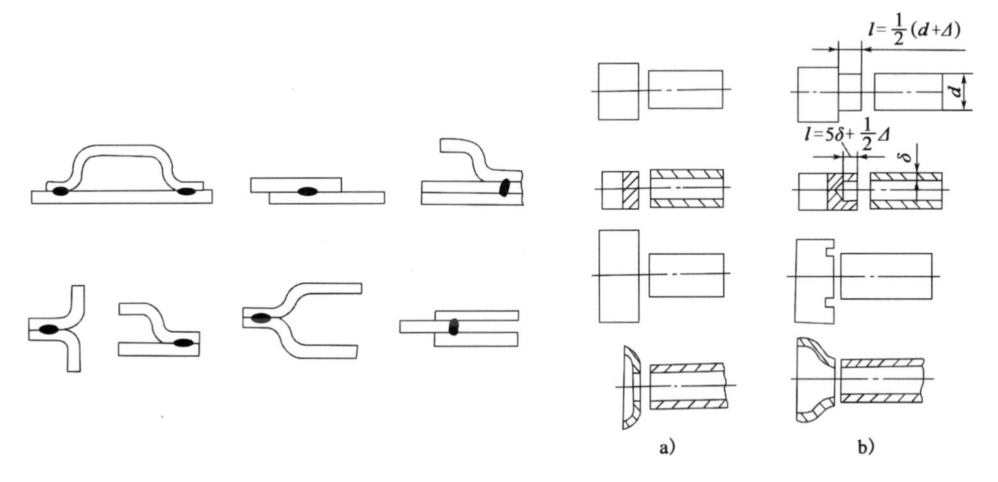

图12-9　电阻焊接头设计

图12-10　对焊接头设计(图中Δ为总留量)
a)不合理;b)合理

三、钎焊接头设计

钎焊接头的承载能力与接头的接触面有关,一般采用搭接接头,如图12-11所示。设计中应注意控制接头应力,尽可能增大钎缝面积、合理选择接头间隙(0.05～0.15mm)等。

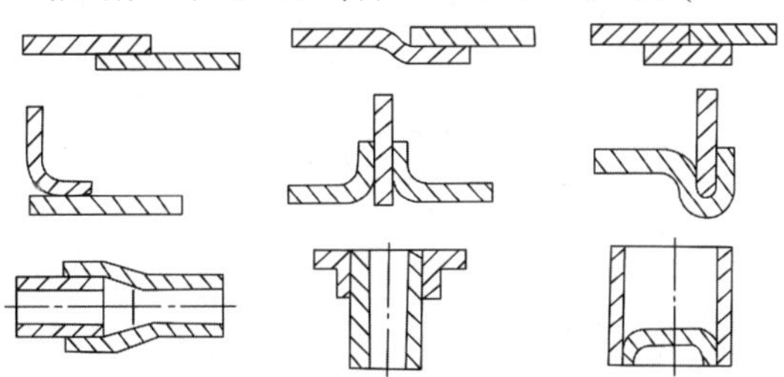

图12-11　钎焊接头设计实例

复习思考题

1. 试述金属材料焊接性的影响因素有哪些？焊接性的评定方法和分析金属焊接性的方法有哪些？高强合金结构的焊接性如何？通常会有哪些问题？几种高强度钢焊接的焊接方法、工艺参数、焊接材料、焊接接头热处理等各有什么特点？

2. 各种耐热钢、不锈钢的性能特点如何？珠光体耐热钢、铁素体、马氏体钢、奥氏体钢等材料的焊接性及焊接工艺各有什么特点？

3. 铝及铝合金、铜及铜合金、钛及钛合金等有色金属的焊接性各有什么特点？其焊接方法、工艺参数、焊接材料及焊接接头热处理等各有什么特点？

4. 常用的焊接方法有哪些？焊接方法的选择原则是什么？

5. 何谓连接的接头？接头的形式有哪些？各种连接方法的接缝位置、接头设计各有什么要求和特点？

第十三章　焊接成形件的缺陷及检测

第一节　常见焊接缺陷

一、焊接裂纹

焊接裂纹是指金属在焊接应力及其他因素的共同作用下，焊接接头中局部位置金属原子结合力遭到破坏而形成缝隙。裂纹具有尖锐的缺口和长宽比大的特征，是焊接构件中最危险的缺陷。按温度范围裂纹可分为高温裂纹、低温裂纹以及消除应力裂纹(再热裂纹)。

1. 高温裂纹

在固相线附近的高温区形成的裂纹。高温裂纹主要产生在晶界，由于裂纹形成的温度较高，在与空气接触的开裂部位有强烈的氧化特征，呈蓝色或天蓝色。

2. 低温裂纹

焊接接头冷却到 Ms 温度以下时形成的裂纹，其特点是裂纹表面无氧化特征。低温裂纹主要发生在焊接热影响区，对某些合金成分多的高强度钢来说，也可能发生在焊缝金属中。

3. 消除应力裂纹

又俗称再热裂纹，即工件焊后若再次加热(如消除应力退火等)到一定温度而产生的裂纹。

二、气孔及夹渣

焊接时，熔池中的气泡在凝固时未能逸出而残留下来所形成的空穴称为气孔。气孔有时单个出现，有时成堆地聚集在局部区域，其形状有球形、条虫形等。

焊后残留在焊缝中的熔渣称为夹渣。夹渣一般呈线状、长条状、颗粒状及其他形状。夹渣主要出现在坡口边缘和每层焊道之间非圆滑过渡的部分，在焊道形状发生突变的部位也容易产生夹渣。如钨极氩弧焊时，若钨极不慎与熔池接触，钨的颗粒进入焊缝金属壳造成钨夹渣。

三、未熔合及未焊透

在焊缝金属与母材之间或焊道金属与焊道金属之间，未完全熔化结合的部分称为未熔合，常出现在坡口的侧壁、多层焊的层间及焊缝的根部。焊接时，母材金属应该熔合而未熔合焊接的部位称为未焊透。未焊透常出现在单面焊的坡口根部及双面焊的坡口钝边。

四、其他焊接缺陷

由于焊接参数选择不当或操作工艺不正确，沿焊趾的母材部位产生的沟槽或凹陷称为咬边。在焊接过程中，熔化金属自破口背面流出，形成穿孔的缺陷称为烧穿。由于两个焊件没有对正而造成板的中心线平行偏差则称为错边。这些统称为焊缝的形状缺陷。

五、焊接质量评估标准

1. 质量控制标准

质量控制标准是以人们长期在生产中所积累的经验为基础，以焊接产品制造或修复质量控制为目的而制定的国家级、部级及企业级焊接质量验收标准，如《焊接质量保证》《钢熔化焊对接接头射线照相和质量分级》《钢制压力容器磁粉探伤》《结构钢和不锈钢电阻点焊和缝焊质量检验》等。

2. 合理使用的标准

工程实践证明，质量控制标准不合格的压力容器，仍有不少可以使用。因此，以适合工程使用为目的，对“超标缺陷”加以区别对待而制定的标准称为合理使用的标准。这类标准的生产已有十几年的历史，其中在我国工程界运用较多的有：国际焊接学会在 1974 年提出的 IIW-X-749—1974《按脆断破坏观点建议的缺点评定方法》，英国标准协会在 1980 年提出的 BSI-PD6493《焊接缺陷验收标准若干方法指南》，日本焊接工程协会在 1978 年提出的 WES-2805K《按脆断评定的焊接缺陷验收标准》，美国的《锅炉及压力容器规范》，我国的 CVDA—1984《压力容器评定规范》等。

第二节　焊接检验方法

焊接检验方法分为无损检验和破坏检验两大类。常用焊接件的无损检验方法有：射线探伤、超声波探伤、磁力与涡流探伤、渗透法探伤等。

一、射线探伤

探伤射线采用波长为 0.001 ~ 0.1nm 的 X 射线和波长为 0.0003 ~ 0.1nm 的 γ 射线，二者均为短波长的电磁波。

1. 射线探伤原理

射线探伤是利用被测工件与其内部缺陷介质对射线能量衰减程度的不同，引起射线透过工件后的强度发生变化，使缺陷在 X 光底片上显示出来。射线探伤原理如图 13-1 所示。射线在工件及缺陷中的衰减系数分别为 μ 和 μ'。根据衰减规律，透过厚度为 x 的无缺陷部位的射线强度 I_x 和透过缺陷部位 Δx 的射线强度 I' 分别见式(13-1)和式(13-2)：

$$I_x = I_0 e^{-\mu x} \tag{13-1}$$

$$I' = I_0 e^{-\mu x} e^{-(\mu' - \mu)\Delta x} \tag{13-2}$$

从上式可以看出：当 $\mu' < \mu$ 时，$I' > I_x$，即缺陷部分透过的射线强度大于周围完好部分，例如，钢焊缝中的气孔、夹渣就属于这种情况，射线底片上的缺陷呈黑色影像，X 光电视屏幕上呈灰白色影像。当 $\mu' > \mu$ 时，$I' < I_x$，即透过缺陷部位的射线强度小于周围完好部分。例如，钢焊缝中的夹钨就属于这种情况，射线底片上缺陷呈白色块状影像，X 光电视屏幕上呈黑色块状影像。当 $\mu' = \mu$ 或 Δx 很小且趋近于零时，$I' = I_x$。这时，缺陷部位与周围完好部位透过的射线强度无差异，则缺陷在 X 光底片或 X 光电视屏幕上将得不到显示。

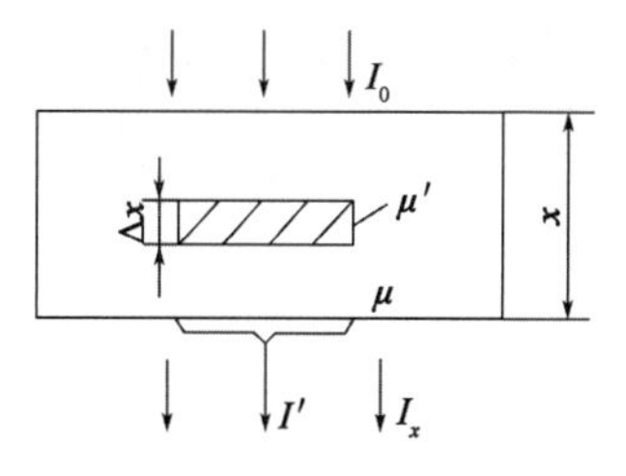

图 13-1　射线探伤原理

2. 射线探伤设备

(1) X 射线机

X 射线机按其结构形式可分为携带式、移动式和固定式三种。携带式 X 射线机多采用组合式 X 射线发生器，其体积小、重量轻，适用于施工现场和野外作业的探伤工作。移动式 X 射线机能在室内移动，适合于中、厚板焊件的探伤。固定式 X 射线机一般不移动，仅靠移动焊件来完成探伤工作。X 射线机通常由 X 射线管、高压发生器、控制装置、冷却装置、机械装置和高压电缆等部件组成，其核心部分为 X 射线管，又称 X 光管，是由阴极、阳极、管套等组成的真空电子器件，如图 13-2 所示。

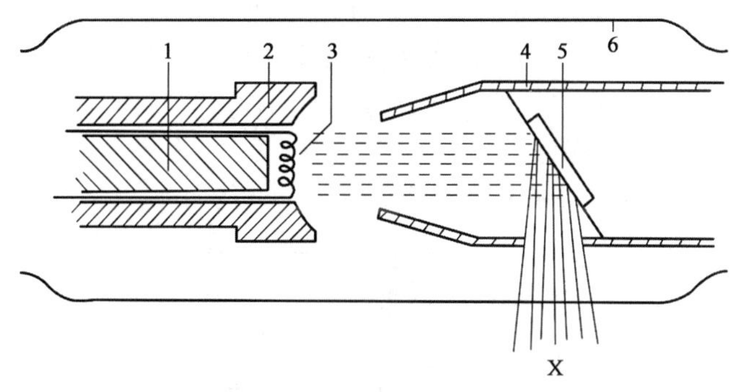

图 13-2　X 射线管结构示意图

1-阴极；2-聚集罩；3-灯丝 4-阳极（壳）；5-靶；6-管套

(2) γ 射线机

γ 射线机穿透力强（可透照厚达 300mm 的钢件），可在野外、高空、高温、水下及高压带电场进行探伤。设备轻巧、简单、操作方便。其主要缺点是：半衰期短的 γ 源更换频繁，要求严格的射线防护。γ 射线机按其结构形式分为携带式、移动式和爬行式三种。携带式多采用 Ir^{192} 为射线源，适用于较薄件的探伤。移动式多采用 Co^{60} 做射线源，适用于厚件探伤。爬行式用于野外焊接管线的探伤。

3. 射线照相法探伤

射线照相法探伤的实质，是根据被焊工件与内部缺陷介质对射线能量衰减程度的不同，从而引起穿过工件的射线强度发生变化，在感光胶片上获得缺陷投影所产生的潜影，经过暗室处理后获得缺陷影像，再对照有关标准来评定工件的内部质量。焊接射线探伤的主要标准为 GB3323—1987《钢熔化焊对接接头的射线照相和质量等级》。

射线照相法探伤系统如图13-3所示。图中射线源可以是X射线机、γ射线机或加速器。

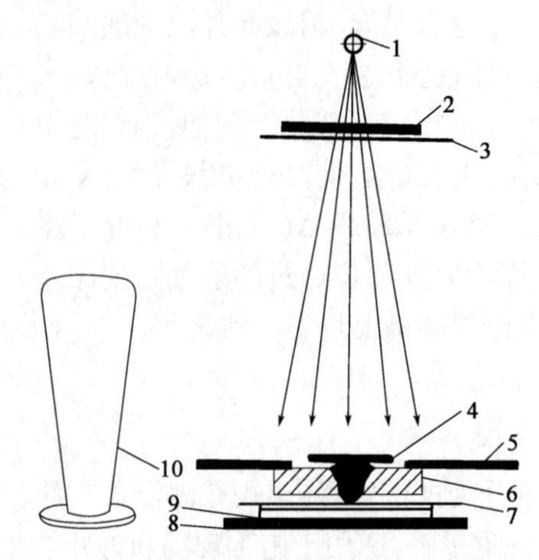

图13-3　射线照相法探伤系统基本组成示意图

1-射线源;2-铅光阑;3-滤板;4-像质计、标记带;5-铅遮板;6-工件;7-滤板;8-底部铅版;9-暗盒、胶片、增感屏;10-铅罩

4. 射线实时图像法探伤

射线实时图像法探伤是一种新型的射线探伤方法,与传统的射线照相法相比,具有实时、高效、不用射线胶片、可记录和劳动条件好等显著特点,是当前无损检测自动化技术中较为成功的方法之一。由于它采用X射线源,故称为X射线实时图像法探伤。根据X射线图像转换所用器件的不同,射线实时图像法探伤主要分为以下几种。

(1)荧光屏-电视成像法探伤

荧光屏-电视成像法探伤系统的基本组成如图13-4所示。

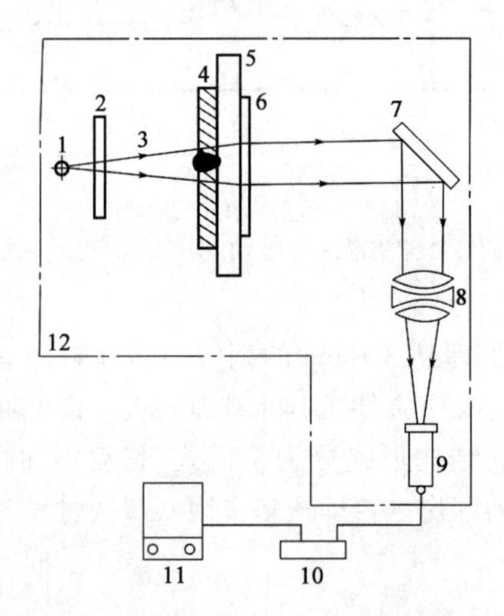

图13-4　荧光屏-电视成像法探伤系统

1-射线源;2、5-电动光阑;3-X射线束;4-工件;6-荧光屏;7-反光镜;8-光学透镜组;9-电视摄像机;10-控制器;11-监视器;12-防护设施

当X射线照射到荧光物质上时会激发出可见荧光,荧光的强弱(明亮程度)与入射射线的强度成正比。利用荧光屏的上述性质可将X射线透过物体后形成的射线图像转换为可见光

荧光屏图像,并利用闭路电视方法,用可见光摄像机摄像馈送至监视器,显示出焊接缺陷图像。荧光屏—电视成像法探伤适用于中等厚度的轻质合金(如铝、镁合金等)材料的缺陷探伤,其最佳探伤灵敏度可达3% ~4%。

(2)X光图像增强-电视成像法

该法在国内外均获得了广泛的应用,其探伤灵敏度已高于2%,并可与射线照相法相媲美。通常所说的工业X射线电视探伤,即指该方法。其中主要部件是图像增强器,又称X光荧光图像增强管,是该探伤系统的关键部件。它是一特殊设计的复杂真空电子器件,能将输入的X射线图像转换为可见荧光图像输出,并使其输出面的亮度比输入面的亮度增强1万倍以上。该系统的基本组成如图13-5所示。图像处理器RIM-500为一通用部件,可用于X射线电势探伤系统,亦可用于各种电视系统。工作时,它将从摄像机取得的图像信号(模拟信号)进行高速数据采集和处理。应该注意,若被探板件太薄,探伤灵敏度显著降低,这时应采用小焦点的软X射线机,以提高探伤灵敏度。

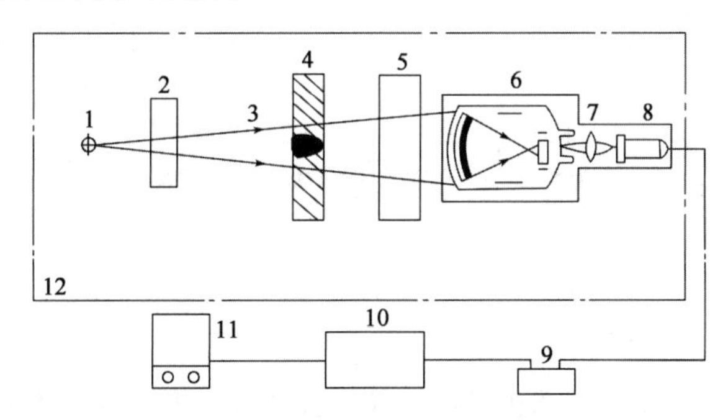

图13-5　X光图像增强-电视成像法探伤系统

1-射线源;2、5-电动光阑;3-X射线束;4-工件;6-图像增强;7-耦合透镜组;8-电视摄像机;9-控制器;10-图像处理器RIM-500;11-监视器;12-防护设施

5.射线计算机断层扫描技术

射线计算机断层扫描技术简称CT。目前,CT技术已推广至工业产品的无损检测和其他领域的无损评价方面。例如,1983年美国SMS公司发表了用CT技术检测固体火箭发动机壳体真空电子束焊缝成形机内部质量监控,检测一道焊缝仅需要16 ~20s。

CT技术是断层照相技术,它根据物体横断面的一组投影数据,经过计算机处理后得到物体横断面的图像,所以它是一种由数据到图像的重建技术。

射线工业CT目前主要应用的是第二、三代,第二代射线工业技术CT装置工作原理如图13-6所示。射线源与检测接收器固定在同一扫描机架上,同步地对被检物进行联动扫描。在一次扫描结束后,机架转动一个角度再进行下一次扫描[图13-6a)],如此反复下去即可采集到若干组数据。例如平移扫描一次得到256个数据,那么每转1°扫描一次,旋转180°即可得到256 ×180 =46 080个数据,将这些信息综合处理,便可获得被检物体某一断面层的真实图像,显示在监视器上[图13-6b)]。

6.射线检测中的安全防护

由于射线对人体有明显的损伤作用,因此,进行射线探伤时必须保护探伤人员免受辐射的伤害。《放射卫生防护基本标准》(GB 4792—1984)规定,职业探伤人员年最高允许剂量当量为5雷姆(rem),而终生累计照射量不得超过250雷姆(rem)。为使工作场所的剂量水平降到允许的水平之下,应采取安全距离防护、尽量减少接触射线的时间、射线探伤机衬铅、射线发生器用遮光器,以及现场使用流动铅房和建立固定曝光室的钡水泥墙壁等屏蔽防护。

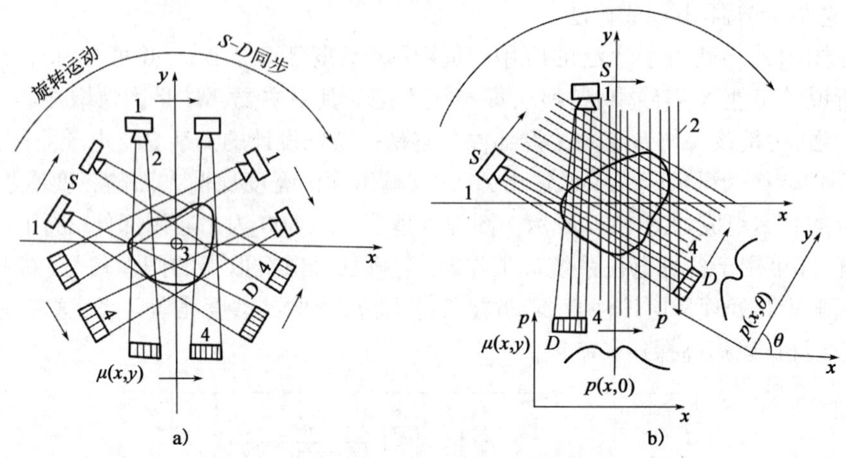

图13-6　射线工业CT装置工作原理

1-射线源;2-射线束;3-被检物;4-检测接收器

二、超声波探伤

1. 超声波探伤的基本原理

超声波是频率大于20 000Hz的机械波。超声波探伤是利用超声在物体中的传播、反射和衰减等物理特征来发现缺陷的一种探伤方法。超声波在介质中传播时,随着传播距离的增加,其能量逐渐减弱的现象,称为衰减。

对于经常探伤的钢铁材料来说,超声波的衰减不仅涉及材料的结构类型,还同时关系到化学成分、凝固条件、形变和热处理方法。不论是铸铁、锻件或者是焊件,都必须考虑到所在部位以及方向不同所形成的衰减差异。例如,在焊缝检验时,不同的焊件结构及焊接方法,致使焊缝金属与母材往往具有不同的组织,因而有着相应的衰减值,所以在估计衰减值时必须掌握焊接区各组织的特点。

铸件和锻件的组织结构显然与不同部位的凝固条件、热处理方法、变形方法及形变量等有关。前者不经外力的形变作用,保持粗大的不致密的铸造状态,通常衰减值大于锻件。表13-1是用不同加工方法制成的Cr-Ni钢试件,在频率为2MHz的超声波通过时的大致衰减系数。

用不同加工方法制成的Cr-Ni钢试件在2MHz时的衰减系数　　表13-1

试件加工方法	衰减系数($dB \cdot mm^{-1}$)	试件加工方法	衰减系数($dB \cdot mm^{-1}$)
锻	$(9 \sim 10) \times 10^{-3}$	铸	$(40 \sim 80) \times 10^{-3}$
轧	18×10^{-3}	离心浇铸	$(105 \sim 170) \times 10^{-3}$

2. 超声波探伤设备

1)探头

在焊缝探伤中,常采用以下几种探头。

(1)直探头

声束垂直于被探工件表面入射的探头称为直探头,可发射和接收纵波。

(2)斜探头

利用透声斜楔块使声束倾斜射入工件表面的探头称为斜探头,其典型的结构如图13-7所示。通常横波斜探头是以钢中的折射角标称:$\gamma=40°$、$50°$等;有时也以折射角的正切值标称:$k=\tan\gamma=1.0$、1.5等。

(3)水浸聚焦探头

其基本结构如图13-8所示。声透镜是由环氧树脂浇铸成的球形或圆柱形凹透镜,可使声束聚焦到一点或一条线,前者称点聚焦探头,后者称线聚焦探头。由于声束会聚区尺寸小,能量集中,因此,可提高探伤灵敏度和分辨力。

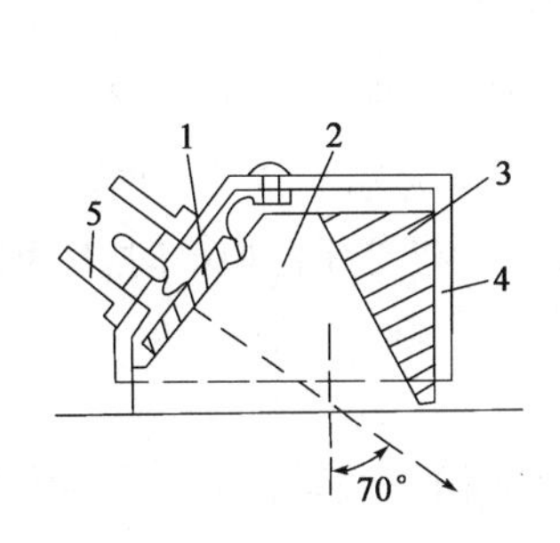

图13-7　斜探头构造示意图

1-压电晶片;2-有机玻璃斜楔块;3-阻尼块;4-外壳;5-插座

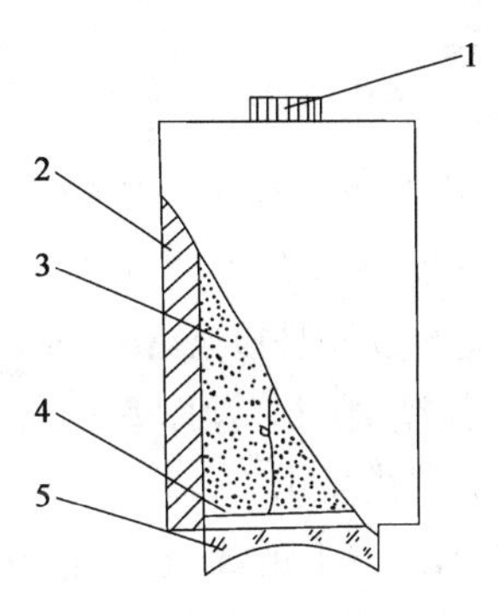

图13-8　水浸聚焦探头的基本结构

1-接头;2-外壳;3-阻尼块;4-压电晶片;5-声透镜

探头性能的好坏直接影响着探伤结果的可靠性和准确性。对探头性能指标的测试应按《超声探伤用探头性能测试的方法》(ZBY231—1984)进行。探头的主要性能指标有探头的灵敏度、折射角γ(或k值)、声轴偏斜角等。

2)超声波探伤仪

超声波探伤仪的主要功能是发射和接收超声信号,并将接收到的超声信号进行放大、处理,并按一定的方式在示波器上显示出来。按缺陷的显示方式,超声波探伤仪可分为A型、B型及C型显示。

(1)A型扫描显示

大多数超声检测系统用基本的A型扫描显示(图13-9)。示波器上的水平基线显示经过的时间(从左到右),垂直方向偏移表示信号的幅度。如果给出试件的超声波速度,水平扫描就可以直接按距离或深度校准。反过来,在已知构件穿过壁厚的情况下,可由扫描时间来确定超声波速度。信号的幅度代表发射或反射波的强度,其强度值与缺陷的大小、指向性、试件的衰减、波束发散等因素有关。

(2)B型扫描显示

当对缺陷的平面形状及其分布感兴趣时,B型扫描显示最为有用。除了具有A型扫描系统的基本组件外,仪器还增加正比于缺陷信号幅度的亮度调制(或示波器光点亮度增加)。示波器扫迹偏转与探头在试件上的移动同步,用长余辉荧光物质保留示波器图像等功能。典型超声波B型扫描显示如图13-10所示。

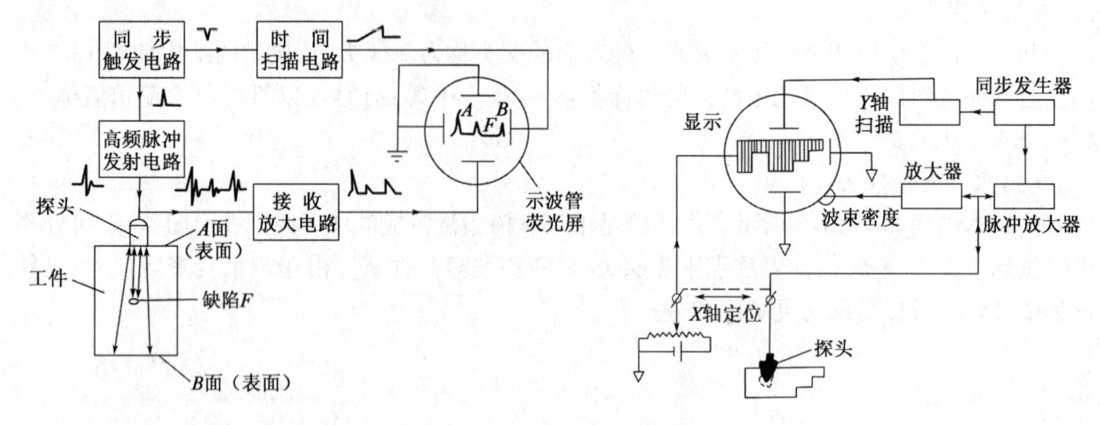

图13-9 脉冲反射式A型显示系统框图

图13-10 典型超声B型扫描显示器框图

B型扫描显示经常连同A型扫描检测系统一起使用,或作为标准A型扫描设备的附件。因而,该系统的设计是以A型扫描设备和检测应用为依据的。需要高速扫描时,B型扫描显示较长的余辉保留时间对操作者有利。

(3)C型扫描显示

通过使示波器上的光点位置与探头在试件上沿两坐标的扫查运动同步,可得到与普通雷达平面位置显示器显示相类似的试件俯视图。

3)试块

按一定用途设计制作的具有简单形状人工反射体的试件称为试块。试块是探伤标准的一个组成部分,是对探伤缺陷进行当量评判的重要尺度。通常将试块分为标准和对比试块两大类。常用的标准试块为CSK-IB试块(GB 11345—1989)。对比试块有RB-1和RB-2试块(GB 11345—1989)。

3.超声波探伤方法

(1)垂直入射角探伤法

垂直入射角探伤法是采用直探头将声束垂直入射工件探伤面进行探伤的方法。当直探头在探伤面上移动时,若无缺陷,示波屏上只有始波T及底波B,如图13-11a)所示。若探测区有缺陷,则在始波与底波之间要出现缺陷波F,如图13-11b)所示。当缺陷波面大于声束波截面时,底波将在示波屏上消失,只有始波与缺陷波,如图13-11c)所示。显然,缺陷波F与始波之间的距离与缺陷与探伤面之间的距离成正比。

(2)斜角探伤法

斜角探伤法是采用斜探头将声束倾斜入射工件进行探伤的方法,简称斜射法,又称横波法。当探头在探伤面上移动时,若无缺陷,示波屏上只有始波,如图13-12a)所示。这是因为声速倾斜入射至底面产生反射后,在工件内以"W"形路径传播,故无底波出现。当工件存在缺陷,且缺陷与声束垂直或倾斜角很小时,声束会发生反射,此时示波屏上将显示出始波T、缺陷波F,如图13-12b)所示。当探头接近板端时,声束将从端角被反射回来,示波屏上将出现始

波 T 和端角发射波 B'，如图 13-12c）所示。

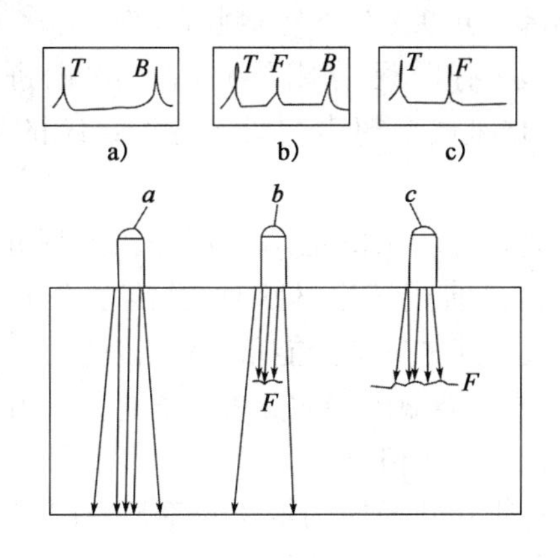

图 13-11　垂直法探伤示意图

a）无缺陷；b）小缺陷；c）大缺陷

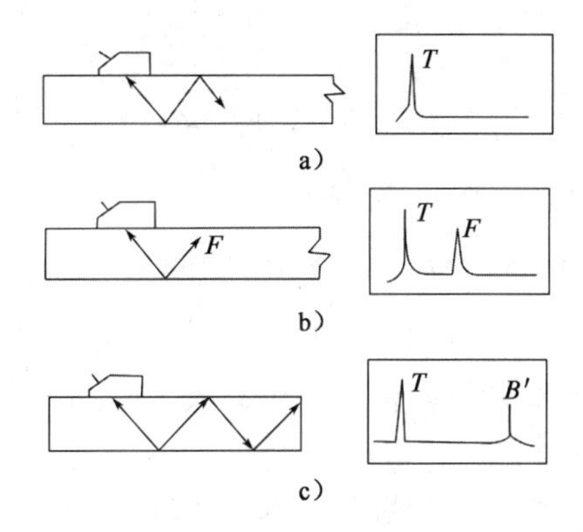

图 13-12　斜角探伤法

a）无缺陷；b）有缺陷；c）接近板端波形

（3）水浸聚焦超声探伤

水浸聚焦超声纵波法探伤原理及波形如图 13-13 所示。

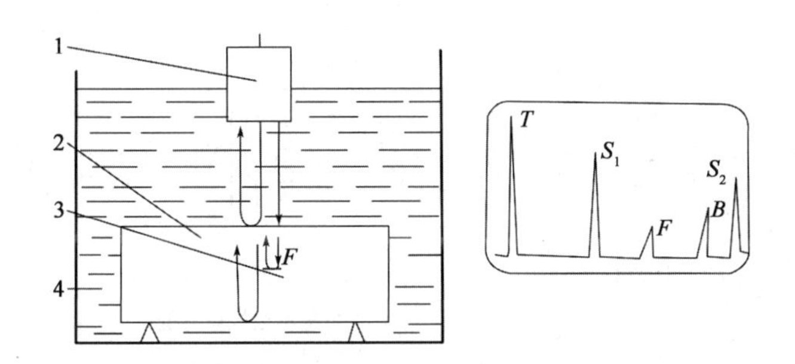

图 13-13　水浸聚焦超声波纵波法探伤原理及波形

1-探头；2-工件；3-缺陷；4-水；T-始波；F-缺陷波；B-工件波底；S_1-一次界面反射波；S_2-二次界面反射波

水浸聚焦超声横波法探伤原理如图 13-14 所示。当聚焦直探头声束轴线 L 偏离金属中心线时，聚焦声束将透过水介质倾斜入射到金属表面，这时声束在界面上将发生波形转换。适当调整偏轴距（即选择入射角），使折射波中只有横波，此横波在金属管内外壁之间沿圆周呈锯齿形传播，若在声波的传播路径上有缺陷，则缺陷的反射回波将沿入射角路径返回探头，并在显示屏上显示出缺陷波。

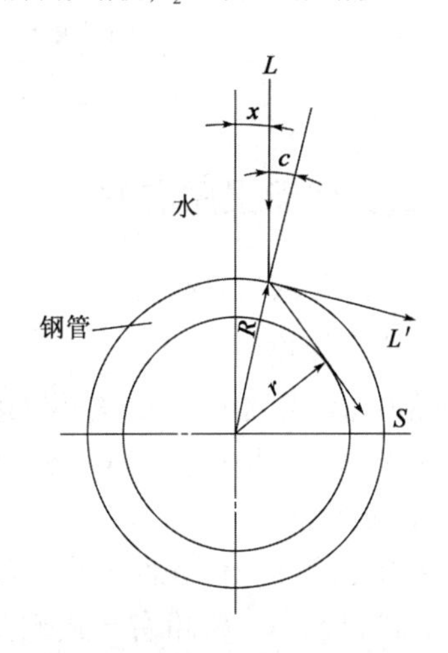

图 13-14　水浸聚焦超声横波法探伤原理

4. 超声信号的频谱分析法

对超声信号进行频谱分析，可为超声检测提供大量的附加信息，例如晶体材料中晶粒度、复合材料板中的纤维直径等。超声频谱分析系统必须具有以下功

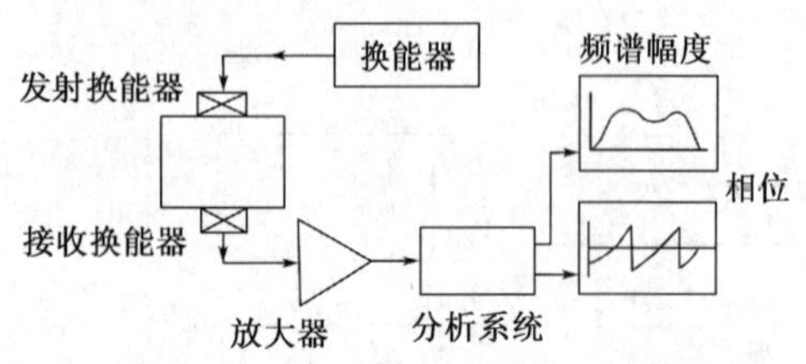

图 13-15　典型超声波频谱分析系统的主要组成部分

能:①产生超声波;②接收与被检材料相互作用后的那部分声波;③确定接收回波中许多频率成分的幅度(有时还有相位),并对它们进行分析。图 13-15是典型超声波频谱分析系统的主要组成部分。

此系统产生的电脉冲使探头发射超声波,超声波传播通过被检材料时,其能量由于材料的相互作用改变了波的幅度、相位和方向。接收探头截取其中一部分能量,将机械能变成电能。通常,由于电信号很弱,信号要用放大器放大。接在放大器输出端的分析系统要分选出超声在材料中与材料相互作用的信号特征,并显示它们的幅度谱和相位谱。

频谱分析也可用数学技术来实现,被称为快速傅立叶变换的算法几乎是专门用于这一目的的。它采用重复消去冗长系数的计算方法,将高分辨率与高速计算融为一体。将接收信号 $V_2(t)$变换成等效的频域信号 $Vx_2(f)$的主要步骤如图 13-16 所示。以时间间隔 t_s对信号 $V_2(t)$进行取样,形成数组 $V_2(nf)$。用快速傅立叶变换算法对数组中的 N 个数据点进行处理,产生 N 个复数组成的数组,它们就是信号频率分量的实数和虚数部分 $V_2(nfs)$。随后根据此复数数组计算出频率的幅度谱和相位谱。

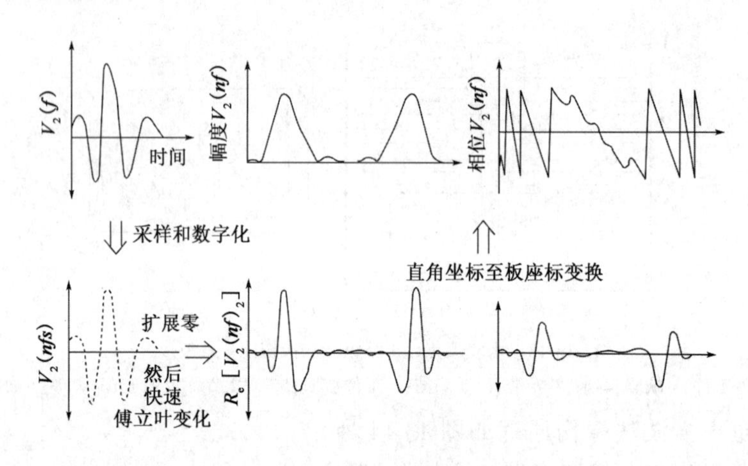

图 13-16　用快速傅立叶变换确定时域信号的频谱

三、其他无损探伤方法

1. 磁力与涡流探伤

1)磁力探伤

磁力探伤是通过对磁铁材料进行磁化所产生的漏磁场,来发现焊件表面或近表面缺陷的无损探伤方法。根据检测漏磁通所采用方法的不同,磁力探伤可分为以下几类。

(1)磁粉法

在磁化后的工件表面上撒上磁粉,磁粉粒子便会吸附在缺陷区域,显示出缺陷的位置、磁痕的形状和大小。磁粉有干式磁粉和悬浮液类型的湿式磁粉。磁粉法可用于任何形状的被测件,但不能测出缺陷沿板厚方向的尺寸。磁粉法提供的缺陷分布和数量是直观的,并且可以用光电式照相法将其摄制下来。

(2)磁敏探头法

用适合的磁敏探头探测工件表面,把漏磁场转换成电信号,再经过放大、信号处理和存储,就可以用光电指示器加以显示。与磁粉法相比,用磁敏探头法所测得的漏磁大小与缺陷大小之间有着更明显的关系,因此可以对缺陷大小进行分类。常用的磁敏探头有:①磁感应线圈。对于交变的漏磁场,感应线圈上的感应电压等于单位时间内磁通的变化率;对于直流产生的漏磁场,如果其做恒速运动,则可根据感应电动势的幅度来确定缺陷的深度。②磁敏元件。常用的磁敏元件有霍尔元件、磁敏二极管等。工作时,将磁敏元件通以工作电流,由于缺陷处漏磁场的作用使其电性能发生改变,并输出相应的电信号,可反映漏磁场的强弱及缺陷尺寸的大小。磁敏元件通常适用于测量较强的漏磁场,在做精确测量时必须采取温度补偿措施。③磁敏探针。由于磁敏探针的尺寸很小(例如 1mm 左右),故能实现近似点状的测量。这种微型探头能测量大于 2×10^{6}Hz 的高频交变磁场,且灵敏度极高。

(3)录磁法

录磁法也称为中间存储磁检验法,其中以磁带记录法为最主要的方法。将磁带覆盖在已磁化的工件上时,缺陷的漏磁场就在磁带上产生局部磁化作用,然后再用磁敏探头测出磁带记录下的磁漏,从而确定焊缝表面缺陷的位置。其录磁过程和测量过程可以在不同的时间和地点分别进行,在焊缝质量检验中得到推广应用。

2)磁力探伤的基本原理

铁磁材料的工件被磁化后,在其表面和近表面的缺陷处磁力线发生变形,逸出工件表面形成漏磁场。用上述的方法将漏磁场检测出来,进而确定缺陷的位置(有时包括缺陷的形状、大小和深度)。

(1)漏磁场

当磁通量从一种介质进入另一种介质时,若两种介质的磁导率不同,在界面上磁力线方向一般会发生突变。若工件表面或近表面存在着缺陷,经磁化后,缺陷处空气的相对磁导率远远低于铁磁材料的相对磁导率,在界面上磁力线的方向将发生改变。这样,便有一部分磁通散布在缺陷周围,如图 13-17 所示。这种由于介质磁导率的变化而使磁通泄漏到缺陷附近的空气中所形成的磁场,称为漏磁场。

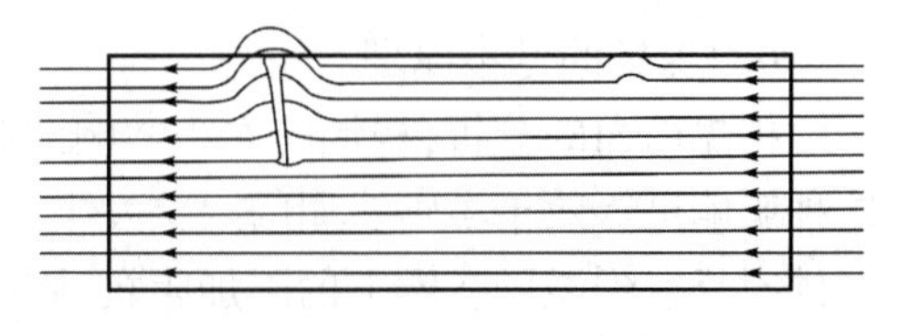

图 13-17　零件表面的漏磁场

(2)影响漏磁场的因素

①外加磁场的影响。当工件磁感应强度达到饱和值的 80% 左右时,漏磁场的感应强度急剧上升,图 13-18)所示,这为正确选择磁化规范提供了依据。

②工件材料及状态的影响。钢材的磁化曲线随合金成分、含碳量、加工状态及热处理状态而变化。材料的磁特性不同,缺陷处形成的漏磁场也不同。工件表面有覆盖层,则会导致漏磁场的下降。

③缺陷位置和形状的影响。同样的缺陷位于表面时漏磁通增多,位于距表面很深的地方则几乎没有漏磁通泄漏于空间。缺陷的深度比越大,漏磁场越强。缺陷垂直于工件表面时,漏

磁场最强;缺陷与工件表面平行时,几乎不产生漏磁通。

3)涡流探伤

(1)涡流的产生

在图13-19中,若给线圈通以变化的交流电,根据电磁感应原理,穿过金属块中若干个同心圆截面的磁通量将发生变化,因而会在金属块内感应出交流电。由于这种电流的回路在金属块呈漩涡形状,故称为涡流。交变的涡流会在周围空间形成交变磁场。因此,空间中某点的磁场不再是一次电流产生的磁场,而是由一次电流磁场和涡流磁场叠加而形成的合成磁场。涡流的大小影响着激励线圈中的电流。涡流的大小和分布决定于激励线圈的形状和尺寸、交流电频率、金属块的电导率、磁导率、金属块与线圈的距离、金属块表层缺陷等因素。根据一次检测线圈中的电流变化情况(或者是阻抗的变化),就可以取得关于试件材质的情况、有无缺陷以及形状尺寸的变化等信息。

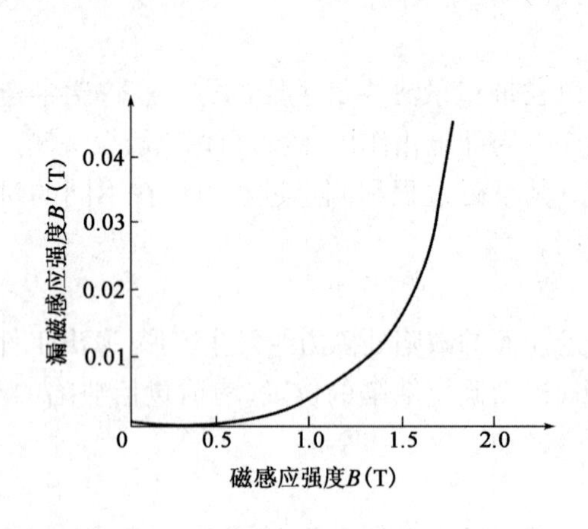

图13-18　漏磁场与磁感应强度的关系

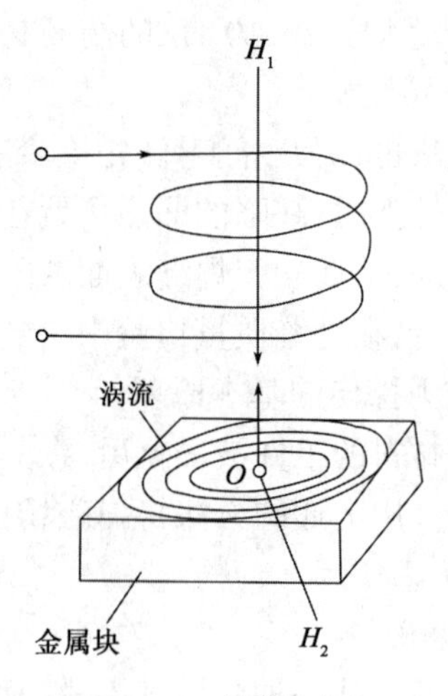

图13-19　涡流的产生

(2)探伤的基本原理

根据前面的分析,涡流的大小影响到激励线圈的电流变化。如果施加的交变电压不变,则这种影响可等效于激励线圈的阻抗发生了变化。设 Z_0 为没有试件时线圈的等效阻抗,Z_s 为有试件时反射到激励线圈上的附加阻抗,则线圈的阻抗 Z 可表示为式(13-3)和式(13-4)。

无试件时:

$$Z = Z_0 = R_0 + jX_0 \tag{13-3}$$

有试件时:

$$Z = Z_0 - Z_s = Z_0 - (R_s + jX_s) \tag{13-4}$$

式中:R_0——激励线圈的电阻,Ω;

X_0——激励线圈的电抗,Ω;

R_s——反射电阻,Ω;

X_s——反射电抗,Ω。

反射阻抗包含了试件的各种信息,当试件存在缺陷时,涡流的流动发生了畸变,如果能检测出这种畸变的信息,就能判定试件中有关缺陷的情况。在涡流探伤仪中的信息处理单元电路可用来抑制干扰信息,使有关缺陷的信息能顺利通过,并被送去显示、记录、触发报警或实现分类控制等。

2. 渗透法探伤

渗透法探伤是利用带有荧光染料(荧光法)或红色染料(着色法)渗透剂的渗透作用,显示缺陷痕迹的无损检验法,可用于各种金属材料和非金属材料表面开口缺陷的质量检验。包括预清洗、渗透、中间清洗、干燥、显像、观察等六个基本操作步骤。

渗透探伤的原理是:在被检工件表面涂覆某些渗透力较强的渗透剂,在毛细作用下,渗透剂被渗入到工件表面开口的缺陷中,然后去除工件表面上多余的渗透剂(保留渗透到表面缺陷中的渗透剂),再在工件表面涂上一层显像剂,缺陷中的渗透剂在毛细作用下重新被吸到工件表面,从而形成缺陷的痕迹。根据在黑光(荧光渗透液)或白光(着色渗透液)下观察到的缺陷显示痕迹,做出缺陷评定。

第三节　焊接过程的检测与控制

一、焊缝质量的自适应控制

在焊接生产过程中,为了得到稳定的高质量的焊接产品,在合理选用焊接条件和焊接参数之后,还要在焊接过程中采用实时的焊接质量检测与控制,即进行焊缝质量的自适应控制。下面着重讲述焊缝熔深和熔透的检测与控制。

在焊接过程中,直接对焊缝的熔透和熔深进行检测是困难的,目前只能用一些间接的检测方法,如TIG焊电弧电压法熔透与熔深的检测与控制等。

这种方法的工作原理是,使焊枪与工件的距离在焊接过程中保持恒定,在焊接过程中焊缝熔深不同,则熔池表面下凹情况不同。因为焊枪与工件表面的距离已固定不变,故熔池的下凹程度变化可表现为电弧长度的变化。因为电弧长度与电弧电压对应的比例关系,所以可以通过检测电弧电压变化,间接检测出焊缝熔深的变化,如图13-20所示。对电弧电压进行闭环控制,就可以达到控制焊缝熔深的目的。

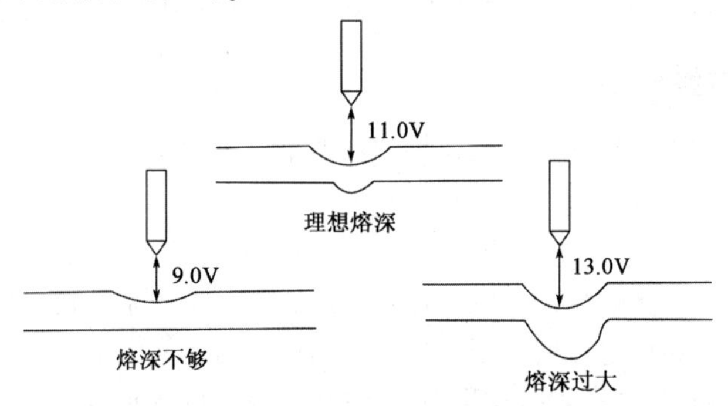

图13-20　焊缝熔深情况与电弧电压关系示意图

图13-21为焊枪与工件表面间距的检测装置，焊枪与工件表面的相对距离是靠两个分别置于焊接对缝的两侧，且固定在同一支架上的距离传感器来检测。距离传感器与一套闭环控制电路构成一个独立系统，通过焊枪轴向运动电动机及伺服控制装置，来达到保持焊枪与工件表面间距恒定的目的。图13-22为焊枪与工件表面间距闭环控制系统框图，这个系统可以保证焊枪与工件表面间距在焊接过程中的波动小于0.07mm。

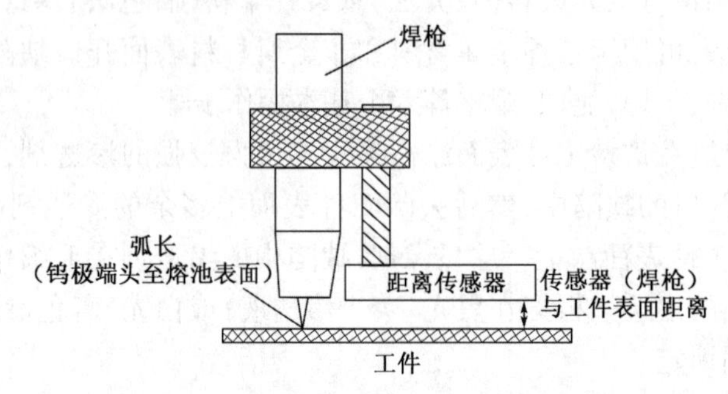

图13-21　焊枪与工件表面间距检测装置示意图

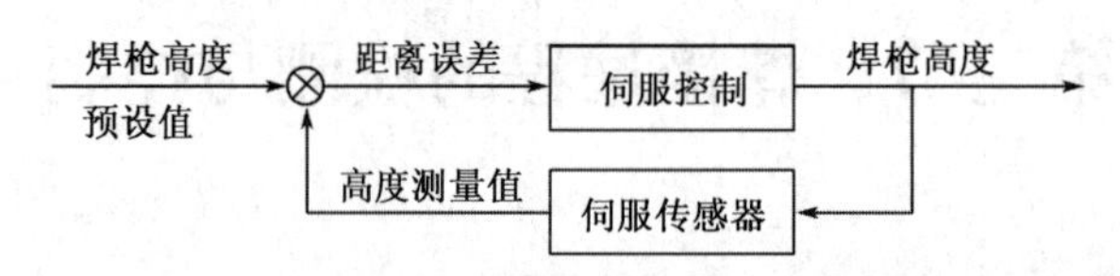

图13-22　焊枪与工件表面间距闭环控制系统框图

电弧电压信号一般取自钨极与熔池之间的压降。根据电弧电压与给定电弧电压的偏差，调节焊接电流来达到控制焊缝熔深的目的。其闭环控制系统如图13-23所示。当电弧电压大于给定的电弧电压时，表明熔深大于所要求的熔深，控制系统指令降低焊接电流，减小熔深。反之，电弧电压小于给定电压时，表面熔深小于所需要的熔深，控制系统指令增加焊接电流，直至实际的熔深与要求的熔深相同，即电弧电压与给定电弧电压相同为止。通过实际的焊接试验证明，此控制方法可以得到较满意的熔深控制效果。

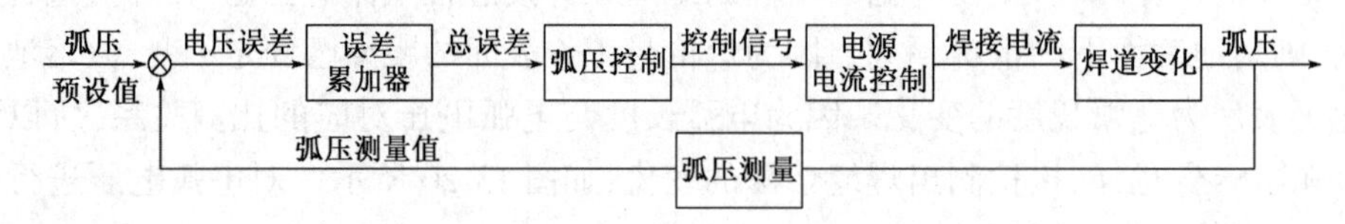

图13-23　电弧电压法熔深闭环控制系统框图

二、电阻焊的质量监控

用常规的无损检测方法检查电阻焊接头往往效果并不理想，因此，电阻焊的质量检测与控制就显得更为重要。电阻焊的质量检测与控制的方法主要有以下两类：①在焊接过程中实时监视和控制焊接参数的变化，当超出给定范围时进行调整，以获得稳定的接头质量，是一种间接质量监控的方法。②监测和控制与电阻焊接头形成有直接关系的物理量，例如，实时监测与电焊熔核形成有直接关系的电极间电压、热膨胀位移、红外辐射等，根据其变化与熔核生长过程的关系来判断焊接质量，并在焊接过程中进行反馈控制，以达到稳定焊接质量的目的。这类方法为直接质量监控，在此着重介绍几种点焊的监控方法。

1. 电极间电压法

这种方法以两电极之间的电压作为反馈信号进行质量检测和控制，是一种直接质量监控方法。电极间电压可用式(13-5)表示。

$$u = \int_{-L}^{L} j\rho \mathrm{d}x \tag{13-5}$$

式中：L——电流路径；

j——电流密度；

ρ——电阻率。

由于许多金属的热阻率与电阻率呈线性关系，而电极间电压与焊接区温度及电流路径有一定的对应关系，因此，可以用电压监测或反馈控制焊接质量。图13-24为电极间电压的监测原理图。电极间电压法的参数获取比较容易，故受到了人们的重视。但当点焊发生喷溅时，喷溅金属会填塞板间间隙，使电流路径增加，极间电压急剧下降，反馈控制系统常会有反向补偿作用。

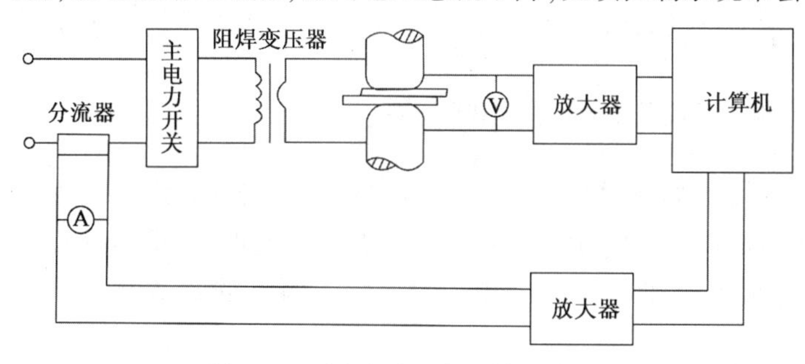

图13-24　电极间电压的监测原理框图

2. 热膨胀位移法

点焊时，焊接区金属因加热熔化使体积膨胀，并使上、下电极产生相应位移。这种位移过程反映出熔核的形成过程，因此，可将位移值的变化作为反馈信息，对电焊质量进行质量控制，这也是一种直接质量监控方法。在点焊过程中，位移变化曲线如图13-25所示。其中曲线1、2因电流小加热不足，金属未熔化；曲线8、9、10因电流过大、加热过于强烈，产生飞溅。

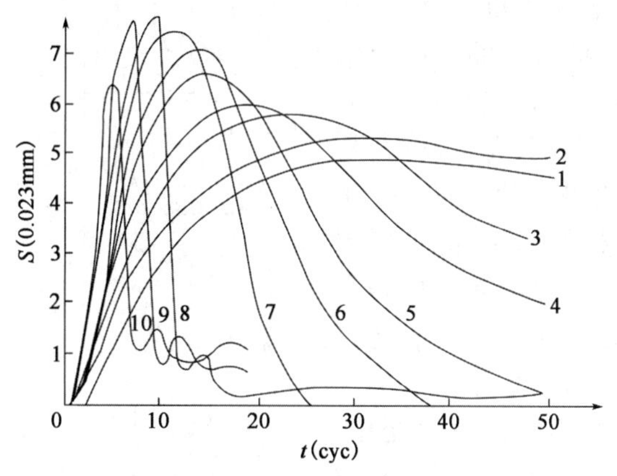

图13-25　长时间加热的位移曲线

(低碳钢1+1mm，F_W=2400N，t=50cyc)

1-4 300A；2-4 400A；3-4 800A；4-5 400A；5-5 800A；6-6 200A；7-6 400A；8-6 500A；9-7 600A；10-7 900A

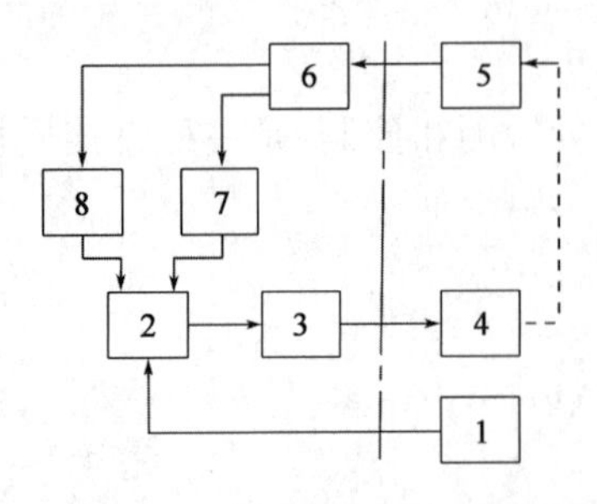

图 13-26　热膨胀法质量控制系统框图

1-机械控制部分;2-并联输出控制;3-晶闸管;4-阻焊变压器;5-位移传感器;6-滤波、放大电路;7-位移速度显示及电流大小控制;8-位移显示及电流通断控制

对于一定材料、一定厚度的板件点焊时,都有一最佳位移量和最佳位移速度。前者适合于点焊过程的时间序列控制,包括预热、断电、加锻压力、结束整个焊接过程。后者可用于控制焊接电流及加锻压力的大小等。基于这种想法的一个点焊质量控制系统如图 13-26 所示。当检测到位移上升速度未达到设定值时,7 的输出使电流增大。而当速度达到零时,即位移到达最大值,8 的输出可切断焊接电流。

热膨胀位移法是当今点焊生产中应用较广泛的一种质量控制方法,电极磨损、分流和网压波动对其判别的精度影响很小。其缺点是出现喷溅和板边距离较小的场合不适用。

三、人工神经网络在点焊检测中的应用

随着计算机科学技术的蓬勃发展,人工神经网络(ANN)的研究已引起了人们的广泛关注。它的基本思想是从仿生学的途径对人脑的智能进行模拟,使机器具有模拟人类感知、学习和推理行为能力,这对于处理今天科学与技术领域所面临的日益复杂的系统问题具有重要意义。

在超声波探伤时,用 ANN 识别检测由焊点和工件反射后的超声信号,再用信号中一定范围宽度的波峰训练网络,使网络被训练得能够识别超声波的时间历史特征,从而能识别出声波的初始相位、焊点反射信号和工件边缘反射信号及噪音。这样,利用 ANN 便可实现多维信息处理和定位,检测出焊接缺陷。当超声波穿过点焊熔核时,因铸造组织对超声波的衰减作用比母材与热影响区严重,所以超声波通过熔核大的焊点时,反射波的幅值会急剧下降,如图 13-27 所示。若熔核直径过小,超声波会从未熔合的贴合面上发生反射,从而在第一次与第二次反射波之间出现一个小反射波。对于未形成熔核的粘接焊点,则超声波从两板贴合面上发生反射。焊点中若存在缩孔、裂纹等缺陷,超声波会从缺陷处反射,从而在荧光屏上出现缺陷波,缺陷波的波幅及波形会因缺陷的形状不同而发生变化,如图 13-28 所示。可根据反射波的形状和波幅变化来判定焊点的质量。但这种判定的准确性,在很大程度上取决于检验人员的技术

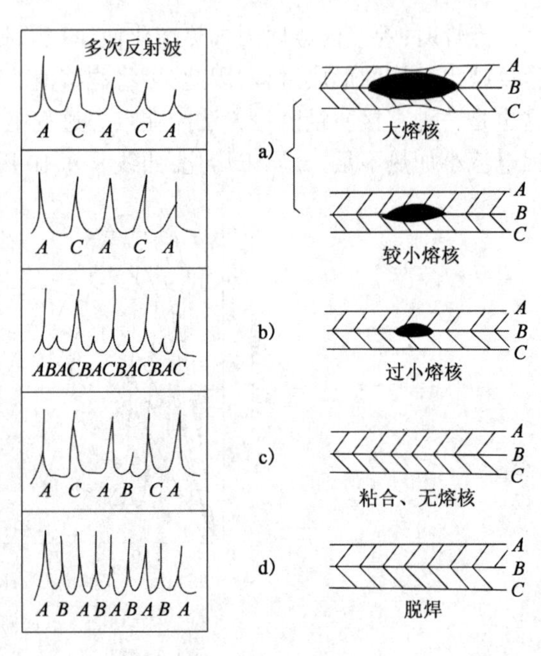

图 13-27　点焊质量的超声波检验

水平、对焊点的熟悉程度以及综合判断能力。

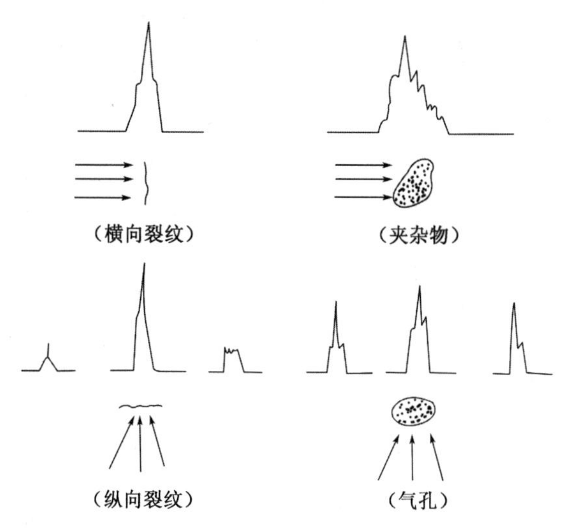

图 13-28　点焊缺陷超声波图

利用 ANN 的记忆和分类处理的优点，可实现点焊超声波智能检验。用点聚焦探头对焊点进行平描扫描，以每个扫描点的反射波高度作为 ANN 的输入参量，以点焊的拉剪强度作为 ANN 的输出参量，用优质焊点和各种缺陷焊点中采集的数据作为训练样本，使 ANN 学习和记忆这些波形的幅值和形状以及它们所对应的拉剪强度，建立起鉴别模型。以这个模型为基础，可研制出基于 ANN 的点焊抗拉剪强度无损检测系统。

复习思考题

1. 常见的焊接缺陷有哪些？其产生原因如何？焊接质量的评定标准有几种？各有什么要求？

2. 焊接质量检验方法分为哪两大类？常用焊件的无损检测方法有几种？射线探伤、超声波探伤的原理、设备、方法以及分析控制技术各有什么特点？磁力、涡流、渗透法探伤等方法的原理与应用如何？

3. 焊缝质量的自动检测与控制检测有哪些类型？每种形式的原理、特点和应用条件如何？人工神经网络技术在焊接质量的自动检测与控制中有哪些应用？其发展前景如何？

PART 4 第四篇 热处理工艺

第十四章　金属加热及其表面质量控制

在热加工生产过程中,热处理工艺是通过加热、保温、冷却来改变金属及合金表面或内部组织结构,以达到控制性能的工艺。加热是其首道工序。同样,锻造工艺的第一步也是对锻件胚料进行加热,以提高共塑性,易于流动成形,在锻后获得良好的组织。因此,加热工艺不论是对热处理或锻造来说都是极为重要的环节。这是因为工件在加热过程中除了内部发生成分和组织结构的变化外,还可能使其表面状态及外形尺寸发生变化。同时,加热时形成的缺陷还直接影响到工件加工的工艺性能和使用寿命。因此,研究金属及合金在加热时的一般规律及其质量控制,对提高生产效率、保证产品质量、减少能源损耗等均具有十分重要的意义。

第一节　金属加热方式及加热介质

一、金属加热方式

根据热量传递方式的不同,金属加热方式可分为直接加热和间接加热两大类。直接加热是以工件自身作为发热体,通过把其他形式的能量转变为热能而使工件加热,如直接通电加热(电能—热能转换)、感应加热(电磁—热能转换)、离子轰击加热(低能粒子动能—热能转换)等。其特点是不需要加热介质向被加热金属传递热量。间接加热则是依靠邻近媒介物(固体、液体、气体)作为载热体,以对流、传导、辐射等方式进行热交换而向工件传递热量,如火焰炉、盐浴炉、流动粒子炉等。间接加热是目前生产上广泛使用的加热方式。

按照加热速度的不同,金属加热方式还可分为正常加热和快速加热两类。正常加热是指工件表面和心部不出现过大的温差,是较缓慢的加热方式。快速加热则是在工件表面和心部出现较大温差的快速加热方式。

二、加热介质的类型及其特点

1. 固体加热介质

用木炭、煤等固体介质作为燃料加热,或以木炭块、生石灰等作为渗碳剂,连同工件一起装箱加热是最简单而古老的加热方法。由于加热效率较低,现已很少采用。五十年代以来发展了流动粒子炉加热工艺,开始采用石墨粒、石英砂、刚玉砂等固体粒子体作为加热介质,通入一定流速的气体,使之流态化而具有液体性质。流动粒子炉可分为外热式和内热式两类。外热式常将加热元件置于盛粒子的炉罐外面;内热式是将煤气—空气混合气体由炉底送入,使石英砂、石墨粒子流态化,并在炉罐中燃烧。工件在固体粒子和气体的混合物中加热,其热传递方式主要是对流和传导。此外,在颗粒之间、颗粒与工件表面之间存在着气膜,仍有辐射传热。

这种加热方式的优点是升温速度快,使用温度范围较广。其缺点是工件电压较高,易污染环境,生产能力较低。

2. 液体加热介质

熔融的金属、盐和油类是常用的液体加热介质。它们的主要优点是:加热速度快,炉温均匀,工件表面氧化脱碳倾向减少,变形较小,而且炉温容易控制,可以实现局部加热及自动化生产。改变介质的成分或通入特定的气体可以使加热过程与化学热处理扩散过程同时进行。在盐浴中施加电场还可使加热介质中某些元素离子化,并向工件表面定向移动,从而加速化学热处理的过程。因此,液体介质加热广泛应用于各类中小型尺寸和形状不同的工件的加热。

3. 气体加热介质

作为加热介质的气体是空气或燃烧气体。靠气体加热的各类加热炉具有生产率高,适用面广、炉气可调,易于实现机械化、自动化等优点,在目前生产中占有重要地位。利用空气和燃烧气体加热的最大缺点是容易使工件表面产生氧化脱碳。为了提高加热质量,已开发了可控气氛及真空加热等加热方式,以实现光亮加热或无氧化加热。

三、加热介质的选择

在实际生产中,往往由于加热介质的选择不当,导致产生热处理缺陷或生产成本的提高。因此,在制定加热工艺时,应根据设备选择、加热目的及加热介质的特点合理选择。其一般原则如下:

①对于铸锻毛坯件的预先热处理可选用空气或燃烧气体为加热介质,因其加工余量较大,氧化脱碳层可在以后加工过程中切削掉,例如:毛坯退火、正火等多数在箱式、井式电炉或燃烧炉中进行加热。

②尺寸较大且形状复杂的工件或工具淬火,加热时应选用盐浴加热,以减少氧化脱碳和变形,提高热处理质量。

③经机械加工后的大中型零件(如齿轮及轴等)在箱式或井式电炉中加热时应尽量采用可控气氛作为加热介质,以防止或减少氧化脱碳。

④对于那些机械性能要求较高,且对表面质量也有严格规定的工件,如精密刀具、仪表零件等,宜选用真空加热或在可控气氛中加热。

⑤回火加热最好在低温熔盐或油浴中进行,可保证温度稳定,加热均匀,回火充分。

第二节　制定加热规范的一般原则及方法

加热规范包括加热温度、加热速度与保温时间等基本工艺参数,它们决定了加热后金属内部的组织结构和各相成分。工件热处理加热规范不仅取决于工件所选用的材料及形状尺寸,同时还与所用设备、加热方式、装炉量以及热处理的工艺要求等因素密切相关。所以加热规范的确定是一个比较复杂的问题。

正确的加热规范应该保证:工件在加热过程中温度均匀,不严重过热、变形及开裂,氧化脱碳倾向小,加热时间短和节省燃料等。总之,在保证加热质量的前提下,力求加热过程越快越好。

一、加热温度的确定

加热温度是加热规范中最重要的参数,任何加热工艺首先要考虑加热温度,因为它决定了冷却后的组织状态。加热温度过高,容易氧化脱碳,还会引起过热、过烧等缺陷;加热温度过低,则相变不完全,冷却后达不到预期效果。在实际生产中,由于所选定的材料和采用的热处理工艺方法各不相同,加热温度可以有很大差别。因此,必须结合有关工艺具体讨论。

对于钢材而言,确定加热温度的主要依据是钢的化学成分和热处理工艺类型及其所要求达到的性能要求。所以钢的临界点便成为确定加热温度的重要依据。一般碳钢的加热温度可按下列原则选择。

退火温度:亚共析钢——$A_{c3}+(20\sim50℃)$,共析钢和过共析钢——$A_{c1}+(20\sim30℃)$。

正火温度:亚共析钢——$A_{c3}+(30\sim50℃)$,共析钢和过共析钢——$A_{ccm}+(30\sim50℃)$。

淬火温度:亚共析钢——$A_{c3}+(30\sim50℃)$,共析钢和过共析钢——$A_{c1}+(30\sim50℃)$。

铁—碳合金状态图反映了钢的成分、组织与加热温度之间的关系,可作为确定碳钢临界点的依据,各类钢的临界点及加热温度通常可以从有关手册中查出。

大多数合金元素(除 Co、Ni 等元素外)都能提高钢的临界温度,这是由于合金碳化物不易溶入奥氏体中,以及组成置换固溶体的合金元素在奥氏体中扩散速度较慢的缘故。此外,合金的加入对临界点的影响也不是简单的叠加,而是有着复杂的复合作用。为使钢材充分奥氏体化,也需要提高加热温度。要确定最适当的加热温度,除上述原则外,尚需结合以下诸因素综合分析,并根据具体实验结果来确定。

1. 工件的形状尺寸

对同一钢种的工件,如果尺寸小,则加热快,温度高容易引起过热和增大变形,应该采用较低的加热温度。大尺寸工件加热较慢,温度低可能造成加热不足,淬透性差,延长工时,应采用较高的加热温度。对于形状复杂容易变形或开裂的工件,为了防止在加热过程中产生过大的内应力,应在保证性能要求的前提下,尽量采用较低的加热温度。

2. 冶金质量

对奥氏体晶粒不易长大的本质细晶粒钢,其加热温度范围较宽。因此,为了提高加热速度可适当提高加热温度。

3. 原始组织状态

工具钢的原始组织球化不良,存在片状珠光体,则加热时奥氏体晶粒容易长大,冷却后得到粗大马氏体组织,性能变坏。因此,必须采用较低的加热温度。原始组织中出现碳化物偏析,加热时碳化物聚集处易引起过热,淬火过程中容易变形开裂,在这种情况下宜取加热温度的下限。

二、加热速度的选择

加热速度主要由被加热工件在单位时间内单位面积上所接受的热能来决定。由奥氏体相变动力学曲线可知，钢在加热时加热速度越快，奥氏体形成的各个阶段均被移向高温，加速扩散，相应地缩短了奥氏体化的时间。因此，从技术和经济的角度考虑，希望加热速度越快越好。提高加热速度还有如下优点：

①可显著细化奥氏体晶粒。加热速度越快，奥氏体起始晶粒就越细，特别是在快速加热情况下，可以获得超细化的奥氏体晶粒，从而大大提高了冷却后转变产物的机械性能（如表面硬度、强度、塑性及韧性等）。

②改善热处理表面质量。加热速度增大，将使整个加热时间缩短。这样，氧化脱碳程度减少，提高了热处理工件表面的质量。

③节约资源，降低成本，缩短生产周期，提高生产效率。

但是应该注意，随着加热速度的提高，工件截面上的温差增大，由于热膨胀作用造成工件内外体积变化的不等时而产生的热应力亦随之增大，从而导致工件的变形与开裂。特别是对某些导热性差、塑性低的大截面高合金钢或大型铸锻件，将会由于热应力值超过材料的弹性极限而引起变形或扭曲，当热应力值超过材料的强度极限时就会产生开裂。因此，根据材料的成分、工件形状以及热处理工艺要求的不同，对加热速度也有相应的规定。在加热规范中，通常规定有两种加热速度，一种为允许的加热速度，另一种为技术上可能的加热速度。

1. 允许的加热速度

允许的加热速度是指在保证工件的形状尺寸保持完整的条件下所允许的加热速度。工件允许的加热速度与钢的化学成分、工件的尺寸以及加热规范有关。根据对加热温度应力的理论计算导出简单形状（圆柱状）工件允许的加热速度 $V_{允}$，见式（14-1）：

$$V_{允} = \frac{5.6a[\sigma]}{\beta \cdot E \cdot R^2} \quad (℃/h) \tag{14-1}$$

式中：$[\sigma]$——许用应力，N/m^2，可用相应温度的强度极限计算；

a——材料导热系数，m^2/h；

β——材料线膨胀系数，$℃^{-1}$；

E——弹性模量，N/m^2；

R——工件半径，m。

由上式看出：钢的导热系数越大，强度极限越高，工件截面尺寸越小，则允许的加热速度越大；反之，允许的加热速度就越小。

2. 技术上可能的加热速度

技术上可能的加热速度是指加热设备在单位时间内所能提供给工件单位表面积热量的大小。其与炉型结构、加热介质、加热方式及装炉量等因素有关。通常，工件的加热方法如图 14-1所示。

①冷炉装料，随炉升温。这种方法所需时间最长，加热速度最慢，但加热过程中工件表面与心部的温差最小。

②到温加热是将工件预先放入已加热到要求温度的炉子中进行加热，其加热速度快于前者，工件表面与心部的温差也大于前者。

③超温装炉是工件装炉时炉温已高于所要求的温度。装炉后，由于冷工件吸收热量，炉温逐渐降到所要求的温度。此种加热方法加热速度更快一些，工件表面与心部温差也更大一些。

④超温加热是炉温始终高于加热温度较多的情况下加热，直到工件达到预定的加热温度。这种加热速度最快，工件表面与心部温差也最大。

⑤分段加热是先将工件在某一中间温度进行预热，然后再放入已加热到要求温度的炉中加热。这种加热方法的总加热时间比随炉加热短，而工件表面与心部温差也不大。

根据传热导原理，加热介质与被加热工件表面温差越小，单位表面积上在单位时间内传给工件表面的热量越小，因而加热速度越慢。可见，随炉加热的加热速度最慢，超温入炉加热速度最快。

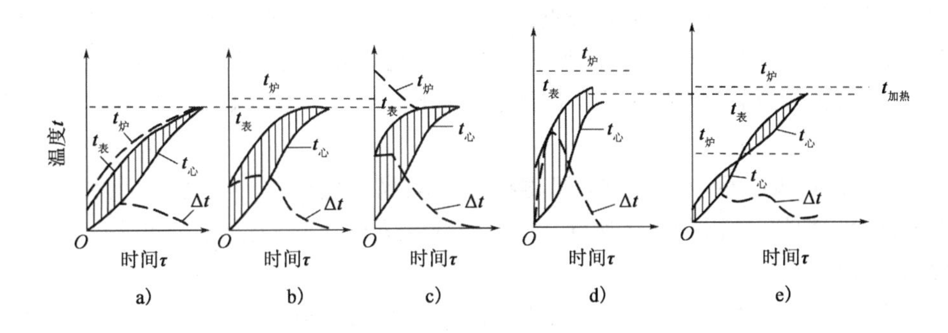

图 14-1　工件的加热方法

a)随炉升温；b)到温加热；c)超温装炉；d)超温加热；e)分段加热

3. 快速加热

为了提高工件表面质量，缩短工时，减少能源消耗，生产中已广泛采用快速加热。怎样实现快速加热？显然，这与加热过程中钢料所能得到的热量有关。根据热交换理论，钢料加热时，单位时间获得的热量 Q 可按式(14-2)计算：

$$Q = C_{辐射}\left[\left(\frac{T_{炉}}{100}\right)^4 - \left(\frac{T_{料}}{100}\right)^4\right]F + \alpha_{对流}(t_{炉} - t_{料}) \cdot F \quad (\mathrm{kJ/h}) \tag{14-2}$$

式中：$T_{炉}$、$T_{料}$——分别为炉气和钢料的绝对温度，K；

$t_{炉}$、$t_{料}$——分别为炉气和钢料的温度，℃；

F——钢料加热表面积，m^2；

$C_{辐射}$——辐射折合系数，$kJ/m^2 \cdot h \cdot K^4$；

$\alpha_{对流}$——对流换热系数，$kJ/m^2 \cdot h \cdot ℃$。

上式中，前一项为辐射传热所得的热量，后一项为对流传热所得的热量。钢料在高温加热时所获得的总热量中，辐射传热约占65%以上。因此，快速加热主要是依靠强化辐射传热来实现的。由于辐射传热与炉温和料温的四次方之差有关，所以具体措施是提高炉温和高温装炉，使之形成较大的温度差，从而提高加热速度。表14-1列举了几种不同直径的合金钢锻件在高温入炉快速加热时工件内外温度变化情况。

某些钢件快速加热时的内外温度　　表 14-1

钢种	9Cr	9Cr	50Mn	40Cr	40CrNi
工件直径(mm)	100	330	469	650	800
炉温(℃)	960～980	960～980	960～980	960～980	850
表面和心部最大温差(℃)	300	330	310	295	300 *
最大温差时表面温度(℃)	500	450	490	460	400
最大温差时心部温度(℃)	200	120	180	165	100
最大温差时工件平均温度(℃)	350	285	335	312	250
从开始加热到出现最大温差时的时间(min)	5.5	15.5	25	50	50

注：* 表面温度是在距离表面 10mm 处测得。

综上所述，在实际生产中，只要在设备条件和技术要求允许的情况下，应尽可能采用快速加热，而对于大型工件和高合金钢件的加热速度，则需要加以严格控制。例如：

①对于大型铸、锻和焊接件往往存在较大的残余应力，必须控制加热速度，一般退火可采用低温入炉等缓慢加热方式。

②对大型轧辊、发电机转子以及大型锻模等有较高的偏析、白点、夹杂、组织不均匀等缺陷，可采用分段式加热，以限制加热速度，一般在 600～700℃以下时加热速度为 5～20℃/h；高温区可在 15～40℃/h 范围。

③高碳高合金钢工件的导热性很差，为了防止过高的热应力，多采用一至二次预热的方法，控制低温加热速度。

④形状特别复杂的工件，极易产生应力集中，其加速度也应加以控制。

三、加热时间的计算

1. 加热时间的确定原则

由工件在热处理加热时的升温曲线(图 14-2)可知，工件加热时间包括工件入炉后表面达到指定温度的升温时间($\tau_{升}$)，工件心部与表面温度趋于一致的均热时间($\tau_{均}$)与使奥氏体成分均匀的保温时间($\tau_{保}$)的总和：$\tau_{加热} = \tau_{升} + \tau_{均} + \tau_{保}$。其中升温时间主要取决于加热设备的功率、加热介质类型、加热方式以及装炉量等。均热时间则与工件尺寸、材料导热性及炉温有关，而保温时间则完全取决于热处理工艺要求。

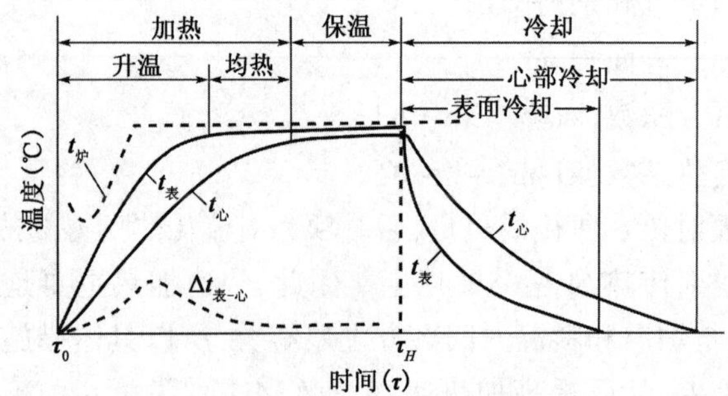

图 14-2　工件在热处理加热时的升温曲线

实际上,由于均热时间不易测定,导致加热的后两个阶段(均热及保温)又难以明确划分界线。因此,对于小尺寸工件,升温和保温时间不需区分,只计算总的加热时间。而大型工件加热,则要求将升温和保温时间分开计算。

为减少加热时间,防止氧化脱碳,加热时通常采用热炉装料。当工件入炉后,炉温有所下降。因此,加热时间一般以炉温重新达到预定温度时开始计算。加热时间过长会使奥氏体晶粒粗大,工件表面氧化脱碳严重,生产效率低,能源消耗大,成本增高。加热时间太短则奥氏体化程度不足,达不到预期的加热效果,降低热处理质量。所以,为了保证加热质量和获得良好的经济效益,需要正确计算加热时间。

2. 加热时间的计算

加热时间的理论计算,需要根据传热学原理进行一系列数学推导,相当复杂,因此,生产中往往采用经验公式计算。

①根据工件的有效厚度计算加热时间,见式(14-3):

$$\tau_{加热} = \alpha \cdot K \cdot H \tag{14-3}$$

式中:α——加热系数,min/mm;

K——装炉修正系数(或工件间隔系数);

H——工件有效厚度,mm。

加热系数 α 表示工件单位有效厚度所需的加热时间,其值大小与工件尺寸、加热介质、钢的成分及加热炉类型等因素有关,如表 14-2 所示。K 值是由装炉方式和数量确定的系数,工件在炉中的堆放方式对 K 值影响较大,如图 14-3 所示。工件有效厚度是工件在最快传热方向上的截面厚度,与工件的形状及尺寸有关,图 14-4 为不同形状工件有效厚度的计算示例。

几种常用钢的加热系数　表 14-2

钢种	工件直径(mm)	<600℃箱式炉预热	加热系数 α(min/mm)			
			750~850℃盐浴炉中加热或预热	800~900℃箱式炉或井式炉加热	1 100~1 300℃高温盐浴炉加热	快速加热
碳钢	≤50		0.3~0.4	1.0~1.2		3.5s/mm
	>50		0.4~0.5	1.2~1.4		5~7s/mm
合金钢	≤50		0.45~0.5	1.2~1.5		
	>50		0.5~0.55	1.5~1.8		
高合金钢			0.3~0.35		0.18~0.2	
高速钢			0.3~0.35 0.65~0.85		0.16~0.18	

注:1. 如经预热,α 值减小 20%~30%。预热时间为加热时间的 2 倍。

2. 快速加热,炉温超过正常加热温度 120~150℃。工件入炉后,炉温要保持平稳,波动不超过 30℃。适用于形状简单的一般碳钢工件。

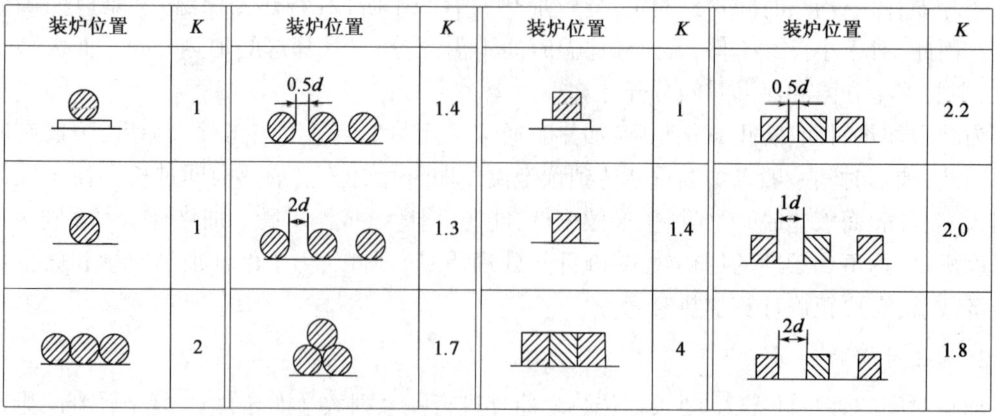

装炉位置
K
装炉位置
K
装炉位置
K
装炉位置
K
1
0.5d
1.4
1
0.5d
2.2
1
2d
1.3
1.4
1d
2.0
2
1.7
4
2d
1.8

图 14-3　工件装炉方式对装炉修正系数 K 的影响

h
D
D<h
H=D
h
D
D>h
H=h
D1
D2
H=(D1+D2)/2
h
d
D
(D−d)/2<h
H=(D−d)/2
h
d
D
(D−d)/2>h
H=h
D
2/3L
L
H=D

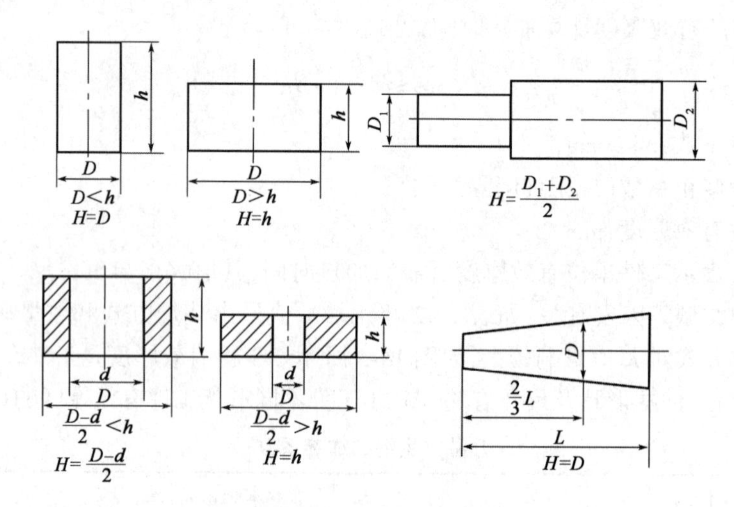

图 14-4　不同形状工件的有效厚度

②根据工件的几何形状指数计算加热时间，见式(14-4)：

$$\tau_{加热}=K\cdot W \tag{14-4}$$

式中：K——与加热条件有关的综合物理因子，min/mm；

W——由工件形状、尺寸决定的几何形状指数(工件体积/工件表面积)。

不同加热条件下的综合物理因子 K 值见表 14-3。工件形状与几何形状指数 W 的关系见表 14-4。

不同条件下的综合物理因子 K 值　　表 14-3

钢　种	加热温度(℃)	K 值(min/cm)		
		电炉	火焰炉	浴炉
碳钢及合金钢	300～400	45	35	
碳钢	750～900	40	35	10
合金钢	750～900	45	40	13

续上表

钢　种	加热温度(℃)	K值(min/cm)		
		电炉	火焰炉	浴炉
高速钢	500～650	35	30	17
高速钢	840～850			10
高速钢	1 200～1 300			15

工件形状与几何形状指数 W 的关系　　表 14-4

工件形状	W	工件形状	W
球形	$\frac{D}{6}$	长方形板材	$\frac{BaL}{2(BL+Ba+aL)}$
圆柱体	$\frac{DL}{4L+2D}$	方形	$\frac{B}{6}$
空心圆柱体	$\frac{(D-d)L}{4L_1+2(D-d)}$	三角形或等边六角形棱柱	$\frac{D_1L}{4L_1+2D_1}$

注：D-外径；D_1-周径；B-正方形棱柱高及板厚；d-内径；L-长度；L_1-加热区长度；a-板厚。

总之，影响工件加热时间的因素很多，因此要正确计算加热时间，必须从工件材料、形状尺寸、设备类型、表面光洁度及装炉情况等多方面综合考虑。上述经验公式虽然目前较为普遍应用，但对于形状复杂或特殊工件的加热时间应根据具体情况全面考虑上述诸因素，并通过试验来确定。

第三节　金属加热时的物理化学变化

热处理工艺中加热工序通常是在各类热处理炉内进行的，因而工件表面与周围介质除了进行热交换外，还将发生其他物理化学变化，下面将讨论工件在加热时表面与周围介质的作用。

一、金属加热的物理过程

金属工件在加热炉内加热时，由炉内热源通过加热介质传热给工件表面，工件表面得到热量并向工件内部传播。由炉内热源把热量传给工件表面的过程，可以借辐射、对流及传导等方式来实现，而工件表面获得热量后向内部的传递过程则以热传导方式完成。下面分别加以讨论。

1. 传导传热

传导传热过程中热量的传递不依靠媒介质点的宏观定向移动，而仅靠传热物质质点之间的相互碰撞促使具有较高能量的质点把部分能量（热量）传递给能量较低的质点。在液体中热量的转移靠弹性波的作用，在气体中依靠原子或分子的扩散，而在金属内部则是依靠自由电子的运动。温度是表征物体内能高低的一种状态参数。因此，热传导过程是温度较高（即内能较高)的物质向温度较低(内能较低)的物质传递热量的过程。热传导过程的强弱可由单位时间内通过单位等温面的热量,即热流密度 q 表示,见式(14-5)。

$$q = -\lambda \frac{dT}{dX} \tag{14-5}$$

式中:λ——热传导系数,J/(m^2·h·℃);

$\frac{dT}{dX}$——温度梯度,℃/m。

负号表示热流方向与温度梯度方向相反。

2. 对流传热

对流传热主要是靠发热体与工件之间流体的流动进行。流体质点在发热体表面靠热传导获得热量,然后又借热传导传递给较冷的工件表面。因此,对流传热和流体的转移密切相关。液体或气体介质的强烈循环搅动将使对流传热过程加快。

对流传热时单位时间内加热介质传递给工件表面的热量 Q_c 见式(14-6):

$$Q_c = \alpha_c F(t_{介} - t_{工}) \tag{14-6}$$

式中:Q_c——单位时间内通过热交换对流传热给工件的热量,J/h;

F——热交换面积,即工件与流体接触面积,m^2;

α_c——对流换热系数,J/(m·h·℃);

$t_{介}$——介质温度,℃;

$t_{工}$——工件表面温度,℃。

从对流传热的物理过程可知,影响换热系数 α_c 值的因素很多。例如,流体运动的情况:处于静止状态的液体或气体在加热过程中仍靠自然对流进行热量的传递,α_c 值很小。利用外加动力(如风扇)强制流体运动,可使流体质点在工件表面进行热交换后较快地离开,因而有利于换热,α_c 值就增大。

其次,流体的物理性质、流体的导热系数、比热及密度越大,α_c 值越大。流体黏度越大,越不易流动,α_c 越小。

另外,工件表面形状及其在炉内放置方式不同,α_c 值也不同。工件形状和放置方式对流体流动越有利,则 α_c 值越大。

3. 辐射传热

辐射传热是由电磁波来传递热量的过程。物体受热后向各个方向放射辐射能,被另一物体(工件)吸收后又转化为热能而实现加热。这种传热方式仍是能量转移及能量形式转化的复合过程。任何物体只要其温度大于绝对零度就能从表面放出辐射能。在波长为 0.4 ~ 40μm 范围内(包括可见光和红外线)的辐射能可被物体吸收并重新转变为热能。波长在此范围内的电磁波称为热射线,热射线的传播过程称为热辐射。

根据 Stiefen-Bolzman 定律,物体在单位时间内由单位表面积辐射出的能量 E 见式(14-7):

$$E = C_0 \left(\frac{T}{100}\right)^4 \tag{14-7}$$

式中:T——物体的绝对温度,K;

C_0——辐射系数,kJ/(m^2·h·K^4)。

绝对黑体的辐射系数 $C_0 = 12.7 \times 10^4 kJ/(m^2 \cdot h \cdot K^4)$。一般金属材料均非绝对黑体,因此,工件在炉内加热时,对从发热体、炉壁等辐射来的能量(热量)不可能全部吸收,而有部分热量要反射出去。另外,其本身也要辐射出去一部分热量。因此,用来加热工件的热量应由发热体、炉壁等辐射来的热量,减去反射的热量及自身辐射出的热量。在封闭体系内辐射传热时单位时间内工件表面所吸收的热量 Q 见式(14-8):

$$Q = A_n \cdot C_0 \cdot \left[\left(\frac{T_1}{100}\right)^4 - \left(\frac{T_2}{100}\right)^4\right] \cdot F \tag{14-8}$$

式中:A_n——相当吸收率,与工件表面黑度、发热体黑度及炉内介质等有关;

T_1——发热体(或炉壁)的绝对温度,K;

T_2——工件表面的绝对温度,K;

F——工件吸收热量的表面积,m^2。

由上述公式可知,发热体温度越高,辐射能越高,加热速度也快速提高。当发热体与工件之间存在有遮热物时,将使辐射换热量减少。例如,二块平行板间发生辐射传热时,若中间放置另一块平板,计算表明,其辐射传热量将减少一半。这种作用称为遮热作用。当发热体与工件之间存在气体介质时,则这些气体将吸收辐射能。当射线经过气体时,其能量在行进过程中逐渐被吸收,剩余的能量则透过气体,气体层的厚度越大,压力越大,吸收能力也越大。所有气体对射线的反射率都是零。气体本身也辐射能量,其辐射能力也与绝对温度的四次方成比例。

工件在实际加热过程中,上述三种传热方式往往同时存在,所不同的是在不同的加热介质中,不同的加热温度下起主导作用的传热方式有所区别,即有的场合以对流传热为主,而有的场合则可能以辐射传热为主。

二、金属加热时的物理化学现象

金属在热处理加热过程中将与各种不同介质接触,例如,与大气或燃烧气体中的氧、二氧化碳及水等接触,因而工件表面必定要和周围介质发生化学反应,典型的如氧化、脱碳等。还可能发生物理作用,如脱气、合金元素的蒸发等。这些化学物理作用可直接破坏被处理工件表面的状态,从而影响工件的使用性能。

1. 金属在加热时的氧化

1)氧化的实质与特征

工件在加热到高温时通常要与氧、二氧化碳、水蒸气及二氧化硫等氧化性气体发生作用,而使表面形成一层氧化皮,不仅使工件表面失去光泽,使表面变得粗糙不平,降低尺寸精度;而且使工件的机械性能如弯曲疲劳强度等变差,同时在冷拔、冷冲模锻时容易引起模具损坏。根据加热温度的不同,常见的氧化反应如下:

在加热温度 <570℃时:

$$3Fe + 2O_2 \longrightarrow Fe_3O_4$$

$$3/4Fe + H_2O \rightleftharpoons 1/4Fe_3O_4 + H_2$$

$$3/4Fe + CO_2 \rightleftharpoons 1/4Fe_3O_4 + CO$$

在加热温度 >570℃时:

$$Fe + 1/2O_2 \rightleftharpoons FeO$$

$$Fe + H_2O \rightleftharpoons FeO + H_2$$

$$Fe + CO_2 \rightleftharpoons FeO + CO$$

$$2Fe_3O_4 + 1/2O_2 \rightleftharpoons 3Fe_2O_3$$

钢的氧化过程是一个扩散过程，即炉气中氧以原子状态吸附到工件表面，然后向内层扩散，而工件表层中的铁则以离子状态由内部向外扩散。扩散的结果使工件表面形成一层铁的氧化物（氧化皮），由于氧化扩散过程从外向里逐渐减弱，故氧化皮的结构由三层不同氧化铁所组成，如图14-5所示。表层为含氧量较高的Fe_2O_3，中层为含氧量次之的Fe_3O_4，内层则为含氧量较低的FeO。在570℃以下时，在钢表面形成的氧化物主要是结构致密的Fe_3O_4，氧化速度比较慢，但在570℃以上时所形成的氧化膜以FeO为主，其结构疏松，氧原子易于通过FeO而进行扩散，氧化速度急剧增加。

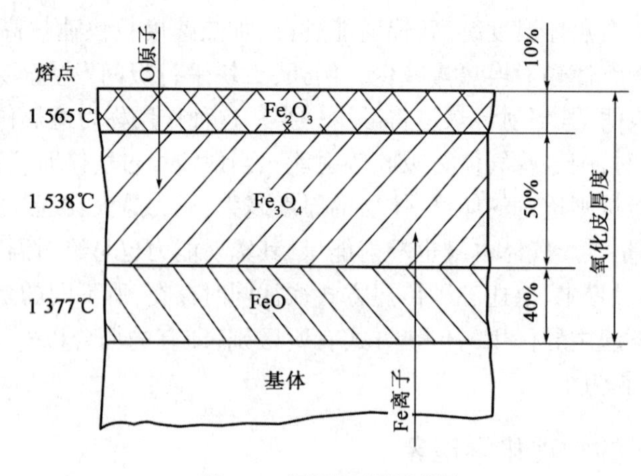

图14-5　钢氧化过程示意图

2）影响钢氧化的因素

钢的氧化受多方面因素影响，其主要有加热温度、加热时间、炉气成分和钢的化学成分。

（1）加热温度和加热时间

随着钢加热温度的升高，由于氧化扩散速度加快，氧化过程也就越剧烈，因而形成的氧化皮也越厚。加热时间越长，氧化损失也越大。

（2）炉气成分

火焰加热炉的炉气通常是由以下三种气体成分组成，即氧化性气体（O_2、CO_2、H_2O、SO_2），还原性气体（CO、H_2）和中性气体（N_2）。炉气的性质取决于燃料燃烧时的空气消耗量。当供给空气过多时，炉气性质为氧化性，就会促使产生氧化而形成较厚的氧化皮；相反，当供给空气不足时，炉气则呈还原性，可以减少甚至不产生氧化。

（3）钢的化学成分

当钢中含碳量大于0.3%时，随着钢的含碳量增加，形成的氧化皮将减少。这是因为，含碳量高时，由于在钢表面的氧化过程中生成了CO，可削弱氧化性气体对钢表面的作用。如钢中含有Cr、Ni、Al、Mo等合金元素时，这些元素在表面形成牢固致密的氧化膜，阻止氧化性气体向内部扩散，从而减少氧化。当钢中Ni、Cr含量大于13%～20%时，几乎不产生氧化。

在加热过程中为了防止和减少氧化,应当采取必要的措施,如控制炉气性质或在保护介质中加热,使工件表面与周围有害介质隔开,避免氧化性气体的不良影响,以及采用快速加热,以缩短工件在高温停留的时间,也可对工件表面覆盖一层涂料(硼砂或硼酸),同样能收到良好效果。

2. 金属在加热时的脱碳

1)脱碳的实质和特征

钢在高温加热时表面不仅因氧化而形成氧化铁,而且钢表层中的碳也会和炉中气体发生化学反应,造成钢表层的碳含量减少,这种现象称为脱碳。常见的脱碳反应有以下几种:

$$Fe_3C + H_2O \rightleftharpoons 3Fe + CO + H_2$$

$$Fe_3C + CO_2 \rightleftharpoons 3Fe + 2CO$$

$$Fe_3C + O_2 \rightleftharpoons 3Fe + CO_2$$

$$Fe_3C + 2H_2 \rightleftharpoons 3Fe + CH_4$$

上述这些反应都是可逆的,即 H_2、O_2 和 CO_2 使钢脱碳,CO 和 CH_4 使钢增碳。

脱碳过程也是扩散过程。脱碳时,一方面是氧向钢内扩散;另一方面是钢中的碳向外层扩散。扩散结果使钢表面层变成低含碳量的脱碳层。

脱碳层由于碳被氧化,反映在金相组织上为渗碳体(Fe_3C)数量减少,反映在机械性能上其强度、硬度较正常组织变低。故均视为缺陷,特别是对含碳量高的工具钢、高速钢及弹簧钢而言,表面脱碳更是一种有害缺陷。因为脱碳使工件的硬度、强度、耐磨性、抗疲劳性等性能变差,导致工件使用中发生早期失效。另外,脱碳对锻造和热处理等工艺性能都有不良影响。严重脱碳使锻造时容易引起变形不均匀而产生裂纹,热处理时容易引起更大的内应力而淬裂,并使表面硬度降低。

根据脱碳程度,钢的脱碳层可分为全脱碳层和部分脱碳层(过渡层)两部分。当钢表面的碳被基本烧损,表层呈现全部铁素体晶粒时称为全脱碳层。部分脱碳层是指在全脱碳层之后到含碳量正常组织处。在脱碳不严重的情况下,有时仅看到部分脱碳层而没有全脱碳层。

脱碳层的深度可采用多种方法测定。例如,逐层取样,分析钢的含碳量,观察钢的表面至心部的金相组织变化等。实际生产中,以金相法测定钢的脱碳层应用最为普遍,具体测定方法可参考相关标准。

2)影响脱碳的因素

影响脱碳的因素有钢的化学成分、加热温度、保温时间和炉气成分等。

(1)钢的化学成分

钢中含碳量越高,脱碳倾向就越大。W、Al、Si、Co 等合金元素都使钢脱碳倾向增加,而 Cr、Mn 等元素则能阻碍钢的脱碳。

(2)加热温度和保温时间

钢在氧化性炉气中加热,既产生氧化,又引起脱碳。加热温度在 700 ~ 1 000℃时,由于表面氧化皮阻碍碳的扩散,因此脱碳过程比氧化要慢。随着加热温度的提高,一方面氧化速度迅速增加,另一方面脱碳的速度也加快。在达到某一温度后,氧化皮丧失保护作用,脱碳就比氧化更剧烈。钢的加热时间越长,脱碳层厚度越厚,但两者并不成正比关系。当脱碳层厚度达到一定值后脱碳速度将逐渐减慢。

(3)炉气成分

在加热过程中,由于燃料成分及燃烧条件不同,可使炉内产生含有不同成分的气氛,其中脱碳能力最强的是H_2O(气),其次是CO_2、O_2,脱碳能力最弱的是H_2。一般在中性介质或弱氧化性介质中加热时,可以减少脱碳。通常用来防止氧化的措施,同样也可用于减少或避免脱碳。

第四节 在保护气氛中的加热

在热处理加热时的氧化脱碳,使金属烧损,性能降低而造成浪费。因此,如何实现无氧化加热进行光亮热处理是具有重要意义的研究课题之一。显然,为达到上述目的,其基本原则就是避免工件表面与加热介质发生化学反应。

一、在可控气氛中加热

在可控制气氛中实现无氧化加热,就是要控制炉气成分使工件表面不氧化脱碳,又不发生增碳反应。热处理用可控气氛种类繁多,目前应用较多的有:吸热式气氛、放热式气氛、滴注式气氛、氨分解气及氮基保护气氛等。但应用最广泛的还是以碳氢化合物接近完全燃烧或部分燃烧方式生成的放热式气氛和吸热式气氛。这两种保护气氛的使用特征如下:

1.吸热式气氛

吸热式气氛是利用天然气、丙烷气及城市煤气为原料,与空气按一定比例混合在装有触媒介质的高温炉内进行不完全燃烧而得到的一种混合气氛。由于其化学反应时所产生的热量很小,不足以维持正常反应,需要外部供给热量,因而称为吸热式气氛。例如,用丙烷气作为原料气,以空气/丙烷=7.2%的比例所制得吸热式气氛成分含量:CO_2为0.3%,CH_4为0.4%,H_2O为0.6%,CO为24%,H_2为33.4%,其余为N_2。其特点是成分中含有大量的CO和H_2,是一种还原性气氛,具有一定的碳势。碳势就是在一定温度下,钢表面与炉气之间达到既不脱碳也不增碳的化学平衡状态时,该钢表面的含碳量。碳势反映了炉气对钢中奥氏体饱和碳的能力。当原料气成分稳定时,炉气碳势越高,钢中奥氏体饱和碳的能力越强。当CO和H_2的含量保持恒定,此时,碳势也将固定。所以,控制碳势就是控制炉气成分中CO/CO_2,CH_4/H_2的比例。采用吸热式炉气加热时,主要通过控制CO_2和CH_4含量来调节碳势,CO_2的含量与碳势成反比,CH_4含量与碳势成正比。

吸热式气氛广泛用于各类碳钢、低合金钢的保护气氛淬火加热,也可用于高速钢及合金工具钢的热处理。由于该气氛中含有大量CO,将引起Cr、Mn、Si等元素氧化,所以对高铬钢和不锈钢等不宜采用。

吸热式气氛还普遍用于气体渗碳和碳氮共渗。为了提高气氛的碳势,通常需添加富化气(甲烷、丙烷、丙酮、醋酸乙酯、煤油等)。由于在低温范围(400~700℃)内将析出大量炭黑,因此吸热式气氛不宜用作回火加热的保护气。另外,该种气氛中含有大量H_2,对某些钢件热处理后易产生氢脆现象。

2. 放热式气氛

放热式保护气体是利用煤气、丙烷或丁烷等原料气与空气混合,经不完全燃烧和快冷而制成的。由于在制备过程中本身存在放热反应,故称放热式气氛。用天然气制备的放热式气氛的成分如表 14-5 所示。

用天然气制备的放热式气氛成分　　表 14-5

类型	气体成分				
	CO	CO_2	H_2	CH_4	H_2
浓型	10.2% ~11.1%	5% ~7.3%	6.7% ~12.5%	0.5%	其余
淡型	1.5%	10.5% ~12.8%	0.3% ~1.2%	—	其余

由表可见,气氛的碳势较低,只能用作防止氧化,不能避免脱碳。浓型放热式气氛适用于低碳钢光亮退火及中碳钢工件的光亮淬火。当工件表面光亮程度要求不高时,可用作回火的保护气氛主要作用于有色金属(如铜及铜合金)的光亮热处理,也可用作高速切削工具的表面氧化处理。

二、真空加热

真空加热是指工件在低于一个大气压的稀薄而纯净的气氛中加热。由于在真空状态下气氛中残存的氧极少,而且氧的分压很低。因此,不仅可防止氧化脱碳,而且还有净化脱脂和除气的作用,从而获得光亮的表面,达到无氧化加热的目的。

真空加热除了在真空炉中进行外,还可采用包装加热,即将工件放在密封的不锈钢箔制的箱内,抽去空气实现真空加热。

三、在其他介质中加热

在液体熔融浴炉(如盐浴、金属浴等)中无氧化加热,主要是正确控制浴槽的成分,使其保持中性或还原性,保证工件与氧化介质隔离,避免氧化脱碳反应的发生。

在固体粉末流态床中加热,其特点是借助改变流态化气体成分来保证加热过程中不发生氧化及脱碳反应。

在金属表面涂以防氧化涂料,具有不受工件尺寸限制、简便易行的优点,缺点是成本较高。

第五节　钢的加热缺陷及其防止措施

钢在加热过程中常常会由于测温仪表失灵或不准、炉温不均匀以及工艺参数选择不当等原因使工件产生各种缺陷,严重影响工件质量。常见的加热缺陷有欠热、过热、过烧、变形、开裂以及表面氧化和脱碳等。

一、欠热

欠热(也叫加热不足)是加热时温度未达规定温度或加热时间太短,造成奥氏体化不充分及钢中的碳化物未能完全溶解，因而引起成分与组织上的某些缺陷。例如钢在退火或正火加热时，由于欠热，就不能消除冶炼及热加工过程中存在的偏析、自由铁素体块、魏氏组织及网状碳化物等。因欠热会出现明显的软点和硬度不均匀的现象，欠热也无法消除由于结构遗传性带来的某些过热缺陷，如高速钢的萘状断口等。

二、过热

当加热温度过高或在高温下停留时间过长，将引起奥氏体晶粒急剧长大，这种现象称为过热。过热的亚共析钢在以后的退火、正火过程中会形成粗大的铁素体晶粒或魏氏组织，以及淬火后得到粗大针状马氏体组织。含高碳的粗大针状马氏体内部及原奥氏体晶界处存在着明显的显微裂纹，它是导致钢的强度、冲击韧性下降及淬火开裂的重要根源。

三、过烧

过烧不仅发生了奥氏体晶粒的剧烈粗化，而且在晶界处出现氧化甚至晶界局部溶化，因此，极易造成淬火开裂，导致工件报废。

为了防止上述缺陷的产生，应该采用正确的加热规范及装炉方式，并经常检查测温仪表。对已经产生的欠热或过热组织，可进行一次退火或正火随后再重新淬火。过热严重的工件则无法返修。

四、加热过程中的变形和开裂

工件加热不当，也会引起变形和开裂。引起变形的原因，一是由于温度升高以后，钢的强度下降，如果工件在加热时放置不当，在长时间保温过程中，就会因自重而变形；二是加热时，工件表面和心部之间，厚薄截面之间，由于产生温差导致胀缩不均，产生应力而变形。引起加热时开裂的主要原因则是工件加热时表面和心部因温差而产生的应力超过了钢的断裂强度。

为防止加热时变形，应充分考虑工件在加热设备中的堆放形式，对于大截面的高碳钢和合金钢则可采用缓慢加热方法。对于导热系数很差，淬火温度很高的高速钢等高碳高合金钢工件，可采用预热的方法防止开裂。

复习思考题

1. 试述钢在加热时引起氧化和脱碳的原因及其对钢性能的影响，如何防止氧化和脱碳？

2. 试述影响加热速度的因素？

3. 何为加热时间？为何要正确计算加热时间？如何确定加热时间？

4. 现有两根T8钢试样，在强氧化气氛中分别加热至830℃和950℃并长时间保温，试述缓冷后沿截面的组织结构，为什么会出现这种现象？

第十五章　钢的常规热处理工艺

第一节　钢的退火与正火

退火是将钢加热到低于或高于A_{c1}点温度，保持一定时间后随炉缓慢冷却，以获得接近于平衡状态的组织。正火是将钢加热到A_{c3}点以上30～50℃或更高温度，保持一定时间后在空气中冷却，以获得珠光体组织。

退火与正火是应用极为广泛的两种热处理工艺。主要用于消除各类铸件、焊接件、锻压件在加工过程中产生的缺陷（如粗大晶粒、偏析、魏氏组织、内应力）或为以后的加工工艺（如切削加工、淬火等）作组织准备。因此，退火与正火往往也成为预先热处理。此外，正火可以细化组织，适当提高强度，也可作为某些体积较大、要求不太高工件的最后热处理工艺。

一、退火的分类、目的和用途

1.退火工艺的分类

按退火目的可分为扩散退火、改善切削加工性能退火、消除应力退火、去氢退火等。

按退火时组织转变特点可分为细化晶粒退火、再结晶退火、球化退火、消除组织结构遗传性退火、消除钢中白点退火、可锻化退火等。

按退火工艺方法可分为完全退火、不完全退火、等温退火、高温退火、低温退火、磁场退火、光亮退火等。

按处理对象可分为铸件退火、锻件退火、轧材退火、焊接退火、粉末冶金退火等。

按加热温度范围可分为相变温度（A_{c1}）以下的退火（去应力退火、再结晶退火等）和相变温度（A_{c1}）以上的退火（完全退火、不完全退火、球化退火、扩散退火等）。

2.退火的目的及用途

（1）降低钢的硬度，改善切削加工性能

由于经铸、锻、焊成形的毛坯件，硬度往往偏高，不宜切削加工。经过退火处理，可降低硬度。

（2）消除应力或加工硬化，提高塑性，便于继续冷加工

在冷拔、冷冲、冷挤压等冷变形过程中会产生加工硬化，必须经过中间退火，消除硬化现象，才能使冷变形继续进行。

（3）消除组织缺陷，提高工艺性能和使用性能

在各类铸、锻、焊成形的工件中，往往存在偏析、带状组织、魏氏组织和粗大晶粒等缺陷，使机械性能降低，经过退火可以改善组织，提高性能。

(4)细化晶粒,改善碳化物的分布和形态,为最终热处理作组织准备

高碳工具钢组织中存在的层片状珠光体和网状渗碳体,使切削性能降低,且淬火时容易引起变形。经过球化退火可细化晶粒,使碳化物球化并弥散分布,以利于切削加工,并减少淬火冷却时的变形和开裂倾向。

二、常见的退火工艺

1. 扩散退火

为了改善或消除在冶金过程中形成的成分不均匀性及夹杂物偏聚而进行的退火,称为扩散退火(又称均匀化退火)。扩散退火主要用于合金钢锭及重要的铸钢件。

扩散退火的加热温度一般高于 A_{c3} 以上 150 ~ 250℃,在 1 100 ~ 1 200℃之间,具体加热温度视偏析严重程度而定。扩散退火的装炉量较大,加热速度不宜太快,应控制在 100 ~ 200℃/h。保温时间一般按工件的截面厚度 25mm/h 计算,需约 10 ~ 15h 及以上。加热后随炉冷却到 350℃左右出炉空冷。扩散退火是一种耗能大、时间长、成本高的热处理工艺,为了有效发挥扩散退火的作用,一般宜安排在钢锭开坯、锻轧之后进行。因为锻轧以后钢坯中的偏析沿变形方向伸展,使扩散途径大大缩短,既经济又显著地提高了扩散退火的效果。

2. 完全退火

将钢加热到 A_{c3} 以上 30 ~ 50℃,保持一定时间后缓慢冷却以获得接近于平衡状态组织的工艺,称为完全退火。这种工艺主要应用于消除亚共析钢中因停锻温度过高而引起的粗大晶粒、铸件在浇铸后冷却不当形成的魏氏组织、轧制工艺不合要求而产生的带状组织等缺陷,并可适当降低硬度、提高塑性和改善切削加工性能。

通常情况下,完全退火的加热速度,碳钢取 150 ~ 200℃/h,合金钢取 50 ~ 100℃/h。大型工件装炉量大时,不宜烧透,应在 600℃左右停留一段时间,待工件内外温度均匀后再继续升温。完全退火加热时间可按 $\tau = KW$ 关系式计算。K 值碳钢取 1.5min/mm,合金钢取 2min/mm。完全退火的冷却速度要慢,以保证奥氏体充分分解。一般碳钢冷却速度为 100 ~ 150℃/h,合金钢为 50 ~ 100℃/h。完全退火采用随炉冷却至 600℃左右,即可出炉空冷或坑冷。

3. 等温退火

等温退火的加热温度与完全退火大致相似,只是冷却方式不同。等温退火的冷却方式是使高温奥氏体以较快的速度冷却至 A_{c1} 以下某一温度等温一段时间,使奥氏体完全分解转变为珠光体,然后出炉空冷。等温退火可以有效地缩短退火工艺时间,并能获得更为均匀的组织和性能。

等温温度和保温时间,可根据工件对性能的要求,参照该钢种的“C”曲线来确定。等温温度距 A_1 点愈近,则获得的珠光体越粗,硬度也就越低。为了缩短退火时间,只要保证工件硬度合乎要求,应尽量选用较低的等温温度。如果这样处理后工件的硬度过高,则可先在该温度处等温转变,然后再回升到较高温度处等温以降低硬度。

4. 球化退化

球化退化主要用于共析和过共析碳钢及合金工具钢,其主要目的在于降低硬度,改善切削

加工性,并为以后淬火处理进行组织准备。因为共析钢和过共析钢普遍退火后组织为层片状珠光体与网状的二次渗碳体,不仅珠光体本身较硬,而且由于网状渗碳体的存在,更增加了钢的硬度和脆性,从而给切削加工带来困难。同时,还会引起淬火变形和开裂。球化退火就是为了使网状渗碳体及珠光体中的层片状渗碳体变成颗粒状(球状),并均匀分布在铁素体基体上,得到所谓的"球化体"(或称粒状珠光体)。

原始组织为层片状珠光体的钢,加热到 A_{c1} 以上温度时,珠光体中的片状碳化物开始溶解,但又未完全溶解,导致奥氏体的成分极不均匀,在随后的冷却过程中,或以未溶的细小碳化物微粒为核心,或在不均匀奥氏体中碳原子富集处产生新的核心,而均匀地长大形成颗粒状的碳化物。过共析钢加热到 $A_{c1} \sim A_{cm}$ 之间温度时,未溶解的游离碳化物被奥氏体所包围,渗碳体片的两端棱角处,界面的曲率半径小,表面碳原子易于迁移而使奥氏体的碳浓度增高。而渗碳体片的中部较为平直,界面曲率半径大,碳原子不易由渗碳体表面转入奥氏体中,因而其附近奥氏体的碳浓度较低。这样,就造成奥氏体晶粒内碳原子的浓度差,引起碳原子的扩散,导致尖端处的渗碳体溶解,而平直处碳原子沉积并析出渗碳体,如此不断进行,最终聚集形成球状渗碳体。

球化退火的加热温度是影响球化质量的关键因素。合理的温度应该既能使原始组织珠光体消失,又能保留部分未完全溶解的渗碳体。温度过高,可增加碳化物在奥氏体中的固溶度,残余渗碳体减少,冷却时将在奥氏体晶界上产生碳化物核心,形成片状珠光体。温度较低,奥氏体成分极不均匀,冷却过程中渗碳体将沿原来珠光体片层方向析出,形成链状渗碳体。其次,冷却速度的大小和等温温度的高低,对球化组织的形成也有重要影响。冷却太慢或等温温度过高,渗碳体颗粒较粗大。冷却过快或等温温度偏低,则渗碳体颗粒太细,甚至球化不完全。另外,原始组织和化学成分等对球化组织的形成也有一定的影响。常见的球化退火工艺主要有以下几种,如图 15-1 所示。

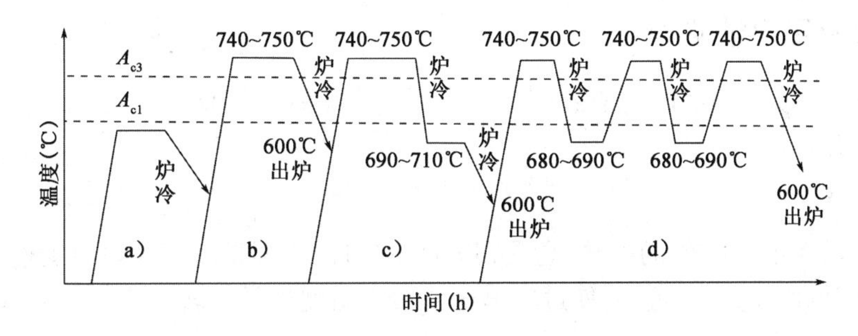

图 15-1　常用球化退火工艺

a)低温球化退火;b)一次球化退火;c)等温球化退火;d)循环球化退火

5. 低温退火

低温退火又称消除应力退火。主要用于消除切削加工和铸件、锻件、焊接件中因快冷而引起的残余内应力,以稳定尺寸,避免引起变形、开裂。低温退火加热温度:碳钢和低合金钢为 550 ~ 650℃,保温时间约 1 ~ 2h,退火后均应缓慢冷却,以免产生新的内应力,一般以小于 100℃/h 的冷却速度随炉冷却。对于大型工件或形状复杂要求消除应力彻底的零部件,则需炉冷至 300℃以下再出炉空冷。

三、钢的正火

把钢加热到临界点 A_{c3} 或 A_{cm} 以上 30～50℃或更高的温度，保温足够时间，然后在空气中冷却，这种工艺方法称为正火。

正火工艺的特点是加热温度较高，一般要求得到均匀的单相奥氏体组织，工件透烧均温后再在空气中自然冷却。冷却奥氏体在空冷中发生共析转变，在亚共析及过共析钢中还将分别析出先共析产物铁素体和渗碳体。对某些钢材在正火时也可用强迫空气循环冷却或喷雾冷却以获得细珠光体组织。

正火所达到的效果与钢的化学成分及组织状态有关，因此，正火时应考虑到如下问题：

低碳钢正火的目的之一是为了提高切削性能。但含碳量低于 0.2% 的钢，按正常加热温度正火后，硬度仍偏低，切削性能差。为了提高硬度，应适当提高加热温度（约 $A_{c3}+100℃$），以增加过冷奥氏体的稳定性，同时还可增大冷却速度，以获得分散度较大的铁素体和较细的珠光体。

中碳钢的正火应视钢的成分及工件尺寸来确定其冷却方式。含碳量较高、含合金元素，可采用较缓慢的冷却速度，如在静止空气中或成堆堆放冷却，反之则采用较快的冷却速度。

过共析钢正火，主要是为了消除网状碳化物，故加热时必须保证碳化物全部溶入奥氏体中。对于大截面工件，正火温度应比正常加热温度稍高出 20～40℃。为了抑制自由碳化物的析出，使其获得共析组织，必须采用较大冷却速度，如鼓风喷雾等强制冷却。

对于某些锻件中的过热组织或铸件的粗大组织，一次正火后不能达到细化组织的目的。为此，进行两次重复正火（称双重正火），才能获得良好效果。第一次正火采用 A_{c3} 以上 150～200℃的温度加热，以扩散办法消除粗大组织，均匀成分。第二次正火则采用正常加热温度进行，以得到细珠光体组织。

四、退火及正火缺陷

钢在退火或正火时，由于加热或冷却不当，将会产生各种不良组织，造成缺陷。常见的缺陷形式有如下几种：

1. 硬度偏低

常在含碳量大于 0.45% 的中碳、高碳钢锻件中出现，主要是由于加热温度过高、冷却速度过快、等温温度偏低、时间过短，而使过冷奥氏体转变温度过低或转变不完全引起的。这种缺陷可以通过重新退火得到改善。

2. 过热

加热温度过高、保温时间过长及炉内温度不均匀等均可造成局部过热。当冷却速度较快时，亚共析钢中常出现粗大魏氏组织，使钢的机械性能恶化，因此必须改善。为了消除魏氏组织，可以采用稍高于 A_{c3} 点的加热温度，既让铁素体溶解，又不使奥氏体晶粒粗大，然后根据钢的化学成分，采用适当的冷却速度。对于严重的低碳钢魏氏组织，可以用两次正火来消除。

3. 球化不完全

过共析钢球化欠热组织中具有细小片状碳化物存在，该组织硬度偏高，而且在淬火加热时易溶解，因此使淬火开裂倾向增加，残留奥氏体量较多。可以通过补充低温球化退火进行改进，并严格控制球化退火时的奥氏体化温度、时间及冷却规范。

4. 退火石墨碳

在碳素工具钢中，由于终锻温度过高（>1 000℃）、冷却缓慢或退火温度较高、在石墨化温度范围长时间停留或多次返修退火，均容易在钢中出现石墨碳，并在周围形成低碳大块铁素体，严重时断口呈黑色。由于石墨对基体的分解作用，降低了表面加工光洁度，在刀具表面易造成崩刃及早期磨损，同时容易形成淬火软点，危害很大。出现退火石墨碳的工具钢，不能返修。

5. 网状组织

由于先共析铁素体或渗碳体呈网状分布时，会降低钢的机械性能。特别是网状碳化物在随后淬火过程中很难消除，所以对钢中的网状组织必须严格控制。退火、正火时，钢中网状组织主要是由于加热温度过高、冷却速度缓慢引起的。如果钢中碳化物呈半网、不完全封闭网或完全封闭网时，应经高温加热，并采用快冷方法以抑制自由碳化物的析出。

五、退火与正火的选用原则

退火与正火的目的和用途大体相近，因此，生产中可以根据下列原则加以选择。

1. 从切削加工性上考虑

一般来说，钢的硬度在HB170～230范围内，金相组织中没有大块铁素体时，切削加工性能比较好。过高的硬度不但难以加工，还会加快刀具的磨损；而硬度过低则切屑易粘着刀具刃部，造成刀具发热和磨损，并且加工后零件表面光洁度很差。因此，含碳量低于0.3%或在0.3～0.5%范围内的低中碳钢采用正火作为预备热处理为宜。含碳量较高（0.75%～1.2%）的高碳结构钢和工具钢，应采用退火，以降低钢的原始组织硬度。对于含碳量不超过0.45%的低合金结构钢（如40Cr、40MnB等）以正火为宜，而30CrMnSiA、38CrMoAlA等中合金钢和高合金钢则应选择退火。图15-2为退火和正火后碳钢的硬度范围，其中阴影部分为加工性较好的硬度范围。

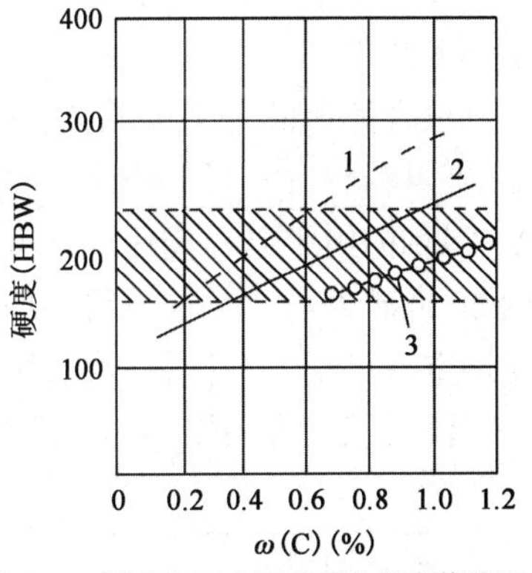

图15-2　退火和正火后碳钢的硬度值范围

1-正火；2-退火；3-球化退火

2. 从使用性能上考虑

亚共析钢经正火后的组织较细，机械性能明显高于退火组织。如果工件的性能要求不太高，则可用正火作为最终热处理。但对于形状比较复杂的大型工件则应退火，以免正火冷却过快引起内应力而产生变形开裂。表15-1所示为45钢正火与退火状态的力学性能。

45钢正火与退火状态的力学性能　　表15-1

状　态	抗拉强度（MPa）	断后伸长率（%）	冲击韧性（J/cm^2）	硬度（HBW）
退火	650～700	15～20	32～48	约180
正火	700～800	15～20	40～64	约220

3. 从经济效益角度考虑

正火采用空冷,生产周期短,消耗热能少,操作简便,所以,在可能条件下应尽量采用正火代替退火,以降低成本。

第二节　钢的淬火

一、淬火的定义、目的及分类

淬火就是将钢加热到临界温度(A_{c3}或A_{c1})以上,保温一定时间后随之以大于临界冷却速度(V_c)的冷却速度进行冷却,使过冷奥氏体转变为马氏体或下贝氏体组织的热处理工艺。

淬火是热处理工艺中最重要的工序,可以显著提高钢的强度和硬度。如果与回火相结合,则可以得到不同强度、塑性和韧性的配合,获得不同的应用。一般说来,淬火可以达到如下目的:

①提高工件的硬度和耐磨性,如各种齿轮轴类零件,所有的工模具、轴承等。

②提高强韧性,如各类结构件、连接件、连杆螺栓、锤杆等。

③提高弹性,如卷簧、板簧、弹簧夹头等各类弹性零件。

④获得某些物理化学性能,如具有高的磁性和矫顽力的永久磁铁,抗腐蚀与耐氧化的不锈钢和耐热钢。

根据淬火的定义可见,实现淬火过程必须满足如下条件:首先是加热温度必须高于临界温度(亚共析钢A_{c3},过共析钢A_{c1}),以获得奥氏体组织。其次是冷却速度必须大于临界冷却速度,得到的组织是马氏体或下贝氏体。因此,不能只根据冷却速度的快慢来判断是否是淬火。例如,低碳钢水冷往往只得到珠光体组织,此时就不能称为淬火,只能视为水冷正火。又如,高速钢空冷可得到马氏体组织,则称为淬火而不是正火。

淬火工艺方法繁多,其分类情况见表15-2。

淬火工艺的分类　　表15-2

分类原则	淬火工艺方法
按加热温度	完全淬火、不完全淬火、二次淬火、循环加热淬火
按加热速度	普通淬火、快速加热淬火、超快速加热淬火
按加热介质及加热条件	光亮淬火、真空淬火、流态层加热淬火、铅浴淬火、盐浴淬火、火焰淬火、感应加热淬火、高频脉冲冲击淬火、接触电加热淬火、电解液淬火、电子束加热淬火、激光加热淬火、锻热淬火
按淬火部位	整体淬火、局部淬火、表面淬火
按冷却方式及条件	直接淬火(预冷淬火、双重淬火、双液淬火、断续淬火、喷雾淬火、喷液淬火、分级淬火) 等温淬火(奥氏体等温淬火、马氏体等温淬火) 形变等温淬火(高温形变等温淬火、中温形变等温淬火) 冷处理

二、淬火工艺规范的制定

在零件加工工艺流程中，淬火是使工件强化的最重要的工序。淬火工件的外形尺寸及几何精度在淬火前已处于最后完成阶段。精密零件尽管在淬火、回火后仍需精密加工，但工件留有的加工余量已很小。因此，淬火不仅要保证良好的组织与性能，而且还要保持其尺寸精度。所以，要求灵活运用相变规律，合理制定淬火工艺规范及方法。

1. 淬火加热规范

淬火加热规范主要是指在淬火加热工艺中的加热温度、加热速度与保温时间这三个工艺参数。由于奥氏体程度（成分、组织状态）对淬火钢的组织与性能有着决定性的影响。因此，正确的选择及控制淬火加热规范非常重要。

（1）淬火加热温度

确定钢的淬火加热温度时，应考虑钢的化学成分、工件尺寸和形状、技术要求、奥氏体的晶粒长大倾向，以及所采用的淬火介质与淬火方法等因素。其中钢的成分是决定淬火温度的主要因素。对碳钢而言，亚共析钢淬火加热温度是 $A_{c3}+30\sim50℃$，共析钢和过共析钢淬火加热温度是 $A_{c1}+30\sim50℃$，这是因为在此温度范围内奥氏体晶粒较细并溶入足够的碳量。因此，淬火后得到细晶粒的马氏体组织。亚共析钢若加热到 A_{c3} 以下，组织中会保留一部分先共析铁素体，淬火后强度、硬度都较低。亚共析钢加热温度不宜过高，以免引起奥氏体晶粒粗化。亚共析钢加热到 A_{c3} 以上 30~50℃正处于完全奥氏体相区，所以又称为完全淬火。过共析钢的淬火加热温度为 $A_{c1}+30\sim50℃$（属于不完全淬火），它与亚共析钢不同，过共析钢在淬火加热之前，都要经过球化处理，故加热至 A_{c1} 以上时，其组织是奥氏体和一部分未溶的粒状渗碳体淬火后得到马氏体和粒状渗碳体组织。由于有粒状渗碳体存在，不但不降低钢的硬度，反而可提高耐磨性。同时，因加热温度较低，奥氏体晶粒很细，淬火后可得到细小的马氏体组织，使钢具有较好的机械性能。若加热温度太高，将形成粗大马氏体组织，使机械性能恶化，同时增加了淬火应力及变形开裂倾向。

选择零件的淬火加热温度还与加热设备、工件尺寸大小及形状、工件的技术要求、工件本身的原始组织、淬火冷却介质及淬火方法等因素有关。一般在空气炉中加热比在盐炉中加热略高 10~30℃。对于形状复杂、界面变化突然且易变形开裂的工件，一般选择淬火温度的下限。为了提高较大尺寸零件的表面硬度和淬透深度，淬火温度可以适当升高。对于尺寸较小的零件应选用稍低的淬火温度。此外，为了防止工件变形开裂，若采用冷速较慢的冷却介质时，加热温度应比水淬提高 20℃左右。通过适当提高过冷奥氏体稳定性可以得到足够的淬透深度和硬度。当原始组织是极细珠光体时，淬火温度应适当降低或取下限。

确定中、高合金钢淬火加热温度时，应考虑合金元素的溶解及再分配。碳化物的合金元素与碳形成稳定碳化物，延缓其溶入奥氏体。同时由于合金元素在奥氏体中的扩散激活能较高，其自身不易均匀化，所以加热温度必须适当提高，以充分发挥合金化的作用。

部分常用淬火钢的淬火加热温度与临界点见表 15-3。

常用淬火钢的加热温度　　表 15-3

钢号	临界点(℃)		淬火温度(℃)	钢号	临界点(℃)		淬火温度(℃)
	A_{c1}	A_{c3}			A_{c1}	A_{c3}	
45	724	780	820～840 盐水 820～840 碱浴	40SiCr	755	850	900～920 油或水
T7	730	770	780～800 盐水 810～830 硝盐浴	35CrMo	755	800	850～870 油或水
CrWMn	750	940	830～850 油	60Si2Mn	755	810	840～870 油
9SiCr	770	870	850～870 油 860～880 碱浴	18CrMnTi	740	825	830～850 油
Cr12MoV	810	1 200	1020～1150 油	30CrMnSi	760	830	850～870 油
W18Cr4V	820	1 330	1260～1280 油	20MnTiB	720	843	860～890 油
40Cr	743	782	850～870 油	40MnB	730	780	820～860 油
60Mn	727	765	850～870 油	38CrMoAl	800	940	930～950 油

(2)加热与保温时间

加热时间与保温时间的计算，已在第一章中加以介绍。对于中小的淬火加热时间多按 $\tau=\alpha KD$ 的经验公式计算。其中，α 为加热系数，可查表；K 为装炉系数，一般取 1～1.5；D 为有效厚度，可查表。

利用上式计算加热时间时，最关键的是正确决定有效厚度 D。由于加热方式、尺寸大小、装炉情况的不同，即使同一形状的工件，其计算有效厚度的部位也会发生变化。在很多情况下是依靠经验的积累来加以选定的。经初步计算得出的加热保温时间还需要根据加热温度、介质类型、设备功率、材料成分、工件形状、材料原始组织等因素的影响加以修正，才能最终确定。

(3)加热速度

如前章所述，在确定加热速度时，不但要考虑技术条件可能达到的加热速度，还要考虑工件允许的加热速度。因此，应该在保证热处理质量的前提下，尽可能采用快速加热方法。对于一般工件的淬火加热多采用到温入炉或高温入炉快速加热。但对于某些大型或形状复杂的工件以及高合金钢工件，为防止过高的热应力引起变形开裂，则需要控制加热速度，一般采用规定升温速度或进行一次到两次预热的方法。

2. 淬火冷却方法

热处理工艺的进展已由奥氏体化后直接淬火发展到控制火后组织性能及减少变形的各种淬火工艺方法，并把淬火冷却过程和热加工工序直接结合，如铸造淬火、锻造淬火、形变淬火、在特定的压床及自动线上的加压直接淬火等。

各种淬火方法的选择应按工件的材料及对组织、性能、尺寸精度的要求而定。在保证技术条件要求的前提下，应当选择最简便而又经济的工艺方法。

各种淬火方法如图15-3所示，其工艺特点如下。

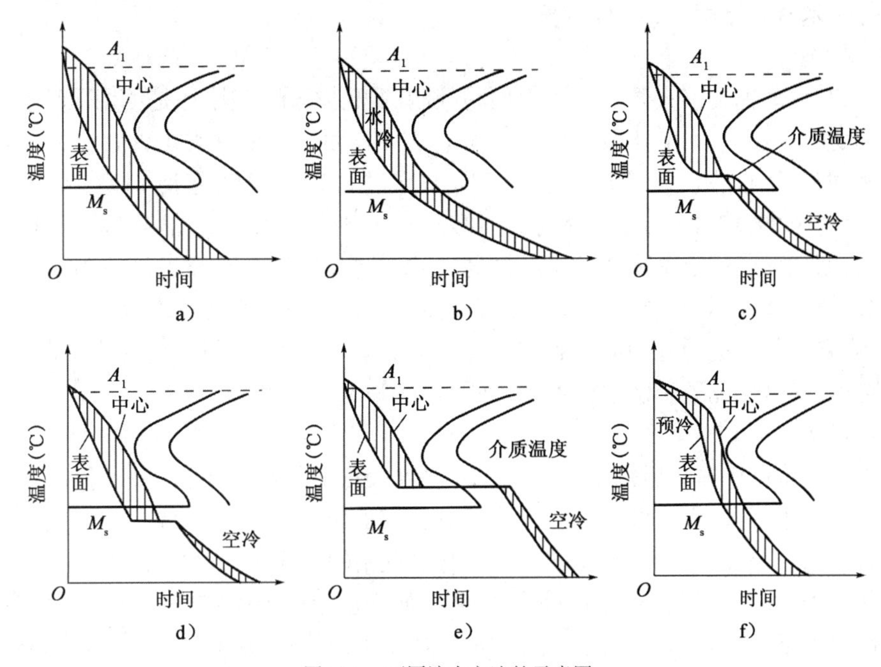

图15-3　不同淬火方法的示意图

a)单液淬火；b)双液淬火；c)分级淬火；d)马氏体等温淬火；e)贝氏体等温淬火；f)预冷淬火

1)单液淬火

单液淬火是将奥氏体化的工件直接淬入单一的淬火介质中。对一定成分和尺寸的工件来说，淬火工件的组织和性能与所采用的淬火介质的冷却能力有直接关系。目前各种新型淬火介质主要适用于单液直接淬火。由于该工艺过程简单、经济、适合大批量作业，故在淬火工艺中应用最广泛。

对于形状复杂、截面变化突然的某些工件，单液直接淬火时往往在截面突变的连接区因淬火应力集中而导致开裂。为防止这种缺陷，可采用预冷淬火，其方法是：自炉中取出工件后，先在空气中预冷一段时间，使各部分温差减小，降低热应力，然后再速冷淬火。预冷时间一般控制在能使危险截面空冷到650℃左右即可。

2)双重冷却淬火

由于单一淬火介质不能满足某些工件对淬火变形及组织性能的要求，所以采用先后在两种介质中进行冷却的方法。如空气-油、水-油、水-空气、鼓风-喷雾冷却等。

(1)双液淬火

对于某些淬透性较差的钢(如高碳钢)用盐水淬火易碎，用油淬不硬，而又未找到合适的水溶性淬火介质时，往往采用双液淬火法。此法多用于碳素工具钢及大截面的低合金工具钢工件，即在高温区用盐水快速冷却抑制过冷奥氏体的分解，在小于400℃转入油中缓慢冷却以减少淬火应力，有效地降低变形和开裂倾向。第二种冷却介质不一定局限于油，也可将水冷工件转入热浴中冷却。

双液淬火法的关键是控制工件的水冷时间。经验表明，碳钢工件厚度在5～30mm时，其水冷时间可按每 3 ~4mm 停留 1s 来计算。对形状复杂的零件按每 4 ~5mm 停留 1s,大截面低合金可按每毫米有效厚度 1.5 ~3s 计算。

(2)喷雾淬火

近年来,对大型轴类淬火开始采用简便易控制的喷雾冷却,其原理是利用压缩空气吹到与其成一定角度的水柱上,水雾化并与风混合喷向工件表面。大型轴类工件在竖井式炉中加热后放在淬火回转台上并使轴旋转,此时四周喷雾进行冷却。喷雾冷却时,水压在 2.5 ~588kPa,空气约为 392.3kPa 向工件喷射。喷雾冷却时各个水滴撞击加热表面,形成的蒸汽又能迅速排除,因此形成稳定蒸汽膜的温度提高,沸腾期强烈扩大,且喷射液流与工件表面接触的时间较短,使液体来不及过热,这些均显著提高了喷雾冷却的速度及均匀性。

显然,喷雾冷却方法的冷却能力和均匀度与水的雾化程度、水与空气的流量(压力)、工件与喷嘴的距离、喷雾器孔数、液流与冷却表面的角度等因素有关。

3)分级淬火

分级淬火是将奥氏体化后的工件首先淬入温度较低的盐浴中停留一段时间,使工件的表面与心部温差减小,再取出工件空冷进行马氏体相变的淬火方法。其特点首先是缩小了工件与冷却介质间的温差,因而明显减少了工件冷却过程中的热应力。其次是通过分级保温,使整个工件温度趋于均匀,在随后冷却过程中工件表面与心部马氏体转变的不同期性明显减少。再次由于恒温停留所引起的稳定化作用,增加了残余奥氏体量,从而减少了马氏体转变时所引起的体积膨胀。由于这些因素的影响,工件淬火时的变形和开裂倾向可显著减少。

分级淬火工艺控制的关键是正确选择淬火温度、分级温度和分级时间。

为了提高钢的淬透性,降低临界淬火冷却速度,其淬火加热温度可比普通淬火温度提高 10 ~20℃。分级温度的选择取决于所采用钢种的淬透性,要求的性能,以及工件的尺寸、形状、变形等要求。一般来说,淬透性较好的钢可选择比 M_s 点稍微高的分级温度($> M_s + 10 \sim 30$℃)。要求淬火后硬度较高、淬透层较深时工件应选择较低的分级温度。较大截面工件分级温度要取下限($< M_s + 80 \sim 100$℃)。形状复杂、变形要求较严的小型工件,应取分级温度的上限。

对于形状复杂、变形严格控制的高合金工模具钢,可以采用多次分级淬火。分级温度应选择在过冷奥氏体稳定性较大的温度区域,以防止在分级淬火中发生非马氏体转变。

4)等温淬火

等温淬火是将工件淬入低于 B_s 温度的等温盐浴中(一般在下贝氏体温度范围等温)较长时间保温使其获得下贝氏体组织,然后空冷。由于等温转变时下贝氏体转变的不完全性,空冷到室温后往往获得以下贝氏体为主兼有相当数量淬火马氏体与残余奥氏体的混合组织。等温淬火的显著特点是在保证有较高硬度的同时还保持有很高的韧性,同时淬火后变形显著减少。这是因为不仅在等温时显著减少热应力及组织应力,同时奥氏体的比容变化小,在淬火后保留的残余奥氏体量较多。

当然,等温淬火还包括马氏体等温淬火,将工件置于温度稍低于 M_s 点的淬火介质中保持,发生部分马氏体转变,取出空冷。这种等温淬火相当于低于 M_s 点的分级淬火,其特点是冷却速度大、过冷奥氏体不易分解;形成的马氏体在等温过程中转变为回火马氏体,使组织应力下降;等温过程各部分温度趋于一致,空冷冷速较慢,继续形成马氏体量少,组织应力小,变形开裂倾向小。

影响等温淬火工艺的因素是淬火加热温度、工件在淬火介质(等温盐浴)的冷却速度、等温温度、等温停留时间及等温后的冷却。

等温淬火的加热温度与普通淬火相同,仅对于淬透性较差的碳钢及低合金钢可适当提高淬火加热温度以提高钢的淬透性,如碳钢应比普通淬火的温度高30~80℃。

等温淬火时工件的冷却速度取决于等温盐浴的温度、等温盐浴的冷却能力以及工件的尺寸。一般来说,对于尺寸比较大的工件,等温温度应取下限或采用分级—等温冷却,即先将工件淬入较低温度的分级盐浴中停留较短时间,以躲过珠光体转变最短孕育期的范围(C曲线中鼻尖区域),然后再放入较高温度的等温盐浴中。表15-4列出了一些材料在等温淬火时的最大淬透尺寸及硬度。

材料在等温淬火时的最大淬透尺寸及硬度　　表15-4

钢　　号	最大直径或厚度(mm)	最高硬度(HRC)	钢　　号	最大直径或厚度(mm)	最高硬度(HRC)
T10	4	53~56	65Mn2	16	53~56
T10Mn	5	53~56	70MnMo	16	53~56
65	5	53~56	5CrMnMo	13	52
65Mn	8	53~56	5CrNiMo	25	54

等温温度主要由钢的C曲线及工件要求的组织性能而定。等温温度越低,则下贝氏体量越多,硬度越高,尺寸变化也相应增加。因此,调整等温温度可以改变等温淬火钢的机械性能及变形规律,一般认为在$M_s \sim M_s+30$℃等温可以获得满意的强度和韧性。

等温时间应包括工件由淬火温度冷却到等温盐浴中所需的时间、工件在等温温度下的均温时间和贝氏体转变的时间。根据C曲线,不同钢种的贝氏体转变孕育期长短不一。因此,等温停留时间需要通过中间试验来确定最合适的时间。

等温后一般在空气中冷却以减少附加的淬火应力,当工件尺寸较大、要求淬硬层较深时可采用油淬或喷雾冷却。

5)冷处理

所谓冷处理,是将淬火至室温的工件继续冷却到零度以下的处理方法。

淬火时工件通常冷却到室温。但是许多淬火钢的马氏体转变终止点M_f低于室温,故淬火组织中还保留一定数量的残余奥氏体。为使残余奥氏体继续转变为淬火马氏体,则要求将淬火工件继续深冷到零下温度进行"冷处理"。因此,冷处理实际上是淬火过程的继续。淬火处理和冷处理的工艺曲线示意图如图15-4所示。

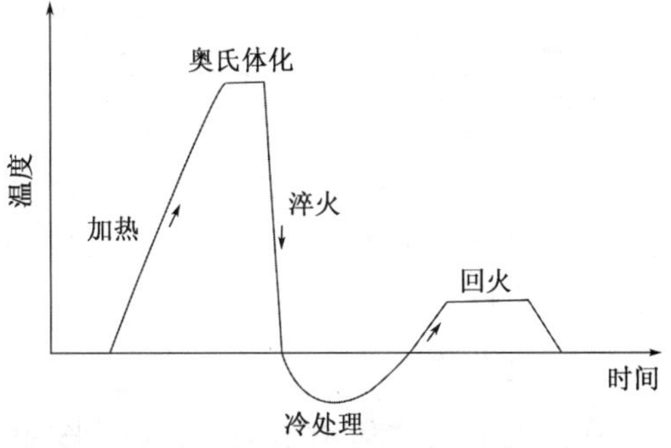

图15-4　冷处理和热处理的工艺曲线示意图

关于残余奥氏体在淬火钢中的利弊,已有较深入的研究和广泛的评述,文献概括残余奥氏体的优点有减震、防腐、进行加压冰冷处理可以矫正淬火变形等。其缺点是降低淬火硬度、产生时效变形、会自行开裂、形成磨削裂纹、非磁性。因此,只有对某些要求尺寸稳定性很高的精密零件才进行冷处理。

冷处理的效果主要取决于钢的马氏体点 M_s。马氏体点越低,淬火后残余奥氏体越多,冷处理的效果越显著。所以冷处理主要用于含碳量大于0.6%的碳钢、渗碳钢零件以及工具钢、轴承钢、高合金钢。表15-5是部分钢材冷处理后的效果。

不同钢种冷处理后的效果 表15-5

钢号	马氏体点(℃)		残余奥氏体含量(%)		冷处理后硬度增加(ΔHRC)
	M_s	M_f	冷处理前	冷处理后	
T7	300~250	-50	3~5	1	0.5
T8	250~225	-55	4~8	1~6	1.0
T9	225~210	-55	5~12	3~10	1.5~2.5
T10	210~175	-60	6~18	4~12	1.5~3.0
T12	185~160	-70	10~20	5~14	3.0~4.0
9CrSi	210~175	-60	6~13	4~17	1.5~2.5
GCr15	180~145	-90	9~28	4~14	3.0~6.0
CrWMn	155~120	-110	13~43	2~17	5~10

此外,在室温停留时间越长,奥氏体稳定化程度越高,冷处理效果也越差。为此,一般规定淬火处理与冷处理之间停留时间不得超过半小时。

冷处理温度原则上由钢的 M_f 点确定,一般工模具钢的 M_f 点在-60℃左右,故冷处理温度可选在-80~-60℃。对于某些高合金渗碳钢,则应采用更低的温度-180~-120℃。为使工件冷透,需要一定停留时间,一般为0.5~1h。

冷处理是在专有制冷设备中进行的,其中装有制冷剂。冷处理常用的制冷剂及其工作温度见表15-6。

冷处理常用的制冷剂 表15-6

制冷剂	到达温度(℃)	制冷剂	到达温度(℃)
25% NaCl+75%冰	-21.3	干冰(固体 CO_2)+酒精	-78
20% NH_4Cl+80%冰	-15.4	液氨	-33
氟利昂-12	-29	液氧	-133
液化丙烷(C_3H_8)	-42	液氮	-195.8
液化乙烷(C_2H_6)	-88.5	液氢	-252.8

冷处理后必须进行回火或时效处理(保温4~10h),以获得稳定的回火马氏体组织,并使残余奥氏体进一步转变和稳定化,同时使淬火应力达到稳定状态,以免使用中在内应力作用下产生微小变形,影响尺寸精度。

3. 淬火介质

在淬火工艺中为达到淬火目的所采用的冷却介质称为淬火介质。

淬火介质可以是固体(借热传导作用冷却)、液体或气体。工件淬火冷却时所采用的冷却介质及冷却方式对热处理后的工件质量起着重要作用。

把加热到奥氏体状态的工件淬入淬火介质中，为了获得马氏体组织，要求工件的冷却速度超过临界冷却速度。从碳钢的C曲线可知，其鼻部温度大约在500～600℃。工件温度冷却至上述温度以下时便不再需要快冷。因为这时过冷奥氏体的孕育期又增长，而在马氏体转变区正需要缓慢的冷却速度。因此从淬火冷却过程对淬火介质的要求来看，理想的淬火介质的冷却特性曲线如图15-5中所示，即在稍低于A_1点的温度，由于过冷奥氏体的分解速度很小，为减少工件因内外温差而引起的热应力，工件可以缓冷。在过冷奥氏体分解最快的温度范围内（相当于C曲线鼻尖处）应具有较强的冷却能力，而在接近马氏体点时应具有缓和的冷却能力，才能减少组织应力，降低淬火变形和开裂倾向。这种理想冷却曲线是选择淬火介质的理论依据，生产中所采用的各类冷却方法和不同的冷却介质均力图接近于理想冷却曲线的冷却效果。

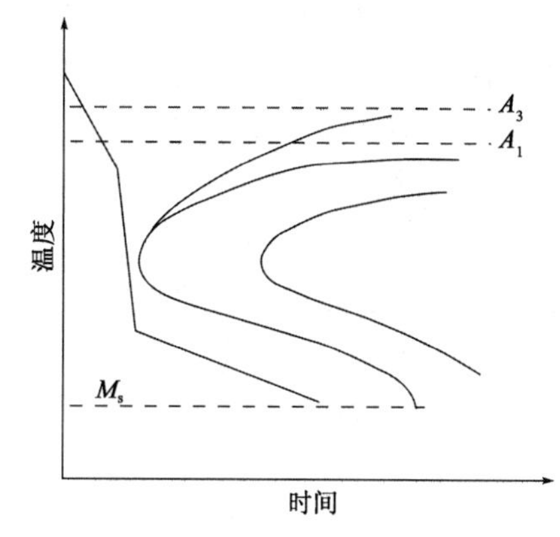

图15-5　钢的理想淬火冷却曲线

1）淬火介质的分类和要求

对淬火介质的一般要求是：优质、价廉、可靠、安全、适用的钢种范围宽，变形开裂倾向小、在使用过程中不变质、不腐蚀工件、不粘工件、易清洗、不易燃、不易爆、无公害，来源充分，便于推广。

淬火介质的品种很多，根据其冷却特性，可分为两大类：

第一类属于淬火时发生物态变化的淬火介质，包括水质淬火剂、油质淬火剂和水溶液等。淬火介质的沸点大都低于工件的淬火温度。所以，赤热工件淬入其中，介质便会汽化沸腾使工件表面强烈散热。此外，在工件与介质的界面上，还可以以辐射、传导、对流等方式进行热交换。

第二类属于淬火时不发生物态变化的淬火介质，包括各种熔盐、溶碱、熔融金属等。淬火介质的沸点都高于工件的淬火温度，所以当赤热工件淬入其中时介质不会汽化沸腾，只在工件与介质的界面上，以辐射、传导和对流的方式进行热交换。

2）有物态变化的淬火介质

（1）冷却特性

淬火介质的冷却特性是指试样温度与冷却时间或试样温度与冷却速度之间的关系。

（2）冷却机理

有物态变化的淬火介质的冷却过程大致可分为三个阶段：

①蒸汽膜阶段

当工件刚进入介质的一瞬间，周围介质立即被加热而汽化，在工件表面形成一层蒸汽膜，将工件与淬火介质隔绝。蒸汽膜的导热性很差，工件冷却速度较慢，工件的热量是通过辐射使周围淬火介质汽化而散失的。

开始冷却时，周围的介质从工件所吸收的辐射热大于它所散失的热量，蒸汽膜厚度不断增加。随着工件温度的降低，介质从工件所吸收的辐射热逐渐小于它所散失的热量，蒸汽膜便愈来愈薄,直至蒸汽膜层不能维持而破裂。蒸汽膜开始破裂的温度称该介质的特性温度。冷却到该温度以下,便进入第二阶段。

②沸腾阶段

蒸汽膜破裂后,淬火介质直接与工件表面接触。不断汽化,形成大量气泡逸出,原气泡占据位置不断被冷的介质所补充,而使得介质产生强烈沸腾。由于淬火介质不断吸收工件表面热量而汽化沸腾,将工件的热量带走,所以这阶段的冷却速度较快。这阶段的冷却速度取决于介质的汽化热,汽化热越大,冷却速度也就越快。当工件的温度降至介质的沸点时,沸腾即告停止,进入第三阶段。

③对流阶段

当工件表面温度已降至淬火介质的沸点以下时,工件的冷却主要靠介质的传导与对流。这阶段的冷却速度最慢,液体介质的比热、热导率和黏度对这阶段的冷却速度起主要作用。

(3)常见淬火介质的冷却特性

①水

水是最常用而且又经济的淬火介质。水的化学性质稳定性很高,热容量较大,在室温时为钢的八倍。水的沸点较低,其汽化热随温度升高而降低,如100℃时汽化热是2 257kJ/kg,140℃时为2 144kJ/kg,到374℃时水的汽化热趋近于零。高中温的纯水的冷却能力并不强,在低温区冷却速度很高,该温度正是大多数钢的马氏体相变范围,因此纯水的冷却特性恰恰与所要求的理想淬火介质相反。

水作为淬火介质的主要特点是:a.冷却能力对水温的变化很敏感,水温升高,冷却能力将急剧下降,并且对应于最大冷却速度的温度移向低温,故使用温度一般为20~40℃,最高不能超过60℃;b.在马氏体转变温度区的冷却速度太大,易使工件严重变形甚至开裂;c.不溶或微溶杂质(如油、肥皂等)会显著降低其冷却能力,因为这些外来质点能作为形成蒸汽的核心,加速蒸汽膜的形成并增加膜稳定性,所以当水中混入这些杂质时,工件淬火后易产生软点。

②盐水与碱水

为了提高水的冷却能力,可以在水中添加一定量的盐或碱(5%~10%)。目前比较普遍采用的是食盐水溶液,其优点是蒸汽膜因加入盐而提早破裂。盐水在高温(550~650℃)区间的冷却能力约为水的十倍,从而使钢淬火后的硬度较高且均匀。同时,盐水冷却能力受温度的影响也较纯水小,因此目前生产中广泛用盐水作为碳钢的淬火介质。盐水的使用温度一般为60℃以下。盐水的缺点是低温(200~300℃)区间冷速仍很大。

碱水作为淬火介质,常用的是5%~15%苛性钠(NaOH)水溶液。它在高温区间的冷却能力与水相近。此外,它能与已氧化的工件表面作用而析出氢气,使氧化皮易于脱落,淬火后工件成银灰色,表面较洁净而不需清理。

由于苛性钠对工件及设备的腐蚀较严重,淬火时有刺激性气体产生,溅于皮肤有腐蚀性及其易老化变质,故不如盐水应用广泛。

③油

最早用作淬火介质的是植物油和动物油,这类油价格较高,又是重要的生活物资,故后来逐渐改为矿物油(如机油、变压器油、柴油等)。矿物油价格较便宜,冷却性能不亚于植物油和动物油,工作时的稳定性也较好。用油作为淬火介质的主要优点是:油的沸点一般比水高

150～300℃，其对流阶段的开始温度比水高很多，即一般在钢的 M_s 点附近已进入对流阶段，故低温区间的冷速远小于水，有利于减少工件的变形与开裂。其缺点是高温区间的冷却能力较小，仅为水的1/5～1/6，只能用于合金钢或小尺寸碳钢工件的淬火。此外，油经过长期使用还会发生老化，故需定期过滤或更新换油。

温度对油冷却能力的影响比水小得多。一般来说，提高油温，可使其黏度降低，而冷却能力将相应提高。生产中油温一般控制在20～80℃，最高不超过100～120℃，即油的工作温度保持在闪点以下100℃左右，以免着火。一般淬火用油为20号、30号机油，号数越高，则黏度越大，冷却能力越低。某些油的闪点如下：10号机油为165℃，20号机油为170℃，30号机油为180℃，40号机油为190℃。闪点高的油，可用于等温淬火和分级淬火。

提高油温是改善油的冷却能力的有效方法。此外，还可采用强力搅拌以及加入添加剂等方法来提高油的冷却能力。搅拌能使高温阶段蒸汽膜早期破裂，从而提高冷速，同时在低温对流期也加速热量的传递，因此显著提高了淬火能力。在油中加一些添加剂（如磺酸钠、磺酸钡、环烷酸钙等），这些添加剂在淬火冷却时粘在工件表面，改变了稳定蒸汽膜破裂的“特性温度”，提高了高温区的冷却能力，这种油称为快速淬火油。

随着可控气氛热处理的应用，要求热处理后的工件能获得光亮的表面，需采用光亮淬火油。目前大多在矿物油中加入油溶性高分子添加剂来获得不同冷却能力的光亮淬火油，即高、中、低速光亮淬火油，以满足不同的需要。加入的光亮剂中以咪唑啉油酸盐、双脂、聚异丁烯丁二酰亚胺等的效果较好，含量1%为佳。

在淬火油当中发展的另一系列是真空淬火油。这种油具有低的饱和蒸汽压、不易蒸发、不易污染炉膛并很少影响真空炉的真空度、较好的冷却性能、热稳定性好，从而使淬火后表面光亮洁净。

3）无物态变化的淬火介质

这类介质主要指熔盐、溶碱及熔融金属，多用于分级淬火及等温淬火。其传热方式是依靠周围介质的传导和对流将工件的热量带走。因此，介质的冷却能力除取决于介质本身的物理性质（如比热、导热性、流动性等）外，还和工件与介质间的温度差有关。当工件处于转变温度时，这种介质的冷速很高，而当工件接近于介质温度时冷速则迅速降低。硝盐中的含水量对其冷却能力影响很大，含水量增加，易使工件周围的硝盐沸腾而提高其冷却能力。对于高合金钢工件，由于其导热性较低，不宜冷得太快，应尽量减少盐中的水分，为此可加热到260～280℃，保温6～8h，以消除水分的不良影响。

除硝盐外，碱浴也用得较多，盐浴的冷却速度要比硝盐浴大些。表15-7为常用介质的成分及适用范围。

常用分级、等温淬火介质　　　　表15-7

成　　分	熔　点　（℃）	使用温度范围（℃）
20% NaCl + 30% KCl + 50% $BaCl_2$	560	580～800
75% $CaCl_2$ + 25% NaCl	500	540～800
7% $CaCl_2$ + 14% NaCl + 29% KCl + 50% $BaCl_2$	470	500～800
100% $NaNO_3$	308	350～500

续上表

成　分	熔　点（℃）	使用温度范围(℃)
100% $NaNO_2$	271	300 ~ 500
50% KNO_3 + 50% $NaNO_2$	221	250 ~ 500
50% KNO_3 + 50% $NaNO_3$	220	240 ~ 520
40% $NaNO_3$ + 30% KNO_3 + 30% $Ba(NO_3)_2$	160	180 ~ 400
53% KNO_3 + 7% $NaNO_3$ + 40% $NaNO_2$	140	150 ~ 400
63% Sn + 37% Pb	183	190 ~ 350
15% Sn + 85% Pb	280	300 ~ 500

4. 其他新型淬火介质

水作为淬火介质的主要缺点是低温区的冷却速度过大,易引起工件变形与开裂;而油的缺点则是在高温区间的冷却能力太小,使过冷奥氏体易于分解。两者都不够理想。为此,国内外热处理工作者都在致力于寻找新型的淬火介质,使其兼有水和油的优点,并且可调节其浓度以达到控制冷却速度的目的。现就几种新型淬火介质简介如下:

(1)过饱和硝盐水溶液

工厂俗称"3 号淬火剂",其配方为 25% $NaNO_3$、20% NaNO、20% KNO_3 以及 35% H_2O。该介质在 650 ~ 550℃范围内的平均冷却速度为 375℃/s,而在低温区 300 ~ 200℃其平均冷却速度为 77℃/s。

(2)水玻璃淬火剂

是用水稀释成不同浓度的水玻璃溶液,并在其中加入一种或多种碱类(如 NaOH、KOH 或 $NaCO_3$)或盐类(如 NaCl、KCl),经调节成分可使之具有不同的冷却速度。其冷却能力介于水与油之间,性能稳定,冷却速度可调,能作为淬火油的代用品,其缺点是对工件表面有腐蚀作用。

(3)氯化锌-碱水溶液

这种淬火剂的配比为 49% $ZnCl_2$ + 49% NaOH + 2% 肥皂粉,再加 300 倍水稀释。使用时搅拌均匀,使用温度范围为 20 ~ 60℃。其特点是:高温区冷却比水快,低温区冷却速度比水慢,淬火后变形小,表面较光亮,适用于中小型复杂的中、高碳钢制工模具的淬火。

(4)合成淬火剂

主要成分是 0.1% ~ 0.4% 聚乙烯醇水溶液,附加少量的防腐剂(苯甲酸钠)、防锈剂及消泡剂制成。其工作温度为 25 ~ 45℃。这种淬火剂的特点是:高温区冷速与水相近,低温区冷却速度比水要慢,淬火时在工件表面形成凝胶状薄膜,使沸腾与对流期延长,该膜在以后冷却中会自行溶解。提高合成淬火剂的浓度可使其冷却能力下降。这种淬火剂的冷却速度可调、无毒、无臭、不燃,具有一定的防腐、防锈能力。目前广泛用于碳素工具钢、合金结构钢、轴承钢等多种材料的淬火,但以中碳钢应用的效果最好。

三、钢的淬透性

1. 淬透性的概念

钢的淬透性是钢在淬火时能够获得马氏体组织的能力,它是钢材本身固有的一个属性,其取决于钢的临界冷却速度 V_c 的大小。冷却速度越小,越容易被淬透,反之则不容易被淬透。

实际淬火中往往出现两种情况:一种是工件从表面到中心都获得马氏体组织,具有同样的高硬度,称之为“淬透”;另一种是工件的表层获得马氏体组织,具有高硬度,但心部却是非马氏体组织,硬度偏低,称之为“未淬透”。这是因为淬火冷却时,工件截面上某处冷却速度低于淬火临界冷却速度所致,如图 15-6 所示。

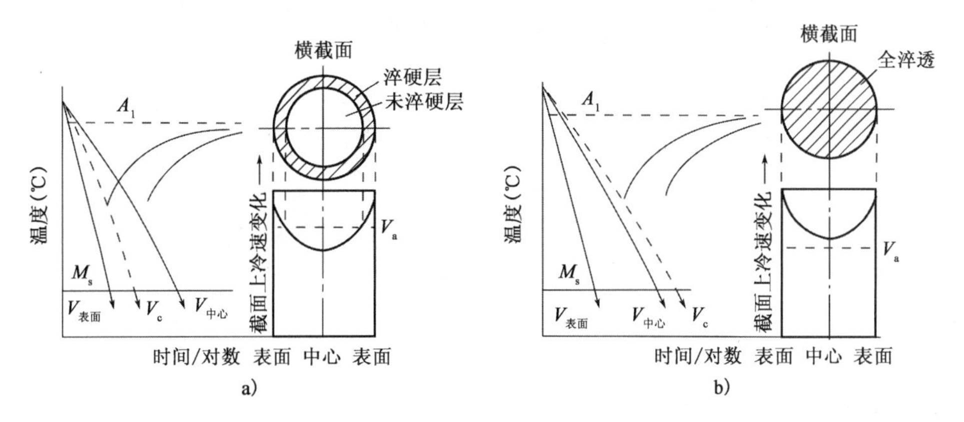

图 15-6　试样截面的冷速及其产生后果

a)未淬透;b)淬透

理论上讲,淬硬层应具有全马氏体组织或包含少量残余奥氏体的马氏体组织层的深度,但实际上用测硬度的办法来确定这一深度比较困难。因为当钢中某一部分淬火后,通常在硬度值上无明显变化;而只有当钢中马氏体组织含量达到 50% 时,硬度才会发生剧烈变化,而且在金相组织上有明显的特征,在断口上也呈现出韧性断裂到脆性断裂的转变。鉴于这些原因,便人为地把淬硬层深度规定为从表面至半马氏体组织区的距离,如图 15-7 所示。

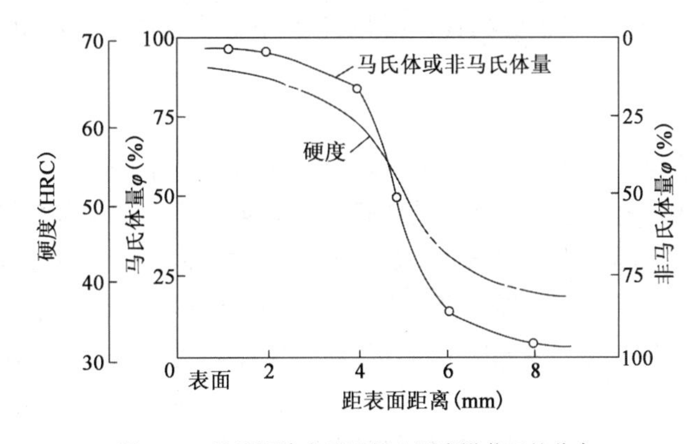

图 15-7　共析钢淬火后组织和硬度沿截面的分布

应当指出,钢的淬透性与工件的淬透深度(淬硬层深度)之间有很密切关系,但两者不能混淆。钢的淬透性是钢材本身所固有的属性,其不取决于其他外部因素。而工件的淬硬层深度除取决于钢材的淬透性之外,还与淬火介质、工件尺寸等外部因素有关。

淬火钢的硬度由马氏体的含碳量及淬火组织(马氏体或贝氏体)的数量来决定。淬硬性是指钢在正常淬火条件下所能够达到的最高硬度。淬硬性主要与钢中的含碳量有关,确切地说,它取决于淬火加热时固溶于奥氏体中的碳含量。图 15-8 为淬火钢的硬度与含碳量间的关系。

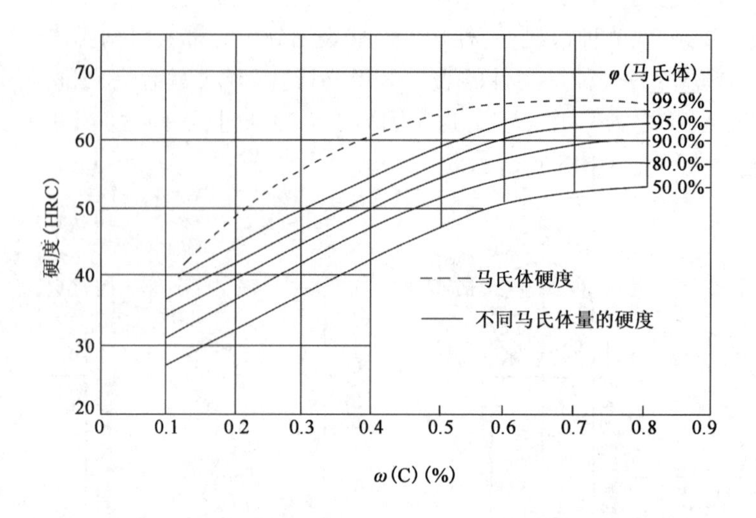

图 15-8　淬火钢的硬度与碳含量间的关系

2. 淬透性的测定及表示方法

淬透性的测定方法甚多,下面介绍目前常用的几种方法:

(1)断口检验法

根据《碳素工具钢淬透性试验法》(GB 227—63)的规定,在退火钢棒截面中部截取 2 ~ 3 个试样,方形试样的截面尺寸为 20mm × 20mm(± 0. 2mm),圆形截面为 ϕ22 ~ ϕ23mm,长度为 100 ± 5mm,试样中间一侧开一个深度为 3 ~ 5mm 的 V 形槽,以便于淬火后打断观察断口。试样分别在 760℃、800℃、840℃下加热 15 ~ 20min,然后淬入 10 ~ 30℃水中。通过观察断口上淬硬表层(脆断区)的深度 h,对照相应的评级标准图来评定淬透性等级(GB 227—63 规定分为 0 ~ 5级)。

(2)临界直径法

将某种钢做成各种不同直径的一组圆柱体试样,按规定的条件淬火以后,找出其中截面中心的组织恰好是含 50% 马氏体组织的一根试样,该试样的直径被称为临界直径,用 D_0表示。这个临界直径的数值随淬火介质的冷却能力而变。为了排除冷却条件的影响,引入了理想临界直径的概念,用 D_i表示。理想临界直径就是假定淬火介质的冷却强度值 H 为无穷大,试样淬火时其表面温度立即冷却到淬火介质的温度,此时所能淬透(形成 50% 马氏体)的最大直径称为理想临界直径。大于 D_i时不能完全淬透。显然 D_i的数值与试样的尺寸及冷却介质均无关系,而仅仅取决于钢的成分。因此,它是反映钢淬透性的基本判据。在实际工程应用时以该数值作为基本换算量,从而使各种淬透性测定方法之间以及不同淬火介质中淬火后的临界直径之间建立起一定的关系。图 15-9 为理想临界直径 D_i与在一定淬火介质中淬火时的临界直径 D_0之间的换算图。例如某种钢已知理想临界直径 D_i为 45mm,如换算成油淬(H = 0. 4)时的临界直径,由图可找出 D_0 = 16mm。

掌握临界直径的数据有助于判断工件热处理后的淬透程度,并制订出合理的热处理工艺,因此对生产实践具有重要意义。表 15-8 为常见钢材的临界直径。

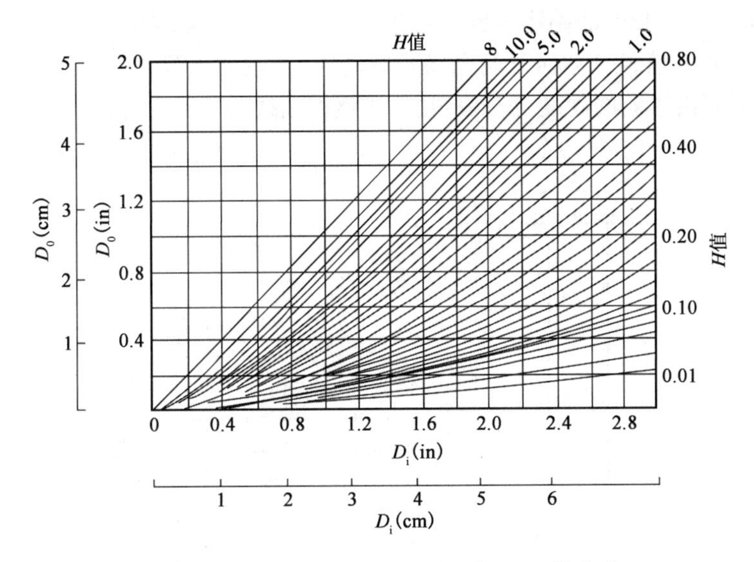

图 15-9　临界直径(D_0)与理想临界直径(D_i)的关系

常见钢材的临界直径　　表 15-8

钢　　号	马氏体硬度(HRC)	20～40℃水 D_0(mm)	40～80℃矿油 D_0(mm)
35	38	8～13	4～8
45	42	13～16.5	5～9.5
60	47	11～17	9～12
T10	55	10～15	<8
65Mn	53	25～30	17～25
20Cr	38	12～19	6～12
40Cr	44	30～38	19～28
35CrMo	43	39～42	20～28
$60Si_2Mn$	52	55～62	32～46
50CrVA	48	55～62	32～40
38CrMoAlA	44	100	80
18CrMnTi	37	22～35	15～24
30CrMnSi	41	40～50	32～40

(3)末端淬火试验法

末端淬火试验法(简称端淬法)是目前在世界上应用最广泛的淬透性试验方法。其主要特点为方法简便、适用范围广,可用于测定优质碳素钢、合金结构钢、弹簧钢、轴承钢及合金工具钢等的淬透性。端淬试验所用的试样为 ϕ25mm×100mm 圆柱形试棒(图 15-10),加热到 A_{c3}+30℃,停留 30～40min,然后在 5s 以内迅速放在端淬试验台上喷水冷却。喷水管口距试样顶端为 12.5mm,喷水柱自有高度为 65mm,水温为 10～30℃,待喷水到试样全部透冷时,将试样沿轴向方向在相对180°的两边各磨去0.2～0.4mm深度，获得两个相互平行的平面，然后从距顶端1.5mm处沿轴线自上而下测定洛式硬度值，当硬度下降缓慢时可以每隔3mm测一次硬度值，最终得到沿轴向的硬度分布曲线，即淬透性曲线。

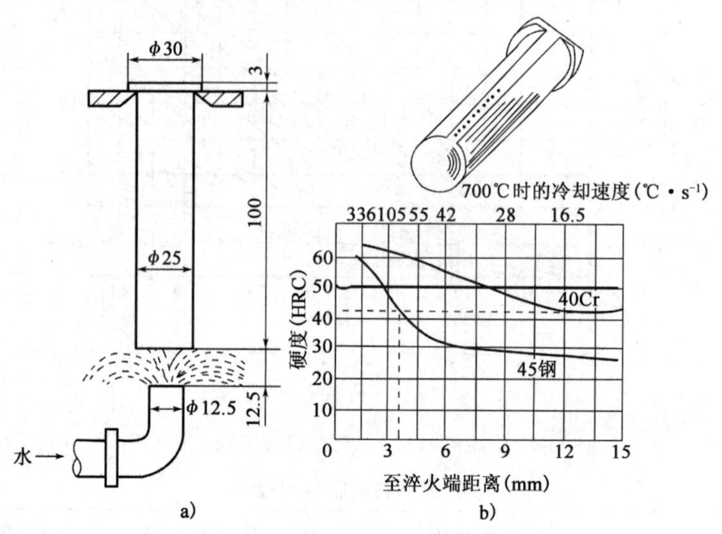

图15-10　末端淬火法示意图(尺寸单位:mm)

a)淬火装置;b)淬透性曲线

由于钢中成分的波动，每一种钢的端淬曲线上都有一个硬度波动范围，称为淬透性带，如图15-11所示。

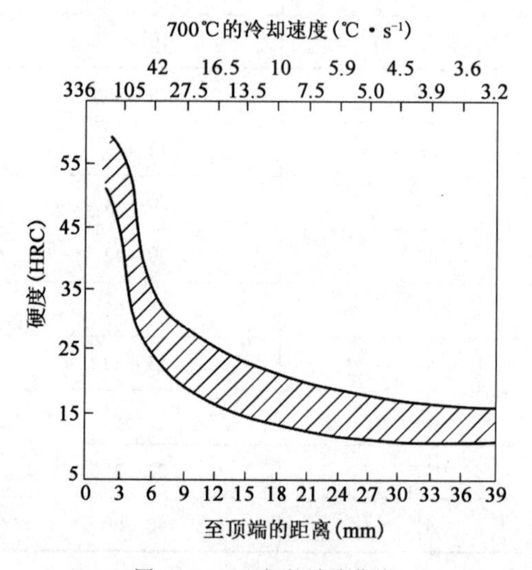

图15-11　45钢的端淬曲线

根据钢的淬透性曲线，通常用$J\frac{HRC}{d}$表示钢的淬透性。例如，$J\frac{40}{6}$表示在淬透性带上距末端6mm处的硬度为40HRC。显然$J\frac{40}{6}$比$J\frac{35}{6}$淬透性好。可见，根据钢的淬透性曲线，可以方便地比较钢的淬透性高低。

如果测出不同直径钢棒在不同淬火介质中的冷却速度,获得钢棒从表面至心部各点的冷却速度对应于端淬试样距水冷端距离的关系曲线,就可根据一定直径的钢棒不同半径处的淬火冷却速度,结合淬透性曲线来选用钢材及淬火介质。

3.影响淬透性的因素

钢的淬透性实质上取决于钢材的临界冷却速度,而淬火临界冷却速度又取决于奥氏体的稳定性。因此,凡是影响奥氏体稳定性的因素都影响钢的淬透性,如奥氏体成分、奥氏体化温度、奥氏体晶粒尺寸及原始组织等。

在奥氏体成分中,碳的影响是主要的,随着奥氏体中含碳量的增加,将显著地降低临界冷却速度,提高钢的淬透性。但继续增加含碳量(大于1.2%C),临界冷却速度反而升高,这主要是由于大量未溶碳化物在冷却时成为新相晶核,而加速珠光体转变的缘故。其次是合金元素的影响,绝大部分合金元素(除Co外)均降低临界冷却速度,从而使淬透性提高。

值得指出的是:钢中加入微量硼(0.001%~0.003%),能大大提高钢的淬透性,这是因为硼是表面活性元素,存在于奥氏体晶界上,降低了奥氏体晶界的表面能,增加过冷奥氏体的稳定性,导致C曲线右移,使淬火临界冷却速度降低。

奥氏体实际晶粒大小对淬透性也有明显影响。晶粒越粗,淬火临界冷却速度越小,淬透性越高。但晶粒过粗,将会使钢的韧性降低并增大淬火时的变形开裂倾向。

钢的原始组织中碳化物的类型及分布情况均会影响到奥氏体化的速度和程度,其中以粗片状碳化物溶入奥氏体的速度最快,粒状碳化物次之,粗粒状碳化物最难溶解。因此,为了提高奥氏体化程度,增加钢的淬透性,要求原始组织中的碳化物应细小且弥散分布。

第三节 钢的回火

一、回火的目的和分类

回火是将淬火后的钢加热到低于 A_{c1} 临界温度,保温一段时间后再冷却到室温的工艺方法。

凡经淬火的工件,绝大部分都要进行回火处理,其主要原因是:钢淬火后强度与硬度虽有很大提高,但塑性与韧性却明显下降,而实际使用的工件则往往要求具有强度与塑性的恰当配合。淬火组织中的马氏体和残余奥氏体均处于不稳定状态,有自发地向稳定状态转变的趋势,因而将引起工件尺寸和性能的改变。淬火工件中存在很大的内应力,如不及时消除,会引起工件的变形,甚至开裂。因此,回火工艺就成为淬火后必不可少的后续工作。可以认为,回火的主要目的就是:稳定组织、消除应力、调整性能。

通常按回火温度不同,可将回火分为低温回火、中温回火和高温回火三类。

1.低温回火(<250℃)

对要求有高的强度、硬度、耐磨性及一定韧性的淬火零件,通常在淬火后于150~250℃之间进行低温回火。回火后的组织为回火马氏体,其保持了高的硬度和耐磨性,减少了淬火应力，降低了钢的脆性。主要适用于中、高碳钢制造的各类工模具、轴承、渗碳件、高频淬火件等。

高碳工模具钢常在180～200℃低温回火。某些要求尺寸稳定性很高的工件有时在200～250℃进行长达8～10h的回火代替冷处理工序。

低碳钢制造简单形状的工件，经淬火后可以获得具有较高塑性、韧性及较高强度的低碳马氏体组织。低碳合金结构钢经淬火并低温回火后可以代替中碳钢制造某些标准件及结构零件。

精密量具、轴承、丝杆等工件为了减少在最后冷加工工序中形成的附加应力，增加尺寸稳定性，可在最后增加一次在100～150℃的时效处理。

2. 中温回火(350～500℃)

随回火温度的变化，在200～405℃间钢的弹性极限出现极大值。在工程中采用350～500℃范围内的中温回火主要是利用这一特性，使钢获得最大的弹性极限。因此中温回火主要用于含碳量在0.6%～0.9%的碳素弹簧钢及含碳量在0.45%～0.75%的合金弹簧钢。

中温回火后得到回火屈氏体组织，并使淬火钢中的内应力大大降低，使钢件在显著提高弹性极限的同时又具有足够的强度、塑性、韧性。为避免发生第一类回火脆性，一般中温回火温度不宜低于350℃。

对某些中碳结构钢的“多冲抗力”规律的研究表明，有些结构零件淬火后采用中温回火代替传统的调制工艺，扩大了中温回火的应用范围。

3. 高温回火(>500℃)

淬火钢经高温回火后可以获得由铁素体和弥散分布于其中的细粒状渗碳体组成的回火索氏体组织。与渗碳体呈片状的珠光体相比较，在强度相等时，回火索氏体的塑性和韧性有很大提高，具有良好的综合机械性能。淬火加高温回火处理称为调质处理，主要用于中碳钢制造的各种轴类、连杆、螺栓等零件。

高碳高合金钢(如高速钢、高铬钢)的回火温度一般高达500～600℃，在此温度范围内回火将发生二次硬化作用。为促使残余奥氏体的转变并消除回火过程中奥氏体向马氏体转变时所产生的内应力，往往还需要多次回火。

高合金渗碳钢，如18Cr2Ni4WA、20Cr2Ni4A等，渗碳后为了使马氏体及残余奥氏体分解，并使渗碳体层中碳化物部分析出、聚集、球化，以降低硬度，便于切削加工，并减少在随后淬火时的残余奥氏体量，往往在渗碳后也进行600～680℃的高温回火。因此，广义的回火概念应当是指将淬火后的合金过饱和固溶体加热到低于相变临界点温度，保温一段时间然后再冷却到室温的工艺方法。回火转变是典型的扩散型相变。

回火基本上是热处理的最后一道工序，而且对钢的最终性能有重大影响。从这个意义上讲，可以说回火工艺基本上决定了工件的使用性能和寿命。

二、回火工艺规范的制定

1. 回火温度的确定

钢回火后的性能主要取决于回火温度。确定回火温度的方法一般为：

①根据各种钢的回火温度-硬度关系曲线或图表来确定，是从长期生产经验中总结出

来的。

②采用各种经验公式来确定，例如对碳素结构钢可参考式(15-1)。

$$回火温度(℃)=200+11\times(60-回火后要求的HRC值) \tag{15-1}$$

该经验公式适用于要求HRC≥30的45钢，如果要求HRC<30，则将系数11改为12来估算。对其他成分的碳钢而言，含碳量每增加或减少0.05%，回火温度则相应地提高或降低10~15℃(为获得相同硬度)。

影响回火温度与回火后硬度关系的因素很多，通常考虑以下几个方面：

(1)钢的化学成分

当含碳量接近允许范围的上限时，回火温度偏高些(含有提高回火稳定性的合金元素亦应同样考虑)。

(2)采用的淬火介质

对同一钢号，采用不同的淬火介质时，回火温度也有差别，例如一般水淬应比油淬的回火温度适当高一些，才能达到相同的回火硬度。

(3)工件淬火后的硬度

凡淬火后硬度低于规定值的下限者，需相应地降低回火温度；反之，当高于规定上限时，则应适当提高回火温度。

因此，上述经验公式只能作为规定具体工艺参数的参考，在生产实践中应根据具体情况加以修正。

2. 回火时间的确定

钢在回火时，除回火温度外，回火时间也是一个重要因素。随回火时间的延长，工件硬度将下降，尤其在回火温度较高时，该现象更为明显。

确定回火时间的基本原则是保证工件透热以及组织转变能够充分进行。实际上，钢的组织转变所需时间并不长，不大于0.5h，而透热时间则随温度、工件的有效尺寸、装炉量以及加热方式等的不同而波动较大，一般为1~3h。据此，在一般情况下，如工件有效尺寸或装炉量较大，回火时间要长些。空气炉中回火时间要比油炉或浴炉中长些。空气强制对流比静止空气介质中回火时间要长些等。

确定钢的回火时间还应考虑消除应力的需要。应力的消除主要决定于回火温度(在一定温度下过多延长时间并无明显效果)。例如碳钢淬火后在150℃回火2.5h可消除应力约60%；在300℃回火1.5h可消除应力85%~90%；而在500~600℃回火1h就能消除90%以上的内应力。从消除内应力角度考虑，在回火温度低时应适当延长回火时间。

回火保温时间可参考式(15-2)确定。

$$t_h=K_h+A_h\times \mathrm{D} \tag{15-2}$$

式中：t_h——回火保温时间，min；

K_h——回火保温时间基数，min；

A_h——回火保温时间系数，min/mm；

D——工件有效厚度，mm。

K_h与A_h值可参考表15-9确定。

回火保温时间基数(K_h)与保温时间系数(A_h)　　表 15-9

回火条件	300℃以下		300～450℃		450℃以上	
	电炉	盐炉	电炉	盐炉	电炉	盐炉
K_h(min)	120	120	20	15	10	3
A_h(min/mm)	1	0.4	1	0.4	1	0.4

3. 回火后的冷却

工件回火后一般在空气中冷却,对于一些工模具回火后冷至室温之前不允许水冷,以防止产生开裂。但对于具有高温回火脆性的合金结构钢等工件,回火后应在油中冷却。对于性能要求较高的工件,在防止开裂的条件下,可进行水、油冷却或水冷却,然后进行一次低温补充回火,以消除快冷所产生的内应力。

三、淬火、回火工艺缺陷

工件在淬火与回火过程中往往由于材质缺陷,而导致质量不合格甚至造成废品。因此,必须给予充分重视和细致分析,研究并采取相应的措施加以防止。由淬火、回火工艺不当造成的常见缺陷有如下几种:

1. 硬度不足

淬火回火后硬度不足一般是由于淬火加热不足、表面脱碳、冷却不足、钢材淬透性不够、在高碳合金钢中淬火后残余奥氏体过多或回火不足等因素造成的。

发生工件硬度不足时,应与金相组织检验相配合,采取相应对策加以防止。

2. 软点

淬火工件出现的硬度不均匀也叫软点。与硬度不足的主要区别是在工件表面上硬度有明显的忽高忽低现象,这种缺陷可能是由于原始组织过于粗大及不均匀、淬火介质受污染、工件表面有氧化皮、淬火介质流动性差、工件在淬火液中未能适当地运动而致使局部形成蒸汽膜阻碍了冷却、渗碳零件表面碳浓度不均匀等因素造成。通过金相分析及检查工艺执行情况可分析导致缺陷的原因。最终通过返修重新淬火加以纠正。

3. 组织缺陷

对淬火工艺要求严格的工件,不仅要求淬火后满足硬度要求,还往往要求淬火组织符合规定的等级,如淬火马氏体等级、残余奥氏体数量、未熔铁素体数量、碳化物的分布及形态等所作的规定。当超过这些规定时,尽管硬度检查通过,组织检查仍为不及格品。常见的组织缺陷如粗大淬火马氏体、渗碳钢及工具钢淬火后的网状碳化物及大块碳化物、调质钢中的大块自由铁素体、高速钢返修淬火后的萘状断口、工具钢淬火后残余奥氏体量过多等。

4. 淬火变形

淬火马氏体的比容较其他组织都大,淬火后的工件均发生体积涨大,由于体积变化和在工件各部分加热冷却不均所形成的热应力、组织应力将导致工件发生不均匀的塑性变形,从而使工件发生畸变或翘曲,是淬火变形的根本原因。

5. 淬火裂纹

当淬火应力在工件内超过材料的强度极限时,在应力集中处导致开裂。

关于淬火变形、裂纹的形成和类型以及防治方法将在后面章节中详加阐述。

复习思考题

1. 将直径10mm的T8钢加热到760℃,保温足够时间,试问采用何种工艺可得到如下组织:珠光体、屈氏体、上贝氏体、下贝氏体、屈氏体+马氏体、马氏体+少量残余奥氏体。并在C曲线上描出工艺曲线示意图。

2. 现有一批40Cr钢汽车连杆螺栓,其工艺路线为:锻造—热处理—机械加工—调质。试问锻造后应进行何种热处理?调质工艺如何制定?

3. 现有ZG15铸钢工件,外形复杂、机械性能要求较高,铸造以后应采用何种热处理?为什么?

第十六章　钢的表面热处理

某些机械零件工作时，在扭转和弯曲等交变负荷冲击作用下，其表面层承受着比心部更高的应力。在有摩擦的场合，表层还不断被磨损。因此，对零件的表面要求具有高的强度、硬度、耐磨性和疲劳极限，而心部仍保持足够的塑形和韧性。如汽车、拖拉机传动齿轮，为了保证表面有高的耐磨性，一般要求硬度为 HRC58～64，而心部硬度要求 HRC35～48，并具有足够的屈服强度和韧性。又如精密镗床主轴，为了保持其高精度，与滑动轴承配合部分的表面硬度要求大于 HV850～900；而为了保持心部足够的强度和韧性，要求硬度为 HB248～286。在上述情况下，如果仅从合理选材与通过常规热处理去解决都是困难的。若采用高碳钢，虽硬度高，但心部韧性不足；相反，若用低碳钢，心部韧性虽好，但表面硬度低且不耐磨。因此，为了满足上述要求，在工业上广泛采用表面热处理方法，即表面淬火和化学热处理。

第一节　钢的表面淬火

表面淬火是强化钢件表面的重要热处理方法。主要是通过快速加热与立即淬火冷却相结合的方法来实现的，即将工件快速加热，使其表面层很快达到淬火温度，不等热量传到心部即迅速予以冷却，由此便可使表层获得马氏体，而心部仍为未淬火组织。根据加热方法的不用，表面淬火大致可分为：感应加热表面淬火、火焰加热表面淬火、电接触加热表面淬火、电解液加热表面淬火、高频脉冲冲击加热表面淬火、电子束加热表面淬火等。本节主要讨论在工业中广泛应用的几种表面淬火工艺。

一、感应加热表面淬火

感应加热表面淬火是利用电磁感应的原理在工件表面产生感应电流，将其表面快速加热至临界点以上而实现表面淬火的一种工艺方法。它与普通淬火相比具有下列特点：热量集中在工件表面且加热速度快、加热时间短、工件表面不易氧化脱碳、淬火变形小、易实行机械化自动化生产、质量稳定、生产效率高。上述特点使感应加热表面淬火在工业上获得广泛的应用。

1. 感应加热基本原理

(1)电磁感应

如图 16-1 所示，将工件置于感应圈内，通过一定频率的交流电，此时，在感应圈内部和周围就会同时产生与电流频率相同的交变磁场，在工件中相应产生了感应电流，且有电流通过，这种现象即为电磁感应。这种感应电流的流线在工件中自行闭合形成回路，称为涡流。其瞬间电流方向与感应圈中的电流方向相反，而涡流强度 I_f 则与感应电动势 e 及工件内涡流回路的阻抗 Z 有关，可由式(16-1)确定：

$$I_f = \frac{e}{Z} = \frac{e}{\sqrt{R^2 + X_L^2}} \tag{16-1}$$

式中：R——电阻；

X_L——感抗。

由于 Z 值很小，涡流 I_f 值可以达到很高，将工件加热，热量可由式(16-2)计算：

$$Q = 0.24\ I_f^2 Rt \quad (\mathrm{J}) \tag{16-2}$$

对铁磁材料来说，除涡流产生的热效应外，还有磁滞热效应，但这部分热量比涡流小得多，可忽略不计。

(2)集肤效应

当电流通过导体时，它沿截面的分布与电流类型和频率有关，交流电通过导体时，电流沿截面的分布是不均匀的，电流主要沿工件表面通过，交变电流的频率越高，这种不均匀性越严重，电流的密度集中于表面越多，这种现象称为集肤效应。

通过交变电流之导体截面上电流密度的分布可由电磁场微分方程解得，其电流密度可按式(16-3)计算：

$$I_x = I_0 \cdot e^{-x/\Delta} \tag{16-3}$$

式中：I_0——表面最大的电流密度，$\mathrm{A/cm^2}$；

x——到工件表面的距离，cm；

Δ——电流渗入深度，cm。

由上式可知，当 $x = \Delta$，$I_x = 0.368 I_0$，据此，在工程上规定，当导体内某处的电流是导体表面最大电流密度的0.368倍时，则有表面至该处的深度 Δ 就称为电流透入深度。其值的大小与材料的电阻率 ρ、相对磁导率 μ_r 和电流频率 f 有关，可由式(16-4)求得：

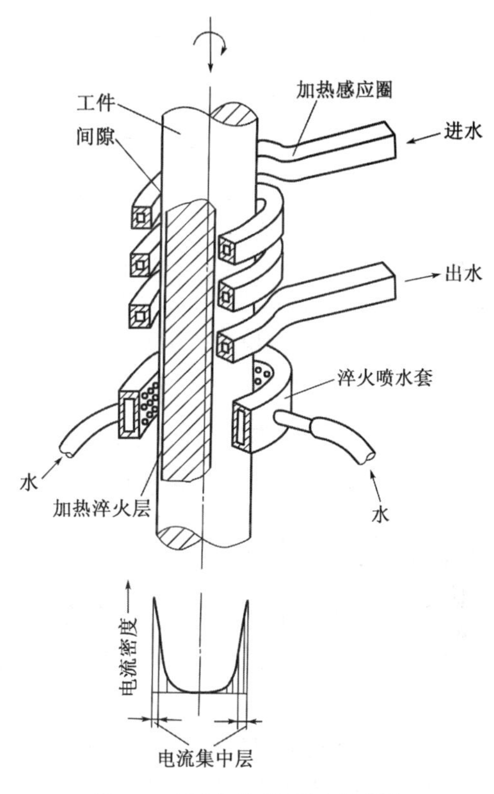

图16-1　感应加热表面淬火示意图

$$\Delta = \sqrt{\frac{3\rho}{\omega\mu_0\mu_r}} \tag{16-4}$$

式中：ω——角频率，$\omega = 3\pi f$；

μ_0——在真空中的磁导率。

由上式可见，电流透入深度随材料电阻率的增加而增大，与材料的磁导率及电流频率的平方根成反比，即同一导体中的电流频率越高，透入深度越小，电流密度梯度越大。

在热处理生产中所用的感应电流，按频率的高低可分为高频(70～1 000kHz)、中频(0.5～1.0kHz)和工频(50Hz)。应用最多的是高频感应加热淬火，由表16-1可以看出频率与电流透入深度的关系。表16-2为按要求的淬硬层深度选用相应频率的参考数据。

频率与电流透入深度的关系　　表 16-1

频率(Hz)	电流透入深度(mm)		
	铜:15℃时	钢:15℃时	钢:800℃时
50	10.0	10.0 ~ 5.0	70.8
500	3	3.0 ~ 1.5	32.0
2 500	1.3	1.5 ~ 0.7	10.0
10 000	0.7	0.7 ~ 0.35	5.0
50 000	0.3	0.3 ~ 0.15	2.2
250 000	0.13	0.15 ~ 0.07	1.0

电流频率与淬硬层的关系　　表 16-2

频率(Hz)	淬硬层深度(mm)		
	最小	最佳	最大
2 500	2.4	5	10.0
8 000	1.3	2.3	5.5
250 000	0.5	1 ~ 1.2	2.5 ~ 3

在高频电流特性中,集肤效应是最基本的,当频率足够大时,由于导体中心没有电流通过,感应器导体可采用圆形或方形空心铜管制成,既可节省材料,又可在其中通水冷却,提高效率。

2. 感应加热时钢的相变特点

感应加热是以电磁感应原理与表面集肤效应为基础,提供高热能量密度的热源(功率密度≈$10^4 W/cm^2$)使工件表面实现快速加热。由于加热速度极快,使其相变与过程表现出明显的特点。临界点 A_{c1}、A_{c3}、A_{ccm} 均随加热速度的增大而升高,当加热速度大于 200℃/s 时,在靠近低碳钢一侧的 A_{c3} 线和大于共析成分的 A_{ccm} 线均趋向水平上升。但当加热速度达 10^5 ~ 10^6℃/s 时,已表现出无扩散相变的特征,几乎与含碳量无关,即含碳量 0.2% ~0.8% 的碳钢临界点 A_{c3} 均为 1 130℃。

快速加热可使奥氏体晶粒显著细化,加热速度越大,奥氏体晶粒越细。这是由于提高加热速度导致形成奥氏体的临界晶核尺寸减小。同时,形核范围除在相界面处,就是在铁素体亚结构的边界上也大量形核,故形核率增大,使奥氏体起始晶粒极细,并且来不及长大,从而显著细化了奥氏体晶粒。

3. 感应加热表面淬火后的组织与性能

1)金相组织

感应加热淬火时,由于加热温度在工件中按一定规律分布,使工件沿淬硬层的深度方向形成不同的组织状态。图 16-2 为 45 钢高频表面淬火后的组织和硬度分布情况:Ⅰ区温度高于 A_{c3},淬火后得到全部马氏体,称为全淬硬层;Ⅱ区温度在 A_{c1} ~ A_{c3} 之间,淬火后得到马氏体和自由铁素体,称为过渡层;Ⅲ区温度低于 A_{c1},保持心部原始组织。表面淬火后的组织及其分布还与钢的成分、淬火规范、工件尺寸等因素有关。当加热层较深时还可能在硬化层中存在着马氏体 + 贝氏体 + 屈氏体 + 少量铁素体的混合组织。

高频淬火可根据材料类别和马氏体的均匀性及粗细程度，对照相应的马氏体评级标准评定淬火质量。常用的有《汽车高频热处理零件金相组织标准》《高频淬火碳素工具钢马氏体等级标准》《高频淬火合金工具钢马氏体等级标准》等。

2）机械性能

（1）表面硬度

同一种钢，经高频淬火后的硬度比普通淬火稍高。这可能是由于加热速度快、时间短，致使奥氏体晶粒不易长大，造成表层的细晶结构。其次，快速加热时所形成的奥氏体很不均匀，在形成的马氏体组织中，残余奥氏体数量较少。同时，淬火时表层产生的压应力对硬度的提高也有一定影响。

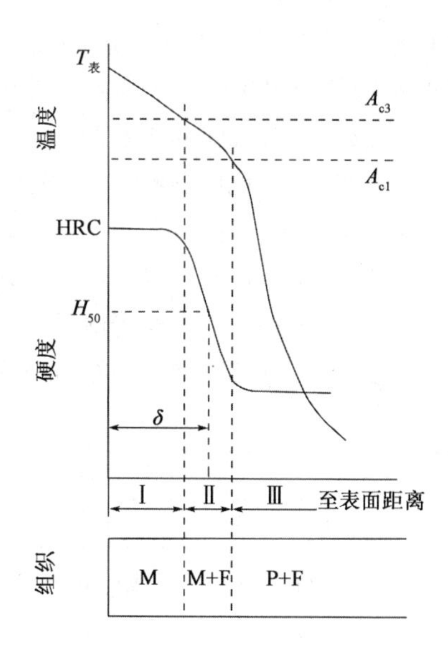

图 16-2　表面加热淬火后组织和硬度的分布
δ-硬化层深度；Ⅰ-淬硬层；Ⅱ-过渡层；Ⅲ-心部

（2）耐磨性

感应淬火后工件的耐磨性比普通淬火高。主要是由于淬硬层中马氏体晶粒极为细小，碳化物弥散度很高，硬度、强度也较高，以及表面氧化脱碳也很少的缘故，这些都将提高工件抗咬合磨损及抗疲劳磨损性能。高频淬火与渗碳淬火相比较，两者硬度接近，但其耐磨性不如后者，因为渗碳淬火后表面层含有较多数量的碳化物。如果适当提高含碳量，则表面淬火工件的耐磨性可以进一步提高。

（3）疲劳强度

采用高、中频表面淬火可以显著地提高零件的疲劳强度，例如用40MnB钢制造的汽车半轴，原来整体调质，经改为调质后高频整体淬火（硬化层深度4～7mm），使用寿命提高了约20倍。

疲劳强度的提高与淬硬层深度有一定关系。淬硬层浅时，强化效果不显著，增加淬硬层深度，疲劳强度也将增大，但淬硬层过厚时，表面残余压应力下降，疲劳强度反而降低。因此，就高频表面淬火而言，在一定层深时，σ_{-1}值达到最大值。试验表明，在弯曲疲劳强度最高时的最佳淬硬层深度$\delta=10\%\sim20\%D$（D为工件直径），如果进一步增加淬硬层深度并不能提高工件的疲劳性能。

4. 感应加热表面淬火工艺

感应加热表面淬火工艺的制定与一般淬火工艺相似，工件的材料、原始组织状态以及技术条件要求是确定热处理工艺的依据。在感应加热表面淬火时，工件的形状、冷却方式、加热温度、加热速度、设备性能（频率、功率）及感应器的质量等都直接影响淬火质量。

1）感应加热表面淬火的技术条件

感应加热表面淬火的技术条件包括表面硬度、淬硬层深度、淬硬区分布以及变形要求等。表面硬度可按工件的工作条件和成分而定，一般要求在HRC45～60之间。淬硬层深度通常取半径的10%～20%为宜，直径大于40mm时取下限，小尺寸可取上限。为使淬火后表面保持最佳压应力状态，过渡层厚度应为淬硬层深度的1/4～1/3。对齿轮来说，若模数<5mm，为避

免齿根应力集中，只要求齿廓硬化。模数 <2.5mm，则可整齿穿透淬硬。大模数(>8mm)齿轮其齿根部分可保留 1/3 齿高的非硬化区。

2)感应加热表面淬火及回火

(1)淬火温度和加热方式的选择

淬火温度应根据工件的材料与原始组织及硬度要求来确定。对于不同的材料，为得到满意的淬硬层组织和硬度，都有一个最佳的淬火温度范围。常用钢的高频淬火温度范围可参考表 16-3。由于表面淬火时受测量条件的限制，在生产中常采用加热时间来间接地控制加热温度。连续淬火时则通过工件相对感应器的移动速度来加以控制。

常用钢高频淬火温度范围 表 16-3

材料	35	45	T8	T10	40Cr	65Mn	GCr15	CrWMn
淬火温度(℃)	880 ~ 920	800 ~ 900	840 ~ 860	830 ~ 870	880 ~ 920	840 ~ 880	860 ~ 900	860 ~ 900

根据工件运动形式，感应加热方式可分为同时加热和连续加热两种基本形式。同时加热法是将工件需硬化的表面同时一次加热淬火。当工件的淬火面积小于设备允许的最大加热表面积时可采用此法。连续加热法是在加热过程中工件以一定速度相对于感应器进行移动，逐渐地进行加热和喷水冷却。这样，可以用较小的功率加热大的表面积。连续加热法多用于轴类零件、机床导轨及大模数齿轮的表面淬火。

(2)冷却方式和冷却介质的选择

感应加热后的冷却方式很多，生产上常见的有以下几种：

①喷射冷却

喷射冷却是最常见的冷却方式，它通过感应器或冷却圈上的许多小孔将淬火剂以一定压力喷射到工件表面而进行冷却。为了防止淬火介质从工件表面回溅，影响加热和冷却效果，通常使小孔中心与冷却圈的轴线呈一定角度(30 ~ 45°)喷射冷却，常用于连续加热淬火过程。

②浸液冷却

浸液冷却是在工件表面同时一次加热后，立即将工件整体浸入淬火槽中冷却。

③埋油淬火

对细薄工件或合金钢齿轮，为减少变形开裂和防止喷油着火，可将感应器和工件同时放入油槽中加热，断电后即同时冷却，这种方法称为埋油淬火。

④预冷淬火

工件淬火前，先断电，在空气中停留几秒钟，再喷水或浸液冷却。这样也可防止变形开裂。

感应加热淬火常用的冷却介质有水、油、乳化液、0.1% ~0.3% 聚乙烯醇水溶液、聚丙烯酰胺水溶液、5% 高锰酸钾水溶液、30% 甘油水溶液和 10% 食盐水溶液等。对于截面大、材料淬透性较好的工件，淬火时也可采用压缩空气或靠工件自身冷却。

原则上尺寸越大，所选用的冷却介质的冷却能力应越强。工作时应注意介质温度不宜过高，水压要稳定，在油槽中冷却应注意工件上下运动或搅拌冷却介质。

(3)感应加热表面淬火后的回火

感应表面淬火后一般只进行低温回火，以减少残余应力和降低脆性，但应尽量保持高硬度和高的表面残余压应力。回火的方式有如下几种：

①炉内回火

将淬火后工件装入炉中进行 180 ~ 200℃回火,保温 1 ~ 2h。试验表明,在相同回火温度下,高频淬火后的表面硬度比普通淬火高。

②自行回火

利用淬火工件心部尚未散失的剩余热量来加热淬硬层的回火方法。自行回火可简化工艺,提高生产率,降低成本,对减少工件开裂也很有效。但缺点是工艺不易掌控,消除淬火应力不如炉内回火。

③感应回火

通常采用中频或工频加热回火。为了降低过渡层的拉应力,感应回火加热层应比淬硬层稍深些,加热速度一般不超过 20 ~ 30℃/s,感应回火比炉内回火加热时间短,显微组织中碳化物的弥散度大。因此,耐磨性高并有良好韧性。

需要指出,工件的感应加热主要是靠感应器将电能传给工件来实现的。感应器对于淬硬层深度、分布及热效率有直接影响。所以,根据工件的尺寸和形状,合理设计和制造感应器是很重要的。一般根据感应加热的基本原理,考虑工件的形状和设备功率等因素设计试制感应器,然后进行试验,经过修改最后定型。目前,生产中大都采用经验设计,具体方法可参阅专门资料。

二、火焰加热表面淬火

火焰加热表面淬火是利用氧-乙炔混合气体或其他可燃气体的燃烧形成高温火焰,喷向工件表面,使其迅速加热到淬火温度,然后淬火冷却,以得到预期的硬度和淬硬层深度。与其他表面淬火法相比较,火焰加热表面淬火具有简便易行、费用低、方法灵活、可对各种形状的大尺寸工件进行局部淬火等特点。但其最大缺点是加热温度无法测量,淬硬层不易控制。

火焰加热是利用外热源来加热工件表面。同时,由于火焰本身的结构特点,各区域的温度不一致。因此,在火焰接触表面的局部受热区域有较大的温度梯度。火焰由焰心、内焰(还原区)、外焰(全燃区)三部分组成。其中内焰温度最高(≈3 000℃),火焰加热淬火就是利用这部分火焰。外焰区温度较低,为了使表面加热尽量均匀而不致产生局部过热必须采取调整气流的流量(氧和乙炔混合比)、工件与喷嘴之间距离以及摆动火焰或旋转工件等措施。

1. 火焰加热表面淬火的分类

火焰加热表面淬火方法根据喷嘴与工件相对运动方式的不同可分为如下几种:

(1)固定法

工件与喷嘴都不动,当工件加热到淬火温度后立即喷水冷却。这种方法适用于淬火部位不大的工件。

(2)旋转法

用一个或数个固定的喷嘴对以一定速度旋转的工件表面加热,然后再进行冷却,称为旋转法。此法适用于轴类及模数小于 5 的齿轮。

(3)推进法

用一定速度(60 ~ 300mm/min)移动的喷嘴和冷却装置沿固定不动的工件表面依次进行加热与冷却。这种方法适用于处理长度较大的平面工件,如导轨、剪刀片等。

(4)联合法

使喷嘴与冷却装置以一定的速度沿着转动的工件轴向做相对移动,加热与冷却相随进行,此法适用于直径与长度较大的轴类工件。

2. 火焰淬火的工艺控制

火焰加热表面淬火的工艺特点是通过控制火焰质量及其与工件的位置、相对运动速度来控制工件表面温度与淬硬层深度。此外,加热方式、喷嘴结构及冷却条件也对淬火质量有影响,其工艺控制要点为:

(1)火焰形状及强度

火焰形状主要由喷嘴结构决定,一般采用多焰喷嘴结构,沿淬火部位的几何形状均匀分布。在稳定压力下,乙炔与氧的混合比常在1/1.5~1/1.1之间,以1/1.25~1/1.15为最佳。此时火焰呈淡蓝色中性火焰,火焰强度大、温度高、稳定性好。

(2)喷嘴与工件间的距离

由于内焰温度很高,应注意过热,该区域与工件间的距离一般为6~10mm,大型工件加热距离可小些。

(3)喷嘴及工件的移动速度

喷嘴和工件的相对移动速度,一般在50~300mm/min之间,当淬火层深度为2~5mm时,可采用80~200mm/min的相对移动速度。若采用淬火机床操作,可使移动速度保持稳定。

(4)冷却

一般采用喷水冷却,水温保持15~20℃,对大型工件及导热性差的合金钢、灰铸铁,可在水冷前采用压缩空气预冷,以防止开裂。

三、其他表面淬火法

1. 电阻加热表面淬火

利用在工件表面周围的介质中形成高电阻并通过低压大电流将工件表面迅速加热并淬火的方法,称为电阻加热表面淬火。在工件表面造成高电阻的方法有如下两种:

(1)电接触加热表面淬火

由工业电经变压器降压提供低电压大电流,通过压紧在工件表面的滚轮与工件自成回路并在接触处产生局部电阻(接触电阻),当电流足够大(400~600A)时,产生的热能足以使接触处表面温度达到临界温度以上,然后靠工件本身自冷淬火,表层下可获得深0.2~0.25mm稳定马氏体。

电接触加热表面淬火可显著提高工件表面耐磨性、抗擦伤能力,而且设备简单,操作方便,工件变形小,淬火后不需回火。其主要缺点是硬化层较浅(0.15~0.35mm),不适用于形状复杂的工件,目前多应用于机床导轨、气缸套等件的表面淬火。

(2)电解液加热表面淬火

电解液加热表面淬火,就是将工件放在含5%~18%碳酸钠水溶液的电解槽中,工件为阴极,电解槽(或铜板、铝板)为阳极。两级之间通以直流电时,溶液被电离,在阳极上放出氧,阴极上放出氢。包围在工件周围的氢气膜具有较大电阻,当大电流通过时阴极附近产生大量的热量，使工件表面迅速加热到淬火温度，由于电解液本身具有良好冷却能力，当断电后，氢气膜破裂，工件便在电解液中自行淬火。电解液加热淬火时工作电压在150～300V之间，电流密度以3～4A/cm²为宜，加热时间则通过试验加以确定，一般为几秒到几十秒不等。电解液淬火的工艺参数见表16-4。

电解液加热表面淬火工艺参数　　表16-4

溶液浓度 Na_2CO_3（%）	工件浸入深度（mm）	电压（V）	电流（A）	加热时间（s）	马氏体区深度（mm）
5	2	220	6	8	2.3
10	2	220	8	4	2.3
10	2	180	6	8	2.6
5	5	220	12	5	6.4
10	5	220	14	4	5.8
10	5	180	12	7	5.2

电解液加热表面淬火工艺简单，变形小，对成批或大量生产的工件（如汽车发动机气门顶端）淬火可采用机械化、自动化生产。

2. 高频脉冲冲击淬火

冲击淬火是以能量密度很大的能源对金属表面超高速加热，可在若干毫秒时间内加热到淬火温度，随后靠未加热部分的热传导迅速自激冷而实现表面硬化。冲击淬火法主要是用高频脉冲加热的方法。冲击加热淬火控制的工艺参数主要是使用频率（2 700kHz）、输出能量密度（约10～30kW/cm²）、冲击加热时间（0.001～0.1s）以及感应器与工件之间的间隙等。淬硬层深度依能量密度增加或冲击时间延长而增大，一般在0.05～0.5mm之间。由于超高速加热，使奥氏体晶粒超细化，淬火后得到极细微的隐晶马氏体，淬硬层具有很高硬度（HV900～1 200），且不显示脆性，耐磨性及抗蚀性显著提高。此法由于受冲击能量的限制，目前多用于刀具、照相机、计算机零件、钟表、仪表、仪器等小型机械零部件的局部淬火。

第二节　钢的化学热处理

化学热处理就是将钢件放在特定的活性介质中加热、保温，使一种或几种元素渗入钢件表层，改变其表面的化学成分和组织，以达到改变表面性能、满足技术要求的热处理工艺的总称。

化学热处理的作用主要有两个方面：

①强化表面，提高工件的某些机械性能。如：表面硬度、耐磨性、疲劳极限和多次冲击韧性等。

②保护工件表面，提高工件的物理化学性能。如：耐高温性能、耐腐蚀性能等。

通过改变钢表面的化学成分和随后的热处理，可以在同一材料上使工件的心部和表面获得不同的组织和性能，这样实际上就构成了一种新的复合材料构件。因此，对于承受各种复杂荷载的工件，以及要求耐高温、耐腐蚀和在特殊情况下工作的工件，应用化学热处理工艺将具有极大的技术经济效果,因此化学热处理受到国内外的普遍重视。

一、化学热处理的分类、特点及发展趋势

1. 化学热处理的分类及应用

化学热处理的种类很多,一般都以渗入元素来命名。如:渗金属、渗非金属、渗金属-非金属。表16-5列出了常用化学热处理的类型、名称及其用途。

常用化学热处理类型及作用　　表16-5

类　型	工艺名称	渗入元素	用　途
渗非金属	渗碳	C	提高表面硬度、耐磨性和疲劳强度
	渗氮	N	提高表面硬度、耐磨性、疲劳强度和耐腐蚀性
	碳-氮共渗	C + N	提高表面硬度、耐磨性和疲劳强度
	渗硫	S	提高表面减磨性和抗咬合性能
	硫-碳-氮共渗	S + C + N	提高表面减磨性、耐磨性、抗咬合性和疲劳性能
	渗硼	B	提高表面硬度、耐磨性和耐腐蚀性能
	碳-氮-硼共渗	C + N + B	提高表面硬度、耐磨性和耐腐蚀性能
渗金属	渗铝	Al	提高表面抗氧化性及在含硫介质中的耐腐蚀性能
	渗铬	Cr	提高表面抗氧化性、耐腐蚀性和耐磨性能
	渗锌	Zn	提高表面抗大气腐蚀性能
渗入金属和非金属	碳化钛复涂	Ti、C	提高表面硬度、耐磨性和热稳定性
	氮化钛复涂	Ti、N	提高表面硬度、耐磨性和热稳定性

2. 化学热处理的特点

化学热处理与其他表面处理比较,具有下列特点:

①能最有效地改善钢件表面的化学成分、组织和性能,而且这种改善是由表面向心部逐渐过渡,所以渗层和基体的结合牢固。

②化学热处理方法不受工件外形的限制,复杂表面都可以获得分布均匀的渗层和淬硬层。

经过化学热处理后的工件,大部分具有变形小、精度高、尺寸稳定性好等特点,如:渗氮、碳-氮共渗、辉光离子渗氮等工艺。

大部分的化学热处理,在提高表面机械性能的同时,还可以提高表面的耐腐蚀性、抗氧化性、减磨性、抗咬合性、耐热性等多种性能。

3. 化学热处理的发展趋势

化学热处理具有一系列优点,人们对其进行了广泛研究,目前国内外主要研究方法有以下几个方面:

(1)化学热处理工艺方面

除采用化学催渗(如:电解气相催渗、洁净催渗等)和物理催渗(如:辉光放电、真空、电场、应力场、流态床及气相沉积等)外,还广泛使用了各种复合渗工艺(如:硫-碳-氮、碳-氮-硼、碳-氮共渗等),同时还发展了多种多样的复合处理。化学热处理正朝着多种复合工艺方向发展。

(2)装备及控制手段方面

包括对温度和气氛的严格控制与调节,处理过程的自动化、程序化以及计算机在生产上的使用等,以保证充分发挥化学热处理工艺的优越性。

(3)渗层组织的表征与性能测试方面

随着测试手段的革新(如:电子衍射技术、微区电子探针、扫描电子显微镜、定向金相技术等测试手段),以及电化学检测、应力分析方法的应用等,对于研究和阐明化学热处理的基本原理、渗层的成分、组织结构和强化机制等方面,都起到了积极的作用,促进了学科的发展。

(4)环保方面

推行无毒新型渗剂、无公害化学热处理工艺。如:真空化学热处理,辉光离子渗氮、渗碳和碳-氮共渗,固体渗碳,软氮化,以及用气体软氮化代替液体软氮化,用气体碳-氮共渗代替氰化工艺等。

总之,化学热处理正朝着真空化、可控化、催渗化、减少污染以及工艺过程的微型计算机控制等方向发展。

二、化学热处理的基本原理

化学热处理是依靠渗入元素的原子向工件内部扩散进行的。因此,化学热处理是通过化学渗剂的分解产生活性原子,活性原子被钢的表面所吸收,而后通过原子的运动向工件内部扩散,形成一定的渗层组织。所以化学热处理由分解、吸收、扩散三个基本过程组成。

1. 化学渗剂的分解

不同的化学热处理,所采用的渗剂也不同,但渗剂不外乎是无机化合物、有机化合物、金属或合金等。它们都要经过分解产生活性原子,才能为工件表面所吸收。

在化学热处理过程中,发生着一系列复杂的化学反应。在许多情况下,活性原子的获得不仅可以依靠热分解反应,还可通过置换反应、还原反应等化学反应获得。

分解反应速度的快慢,决定了提供活性原子的快慢与多少,而反应速度除了取决于化学反应的本性外,还与反应时的外界条件(如:浓度、温度、催化剂等)有关。

(1)浓度对反应速度的影响

根据质量作用定律,对于任何基元反应,化学反应的速度与各反应物浓度的乘积成正比。如反应 A + B = C,其反应速度 V 与 A 和 B 的浓度 C_A 和 C_B 的乘积呈正比,表达式见式(16-5):

$$V=\frac{\mathrm{d}C_c}{\mathrm{d}t}=K\cdot C_A\cdot C_B \tag{16-5}$$

式中:K——反应速度常数。

(2)温度对反应速度的影响

几乎所有的化学反应速度都随温度的升高而增大,温度对反应速度的影响主要表现在对反应速度常数 K 的影响,可以用 Arrhenius 公式表示,见式(16-6):

$$K=Z\cdot\exp\left(\frac{E}{RT}\right) \tag{16-6}$$

式中:Z——频率因子;

E——活化能;

R——气体常数；

T——绝对温度。

由上式可知，温度 T 与反应速度常数 K 呈指数关系。温度升高，K 值增大，反应速度剧增；温度下降，K 值减小，反应速度陡降。

浓度和温度对反应速度的影响，可近似地用活化能和活化分子的概念来解释。

发生化学反应的先决条件是分子间的碰撞，但并不是每次碰撞都能发生反应，只有少数具有较大能量的分子碰撞才能发生反应。这种能够发生反应的碰撞叫作有效碰撞，能够产生有效碰撞的分子叫作活化分子，活化分子与一般分子的平均能量之差叫作活化能。活化能是一个反应能否进行的能量条件。只有具备活化能的分子，才能克服分子之间的斥力产生有效碰撞，引起化学反应。

温度升高，体系中分子的平均能量升高，活化分子的百分数增加，故反应速度增快。如果反应温度不变，则反应物活化分子的百分数一定。当增加体系中反应物的浓度时，也就是增加了活化分子的总数及有效碰撞的概率。因此，反应速度与反应物的浓度成正比。

(3)催化剂对反应速度的影响

催化剂又叫触媒剂，是一种能增加反应速度，而本身的组成、数量和化学性质保持不变的物质。许多化学热处理工艺之所以能够正常进行，就是借助于催化剂的作用。例如，甲烷的热分解反应 $CH_4 = 2H_2 + [C]$，在无催化剂时，在600℃以下不会分解析出炭黑，而在有镍质催化剂时，在400℃就会分解析出炭黑。

催化剂对于化学反应的主要作用是降低活化能。例如，工件在气体渗氮时，用氨分解提供活性氮原子($2NH_3 \rightarrow 3H_2 + 2[N]$)，在无催化剂时反应的活化能为 3.768×10^5 J/mol，若以铁为催化剂，反应的活化能降低为 1.633×10^5 J/mol。

催化剂的催化能力与催化剂的性质和使用条件有关，也和工件的表面状态和表面积有关。催化剂有明显的选择性，应按不同的化学反应选用不同的催化剂。例如：

对CO分解反应起催化作用的有：Fe、Co、Ni、Cr、Ti等。

对 NH_3 分解反应起催化作用的有：Fe、Pt、W、Ni等。

对碳氢化合物分解反应起催化作用的有：Cr、Fe、Ni、Pt、Pd、W等。

从上例可见：Fe本身就是最常见的催化剂之一。所以，在化学热处理过程中，如果钢件表面处于洁净状态，就具有良好的催化作用。在生产中认真清理工件、装夹时使工件间留有一定的间隙，都能改善催化条件，提高化学热处理速度。

2. 活性原子的吸收

在化学热处理过程中，不论哪种渗剂(固体、液体或气体)都可以视为多相体系，其分解、吸收和扩散均可视为在多相体系中进行。多相反应的特点是：物质在相界上发生反应，或者物质要通过相界在相内部发生反应，因此相界因素极为重要。

分解反应产生的活性原子被钢表面吸附后溶入基体金属，这个吸附又溶解的过程叫作吸收。

固体的吸附，就是固体物质能自发地把周围气体分子(或离子)吸附到固体表面的现象。把能够吸附外来质点(原子、分子或离子)的物质叫吸附剂，被吸附的物质叫吸附质。吸附现象的产生就是由吸附剂与吸附质之间的吸引力所引起。固体表面的吸附作用，按其作用力的性质不同，可分为物理吸附和化学吸附两类。

金属原子之间存在着较强的作用力，在金属内部，原子之间的相互作用力在各个方向都是相同的，处于平衡状态。而处于金属表面的原子只有与内层原子间的作用力，形成一个引力场，处于不平衡状态。当周围气体或溶质分子与金属表面接触时，易被表面原子所吸引。这种没有电子转移和化学键生成的吸附现象称为物理吸附。这种吸附能迅速达到平衡，并在较低温度下发生。当温度升高时吸附量下降，而温度下降时吸附量又增加，是完全可逆的，这种吸附不会使分子解离。

当气体（吸附质）与金属表面（吸附剂）接触时，二者以高速度发生反应形成化学键，即发生电子交换，组成离子键结合或共价键结合的现象叫化学吸附。这种吸附有明显的选择性，它在低温时速度较小，随温度升高明显增大，这种吸附可以使分子解离。

物理吸附和化学吸附二者不能截然分开，常常是相伴发生的。

吸附作用并非在金属表面均匀进行，吸附中心往往发生在一些缺陷处。因为晶界或微观缺陷处的表面能较高，有较强的吸收力。钢铁化学热处理时，在金属表面的固相-气相（介质）之间发生着复杂的吸附-解吸过程。例如，钢表面进行气体渗碳时，渗碳气氛 CO 与钢表面相互作用，反应为 $2CO = CO_2 + [C]$。该反应的实质就是一个 CO 分子从另一个 CO 分子中夺取氧原子而生成 CO_2，同时析出一个活性炭原子的过程。这必然要破坏这个 CO 分子的 C-O 键，而碳氧之间的结合力很强。如果单靠两个 CO 分子间猛烈地撞击来破坏 C-O 键，完成上述转变过程几乎不可能。也就是说，在气相中，进行上述反应需要很高的激活能，而且反应速度也很慢。

试验表明，当有金属铁存在时，反应速度很快。显然，铁的存在不仅吸收分解出来的活性原子，而且促进了 CO 的分解，起催化作用。对铁在 CO 分解过程中的作用可有如下解释。

首先，CO 分子中的 C 和 O 分别被吸附（化学吸附）在相邻的铁原子上，发生反应 Fe（晶）+ CO（气）= Fe（晶）· CO（吸附）。由于铁晶格中原子间距（2.28Å），差不多比 CO 分子中核间距（1.15Å）大一倍。一旦发生吸附，CO 中的碳氧原子间距增大，从而削弱了碳氧原子间原有的结合力，为破坏 C-O 键提供了有利条件。

其次，气相中 CO 分子碰撞在已被吸附于金属表面的 CO 分子中的氧原子时，被吸附的 CO 分子很容易与气相中的 CO 分子作用，生成 CO_2 和[C]，其反应式为 Fe（晶）· CO（吸附）+ CO（气）→Fe（晶）·[C]（吸附）+ CO_2（气）。被吸附的[C]又可以进一步渗入铁的晶格中。其吸附量和吸附速度可由实验测得，说明 C 和 CO 的化学吸附是客观存在的。正是由于化学吸附的存在，铁加快了 CO 分解速度才是可以理解的。可见，吸附作用对渗碳剂 CO 分解和活性炭原子的吸收是有密切关系的。

从以上分析可见，吸附是多相反应的一个极其普遍而又极其重要的环节，只有吸附才能使化学反应速度加快，也只有吸附才有可能使催化剂发生作用。吸附所需要的活化能在整个化学热处理中是最低的，所以吸附是一个容易进行的过程。在化学热处理中化学渗剂的分解和吸附往往是同时发生的，它们是有机联系在一起的，但在化学热处理过程中，更为重要的是活性原子的溶解，以及不断地向工件内部的扩散。

3. 渗入原子的扩散

钢表面在吸收活性原子后,渗入元素的浓度大大提高,就在表面和内部之间形成了浓度差。在一定温度下,原子向着浓度低的方向扩散,结果得到一定厚度的扩散层。在扩散层中表面的浓度最高,沿表面向里,浓度逐渐下降。

渗入元素在钢中的扩散是采取与铁形成间隙固溶体或置换固溶体的方式进行的。

氮和碳原子半径小,氮(0.8Å)、碳(0.86Å)与铁形成间隙固溶体。氮、碳原子在钢中扩散是通过从一个间隙位置向邻近间隙位置的跳动而实现的。在每次跳动间必然要使铁原子的晶格暂时产生畸变,而晶格上的铁原子为反抗这种畸变所给氮、碳原子的斥力,就成为阻碍氮、碳原子跳动的能垒,也就是扩散所需的激活能,激活能越高,扩散能力也就越差。

大多数金属与铁均形成置换固溶体,在置换固溶体中扩散速度要比在间隙固溶体中小得多。这是因为,置换固溶体是以晶格中存在有脱位原子或者晶格节点上的空位为前提的。当温度升高时,脱位原子增加,晶格节点上的空位也增加,于是扩散速度也随之增加。所以,渗金属需要在较高的温度下进行。

在固态有限固溶体中,由于溶质元素在溶剂中有一定溶解度,所以在开始时渗入原子溶解在金属中形成固溶体,这时只有浓度的变化,而没有晶体结构的改变,这样的扩散叫作纯扩散。当渗入原子的浓度超过溶解度极限之后,此时会有第二相形成,它可能是固溶体,也可能是化合物(中间相),这由具体的合金系统决定。通过扩散引起新相生成的现象叫作反应扩散。

反应扩散时,在每个相区内沿着扩散深度方向都存在着浓度梯度,而且高浓度新相一定在低浓度相达到饱和极限之后才能形成。在扩散温度恒定的条件下,二元合金系中不会出现两相共存区。扩散层的浓度总是呈阶梯跳跃式分布,并且由相互毗邻的单相所构成。其渗入元素的含量与平衡状态图相对应。例如,基体金属 A 与渗入元素 B 的状态图如图 16-3 所示。多相扩散层中的渗入元素 B 的浓度分布与相结构如图 16-4 所示。

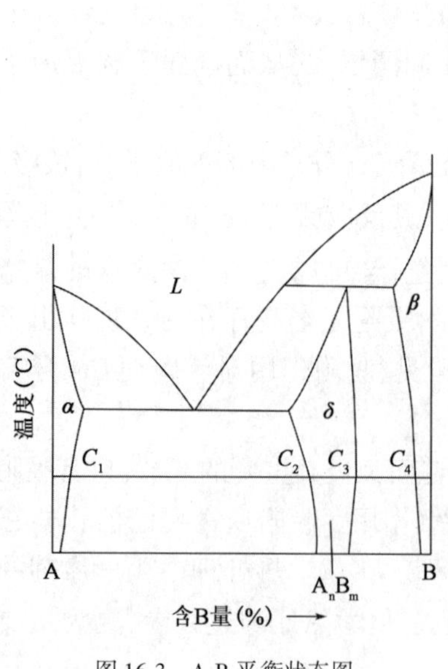

图 16-3　A-B 平衡状态图

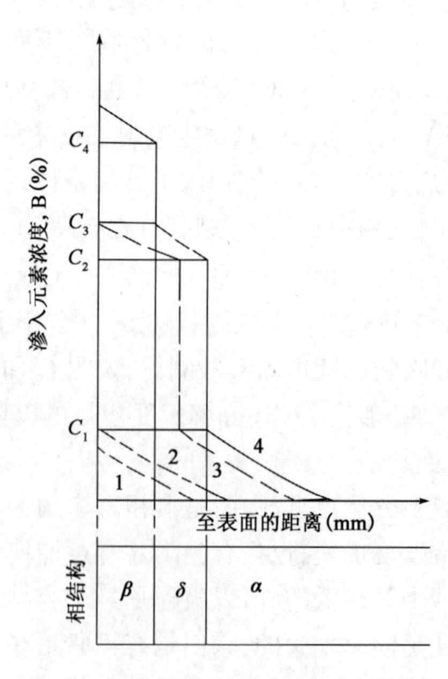

图 16-4　多相扩散层中的浓度分布与相结构

当金属 A 在 T 温度下进行渗 B 处理时，工件处于活性介质之中，B 元素渗入工件与基体金属 A 组成 α 固溶体（曲线 1）。随着时间的延长，扩散层深度不断增加，表面 B 浓度逐渐升高，直至该温度下 α 固溶体的饱和浓度 C_1（曲线 2）。继续渗入 B，就会在表层形成 A_nB_m 化合物（δ 相），随着 B 原子渗入，A_nB_m 化合物层不断加厚，表面浓度则从 C_2 逐渐升至 C_3 趋于饱和。随后，继续渗入 B，就能形成 β 固溶体。图中实线 4 表示最终形成的扩散层中 B 浓度分布状态，扩散层由表及里依次为 $\beta \to \delta \to \alpha$，三个单相区相互毗邻，各相的成分和结构由状态图上相应的等温截线决定，浓度在相界面突变，浓度分布曲线上出现跳跃式的阶梯。

影响渗入元素在钢中扩散的因素很多，如温度、含碳量、合金元素、晶体结构及缺陷等。其中起主要作用的是温度。

由扩散第一定律计算扩散物质的数量，见式（16-7）。

$$J = -D\frac{\mathrm{d}C}{\mathrm{d}x} \tag{16-7}$$

式中：J——扩散物质的数量；

D——扩散系数；

$\mathrm{d}C/\mathrm{d}x$——扩散层的浓度梯度。

显然，扩散物质的数量与扩散系数和扩散层的浓度梯度成正比，而且扩散系数又与温度和扩散激活能有关，可用式（16-8）表示。

$$D = D_0 \cdot \mathrm{e}^{-\frac{E_D}{RT}} \tag{16-8}$$

式中：D_0——扩散常数；

E_D——扩散激活能；

T——绝对温度；

R——气体常数。

D_0 和 E_D 值与温度无关，只取决于扩散物质的本性，其是衡量元素扩散能力的重要物理量。表 16-6 列出了某些元素的 D_0 和 E_D 值。

一些扩散系统的 D_0 和 E_D 值　　表 16-6

扩散元素	D_0（$10^{-5}m^2/s$）	E_D（10^3J/mol）	扩散元素	D_0（$10^{-5}m^2/s$）	E_D（10^3J/mol）
C（γ-Fe）	2.0	140	Mn（γ-Fe）	5.7	277
C（α-Fe）	0.2	84	Cu（Al）	0.84	136
Fe（γ-Fe）	1.8	270	Zn（Cu）	2.1	171
Fe（α-Fe）	19	239	Ag（Ag）体积扩散	1.2	190
Ni（γ-Fe）	4.4	283	Ag（Ag）晶界扩散	1.4	96

如果 D_0 和 E_D 一定，则扩散系数随温度升高呈指数增加。例如，当温度自 925℃ 提高到 1 100℃时，碳在铁中的扩散系数 D 可增加 7 倍以上；当温度自 1 150℃ 提高到 1 300℃时，铬在铁中的扩散系数 D 将增大 50 倍以上。可见，对于加速扩散，温度是关键，提高温度可以显著加速扩散速度。

扩散第一定律只适用于均匀固溶体中的扩散，而在化学热处理的保温过程中，渗层中各点的浓度和浓度梯度都是随时间而变化的，且有新相生成。因此，需借助于扩散第二定律。

根据扩散第二定律，渗层深度（δ）和时间（t）的关系可用下式表示。

$$\delta = k\sqrt{t} \tag{16-9}$$

式中：k——常数（$=2D^{0.5}$）；

D——扩散系数。

该式说明，渗层深度 δ 与时间 t 呈抛物线关系。因为，在化学热处理时，决定扩散速度的因素除扩散系数 D 外，第二个因素是扩散物质在钢表面层的浓度梯度。延长化学热处理时间，由于任何相邻区域的浓度差逐渐减小，故扩散速度也逐渐降低。所以随时间延长，扩散深度的增加值也越来越小。在生产中，我们可以用上式来估算一定温度下渗层深度随时间的变化。但此式未考虑扩散系数与浓度之间的关系，同时由于化学热处理影响因素较多。因此，渗层深度不严格遵守这一规律。

在钢的渗碳中，合金元素对碳扩散的定性规律是：与碳结合力强的碳化物形成元素（如：W、Mo、Cr 等），使扩散激活能增加，抑制碳的扩散；而非碳化物形成元素（如：Co、Ni 等），降低扩散激活能，促进碳的扩散。因此，对含有碳化物形成元素的合金钢渗碳时，合金元素对渗碳速度的影响要考虑两个方面的因素：一方面是这些元素提高了扩散激活能，阻碍了碳的扩散；另一方面是这些元素易与碳形成碳化物，使表面浓度提高，增加了碳的浓度梯度，促进了碳的扩散。实践证明，对于含 Mn、Cr、Mo 的合金钢，往往是后者起主导作用，也就是不同程度地促进了渗碳。

4. 加速化学热处理过程的途径

化学热处理是通过渗剂的分解、活性原子的吸收和渗入原子的扩散来完成的。这三个基本过程是连贯、交错的，不能截然分开，而且是互相配合和互相制约进行。化学热处理的速度就决定于其中速度最慢的那个过程，这个过程也就成为整个化学热处理的控制因子。因此，要加速化学热处理过程，首先要找准控制因子，并采取措施使之加快，以便三个过程能充分协调一致，这样既能加快速度又能保证质量。例如：当分解过程是控制因子时，可适当加入催化剂，以加速分解过程；当吸收过程是控制因子时，改变工件的表面状态，可使吸收过程加速；当扩散过程成为整个过程的控制因子时，适当提高温度，可以加快扩散过程。或采用多元共渗以引起钢内结构发生变化，改善渗入元素在钢中的吸收、溶解及扩散方式和扩散速度，从而加速整个化学热处理过程。下面介绍几种加速化学热处理的主要途径：

（1）分段控制

分段控制是化学热处理中广泛采用的工艺方法。例如：气体渗碳和渗氮中分两段或三段进行控制，第一段以提高浓度梯度为主，第二阶段以加速扩散为主，渗氮时第三阶段是退氮，以减少渗氮层的脆性。在连续气体渗碳炉中，采用分区控制炉气和炉温的方法，来协调整个渗碳过程，以保证渗碳质量和达到加速渗碳的目的。

（2）化学催渗

化学催渗的原理：通过洁净和消除表面钝化膜来改善工件表面的活化状态。例如：用 NH_4Cl、CCl_4 化学剂进行洁净渗氮。通过化学触媒作用或降低有害气体的分压来改变反应过程的热力学、动力学条件,以提高渗剂活性和增加活性原子浓度等。例如:在渗剂中添加反应活化剂,控制滴入剂的碳当量,控制碳氧比等。

(3)物理催渗

物理催渗主要是将工件放在特定的物理场中(等离子场、真空、高频电磁场、高温、超声波等),利用净化表面和加速扩散过程的手段提高渗速。例如:①利用等离子场技术发展了辉光离子渗氮、渗碳、碳氮共渗以及离子沉积(PVD 法)等工艺;②在高频电磁场下的扩散,如高频渗氮等工艺;③通电催渗,如电解渗碳、电解渗硫、低温电解渗硼等。由上可见,利用各类催渗手段和方法,发展快速的、高质量的化学热处理工艺,可以说是化学热处理发展的一个极其重要的方向。

三、钢的渗碳

为改善钢件表面和心部的组织,提高表面的硬度和耐磨性,改善工件的抗疲劳性能,常采用低碳合金钢材料在工件加工后进行表面渗碳,随后进行淬火和回火的热处理工艺来满足技术要求。为了增加钢件表层的含碳量和保持一定的碳浓度梯度,钢件在渗碳活性介质中加热和保温,使碳原子渗入表面的热处理工艺叫渗碳。

根据渗碳介质状态的不同,渗碳可分为固体渗碳、液体渗碳和气体渗碳。目前应用最广的是气体渗碳。

渗碳用钢通常为含 0.1% ~0.25% C 的低碳钢,以保证工件心部具有足够的强度和韧性。含碳量过低,心部强度不够;含碳量过高,韧性达不到要求。对于那些重要的渗碳零件,为了提高淬透性、改善渗层质量,可采用合金渗碳钢。

渗碳质量的好坏,直接影响到渗碳后的组织性能和工件的使用寿命。实践证明,渗层表面的碳浓度、渗层深度和碳浓度梯度是评定渗碳质量的主要技术指标。

渗层的碳浓度:表面碳浓度一般应控制在 0.85% ~1.05% C 范围内。碳浓度过低则耐磨性不够,疲劳强度较低。碳浓度过高则渗层变脆,一旦出现网状或块状碳化物,很容易剥落,影响使用寿命。渗碳层的浓度梯度也应满足一定要求。

渗碳层的深度 δ:为了提高工件的疲劳强度,渗碳层的总深度和工件断面之间有一个经验的比例关系:

轴类零件:$\delta = (0.1 \sim 0.2)R$,R——半径(mm)。

齿轮:$\delta = (0.2 \sim 0.3)m$,m——模数(mm)。

薄片零件:$\delta = (0.2 \sim 0.3)t$,t——厚度(mm)。

对于某种零件最适宜的渗碳层深度 δ,只有根据具体情况经过反复实践,找出规律来确定。一般说来,小截面及薄壁零件的渗碳层深度不应超过工件截面的 20%,大工件也不超过 2 ~3mm。工件材料不同,工作条件不同,对渗碳层深度的要求也不同。

渗层的碳浓度梯度越平缓下降,则渗层的硬度梯度降也越小,这对改善过渡层的应力状态,使渗层与心部牢固结合是有利的。

1. 渗碳工艺

1)气体渗碳

气体渗碳是将工件放在一定温度的富碳气体介质中,加热并保温而进行渗碳的工艺。

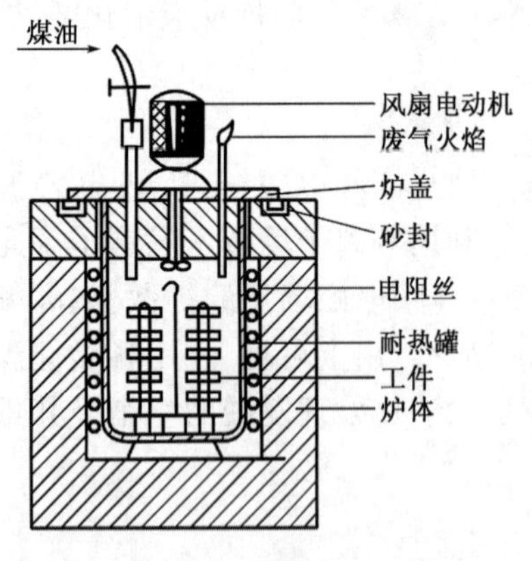

图 16-5　气体渗碳装置示意图

图 16-5是一种气体渗碳装置示意图。气体渗碳相比固体渗碳具有操作简便、周期短、质量容易控制、劳动条件好等优点。气体渗碳是当前渗碳工艺中应用最广泛的方法。

(1)渗碳剂的选择

生产中使用的气体渗碳剂有两大类:一类是碳氢化合物有机液体,如煤油、甲苯、乙醇、丙酮等,将这些液体滴注或喷射进高温气体渗碳炉内,经热分解后产生渗碳气体。另一类是气体介质,如天然气、液化石油气、城市煤气及吸热式控制气氛等,可直接通入渗碳炉中,经裂解后进行渗碳。

选用液体介质时应考虑如下因素:

①渗碳能力要强,能产生足够的活性炭原子。液体介质的渗碳能力,可以用碳氧比和碳当量来衡量。碳氧比是指有机液体分子中碳和氧的原子个数比,碳氧比大于 1 的液体介质,在高温下除分解出大量的一氧化碳和氢外,同时还分解出一定量的活性炭原子,因此可以作为渗碳剂。碳氧比越大,分解出的活性炭原子就越多,渗碳能力就越强。碳当量是指产生一摩尔碳所需的物质的量。碳当量越大,该物质的渗碳能力越弱;碳当量越小,则它的渗碳能力越强。表 16-7列出了常用液体介质的碳氧比、碳当量和化学反应式。可以看出,它们的渗碳能力,从大到小的顺序是:乙醚、丙酮、异丙醇、乙酸乙酯、乙醇、甲醇。

常用有机液体的碳氧比与碳当量　　表 16-7

物　质	分子式	分子量	反　应　式	碳氧比	碳当量
甲醇	CH_3OH	32	$CH_3OH \rightarrow CO + 2H_2$	1	—
乙醇	C_2H_5OH	46	$C_2H_4OH \rightarrow [C] + CO + 5/2H_2$	2	46
异丙醇	C_3H_7ON	60	$C_3H_7OH \rightarrow 2[C] + CO + 4H_2$	3	30
乙醚	$C_2H_5OC_2H_5$	74	$C_2H_5OC_2H_5 \rightarrow 3[C] + CO + 5H_2$	4	24.7
丙酮	CH_3COCH_5	58	$CH_3COCH_3 \rightarrow 2[C] + CO + 3H_2$	3	29
乙酸乙酯	$CH_3COOC_2H_5$	88	$CH_3COOC_2H_5 \rightarrow 2[C] + 2CO + 4H_2$	2	44

②气氛成分的稳定性。在实际生产中选用的渗碳剂,并不需严格控制就能维持气氛的成分近似于恒定,从而使渗碳时炉气能保持恒定的渗碳能力,使渗碳气氛易于调整和控制。

③形成炭黑的倾向小,杂质少。炭黑是有害的分解产物,沉积在工件表面会妨碍活性炭原子的吸收,降低渗碳速度,造成渗碳不均匀。实验证明炭黑和结焦多半是不饱和碳氢化合物分解形成,所以不饱和烃的含量应减到最低限度,一般应控制在 0.4% 以下。硫是渗碳气氛中的有害杂质,应严格控制,一般煤油中的含硫量应低于 0.04% 。

④安全经济。原料要符合国家资源条件,尽量选用来源广、价格便宜的原料。特别要注意储运和使用的安全以及防止公害等问题。

气体介质有天然气、城市煤气、石油液化气等。天然气主要成分为甲烷,甲烷在高温下吸热发生分解直接析出活性炭原子:$CH_4 \rightarrow [C] + 2H_2$,由于天然气含甲烷量很高(90% ~95%),是一种活性很强的渗碳气体,为避免多余碳原子结合成炭黑,必须加入“冲淡气”才能使用。

城市煤气是由饱和碳氢化合物、不饱和碳氢化合物、一氧化碳、氢和氮等组成，其具体成分由当地煤气站决定。液化石油气是石油开采和提炼过程中的副产品，在常温下为气体，加压液化后装入钢瓶内使用，其主要成分是丙烷和丁烷，还含有一定数量的丙烯和丁烯。热处理使用的液化石油气丙烷、丁烷含量要求在85%以上，不饱和烃应少于5%，含硫量应在190～230mg/m^3以下。为避免产生大量炭黑，液化石油气需与渗碳能力弱的气体混合后使用。

(2)常用渗剂的分解产物

有机液体的分解产物主要是：CO、C_nH_{2n+2}、C_nH_{2n}、H_2、CO_2、H_2O及N_2。其中N_2是中性气体，CO、C_nH_{2n+2}、C_nH_{2n}都是渗碳气体，有一定的渗碳能力，而CO_2、H_2O是脱碳气体。

CO是渗碳气氛中的主要组分。在渗碳温度下，它将在工件的表面产生活性炭原子，化学反应如下：

$$2CO \rightleftharpoons CO_2 + [C] + 1.72 \times 10^5 J$$

这是一个放热反应，随着温度升高分解出活性炭原子的能力降低，所以CO是一种弱的渗碳气体。

饱和碳氢化合物(CH_4、C_2H_6、C_3H_8等)在渗碳温度下发生如下分解反应，析出活性炭原子。

$$CH_4 \rightleftharpoons 2H_2 + [C] - 7.4 \times 10^4 J$$

这是一个吸热反应，所以升高温度将会提高甲烷的活性。实践证明甲烷是一个很强的渗碳气体，一般将其含量控制在1.5%左右，含量过高将会有炭黑生成，影响渗碳的正常进行。

不饱和碳氢化物(C_2H_4、C_3H_6等)，在高温下容易发生聚合反应，形成高分子碳氢化物，形成结焦或炭黑，影响渗碳的正常进行，所以对这种气体要严格控制，越低越好。

H_2能使钢脱碳，但高温下进行的不强烈，在炉气中含量较高时，可以延缓碳氢化合物的分解过程，阻止不饱和碳氢化物的形成和炭黑的产生。即：

$$2H_2 + C \rightleftharpoons CH_4$$

$$H_2 + C_3H_6 \rightleftharpoons C_3H_8$$

同时，氢气还是强还原性气体，能保持钢的表面不氧化。氢气是渗碳气氛中的重要组成物之一。

对渗碳气氛中的氧化性气体(CO_2、H_2O、O_2等)，必须严加控制，一般控制在0.5%以下。

(3)渗碳的基本过程

渗碳符合化学热处理的一般规律，包括分解、吸收、扩散三个基本过程。渗碳剂在高温下分解，产生活性炭原子，CH_4和CO是提供活性炭原子的气体，分解产生的活性炭原子被工件表面吸收，与基体金属形成固溶体或化合物，过量的活性炭原子将形成炭黑，沉积于工件表面或炉罐上。碳溶于奥氏体后，表面的含碳量迅速提高，导致碳的定向扩散。高温下，渗碳层是其中碳浓度从表面呈连续减少的单一奥氏体相。在缓慢冷却过程中，奥氏体按铁碳相图转变，即过共析区形成珠光体＋二次渗碳体组织，接近共析区形成珠光体组织，亚共析区转变成铁素体＋珠光体组织。

(4)碳势控制

碳势表示在一定条件下渗碳气氛改变工件表面含碳量的能力。通常可用低碳钢箔在渗碳气氛中的平衡含碳量来表示。碳势对渗碳质量起重要作用，所以在生产中控制炉气的碳势非常必要。

用可控气氛进行渗碳，实际上就是根据渗碳各阶段的碳势要求，来调节和控制炉气成分进行渗碳。炉气碳势的高低反映了渗碳能力的强弱。

在滴注式可控气氛渗碳时，是同时向炉内滴入两种有机液体。一种是甲醇，分解后相当于稀释气体（载气）；另一种是煤油（或丙酮等），分解形成渗碳能力较高的富化气（渗碳气）。通过调节两种液体的相对滴量来控制炉内碳势，达到控制渗碳的目的。滴注式可控气氛在周期式作业炉（井式气体渗碳炉）中非常方便和适用。

在大量生产中，广泛采用吸热式气氛作载气，同时通入富化气（如丙烷、丁烷等），通过调节两种液体的相对滴量来控制炉内碳势，达到控制渗碳质量的目的。制造吸热式气氛的原料有天然气、丙烷等。原料气和空气按一定比例混合后，在发生器中加热，在镍基催化剂（镍触媒）的作用下而生成的气体，其化学反应如下：

$$C_nH_{2n+2} + n(1/2O_2 + 1.88N_2) \rightleftharpoons nCO + (n+1)H_2 + 1.88nN_2 - Q$$

生成的吸热式气氛的组分取决于所使用的碳氢化合物和空气的混合比。

在炉气中，H_2O 和 CO_2 在反应平衡时可用水煤气反应来表示：

$$CO + H_2O \rightleftharpoons CO_2 + H_2$$

在不同温度下反应平衡时，各气体组成也有一定的对应关系。可以通过控制炉气中的 CO_2 或 H_2O 来达到控制炉内碳势的目的。炉气中 CO_2 和 H_2O 的含量可用专门仪器来检测。例如：用红外线 CO_2 气体分析仪测定 CO_2 含量，用露点仪测定 H_2O 的含量，再通过适当的二次仪表与执行机构，就可以按工艺规定的碳势来调节载气与富化气的组分与配比，实现自动控制。当然也可以用氧探头测定和控制炉气中的氧分压，来控制炉气碳势。还可以通过低碳钢箔直接测定炉气的碳势来进行炉气控制。

(5)气体渗碳的主要工艺参数

①渗碳温度

温度对渗碳速度、表面碳浓度以及渗层的碳浓度梯度影响很大。随温度升高，碳在奥氏体中的扩散系数呈指数增加，渗碳速度加快。但温度过高，会导致奥氏体晶粒显著长大，影响工件的机械性能，增大变形量。所以一般常采用 900 ~ 950℃，但在材料和设备允许情况下也可到 950 ~ 1 000℃。

②渗碳时间

由扩散定律导出的 $\delta = kt^{0.5}$，也适用于渗碳。从大量的生产实践中证明下列关系成立，其中：t 为渗碳时间(h)，δ 为渗层深度(mm)。

925℃渗碳时，$\delta = 0.63t^{0.5}$；

900℃渗碳时，$\delta = 0.54t^{0.5}$；

870℃渗碳时，$\delta = 0.46t^{0.5}$。

渗碳时间主要根据对渗层深度的要求来确定，必须考虑渗碳温度、碳势、设备调剂等影响因素。生产过程中常用对随炉试样渗层深度的检查来最后确定加热时间。

③渗碳剂的供应量

加入适量的渗碳剂，保证工件表面的热分解气体不断更新，不断提供活性炭原子，是渗碳的必要条件。渗剂的供应量必须保证工艺提出的碳势要求，使分解、吸收、扩散过程相协调。有人推荐：强渗阶段每平方米吸碳表面积每分钟的煤油供应量为1mL，扩散阶段的煤油消耗量为强渗阶段的1/5。

(6)气体渗碳的工艺过程

气体渗碳的工艺过程是由加热、渗碳、扩散和冷却四个阶段组成的。每个阶段都需相应地控制温度、时间及炉气的碳势。以滴入式气体渗碳为例说明渗碳的工艺过程，图16-6所示可供参考。

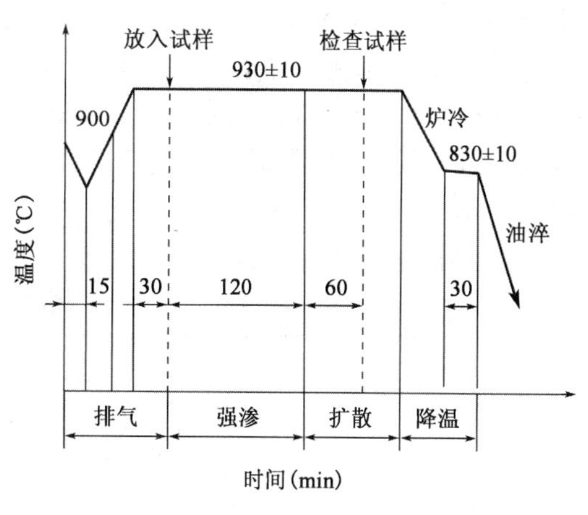

图16-6　20CrMnTi汽车齿轮渗碳工艺曲线
(渗层深度0.9~1.3mm)

①升温排气阶段

工件入炉，必然引起温度降低，同时带有大量空气，为防止工件氧化，通常采用加大煤油或甲醇滴入量，并敞开排气口，以使炉内气体尽快恢复为还原气氛。在仪表指示达到渗碳温度后排气阶段常需延长30min，以使炉内各处温度均匀及工件透烧，并使炉气中的CO_2和O_2含量降至0.5%以下。

②渗碳阶段

渗碳阶段的煤油滴入量也较高。一般控制炉气的方法有两种：固定碳势法(一段法)和分段控制法。

固定碳势法是指在整个渗碳过程中，炉内碳势基本保持恒定，渗碳剂的滴入量始终保持不变，工件长期在一个渗碳能力固定的气氛中渗碳的方法。此法操作简单，但生产周期较长，表面碳浓度高，浓度梯度较大。

分段控制法是将整个渗碳过程分成两段，第一段为强渗阶段，采用大的煤油滴量，使炉气保持高碳势(如1.3%~1.5%C)，让工件表面吸收过量的碳，形成大的浓度梯度，以加速扩散。第二段为扩散阶段，减少煤油滴量，适当降低炉内碳势，使工件表面的碳向内部扩散或向炉气中逸散，最后得到表面所需的碳浓度和渗层深度。

分段控制法比固定碳势法操作复杂，但渗碳质量好，过渡层较平缓，且渗速快，可以显著缩短渗碳周期。

③冷却阶段

在渗碳阶段停止前一个小时，取出试样，检查渗层深度，确定出炉时间，降温出炉。在降温过程中，要保持炉内碳势，出炉工件一般应采用空冷或在冷却坑内冷却，应注意防止和减少工件表面的氧化脱碳。在连续气体渗碳炉中进行渗碳，按工艺要求可分为若干区段，分别控制各区段的炉温和碳势，按工件尺寸和技术要求调整进料周期，以控制工艺时间。

2)固体渗碳

固体渗碳是将工件放在填充固体渗碳剂的密封箱中，在一定温度下，加热和保温进行渗碳的工艺。固体渗碳剂主要由两类物质组成：一类是提供活性炭原子的供碳剂，如木炭，焦炭等；另一类是渗碳剂，如碳酸钡和碳酸钠等。

在渗碳箱中,木炭颗粒(平均直径3~8mm)间有空气存在。在渗碳温度下,空气中的氧与木炭化合,生成一氧化碳。在高温下CO不稳定,它将分解出活性炭原子和CO_2,此活性炭原子渗入工件表面,并向内部扩散。CO_2又与灼热的木炭生成CO,CO又分解出[C],如此反复连续进行,使活性炭原子不断产生并渗入工件。因此,固体渗碳实际上还是气体渗碳,只不过是借助于木炭产生CO渗碳气体而已。为了保证渗碳气氛通畅,渗碳剂应呈颗粒状。

催渗剂的作用在于加速渗碳过程,其加速原理目前有各种解释,一般认为碳酸盐在高温下分解出CO_2,加快了CO的形成。也有人认为:碱金属和碱土金属碳酸盐中的金属离子与木炭中的碳原子(离子)作用,减弱了碳原子的键合力,提高了它与CO_2生成CO的反应速度,从而加快了渗碳。

固体渗碳剂的成分如表16-8所示。

固体渗碳剂成分 表16-8

渗碳剂	成分(%)			
	木炭	碳酸钠	碳酸钡	碳酸钙
1	95	—	5	—
2	90~85	10~15	—	
3	87~92	5~10	—	3

固体渗碳温度一般为930℃,对含Ti、V、W、Mo的合金钢,渗碳温度可以提高到950~980℃,以加速渗碳过程。

保温时间可根据渗碳层要求而定。一般渗碳速度为0.1~0.15mm/h(930℃±10℃范围内),也可用表16-9所列数据来决定保温时间。

固体渗碳保温时间 表16-9

渗碳箱最大面尺寸(mm)	渗碳层深度(mm)							
	0.25	0.5	0.7	0.9	1.1	1.2	1.3	1.4
	工件在炉中停留时间(h)							
100	3.0	4.0	5.0	6.0	7.0	7.5	8.0	8.5
150	3.5	4.5	5.5	6.5	7.5	8.5	6.5	10.5
200	4.5	5.5	6.5	7.5	8.5	9.5	10.5	11.5
250	5.5	6.5	7.5	8.5	9.5	10.5	11.5	12.5

3)液体渗碳

液体渗碳是工件在一定温度的含碳活性盐浴中加热和保温,进行渗碳的工艺。熔融的渗碳液体由三部分物质组成:第一部分是加热介质,根据盐浴温度不同,可用不同成分,如在850~950℃范围内,可用NaCl和$BaCl_2$混合盐;第二部分是渗碳介质,过去常用有剧毒的氰盐,现在改用无毒渗碳剂,如SiC、石墨、木炭、"603"等;第三部分是催化剂,常用碳酸盐,如Na_2CO_3、$BaCO_3$等。表16-10是以碳化硅和"603"为渗剂的盐浴成分。表16-11是我国开发的"603"渗剂的不同配方。

以 SiC 及"603"为渗剂的盐浴成分 表 16-10

组成物	含量(%)	
	SiC 盐浴	603 盐浴
碳酸钠(Na_2CO_3)	75~85	10
氯化钠(NaCl)	10~15	35~40
氯化钾(KCl)	—	40~45
碳化硅(SiC)	6~10	—
603 渗碳剂	—	10

"603"渗剂的配方 表 16-11

组成物	含量(%)		
	配方一	配方二	配方三
活性炭	80	60	60
氯化钠(NaCl)	10	10	10
氯化钾(KCl)	—	10	—
氯化铵(NH_4Cl)	—	10	10
氯化锌($ZnCl_2$)	3	3	3
氯化钡($BaCl_2$)	7	7	7
碳酸钠(Na_2CO_3)	—	—	10

4)非渗碳表面的保护

有的渗碳件局部表面不需要渗碳,可采用下列方法进行防护:

①预留加工余量法:对不需要渗碳的部位,预留一定的加工余量,一般为渗层的 1.5~2 倍,待渗碳后用切削加工的方法将该处切掉。

②镀铜法:在非渗碳面镀一层铜,能有效地防止碳原子的渗入,镀层厚度与工件渗碳层深度有关,可参考表 16-12 中所列数据。

防渗碳镀铜层与渗碳层深度关系 表 16-12

渗碳层厚度(mm)	<0.8	0.8~1.2	>1.2
镀铜层厚度(mm)	0.01~0.02	0.03~0.04	0.05~0.07

③涂层法:在非渗碳表面涂上一层防渗涂料,可防止碳原子渗入,但涂层必须均匀,涂后要烘干,如涂层产生裂纹,则此处失去防护作用。

④堵孔法:对不需渗碳的孔或丝孔等,可用耐火泥、石棉粉和水玻璃混合物堵塞,也可用防渗涂料堵塞防渗。

2. *渗碳后的热处理*

渗碳仅能改变工件表层的含碳量,只有经过随后的淬火及回火处理,才能使表层的组织和性能发生改变,获得表硬里韧的强化要求。由于渗碳后工件表面与心部的含碳量不同,对性能的要求也各异,而且在长期间高温渗碳过程中可能引起奥氏体晶粒粗化,所以在制定渗碳件的热处理工艺时必须考虑这些特点。常用的渗碳零件热处理工艺方法有如下几种(图 16-7)。

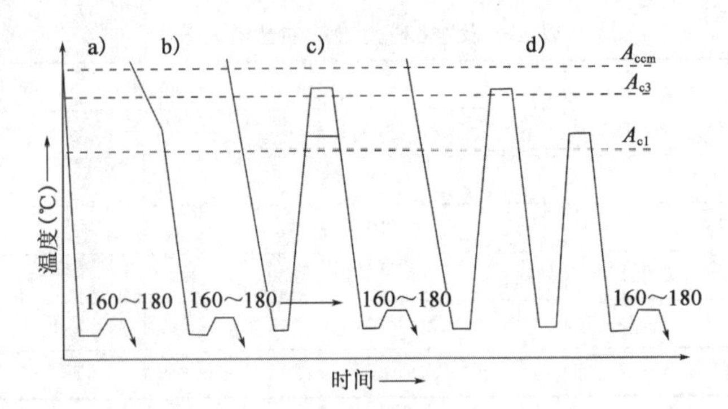

图 16-7　常用的渗碳零件热处理工艺方法

(1)直接淬火法

工件渗碳后直接淬火,如图 16-7a)所示,这种方法只适用于本质细晶粒钢渗碳件。其特点是操作简便、生产效率高、脱碳少,适用于大批量生产。将工件预冷到略高于 A_{r3} 的温度,然后淬火的方法称为预冷直接淬火法,如图 16-7b)所示。

(2)一次淬火法

如图 16-7c)所示,工件渗碳后炉冷或空冷至室温,然后再重新加热到淬火温度,经保温后淬火。其淬火加热温度的选择,视钢材成分和技术要求而定。对心部组织和性能要求较高的合金渗碳钢,淬火温度应稍高于心部的 A_{c3},以细化心部组织,淬火后得低碳马氏体。对于一般碳钢渗碳件,一次淬火温度选在 A_{c1} ~ A_{c3} 之间(如 820 ~ 850℃),兼顾表面与心部的组织与性能。对于只要求表面耐磨,而心部组织和性能无严格要求的渗碳件,淬火温度根据表层含碳量选择,略高于 A_{c1}(760 ~ 780℃)即可。

(3)两次淬火法

如图 16-7d)所示,将渗碳缓冷到室温的工件进行两次加热淬火。第一次淬火目的是细化心部组织和消除表面网状碳化物,加热温度应在心部 A_{c3} 以上(850 ~ 900℃),一般用油冷。第二次淬火加热到 A_{c1} ~ A_{c3} 之间(760 ~ 780℃),以改善渗碳层的组织和性能,获得细针状马氏体和细粒状碳化物组织。第二次淬火加热时保温时间要短,仅使表面层形成细晶粒的奥氏体后即进行淬火,以增加板条状马氏体,改善渗碳层的韧性。如果保温时间过长,会使心部有较多的铁素体析出而强度下降。两次淬火法加热次数多,工艺较复杂,生产成本高,能源消耗大,并容易造成氧化、脱碳和变形。因此,两次淬火法仅适用于承受高荷载的工件。

3. 渗碳件的质量检查

(1)渗碳层的深度

常用随炉渗碳试样来判别,常见的方法有:

①断口分析法:将渗碳试样淬火后打断观察,渗层断后呈白色瓷状,未渗碳部位为灰色纤维状,两层交界处的含碳量约为 0.4%。为清楚地显示渗碳层,可将试样断口磨平或抛光,用 4% 硝酸酒精溶液腐蚀,渗碳层呈黑色,中心部分呈灰色,可直接用读数放大镜测出渗层深度。

②金相分析法:在退火状态下进行测量,目前对测量渗碳层深度的计算方法不一,一般对碳钢工件是从表面测到过渡区的 1/2 处,对合金渗碳钢工件则从表面测到出现原始组织为止。这样规定主要考虑实际强化效果,测量比较方便,而且与断口分析法测得的结果相符。

③硬度法：有的国家规定，渗碳淬火层深度为从表面向里到硬度 HV550 或 HRC50 处的距离，该法以硬度为测量指标，便于比较。

(2)硬度检查

应根据技术要求和工艺规定的部位检查硬度。一般要求检查淬火及低温回火后的表面硬度和心部硬度。例如，汽车渗碳齿轮规定齿面硬度以齿顶表面硬度为准，硬度要求 HRC58～63；心部硬度以齿断面距齿顶 2/3 齿高处为准，硬度要求 HRC33～48。对于薄层渗碳件应采用显微硬度计测量。

(3)金相组织检查

渗碳件淬火及回火后的金相组织检查，一般包括表层碳化物的数量及分布特征，马氏体粗细与残余奥氏体的数量，心部游离铁素体的数量、大小与分布状态。具体工件的金相检查可查阅相关标准。

4. *渗碳层的组织*

一般低碳钢渗碳缓冷后的组织为：表层珠光体＋网状二次渗碳体，心部为铁素体＋珠光体，中间过渡层为珠光体，如图 16-8 所示。而其经渗碳、淬火、回火后的组织为：表层为回火马氏体＋颗粒状碳化物＋少量残余奥氏体，淬透时心部为回火马氏体＋铁素体，如图 16-9 所示。

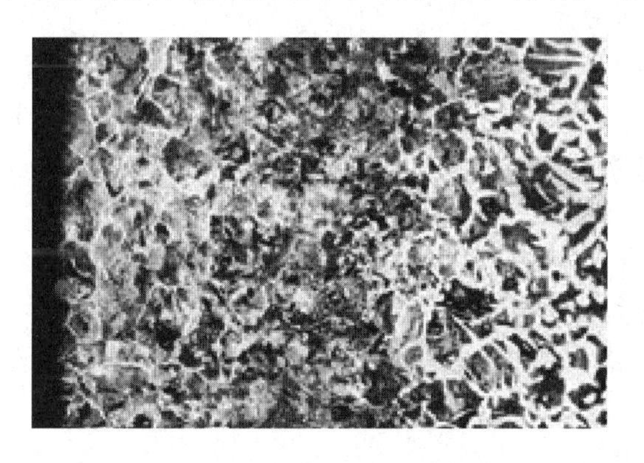

图 16-8　低碳钢渗碳缓冷后的组织

a)

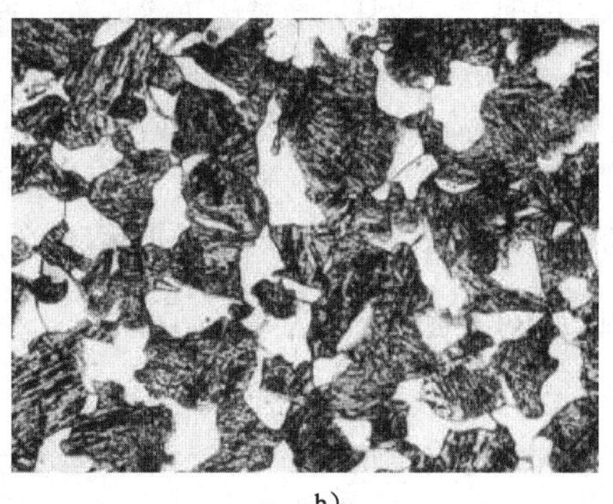

b)

图 16-9　低碳钢渗碳、淬火、回火后的组织

a)表层；b)心部

5.渗碳件常见缺陷及预防措施

(1)淬火硬度不足

造成淬火硬度不足的原因主要有两个方面:一是渗碳层碳浓度低,这可能是由于渗碳炉内碳势低、炉子漏气、炉内气氛不均、工件间相互接触或间距太小、工件脱碳等引起的。二是渗碳后热处理工艺不合理,如淬火温度过高,造成残余奥氏体量增多或淬火温度偏低,造成淬火后马氏体含碳量过低。

防止措施:选择正确的淬火温度和淬火方法,保证渗层碳浓度,采用冷处理,减少残余奥氏体量。如果渗层碳浓度过低,就应进行补碳或返修。

(2)渗碳层出现网状或大块碳化物

这是表层碳含量过高的组织特征,其原因是渗碳介质的活性太强,渗碳保温时间过长或渗碳后冷却速度过慢。这类碳化物增加了表层脆性,易使渗层产生剥落,降低使用寿命。

防止措施可通过严格控制炉气碳势,特别是扩散阶段的碳势,适当加快工件出炉后的冷却速度来解决。对已经出现网状碳化物的工件,则采用适当提高淬火温度或通过正火+淬火的办法来消除。

(3)心部硬度过高或过低

心部硬度过高的原因主要是淬火温度偏高,可适当降低淬火温度来防止。心部硬度过低,则是由于淬火温度偏低,保温时间过短,心部有未溶解的游离铁素体所造成。

防止措施适当提高淬火温度或重新加热淬火。

(4)渗碳层不均匀

包括渗碳层浓度不均和渗碳层厚度不均。产生的原因是炉气循环不良或漏气,炉温不均,工件表面不清洁,有油污,锈蚀,装炉不当等。

防止措施可通过严格清洗工件表面,定期清理炉罐积碳,加强炉子密封性等措施加以防止。

(5)表面非马氏体组织

某些合金钢件渗碳淬火后表层组织中出现一种沿晶界断续分布的黑色网状组织,它的存在会使表层硬度、耐磨性、疲劳强度等降低。产生的原因是由于渗碳介质中氧含量过高,渗碳时氧向钢内扩散并在晶界上形成铬、锰、硅等元素的氧化物,致使该处的合金元素贫化,造成局部淬透性降低,淬火后出现了网状屈氏体等黑色组织。

防止措施:控制炉气成分,降低氧含量,或采用冷却能力强的淬火介质,还可合理选择钢材,降低钢中锰、铬、硅含量,以及添加钼、钨等元素。

四、钢的渗氮

在一定温度下使活性氮原子渗入工件表面的工艺称为渗氮,又称氮化。渗氮能使工件获得比渗碳更高的表面硬度、耐磨性、疲劳强度以及抗咬合性,也可提高工件在某些介质中的抗腐蚀能力。渗氮温度比渗碳温度低(一般渗氮温度为500~600℃),而且渗氮层能直接获得高硬度,避免了因淬火引起的变形。因此,广泛应用在精密工件的表面处理上,如镗床主轴、精密机床的丝杆、内燃机曲轴精密齿轮、气缸套、气阀以及工模具等工件的最终处理。

1. 渗氮的基本原理

(1)铁-氮状态图

铁-氮状态图(图16-10)是研究渗氮层组织、相结构及氮浓度沿渗层分布的重要依据。由图可见,铁和氮可以形成五种相,并有两个共析反应。

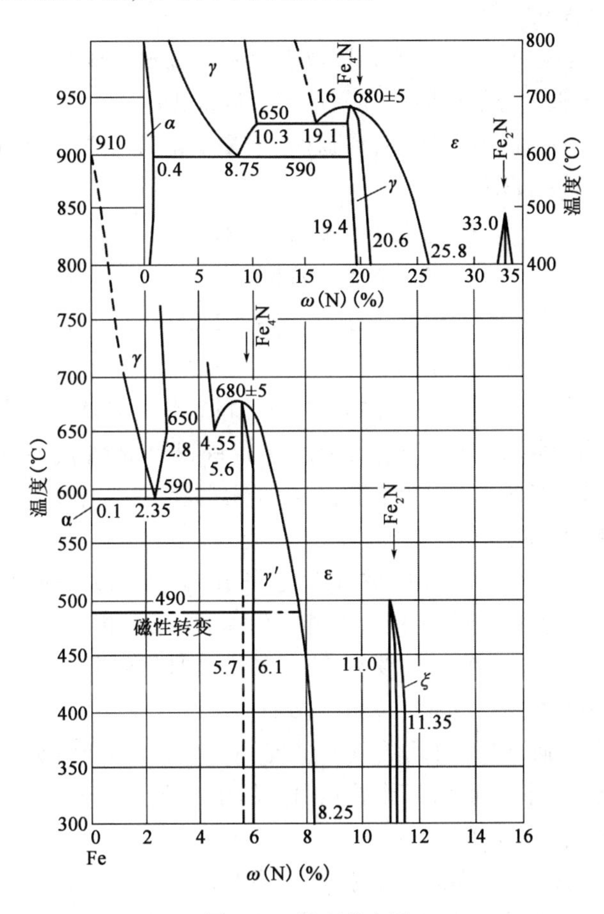

图16-10　铁-氮状态图

α 相:是氮在 α-Fe 中的固溶体,也称含氮铁素体。具有体心立方晶格,氮原子在 α-Fe 中的最大溶解度(590℃时)为0.1%,在室温时不超过0.001%。

γ 相:是氮在 γ-Fe 中的固溶体,也称含氮奥氏体。具有面心立方晶格,γ 相在共析温度590℃以上存在,共析点含氮量为2.35%,在650℃时溶解度最大为2.8%。当温度缓慢降低通过590℃时,γ 相发生共析转变($\gamma \rightarrow \alpha + \gamma'$)。如在 γ 相区淬火,则可得到含氮马氏体。

γ'相:是可变成分的间隙相,具有面心立方晶格,450℃时含氮量为5.7%～6.1%,氮原子有序地占据在由铁原子组成的面心立方晶格的间隙中,当含氮量为5.9%时,其成分符合 Fe_4N 化学式。γ'相在680℃以上分解并溶于 ε 相中。

ε 相:是可变成分的氮化物,具有密排六方晶格,在一般渗氮温度范围内,ε 相的成分大致在 $Fe_3N \sim Fe_2N$ 之间(8.25%～11.0% N)。随温度降低,ε 相中不断析出 γ'相,ε 相的一般式为 $Fe_{2-3}N$。

ζ 相:是以 Fe_2N 为基的间隙化合物,含氮量在 11.0% ~11.35% 之间,用 Fe_2N 表示,极脆,在 500℃以上转变成 ε 相。

两个共析反应是:在 650℃含氮为 4.55% 处发生 $\varepsilon \rightarrow \gamma + \gamma'$ 共析转变;在 590℃含氮为 2.35% 处发生 $\gamma \rightarrow \alpha + \gamma'$ 共析转变。

(2)渗氮的基本过程和渗氮层组织

渗氮和渗碳一样,也是由分解、吸收和扩散三个基本过程组成的。可分为渗氮介质(如氨气)的分解、活性氮原子被工件表面吸收和氮原子向内部扩散三个阶段。

生产中通常用氨(NH_3)作为渗氮剂,渗氮时,将氨不断通入温度在 500 ~ 600℃的渗氮炉罐内,氨在高温下发生下列反应:

$$2NH_3 \rightarrow 2[N] + 3H_2$$

$$Fe + NH_3 \rightarrow FeN + 3/2H_2$$

$$2Fe + NH_3 \rightarrow Fe_2N + 3/2H_2$$

$$4Fe + NH_3 \rightarrow Fe_4N + 3/2H_2$$

氨分解产生的活性氮原子部分被工件吸收,剩余的很快复合成分子态氮,其和氢等一起从废气中排出。工件表面吸收的活性氮原子,溶解在 α-Fe 中形成含氮固溶体,饱和后形成各类氮化物。随着表面氮含量的增多,α 固溶体中形成自表面到心部的氮浓度梯度。由此,氮原子不断地向内层扩散,逐渐形成渗氮层。

纯铁渗氮层组织结构的变化可根据铁-氮状态图分析:在 500 ~ 590℃渗氮时,表面首先形成 α 固溶体,当浓度达到饱和时,便转变为 γ' 相,随后再形成 ε 相。在此渗氮温度下形成的渗氮层由表及里依次为 ε-γ'-α。渗氮温度在 590 ~ 650℃时,渗层组织将依次为 ε-γ'-γ-α。在 500℃以下渗氮时,由表及里依次可能为 ζ-ε-γ'-α。

ζ 和 ε 相的抗蚀性很强,在金相显微镜下呈现一光亮层,不能清晰区分。γ' 单相区极窄,也不易观察到,所以在显微镜下通常只能看到白亮的化合物层和暗黑色的扩散层。

(3)碳及合金元素对渗氮层的影响

碳的影响:钢中碳的存在,对氮原子的扩散有很大影响。因为碳原子在 α-Fe 和 γ-Fe 中形成间隙固溶体,钢中含碳量越高,碳原子所占据的间隙位置就越多,碳原子在 α-Fe 和 γ-Fe 中的运动阻力就会增大,扩散就越困难。

碳可以溶于含氮的 γ 相,组成含碳氮的奥氏体。碳也可溶于 ε 相,形成含碳的氮化物 $Fe_{2-3}(N,C)$。碳在 ε 相中溶解度很高,在 550 ~ 600℃时可达 3.4% ~3.8%。含碳的 ε 相具有较高的硬度、耐磨性、耐蚀性和疲劳强度,并具有一定的韧性。

合金元素的影响:钢中大多数合金元素能与氮形成氮化物,其形成的氮化物稳定性按下列次序依次下降,即 Ti、Al、V、W、Mo、Cr、Mn、Fe 的氮化物。常用的合金渗氮钢 38CrMoAlA,在共析温度(590℃)渗氮时,当表面上的氮浓度达到 α-Fe 的饱和极限时,便会和氮化物形成元素发生作用,开始时只与亲和力最强的元素 Al 起作用,形成弥散的氮化铝,然后形成氮化钼,最后形成氮化铬。当表面层合金元素形成了氮化物之后,再继续渗氮,便会使 α-Fe 转变成为 γ' 相和 ε 相。分析表明:大多数的氮化物呈弥散状分布在渗氮层中,使渗氮层表现出极高的硬度(HV1 000 ~1 200)、耐磨性、高的红硬性以及良好的抗腐蚀性。

2. 渗氮工艺

1）渗氮前的热处理和装炉前的准备

渗氮处理是工件最后的热处理工序。为保证工件心部具有良好的综合机械性能，消除加工应力，减少渗氮过程中的变形和为得到好的渗氮层作组织准备，工件在渗氮前一般都要进行调质处理，获得均匀细小的回火索氏体组织。

对于形状复杂的精密工件，在机械加工后应进行一至二次消除应力处理，温度应低于调质回火温度，以免降低硬度。

38CrMoAl 钢调质淬火温度选用 930 ~ 950℃，按不同的硬度要求在 600 ~ 650℃ 范围回火，回火时间以 25mm/h 计算。调质后的组织为回火索氏体，其机械性能大致为：$\sigma_b = 9.8 \times 10^7 N/m^2$，$\sigma_s = 8.33 \times 10^7 N/m^2$，$\delta = 14\%$，$\alpha_k = 8.8 \times 10^3 J/m^2$。

渗氮处理是一项细致而复杂的工作，在装炉前要做好一系列准备。对要求局部渗氮的工件，非渗氮面必须加以防护，通常采用镀铜、镀锡、镀镍或用防渗涂料覆盖（如水玻璃 + 10% ~ 20% 石墨粉）等方法防护。在装炉前，如果工件表面沾有油污、锈斑、脏物等，将会严重影响渗氮质量。所以，为了使渗氮过程顺利进行，工件表面必须认真清理和清洗，一般可采用四氯化碳和汽油、酒精等进行去油、脱脂。

此外，装炉时，工夹具也应保持干净，对易变形的细长工件应垂直吊装，间距要均匀，以保证气氛畅通。

2）强化渗氮的工艺参数

对渗氮过程起主要作用的工艺参数是渗氮温度、渗氮时间和氨分解率。

（1）渗氮温度

渗氮后的表面硬度，主要决定于氮化物的弥散度。氮化物的弥散度越大，硬度越高。当渗氮温度在 500℃ 以下，氮化物聚集不明显，温度对氮化物的弥散度影响较小，硬度变化不大。当渗氮温度超过 500℃，氮化物迅速聚集长大，表面硬度层显著降低。

随着渗氮温度的升高，氮原子的扩散速度显著增大，渗氮层增厚。但是渗氮工件的变形量也随着温度的升高而增大。

确定渗氮温度时，应综合考虑温度对渗氮层深度、表面层硬度与变形量的影响。通常在 480 ~ 560℃ 范围内选择。对于形状复杂并以获得表面高硬度为目的的工件，常选用 500 ~ 530℃ 为宜。

（2）渗氮时间

渗氮温度一定时，渗氮层的深度取决于渗氮保温时间。

随着渗氮时间的延长，渗氮层深度增长速度逐渐减慢。过分延长渗氮时间，不仅对渗层的增厚无益，而且会使表面硬度因氮化物的聚集而有所降低。实践表明，38CrMoAlA 渗氮钢在正常渗氮温度（510 ~ 560℃）下，当渗氮层深度在 0.4mm 以内时，平均渗氮速度为 0.015 ~ 0.02mm/h；渗氮层深度在 0.4 ~ 0.7mm 时，平均渗氮速度为 0.005 ~ 0.015mm/h。渗层越深，渗速越慢。

（3）氨分解率

氨气是最常用的气体渗氮介质。在含氨气的气氛中，渗氮剂的渗氮能力取决于氨气的分解状况,氨分解率表征炉内氨的分解程度,是指炉气中氢、氮混合气占炉气体积的百分比,可按式(16-10)计算。

$$氨分解率=\frac{氢气体积+氮气体积}{炉气总体积}\times 100\% \tag{16-10}$$

氨分解率的大小取决于渗氮温度、氨气流速、炉内压力、渗氮工件的表面状态及有无催化剂等因素。实践证明,对于一定的工艺温度,氨分解率应控制在一定的范围内。如果分解率过低,大量的氨来不及分解,提供活性原子的概率低,不仅渗氮速度慢,而且造成氨气浪费;如果分解率过高(大于 80%),由于炉中氮气浓度很高,吸附在工件表面反而阻碍氮的渗入。表 16-13 为常用渗氮钢渗氮时氨分解率的合理范围。

渗氮温度和氨分解率的合理范围 表 16-13

渗氮温度(℃)	500	510	525	540	560	600
氨分解率(%)	15 ~ 25	20 ~ 30	25 ~ 35	35 ~ 50	40 ~ 60	45 ~ 60

3)强化渗氮的工艺方法

渗氮件经清洗后一般冷炉装炉,封炉后(200℃以下)通氨排气,测量氨的分解率,待炉内空气驱尽(分解率等于零)即可升温。为了均匀加热,减少工件变形,升温要缓慢。渗氮结束后也应缓慢冷却,以减少工件变形。为防止空气倒灌而使工件氧化着色,冷却过程中要继续通入氨,一直到出炉。

生产上常用的渗氮规范有三种:

(1)一段渗氮法

又叫等温渗氮法,如图 16-11 所示:是在一个恒定的温度下,长时间进行保温的渗氮过程。前 20 ~ 40h 是表面形成氮化物阶段,用较低的氨分解率(18% ~ 30%)是为了使工件表面迅速吸收大量的氮原子,获得高的氮浓度。第二阶段是表面的氮原子向内部扩散,增加渗层厚度,采用较高的氨分解率(40% ~ 50%)。为了降低渗氮层脆性和硬度,在渗氮结束前 2h 进行退氮处理,将氨分解率提高到 90% 以上,然后冷却到 200℃ 以下出炉。在降温阶段仍需通入氨气,以防止空气进入渗氮炉,造成工件表面氧化。一段渗氮法操作简单,表面硬度高,变形小,但生产周期长,渗氮后表面易产生富氮的脆性白亮层。

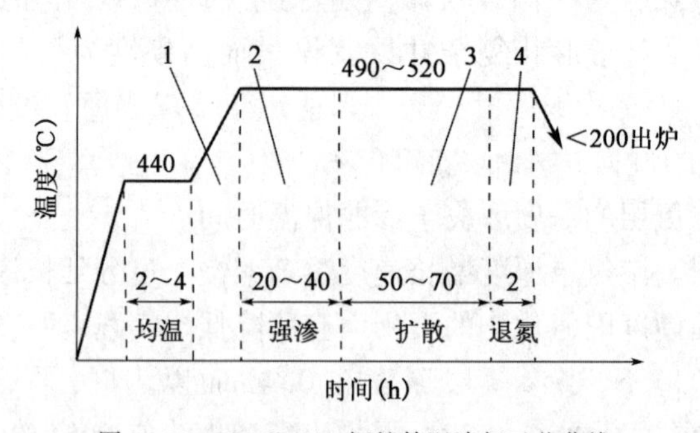

图 16-11 38CrMoAlA 钢的等温渗氮工艺曲线

1-<50℃/h;2-氨分解率 18% ~30%;3-氨分解率 40% ~50%;4-氨分解率 >90%

(2)二段渗氮法

如图 16-12 所示,这种方法有利于减少脆性白亮层。第一阶段与一段渗氮法相同,第二阶段把渗氮温度提高到 550 ~ 560℃,氨分解率提高到 40% ~60%,目的是使氮的扩散速度加快,从而缩短渗氮周期,提高生产率。但二段渗氮法温度高,工件变形增大,同时硬度也有所降低。

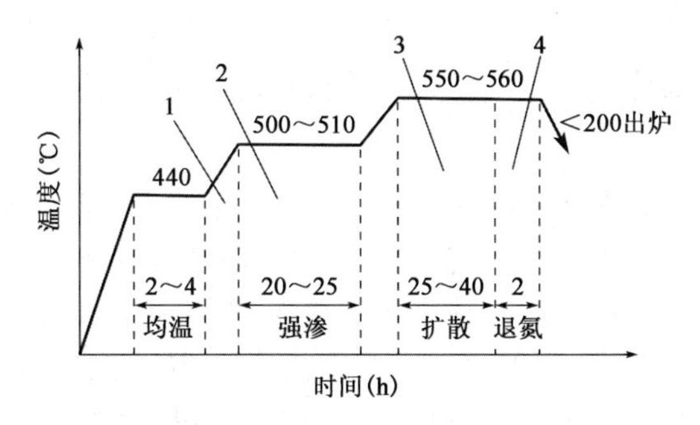

图 16-12　38CrMoAlA 钢的二段渗氮工艺曲线

1- <50℃/h;2-氨分解率 18% ~30%;3-氨分解率 40% ~60%;4-氨分解率 >90%

(3)三段渗氮法

如图 16-13 所示,是在二段渗氮法基础上的改进,其特点是:先在 500 ~ 510℃渗氮,使最外层达到饱和氮浓度;再将温度提高到 550 ~ 560℃,使氮原子充分向钢中扩散,达到一定的渗层深度;再降到 520 ~ 530℃,同时氨分解率也降到与第一阶段相当的程度。这种方法可以缩短渗氮周期,同时提高工件表面硬度。

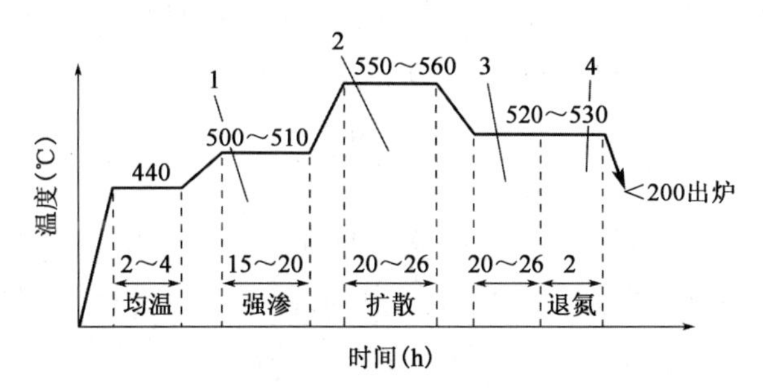

图 16-13　38CrMoAlA 钢的三段渗氮工艺曲线

1-氨分解率 18% ~30%;2-氨分解率 40% ~60%;3-氨分解率 30% ~40%;4-氨分解率 >90%

比较上述三种渗氮工艺,在得到同样渗氮层厚度的情况下,三段渗氮法时间最短。但从渗层硬度和工件变形等方面比较,则一段渗氮法质量最好。因此,一段渗氮法适用于要求表面硬度高而变形极小的工件,而二段或三段渗氮法则适用于要求表面较硬且结构简单的工件。渗氮是一个生产周期冗长的过程,故如何缩短工艺时间,提高生产率,降低成本,是渗氮工艺上值得研究的问题。

4)耐腐蚀渗氮工艺

碳钢、合金钢和铸铁都可以进行耐腐蚀渗氮,在渗氮后的工件表面形成一层(0.015 ~ 0.06mm)致密的、化学稳定性高的 ε 相,提高了工件的耐腐蚀性。

耐腐蚀渗氮的工艺范围,视材料而异。低碳钢耐蚀渗氮通常在 600 ~ 650℃,保温 0.5 ~ 3h,氨分解率为 20% ~70%,以获得均匀致密的渗氮层。渗氮后快冷,可以抑制 γ'相析出,减少脆性,提高耐蚀性,但会增加变形量。对于中碳钢及高碳钢工件,如果不仅要求高的耐蚀性,还要求高的表面硬度时,可将淬火与渗氮结合进行,例如,T7、T8、T10 钢在 770 ~ 790℃(氨分解率为70%～75%），GCr15钢在830℃（氨分解率为70%～80%），渗氮8～10min，然后在油中淬火冷却。回火视硬度要求而定，在渗氮炉中加热，并通入氨气保护。

3.加速渗氮的方法

气体渗氮周期长，生产率低，为了加快渗氮过程，可采用以下几种方法：

（1）化学催渗

在气体渗氮时，由于工件表面存在一层极薄的氧化膜，阻碍活性氮原子的溶解与吸收，影响渗氮速度。在强化渗氮过程中加入适量的NH_4Cl、CCl_4等催渗剂，产生化学反应。析出的氯化氢气体和表面的金属氧化膜反应，生成金属氯化物，破坏氧化膜，起到洁净表面促进渗氮的作用。形成的金属氯化物又可能同氨气反应形成氮化物，从而加速渗氮过程。实际应用中常将氯化铵与石英砂按1∶200均匀混合，以每m^3渗氮炉罐容积为0.2～0.7kg装于渗氮炉底部。

（2）电解气相催渗

在渗氮炉之外，增设一个密封电解槽，在通氨渗氮的同时，用氮气作为载气，将适当的电解气带入渗氮炉中。电解气中含有一定量的HCl和少量的O_2、Cl_2等气体，其对工件表面具有净化和活化作用，促使氨分解并提高工件表面的吸氮能力。由于电解气连续不断地通入，所以在整个渗氮过程中，工件表面始终处于洁净和活化状态，加速了渗氮过程。

（3）通氧渗氮

在气体渗氮中，活性氮原子通过氨气分解获得，而氨气分解会同时产生大量的氢气。从氨分解式$NH_3 \rightarrow [N] + 3/2H_2$，得到氮势的表达式见式（16-11）。

$$r = \frac{P_{NH_3}}{P_{H_2}^{\frac{3}{2}}} \tag{16-11}$$

由上式可见，炉气中氢分压（P_{H_2}）越大，则氮势越低，气氛的渗氮活性越弱；而P_{H_2}越小，则氮势越高，气氛的渗氮活性越大。在渗氮气氛中，通入一定量的氧气（例如100L氨气中加入1～6L的氧）或空气，氧和氢结合，将使气氛中氢的分压降低，减少氢对渗氮的阻碍作用，渗氮速度可以加快一倍。

（4）镀钛渗氮

预先对工件表面镀钛，经高温扩散后获得铁钛合金表层，然后进行渗氮，因钛和氮亲和力很强，利用这一特点可使金属表面迅速形成渗氮层，从而缩短渗氮周期。

除上述方法外，还有高频渗氮、真空离子渗氮等其他加速渗氮的方法。

4.渗氮层的质量检查

渗氮工件的质量检查，一般包括外观、表面硬度、脆性、渗氮层组织、渗氮层深度与变形等。

（1）外观检查

渗氮工件正常表面的颜色呈银灰色、无光泽。若局部出现亮点或亮块，则表明该处渗层不均。若表面出现浅蓝或黄色等，表明在渗氮或冷却过程中工件被氧化。虽然影响工件的美观，但是对使用性能并无显著影响。

（2）表面硬度检查

由于渗氮层薄，一般用维氏硬度或表面洛氏硬度计测定。选用的荷载要与渗氮层深度相适应。荷载过大，会压穿渗氮层；荷载过小，则测量不准确。

(3)脆性检查

渗氮层的脆性,可直接根据维氏硬度的压痕形状来评定。规定荷载为98N,缓慢加载,停留5～10s后卸载,将压痕放大100倍,再与相关评级标准对照检查。通常1～3级为及格,4～5级为不合格,不合格者可通过扩散处理或经磨削后再检查,若符合1～3级标准,仍算合格。

(4)渗氮层深度

常用的测定方法有断口法、金相法和显微硬度法。

断口法是将带缺口渗氮试样打断,渗氮层断口呈细陶瓷状,具有脆性破坏特征。心部断口较粗,具有韧性破坏特征。可用带刻度尺的放大镜直接观察、测量其深度。

金相法是将渗氮后的试样经磨平、抛光、腐蚀,在金相显微镜下观察。由于渗层与内部组织不同而显示明暗区别,故可测出其深度。

显微硬度法是利用维氏压头,荷载100g,从表面向里测至维氏硬度值HV500处的距离为渗氮层深度。

(5)金相组织检查

金相组织检查包括渗层组织和心部组织两部分,以38CrMoAlA钢为例,渗氮层组织最外层白色化合物应尽可能以单相存在,只要脆性评级为1～3级,均认为合格。但渗氮层中不允许出现网状、针状或鱼骨状氮化物,其会导致渗层发脆剥落。合格的心部组织应为细索氏体,不允许存在大块游离铁素体。图16-14为典型氮化层的组织。图中最外层为一白色ε或γ相的氮化物脆薄层,中间是暗黑色含氮共析体($\alpha+\gamma'$)层,心部为原始回火索氏体组织。

图16-14　38CrMoAl钢氮化层组织

五、钢的碳-氮共渗

将碳、氮同时渗入工件表面的化学热处理工艺称为碳-氮共渗。由于早期的碳-氮共渗是在含氰盐浴中进行的,因此也曾称之为氰化。根据共渗温度不同,可以把碳-氮共渗分为高温碳-氮共渗(880～950℃)、中温碳-氮共渗(780～880℃)、低温碳-氮共渗(500～580℃)三种。高温碳-氮共渗以渗碳为主,低温碳-氮共渗以渗氮为主。习惯上,碳-氮共渗主要指中温碳-氮共渗。

1. 碳-氮共渗的特点

(1)氮的渗入使钢的临界点降低。氮是扩大γ相区的元素,降低了渗层的相变温度A_1和

A_3,见表16-14。碳氮共渗可以在较低的温度进行,工件不易过热,可以直接淬火,工件变形小。

碳和氮对临界点的影响　　表16-14

化学成分(%)		A_1相变点(℃)	A_3相变点(℃)
C	N		
0.9	0	725	—
0	1.25	571	730
0.9	1.25	595	625
0.9	0.50	600	680

(2)氮的渗入增加了共渗层过冷奥氏体的稳定性,降低了临界淬火冷却速度。采用比渗碳淬火缓和的冷却介质即可得到马氏体,减少了变形、开裂倾向。

(3)碳-氮共渗层的机械性能优于单独渗碳或渗氮。工件渗氮后,虽可获得很高的表面硬度,但高硬度区的深度很浅,且硬度梯度很陡。渗碳淬火件高硬度区扩展较深,硬度梯度较平缓,但表面硬度不如渗氮高。碳-氮共渗层则兼有两者的优点,共渗淬火后形成含碳、氮的马氏体,具有良好的耐磨性、耐腐蚀性和疲劳强度,比渗碳淬火层优越,同时硬化层比单独渗氮层深,故表面脆性比渗氮低,具有较高的抗压强度。

2.气体碳-氮共渗

1)共渗介质及气氛控制

气体碳-氮共渗使用的介质可分为两大类:一类是渗碳介质和氨,另一类是含碳、氮元素的有机化合物。

(1)渗碳介质加氨

渗碳剂提供碳原子,可以用丙烷富化的吸热式气氛,或用煤油、甲苯、丙酮等有机液体。氨气提供氮原子。在碳-氮共渗时应将上述两种介质按一定比例同时通入炉内。在共渗温度下,除直接分解产生活性炭原子和活性氮原子之外,还互相作用发生下述反应:

$$CH_4 + NH_3 \rightleftharpoons HCN + 3H_2$$

$$CO + NH_3 \rightleftharpoons HCN + H_2O$$

新生成的氰化氢(HCN)又在工件表面分解产生活性原子:

$$2HCN \rightleftharpoons H_2 + 2[C] + 2[N]$$

活性炭、氮原子被工件表面吸收并向内部扩散,形成共渗层。通过调整炉气的碳势和氮势,来控制渗层质量。

生产中,一般气体渗剂中氨气的比例以2%~10%较合适。有机液体渗剂加氨时,氨气比例在30%左右较好。共渗介质的总需要量与炉罐容积大小有关,一般以换气次数(每小时通入炉内气体量与炉罐容积的比值)来表示渗剂供应量。当气体渗剂加氨时,一般换气次数为6~10次/h。煤油加氨时,将煤油换算成渗碳气(每升煤油约产生0.75m^3的渗碳气),一般以2~8次/h为宜。对小型设备换气次数可多些,密封好的设备可少些。

(2)含有碳、氮的有机化合物

作为共渗剂的有三乙醇胺、甲酰胺等。三乙醇胺是一种活性较强,无毒的共渗剂。在500℃以上发生下列反应:

$$N(C_2H_4OH)_3 \longrightarrow 2CH_4 + 3CO + HCN + 3H_2$$

$$CH_4 \longrightarrow 2H_2 + [C]$$

$$2CO \longrightarrow CO_2 + [C]$$

$$2HCN \longrightarrow H_2 + 2[C] + 2[N]$$

这类共渗介质可以直接用于井式渗碳炉,而不必添加任何其他辅助设备,操作简单。这种碳氮有机化合物还能用于高温碳-氮共渗。因为在高温下氨气极易分解,温度越高,氨分解率越大,被工件表面吸收的氮越少,故加氨的碳-氮共渗温度多在900℃以下,而三乙醇胺等的分解主要在工件表面进行,故在高温下也能使工件表面获得较高的氮浓度,从而把共渗温度提高到900~930℃,大大缩短了共渗时间。钢件在850~870℃采用三乙醇胺进行共渗后,表面最高含碳量为0.9%~1.05%,最高含氮量为0.3%~0.4%。在三乙醇胺中加入总量为20%左右的尿素,可以提高渗层中氮的含量,但此时由于黏度增加,渗剂需在加热状态(70~100℃)才能通入炉内。

三乙醇胺在不同温度下,直接热分解后的气体成分如表16-15所示。

三乙醇胺在不同温度热分解后的成分　　表16-15

温度(℃)	化学成分(%)						
	CO	CH_4	C_nH_{2n}	CO_2	H_2	N_2	O_2
700	28.8	13.1	2.5	1.3	42.2	11.0	1.1
800	29.6	12.6	2.0	1.0	42.3	11.5	1.0
900	32.8	10.6	1.8	0.4	44.4	9.2	0.8

2)气体碳-氮共渗工艺

共渗层的碳氮浓度和渗层深度主要取决于共渗温度、时间、介质的配比等主要参数。

(1)碳-氮共渗温度

提高共渗温度,可增加共渗介质的活性和碳、氮原子的扩散系数,有利于共渗速度的加快。如图16-15,纯铁在800℃以下碳-氮共渗10h后,表面共渗层的氮浓度比碳浓度高,故在500~600℃低温共渗时主要是渗氮,因此称为碳-氮共渗或称软氮化。随温度的升高,共渗层中的氮含量急剧下降,而碳浓度逐渐升高。这可能是随共渗温度的升高,NH_3分解加快,造成炉气中供应活性氮原子的能力降低;同时氮原子向内部扩散速度增加,造成表面含氮量不断下降。共渗温度在820~870℃范围内,得到碳、氮浓度的良好配合,一般认为表面最佳碳浓度为0.8%~0.95%、氮浓度为0.25%~0.4%。在高接触应力下工作的工件,共渗后一般表面最佳碳浓度1.2%~1.25%、氮浓度0.5%就能得到满意的力学性能,可以满足工件的技术要求。

(2)碳-氮共渗时间

共渗时间主要取决于对工件共渗层深度的技术要求、共渗温度、钢材成分、渗剂成分及流量、装炉量等。当共渗温度和共渗介质一定时,共渗深度δ(mm)与共渗时间t(h)的关系为$\delta = kt^{0.5}$,式中k为共渗系数。几种常用钢的k值见表16-16。

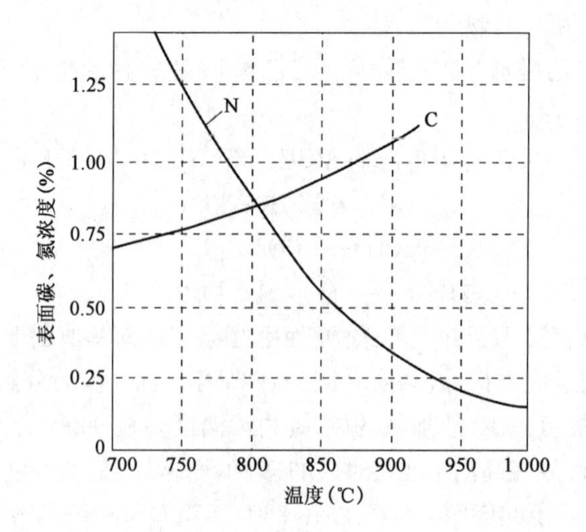

图 16-15　纯铁碳-氮共渗后表面碳、氮浓度与共渗温度的关系

几种钢材的 *k* 值　　　表 16-16

钢　　号	*k* 值	共渗温度(℃)	共渗介质
20Cr	0.30	860～870	氨气 $0.05m^3/h$,液化气 $0.1m^3/h$,保护气装炉后 20min 内 $5m^3/h$、20min 后 $0.5m^3/h$
18CrMnTi	0.32		
40Cr	0.37		
20	0.28		液化气 $0.15m^3/h$,其余同上
8CeMnTi	0.315	840	氨气 $0.42m^3/h$,保护气 $7m^3/h$,甲烷 $0.28m^3/h$
20MnMoB	0.345		

一般来说,延长共渗时间,表层碳氮化物量、次层残余奥氏体量及其分布深度都有所增加,而且共渗温度越低,这种影响越显著。

3. 液体碳-氮共渗

最早的液体碳-氮共渗是在熔融氰盐中进行的,常用共渗盐浴成分为:30% NaCN、40% Na_2CO_3、30% NaCl。其中 NaCN 的作用主要是在工作温度产生活性炭原子和活性氮原子,其反应为:

$$2NaCN + O_2 \longrightarrow 2NaCNO$$

$$4NaCNO \longrightarrow Na_2CO_3 + CO + 2[N] + 2NaCN$$

$$2CO \longrightarrow CO_2 + [C]$$

这些活性炭、氮原子被工件表面吸收并扩散到内部。

中性盐主要起调整盐浴熔点和冲淡剂作用。上述配方盐浴的熔点为 625℃,共渗温度常在 760～870℃。此种方法缺点是毒性大、劳动条件差。

用尿素代替氰盐作为共渗剂,其在共渗温度下,在盐浴中的反应式如下:

$$3CO(NH_2)_2 + Na_2CO_3 \longrightarrow 2NaCNO + 4NH_3 + 2CO_2$$

氰酸钠再分解出活性[N]和[C]原子,同时渗入工件表面。尿素随温度升高,分解挥发加快,在用其代替氰盐作渗剂时,使用温度不应高于 800℃,并要经常补充加入共渗剂,以保证共渗介质的活性。必须注意:虽然加入的成分无毒,但反应后会形成副毒的氰盐。因此,对清理工件的废水以及废盐残渣必须进行处理,由于共渗温度较低,渗入速度较慢,此法只适用于渗层要求在 0.6mm 以下的工件。

4. 碳-氮共渗后的热处理

碳-氮共渗后的热处理与渗碳后的热处理基本相同,要进行淬火和低温回火,但共渗层中的碳氮奥氏体比渗碳层中的奥氏体具有更高的稳定性,提高了渗层的淬透性。由于共渗温度较低,除在共渗后需要切削加工的工件外,一般均采用直接淬火。为减少淬火后表面过多的残余奥氏体,可在淬火前进行预冷,但需注意避免工件心部出现铁素体。为了减少工件变形,也可采用分级淬火。淬火后要进行低温回火,共渗件的回火稳定性比渗碳淬火件高。因此,回火温度要比渗碳件稍高。有时为了进一步减少共渗层的残余奥氏体含量,可在淬火后,低温回火前进行冷处理。

5. 碳-氮共渗层的组织与性能

1)共渗层的组织与性能

共渗层的组织与性能在共渗过程中,在渗层的最外层往往形成碳氮化合物,化合物层里面为含碳氮的奥氏体,在接近化合物层处含碳氮量最高,并向心部逐渐降低。冷却以后共渗层可分为外层和内层,外层是由含氮渗碳体和 ε 相或加上 γ' 相组成的化合物。层内又称为扩散层,是含碳氮奥氏体的转变产物。一般碳-氮共渗缓冷后的组织与渗碳相似,也可以分为过共析区、共析区、亚共析区,仅在表层有较多的碳氮化合物。经淬火后,在渗层中含有较多的残余奥氏体,共渗层组织外层为碳氮化物 + 马氏体 + 残余奥氏体,扩散层为马氏体 + 残余奥氏体。

共渗淬火钢的硬度取决于渗层组织。马氏体和碳氮化合物硬度高,残余奥氏体硬度低。12Cr2Ni4A 钢经 840℃ 碳-氮共渗、淬火后的硬度分布曲线如图 16-16 所示。可以看出,共渗层的表面硬度稍低于次层,这是由于碳、氮元素的综合作用使得 M_s 下降,残余奥氏体增多所致的缘故。

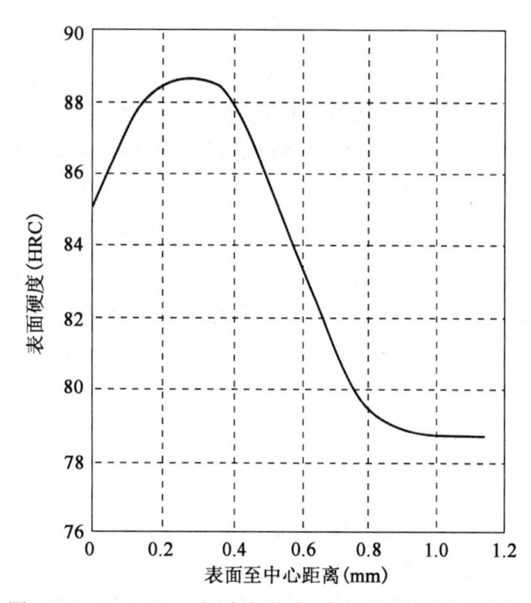

图 16-16　12Cr2Ni4A 钢碳-氮共渗、淬火后的硬度分布曲线

碳-氮共渗还可以显著提高零件的弯曲疲劳强度,提高幅度高于渗碳。这是由于在残余奥氏体量相同时,含氮马氏体的比容大于不含氮马氏体,共渗层的压应力大于渗碳层。还有人认为,由于细小的马氏体与奥氏体均匀混合,使得硬化层的微观变形均匀化,可以有效地防止疲劳裂纹的形成与扩展。碳-氮共渗层比渗碳层具有更高的耐磨性和接触疲劳强度,其原因除了高硬度外,还与表面存在残余压应力和较小的动摩擦系数有关。

2）共渗层的组织缺陷

（1）一般缺陷

碳-氮共渗层的有些缺陷与渗碳类似。例如：残余奥氏体过多，形成大量碳氮化合物，以致出现壳状组织等。过量的残余奥氏体会影响表面硬度、耐磨性和疲劳强度。为此应严格控制表面碳、氮浓度。也可在淬火之后进行冷处理，或在淬火前先经高温回火。如果共渗层中化合物过量，并集中于表面层呈壳状，则工件脆性太大，产生这种缺陷的主要原因在于共渗温度偏低，氨气供应量过大，过早地形成化合物，碳、氮元素难以向内层扩散等。

（2）黑色组织

黑色组织是气体碳-氮共渗层中极易出现的一种缺陷。根据它们的形状与分布，有黑点、黑网和黑带，即三黑组织。在抛光而未经腐蚀的试样上可以显示出黑色组织。为了更清晰地显示黑色组织，可用1%～3%硝酸酒精轻腐蚀抛光试样表面。

黑色组织对工件的使用性能影响很大，例如表层存在有0.08mm深的黑色组织，会使20CrMnTi钢齿轮的弯曲强度降低50%左右；0.04～0.05mm深的黑色组织将使接触疲劳强度降低5/6。

对于黑色组织形成原因尚无统一认识。有以下几种解释：一种认为黑色组织的产生是由于炉内存在少量的氧或氧化性气体与钢中合金元素发生内氧化作用而引起的。另一种是认为由于高氮化合物相产生分解而析出分子氮，这些分子氮聚集于表层的显微孔洞中形成黑色组织。有人认为这些孔洞是由于氧化物或石墨脱落后留下的残孔而造成的。

为了预防黑色组织的产生，可从两方面采取措施：从共渗工艺方面考虑，减少炉气中的氧化性气氛，如装炉后加速排气，采用前期少后期多的供氨规程，适当提高共渗温度，使用干燥氨气等。从选材方面考虑，在钢中加入钼、镍等能够有助于抑制形成黑色组织。因为钼和镍的氧化倾向性较硅、锰、铬小，且能强烈地增加钢的淬透性，有利于表层淬成马氏体，从而减少黑色组织的形成。

6. 低温气体氮-碳共渗

低温气体氮-碳共渗也称为气体软氮化，是低温下在渗氮时有碳原子渗入，这样处理的结果与一般渗氮相比，渗层的硬度较低，脆性较小，故称为软氮化。在氮-碳共渗时，钢的表面首先被碳饱和，而形成超显微的碳化物，以这种碳化物为媒介而促进了渗氮。在共渗一开始，可以认为碳起到了加速渗氮的作用。而当氮原子在α-Fe中达到饱和时，使最外层形成ε相。由于ε相能溶解较多的碳（最多可达3.8%），这就给碳原子的渗入创造了条件，可见渗碳和渗氮这两个过程在氮-碳共渗时是互相促进的。共渗后最表面形成含碳的ε相，使ε相的脆性降低。一般共渗后的白亮层都不表现出脆性，而且使表层具有耐磨、抗咬合、耐腐蚀和抗疲劳等特性。氮-碳共渗层很薄，一般只有几微米到几十微米，扩散层约0.3～0.4mm，故不宜在重载条件下工作。

（1）氮-碳共渗的渗剂

一般可分为三类：

①50%氨＋50%吸热式气氛，露点为－1～0℃。

②尿素。

尿素在低温氮-碳共渗温度发生热分解反应，反应式如下：

$$CO(NH_2)_2 \longrightarrow CO + 2H_2 + 2[N]$$

$$2CO \longrightarrow CO_2 + [C]$$

但在低于400℃时不按上述反应进行，故尿素应在500℃以上加入炉中，使其直接分解得到活性氮原子和活性炭原子渗入工件表面。

③液体有机介质。

液体有机介质主要有三乙醇胺、甲酰胺等，其中以甲酰胺应用较广。甲酰胺在共渗温度热分解主要反应如下：

$$4HCONH_2 \longrightarrow 4[N] + 2[C] + 4H_2 + 2CO + 2H_2O$$

由于甲酰胺中含氮量较高而含碳量低，可在甲酰胺中溶解一定量尿素，调整氮和碳的比例。

(2)氮-碳共渗温度和时间

从Fe-N-C三元状态图可知，共析温度为565℃(含碳0.35%、氮1.8%)，在接近此温度时，氮在α-Fe中有最大溶解度，所以最合适的共渗温度为570℃左右。降低共渗温度，会直接影响钢表面吸收氮原子和碳原子及其向内层扩散的能力，使渗层变薄，硬度降低。提高共渗温度，将使化合物层增厚，但化合物层出现分层现象，最外层疏松、硬度低(HV300以下)，而扩散层深度的增加却很小。

随共渗时间的延长，表面氮碳化合物层深度增加。开始时增加很快，后来显著减慢。这是由于氮-碳共渗后期，化合物层内的碳浓度增加，阻碍了氮的扩散。因而用延长时间来增加渗层厚度比较有限，过分地延长时间还会增加化合物的疏松程度。当然，时间太短，渗层过薄，会影响工件的硬度和使用寿命，也不适宜。一般情况下，气体氮-碳共渗时间常取2～3h。对铸铁件，因碳、硅含量较高，时间应长些。对高速钢刀具，因不允许出现白亮层，所以只希望获得一定深度(0.01～0.06mm)的扩散层，故共渗时间应短些。

(3)共渗后的冷却

氮-碳共渗后快冷，有利于提高疲劳强度。为此，对于承受交变荷载的工件，一般都采用油冷或水冷。因快速冷却可以阻止针状γ'相析出，得到氮在α-Fe中的过饱和固溶体。由于氮的固溶强化和表面残余压应力的作用，疲劳强度显著提高。

(4)氮-碳共渗后的组织和性能

工件经低温氮-碳共渗后的组织是由难腐蚀的氮碳化合物层和易腐蚀的含氮扩散层组成。化合物层呈白亮色，扩散层颜色较暗，渗层与基体有明显的界线。氮-碳共渗能提高表面硬度，其硬度值与材料和工艺有关，低碳钢共渗可达HV650，高合金钢共渗可达HV1200。共渗后表面具有良好的耐磨性和抗咬合、抗擦伤能力，疲劳强度显著提高，并且具有良好的耐腐蚀性能。

六、其他化学热处理

化学热处理中，除上述各种方法外，还包括渗金属、渗硼、渗硫、硫-氮共渗、氧-碳-氮共渗及多元共渗等。现对渗硼、渗金属及三元共渗简介如下。

1.渗硼

工件表面被硼所饱和，形成硼化物的化学热处理工艺称为渗硼。工件经渗硼后，表面具有极高的硬度(HV1 400～2 000)和耐磨性，还有良好的耐腐蚀性和抗氧化性。渗硼用于工模具和结构零件的表面强化,效果显著。因此渗硼工艺深受重视并得到迅速的推广和应用。

1)渗硼的特点

渗硼和其他化学热处理相似,也包括分解、吸收和扩散三个基本过程。硼原子半径比碳、氮原子半径大,且原子结构与性质也趋向于金属,具有非金属和金属的双重特性,因而硼在钢中的扩散与碳、氮等有所区别。

硼在 α-Fe 和 γ-Fe 中溶解度极小,1 140℃时硼在 γ-Fe 中的最大含量为0.02%;硼能与铁形成两个稳定的中间化合物 Fe_2B 和 FeB。硼还能与碳和合金元素形成更为稳定的 B_4C 化合物和合金硼化物,所以硼在钢中的扩散比较缓慢。

硼在 α-Fe 中只形成置换固溶体,而硼在 γ-Fe 中可形成间隙固溶体。硼在 γ-Fe 中的扩散速度远大于硼在 α-Fe 中的扩散速度,因而硼的扩散除了受温度、时间及浓度梯度等因素影响外,还与钢的成分有关。钢中含有缩小 γ 区的元素,如 Si、Cr、Mo、Al 等,将减慢硼的扩散。钢中含有扩大 γ 区的元素,如 Ni、Mn、N 等,则有利于硼的扩散。

渗硼工艺根据所用的渗剂不同可分为固体(粉末、膏剂)渗硼,液体(盐浴)渗硼和气体渗硼。国内应用较多的是液体渗硼,即盐浴渗硼。

2)盐浴渗硼

(1)盐浴成分及其反应

渗硼常用的盐浴成分有以下几种配方:

①80% ~90%硼砂,10% ~20%碳化硅。

②70%硼砂,20%碳化硅,10%氟化钠(或碳化钠)。

③80% ~85%硼砂,10% ~15%钠粉,10%氟化钠。

硼砂是盐浴的主要成分,作为母液提供硼元素,在熔融状态下发生部分热分解反应:

$$Na_2B_4O_7 \rightleftharpoons Na_2O + 2B_2O_3$$

盐浴中产生的三氧化二硼与作为还原剂,结构与碳化硼相似的碳化硅或较活泼元素(如 Si、Al、Mg、Ti 等)继续发生反应,使其在高温下还原产生活性硼原子:

$$B_2O_3 + SiC \rightleftharpoons SiO_2 + CO + 2[B]$$

$$B_2O_3 + 2Al \rightleftharpoons Al_2O_3 + 2[B]$$

新生的活性硼原子被工件表面吸附,与铁反应生成硼化物 Fe_2B 或 FeB,随着硼原子的不断渗入,渗硼层厚度逐渐增加。

研究表明,作为还原剂的碳化硅含量以15% ~20%为佳,如超过30%,盐浴的流动性太差。为了降低盐浴的熔点、改善流动性和提高渗硼速度,可在盐浴中添加氯化钠、碳酸钠等中性盐,渗硼时与工件表面残盐组成复合盐,其质地疏松且易于清除。

(2)盐浴渗硼温度和时间

渗硼层的深度随着渗硼温度的提高而增加,但温度增高,会引起心部晶粒粗化,增大变形倾向。因此,渗硼温度采用950℃为宜。渗硼层深度随渗硼时间的增加而增加。渗硼时间过长(一般超过6h),渗硼层深度增加缓慢且渗层过厚反而会使其脆性增加。故渗硼时间按渗硼温度和渗层深度(0.05 ~0.15mm)要求而定,一般为2 ~6h。

3）渗硼层的组织和性能

渗硼后的表层组织主要由化合物层和扩散层组成。在渗硼过程中，随着硼原子渗入工件表层后很快就达到γ固溶体的饱和溶解度，并形成针齿状的Fe_2B硼化物伸入基体之中。随表层硼浓度的不断增高，在已经形成的Fe_2B表面又形成另一种呈锯齿状的硼化物FeB。一般，硼化物层经硝酸酒精溶液浸蚀，在显微镜下为白亮层，不易区分FeB相和Fe_2B相。如果采用P. P. P浸蚀剂（即三钾试剂，由黄血盐1g、赤血盐10g、氢氧化钾30g、水100g配制而成）浸蚀后，FeB相呈深褐色，Fe_2B相呈黄褐色，基体组织不被浸蚀。

渗层中Fe_2B相的硬度可达HV1 400～1 600，FeB相的硬度可达HV1 800～2 000。因此，渗硼层具有较高耐磨性。但FeB相较脆、易崩落，故一般希望获得单相的Fe_2B组织。对于要求耐磨、承受冲击荷载较小的工件，则以获得Fe_2B和FeB两相组织为宜。

随着碳和合金元素的增加，不仅渗硼层减薄而且使渗层与基体界面也趋于平直化，故两者结合能力减弱，从而增加了渗硼层的脆性。需要指出，硅是铁素体形成元素，能够诱发$\gamma\rightarrow\alpha$相变。在冷却时，富硅铁素体将不发生马氏体转变而保留下来，导致在硼化物层和基体之间产生软带区（HV300左右），这样工件在使用时容易剥落，造成早期失效。

4）渗硼后的热处理

渗硼后的工件可采用不同的热处理。对要求心部强度较高的工件，需要进行淬火及回火处理，由于化合物层与基体的热膨胀系数相差较大，渗硼层容易出现微裂纹或小块崩落，故除严格控制淬火温度外，还要求在较缓和的介质中冷却，一般采用油冷或分级淬火。

2. *渗金属*

渗金属是将金属元素渗入工件表面的化学热处理工艺，使之具备特殊的物理化学性能。如耐高温氧化、耐大气腐蚀和抗磨损等。为了满足某些工件要求表面具备特殊物理化学性能的需要，可用普通钢材经渗金属处理后代替不锈钢、耐热钢及某些特殊合金，从而节约大量贵重合金材料。常用的渗金属元素有Cr、Ni、Al、Ti、W、Co、Nb等。

渗金属方法可以分为直接扩散法和镀（涂）渗法两类。直接扩散法也和其他化学热处理一样，可以分为固体法、液体法、和气体法三种。用镀层、涂层等方法，是将渗入的金属覆盖在工件表面，然后再加热，使所镀（涂）金属向工件表面内扩散，表面镀（涂）的方法有喷镀（热喷涂）、电镀、化学镀、电泳等。

固体法与固体渗碳相似，其固体渗剂通常是由含有渗入元素的物质、填充剂和催化剂组成。含有渗入元素的物质有铝铁粉、铬铁粉等，用来提供活性的铝或铬原子。填充剂为氧化铝或高岭土等，用以防止渗剂与工件黏结。催化剂一般常用氯化铵（NH_4Cl）起催化作用。

固体渗铬常用的渗剂成分为50%铬粉+48%氧化铝+2%氯化铵。在渗铬温度下发生下列反应：

$$2NH_4Cl \longrightarrow 2HCl + 3H_2 + N_2$$

$$2HCl + Cr \longrightarrow CrCl_2 + H_2$$

当二氯化铬与工件表面接触时，通过下列反应在工件表面产生活性铬原子，并向内扩散，形成渗铬层。

$$CrCl_2 \longrightarrow Cl_2 + [Cr]$$

$$CrCl_2 + H_2 \longrightarrow 2HCl + [Cr]$$

$$CrCl_2 + Fe \longrightarrow FeCl_2 + [Cr]$$

由于金属原子在γ-Fe中的扩散比碳、氮的扩散慢。因此,为了获得一定深度的渗层,渗金属需要更高的温度和较长的保温时间。固体渗铬时通常采用1 050～1 100℃,保温5～10h,可获得深度为0.04～0.12mm的渗铬层。

液体法(如液体渗铝)是将清洗后的工件浸入熔融的铝或铝合金液中,保温一定时间(约0.5h)使表面形成一薄层铝铁化合物(Fe_2Al_5),取出渗铝工件空冷后再放入高温炉(950～1 000℃)进行扩散退火,保温4～5h,可获得0.2～1.0mm的渗铝层。

气体法(如气体渗铬)是在含有该种元素的氯化物(如$CrCl_2$)气氛中进行的。一般是用载气(如氢或氨分解气)将氯化物带入高温炉膛。在高温下,氯化物与铁发生置换反应,产生活性铬原子,其在工件表面沉积并向内层扩散形成渗铬层。

渗铬层的组织主要为铬铁的碳化物和富铬的α固溶体。在渗铬层下面存在一个贫碳区,这是由于铬是强碳化物形成元素,渗铬时内层碳原子被吸引到外层的缘故。与之相反,渗铝时由于渗铝层基本不溶碳,故碳原子逐渐被挤入内层,而形成一个富碳区。渗铝层的金相组织最外层为呈白色的铁铝化合物Fe_2Al_5层,往里为铁铝化合物与含铝的α固溶体混合层。

渗铝层的硬度随基体含碳量的增加而增高,如10钢渗铝后表面为α固溶体,硬度为HV150～200。45钢的渗层中含有碳化物,硬度可达HV1 500左右。因此,中碳钢和高碳钢的渗铝层具有高的硬度和耐磨性。渗铝层的硬度在HV500～700之间,渗铝工件具有良好的抗氧化性,这是由于最表面有一层极为致密而坚硬的Al_2O_3薄膜,起到防止氧向基体扩散的作用。另外,渗铝层对硫化氢、二氧化碳、煤气及水蒸气等也有较好的抗腐蚀性。

3. 多元共渗

多元共渗是在工件表面同时渗入两种或两种以上元素的化学热处理工艺,也叫复合渗。碳-氮-硼三元共渗是其中的一种工艺,由于多种元素的渗入故具有如下一系列优点:

①渗层硬度高(HV1 000～1 100),耐磨性好;

②处理温度低于渗碳、碳-氮共渗温度,因而工件变形小;

③渗入速度快、工艺周期较短;

④在某些介质中具有抗腐蚀能力。

液体盐浴碳-氮-硼三元共渗的盐浴成分由尿素、碳酸钠、硼酸、氯化钾和苛性钾五种成分按7:3:2:2:1的配比组成。以上成分的盐浴在共渗温度(720～760℃)下互相作用,产生的活性炭、氮、硼原子共同渗入工件表面,从而获得厚度约为0.3～0.5mm的三元共渗层。三元共渗后再加热淬火,不仅可使硬化层加深,而且表面硬度也有明显提高。

应当指出,盐浴碳-氮-硼三元共渗时,熔盐中存在氰盐,其毒性大,不易推广。为此发展了用乙二胺加甲苯和硼酸为共渗介质的气体碳-氮-硼三元共渗工艺。目前还出现一种无氰三元共渗法:将块状固态渗硼剂置于渗碳炉,与工件隔开放置,同时将碳、氮共渗液分别滴入渗碳炉,形成硼、碳、氮三元气相共渗,共渗温度780～880℃,共渗速度0.15～0.2mm/h,出炉油冷或水冷,该法工件变形量小,适用于对尺寸精度要求较高的工、模具及高耐磨件等。

复习思考题

1. 试述高频感应加热、火焰加热的异同点以及各自的优缺点。

2. 化学热处理包括哪几个基本过程？常用的化学热处理方法有哪几种？

3. 现有45钢机床齿轮，根据工作条件，其承受荷载不大，但要求齿部耐磨，同时要求热处理变形小，试问应选用何种表面强化方法？为什么？

4. 渗碳件的常用热处理工艺有哪几种？各有什么特点？

5. 何谓氨分解率？其对渗氮速度有何影响？

6. 试说明碳-氮共渗、渗碳、渗氮工艺对工件组织、性能、应用等方面影响的异同点。

第十七章　热处理应力及变形开裂

热处理应力是指在热处理过程中产生的一种内应力。热处理后应力的状态和分布将影响工件热处理的质量。过大的热处理应力会引起工件的变形以致开裂,但在一定条件下控制应力使其合理分布,则反而可提高性能。如经喷丸处理或其他表面强化后,工件表面存在压应力,有效提高了其疲劳寿命。实践表明,淬火过程中内应力产生的原因及其变化非常复杂。应力的分布、大小和方向取决于多种因素,如工件的形状、尺寸、钢材种类以及热处理工艺条件等。

本章着重介绍热处理应力的类型、形成原因及分布规律,淬火内应力对热处理变形与开裂的作用,对热处理应力的控制和减少变形、防止开裂的措施。

第一节　热处理应力的分类及其分布

工件在加热和冷却过程中,不仅因热胀冷缩会发生体积变化,而且还会因相变时新旧两相的比容不同而引起体积改变。如果这些体积变化同步进行,则工件各部分尺寸将按比例增大或缩小。但在实际加热或冷却过程中,总是表面比心部先加热或冷却,在工件截面上存在温度差,导致工件表面和心部体积变化不等时。由于工件本身是个整体,局部的体积变化必然受到相互牵制,便产生内应力,在工件截面上温差越大,所形成的内应力变越大。当内应力值超过钢的屈服强度时,便会引起工件变形,当内应力超过钢的断裂强度时,将使工件产生裂纹。

1. 热处理应力的分类

热处理应力的形成比较复杂,影响因素也较多。根据形成原因将热处理应力分为两种:即由温度差引起的胀缩不均匀而产生的热应力和由相变不同期而产生的组织应力。

根据内应力在工件中的存在状况,可分为瞬时应力和残余应力。瞬时应力是在加热或冷却过程中某一时刻所产生的内应力。瞬时应力随着温度的变化而改变其应力大小和方向,故较难测定。残余应力是热处理后最终保留在工件中的应力,容易测定,通常可根据工件中的残余应力来分析在热处理过程中瞬时应力的变化规律。

在热处理过程中,按应力作用方向可分为拉应力(以“+”号表示)和压应力(以“-”号表示),其在工件内的综合作用,使应力状态及其分布极为复杂。

2. 热应力

热应力是钢在热处理时普遍存在的一种内应力。工件加热到 A_1 以下温度进行快冷,冷却过程不发生相变,由于表层与心部温差引起工件体积胀缩不均匀所产生的应力即为热应力。现以纯铁圆柱试样为例,来说明其在快速冷却过程中的热应力变化情况,如图 17-1 所示。

冷却初期，表层冷却快，心部尚处在较高温度下，故表层较大收缩受到心部的阻碍，于是在试样表层产生拉应力，心部为压应力。继续冷却，此应力值随着温差增大而增加，如图 17-1b）和图 17-1c）的τ_1时刻所示。当心部的压应力和表层的拉应力增大到钢在该温度下的屈服强度以上时，便造成工件表层伸长和心部压缩的塑性变形。塑性变形的结果，使试样截面上的内应力得到一定程度的松弛，应力值降低。在进一步冷却过程中，心部温度降低得快，收缩比表面大，使得表层的拉应力和心部的压应力趋于降低，于是热应力在τ_2时刻暂时消失（等于零）。此时试样截面上仍然存在温度差，在继续冷却过程中，表层金属的冷却和体积收缩已经终止，心部金属继续冷却并产生体积收缩，试样心部的收缩比表层的收缩要大，心部的收缩又受到表层的牵制，从而使试样截面上产生的热应力反向，即心部为拉应力，表层为压应力，如图 17-1 的τ_3时刻所示。由于试样温度已很低，屈服强度已显著升高，热应力不能再引起塑性变形，这种内应力的分布就被保留下来而成为残余应力。由此可见，热应力所造成的残余应力的分布特点是：表层为压应力，心部为拉应力。

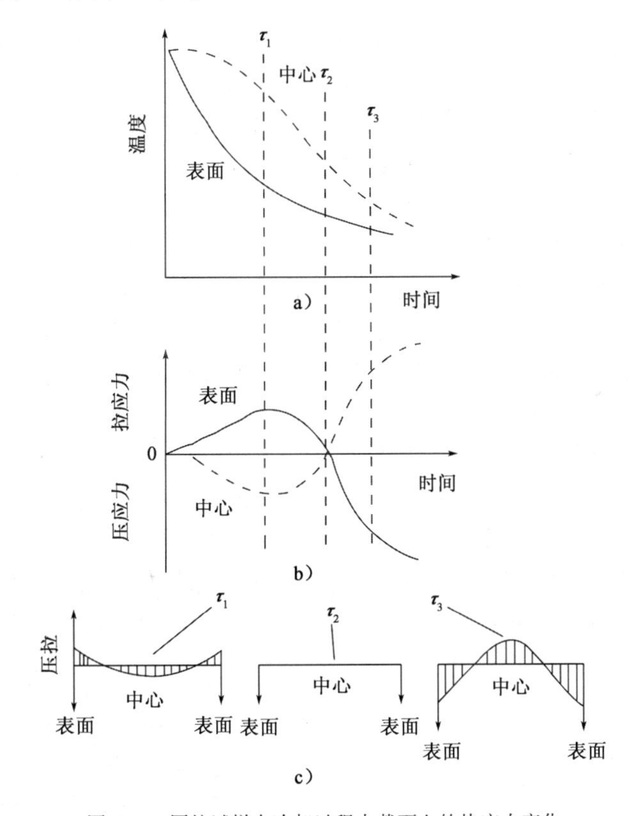

图 17-1　圆柱试样在冷却过程中截面上的热应力变化

含碳 0.3% 的钢圆柱试样（直径 44mm）700℃加热淬火后测定轴向、切向和径向的残余应力结果如图 17-2 所示。可见，试样表层在轴向和切向应力均为压应力，中心为拉应力；径向应力则是表层为零，中心拉应力最大。

冷却速度对热应力有显著影响，冷速越快则热应力越大。此外，淬火加热温度高、工件截面尺寸大、钢的导热性差均会增加截面上的温差，从而增大热应力。钢材的高温强度对热应力的大小也有影响。钢的高温强度愈低，冷却过程中在热应力作用下产生的不均匀塑性变形就愈大,因而最后的残余应力也就愈大。所以在同样的冷却条件下,低碳钢的残余热应力较大。

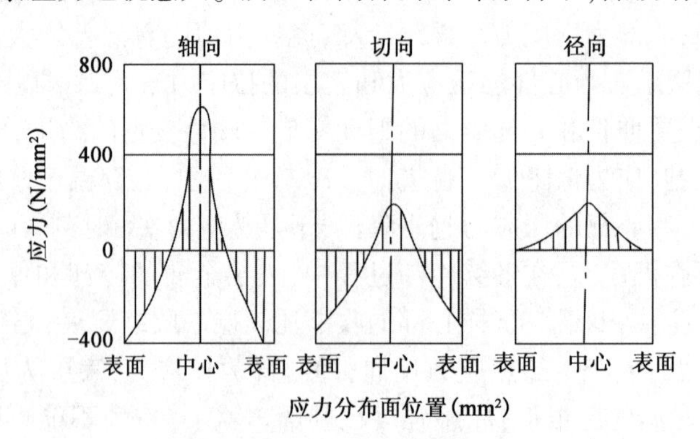

图 17-2 圆柱钢试样淬火水冷后的残余热应力分布

3. 组织应力

组织应力又称相变应力,是由于工件快速冷却时表层与心部相变不同时而产生的应力。图 17-3 为圆柱试样快速冷却过程中组织应力的变化情况。

淬火时,试样表层先冷却到 M_s点以下发生马氏体相变,并伴随体积膨胀。此时,表层的体积膨胀受到未转变的心部的牵制,于是在试样表层产生压应力,心部产生拉应力。由于钢在相变时相变部分具有较大的塑性,即相变塑性。在上述组织应力作用下,发生表层压缩、心部拉伸的塑性变形,使应力得到松弛而降低。试样继续冷却,心部温度达到 M_s点发生马氏体相变而体积膨胀时,表层已转变成高强度的马氏体。心部的膨胀又受到表层的阻碍。当心部马氏体相变的体积效应逐渐增大,在某个瞬间组织应力状态暂时为零后,试样的组织应力发生反向,表层成为拉应力,心部为压应力。由此可见,组织应力所造成残余应力的特点是:表面为拉应力,中心为压应力。

图 17-4 是含 16% Ni 的 Fe-Ni 合金圆柱试样淬火后沿截面的应力分布。该合金的 M_s点为 300℃。试样经 900℃奥氏体化后缓慢冷却到 330℃之前不发生其他相变,并避免热应力的影响,而后再在冰水中快冷使之完全淬透。因此测得的应力可以认为是单纯的因组织应力产生的残余应力。与图 17-2 相比,组织应力分布与热应力分布恰好相反,即在表层的轴向和切向是拉应力,心部呈现压应力分布;径向应力在表面为零,心部为压应力分布。

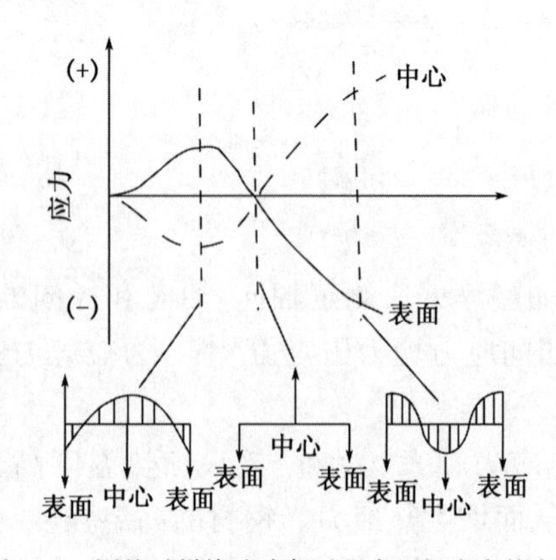

图 17-3 圆柱试样快速冷却过程中组织应力的变化

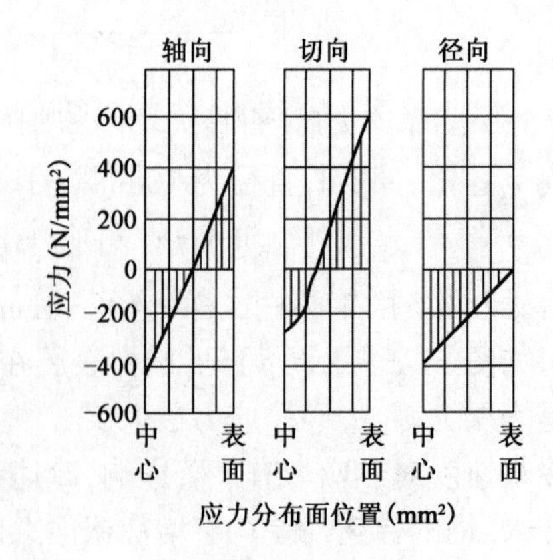

图 17-4 Fe-Ni 合金圆柱试样的残余应力分布

组织应力的大小与钢在马氏体相变温度范围的温差有关。截面上温差越大,组织应力增加也越大。此外,相变时体积膨胀量越大,则组织应力也越大。所以,在同样冷却条件下,高碳钢的残余组织应力较大。

4.残余应力及其分布

工件热处理时只要伴随有相变过程,热应力和组织应力总是同时产生。此外,因工件表层和心部组织转变条件不同,沿截面的组织结构不均匀也能形成内应力。例如:工件表层脱碳和增碳、表面局部淬火、快速加热等导致工件表层和心部组织结构的不均匀、弹塑性变形不一致,从而产生附加应力。因此,残余应力是热应力、组织应力和附加应力在热处理过程中综合作用的结果。

图17-5为含0.97%C及1.39%Cr的高碳铬钢圆柱试样(直径18mm)自850℃水淬后,在完全淬透的情况下所测得的残余应力分布。图中纵坐标为应力值,横坐标为以试样中心为中心的应力分布的断面积大小,以表示应力分布面的位置。断面积的最大值便相当于试样表面处的位置。由图可见,试样表层为压应力,次层为拉应力,心部为压应力,即从表层到中心为由热应力型的分布逐渐过渡为组织应力型的分布,综合应力的分布为两种内应力相互叠加的结果。与图17-4相比,仍有相似之处,即轴向和切向在心部均为压应力,在近表面处为拉应力,且切向应力大于轴向应力。所不同的是,在热应力的影响下,使原来因单纯组织应力在表面处所造成的最大拉应力峰值离开表面而移向内部。

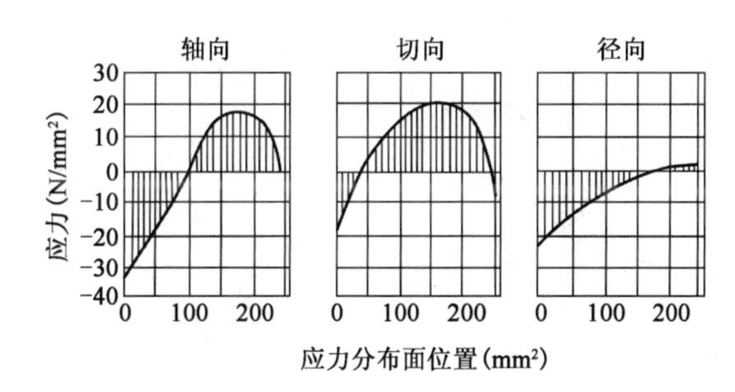

图17-5　高碳铬钢试样自850℃水淬后的残余应力分布

实际上,因钢的成分或工件尺寸的不同,残余应力分布将与上述情况有明显的差异。一般情况下,淬火钢件的心部往往是马氏体、珠光体或贝氏体型相变产物的混合组织,其残余应力分布介于两种典型残余应力分布之间变化。一组不同直径的低碳合金钢(0.22%C、1%Cr、0.45%Mo)试样淬火后,直径大小的差别使试样冷却状态和心部相变产物不同,导致残余应力分布发生变化。例如,直径为100mm的试样因冷速缓慢,心部得到贝氏体组织,表层为马氏体、贝氏体混合组织,组织应力作用减弱,其残余轴向应力分布具有热应力分布特征,即表层压应力、心部拉应力分布。而直径为10mm的试样因冷速快,淬火后心部全为马氏体,其残余轴向应力分布是组织应力型分布,即表层为拉应力、心部为压应力。对于直径30mm的试样,其残余轴向应力分布具有热应力型和组织应力型综合作用的分布特点,即表层为压应力、次层为拉应力、心部为压应力。显然,试样直径的不同改变了冷却状态和心部组织转变量,从而改变了残余应力分布。

硬化层深度对于残余应力分布也有较大影响。一般而言,随硬化层深度的增加,最表层压应力相应减小。但硬化层过薄时，由于表层浓度急骤变化，最终的残余应力分布就有所不同，在表面处为压应力，其值较小；在近表面处为拉应力，其值很大，容易产生疲劳裂纹。因此，表面淬火时为得到较大的表面残余压应力，应当选择合适的硬化层深度。

总之，热处理后残余应力的分布是个很复杂的问题。除上述因素外，钢的化学成分、淬火介质及方法、回火温度等均对工件中的残余应力分布状态产生影响。

第二节　热处理应力对机械性能的影响

存在残余应力的工件受外荷载作用时，当残余应力作用的方向与受力方向相反，能起抵消外力的有效作用，从而提高工件的承载能力；反之，则加速零件的失效。对大多数承受交变弯曲或交变扭转荷载的零件，表面处承受的外力最大，并向深处逐渐递减，如图17-6所示。工件表层的残余压应力虽然能提高表面承载能力，但其合成应力（外力＋残余应力）在离表面一定深度部位已超过材料强度，如图17-6a）所示，将在交变应力作用下产生裂纹源，引起工件早期破坏。如果改变工件的残余应力分布，使其合成应力最大值低于材料强度，如图17-6b）所示，即可有效地提高工件的使用寿命。由此可见，残余应力的合理分布对工件的机械性能有显著影响。

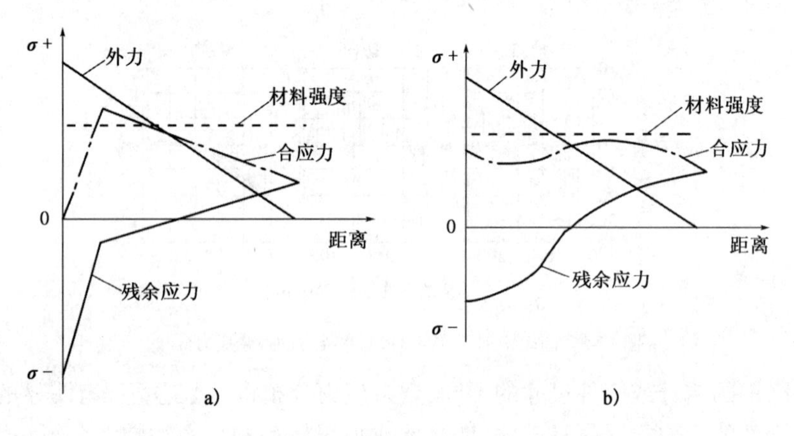

图17-6　残余应力分布对零件疲劳强度的影响

一、残余应力对硬度的影响

残余应力对硬度的影响，其实质是残余应力对硬度测量压头压入部分的塑性变形影响。研究表明，工件存在拉应力时，压入部位的塑性变形提前发生，并且塑性变形范围增大，其结果使硬度值下降。反之，存在压应力，其硬度值稍有上升。

二、残余应力对疲劳强度的影响

大量试验证明，零件表层存在残余压应力能提高钢的疲劳强度；若存在残余拉应力，则降低疲劳强度，以致发生早期疲劳损伤或断裂。图17-7为含0.3%～0.6%C的碳钢在相变点A_1以下温度加热快冷后所产生的热应力对疲劳强度的影响。由热应力造成的表层残余压应力可使疲劳强度增加。在淬火回火状态下(HRC50～60),表层残余压应力对缺口试样疲劳强度的提高也很明显。

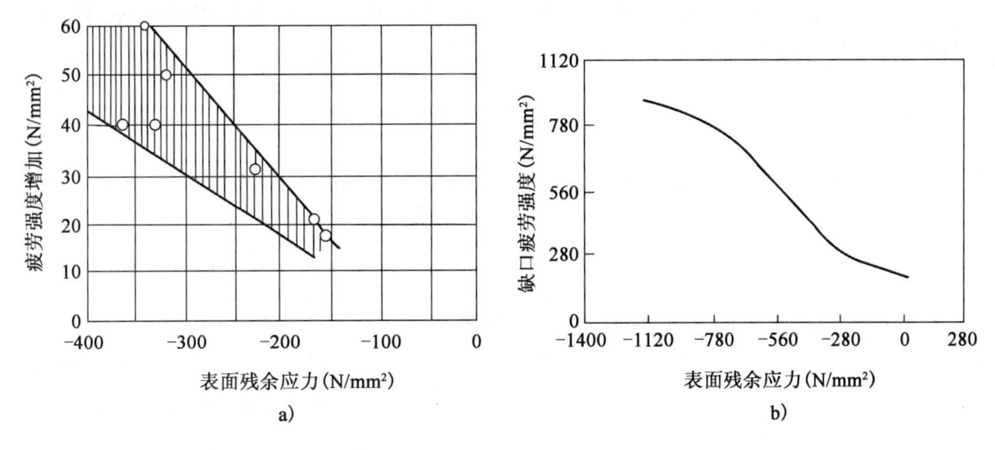

图 17-7　表面残余应力对疲劳强度的影响

由于疲劳裂纹源容易在钢件表面或靠近表面一定深度处产生。因此,通过表面强化处理可大大提高疲劳强度,特别是对缺口疲劳强度的提高尤为明显。例如,低碳钢经渗碳淬火后,对称弯曲疲劳强度可提高80%以上,而碳-氮共渗零件则可提高近一倍。氮化处理可使铬-钼钢的缺口疲劳强度提高2～3倍,表面淬火对疲劳强度的提高也有显著作用。

表面强化处理提高疲劳强度的原因在于提高了表面层强度、硬度以及产生有利的残余压应力分布。然而,要分别定量评价组织强化和残余应力对提高性能的贡献比较复杂,有待深入研究。

此外,对渗碳钢多冲抗力的试验表明,渗碳钢等温淬火后在渗碳表层获得较高的残余压应力分布,这对提高多冲抗力有重要作用。

鉴于工件表层的残余压应力对提高疲劳强度、多冲抗力等有显著作用,为提高承受交变荷载工件的机械性能,发展了一些特殊的热处理工艺。例如,相变点 A_1 以下淬火、薄壳淬火、低碳钢渗碳等温淬火、高碳钢碳-氮共渗氮淬火等。对这种能造成表层残余压应力的热处理工艺,称为预应力热处理。

第三节　热处理变形

工件经热处理后都可能产生变形,主要原因是由于热处理应力(热应力、组织应力以及组织不均匀而引起的附加应力)所造成的。此外,由于工件的结构形状特点、加工状态、甚至工件在炉中堆放或支撑不当以及工件自重等均能引起变形。

工件热处理变形,是热处理过程的主要缺陷之一,其中以淬火变形最为严重。生产上淬火工序通常安排在加工工艺路线的后期,此时机械加工已基本完成,常因淬火变形量较大需耗费大量工时进行校正或修整,甚至由于变形超差而报废。因此设法控制和减少热处理变形显得十分重要。

工件的热处理变形,按其产生时期不同可分为:淬火变形(淬火时产生)和时效变形(热处理后放置时间内产生)。按产生的形式特征可分为:形状变形(几何形状的扭曲或翘曲)和体积变形(体积的胀缩)。然而,由于钢材成分、工件结构形状的差异和工艺操作等因素的影响,上述两种形式的变形经常同时发生。

一、淬火变形

淬火引起的变形由组织转变产生的体积变形和快冷时热应力和组织应力产生的形状变形组成。

1. 因组织转变引起的体积变形

图17-8为碳钢在室温时各种组织比容与含碳量之间的关系。由于各种组织的比容不同,在淬火加热和冷却过程中必然发生体积变化。体积变形量随含碳量的升高而增大。这种变形特点是工件的各部分尺寸按比例同速率的膨胀或收缩,并不改变工件的外形。淬火、回火时因组织改变也会引起体积改变。若淬火时原始组织球状珠光体转变为马氏体组织会使体积胀大,而残余奥氏体使体积缩小。因此,可通过控制马氏体含碳量或获得下贝氏体组织使工件减少变形。对高碳钢或高碳合金钢,控制残余奥氏体量可达到微变形淬火的目的。

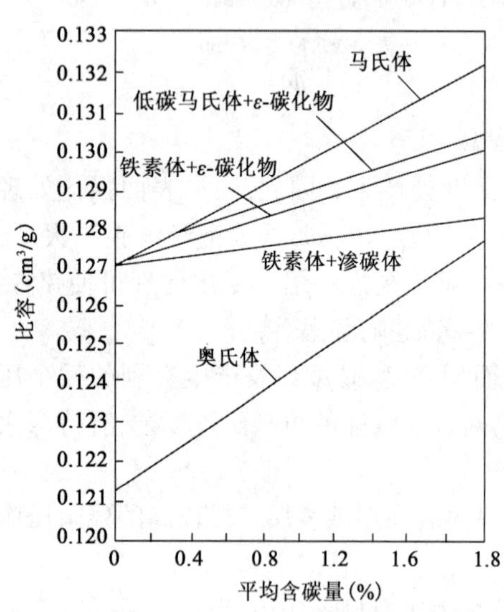

图17-8 不同组织的比容与含碳量之间的关系

2. 热应力引起的变形

主要发生在热应力较大的淬火初期,这时工件内部温度高,处于良好的塑性状态。因此,当初期的热应力(表层为拉应力、心部为压应力)超过钢在该温度下的屈服强度时即发生塑性变形。具体表现为使工件沿最大尺寸方向收缩,沿最小尺寸方向胀大,即力图使工件趋于球状。图17-9为圆柱体试样在热应力作用下引起的变形示意图。图17-9a)为圆柱体的原始形状,带阴影线的部分为表层,其余为心部。如果先假设表层冷缩不受心部牵制,就会出现图17-9b)所示的情况。但事实上表层的冷缩必然受到强度低、塑性高的心部的牵制,如果只考虑轴向应力的影响,这时表层将受拉应力,而心部受压应力,心部在压应力的作用下就会在轴向产生塑性压缩,使截面直径变大,如图17-9c)所示。继续冷却,心部将继续冷缩,使整个圆柱体的高度进一步变小,直到心部冷到室温为止。最终,圆柱体就变成如图17-9d)所示的腰鼓形状。冷却速度越大,变形就越大。

3. 组织应力引起的变形

组织应力造成的变形趋向恰好与热应力相反,表现为工件沿最大尺寸方向伸长,沿最小尺寸方向收缩,力图使工件棱角突出,平面内凹。图17-10为圆柱体试样在组织应力作用下引起的变形示意图。图17-10a)为圆柱体的原始形状,带阴影线的部分为表层,其余为心部。假设表层发生马氏体转变引起体积膨胀而不受心部的牵制,就得到图17-10b所示的情况。然而,实际上表层的膨胀必然受到塑性高、强度低的心部的牵制。如果只考虑轴向应力，这时表层受压应力，而心部受拉应力，心部在拉应力作用下引起塑性伸长，并使截面直径缩小，如图17-10c)所示。继续冷却时，心部还要发生马氏体转变，这时整个圆柱体的高度还有进一步伸长的趋势，直到心部冷至室温为止。最后，圆柱体就变为像朝鲜长鼓一样的形状，如图17-10d)所示。

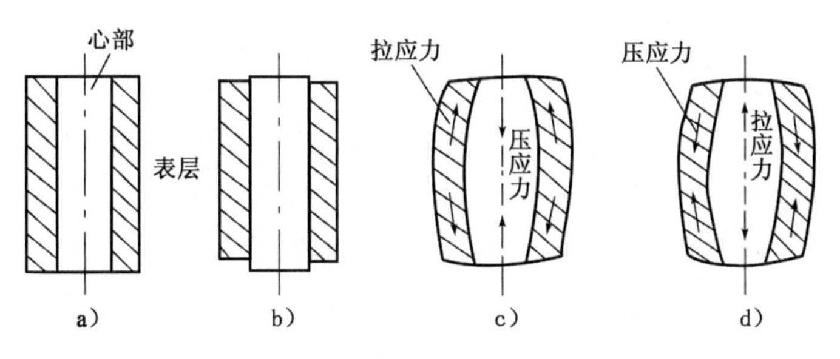

图17-9　圆柱体在热应力作用下的变形趋向

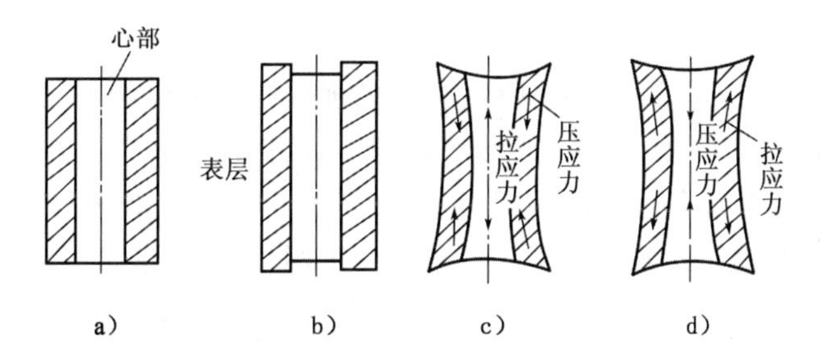

图17-10　圆柱体在组织应力作用下的变形趋向

二、影响淬火变形的因素

工件淬火时引起的变形很难避免。淬火应力越大，相变越不均匀，比容差越大，则淬火变形越严重。影响淬火变形的因素很多，可从以下方面加以分析：钢的成分及原始组织，热处理工艺条件，工件尺寸及形状。

1. 钢的成分及原始组织对变形的影响

(1)钢的化学成分

钢中碳及合金元素不仅对马氏体比容、奥氏体的屈服强度有影响，而且还改变 M_s点温度和钢的淬透性。因此，不同成分的钢淬火变形倾向也不同。低碳钢由于屈服强度低，其在热应力作用下易发生塑性变形，故低碳钢的淬火变形多以热应力为主。中碳钢淬火时的比容变化较大，且 M_s点较高、淬透性较好，淬火时组织应力较早起作用，故尺寸不太大工件的淬火变形多以组织应力为主。高碳钢由于 M_s点较低，其残余奥氏体较多，奥氏体的屈服强度较高，故淬火变形以热应力为主，由于马氏体比容大而引起相变体积变形。

合金元素一般使 M_s点下降，残余奥氏体量增多，因此可减少组织应力。同时，合金元素的加入显著提高了钢的淬透性和屈服强度，因此，可在缓和的淬火介质中冷却，降低工件的内应力，从而明显地减少淬火变形。

(2)原始组织

钢的原始组织对淬火变形量也有一定影响。球状珠光体比片状珠光体比容大、强度高。因此,经预先球化处理的工件淬火后的变形量小。另外,经调质处理的回火索氏体组织,淬火后的变形量小于珠光体组织。钢中碳化物的分布对工具钢淬火变形影响较大,碳化物呈带状分布,将导致淬火变形具有方向性,变形沿碳化物长度方向较大,沿垂直方向较小。

2. 热处理工艺参数的影响

(1)加热温度及加热速度

提高加热温度,温差增大,热应力相应增加,但同时也提高了淬透性,工件淬硬层厚度增加,组织应力也相应增加,从而增大了总变形量。但对高合金钢来说,提高加热温度会增加奥氏体中的合金含量,从而增大残余奥氏体的数量,反而使变形量减小。

加热速度过快,将会使热应力增加而引起变形,因此,可采取控制加热速度、对工件均匀加热、适当预热等措施来减小变形。

(2)淬火介质及冷却方式

淬火介质及冷却方式的选择,其目的是控制冷却速度。冷却速度越大,由内应力引起的淬火变形也越大。若在 M_s 点上提高冷却速度,将会增加热应力变形倾向;若在 M_s 点以下提高冷却速度,则将增加组织应力和体积效应的变形倾向。因此,将水淬时以组织应力变形为主的中碳钢(如45钢)改为水淬油冷(双液淬火)后,降低其 M_s 点以下的冷却速度,便可减少其变形。采用盐浴进行分级或等温淬火时,工件在热介质中短时停留,可使工件截面上的温差降至最小,这种方法不仅使热应力减小,而且显著减小了组织应力,故有效减少了工件变形。

3. 工件尺寸及形状对变形的影响

工件尺寸和形状的变化,对淬火变形会产生很大的影响。一般来说,形状简单、截面对称的工件,淬火变形较小;而形状复杂、截面不对称的工件,淬火变形较大。这是由于截面不对称时会使工件产生不均匀的冷却,从而在各个部位之间产生一定的热应力和组织应力。通常,在棱角和薄边处冷却较快,有凹角和窄沟槽处冷却较慢,外表面比内表面冷却快,圆凸外表面比平面冷却快。下面分析截面不对称工件淬火变形的一般规律。现有如图17-11所示的两个工件,均采用45钢制造,淬火工艺也完全相同(820℃加热,垂直淬火),结果T形工件上冷却较快的一侧(A-A)呈凸起,而轴上冷却较快的带键槽一侧却呈凹入,两种变形方向完全相反。

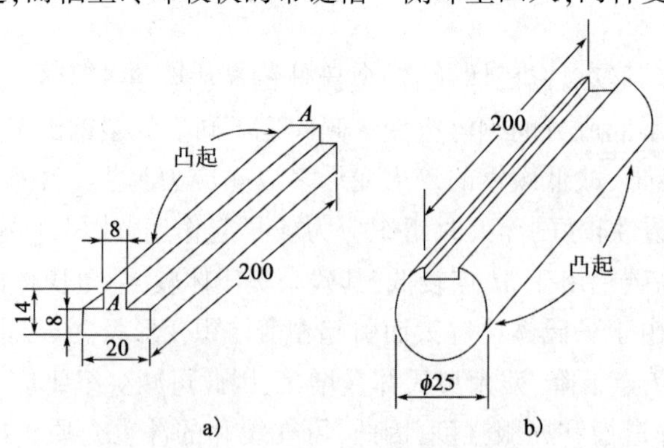

图17-11 截面不对称工件的淬火变形趋向

对T形工件来说,开始时由于A-A部分冷却较快,先发生收缩,使快冷面一侧在瞬间略有下凹,但因受到冷却较慢的平面部分的牵制而引起不均匀的塑性拉伸。与此相应,使尚处于较高温度的慢冷部分产生不均匀的塑性压缩。结果造成了快冷面有所伸长,慢冷面有所缩短。待随后慢冷面继续冷缩时,快冷面温度已较低,其屈服强度显著升高,不致使其发生压缩形变,因此便造成工件向快冷面凸起的现象。这是由热应力引起的变形趋向。如继续冷却,其快冷面仍先冷到M_s点并发生马氏体转变,从而引起体积膨胀,使其继续伸长。由于这时慢冷部分的温度较高,尚有一定的塑性,在快冷部分对其产生的拉应力作用下将会引起一定的伸长。随后再当慢冷部分因发生马氏体转变引起体积膨胀而伸长时,将会使工件朝着与原来相反的方向变形,这是组织应力引起的变形趋向。但是这种"逆向"变形有时可能超过原来的"正向"变形而造成变形反向,有时则不可能,这取决于慢冷部分的组织应力、体积效应和相对截面积的大小。显然,T形工件是属于后一种情况,故仍保持原来的快冷面凸起的状况。

但对带键槽的轴而言,虽然在M_s点以上引起的变形趋向与T形工件基本相同,但在M_s点以下,由于其慢冷部分相对截面积较大,由该处发生马氏体转变时引起的组织应力所合成的"膨胀"力较大,足以使变形反向,以致最后造成快冷面呈凹入的状况。

综上所述,工件因冷却不均匀而产生翘曲变形时,其变形趋向取决于热应力和体积效应的大小。钢的淬透性越好,M_s点越高,尤其是当慢冷部分的相对截面积越大时,组织应力的作用越占上风,使慢冷面凸起。在完全淬透的情况下,淬火冷速越大,则热应力的作用占上风,使快冷面凸起。

为减少不对称工件的变形,可通过观察、分析确定哪种应力是引起翘曲变形的主导因素,从而相应地提供某些"不对称"的冷却条件(例如将慢冷部分先入淬火介质),尽可能使各部分冷却均匀来避免或减少变形。

第四节　热处理裂纹

工件热处理后如产生变形尚能设法修正,但如果产生淬裂则只能报废。淬火裂纹主要产生在淬火冷却的后期,即在马氏体转变温度范围内冷却时,由于马氏体转变,产生较大的组织应力。此时,钢的塑性很低,最易开裂。产生淬火裂纹的原因很多,其中主要原因是组织应力在工件表面附近产生的拉应力超过了钢的断裂强度。其次,是由于材料内部的缺陷而造成其强度低。另外,工件的结构设计不良和选材不当也都会引起淬火裂纹。

一、淬火裂纹的类型

根据裂纹形成原因及其形态,常见的淬火裂纹类型如图17-12所示。

1.纵向裂纹

纵向裂纹又称轴向裂纹,是生产中最常见的一种裂纹,主要特征是裂纹产生于工件表面最大拉应力处并向心部纵深发展。裂纹的走向一般平行于轴向,但如果工件存在有内部缺陷或应力集中部位等,裂纹也有可能改变方向。工件在淬透的情况下最易产生纵向裂纹,这主要是由于表层产生的最大切向拉应力超过材料断裂强度的缘故。

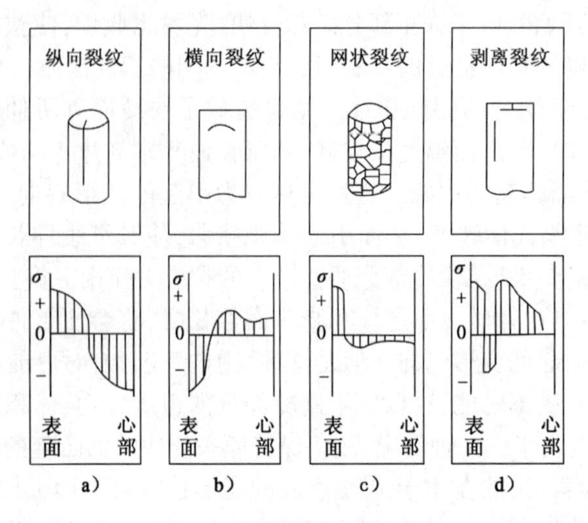

图 17-12　钢件热处理裂纹类型

纵向裂纹的形成除热处理工艺及操作方面的原因外,原材料中存在的锻造折叠、大块非金属夹杂、严重的碳化物带状偏析等缺陷,也是不可忽视的因素。这些缺陷的存在,既增加了工件内的附加应力,而且还降低了钢的强度和塑性。

2. 横向裂纹(包括弧形裂纹)

这类裂纹往往是在工件没有全部淬透的情况下形成的,即在淬硬层与未淬硬层间的过渡区产生,其内应力分布特征是表面受压应力,离表面一定距离应力发生剧变,由压应力变为拉应力,如图 17-12b)所示。裂纹就产生在拉应力峰值区域内,当内应力重新分布或钢的脆性增加时即向工件表面延伸发展。裂纹的走向特点是垂直于轴的方向,在工件形状突变部位则以弧形分布形成弧形裂纹。此外,在工件棱角、凹槽及内孔等部位,也常常出现这类裂纹。

3. 网状裂纹

网状裂纹又称为表面龟裂,是一种表面裂纹,其深度较浅,一般为 0.01 ~ 2mm。这种裂纹的主要特征是具有任意方向,许多裂纹相互连接构成网状,而与工件外形无关。

网状裂纹形成原因是表面组织的比容小于心部,从而在表面形成多向拉应力所致。例如,表面脱碳的高碳钢或渗碳钢工件淬火时,内层马氏体含碳比表层高,马氏体比容差较大,使比容小的表层受到多向拉应力作用,产生网状裂纹。又如,淬火工件在磨削加工时,磨削量过大,磨削热使表层组织分解,比容减小而收缩,但内层不收缩,使表面受到多向拉应力而形成网状裂纹。

4. 剥离裂纹

剥离裂纹又称表面剥落,主要产生在表面淬火或化学热处理之后,沿淬硬层或扩散层发生剥离,如图 17-12d)所示。剥离裂纹主要存在于工件表层很窄的区域内,是在轴向和切向作用着压应力、径向作用着拉应力的状态下形成的,如图 17-13)所示。一般情况下,裂纹潜伏在平行于工件表面的皮下,严重时造成表层剥落。例如,工件经渗碳淬火时,渗碳层虽淬成马氏体,过渡层可能得到屈氏体,心部则仍保持原始组织状态。由于马氏体比容大,其膨胀时受到内部的牵制，使马氏体层呈压应力状态但在接近马氏体层的过渡区内则具有拉应力，如图17-12d)所示。剥离裂纹就产生在这应力急剧变化的极薄过渡区域内。

5. 显微裂纹

显微裂纹与上述四种裂纹不同，它是由显微应力（第二类应力）造成的。显微裂纹往往产生于原奥氏体晶界处或片状马氏体的交界处。有的裂纹穿过马氏体片。由于片状马氏体在高速长大时相互碰撞产生很大的应力，而片状马氏体本身性脆，无法产生塑性变形使其应力得到松弛，因而易产生显微裂纹。奥氏体晶粒粗大，产生显微裂纹的敏感性也随之增加。

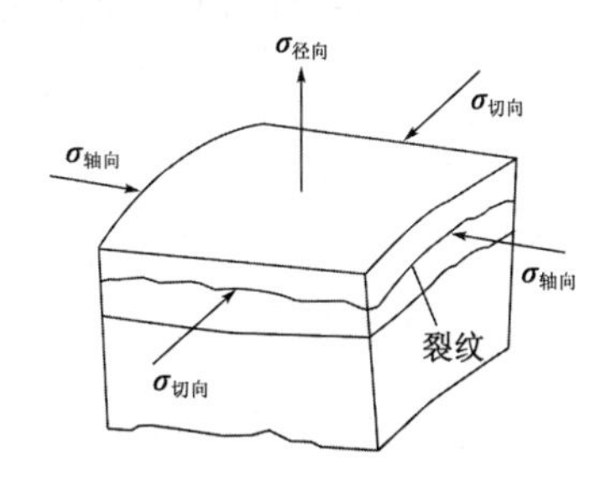

图17-13　剥离裂纹的应力状态示意图

钢中存在显微裂纹将显著降低淬火工件的强度和塑性，从而导致工件早期破坏。可见，某些高碳工具钢或渗碳淬火件往往由于过热而引起开裂，一些淬火件不及时回火引起开裂，显然都与钢中存在显微裂纹及其扩展有关。

二、影响淬火裂纹的因素

由淬火应力分布特征可知，工件内部存在的拉应力是产生裂纹的主要原因。因此，凡在淬火过程中易产生局部区域应力集中、其应力值超过材料断裂强度的一切因素，均会造成淬火裂纹。主要有以下几个方面：

1. 原材料缺陷

钢中存在白点、缩孔以及切削加工留下的刀痕，都可成为产生淬火裂纹的根源。若钢中有大块非金属夹杂或严重的带状碳化物偏析等，则会破坏基体金属的连续性而降低钢的强度，在淬火时易引起缺口应力集中而产生裂纹。此外，碳化物聚集处含碳量较高，即使在正常加热温度下，也会过热，而使工件产生开裂。

2. 锻造缺陷

锻造不当而产生的细小裂纹，在淬火时还会继续扩展。在锻轧时，内部的发纹、皮下气泡以及碳化物偏析等缺陷，如果未能及时被除掉、锻合或打碎，在以后淬火时，可能在这些缺陷处出现明显的表面裂纹。

3. 热处理工艺操作不当

若加热温度过高，导致奥氏体晶粒粗化，加热速度过快，造成大截面工件和导热性差的高合金钢加热不均匀，都会产生裂纹。

冷却介质选择不当，在M_s点以下冷却过快，很容易引起开裂，这对高碳钢更为明显。例如，高碳工具钢采用双液（水-油）淬火时，如在水中停留时间过久，使马氏体在快冷条件下形成，将很容易造成开裂。

回火温度过低、回火时间过短或淬火后未及时回火，都可能使工件引起开裂，这是因为淬火后内应力还在不断重新分布，极有可能在某些危险断面处造成应力集中所致。

第五节 减少工件变形和防止淬火开裂的途径

为了减少工件变形和防止开裂,不仅需要在热处理工艺和操作方面采用有效措施,而且还应考虑工件结构设计的热处理工艺以及工艺路线的安排使冷热加工密切配合,才能取得良好效果。现分述如下:

一、正确选材与合理设计

对于形状复杂、截面尺寸相差悬殊的工件,最好选用淬透性较高的合金钢,使之能在缓冷的淬火介质中冷却,以减小内应力。对于形状复杂且精度要求较高的刀具、模具、量具等。可选用低变形钢(如 CrWMn、Cr12MoV 等)并采用分级淬火或等温淬火。

设计工件形状时,应尽量减少截面厚薄的悬殊程度及形状的不对称性,避免薄边和尖角。在截面的厚薄交界处尽可能平滑过渡。为使工件冷却均匀,需适当采用工艺孔。对于形状复杂、尺寸较大的工件,宜采用装配组合结构,以利于减少变形与整修加工。

二、正确的锻造和预备热处理

钢材中往往存在一些冶金缺陷,如疏松、夹杂、偏析、发纹、带状组织等,极易使工件淬火时引起无规则变形与开裂,故必须对钢材进行锻造,以改善其组织。

锻造毛坯还应通过适当的预备热处理(如正火、调质处理、球化退火等)来得到满意的组织,以满足切削加工和最终热处理的要求。对于某些形状复杂、精度要求较高的工件,在粗加工与精加工之间或在淬火之前,还要进行去应力退火。

三、冷热加工密切配合

为了控制和减少淬火变形,在制定工艺路线时对易变形的工件需考虑冷热加工工序的密切配合,并采用适当措施。如对一些工件的薄弱部分,需在淬火前从结构上予以加强,或预测淬火变形规律,在机械加工时预留变形余量。对易变形的形状不规则工件,可在淬火前留筋,淬火后再切除。

四、合理制定淬火工艺

加热时应尽量做到加热均匀,以减少加热时的热应力。对于大型锻模及高合金钢工件,应采用预热。

选择合理的淬火加热温度,一般情况下应尽量选择淬火的下限温度。但有时是为了调整残余奥氏体量以达到控制变形量的目的,加热温度也可适当提高。

正确选择淬火介质和冷却方法,在满足性能要求的前提下,应选用较缓和的淬火介质或采用分级淬火、等温淬火等方法。在 M_s 点以下要缓慢冷却,以减少组织应力(如水-油双液淬火)。此外,工件从分级槽中取出空冷时,必须冷却到低于 40℃后才允许清洗,否则也易开裂。

五、技术操作正确与措施合理

为避免变形与开裂，还应注意合适的淬入方式，其基本原则是淬火时应保证工件最均匀的冷却，其次是应该以最小阻力方向淬入。此外，对热处理操作中的每一道辅助工序，如堵孔、绑扎、吊挂、装炉以及工件在淬火介质中的运动方向等都应予以足够重视。

对于一些薄壁圆片类工件（如摩擦片、薄片铣刀等），可采用卡具夹紧后强迫淬火。大批生产的大尺寸工件（如凸轮盘、伞齿轮等），则采用淬火压床，在专用模具中加压冷却，可有效减小变形量。

复习思考题

1. 简述工件在冷却过程中热应力和组织应力的分布特点及其对工件变形、开裂的影响。

2. 试述未淬透的高碳钢易形成横向裂纹的原因。

3. 利用回火可以减少或适当调整淬火工件的变形量，试述其原因。

4. 现有45钢轴，其直径为25mm、长度为125mm，离轴端三分之一处有一个5mm×5mm×25mm的键槽，自820℃以轴线垂直水面进行水淬，试分析淬火后可能引起的变形。

第十八章　先进热处理工艺

热处理是改善金属与合金各种性能,充分发挥金属材料性能潜力和节约原材料的重要手段,也是决定产品质量和使用寿命的关键。先进的热处理技术可大幅度提高产品质量,使零件的寿命成倍甚至几十倍地增加。因此,世界各国对材料热处理新工艺的开发和研究十分重视。

当前的热处理技术正向着优质、高效、节能、无公害以及低能耗的方向发展。例如:利用锻造余热淬火的形变热处理,激光淬火,冲击淬火,真空热处理,离子轰击热处理(包括辉光离子渗氮、离子渗碳、离子渗金属等)以及在特殊表面处理方面的离子沉积(包括化学气相沉积和物理气相沉积)等。

第一节　真空热处理

真空热处理是在低于大气压力、极稀薄的介质气氛中进行的热处理工艺。金属在真空中加热时,其表面的物理状态以及化学成分将发生显著变化,能取得许多在常压下的热处理所不能获得的效果。

20 世纪 30 年代开始应用真空技术对精密合金退火处理,20 世纪 50 年代末又研制成功气冷式真空淬火炉,从而扩大了其应用范围,使工具钢、不锈钢和耐热合金都能进行真空淬火处理。继后研制了油冷式、水冷式真空淬火炉,更进一步使真空技术广泛应用于包括有色金属在内的各种合金材料的处理。近几十年来真空化学热处理等表面硬化新工艺、新技术在国内外发展迅速,真空渗碳、真空离子碳-氮共渗、真空渗金属等都显示出了渗速快、渗层均匀、变形小、能源消耗少、无公害等优越性。

一、真空加热的作用及特点

1.保护作用

真空加热是在极稀薄的纯净气氛中进行的。根据对气体的分析,真空炉内残存的气体是 CO_2、O_2、H_2O(气)以及油脂等有机物蒸汽。由于上述气体含量极少,不足以产生脱碳作用。因此,金属表面的化学成分和光洁度可保持不变。实验证明,在 $10^{-4} \sim 10^{-2}$ mmHg 的真空度下,就可获得光亮表面,达到无氧化加热的目的。

2.表面净化、脱脂作用

在真空加热时,工件表面上的氧化物、轻微锈蚀和油污物等可被还原、分解或挥发掉,从而获得光洁的表面。

金属的氧化反应是可逆反应,具体是氧化反应还是氧化物分解反应取决于加热气氛中氧的分压与氧化物分解压之间的关系。若氧的分压大于分解压,反应向氧化方向进行;反之,反应向氧化物分解方向进行。在真空状态下,氧的分压低于氧化物的平衡分解压,其结果是分解产生的氧被放出,由真空泵排除,从而达到表面净化的效果。

3. 脱气

金属在熔炼时,液态金属要吸收氢、氧、一氧化碳等气体。此外,在随后的锻造、热处理过程中,各种气体还会在金属中被溶解和吸收。根据西弗斯定律,氢、氧、氮等双原子气体在金属中的溶解度(S)与其分压(P)的平方根成正比,即 $S = KP^{0.5}$,式中 K 为西弗斯常数。由公式可知,随着周围气氛中有关气体的分压减小,气体在金属中的溶解度也减小。因此,降低分压将引起脱气。真空度越高,脱气效果越好。

金属表面的脱气过程按如下步骤进行。首先,金属中气体向表面扩散;接着,气体从金属表面逸出;最后,气体从真空炉排出。当气体从金属表面逸出时,在金属表面形成浓度梯度,致使气体不断向外扩散。根据扩散定律,温度越高扩散系数越大,从而显著加快脱气速度。由于氢的扩散系数最大,故真空脱氢比较容易,而氮及氧在高温下较难扩散。当真空度为 10^{-4}mmHg 时,加热温度达到 900℃以上时才开始放出氮和氧。

真空脱气能使钢的韧性提高,并改善碳钢和不锈钢的深冲工艺性能。

4. 蒸发现象

合金钢在真空加热时,某些蒸汽压高的合金元素(如 Mn,Cr 等)将挥发,蒸发出来的气态金属挥发物附粘在炉子的低温部分和工件表面上,既会损坏加热炉,又降低工件表面的光洁度。所以,必须设法避免蒸发现象。通常采用通入高纯度的惰性气体将真空度升至 $1.5 \times 10^{-1} \sim 25 \times 10^{-1}$mmHg,可防止蒸发现象的产生。

综上所述,在真空热处理时,对真空度的要求并非越高越好,而是要兼顾两方面因素,既要考虑到保证不发生氧化、脱碳所需要的最小限度的低压,又要注意到为防止合金元素蒸发所需要的最起码的高压。实验证明,真空度保持在 $10^{-4} \sim 10^{-2}$mmHg 范围,即可保证不发生明显的氧化脱碳与合金元素的蒸发。

5. 真空加热速度慢

工件在真空中加热基本上靠热辐射。但在 600℃以下低温加热时则以对流传热为主。因此,在真空炉中高温加热速度比低温加热速度快,工件在低温阶段的加热时间要比在空气炉更长些。从生产效率看这是个缺点,但由于升温速度慢,工件截面温差小,故内应力和变形程度均比其他加热方式小,又是个优点。故生产中可通过预热的措施,起到缩短时间的效果。

二、真空热处理的应用

1. 真空退火

真空退火的目的在于获得光亮洁净的表面,脱气,消除应力,改善组织,提高工件的机械、物理性能等。例如硅钢片在 1 250 ~ 1 300℃和真空度为 $10^{-4} \sim 10^{-3}$mmHg 的炉中真空退火后,可去除其中大部分气体、氮化物和硫化物等。同时还可消除内应力和晶格畸变,使磁感强度提高 1 ~ 2 倍,并显著降低磁滞损耗和矫顽力。又如镍铬-镍铝合金丝真空退火后可有效地防止氧化,保证其电学性能。另外,对化学性质极活泼、容易引起表面氧化沾污的钛合金,进行真空退火可以防止氧化、降低钛合金中的含氢量,从而改善钛合金的塑形和韧性。

真空退火工艺的主要参数是退火温度和真空度。真空度过低将达不到防止氧化和脱气的目的,真空度过高则引起蒸发现象。因此,必须根据工件材料的氧化特性、金属化合物的分解压来合埋确定退火温度和真空度。一般真空退火时间要比普通退火长,出炉温度应在200℃以下,以免引起氧化,影响表面光洁度。不同材料的真空退火工艺规范如表18-1所示。

不同材料的真空退火温度和真空度范围　　表18-1

材料名称	退火温度(℃)	真空度(mmHg)
结构钢	790 ~ 860	$10^{-3} \sim 10^{-2}$
工具钢	700 ~ 900	$10^{-4} \sim 10^{-3}$
马氏体不锈钢	800 ~ 900(空冷)	$10^{-4} \sim 10^{-3}$
奥氏体不锈钢	950 ~ 1 100(空冷)	$10^{-5} \sim 10^{-3}$
硅钢	900 ~ 1 205	$10^{-5} \sim 10^{-4}$
铝钢	1 090 ~ 1 430	10^{-5}
钛钢	860 ~ 791	$10^{-5} \sim 10^{-4}$
铝	1 000 ~ 1 100	$10^{-6} \sim 10^{-1}$
钨	>1400	$10^{-4} \sim 10^{-3}$
坡莫合金	900 ~ 1 205	$10^{-5} \sim 10^{-4}$

2. 真空淬火

真空淬火已广泛应用于各种钢材、时效合金和硬磁合金的固溶淬火等,真空淬火具有如下优点:

①表面光亮洁净。这主要是由于表面无氧化膜及附着物被挥发的结果。

②变形小。真空加热时速度缓慢且均匀,淬火冷却时工件不移动故有利于减小变形程度,其比盐浴加热变形量小70%左右。

③表面硬度高、耐磨性好。真空油冷淬火时将发生瞬间渗碳作用,形成高碳淬火层(约50μm)。加之表面无氧化,均使硬度高于普通淬火且不会出现软点。

④使用寿命长。由于真空脱气作用,改善了材料强度、耐磨性和疲劳强度。因此,真空淬火后工件的使用寿命较常规淬火普遍提高。

真空淬火除了要正确选定加热温度和真空度之外,冷却方法及冷却介质对淬火质量也有重要影响。真空淬火的冷却介质按工件的淬透性和截面尺寸选择气冷、油冷或水冷,对于淬透性小或截面尺寸较大的工件要采用油冷或水冷;反之可用气冷。真空淬火的气冷介质可用氢、氮、氦和氩气等惰性气体,氢易爆炸,氦、氩等气体价格昂贵,故一般都选用高纯氮气。真空淬火存在的问题是设备复杂且价格昂贵,其次是淬火介质的冷却能力有待进一步提高。

3. 真空渗碳

真空渗碳又称低压渗碳。其具有渗碳速度快、渗层均匀、表面无反常组织及氧化问题、环境友好等优点。

第二节　离子轰击热处理

离子轰击热处理是利用真空中的辉光放电现象产生带电离子，其轰击金属表面并使离子元素直接渗入，从而达到改变金属件表层化学成分、组织及性能的一种先进的化学热处理工艺，又称辉光离子化学热处理。其与普通化学热处理相比，具有生产周期短、工件表面光洁、表层相结构可控、节约能源以及无公害等一系列优点。根据渗入元素的不同，离子轰击热处理包括离子渗氮、离子渗碳、离子碳-氮共渗、离子渗金属以及离子沉积等工艺方法。

一、离子轰击热处理的基本原理

以离子渗氮为例，其基本过程如下：如图18-1所示，渗氮时，把工件放入真空室内，接上高压直流电源的阴极，真空罩接阳极，用真空泵抽气使真空室真空度达5×10^{-1}mmHg后，通入氨气使真空室压力保持在1～10mmHg范围内，然后接通电源并在正负极之间施加高压直流电。当电压达某一数值时，稀薄空气被击穿，两极突然出现电流，工件部分表面产生一层柔和的紫色辉光，不断增加电压，工件表面逐渐被辉光完全覆盖。进一步加大两极间的电压，辉光强度增强，工件温度上升，直至所需加热温度，再将炉内气压及电参数调整至工艺要求值，开始正常渗氮过程，直到保温终了，切断电源，处理结束。

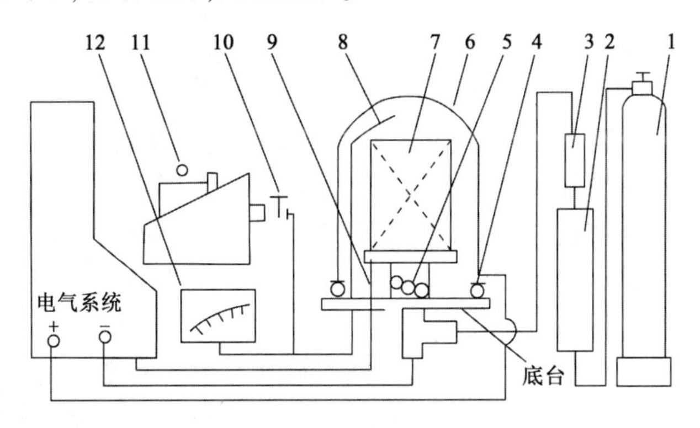

图18-1　离子渗氮装置示意图

1-液氨瓶；2-缓冲干燥罐；3-氨气流量计；4-绝缘橡皮圈；5-氨气孔；6-钟罩；7-工件；8-抽空管；9-热电偶；10-真空罐阀；11-真空泵；12-真空计

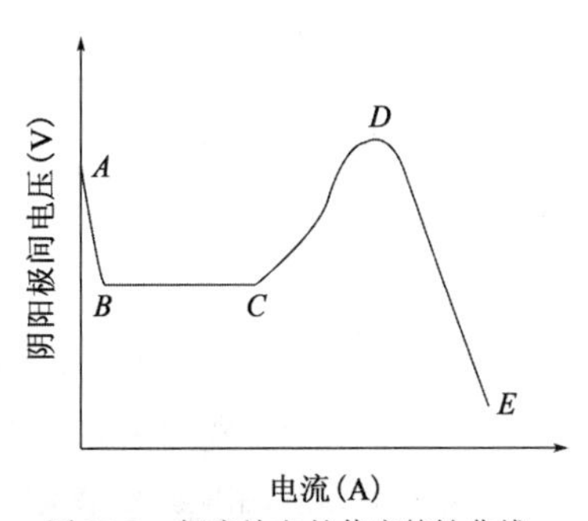

图18-2　辉光放电的伏安特性曲线

由此可见，辉光离子化学热处理的基本特征是利用稀薄气体的辉光放电现象。图18-2所示为辉光放电的伏安特性曲线，图中A点电压为点燃电压，BC段为正常辉光放电区，CD段为异常辉光放电区，DE段为弧光放电区。离子渗氮时，电压与电流只要控制在异常辉光区，因为在这区域阴极（工件）全被辉光覆盖。增加电压，主要增加工件表面电流密度。调整电流密度可调整温度，工件在离子轰击作用下均匀加热。当电压升到D点附近时，电流突然增大，随之极间电压迅速降低，辉光熄灭，在阴极表面上产生强烈的弧光放电。离子轰击处理时应尽量避免由辉光放电向弧光放电的过渡，以防止烧伤工件表面。一旦弧光发生，电源控制系统必须能自动切断电源，然后又自动点燃辉光，使工艺过程继续进行。

根据原西德克罗克诺尔离子工程公司提出的离子渗氮原理模型：在辉光放电高压电场的作用下，氨气部分电离成 N^+、H^- 及电子，正离子受到电场作用向阴极移动，当到达阴极（工件）附近时，被强电场突然加速，轰击工件表面。离子的巨大动能，一部分转变成热能加热工件，另一部分使离子直接渗入工件或产生阴极溅射，从工件表面冲击出电子和铁、碳、氧原子。被轰击出来的铁原子与氮离子化合成 FeN，吸附在工件表面上。在高温与离子轰击作用下，FeN 分解为低价氮化物（Fe_2N、Fe_3N、Fe_4N）和氮原子（N），一部分氮原子向内部渗入并扩散成渗氮层。

氮、氢离子轰击工件表面除加热工件外，还将表面的氧化物、碳化物还原并使之活化，同时在表面一定深度范围内晶体缺陷（位错密度）显著增加，这些都有利于氮原子的吸附和扩散，从而加速了离子渗氮速度。

二、离子轰击热处理方法及应用

1. 离子渗氮

在一定真空度的离子渗氮炉中通入含氮气体，在辉光放电的高压电场作用下即可进行离子渗氮。

（1）离子渗氮的工艺参数

离子渗氮的工艺参数主要有：气体成分、流量与压力、辉光电压、电流密度、渗氮温度、时间等。气体成分对工件表面渗层的相结构和厚度有显著影响。常用离子渗氮介质为氨气、氨热分解气或氮-氢混合气。由于采用介质不同，氮势也不同，渗层表面的氮化相也不同。通过调节气氛中的氢、氮混合比例以控制氮势，可以得到不同的渗层结构，如图 18-3 所示。直接用液态氨渗氮时，气氛中氮势高，化合物层往往出现 $\gamma' + \varepsilon$ 相的混合结构。氨的热分解气由 25% N_2 和 75% H_2 组成，用作离子渗氮可生成 γ' 单相或以 γ' 相为主的化合物层。

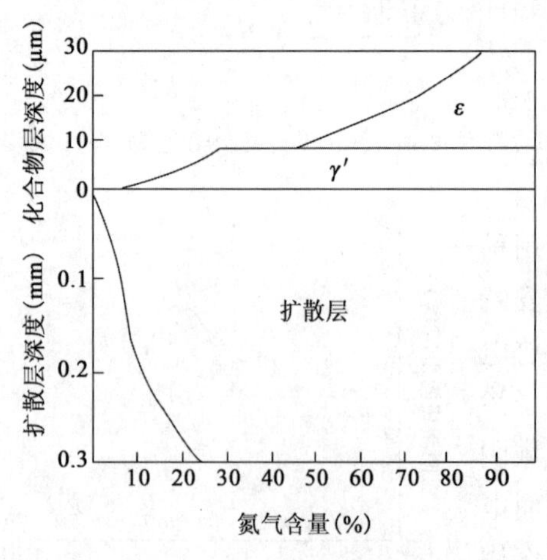

图 18-3　氮氢混合比与渗氮层深度的关系

辉光电压与电流密度在离子渗氮的各阶段有所不同。在加热阶段电压一般为 550 ~ 750V，电流密度为 0.5 ~ 5mA/cm²。保温阶段电压略低些，通常为 550 ~ 650V。

图 18-4 为离子渗氮温度与时间对工件表面硬度与渗氮层深度的影响。温度升高，表面硬度下降，渗氮层增厚；延长保温时间，渗层厚度也随之增加。与气体渗氮相比，离子渗氮速度快，渗氮表面能在短时间内获得与长期渗氮相近的表面硬度。因此，可利用离子渗氮进行薄层短时氮化。

（2）离子渗氮的特点

①渗氮速度快，尤其在短时浅层渗氮时效果突

出。例如,渗氮层深度为0.3～0.5mm,所需的渗氮时间仅为普通气体渗氮的1/3～1/2。

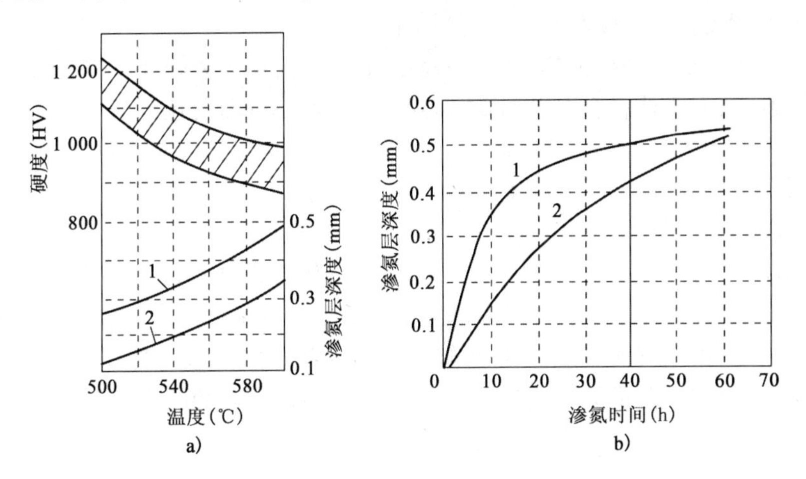

图18-4　离子渗氮温度与时间对工件表面硬度与渗氮层深度的影响

1-离子渗氮;2-气体渗氮

②渗层组织结构可以控制。通过调节炉气成分和离子溅射速率来控制渗氮层的相成分和组织,可得到符合要求的ε单相或γ'相。

③离子渗氮工件变形小,表面光洁,往往不需磨削即可直接使用。

④节省能源和气体消耗,环境友好。

⑤离子渗氮设备比较复杂,操作要求严格。

(3)离子渗氮的应用

由于离子渗氮具有一般渗氮工艺所不具备的优良特性,因而离子渗氮工艺在对碳钢、合金钢、不锈钢、铸铁及钛合金等方面的表面强化作用均已取得显著的经济技术效果。现举例如下:

30CrMnSi钢冷冻机阀片,工作时承受冲击疲劳荷载,经淬火、回火处理,其使用寿命在5 000h以下;改用淬火后加400℃离子渗氮120min,使用寿命达到20 000h。

经电镀硬铬的45钢压缩机活塞拉杆使用寿命为30d,改用40Cr经调质后在530℃离子渗氮12h,使用寿命提高10倍以上。

5CrMnMo钢热锻模经淬火、回火后易磨损,经480～500℃离子渗氮8h,可使磨损量减少至$\frac{1}{4}$以下。

W18Cr4V钢钻头、槽铣刀,经离子渗氮(480℃,1h)后,每把铣刀的加工时间缩短80%以上。

合金铸铁柴油机气缸套在磨合过程中常有拉伤现象,经离子渗氮处理(560℃、2h)后表面硬度达到HRC60,缸套内壁呈镜面,磨合性能明显提高。

此外,适当提高处理温度,加入微量含碳气氛以及加快冷却速度等措施,进行低温离子碳-氮共渗(软氮化)可得到60μm以上、硬度为HV800的有效硬化层,从而进一步扩大了离子渗氮在钢件方面的应用。

2.离子渗碳与离子碳-氮共渗

对高温渗碳工艺的研究认为,强化渗碳过程是提高渗碳生产率的有效途径,特别是对深层渗碳作用更为明显。为了实现高温渗碳,目前主要有两个途径,即采用真空渗碳或在离子渗氮炉中进行。采用辉光离子渗碳具有如下有利条件:

①利用离子轰击作用进行加热,使工件处在高温状态,而炉体则处于较低温度;同时,真空炉内气氛还原性强,对炉体材料要求不高。因此,炉子使用寿命较长。

②离子轰击作用能进一步强化渗碳过程,因此比气体渗碳具有更高的渗速。

③离子渗碳节约能源,不污染环境,操作方便。

(1)离子渗碳的工艺特点

离子渗碳时将工件装入真空炉内,通入碳-氢系气体(如 CH_4 或 C_3H_8 等)。在高压电流作用下,引起辉光放电而等离子体化。具有高能量的活化碳离子被加速轰击工件表面,在辉光放电加热工件的同时,由于表面溅射,促进了碳原子向内部扩散。通过调节炉内气流及压力,并将电流密度选定在规定值,进行一定时间的处理后,可得到所需的碳浓度和渗碳层深度。渗碳后可以立即油冷淬火,预冷淬火后重新加热再淬火。

(2)离子渗碳层的组织和性能

离子渗碳后的渗层情况与气体渗碳基本相同,表面碳浓度可达0.6%~1.0%,渗碳层深度在0.5~1.0mm范围。例如,20CrMnMo钢经860℃离子渗碳90min,其表面碳含量为0.8%,渗层深度0.6mm,经油淬后的组织为马氏体+残余奥氏体(约25%),硬度可达HV900。离子渗碳比气体渗碳和真空渗碳节省时间、效果好,同时,疲劳强度和耐磨性能也比普通渗碳有所提高。

(3)离子碳-氮共渗

若在真空炉内通入渗碳气和氨气作为放电气体,在高压电场作用下,使气体电离成碳离子及氮离子,并轰击工件表面,则可实现碳-氮共渗。离子碳-氮共渗也遵循一般扩散规律,其工艺过程及特点基本上和离子渗氮与离子渗碳相同。

3. 离子沉积

对在工作中易受剧烈磨损及易发生咬合的零件(工模具、轴承等),若在其表面涂覆(沉积)一层厚度约为5~20μm的超硬物质(如碳化钛、氮化钛等),其使用寿命显著提高。由于碳化钛是一种面心立方晶格的非定比化合物,具有高熔点、高硬度(HV3 000~4 000)、低摩擦系数(仅为钢的1/5~1/7)和良好的耐蚀性。

离子沉积包括两大类:一类是化学气相沉积(CVD),即通过高温化学反应在工件表面形成覆盖层;另一类是物理气相沉积(PVD),即在高温静电场中使金属蒸气离子化后产生的离子加速并沉积在工件表面形成覆渗层。

(1)化学气相沉积

化学气相沉积碳化钛的基本原理是将工件在氢气保护下加热至高温(900~1 100℃),然后以氢气作载气把四氯化钛和碳氢化合物气氛带入炉内反应器中,使四氯化钛中的钛与碳氢化合物中的碳以及钢表面的碳在高温状态下进行化学气相反应,从而生成一层固态碳化钛覆盖层。

气相沉积碳化钛的工艺装置由净化系统、气体系统、气相反应室和控制系统四个部分组成。为了获得高质量的碳化钛覆盖层,必须严格控制反应温度(980~1 050℃)和气氛中的碳势(Ti/C 比值为1:0.97~1:0.85)。在沉积处理前还应对工件表面进行真空除气处理,最后在有保护气氛的密闭装置中缓冷或淬火。

目前在碳化钛涂覆工艺中尚还存在着操作温度过高,碳化钛覆盖层粘合不牢固及工件变形大等问题,所以其发展趋势是向低温(700~900℃)、多层混合沉积(TiC+TiN)以及先渗碳后进行碳化钛沉积的复合渗层方向发展。

(2)物理气相沉积

与CVD相比,物理气相沉积法具有覆盖层沉积温度低(<550℃)、沉积速度快、沉积层成分和结构可控制及无公害等特点。物理气相沉积工艺方法主要有真空溅射沉积、离子镀和空心阴极蒸镀等。现就真空溅射沉积简述如下。

真空溅射沉积碳化钛也是一种表面辉光处理。真空室内工件为阳极,碳化钛作阴极靶,在靶与工作台之间的两侧有钨丝电极。工作时,抽真空的同时通入氩气使真空度在10^{-3}mmHg达到动态平衡。此时,碳化钛阴极带有1~4kV高压。当灯丝加热至白热状态并带0~100V负偏压时,就发射电子使工作室内氩气电离。由于阴极带有负高压,氩离子就以极高速度轰击碳化钛靶,使碳化钛以分子状态溅射,并沉积在工件表面上,结果使工件表面涂上一层硬度极高的碳化钛。在整个工作过程中,具有高能量的碳化钛分子溅射沉积,并在灯丝发射的电子轰击下使工件加热,工作温度约500℃左右,这样就可以使高速钢工件在回火温度以下,表面上溅射沉积一层碳化钛涂层。

一般高速钢立铣刀、BK硬质合金刀片等工具以及冷冲模具经过3~5h溅射沉积处理,可获得厚度为4~8μm的涂层,工件表面硬度可达HV2 800~4 000。其还具有优异的耐磨性、抗咬合性以及良好的抗氧化性能,对提高工模具的使用寿命有着显著的效果。

物理气相沉积法除了用于TiC涂层,也可用于TiN、ZrC、VC、BN等涂层的沉积。

第三节　激光热处理

激光是20世纪60年代出现的重大科学技术成就之一。在工业生产中利用激光作为热源对金属材料进行加工处理则是20世纪70年代初才开始的,并由初期的电子零件的打孔、切割及焊接等逐步扩大到金属热处理方面的应用。由于其具有独特的加热方式,给金属表面热处理带来了一些新的概念和特点。

一、激光加热的特点

激光是一种具有极高的亮度、单色性和方向性的强光源,目前应用于热处理的这种高能量密度的强激光主要靠CO_2激光器供给。激光的这些特点使其在热处理加热过程中显示出了其特殊的性能,具体表现在:

①加热速度快。激光具有高达10^6W/cm^{2}的能量密度,当聚焦的激光照射在金属表面时,可在百分之几秒内升到淬火温度。

②可进行选择性局部淬火。由于激光具有非常高的方向性、可控性。因此可利用光导系统通过聚焦使激光束精确地对需要部位进行选择性加热淬火,而不影响邻近的组织和表面光洁度。

③由于能量是由光束照射传递给零件表面,属于无接触加热,零件表面不会引起沾污。

④由于是小面积扫描加热,故变形及应力极小,表面光亮,不需要再进行精加工。

⑤可以进行局部表面合金化处理。用激光照射经过有涂层的表面,可以得到不同性能的合金化表层,同时也可以在同一零件不同部位根据需要进行不同成分的合金化。

二、激光强化热处理工艺

1.脉冲激光强化淬火

脉冲激光强化淬火主要是利用激光束在工件表面的扫描运动来实现。由于激光束光斑尺寸很小,按照光束的聚焦及运动情况不同,可以获得不同的淬火区域,其扫描方法有三种:

①散焦激光束直线运动,如图18-5a)所示。其硬化宽度决定于激光束光斑的直径,淬火区域为一条狭长的淬火带。

②多道重叠的散焦激光束加热淬火,如图18-5b)所示。此法类似于火焰淬火时的联合法,虽然加宽了淬火硬化区,但在两次淬火重叠区存在一个回火软化带,影响了淬火质量。

③摆动激光束加热淬火,如图18-5c)所示。此法适用于宽带加热,对激光束作两维摆动时可以获得较大面积的加热区,如图18-6所示。

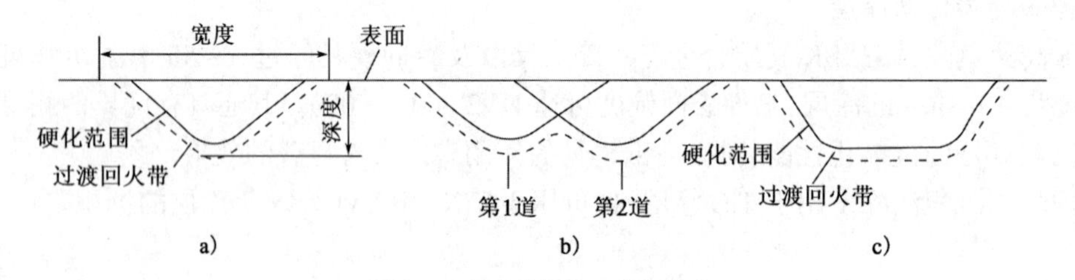

图18-5 激光束加热工件的方式

a)单刀散焦激光束;b)多道重叠散焦激光束;c)单刀摆动激光束

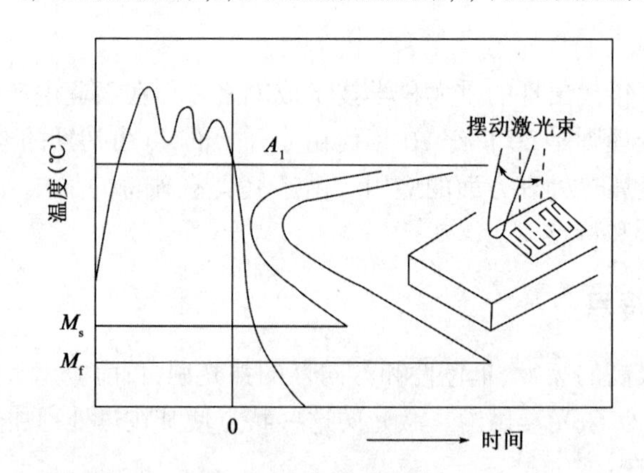

图18-6 摆动激光束加热淬火

2.激光加热表面合金化

当在需硬化表面上涂以一定厚度的合金涂层,然后再经大功率激光束摆动扫描,就能使表面熔铸一层与基体牢固结合的合金层。经合金化后的硬化层回火后仍能保持硬度不降低。

综合上述,激光热处理是一种具有多功能的热处理新工艺,其已超出单纯的表面淬火范围而发展成一种独立的表面处理技术,具有广阔的发展前景。

第四节　复合热处理

传统用于钢铁材料的各种单一的热处理方法(如调质、淬火、渗碳、氮化和渗金属等),对改善工件性能效果虽好,但也各有局限性。为了进一步强化金属材料,充分发挥各种热处理的优点,将几种不同的热处理工艺加以合理组合,从而使工件性能优于任何单一处理方法,这些组合热处理方式统称为复合热处理。随着技术的发展,为了节约能源、追求更优异的性能,已经开始把各种整体强韧化处理、表面合金化、形变热处理以及表面功能性覆盖层等先进工艺进行多种类型的相互交叉与复合,使机械零件的性能在原有的基础上获得了更进一步的提高。

一、热处理工艺复合原则

复合处理的效果,主要是取决于各种热处理方法的合理组合。因此,从技术上的可能性和经济上的合理性出发,为使复合热处理获得最佳效果,应该遵循以下几点复合原则。

1. 功能继承原则

复合热处理可以是心部强韧化与表面强化的复合,也可以是两种整体强化工艺或两种表面处理的复合。不论哪一类,前者热处理时一般应视为赋予性能的基础,在进行后者处理时需继承前者热处理后的效果,而不应起抵消作用。也就是说,后者热处理应当是对前者热处理后性能的重要补充和提高,或赋予新的性能。

2. 优质原则

通过工艺复合处理后,应使工件的性能及使用寿命大幅度提高,或使工件具备多种功能,而不致增大变形量和开裂倾向。

3. 经济性原则

热处理工艺复合应在保证提高性能的前提下尽量简化工序和缩短生产周期,以减少能源消耗,达到优质、低能耗、低成本的目的。如果经复合处理后所消耗的成本高于改善工件性能和提高使用寿命而节约的资金,则这种热处理复合工序显然就没有应用价值。

二、复合热处理工艺方法

复合热处理工艺方法可根据不同的组合方式而定,现简要介绍如下。

1. 表面合金化 + 淬火

(1)渗氮 + 整体淬火

高碳钢工件在渗氮后再进行整体淬火,可以获得高硬度、高疲劳硬度以及良好的耐磨、抗蚀性。这是由于表层渗入氮而使 M_s 点降低,所以淬火时在整个渗层中的马氏体转变仍由里向外进行,使表层残留压应力,从而显著地提高工件的疲劳强度。这种复合热处理工艺称渗氮淬火法(又称 NDVR 法),其工艺曲线如图 18-7 所示。例如,GCr15 钢轴承零件进行渗氮淬火后,而表层的残余压应力分布深度可达 0.3 ~0.5mm,使轴承寿命提高 2 ~3 倍。

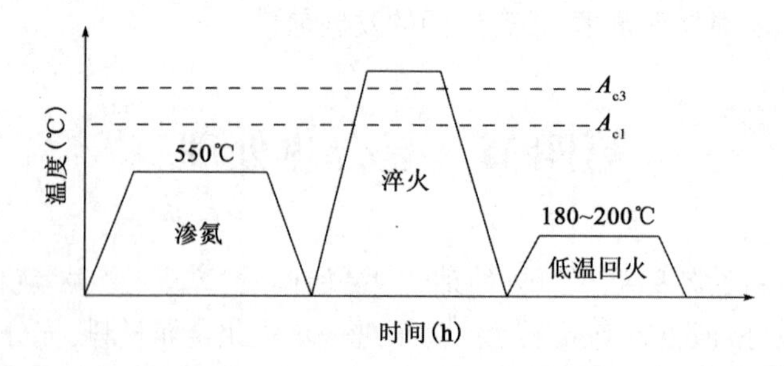

图 18-7　渗氮 + 淬火的复合处理工艺

(2)软氮化 + 高频淬火

这类复合处理的工艺曲线如图 18-8 所示。软氮化的工件表面存在氮化物层,再经高频淬火时,表层的氮化物因高频加热而分解,因而获得马氏体和残余奥氏体组织。如图 18-9 所示,复合处理的硬化层硬度比单纯高频淬火的高,硬度变化平缓,渗层表面产生更大的压应力。这些都有利于表面硬度、疲劳强度的提高,并且增加了硬化层深度。

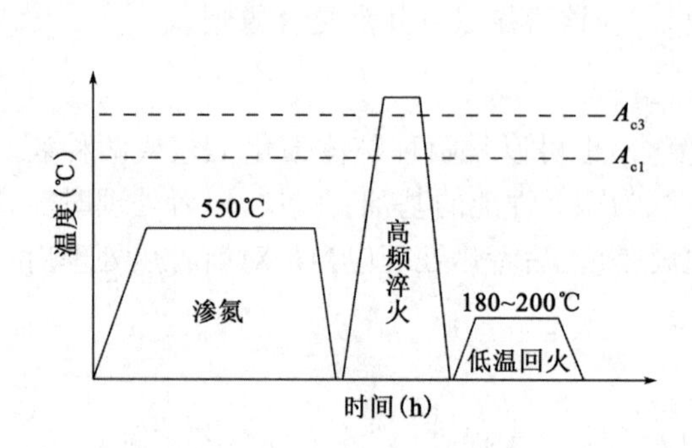

图 18-8　渗氮 + 高频淬火的复合处理工艺

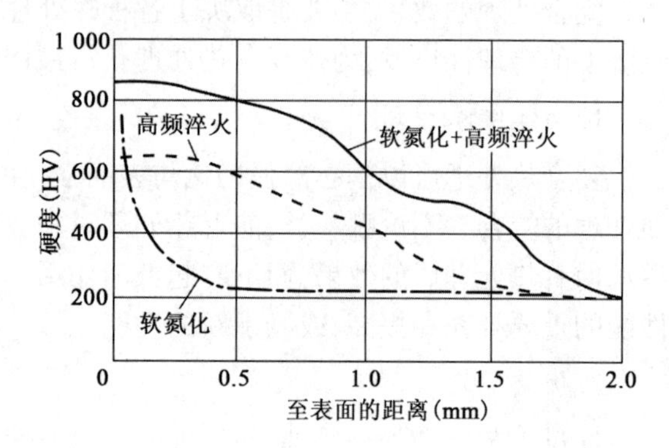

图 18-9　软氮化 + 高频淬火复合处理后的硬度分布

2. 表面硬化 + 低温渗硫

(1)渗碳淬火 + 低温渗硫

渗碳淬火后,如果在随后的回火过程中同时渗硫,则可增加其表层的润滑性使工件具有高的耐磨、抗咬合性能。这种低温渗硫(180 ~ 200℃)与低温回火的合并进行,工艺既简单又经济。

(2)高频淬火 + 低温渗硫

单独用高频淬火仅能提高耐磨性和耐疲劳性。同样,仅以低温渗硫也只能改善润滑性。采用复合处理则可兼顾两者优点,更有效地发挥硬化层的潜力。

3. 淬火 + 在高、中温回火温度下的化学热处理

(1)调质 + 软氮化

由于软氮化温度通常为 520 ~ 570℃,而许多结构钢在调质处理中的回火温度也在这一温度范围内,所以在调质过程中同时进行软氮化,便能在其强韧基体上形成一层耐磨、耐疲劳的表层,而且还可简化工序、减少能源消耗。

(2)分级淬火 + 软氮化

软氮化能使高速钢工具表面获得高耐磨、抗腐蚀、抗疲劳等性能的渗层,为了减少中间工

序提高效率，可将软氮化和分级淬火复合。例如，W6Mo5Cr4V2 刨刀经 820℃ 预热，1 230 ~ 1 235℃淬火加热，在 560℃分级淬火。随后 560 回火，复以软氮化三次，每次一小时，硬度可达 HRC66 ~68。利用该刨刀加工 60Si2 钢锻模坯时，其使用寿命比用 W18Cr4V 钢制刨刀高出 8 倍左右。

(3)整体淬火 + 表面多元共渗

在淬火硬化基体上复合以含氮、碳、氧、硫、硼等多元素的渗层能显著提高切削工具的使用寿命。国内某厂曾对高速钢淬硬处理后再气体多元共渗，渗剂采用硫脲、硼酸、甲酰胺和乙醇的混合液，滴入炉内在 560 ~570℃共渗 2h，获得厚度 0.03 ~0.07mm 的含有 Fe_3O_4、FeS、$Cr_{23}C_6$ 及 Fe_2N 的共渗层。该共渗层薄膜具有良好的减磨性能和抗咬合能力，而含 N、C、O、S、B 的扩散层则具有更高的硬度和红硬性。例如，经整体淬火 + 表面多元共渗后齿轮铣刀在一次磨刀后可加工的齿轮数提高了近 4 倍。

除上述各类热处理工艺之间的搭配外，也可同其他处理组合。例如，电镀 + 热处理、阳极处理 + 浸渗等，这些组合都将使材料具有特殊的复合性能。

复习思考题

1. 试述热处理时采用真空加热的优缺点。
2. 试述离子渗氮、渗碳的工艺特点。
3. 试述激光热处理的工艺特点。
4. 采用复合热处理时应考虑哪些原则？

参考文献

[1] 曲卫涛. 铸造工艺学[M]. 西安:西北工业大学出版社,1996.
[2] 胡城立,朱敏. 材料成型基础[M]. 武汉:武汉理工大学出版社,2001.
[3] 王寿彭. 铸件形成理论及工艺基础[M]. 西安:西北工业大学出版社,1994.
[4] 胡忠,强启勋,高以熹. 铝镁合金铸造工艺及质量控制[M]. 北京:航空工业出版社,1990.
[5] 陈金德,等. 材料成形技术基础[M]. 北京:机械工业出版社,2000.
[6] 丁根宝. 铸造工艺学[M]. 北京:机械工业出版社,1985.
[7] 李魁盛. 铸造工艺设计基础[M]. 北京:机械工业出版社,1981.
[8] 昆明工学院主编. 造型材料[M]. 昆明:云南人民出版社,1980.
[9] 柏斯森,李林章. 金属热加工工艺[M]. 西安:陕西人民教育出版社,1990.
[10] 王文清,李魁盛. 铸造工艺学[M]. 北京:机械工业出版社,1998.
[11] 曾光廷. 材料成型加工工艺及设备[M]. 北京:化学工业出版社,2001.
[12] 林再学,樊铁船. 现代铸造方法[M]. 北京:航空工业出版社,1991.
[13] 中国机械工程学会铸造专业学会. 铸造手册:第6卷特种铸造[M]. 北京:机械工业出版社,2000.
[14] 夏巨谌,张启勋. 材料成形工艺[M]. 2版. 北京:机械工业出版社,2010.
[15] 侯书林,于文强. 金属工艺学[M]. 北京:北京大学出版社,2012.
[16] 李荣德,米国发. 铸造工艺学[M]. 北京:机械工业出版社,2013.
[17] 魏华盛. 铸造工艺基础[M]. 北京:机械工业出版社,2002.
[18] 闫洪. 锻造工艺与模具设计[M]. 北京:机械工业出版社,2012.
[19] 谢水生,等. 锻压工艺及应用[M]. 北京:国防工业出版社,2011.
[20] 齐卫东. 锻造工艺与模具设计[M]. 2版. 北京:北京理工大学出版社,2012.
[21] 姚泽坤. 锻造工艺及模具设计[M]. 西安:西北工业大学出版社,2007.
[22] 中国机械工程学会塑性工程分会. 锻压手册:第1卷锻造[M]. 北京:机械工出版社,2008.
[23] 张应龙. 锻造加工技术[M]. 北京:化学工业出版社,2008.
[24] 吕炎,等. 锻压成形理论与工艺[M]. 北京:机械工业出版社,1986.
[25] 汪大年. 金属塑性成形原理[M]. 北京:机械工业出版社,1982.
[26] 程巨强,刘志学. 金属锻造加工基础. [M]. 北京:化学工业出版社,2012.
[27] 中国锻压协会. 冲压技术基础[M]. 北京:机械工业出版社,2013.
[28] 俞汉卿,陈金德. 金属塑性成形原理[M]. 北京:机械工业出版社,1982.
[29] 李硕本. 冲压工艺学[M]. 北京:机械工业出版社,1982.
[30] 肖景容,姜奎华. 冲压工艺学[M]. 北京:机械工业出版社,1982.
[31] 张如华,傅俊新. 锻件镦粗成形的材料规格范围[J]. 金属成形工艺,2001,19(6):37-39.
[32] 李永堂,付建华. 锻压设备理论与控制[M]. 北京:国防工业出版社,2005.
[33] 郝滨海. 锻造模具简明设计手册[M]. 北京:化学工业出版社,2006.
[34] 谢懿. 实用锻压技术手册[M]. 北京:机械工业出版社,2003.
[35] 林道孚. 锻造工技术[M]. 北京:机械工业出版社,1999.
[36] 彭志定. 锻造工技术培训教材[M]. 北京:机械工业出版社,2001.
[37] 夏巨谌. 塑性成形工艺及设备[M]. 北京:机械工业出版社,2001.
[38] 姚泽坤. 锻造工艺学与模具设计[M]. 西安:西北工业大学出版社,2001.

[39] 美国金属学会. 金属手册:第 14 卷成型和锻造[M]. 9 版. 北京:机械工业出版社,1994.
[40] 林法禹. 特种锻压工艺[M]. 北京:机械工业出版社,1991.
[41] 洪深泽. 挤压工艺及模具设计[M]. 北京:机械工业出版社,1995.
[42] 姜奎华. 冲压工艺与模具设计[M]. 北京:机械工业出版社,1997.
[43] 肖祥芷,王孝培. 中国模具设计大典:第 3 卷冲压模具设计[M]. 南昌:江西科学技术出版社,2002.
[44] 张毅. 现代冲压技术[M]. 北京:国防工业出版社,1994.
[45] 吴诗惇. 冲压工艺学[M]. 西安:西北工业大学出版社,1987.
[46] 马正元,韩启. 冲压工艺与模具设计[M]. 北京:机械工业出版社,1998.
[47] 熊腊森. 焊接工程基础[M]. 北京:机械工业出版社,2002.
[48] 周兴中. 焊接方法及设备[M]. 北京:机械工业出版社,1990.
[49] 安藤弘平,长谷川雄. 焊接电弧现象[M]. 施雨湘,译. 北京:机械工业出版社,1988.
[50] 殷树言,张久海. 气体保护焊工艺[M]. 哈尔滨:哈尔滨工业大学出版社,1993.
[51] 熊腊森. 逆变式脉冲弧焊电源的研究[J]. 电源世界,2000(10):44-46.
[52] 朱正行,等. 电阻焊技术[M]. 北京:机械工业出版社,2000.
[53] Collard J F. Adaptive Pulsed GMAW Control The Digipulse System [J]. Welding journal, Nov, 1988:35-38.
[54] Ogasawara T, Matuyama T, Saito T, Sato M, Hida Y. A Power Souce for Gas shield Arc Welding With New Current Waveforms [J]. Welding journal, Mar, 1987:57-63.
[55] 潘际銮. 现代焊接控制[M]. 北京:机械工业出版社,2000.
[56] 林尚杨. 焊接机器人及其应用[M]. 北京:机械工业出版社,2000.
[57] 邹茉莲. 焊接理论及工艺基础[M]. 北京:北京航空航天大学出版社,1994.
[58] 周振丰. 焊接冶金学(金属焊接性)[M]. 北京:机械工业出版社,1996.
[59] 田燕. 焊接区断口分析[M]. 北京:机械工业出版社,1993.
[60] 薛迪甘. 焊接概论[M]. 北京:机械工业出版社,1995.
[61] 樊新民,黄洁雯. 热处理工艺与实践[M]. 北京:机械工业出版社,2011.